U0362711

Intelligent Detection and Grading of
Agricultural Products

国 家 出 版 基 金 资 助 项 目
湖北省公益学术著作出版专项资金资助项目

智 能 化 农 业 装 备 技 术 研 究 丛 书

组编单位　中国农业机械学会

丛书主编　赵春江

农产品智能检测与分级

彭彦昆 等◎著

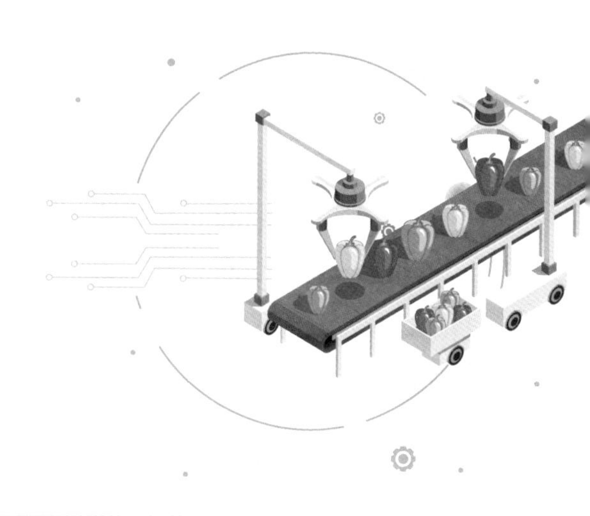

華中科技大學出版社
http://press.hust.edu.cn
中国·武汉

内 容 简 介

本书以粮食和油料、果品、蔬菜、畜产品、水产品、蜂产品、茶叶、薯类和特色农产品为对象，以其多维品质属性为检测与分级指标，详细论述了人工智能技术、光谱技术、图像处理技术、数字信号处理技术、化学计量学方法等同农产品检测与分级技术交叉融合产生的智能感知效果、技术原理和应用场景，以及国内外最新发展现状。

本书体现了我国智慧农业装备领域农产品智能检测与分级技术的先进性和创新性，凝聚了依托国家自然科学基金、国家科技重大专项、国家重点研发计划等的项目研究成果，聚焦国家发展战略需求，体现了前沿性和实用性。本书可供农产品检测与分级、农产品贮藏与加工、农产品物流监管等多个领域的研究生、科研人员和从业者参考和使用。

图书在版编目(CIP)数据

农产品智能检测与分级/彭彦昆等著. —武汉：华中科技大学出版社，2024.4
(智能化农业装备技术研究丛书/赵春江主编)
ISBN 978-7-5772-0202-0

Ⅰ.①农… Ⅱ.①彭… Ⅲ.①智能技术-应用-农产品-质量检验-研究 Ⅳ.①S37-39

中国国家版本馆 CIP 数据核字(2024)第 003517 号

农产品智能检测与分级 彭彦昆 等 著
Nongchanpin Zhineng Jiance yu Fenji

策划编辑：俞道凯 王 勇
责任编辑：李梦阳
封面设计：廖亚萍
责任校对：李 弋
责任监印：朱 玢
出版发行：华中科技大学出版社(中国·武汉) 电话：(027)81321913
武汉市东湖新技术开发区华工科技园 邮编：430223
录 排：武汉市洪山区佳年华文印部
印 刷：湖北金港彩印有限公司
开 本：710mm×1000mm 1/16
印 张：36
字 数：624 千字
版 次：2024 年 4 月第 1 版第 1 次印刷
定 价：248.00 元

智能化农业装备技术研究丛书

编审委员会

作者简介

彭彦昆　中国农业大学领军教授，博士生导师，国家农产品加工技术装备研发分中心主任。长期从事农畜产品品质无损高通量检测的新方法、关键技术、智能装备的前沿研究。近10年，承担完成国家级科研项目/课题15项，发表SCI/EI论文250篇，授权专利75项，制定国标和行业标准13项，主编/参编中英文专著16部，获国家/省部级科技奖7项，包括国家技术发明奖二等奖、神农中华农业科技奖、北京市科学技术奖、教育部科技进步奖等。

农产品智能检测与分级

编写人员

（按姓氏笔画排序）

刘媛媛（塔里木大学）

李永玉（中国农业大学）

李晓丽（浙江大学）

吴建虎（山西师范大学）

张良晓（中国农业科学院油料作物研究所）

单佳佳（大连理工大学）

郭志明（江苏大学）

彭彦昆（中国农业大学）

樊书祥（北京市农林科学院智能装备技术研究中心）

总序一

智能化农业装备是转变农业发展方式、提高农业综合生产能力的重要基础，是加快建设农业强国的重要支撑。它以数据、知识和装备为核心要素，将先进设计、智能制造、新材料、物联网、大数据、云计算和人工智能与农业装备深度融合，实现农业生产全过程生产所需的信息感知、定量决策、智能控制、精准投入及个性化服务的一体化。智能化农业装备是农业产业技术进步和农业生产方式转变的核心内容，已成为现代农业创新增长的驱动力之一。

“智能化农业装备技术研究丛书”，是由中国农业机械学会与华中科技大学出版社共同发起，为服务“乡村振兴”和“创新驱动发展”国家重大战略，贯彻落实“十四五”规划和2035年远景目标纲要，面向世界农业科技前沿、国家经济主战场和农业现代化建设重大需求，精准策划汇集我国智能化农业装备先进技术的一套科技著作。

丛书结合国际农业发展新趋势与我国农业产业发展形势，聚焦智能化农业装备领域前沿技术和产业现状，展示我国智能化农业装备领域取得的自主创新研究成果，助力我国智能化农业装备领域高端、专精科研人才培养。为此，向为丛书出版付出辛勤劳动的专家、学者表示崇高的敬意和衷心的感谢。

党中央把加快建设农业强国摆上建设社会主义现代化强国的重要位置。我国正处在全面推进乡村振兴、实现农业现代化的关键时期，智能化农业装备领域前沿技术发展大有可为！丛书汇集了高校、科研院所以及企业的理论科研成果与产业应用成果。期望丛书深厚的技术理论和扎实的产业应用切实推进我国智能化农业装备领域的发展，为我国建设农业强国和实现农业现代化做出新的、更大的贡献。

中国工程院院士
国家农业信息化工程技术研究中心主任
北京市农林科学院信息技术研究中心研究员
2024年1月

总序二

智能化农业装备是提升农业生产效率、促进农业可持续发展以及推动农业现代化建设的重要支撑。“智能化农业装备技术研究丛书”的编写立足于贯彻落实制造强国战略部署，锚定农业强国建设目标，全方位夯实粮食安全根基，积极落实“藏粮于技”，加强农业科技和装备支撑，聚焦智能化农业装备领域前沿技术、基础共性技术及关键核心技术，突出自主创新，为农业强国建设提供理论与技术支持。

党的二十大报告明确提出“加快建设农业强国”，这是党中央着眼全面建成社会主义现代化强国做出的战略部署。“强国必先强农，农强方能国强”，中国农业机械学会始终不忘“农业的根本出路在于机械化”之初心，牢记推进中国农业机械化发展之使命，全面贯彻习近平总书记提出的“要大力推进农业机械化、智能化，给农业现代化插上科技的翅膀”的重要指示，团结凝聚广大的科技工作者，聚焦大食物观、粮食安全和食品科技自立自强，围绕农业装备补短板、强弱项、促智能，不断促进科技创新、服务国家重大战略需求、助力科技经济融合发展，为促进农业装备转型升级、农业强国建设和乡村振兴积极贡献智慧与力量。

中国农业机械学会作为专业性的学术组织，本着“合作、开放、共享”理念，充分发挥桥梁和纽带作用，组织行业专家、学者群策群力，撰写丛书，并与华中科技大学出版社通力合作共同推动丛书的出版。丛书可作为广大农业科技工作者、农业装备研发人员、农业院校师生的宝贵参考书，也将成为推动我国农业现代化进程的重要力量。

最后，衷心感谢为丛书做出贡献的专家、学者，他们具有深厚的专业知识、严谨的学术态度、卓越的成就和独到的见解。感谢华中科技大学出版社相关人员在组织、策划过程中付出的辛勤劳动。

罗锡文

中国工程院院士

中国农业机械学会名誉理事长

2024 年 1 月

前言
PREFACE

随着社会生产水平的提高和人们消费观念的升级，人们对农产品的需求已经从“量”向“质”的方向转变。农产品智能检测与分级是满足不同消费者需求的重要技术手段。由于传统的人工检测与分级方法存在主观性强、效率低、结果不准确等弊端，无法满足现代化农业产销链的需求，因此如何利用先进的技术手段对大批量农产品进行快速、准确的检测与分级是农产品行业亟待解决的问题。

伴随科学技术的不断进步，农业领域正快速迈向智能化时代。本书以粮食和油料、果品、蔬菜、畜产品、水产品、蜂产品、茶叶、薯类和特色农产品为对象，以其多维品质属性为检测与分级指标，详细论述了人工智能技术、光谱技术、图像处理技术、数字信号处理技术、化学计量学方法等同农产品检测与分级技术交叉融合产生的智能感知效果、技术原理和应用场景，以及国内外最新发展现状。在智能检测方面，通过光谱技术、图像处理技术等高速采集农产品多维品质属性信息，结合数字信号处理技术，实时获取农产品内外部品质特征、营养成分含量、有害物质含量等关键指标。在智能分级方面，通过分析采集的农产品品质特征数据，基于化学计量学方法建立高效、自动化分级模型，由智能检测与分级系统快速识别出产品类别和品质等级，并对其进行自动化分级及等级标识。农产品智能检测与新兴技术融合，可提升农产品检测的效率和准确性，为农产品的优质生产和安全供给提供技术支撑。

本书共有 11 章。第 1 章全面地论述了农产品检测与分级的作用，人工智能技术、光谱技术、图像处理技术等的原理，以及农产品检测与分级系统的构成和分类。读者可以在整体上更好地了解智能检测与分级系统。第2章综述了智能检测与分级技术对原粮、成品粮、杂粮和油料进行品质评价与真伪鉴别的发展与应用。第3、4章详细介绍了智能检测与分级技术在果蔬类农产品生产、储运、加工各环节中的作用。第5、6章详细介绍了针对不同畜产品和水产品的智能检测与分级技术，涵盖了外部品质和内部品质的评估。第7章主要叙述了多种智能检测与分级技术在蜂蜜品质检测、产地鉴定和有害添加物鉴别中的检测原理和应用场景。第8、9章详细介绍了近红外光谱技术和高光谱成像技术在茶叶和薯类农产品检测中的优势和应用前景。第10章主要讨论了智能检测与分级技术在药食同源、食用菌类和坚果类农产品品种鉴别中的可行性和先进性。第11章对农产品智能检测与分级技术在产销链中的应用进行了详细的论述，并分析了该技术在发展过程中遇到的瓶颈；最后对未来农产品智能检测与分级进行展望，即农产品智能检测与分级同新兴技术融合，能在农产品生产加工行业的数字化、无人化发展中发挥更大作用。

本书作者都是多年从事农产品智能检测与分级研究的人员。第1章由彭彦昆编写，第2章由李永玉和张良晓编写，第3章由郭志明编写，第4章由樊书祥编写，第5章由彭彦昆和刘媛媛编写，第6章由单佳佳编写，第7章由李永玉编写，第8章由李晓丽编写，第9章由吴建虎编写，第10章由刘媛媛编写，第11章由彭彦昆和郭志明编写。另外，研究生赵鑫龙、李阳、左杰文、赵苗、陈雅惠、马劭瑾、闫帅、王威等参与了部分编写、图表编辑等工作。彭彦昆负责全书的组稿、统稿、修订和审定。

本书可供农产品检测与分级、农产品贮藏与加工、农产品物流监管等多个领域的研究生、科研人员和从业者参考和使用。作者衷心希望本书能够为农产品的品质提升、品牌打造，以及农产品行业的健康发展发挥促进和推动作用。在编写过程中，作者对本书内容的阐述进行了反复斟酌，力求做到全面、易懂、准确和严谨。由于作者水平有限，对农产品行业的认识难免存在不足，恳请各位读者批评指正。

作　者

2023年10月

目 录

CONTENTS

第 1 章 绪论

1.1 农产品检测与分级的作用

我国是农产品生产和消费大国，总产量居世界首位[1,2]。根据 2013 年到 2020 年国家统计局统计年鉴资料数据，我国主要农产品年产量和年人均消费量数据如图 1-1 所示。从图中可以看出，我国肉类、水果、蔬菜、禽蛋、粮食和水产品的年产量和年人均消费量基本呈上升态势。虽然我国是农产品生产大国，但还不是农产品生产强国，农产品品质安全监测能力还有待提高[3]。

我国农产品产后处理、储运等环节的技术装备不够完善，且农产品存在包装较差、优劣混杂、易发生变质腐败等问题，导致其缺乏市场竞争力[4]；而在欧洲、美国和日本等国家和地区，农产品收获后，都要经过严格的检测、分级和包装，不仅保障了农产品品质安全、提升了农产品的附加值，还满足了不同消费者的需求，在国际市场上具有很强的竞争力。以苹果为例，我国苹果出口量占总产量的比重较低，在国际贸易市场上，我国苹果更多的是依靠价格优势，即通过较低的价格赢得一部分市场，产品品质较低且利润不足，难以继续拓展出口市场，苹果产品难以向欧美等发达国家出口，提高我国苹果品质是解决我国苹果竞争力不足问题的关键所在。农产品检测与分级是提升品质的重要手段，在产销链全过程中农产品检测与分级可以发挥重要作用：使农产品在品质上获得较好的一致性，根据一定的品质标准将农产品划分为整齐一致、级差明显的产品；使农产品“按质论价”，制定公平合理的售价，维持良好的农产品市场秩序，提高消费者购买积极性；有利于打造优质、特质农产品品牌，提高我国农产品的国际市场竞争力[5]；能够及时剔除有缺陷的农产品，减小农产品发生大规模腐败和霉变的概率，保证农产品在存储、运输、销售等环节的质量；可以通过检测及时发现存在食品安全风险的农产品，例如可以检测生鲜肉是否变质、水果和蔬菜残留的农药是否超标、畜禽产品是否存在兽药、食品添加剂是否超标等，保障农

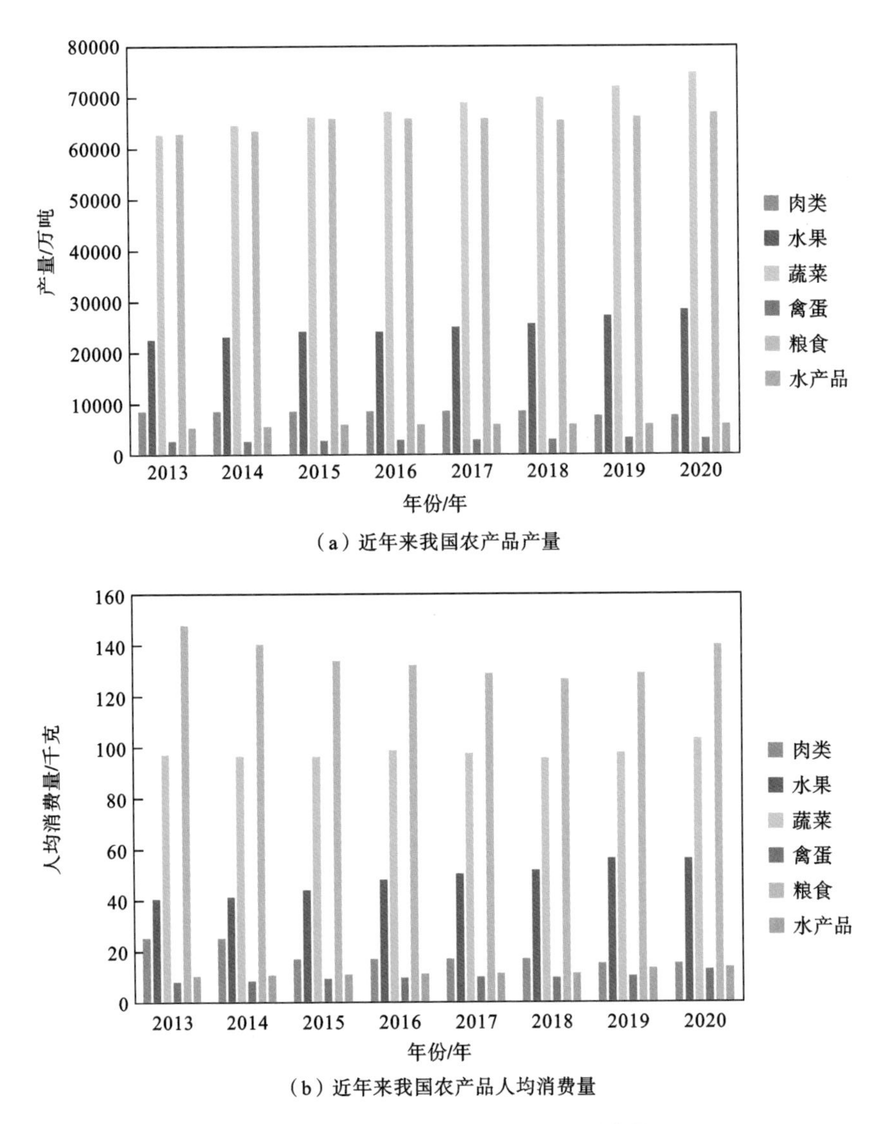

（a）近年来我国农产品产量

（b）近年来我国农产品人均消费量

图 1-1　近年来我国农产品产量和消费量

产品及食品品质安全。

随着我国人民生活水平的提高，消费者对农产品品质及安全的要求越来越高。消费者的消费意愿逐渐从追求吃饱转为吃优质健康的食物[6]。由于我国人口规模巨大，消费者对农产品的偏好差异显著[7]。通过检测与分级可以提供不同风味、等级鲜明的农产品，满足消费者个体的差异化需求，为消费者选择最喜爱、最适宜的精准化产品提供有效保障[8]。此外,我国地大物博,农产品种类丰富。农产品品质受不同产地、不同收获期、不同种植养殖方式的影响巨大,因此农产品检测与分级对提高消费者的产品选择性和购买力,以及消费者美好生活的质量具有重要的作用。农产品质量安全也是食品安全的基础。近年来,食品安全问题时有发生,主要源于农产品检测监管不到位。对于消费者而言,农产品品质安全问题是关乎生命健康的重大问题。健康中国和制造强国等重大战略的部署和实施,引导食品向安全、营养、健康方向发展,为农产品检测与分级指明了方向,农产品检测与分级对于保障人民身体健康和满足人民消费需求具有重要的意义。

长期以来,采用人工方法对农产品进行检测与分级,存在效率低、检测精度低和过程具有破坏性等问题。为了弥补人工检测的不足和适应农业现代化发展的需求,发展并应用新兴的农产品检测技术,例如图像检测技术、可见/近红外光谱检测技术、电特性检测技术和声学检测技术等,可以实现无损、高速和精确的农产品检测与分级。

1.2 农产品智能检测与分级的前沿核心技术

机器学习(machine learning, ML)、人工神经网络(artificial neural network, ANN)和深度学习(deep learning, DL)等多种人工智能(artificial intelligence, AI)技术的飞速发展,给农产品智能检测与分级的实现带来可能。通过AI技术能解决传统方法无法解决的复杂问题。利用AI具有获取知识、从原始数据中提取特征的能力,将AI与农产品检测与分级技术相结合,提高准确性、稳定性和适用性,是现在研究的热点。在此基础上开发的数字化、智能化农产品检测技术,可以实现智能、无损、高速、精确的农产品检测与分级。

1.2.1 人工智能技术

将人类与世界上其他事物区分开来的关键特征之一是智能[9]。AI被认为是21世纪尖端技术之一,近30年来获得了迅速的发展,在很多学科领域获得了广泛应用。AI是以计算机科学为基础,计算机、心理学、哲学等多学科交叉融合的新兴学科,研发模拟、延伸和扩展人的某些思维过程和智能行为的理论、方法、技术及应用系统,并生产出能以与人类智能相似的方式做出反应的智能机器[10,11]。AI的出现能解决复杂预测、数据优化和特征自动提取等问题[12]。

ML是AI的一个子集,目前发展十分迅速[13]。ML通过将决策负担转移给算法，来解决人类无法解决的过于复杂的问题。正如 AI 先驱 Arthur Samuel 在 1959 年所写的那样，ML 是“让计算机无须明确编程即可学习的研究领域”。ML 的目标是为需要识别的每种类型的对象编写一个特定程序。为了实现此目标，DL 应运而生。DL 是 ML 的子集，它节省了执行特征工程或优化任务的时间，彻底改变了 AI 的世界。ANN 是强大但非常灵活的 DL，一般具有三层结构，即输入层、输出层和隐藏层。ANN 以数学模型模拟神经元活动，是基于模仿大脑神经网络结构和功能而建立的一种信息处理系统。因此，ANN 具有自学习、自组织、自适应以及很强的非线性函数逼近能力，拥有强大的容错性。

目前，在对农产品品质进行检测与分级时，还存在一些问题：① 不同农产品原始信息的预处理、特征提取和建模方法存在差异，需要人为选取相适应的方法，缺乏通用的方法；② 模型长期有效性无法得到保障，需要实时对所建立的模型进行更新，以保持检测精度；③ 农产品物理和生物属性差异导致预测效果变差；④ 环境温度变化对检测性能影响较大。AI 算法可以省略人工特征提取的过程，自动从数据中提取特征信息，并且其由于具有强大的适用性成为一种通用、稳定的处理建模方法。通过大量的数据对 AI 算法进行训练，可以提高模型长期稳定性和普适性。因此，AI 技术和农产品品质检测技术相结合可以有效弥补传统方法的不足，使检测更加智能和精确。

1.2.2 图像及图像学习检测技术

图像及图像学习检测技术的核心是机器视觉（machine vision，MV）技术，机器视觉技术是模式识别研究的主要内容之一，也是 AI 技术应用的主要领域。机器视觉技术是指利用各种成像系统代替人眼来获取农产品图像信息，由计算机完成图像的处理、分析、识别等，以实现农产品品质检测。机器视觉技术的特点是速度快、信息量大、功能多。以水果为例，一次可检测大小、形状、颜色和表面损伤等多个外部品质指标。目前，该技术已成为一种成熟、可靠的农产品外观检测工具。常见的机器视觉系统主要由相机、光源、光源控制器、图像采集卡、软件和硬件组成，如图 1-2 所示。相机是机器视觉系统的“眼睛”，用来获取农产品的图像信息；光源为机器视觉系统提供稳定的照明环境；软件和硬件是实现图像识别和分析的关键。

另外，将机器视觉系统与可变波长滤光片系统相结合，可以获得农产品的多光谱或高光谱图像，也是常用的农产品内外部品质同时检测技术之一。

图像检测的流程包括图像采集、图像预处理、图像分割、特征提取和图像识别等步骤。Brosnan[14] 对上述步骤进行了系统的分类，其中存在三个处理级别：

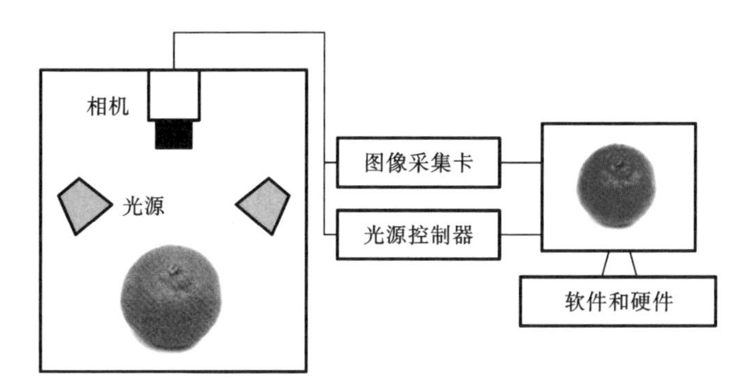

图1-2 常见的机器视觉系统的组成

低级处理(包括图像获取和预处理)、中级处理以及高级处理。图像检测流程如图1-3所示。

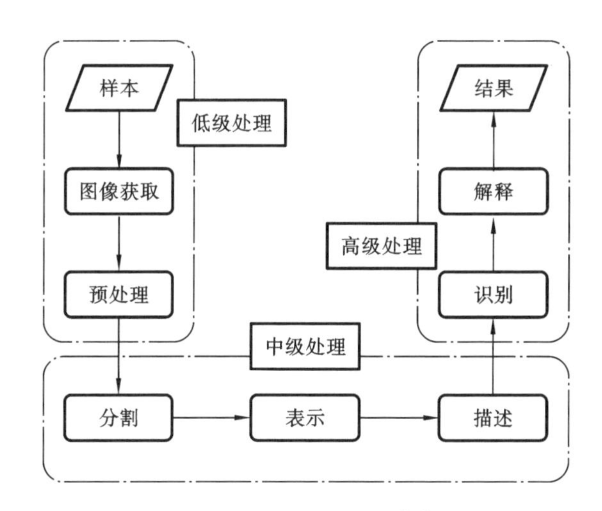

图1-3 图像检测流程[14]

机器视觉技术的核心是图像识别算法。现有的图像识别算法主要有两大类:一种是基于图像处理的传统图像识别算法;另一种是基于AI的新型图像识别算法。传统图像识别算法较复杂,需要对图像进行预处理、分割和特征提取等,对于不同检测对象通用性较差。基于AI的图像识别算法更为精准、简单,并且可以自动提取图像特征,适用于更加复杂的场合。目前,图像识别算法正在超越传统方法,形成以ANN为主流的智能化图像识别方法,例如卷积神经网络(convolutional neural network, CNN)、回归神经网络(regression neural network, RNN)和反向传播神经网络(back propagation neural network, BPNN)

等一类性能优越的方法。ANN 技术，特别是 CNN 及其变体，越来越受到研究者的欢迎。大多数图像识别问题都采用 CNN 算法，以该算法为代表的 DL 算法的最大优势是减小了对特征工程的需求，因为 DL 可以自动提取图像的内在属性特征，如形状、颜色和纹理信息，而不需要人工干预，具有很高的稳定性。该技术为复杂识别分类问题提供了实用解决方案[15]。因此，作为一种新兴的实用技术，CNN 及其变体与不同成像技术相结合，在农产品检测领域的应用越来越广泛[16]。它已成功用于桃子[17]和苹果[18,19]的缺陷检测、苹果的农药残留检测[20]以及牛肉大理石花纹分级[21]等。

1.2.3 可见/近红外光谱检测技术

可见/近红外光谱检测技术是指通过采集农产品的可见/近红外光谱数据，采用化学计量学方法，建立有关光谱数据与理化成分含量的数学模型，从而对农产品品质进行无损检测的技术。可见/近红外光谱检测技术的检测流程如图 1-4 所示。

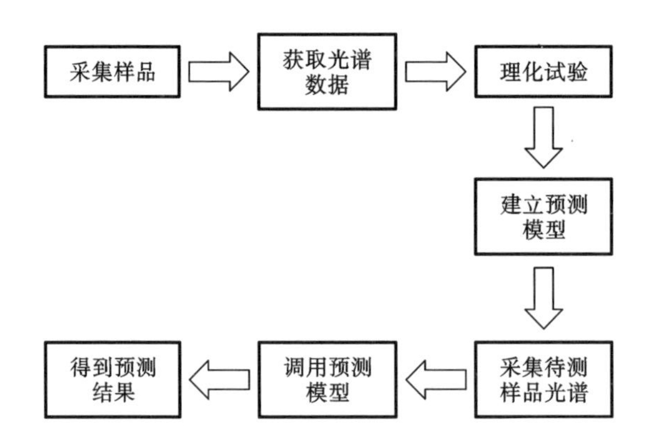

图 1-4 可见/近红外光谱检测技术的检测流程

红外光谱属于分子振动光谱，主要与样品中 C—H、O—H 与 N—H 等含氢基团振动的倍频、合频吸收有关。农产品中成分含量与这些基团密切相关，因此对采集的农产品光谱进行分析，可实现内部成分含量的无损检测[22]。可见/近红外光谱检测技术具有无损、实时、快速等特点，是实现农产品自动化、智能化检测与分级的有效手段。目前，该技术已经广泛用于农产品内部成分的检测，如表 1-1 所示。光谱分析的关键步骤如下：光谱采集、光谱预处理、特征变量筛选、模型建立、模型评价。

表1-1 可见/近红外光谱检测技术在农产品检测中的应用[23-29]

类型	检测指标
肉品	水分、蛋白质、脂肪、农药残留、细菌、新鲜度、掺假
果蔬	水分、糖度、酸度、硬度、新鲜度、细菌、农药残留、黑心
谷物	水分、淀粉、蛋白质、脂肪酸、活力
水产品	新鲜度、水分、蛋白质、脂肪、重金属、掺假
蜂产品	糖度、水分、微量元素、新鲜度、掺假
茶叶	水分、粗纤维、全氮、氨基酸、等级、类别

传统建模方法，例如多元线性回归(multiple linear regression，MLR)、主成分回归(principal component regression，PCR)、偏最小二乘回归(partial least squares regression，PLSR)、支持向量机(support vector machine，SVM)和最小二乘支持向量机(least squares support vector machine，LSSVM)等，依赖于预处理、特征提取等算法来提高模型精度。目前，将可见/近红外光谱检测技术与ANN算法相结合对农产品品质进行检测是研究的热点。自2017年以来，基于DL的光谱分析技术的使用热度一直呈上升趋势[30]。对于许多水果来说，糖度和硬度都是重要的内部品质。Yu等人[31]使用可见/近红外光谱数据研发了一种堆叠自动编码器-全连接神经网络模型，用于库尔勒香梨分析，在糖度和硬度预测方面均取得了较好的效果。许多研究表明，DL方法在水果品质检测方面具有巨大的应用潜力。DL方法也被用于检测谷物的内部成分含量，包括蛋白质、油、水和淀粉含量。蛋白质、油、水和淀粉含量对于确定谷物的经济价值至关重要。先前的研究开发了用于预测小麦种子和玉米蛋白质含量的DL方法[32, 33]。DL方法自动从原始数据中提取线性和非线性特征，而不需要人类先验知识。基于DL的光谱检测技术相较于传统方法具有更高的准确性和鲁棒性。目前，可见/近红外光谱检测技术存在的问题，如光谱信号的有效提取，稳定有效的去噪、处理、预测和补偿模型的建立，检测精度和速度的保证，农产品形态差异、位姿差异、温度变化的影响等，都可以通过AI技术解决。

1.2.4 电特性检测技术

电特性检测技术是指向农产品施加电场刺激，构建电学参数(介电常数、电容、电阻、电抗、损耗因子和阻抗)与农产品内部生理化学品质之间的关系，从而实现农产品整体品质的无损检测。该技术具有速度快、灵敏度高、无损和成本低等特点,因此,广泛用于农产品的储存和保鲜、加工、质量检测、筛选和分类[34]。常见的电特性检测技术包括平行极板技术、传输线技术、自由空间技术、同轴探针技术和谐振腔技术等。

目前,有学者将电特性检测技术与智能学习算法相结合,使该技术向智能化方向发展。有研究人员采用电学特性与 ANN 相结合的方法,来预测库尔勒香梨的糖度,取得了较好的结果,满足了快速无损检测库尔勒香梨糖度的需求[35]。Guo 等人[36]为了探究利用介电特性检测苹果糖度的可行性,将介电参数结合 ANN 和化学计量学方法对苹果糖度进行预测,证明了该技术用于预测苹果糖度的可行性。还有学者采用 ANN 和电特性相结合的方法,对橄榄的水分含量进行检测,结果表明检测精度能够满足需求[37]。以上研究充分证明了将 ANN 与电特性检测技术相结合,有助于进一步提高农产品检测的准确性,是切实可行的方法之一。但是该技术仍然存在一些问题亟待解决,如外界压力和温度对电特性影响较大,干扰检测精度。此外,农产品表皮的完整性会显著影响电气性能,因此需要避免农产品受到损伤,以提高检测的准确性。为了探究电特性与农产品品质之间更为精确的关系,将 ANN 技术与电特性检测技术进一步融合,可提高电特性检测精度和效率。研发便携式电特性检测设备是目前研究的热点。

1.2.5 振动及声学特性检测技术

振动及声学特性检测技术是通过声波振动与农产品相互作用,建立声振学参数(固有频率、传播速度、声阻抗和衰减系数等)与农产品品质信息的关系,从而实现农产品品质无损检测的技术。该技术具有快速、经济和无损的特点,主要用于检测农产品的脆度、硬度、成熟度等[38]。农产品品质的声振动检测法的一般过程如图 1-5 所示。由来自激励模块的激励信号激励被测样品,响应信号由信号采集模块采集,在信号处理模块中分析激励信号和响应信号或者仅分析响应信号,并用于进一步的质量评估。激励模块和信号采集模块是硬件的关键部分。快速傅里叶变换是信号处理中最常用的算法[39]。

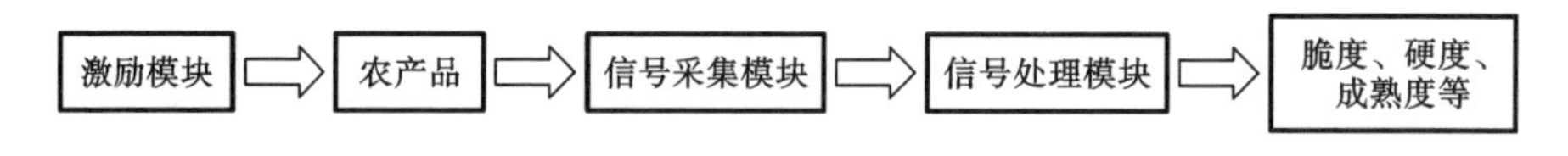

图 1-5 农产品品质的声振动检测法的一般过程

随着ANN等智能学习算法的发展，学者将声振法与ANN算法相结合，为声振法检测农产品品质拓宽了思路。有学者将声学特性结合ANN算法，探究了对椰子成熟度进行检测的可行性[40]；Ding等人[41]采用BPNN构建梨硬度的预测模型，实现了梨硬度的在线检测；Liu等人[42]研发了一种便携式苹果硬度检测装置，通过MLR和ANN建立苹果硬度预测模型，结果表明，ANN相较于MLR有更好的预测精度；还有学者采用ANN算法对西瓜成熟度进行预测，也取得了较好的效果[43]。与传统方法相比，ANN算法展示出明显的提升效果。总的来说，使用声学方法对农产品进行分类分级的无损检测技术已经得到广泛的应用，并且成为农产品品质检测研究的核心内容。微处理器、信号分析方法、ANN算法和传感器的快速发展，为该技术注入了新的活力。

1.3 农产品智能检测与分级系统的构成和分类

1.3.1 农产品智能检测与分级系统的构成

智能检测与分级系统是以微型计算机为核心部件的检测、控制及通信等系统的集成。它可以部分或者完全代替人实现高水平的自动化检测和控制。一般的农产品智能检测与分级系统是围绕微型计算机而构建的，该系统包括：控制模块、输送模块、样品位置识别模块、信息采集模块、信息处理分析模块、智能预测模型模块和评价分级模块。控制模块负责控制整个系统运行；输送模块用于输送农产品到达指定位置，以进行检测与分级；样品位置识别模块获取待测农产品位置信息，并触发信息采集模块；信息采集模块采集农产品的品质特征信息（图像、光谱等），并将信息发送至信息处理分析模块；信息处理分析模块将获取的信息进行处理解析；智能预测模型模块基于构建的智能化预测模型对农产品品质信息进行预测；评价分级模块根据检测结果对样品进行评价分级，执行分级动作。便携式检测与分级设备一般不包括输送、样品位置识别和评价分级等模块。农产品智能检测与分级系统的一般构成如图1-6所示。

1.3.2 农产品智能检测与分级系统的分类

1. 按设备类型分类

农产品产业链包括种养殖、收获、贮藏、运输和销售等环节。根据不同环节的需求，将农产品智能检测与分级系统分为便携式和在线式两种类型。

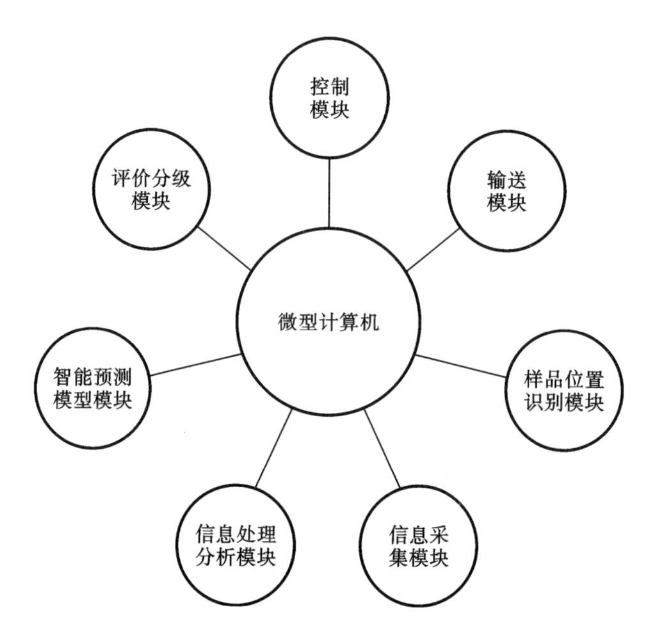

图 1-6　农产品智能检测与分级系统的一般构成

1）便携式智能检测与分级系统

便携式智能检测与分级系统可满足种养殖、贮藏、运输和销售等环节的现场检测与分级需求。该系统一般由信息采集模块和信息处理分析模块等组成，基于智能手机、便携式计算机和微处理器平台开发；受开发平台限制，一般多用于单独检测外部或内部品质；通过微型光谱仪、多光谱芯片和相机等获取农产品的光谱和图像等信息，结合内置或云端检测模型，来实现农产品品质检测和分级，也可通过无线传输模块将信息上传至云端。其最大优势是便携，可以随时检测农产品的品质参数，有助于种养殖过程中病害检测、品质控制，贮藏和运输过程中的品质检测，销售过程中的品质控制和消费者购买决策。典型的便携式农产品智能检测与分级系统，如图 1-7 所示。图 1-7(a)为手持式苹果品质无损检测系统示意图。该系统主要由光源、可见/近红外光电传感器、温度传感器、可充电式锂电池、显示屏、控制电路等组成。发光二极管(light emitting diode，LED)点光源呈圆周对称排布，工作时将苹果放置于检测部位，触动检测开关，光线以固定角度照射苹果，经内部传输后漫反射光被可见/近红外光电传感器所接收，由控制电路对信号进行处理并通过 4G/5G 模块传输至云服务器，调用云模型获取检测结果。也有采用内置模型的形式，直接处理显示检测结果。

图1-7(b)为便携式生鲜肉多品质检测与分级装置。该装置由光源模块、光谱检测模块、嵌入式处理器(advanced RISC machine，ARM)控制处理模块、触摸屏模块四部分组成。卤素灯发出350～2500 nm波长的光，通过光源光纤传输到检测探头，到达待检测肉样表面，经过肉样内部组织的吸收和漫反射，再由接收光纤采集肉样反射回来的光，经过光谱仪将光信号转换为电信号，ARM控制处理模块对光谱数据进行运算处理，并将检测结果显示到液晶显示器(liquid crystal display，LCD)上。

(a) 手持式苹果品质无损检测系统示意图[44,45]

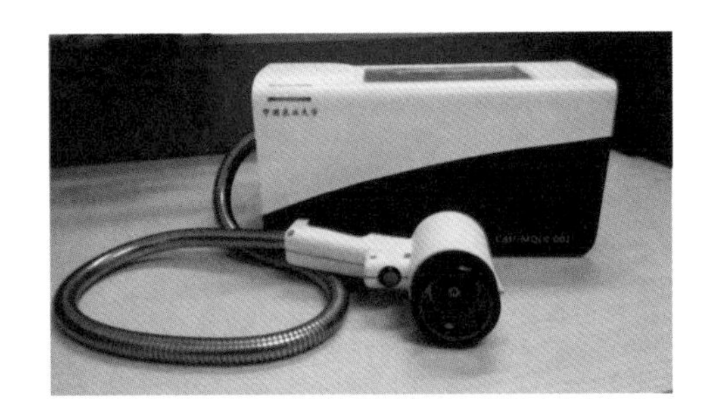

(b) 便携式生鲜肉多品质检测与分级装置[46]

图1-7　便携式农产品智能检测与分级系统

2) 在线式智能检测与分级系统

在线式智能检测与分级系统一般用于采收后的农产品品质检测和分级。对于收获后的农产品，确保其品质和安全是十分重要的。该系统一般采用流水线形式，采用传送带或滑轨等结构来输送农产品。采集信息时，可以融合多种检测传感器，也可采用单一传感器。例如，检测外部品质时，可以采用机器视觉技术采集农产品图像信息；检测农产品内部成分含量时，可以采用可见/近红外光谱检测技术；也可融合多种传感器，同时检测农产品的内外部品质。与便携式抽样检测不同，该系统可以实现农产品的逐一全面检测，具有检测速度快、精度高等特点，可以实现从检测到分级的全自动化。典型的在线式农产品智能检测与分级系统如图1-8所示。图1-8(a)为在线式水果外部品质检测与分级系统。该系统由电荷耦合器件(charge coupled device，CCD)相机、LED光源、近红外结构光投影仪、可编程逻辑控制器(programmable logic controller，PLC)和工业计算机组成。相机可以同时获取三原色(red green blue，RGB)和近红外(near infrared，NIR)图像。照明系统装有亮度调节装置，用于调节光源的亮度。由黑色橡胶辊组成的传送带使苹果在向前运动的同时转动，以便采集苹果全表面图像。光电开关检测到到位信息后,控制相机采集图像,再通过软件处理、分析得出检测结果,并将分级结果发送至分级模块,将不同等级苹果卸载到对应料斗。图 1-8(b)为猪肉水分等品质参数在线检测与分级系统。该系统由样品传输单元、到位识别单元、测距单元、高度调整单元、光谱采集单元和信息处理单元等组成。样品传输单元采用环形滑轨,运行平稳,有利于光谱采集。当到位识别单元检测到样品到达光谱采集单元时,触发光谱仪采集光谱,并通过信息处理单元得出样品水分含量。

(a) 在线式水果外部品质检测与分级系统[47]

(b) 猪肉水分等品质参数在线检测与分级系统[48]

图 1-8 典型的在线式农产品智能检测与分级系统

2. 按检测品质参数分类

根据检测品质参数,将农产品智能检测与分级系统分为内部品质、外部品质和内外部品质同时三种类型。

1) 内部品质智能检测与分级系统

内部品质智能检测与分级系统通常采用可见/近红外光谱检测技术对农产品内部品质进行检测。设备的信息采集模块由光谱仪、光源和暗箱(遮光罩)等构成。该系统可以采集农产品反射或透射光谱信息,通过建立预测模型,实现农产品内部品质自动检测与分级。许多学者研发了内部品质智能检测与分级系统,对果蔬内部病害、糖度、酸度等进行检测,均取得较好的效果。典型的农产品内部品质智能检测与分级系统如图 1-9 所示。图 1-9(a)为柑橘内部品质智能检测与分级系统示意图。该系统包括暗箱、输送辊子、光源、光谱仪、计算机等,用来采集柑橘的透射光谱信息,通过建立的预测模型,实现柑橘内部病害检测。检测后通过输送辊子翻转实现分级动作。图 1-9(b)为苹果内部品质智能检测与分级系统示意图。该系统由传送带、传感器和光源等构成,检测到苹果到位后,采集透射光谱信息,通过内置检测模型实现苹果糖度检测,可以设置分级标准，根据糖度对苹果进行分级。该系统需要额外连接分级装置来实现检测后的分级操作。图 1-9(c)为马铃薯内部品质检测与分级系统。该系统由输送模块、光源模块、光谱采集模块、控制模块、数据分析模块组成。上位机软件控制运载托盘带动马铃薯依次通过检测室，马铃薯到达检测位置时，该系统采集马铃薯漫透射光谱，根据建立的预测模型对马铃薯黑心病和淀粉含量进行检测。

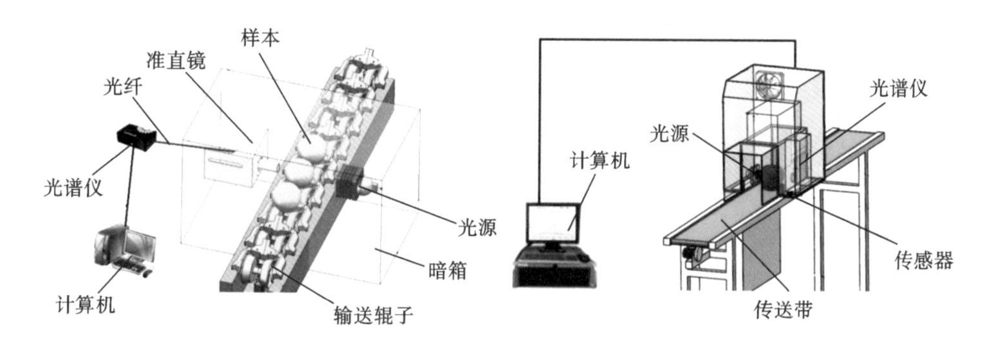

(a) 柑橘内部品质智能检测与分级系统示意图[49]　(b) 苹果内部品质智能检测与分级系统示意图[50]

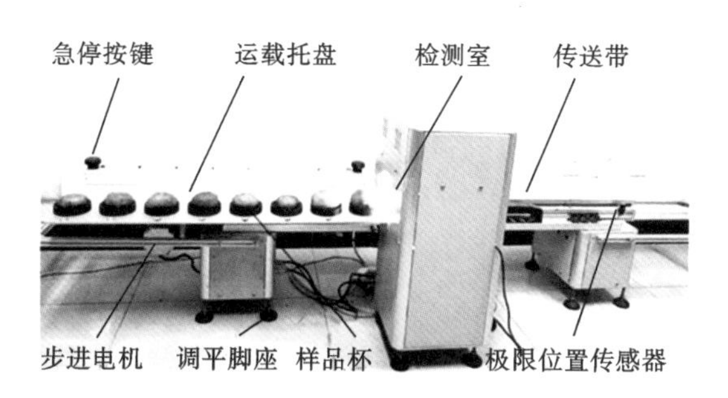

(c) 马铃薯内部品质检测与分级系统[51]

图 1-9　典型的农产品内部品质智能检测与分级系统

2) 外部品质智能检测与分级系统

农产品外部品质智能检测与分级系统一般采用机器视觉技术。设备的信息采集模块由相机和光源等构成。该系统通过采集农产品图像信息，并采用图像分析识别技术，来实现农产品外部品质检测。一般采用此类系统对水果、蔬菜、肉类等的颜色、形状、大小和损伤进行检测。可以将图像信息与 ANN 相结合，进一步提高检测精度。典型的农产品外部品质智能检测与分级系统如图 1-10 所示。图 1-10(a)为红枣外部品质智能检测与分级系统示意图。该系统

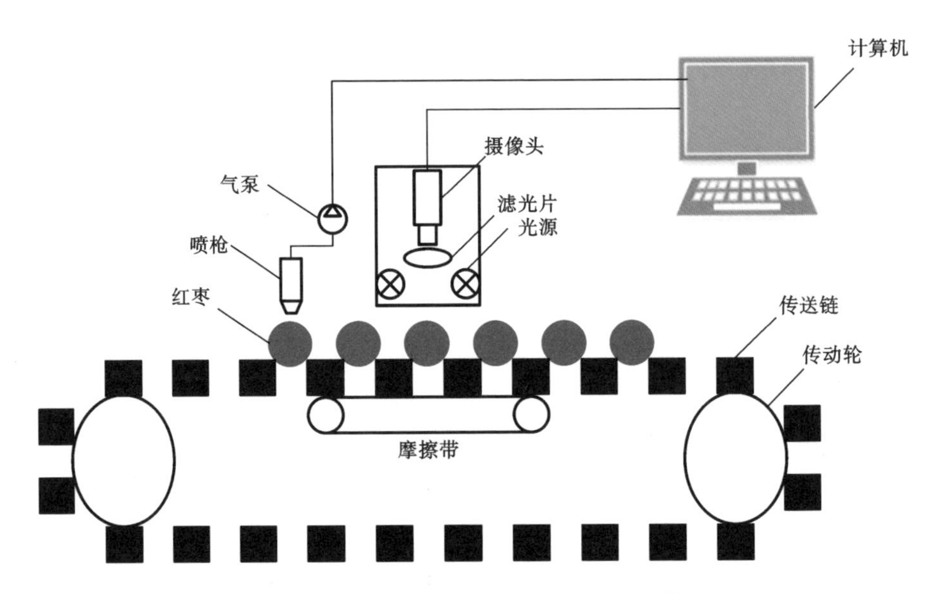

（a）红枣外部品质智能检测与分级系统示意图[52]

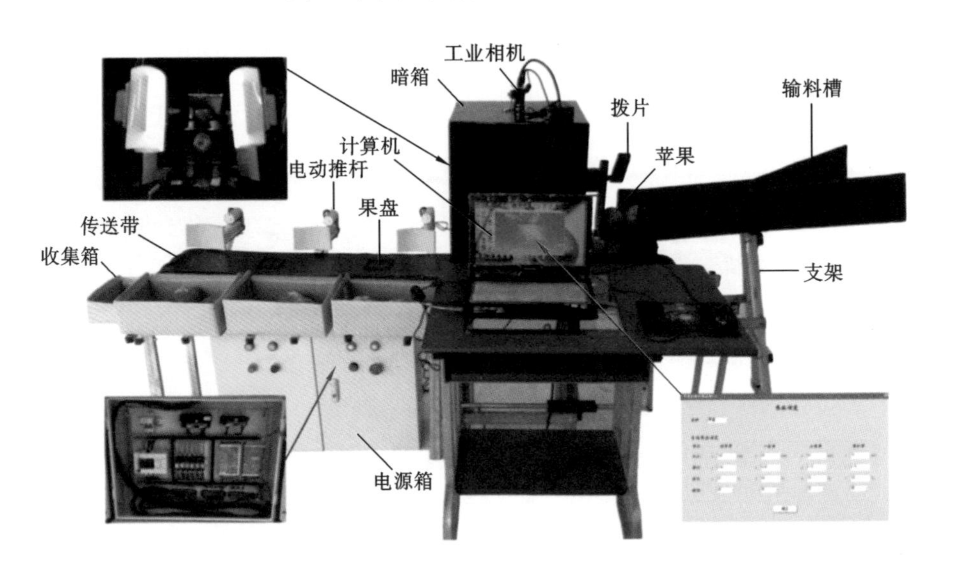

（b）苹果外部品质智能检测与分级系统[53]

图 1-10　典型的农产品外部品质智能检测与分级系统

由自动化整理排布输送系统、多表面图像采集与处理系统、分级执行机构、传动系统及控制部分组成。采用间歇式凸轮机构结合辊轮输送链板实现红枣单体化排布输送，利用相机与 STM32 嵌入式系统并结合正面和背面光源，实现红枣多表面图像采集，最后采用高压喷气装置实现红枣的分级。图1-10(b)为苹果外部品质智能检测与分级系统。该系统由工业相机、PLC、LED光源、光电开关、计算机、传送带、电动推杆等组成。基于VS2010平台开发检测与分级软件，该软件可以根据外部触发信号读取相机采集的图像信息，实时调用图像处理程序来在线处理、判别苹果的品质等级，并将苹果传送到相应等级收集箱以实现分选。

3）内外部品质同时智能检测与分级系统

将可见/近红外光谱检测技术和机器视觉技术相结合或者采用高光谱成像(hyper spectral imaging，HSI)技术，即可实现农产品内外部品质同时检测。采用高光谱成像技术可以同时获取农产品的图像和光谱信息，实现内外部品质同时检测。设备的信息采集模块由光谱仪、高光谱相机和光源等构成。该系统可以对农产品内部品质(糖度、酸度、新鲜度、水分含量、脂肪含量等)和外部品质(尺寸、颜色、形状和外部损伤等)等进行检测，根据检测结果对农产品品质进行自动分级。该系统的优势是内外部品质同时检测，且检测指标全面。典型的农产品内外部品质同时智能检测与分级系统如图1-11所示。图1-11(a)为苹果内外部品质在线检测与分级系统示意图。该系统由哑铃式辊子、机器视觉外部品质检测系统模块、近红外内部品质检测系统模块、分级模块以及控制系统组成。哑铃式辊子可以使苹果在向前运动的同时滚动，采集多表面图像信息，有利于外部品质检测。苹果依次通过外部和内部品质检测模块，由到位传感器触发信息采集模块，计算机对图像和光谱信息进行处理，得出苹果的尺寸、外部损伤和糖度等品质信息，并根据品质信息对苹果进行分级，分级模块将苹果卸入对应等级料斗。图1-11(b)为水果品质高光谱在线检测与分级系统。该系统由水果输送单元、高光谱信息采集系统、在线分选落果装置、辅助装置等组成。该系统也采用滚轮式结构，通过旋转功能采集水果多表面图谱信息。通过专门设计的托指式果托实现对水果的分级动作。该系统的上位机软件采用LabVIEW开发，可实现对脐橙糖度和外部缺陷的在线检测和分级。图1-11(c)为肉类品质高光谱检测与分级系统示意图。该系统由高光谱相机、光源、移动平台和计算机等组成。样品随着移动平台移动，经扫描得到其高光谱数据信息，实现肉类颜色、脂肪含量、水分含量、蛋白质含量和新鲜度的检测与分级。

针对苹果内外部品质检测与分级的产业需求，一些农产品检测装备制造企业研发了苹果内外部品质智能在线检测与分级系统。此类系统具有检测指标全面、高效等特点，可以同时检测苹果大小、重量、瑕疵以及内部糖度、霉心等。

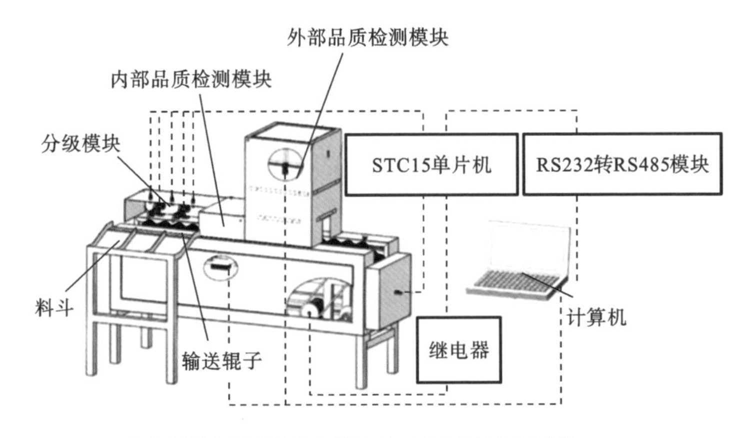

(a) 苹果内外部品质在线检测与分级系统示意图[54]

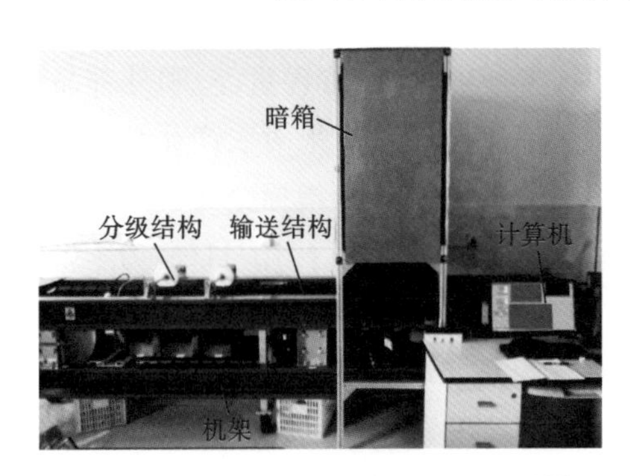

(b) 水果品质高光谱在线检测与分级系统[55]

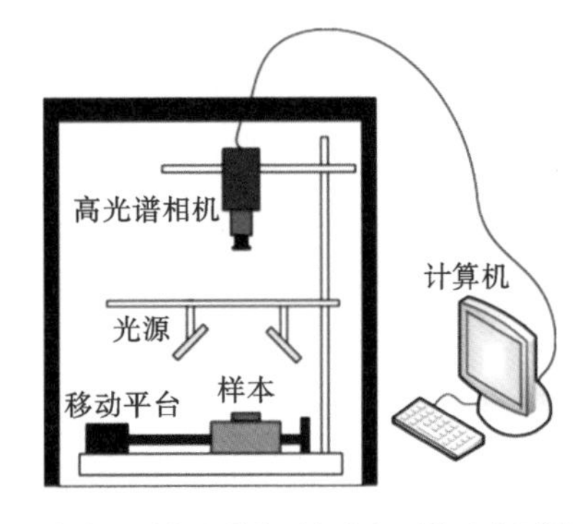

(c) 肉类品质高光谱检测与分级系统示意图[56]

图 1-11　典型的农产品内外部品质同时智能检测与分级系统

此类系统实物如图 1-12 所示，其中图 1-12(a)、(b)和(c)为滚轮式分级系统，图 1-12(d)为自由果托式分级系统。此类系统较为相似，主要包括输送模块、内部品质检测模块、外部品质检测模块、评价分级模块、控制模块和信息处理分析模块。输送模块采用两种形式：滚轮式和自由果托式。滚轮式分级系统使苹果在向前移动的同时转动，采集苹果多表面信息，实现外部品质精确检测；自由果托式分级系统主要用于苹果内部品质检测，具有减少苹果损伤、避免杂散光干扰的作用。外部品质检测模块采用相机采集苹果外部图像，以检测大小和外部损伤等。内部品质检测模块通过采集透射光谱信息检测苹果糖度、酸度等。对于分级而言，滚轮式分级系统自带翻转结构，检测完成后通过翻转结构将苹果卸载至相应位置；自由果托式分级系统采用托扫式结构将整个果托连同苹果卸载至相应位置。

（a）新西兰陶朗苹果分级系统[57]

（b）意大利UNITEC苹果分级系统[58]

（c）美国ELLIPS苹果分级系统[59]

（d）绿萌在线式苹果品质检测与分级系统[60]

图 1-12　商用苹果检测与分级设备

另外，在一个农产品传输线上不同的工位，分别设置内部品质检测、外部品质检测、形态检测、称重等模块，在传输线终端根据各种品质参数进行综合评价、分类、分选，也是一种常用的检测与分级技术。

许多学者和企业研发了适用于不同农产品的智能检测与分级系统，它们通常由控制模块、输送模块、样品位置识别模块、信息采集模块、信息处理分析模块、智能预测模型模块和评价分级模块组成，可以实现粮食和油料、水果、蔬菜、畜产品、水产品、蜂产品、茶叶等农产品内外部品质的智能检测和分级，具有无损、智能、高效和精确等特点。由于环境复杂多变，如温度波动、样品移动速度变化等，这类系统在实际应用中仍然存在许多挑战[61]。此外，农产品作为自然生长的生物体，其物理和生物属性差异也是导致检测精度不稳定的主要原因之一[62]。通过将 AI 算法和农产品品质检测技术相结合，可以有效解决以上问题，提高检测精度和效率。对农产品品质进行检测和分级，有助于提高我国农产品的市场竞争力，保障人们的生命健康和满足人们对于高品质农产品的需求。此外，大数据、物联网等新兴技术与农产品品质检测技术相结合，可以进一步推进我国智慧农业建设，提高我国农业智能化发展水平。

参考文献

[1] 吕宁. 我国农产品消费的现状与趋势分析[J]. 商业经济，2017(12)：82-84.

[2] 王亚华，臧良震，苏毅清. 2035 年中国农业现代化前景展望[J]. 农业现代化研究，2020，41(1)：16-23.

[3] ORTEGA D L，WANG H H，WU L，et al. Modeling heterogeneity in consumer preferences for select food safety attributes in China[J]. Food Policy，2011，36(2)：318-324.

[4] 纪良纲，米新丽. 农产品国际竞争力提升研究——基于农产品供应链视角[J]. 河北经贸大学学报，2017，38(6)：49-54.

[5] 关晓晨. 中国农产品国际竞争力研究[D]. 青岛：中国海洋大学，2015.

[6] YU X H. Engel curve，farmer welfare and food consumption in 40 years of rural China[J]. China Agricultural Economic Review，2018，10(1)：65-77.

[7] WANG J H，GE J Y，MA Y T. Urban Chinese consumers' willingness to pay for pork with certified labels：a discrete choice experiment[J]. Sustainability，2018，10(3)：603.

[8] NIE W J，LI T P，ZHU L Q. Market demand and government regulation for quality grading system of agricultural products in China[J]. Journal of Retailing and Consumer Services，2020，56：102134.

[9] PIVOTO D，WAQUIL P D，TALAMINI E，et al. Scientific development of smart farming technologies and their application in Brazil[J]. Information Processing in Agriculture，2018，5(1)：21-32.

[10] SUKHADIA A，UPADHYAY K，GUNDETI M，et al. Optimization of smart traffic governance system using artificial intelligence[J]. Augmented Human Research，2020，5(1)：1-14.

[11] SHAH D，DIXIT R，SHAH A，et al. A comprehensive analysis regarding several breakthroughs based on computer intelligence targeting various syndromes[J]. Augmented Human Research，2020，5(1)：1-12.

[12] PATHAN M，PATEL N，YAGNIK H，et al. Artificial cognition for

applications in smart agriculture: a comprehensive review[J]. Artificial Intelligence in Agriculture, 2020(1): 81-95.

[13] KAKKAD V, PATEL M, SHAH M. Biometric authentication and image encryption for image security in cloud framework[J]. Multiscale and Multidisciplinary Modeling, Experiments and Design, 2019, 2(4): 233-248.

[14] BROSNAN T, SUN D W. Improving quality inspection of food products by computer vision: a review[J]. Journal of Food Engineering, 2004, 61(1): 3-16.

[15] NARANJO-TORRES J, MORA M, HERNÁNDEZ-GARCÍA R, et al. A review of convolutional neural network applied to fruit image processing[J]. Applied Sciences, 2020, 10(10): 3443.

[16] KAMILARIS A, PRENAFETA-BOLDÚ F X. Deep learning in agriculture: a survey[J]. Computers and Electronics in Agriculture, 2018, 147: 70-90.

[17] SUN Y, LU R F, LU Y Z, et al. Detection of early decay in peaches by structured-illumination reflectance imaging[J]. Postharvest Biology and Technology, 2019, 151: 68-78.

[18] FAN S X, LIANG X T, HUANG W Q, et al. Real-time defects detection for apple sorting using NIR cameras with pruning-based YOLOV4 network[J]. Computers and Electronics in Agriculture, 2022, 193: 106715.

[19] BHARGAVA A, BANSAL A. Automatic detection and grading of multiple fruits by machine learning[J]. Food Analytical Methods, 2020, 13(3): 751-761.

[20] JIANG B, HE J R, YANG S Q, et al. Fusion of machine vision technology and AlexNet-CNNs deep learning network for the detection of postharvest apple pesticide residues[J]. Artificial Intelligence in Agriculture, 2019, 1: 1-8.

[21] 赵鑫龙，彭彦昆，李永玉，等. 基于深度学习的牛肉大理石花纹等级手机评价系统[J]. 农业工程学报，2020，36(13)：250-256.

[22] LEE A, SHIM J, KIM B, et al. Non-destructive prediction of soluble solid contents in Fuji apples using visible near-infrared spectroscopy and

various statistical methods[J]. Journal of Food Engineering, 2022, 321: 110945.

[23] PENG Y K, LU R F. Analysis of spatially resolved hyperspectral scattering images for assessing apple fruit firmness and soluble solids content [J]. Postharvest Biology and Technology, 2008, 48(1): 52-62.

[24] PENG Y K, LU R F. Prediction of apple fruit firmness and soluble solids content using characteristics of multispectral scattering images[J]. Journal of Food Engineering, 2007, 82(2): 142-152.

[25] PENG Y K, LU R F. Improving apple fruit firmness predictions by effective correction of multispectral scattering images[J]. Postharvest Biology and Technology, 2006, 41(3): 266-274.

[26] 刘爽，柴春祥. 近红外光谱技术在水产品检测中的应用进展[J]. 食品安全质量检测学报，2021，12(21)：8590-8596.

[27] 石长波，姚恒喆，袁惠萍，等. 近红外光谱技术在肉制品安全性检测中的应用研究进展[J]. 美食研究，2021，38(2)：62-67.

[28] 谢有超，彭黔荣，杨敏，等. 近红外光谱技术在蜂蜜检测中的应用[J]. 食品工业科技，2020，41(12)：334-341,347.

[29] 苏丹，王志霞，周佳，等. 基于知识图谱分析近红外光谱技术在茶叶分析中的研究进展[J]. 食品安全质量检测学报，2022，13(4)：1193-1200.

[30] ZHANG X L, YANG J, LIN T, et al. Food and agro-product quality evaluation based on spectroscopy and deep learning: a review[J]. Trends in Food Science & Technology, 2021, 112: 431-441.

[31] YU X J, LU H D, WU D. Development of deep learning method for predicting firmness and soluble solid content of postharvest Korla fragrant pear using Vis/NIR hyperspectral reflectance imaging[J]. Postharvest Biology and Technology, 2018, 141: 39-49.

[32] CHEN Y Y, WANG Z B. Quantitative analysis modeling of infrared spectroscopy based on ensemble convolutional neural networks[J]. Chemometrics and Intelligent Laboratory Systems, 2018, 181: 1-10.

[33] CUI C H, FEARN T. Modern practical convolutional neural networks for multivariate regression: applications to NIR calibration[J]. Chemometrics and Intelligent Laboratory Systems, 2018, 182: 9-20.

[34] BANTI M. Review on electrical conductivity in food, the case in fruits and vegetables[J]. World Journal of Food Science and Technology, 2020, 4(4): 80-89.

[35] LAN H P, WANG Z T, NIU H, et al. A nondestructive testing method for soluble solid content in Korla fragrant pears based on electrical properties and artificial neural network[J]. Food Science & Nutrition, 2020, 8(9): 5172-5181.

[36] GUO W C, SHANG L, ZHU X H, et al. Nondestructive detection of soluble solids content of apples from dielectric spectra with ANN and chemometric methods[J]. Food and Bioprocess Technology, 2015, 8(5): 1126-1138.

[37] RASHVAND M, FIROUZ M S. Dielectric technique combined with artificial neural network and support vector regression in moisture content prediction of olive[J]. Research in Agricultural Engineering, 2020, 66(1): 1-7.

[38] ZHANG W, LV Z Z, XIONG S L. Nondestructive quality evaluation of agro-products using acoustic vibration methods—a review[J]. Critical Reviews in Food Science and Nutrition, 2017, 58(14): 2386-2397.

[39] ABOONAJMI M, JAHANGIRI M, HASSAN-BEYGI S R. A review on application of acoustic analysis in quality evaluation of agro-food products [J]. Journal of Food Processing and Preservation, 2015, 39(6): 3175-3188.

[40] FADCHAR N A, CRUZ J C D. Design and development of a neural network—based coconut maturity detector using sound signatures[C]//Proceedings of 2020 IEEE 7th International Conference on Industrial Engineering and Applications(ICIEA). New York:IEEE, 2020: 927-931.

[41] DING C Q, WU H L, FENG Z, et al. Online assessment of pear firmness by acoustic vibration analysis[J]. Postharvest Biology and Technology, 2020, 160: 111042.

[42] LIU Y, WU Q W, HUANG J L, et al. Comparison of apple firmness prediction models based on non-destructive acoustic signal[J]. International Journal of Food Science + Technology, 2021, 56(12): 6443-6450.

[43] CHOE U, KANG H, HAM J, et al. Maturity assessment of watermelon by acoustic method[J]. Scientia Horticulturae, 2022, 293: 110735.

[44] 郭志明，王郡艺，宋烨，等. 手持式可见近红外苹果品质无损检测系统设计与试验[J]. 农业工程学报，2021，37(22)：271-277.

[45] 乔鑫，彭彦昆，王亚丽，等. 手机联用的苹果糖度便携式检测装置设计与试验[J]. 农业机械学报，2020，51(S2)：491-498.

[46] 孙宏伟，彭彦昆，林琬. 便携式生鲜猪肉多品质参数同时检测装置研发[J]. 农业工程学报，31(20)：268-273.

[47] FAN S X, LI J B, ZHANG Y H, et al. On line detection of defective apples using computer vision system combined with deep learning methods[J]. Journal of Food Engineering, 2020, 286: 110102.

[48] 彭彦昆，杨清华，王文秀. 基于近红外光谱的猪肉水分在线检测与分级[J]. 农业机械学报，2018，49(3)：347-353.

[49] TIAN S J, WANG S, XU H R. Early detection of freezing damage in oranges by online Vis/NIR transmission coupled with diameter correction method and deep 1D-CNN[J]. Computers and Electronics in Agriculture, 2022, 193: 106638.

[50] XIA Y, FAN S X, LI J B, et al. Optimization and comparison of models for prediction of soluble solids content in apple by online Vis/NIR transmission coupled with diameter correction method[J]. Chemometrics and Intelligent Laboratory Systems, 2020, 201: 104017.

[51] 丁继刚，韩东海，李永玉，等. 基于可见/近红外漫透射光谱的马铃薯黑心病及淀粉含量同时在线无损检测[J]. 光谱学与光谱分析，2020，40(6)：1909-1915.

[52] 李聪，李玉洁，李小占，等. 基于机器视觉的红枣外部品质检测技术研究进展[J]. 食品工业科技，2022，43(20)：447-453.

[53] 石瑞瑶，田有文，赖兴涛，等. 基于机器视觉的苹果品质在线分级检测[J]. 中国农业科技导报，2018，20(3)：80-86.

[54] 李龙，彭彦昆，李永玉. 苹果内外品质在线无损检测分级系统设计与试验[J]. 农业工程学报，2018，34(9)：267-275.

[55] 张一帆. 水果品质高光谱在线分选设备设计及试验验证——以赣南脐橙为例[D]. 南昌：江西农业大学，2021.

[56] XIONG Z J，SUN D W，ZENG X A，et al. Recent developments of hyperspectral imaging systems and their applications in detecting quality attributes of red meats：a review[J]. Journal of Food Engineering，2014，132：1-13.
[57] 陶朗. 客户案例：H. H. Dobbins借助陶朗分选技术，打造顶级水果包装品牌[EB/OL].（2018-08-12）[2023-10-26]. https://www. tomra. cn/food/case-studies/hhdobbins/.
[58] UNITEC. Unitec group at fruit logistica 2019[EB/OL].（2019-02-07）[2023-10-26]. https://www. unisorting. com/en/unitec-group-at-fruit-logistica-2019/.
[59] ELLIPS. Starr ranch growers chooses optical apple grading technology from Ellips/Elisam[EB/OL].（2022-03-10）[2023-10-26]. https://ellips. com/starr-ranch-growers-chooses-optical-apple-grading-technology-from-ellips-elisam-2/.
[60] 绿萌. 绿萌呵福式苹果分选线助力威海唱响“威海苹果”品牌[EB/OL].（2021-11-10）[2023-10-26]. https://www. reemoon. com/news/445. html.
[61] ZHANG Y F，WANG Z L，TIAN X，et al. Online analysis of watercore apples by considering different speeds and orientations based on Vis/NIR full-transmittance spectroscopy[J]. Infrared Physics & Technology，2022，122：104090.
[62] TIAN S J，XU H R. Nondestructive methods for the quality assessment of fruits and vegetables considering their physical and biological variability[J]. Food Engineering Reviews，2022，14：380-407.

第2章 粮食和油料智能检测与分级

2.1 原粮

原粮亦称“自然粮”,一般指未经加工的粮食的统称。原粮一般具有完整的外壳或保护组织,在防虫、防霉以及耐储性方面优于成品粮。原粮的质量安全是保障人们高质量生活品质的重要因素,因此消费者对原粮的品质安全问题高度重视。原粮品质的检测与分级是确保食品安全的重要技术手段[1]。

2.1.1 收获后品质检测与分级技术装备

原粮谷物中富含大量的碳水化合物、蛋白质、脂质、矿物质、维生素和酚类化合物等[2]。同时,原粮中还含有部分有利于预防慢性疾病以及抗癌、抗糖尿病和抗炎作用相关的生物活性化合物[3]。目前,用于原粮收获后品质检测与分级的技术主要包括近红外(NIR)光谱、高光谱成像(HSI)、拉曼光谱、机器视觉和软X射线等技术。

1. 近红外光谱技术

近红外光谱技术是一种非破坏性的快速检测方法,主要反映样品内部成分化学键的“特征信息”。近红外光照射样品时引起C、N、H、O、P和S原子之间键的振动,振动导致原子中键的拉伸和弯曲,影响键长和角度的变化,样品吸收的光量主要取决于与光相互作用的样品中所含的分子数量,由此可预测样品中水分和营养物质等含量[4]。该技术是原粮品质检测技术中应用较为广泛的一种。

Baye等人[5]以单个玉米颗粒为研究对象,探究了利用近红外反射光谱和透射光谱预测其内部品质的可行性。研究中采用缺陷内核突变体和正常玉米颗粒,从个体的胚芽侧采集光谱。采集过程中将玉米颗粒放置在分叉相互作用光纤束石英窗口上,检测系统示意图如图2-1所示,该装置可以同时进行近红外反射光谱和透射光谱的采集。观察区域的直径为 17 mm，照明光束是直径为 7 mm 的环形，反射探头光纤的直径为 2 mm。由于所采集到的近红外透射光谱与玉米颗粒内部成分的相关性较差，故研究中只对近红外反射光谱进行了具体分析。

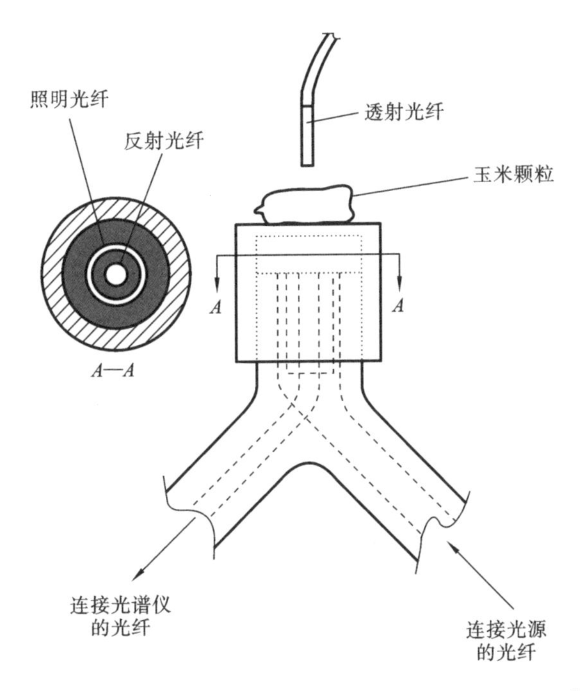

图 2-1　近红外光谱反射率和透射率联合采样模块示意图[5]

采集的玉米颗粒的近红外反射光谱如图 2-2 所示。可以看出，在 900～1700 nm 波段内，玉米颗粒存在较为明显的吸收峰，该区域的光谱主要为 C—H、N—H、O—H 等化学键的倍频及合频吸收。其中，波长 940 nm 和 1450 nm 处为水分子 O—H 键对称和反对称伸缩振动的组合频吸收谱带。根据玉米颗粒成分的绝对量建立蛋白质含量、淀粉含量、能量的偏最小二乘（partial least squares，PLS）模型，校正集决定系数 R_c^2 分别为 0.90、0.86、0.85，预测集决定系数 R_p^2 分别为 0.91、0.88、0.81，预测标准误差（standard error of prediction，SEP）分别为 2.3 mg/kernel、17.8 mg/kernel、93.9 cal/kernel，结果说明，该模型对蛋白质含量、淀粉含量、能量等具有较好的预测能力。

Wesley 等人[6]探究了利用 NIR 技术检测单个小麦颗粒中蛋白质含量的可行性。研究中使用了两种 NIR 系统（DA-7000 和 NIR Systems 6500），两种系

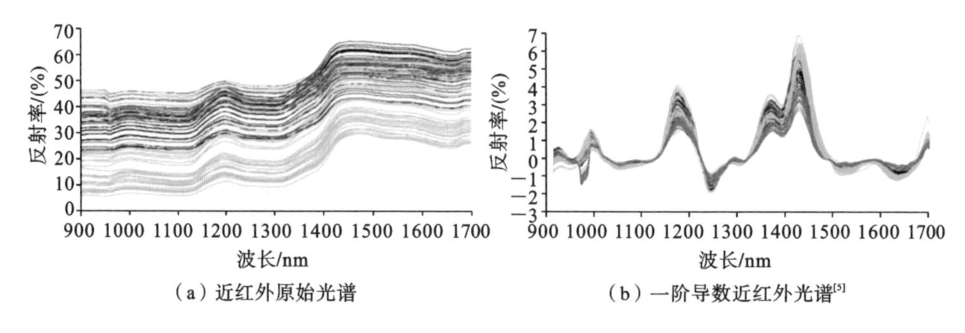

（a）近红外原始光谱　　（b）一阶导数近红外光谱[5]

图 2-2　采集的玉米颗粒的近红外反射光谱[5]

统的样品盘分别如图 2-3(a)和(b)所示。在 DA-7000 中,样品盘最大容量为 100 个颗粒,表面喷涂哑光黑色不反光漆,样品盘可以控制颗粒的方向。DA-7000 的光谱采集范围为 400～1700 nm。在 NIR Systems 6500 中,样品盘有一个长约 8 mm、宽约 3 mm 的狭缝,用于放置样品颗粒,光谱的采集范围为 400～2500 nm。

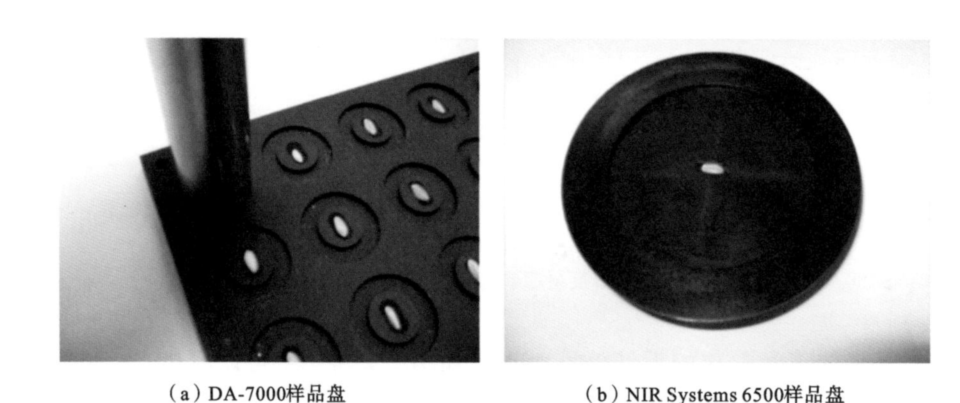

（a）DA-7000样品盘　　（b）NIR Systems 6500样品盘

图 2-3　用于获取单粒小麦 NIR 光谱的样品盘[6]

利用两种检测系统得到的小麦颗粒近红外光谱如图 2-4 所示。其中,波长 970 nm 和 1450 nm 处为水分子 O—H 键对称和反对称伸缩振动的组合频吸收谱带,1408～1602 nm 波段的水分吸收对光谱的影响显著,1150～1210 nm 波段为 C—H 键振动的二级倍频谱带,1300～1500 nm 波段为 C—H 键的组合频吸收谱带,1470～1590 nm 波段为 N—H 键的倍频吸收区域。在图 2-4(a)中,可以看到以波长 1185 nm 和 1430 nm 为中心的两个宽峰,在图 2-4(b)中吸收峰信息则更为丰富,尤其表现在 1150 nm 之后。利用 PLS 对两个系统获得的近红外光谱与小麦颗粒蛋白质含量进行建模，并对比了小麦不同朝向对建模结果的影响，发现小麦褶皱面朝上均能获得比另一面更好的光谱采集结果，其中基于 NIR Systems 6500 建立的模型 R^2 可以达到 0.98，交叉验证集均方误差(squared errors of cross-validation，SECV)为 1.03%，基于 DA-7000 建立的模型 R^2 为 0.84，SECV 为 1.09%。

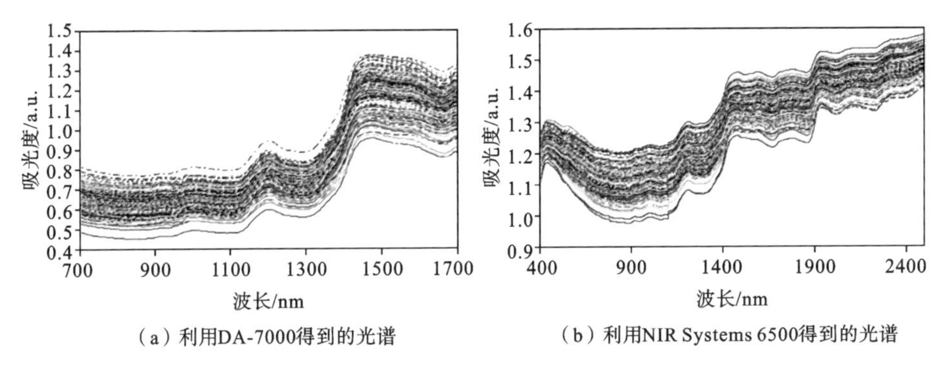

(a) 利用DA-7000得到的光谱
(b) 利用NIR Systems 6500得到的光谱

图 2-4　200 个小麦颗粒的近红外光谱[6]

2. 高光谱成像技术

高光谱成像技术是光谱与二维图像融为一体的技术，具有图谱合一的特点。高光谱图像信息是三维的，其中两维是图像空间像素信息，第三维是波长信息。高光谱成像技术更适合非均匀样品的分析，可以对样品的内在特性以及外部特征进行可视化分析。

Caporaso 等人[7]利用近红外光谱技术结合高光谱成像技术实现了对小麦颗粒中蛋白质含量的预测，并评估商业小麦颗粒中蛋白质分布的均匀性。实验中在 980～2500 nm 的光谱区域内采集高光谱反射率图像，并分别利用标准化、多元散射校正(multiplicative scatter correction, MSC)、标准正态变量变换(standard normal variate, SNV)、SNV 结合 1 阶导数、基线校正结合去趋势、SNV 结合去趋势以及 2 阶导数对原始光谱进行预处理，建立蛋白质含量 PLS 预测模型。其中，SNV 结合 1 阶导数预处理方式实现了最佳的蛋白质含量预测，近红外光谱图如图 2-5 所示。校正集和交叉验证集的 R^2 分别为 0.824 和 0.790，均方根误差(root mean square error, RMSE)分别为 0.857% 和 0.944%。SNV 结合 1 阶导数预处理方式可有效减小小麦颗粒之间形状和表面特性差异对光散射的影响，然而，光谱预处理方法并不具有一般性，其取决于研究中使用的仪器设备以及样品。

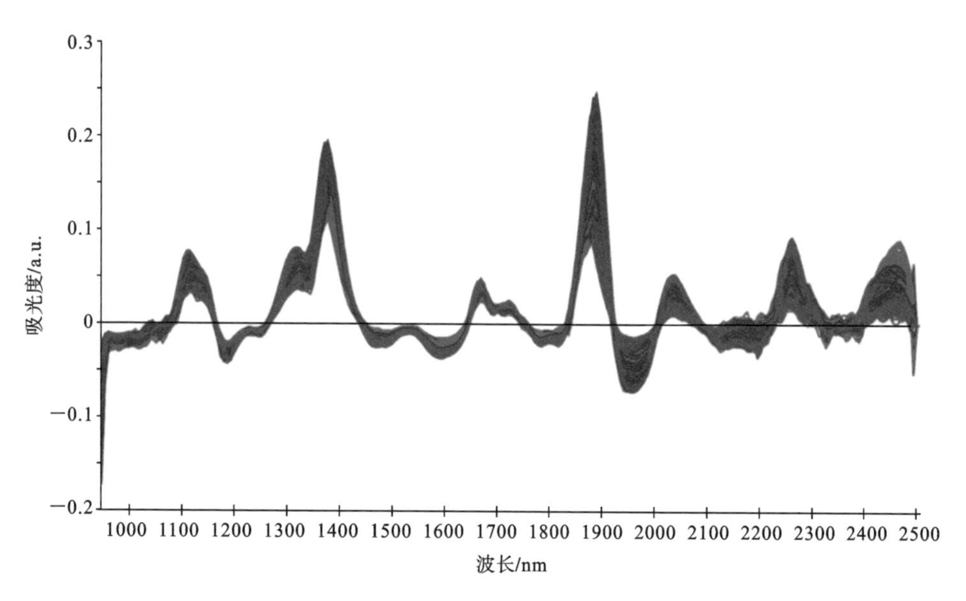

图 2-5　SNV 结合 1 阶导数预处理近红外光谱图[7]

此外，该研究还探究了颗粒摆放位置、硬度和光谱区域对建模结果的影响。其中，颗粒摆放位置和硬度对建模结果的影响不大。对于光谱区域而言，近红外光谱范围的减小导致了更低的 R^2 和更高的 RMSE，不同预处理方式得到的校正集均方根误差(root mean square error of calibration，RMSEC)在1.03%～1.19%范围内，而预测集均方根误差(root mean square error of prediction，RMSEP)在 1.13%～1.23%范围内。为探究最佳蛋白质含量预测模型的近红外响应机理，该团队比较了使用全光谱区域和简化光谱区域蛋白质含量预测模型的 PLS 载荷权重。结果表明，PC1 的主要贡献波长为 1216 nm、1384 nm、1438 nm 和 1468 nm。对于全光谱建模，1918 nm、2008 nm、2062 nm 和 2272 nm 处的光谱值对模型影响较大，其中 1918 nm 处的光谱值对模型贡献最大，该位置对应 C═O 二级泛频和—CONH 结构产生，因此该波段可以表征蛋白质。对于 PC2，主要影响波长为 1426 nm、1906 nm、1936 nm 和 2464 nm，其中 1936 nm 的波长是得分较高的波长之一，代表了 O—H 拉伸和变形的组合，主要由水分产生。C—H 组合带主要位于 1000～1100 nm 和 2000～2500 nm，而 N—H 组合带主要在 2000 nm 处产生近红外吸收。在泛频区域，N—H 主要在 1500 nm 处产生吸收。在组合带区域，N—H 主要在略小于 2100 nm 处和 2250 nm 处产生吸收，因此在 2062 nm 和 2272 nm 处产生的峰是由 N—H 振动引起的。其他峰值主要与 C—H 组合键的吸收相关。

除了蛋白质含量之外，原粮中的淀粉含量也是一项重要的品质指标。Zhang 等人[8]利用高光谱成像系统对不同品种带壳水稻的淀粉含量进行了预测。图 2-6 为不同品种带壳水稻的近红外平均反射率光谱图。样品在 1000～2500 nm 范围内的主要吸收波段对应着 O—H、C—H、N—H 和 C ═O 的组合吸收以及其倍频影响。在 938～2215 nm 范围内，各种带壳水稻样品的光谱反射率趋势相同，但也可以观察到一些明显的差异，这些光谱差异由不同水稻品种的差异性产生。此外，样品表面的不均匀结构和不固定散射也会影响近红外光谱的反射率。淀粉的主要吸收峰位于 1051 nm、1158 nm、1346 nm、1720 nm、1809 nm、1941 nm 和 2180 nm 处。在 1035～1060 nm 范围内的吸收峰由 O—H 化学键的组合影响产生，1140～1215 nm 范围内的吸收峰由 C—H 化学键的组合振动产生。在 1330～1380 nm 范围内的吸收峰则由 C—H 振动的组合带产生。先后利用全光谱和特征光谱波段建立淀粉含量的 PLS、PCR 和最小二乘支持向量回归(least squares support vector regression，LSSVR)预测模型，其中 PLS 具有最优的建模效果，校正集决定系数 R_c^2 和校正集均方根误差(RMSEC)分别为 0.9037 和 1.31%，交叉验证集决定系数 R_{cv}^2 和交叉验证集均方根误差(RMSECV)分别为 0.8625 和 1.42%，预测集决定系数 R_p^2 和预测集均方根误差(RMSEP)分别为 0.8147 和 1.66%。

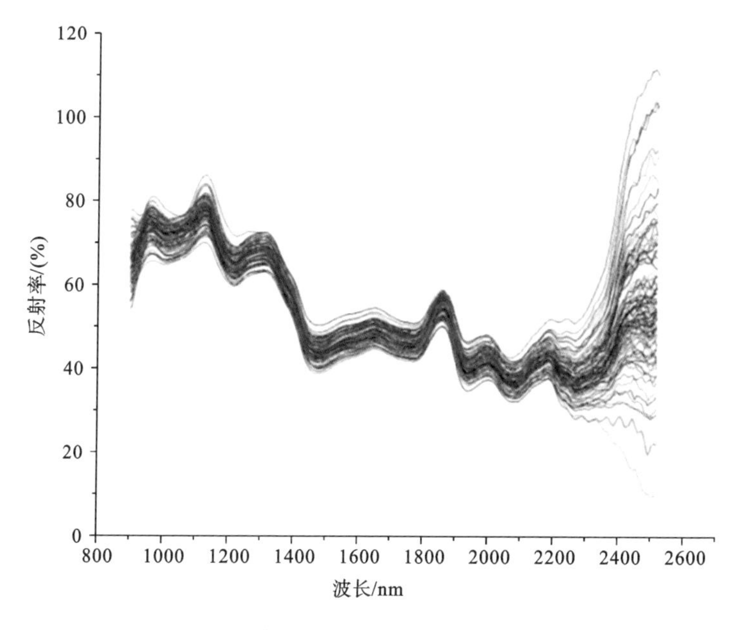

图 2-6　不同品种带壳水稻的近红外平均反射率光谱图[8]

为降低原始高光谱信息的共线性，研究中基于 PLS 决定系数对预测淀粉含量最敏感的波段进行筛选，采用 PLS 在 938～2215 nm 波长范围内建立多变量校正模型，PLS 模型回归系数(beta coefficient)大值对应的最佳波长如图 2-7 所示。结果表明，1051 nm、1158 nm、1346 nm、1720 nm、1809 nm、1941 nm 和 2180 nm 处的近红外光谱值对回归模型具有重要意义。利用这 7 个最优波长进行不同组合，建立了 5 种 PLS 模型，其中利用 7 个波长所建立的模型具有最佳预测结果，R_c^2 和 RMSEC 分别为 0.8815 和 1.27%，R_{cv}^2 和 RMSECV 分别为 0.8037和 1.68%，R_p^2 和 RMSEP 分别为 0.8029 和 1.79%。研究表明，HSI 可用于稻谷淀粉含量的无损检测。

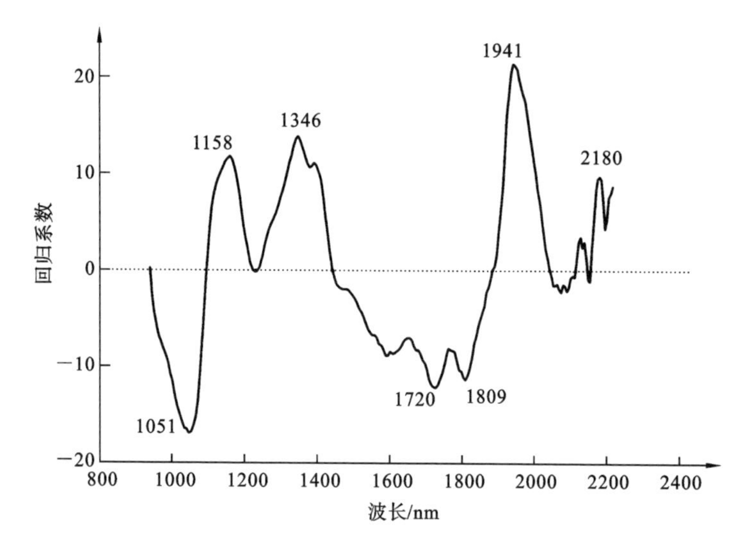

图 2-7　选择与 PLS 模型回归系数大值对应的最佳波长(变量)[8]

3. 拉曼光谱技术

拉曼光谱是高灵敏度指纹图谱，Ambrose 等人[9]采用拉曼光谱和傅里叶变换近红外(Fourier transform near infrared，FT-NIR)光谱检测玉米颗粒的活力。选取三类商用玉米颗粒(黄、白、紫)为研究对象，对其中的一半进行人工老化处理，采集到的经过处理和未处理的玉米颗粒 FT-NIR 光谱和拉曼光谱如图 2-8 所示。经过处理和未处理的玉米颗粒的 FT-NIR 光谱的谱带模式相近，但是经过处理的颗粒比未处理的颗粒具有更低的光谱吸光度。光谱的差异可能由老化处理导致化学成分的变化产生，因为老化处理降低了玉米颗粒中淀粉、蛋白质和水分的含量，这种差异在近红外区域很容易检测到。

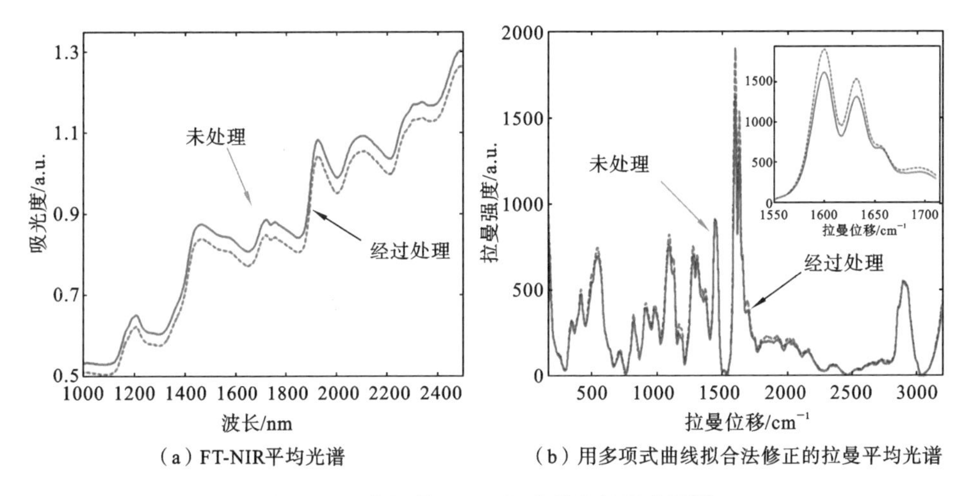

(a) FT-NIR平均光谱　(b) 用多项式曲线拟合法修正的拉曼平均光谱

图 2-8　玉米颗粒 FT-NIR 光谱和拉曼光谱[9]

使用 8 阶多项式曲线拟合方程校正原始光谱中的潜在荧光背景，经过处理的颗粒和未处理的颗粒的拉曼平均光谱如图 2-8(b)所示，两种玉米颗粒的拉曼光谱主要在 1580 cm^{-1} 和 1640 cm^{-1} 拉曼位移处产生差异，该区域的强度变化是由颗粒的发芽能力引起的。700～950 cm^{-1} 的吸收带对应 C—H 弯曲模式，可能与淀粉中糖苷键的振动有关。在 1280 cm^{-1} 和 1444 cm^{-1} 拉曼位移处的强度差异来源于脂肪含量。该研究采用主成分分析(principal component analysis，PCA)和偏最小二乘判别分析(partial least squares discriminant analysis，PLS-DA)两种判别方法建立玉米颗粒的分类模型。首先，利用 FT-NIR 光谱建立玉米颗粒老化分类模型。以黄玉米颗粒的 PCA 建模结果为例，代表变量相关权重的主成分(PC)载荷图显示了 PC1 和 PC2 具有高度相关性的一些特殊峰值，如图 2-9 所示。在 PC1 载荷图中，约 1150 nm 处的峰值对应于最高权重，表明该变量在 PC1 方向上对数据的影响最大。另一方面，PC2 载荷图中约 1134 nm 处的峰值是影响数据集的第二大变量。

FT-NIR 结合 PLS-DA 算法建立的分类模型准确率达 100%，预测能力达 95%以上。该模型的决定系数曲线(见图 2-10)表明，在 1180 nm 和 1420 nm 之间产生了重要的近红外波段响应，这些响应与 C—H 二级泛频伸缩有关，是由 CH_3 官能团的吸收产生的。1600～1800 nm 区域内有两个小的吸收波段(1700 nm 和 1748 nm)，该波段与 C—H 组合和泛频拉伸有关，由 CH_2 和 CH_3 的吸收产生。在长波区域，1918 nm 处产生了最大的绝对值，代表了碳水化合物含量。

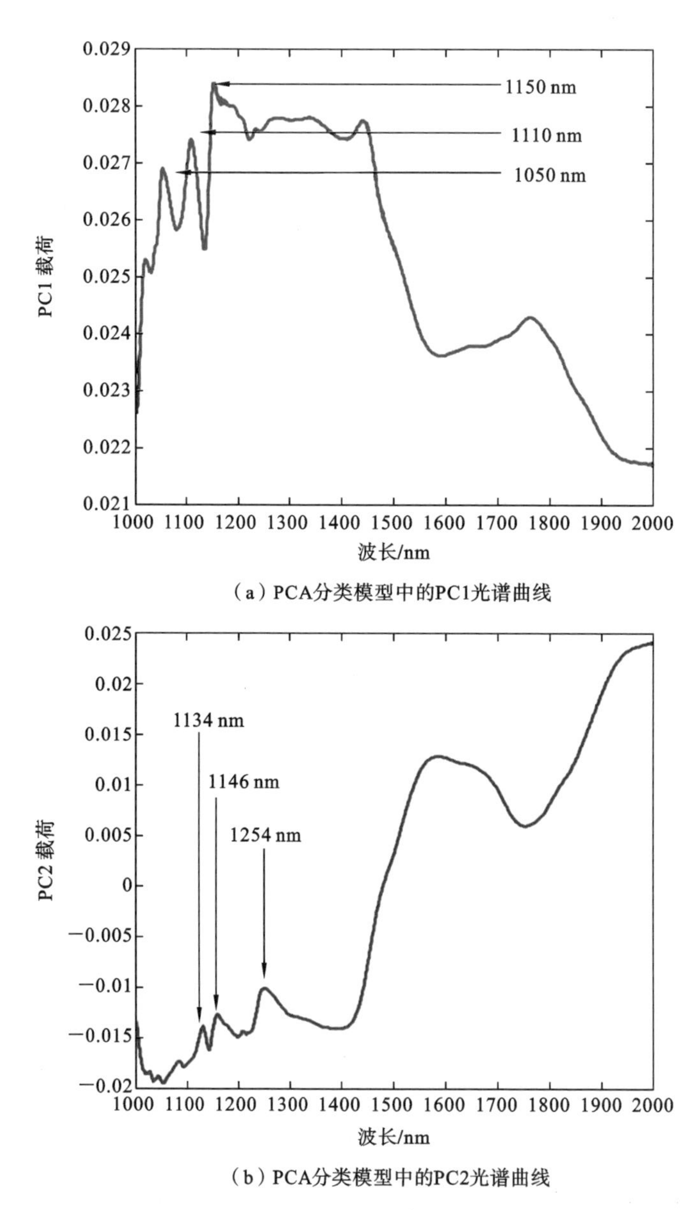

（a）PCA分类模型中的PC1光谱曲线

（b）PCA分类模型中的PC2光谱曲线

图 2-9 PCA 分类模型前两个主成分载荷的光谱曲线[9]

2035 nm 处的吸收由 C═O 拉伸振动产生。一些化合物（尤其是蛋白质、淀粉和水）在 1900～2300 nm 近红外区域表现出特征性的吸收。在 2058 nm 和 2275 nm 处的峰与 N—H 和 O—H 拉伸有关，分别代表了蛋白质和碳水化合物的含量。

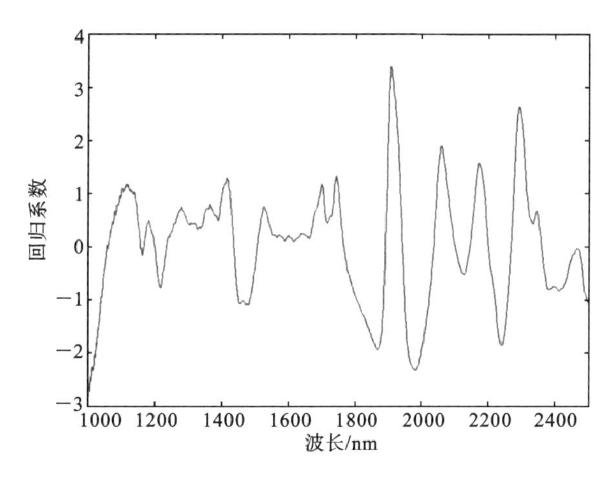

图 2-10 PLS-DA 模型对 FT-NIR 光谱数据的回归系数[9]

与 FT-NIR 光谱的分析类似，先采用 PCA 对拉曼光谱进行分析。如图2-11所示，前两个主成分分别占总变异的 84.6%和 14.7%。这意味着 PC1 和 PC2 可能可以解释拉曼光谱中的大部分变化，因此可以用来表示样品分类的变量。从得分图中可以看出，老化(红色)组和正常(蓝色)组中有相当数量的颗粒被错误分类。

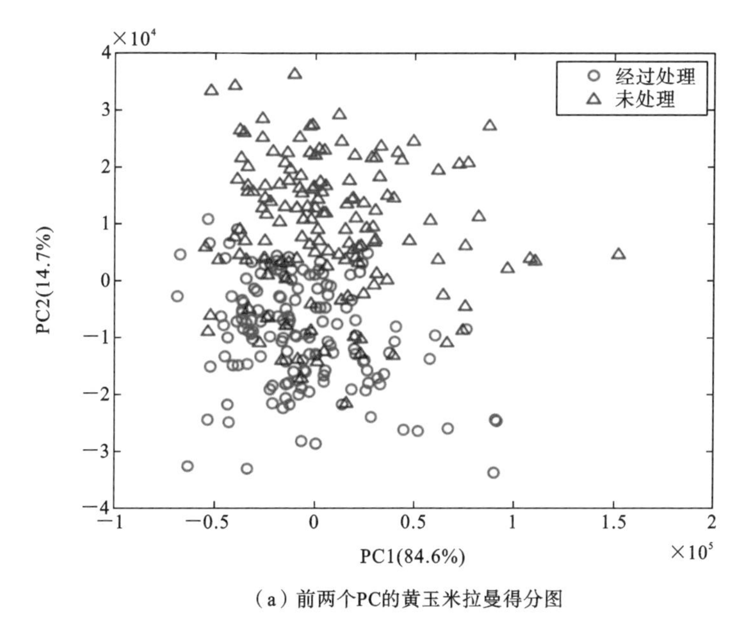

(a) 前两个PC的黄玉米拉曼得分图

图 2-11 PCA 得分图[9]

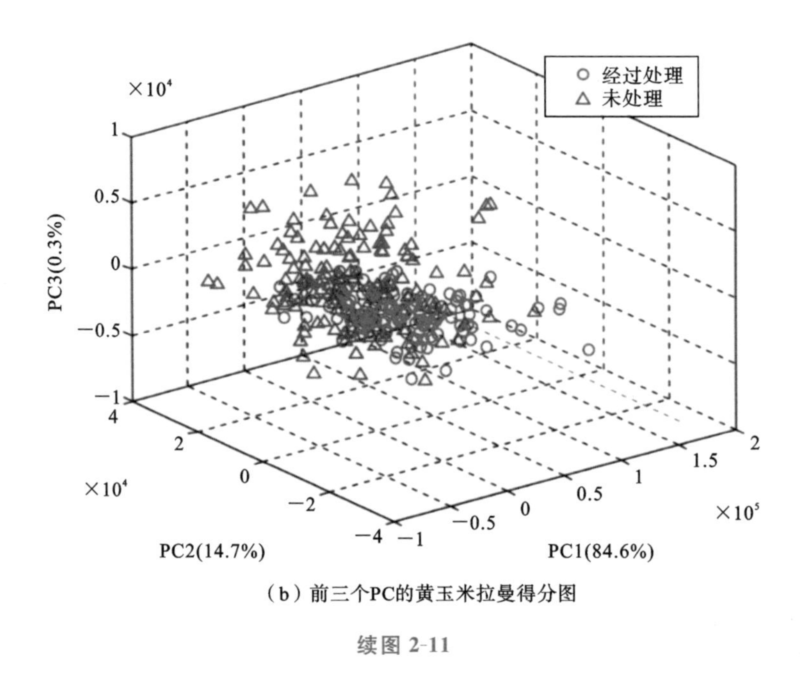

(b) 前三个PC的黄玉米拉曼得分图

续图 2-11

根据图 2-12，发现 964 cm^{-1} 拉曼位移处的峰可能来自玉米颗粒外部的纤维素，1660 cm^{-1} 拉曼位移处的响应与酰胺 I 键有关，代表颗粒的蛋白质含量。基于不同预处理方法的 PLS-DA 模型的识别和预测能力可以达到 93%～100%。平均归一化、MSC 和 1 阶导数预处理技术在三类玉米的校正模型中显示出 100%的精确度。

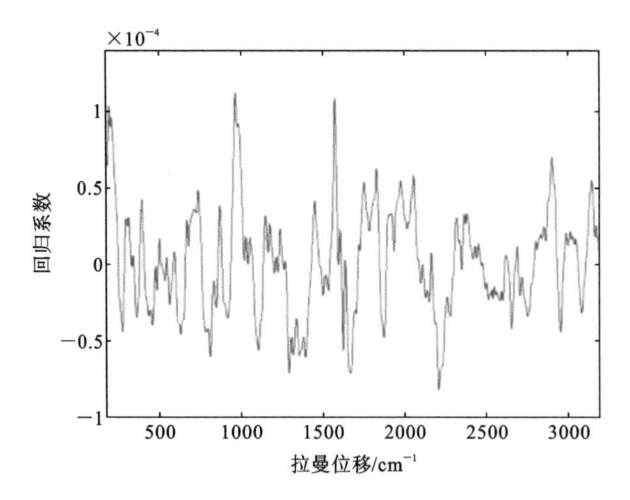

图 2-12　拉曼光谱的 PLS-DA 模型的回归系数图[9]

2.1.2 加工过程品质监控技术

粮食加工的主要目的是避免原粮的物理损伤和化学成分变化，以及防止昆虫或真菌污染。其中，干燥是粮食（稻谷）的首要加工过程。稻谷等粮食的水分含量、蛋白质含量等品质指标都会在干燥过程中发生变化。因此，粮食水分含量、蛋白质含量等指标的实时在线动态检测是实现各种干燥机干燥过程自动控制的前提。稻谷经过干燥后，还需要经过浸泡、糊化和再次干燥后才能进行脱壳。其中，糊化过程中也需要对水分含量进行监控。最常用的水分含量检测的传统方法之一是：在 105 ℃下蒸发粉碎定量样品中的所有水分，从而确定所含水分含量。这种方法不易实现在原粮加工现场的实时监测。为弥补传统方法的不足，已有研究采用近红外光谱技术、拉曼光谱技术、电阻式传感器技术实现了对加工过程品质的监测。

1. 近红外光谱技术

Lin 等人[10]基于近红外光谱技术开发了一套用于稻谷干燥过程品质在线检测的装置，可以实现对稻谷水分含量的检测。首先利用便携式近红外光谱仪采集了不同含水率的稻谷的近红外反射光谱，如图 2-13 所示。从图中可以看出，光谱的两端都显示出明显的噪声，这是由衍射光栅向边缘的效率降低引起的。除此之外，稻谷的近红外光谱有两个明显的吸收峰，范围为 1100～1250 nm 和 1350～1550 nm，并在 1450 nm 附近出现了 O—H 拉伸的第一泛频引起的波谷。研究中分别利用 950～1650 nm（全光谱）、1100～1250 nm、1350～1550 nm

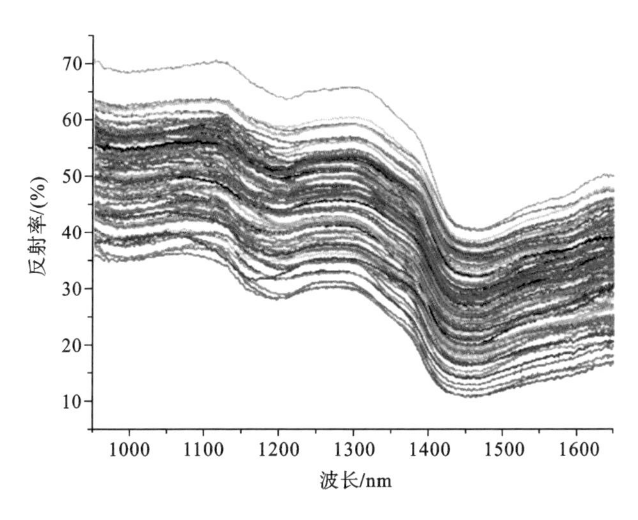

图 2-13 不同含水率的稻谷的近红外反射光谱[10]

波段范围内的光谱结合 PLS 和竞争性自适应重加权采样(competitive adaptive reweighted sampling,CARS)算法建立稻谷水分含量的定量预测模型。结果表明,全光谱的建模结果最佳,R_c^2 和 R_p^2 分别为 0.989、0.970,RMSEC 和 RMSEP 分别为 0.57%、0.8877%,1350～1550 nm 光谱的建模结果优于 1100～1250 nm 光谱的建模结果,其模型 R_c^2 和 R_p^2 分别为 0.930、0.923,RMSEC 和 RMSEP 分别为 1.53%、1.46%。

此外,研究中还利用单线性回归(single linear regression,SLR)算法并基于 1450 nm 的光谱建立了水分含量预测模型,模型的 R_c^2 和 R_p^2 分别为 0.845、0.832,RMSEC 和 RMSEP 分别为 1.51%、1.68%,利用该单一波长的模型结果没有显著影响预测精度。因此,研究中选择波长为 1450 nm 的 LED 作为检测装置的光源,检测装置探头部分示意图如图 2-14 所示,其主要由两个光源、一个高通滤光片、一个透镜和一个 InGaAs 探测器组成。传感器探头的外壳采用 3D 打印技术进行打印,采用了具有暗电流特性的 InGaAs 光电二极管,响应范围为 800～1700 nm。由于光电二极管灵敏度产生的最大饱和电流只有几毫安,为放大微弱信号,传感器探头还集成了一个 *I-V* 转换放大器,可以将微弱的电流信号转换为较大的电压信号。

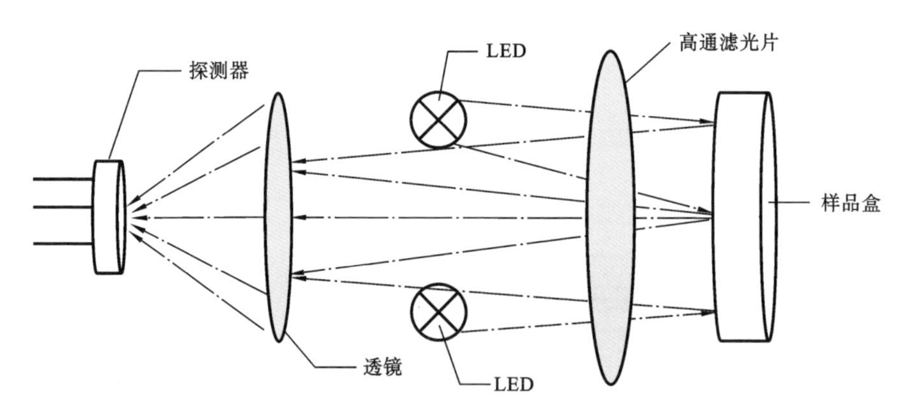

图 2-14　稻谷水分含量检测装置探头示意图[10]

稻谷水分含量检测装置实物图如图 2-15 所示,其硬件可分为系统控制、信号采集和功能电路三大部分。系统控制部分包括中央处理器(CPU)主控制电路、以太网电路、分时信号采集控制电路、人机接口电路和 LED 恒流源驱动电路。信号采集部分包括温度和湿度数字采集电路、光电信号采集电路和模拟信号到数字信号(analog signal to digital signal,AD)采集电路。功能电路部分包括电源电路和闪存数据存储电路。软件设计采用了模块化编程思想,主要包括传感器探头控制程序、稻谷水分计算程序、以太网控制程序和个人计算机远程控制程序。利用该装置进行外部验证,结果表明,当稻谷含水率为 13%~30%时,决定系数 R^2 为 0.936,误差平方和(sum of squares for error,SSE)为 25.47。

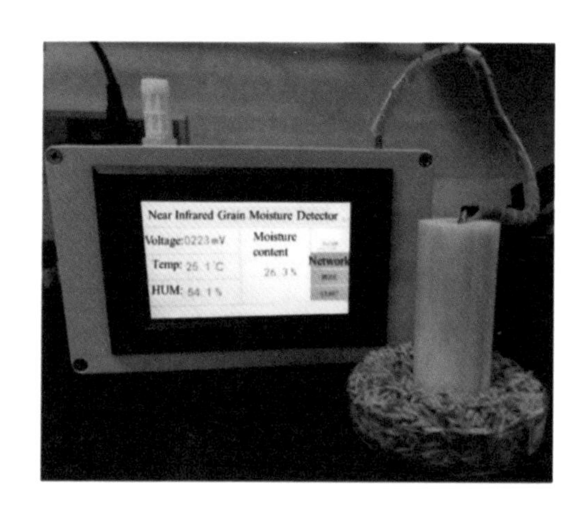

图 2-15　稻谷水分含量检测装置实物图[10]

2. 拉曼光谱技术

在稻谷加工过程中,预煮过程是一种水热处理,旨在使稻谷淀粉糊化,从而提高稻谷产量(减小碎谷物的体积),且具有杀菌、酶失活、抗虫害、延长保质期以及保留维生素和矿物质等良好作用。在稻谷预煮时,水合作用至关重要,不少研究对稻谷随时间变化的吸水动力学进行研究。Balbinoti 等人[11]对利用拉曼光谱对稻谷在蒸煮过程中的水合作用进行了评估。研究中选用 532 nm 的激光作为光源,探测了不同温度下水合稻谷在 400~3800 cm^{-1}范围内的拉曼位移,如图 2-16 所示。可以看出,自然状态下的稻谷和水合稻谷均会在 480.758 cm^{-1}、870.35 cm^{-1}、944.438 cm^{-1}、1056.5 cm^{-1}、1086.42 cm^{-1}、1128.97 cm^{-1}、1263.68 cm^{-1}、1338.5 cm^{-1}、1379.77 cm^{-1}、1461.69 cm^{-1}和 2911.6 cm^{-1}处产生拉曼特征峰。其中,在 400~600 cm^{-1}内的拉曼特征峰对应着 C—C 键和 C—C—O 键的指定连接,600~900 cm^{-1}内的拉曼特征峰与芳香基团的存在有关。在 944.438 cm^{-1}处的拉曼特征峰为 C—O—C 连接 α-1.4-糖苷,1056.5 cm^{-1}和 1086.42 cm^{-1}处的拉曼位移与 C—OH 键相关,1128.97 cm^{-1}与 C—O 和 C—O—H 的形变相关,1263.68 cm^{-1}与多糖和蛋白质的 COOH 相关。虽然样品间的偏移拉曼光谱具有相似性,但散射辐射强度存在明显差异,这与水合过程中电子态性质的变化导致的分子旋转和振动的减少有关。分子激发度的降低是由确定的化学结构周围的水分子数量增加引起的,其阻碍了官能团的迁移。

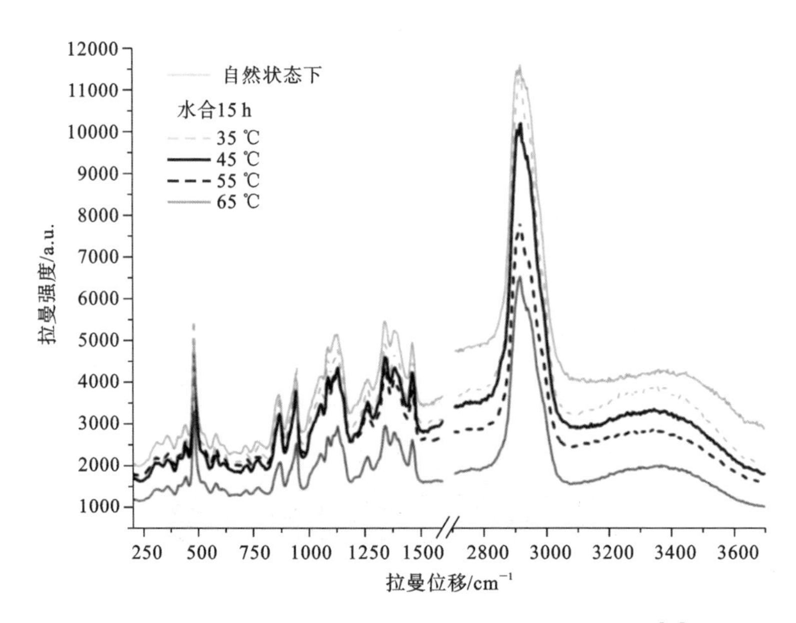

图 2-16 自然状态和不同温度下水合稻谷的拉曼光谱[11]

为确定不同样品之间的差异,使用 PCA 对 200～3800 cm^{-1}拉曼光谱进行分析。PC1 和 PC2 分别解释了数据 97.12%和 1.68%的方差。根据 PCA 的得分结果,未经过处理的样品与其他样品不相容,主要是由于 480.758 cm^{-1}、1263.68 cm^{-1}、1379.77 cm^{-1}和 2911.6 cm^{-1}处的拉曼吸收峰的存在。该差异存在的原因也许是拉曼光谱在这些位移处具有高的强度。在 35 ℃和 45 ℃下水合稻谷样品表现出密切的相关性,因为稻谷的水分含量在 15 h 的水合作用后十分接近。将 65 ℃下水合稻谷样品与其他样品区分开的主要因素是 1338.5 cm^{-1}处拉曼特征峰的存在,在该特征峰处,65 ℃下水合稻谷样品具有更低的拉曼强度。在 55 ℃下水合稻谷样品的象限内,所观测到的相关拉曼特征峰位于 870.35 cm^{-1}处。

3. 电阻式传感器技术

Liu 等人[12]基于测量频率与粮食含水率的关系模型和温度的非线性修正方法,设计了一种在线电阻式粮食水分检测仪,其结构图如图 2-17 所示。该检测仪由下位机和上位机组成,下位机的核心功能是基于 V/F 转换的谷物电阻值传感器,上位机的核心功能是含水率和测量频率的转换以及温度的非线性校

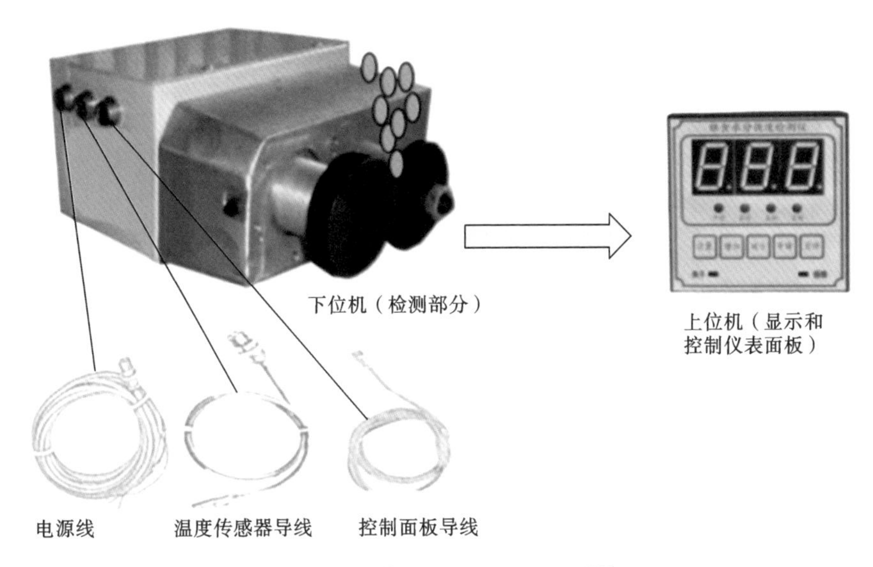

图 2-17 粮食水分检测仪结构图[12]

正。下位机主要由电极辊和外壳两部分组成。电阻信号通过电极检测，可以反映颗粒内部的含水率。

粮食水分检测仪工作时，取样机构中的电机带动电极辊做反向旋转，颗粒被滚轮电极挤压。谷物干燥过程中，由滚筒将从提升料斗中分散下来的谷物挤压下来，谷物电阻被输送到信号调理电路进行处理，得到与颗粒含水率呈正相关的频率信号。采用单片机采集频率值，通过含水率标定和温度非线性校正的数学模型，实时检测粮食干燥过程中含水率的变化。由于颗粒是近似呈椭圆的，在挤压过程中颗粒与电极滚轮接触面积的变化规律是由零到最大再到最小。颗粒上的压力也出现一个从最小到最大再到最小的变化过程，采样电路对应的电阻的变化规律是从最大(开路)到最小(最大含水率)再到最大(开路)，因此频率的变化规律是从最小到最大再到最小。不同含水率颗粒通过滚筒时，测量频率与采样时间的关系曲线如图 2-18 所示。在线电阻式粮食水分检测仪的性能测试结果表明，其误差介于－0.469％和 0.527％之间。

近红外光谱技术是原粮加工过程中品质监控最常用的技术，可以实现对原粮内部多品质指标(水分含量、蛋白质含量等)的同时监测。电阻式传感器技术大多侧重于干燥过程中水分含量的监控。相较于近红外光谱技术，其具有更低的应用成本，且测量系统更为简单。不过，电阻式传感器技术容易受物料形状、密度等因素的影响。

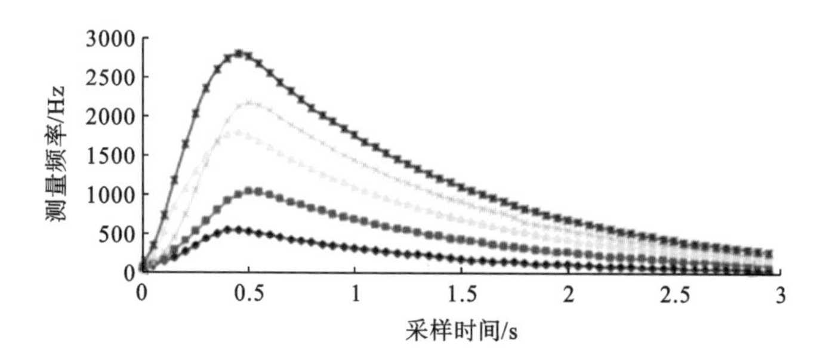

图 2-18　不同含水率颗粒通过滚筒时，测量频率与采样时间的关系曲线[12]

2.1.3　贮藏过程品质和虫害实时监控技术

原粮在贮藏期间易受有害霉菌侵染而发生霉变，从而降低原粮品质，甚至产生呕吐毒素等真菌毒素，严重威胁人畜健康。据统计，我国因粮食霉变造成的产后损失占总产量的 4.2%。为降低粮食损失，不少研究者从粮食霉变快速检测、储粮安全和粮情预测等方向开展研究。目前，贮藏过程品质和虫害实时监控技术主要包括高光谱成像技术、生物光子技术、冲击声信号技术等。

1. 高光谱成像技术

高光谱成像具有图谱合一的特点，能够获取空间信息。稻象虫(rice weevil, RW)是储粮中最常见的一种害虫之一，其主要寄生于小麦、水稻、玉米、高粱等粮食中。Zhang 等人[13]利用 NIR HSI 实现了对小麦籽粒中稻象虫的无损检测。研究中以 500 个健康小麦籽粒和 500 个含稻象虫的小麦籽粒为研究对象，从四个方向采集小麦籽粒的图像，包括小麦的背部、腹部及两侧。获取原始高光谱图像后，在与背景反射率差异最大的小麦籽粒灰度图像上构建了掩模，采用阈值分割算法将小麦籽粒从背景中分离出来，将单个小麦籽粒周围的整个区域定义为一个感兴趣区域，最后计算从四个方向所采集到图像的感兴趣区域中所有像素的反射率平均值，将其作为每个小麦籽粒的光谱值，单粒小麦的平均光谱提取过程如图 2-19 所示。

利用连续投影算法(successive projections algorithm, SPA)和随机蛙跳(random frog, RF)算法对原始光谱进行特征提取，并结合线性判别分析(linear discriminant analysis, LDA)建立健康小麦和虫蛀小麦的判别模型。结果表明，利用 SPA 和 RF 算法提取波长后的建模结果均比全波长建模结果差，其中，基于 RF 算法的建模结果显著低于全波长建模结果，而基于 SPA 的建模结果与全波长建模结果相差不大，校正集和预测集的正确率分别为 99.60%和 98.80%，

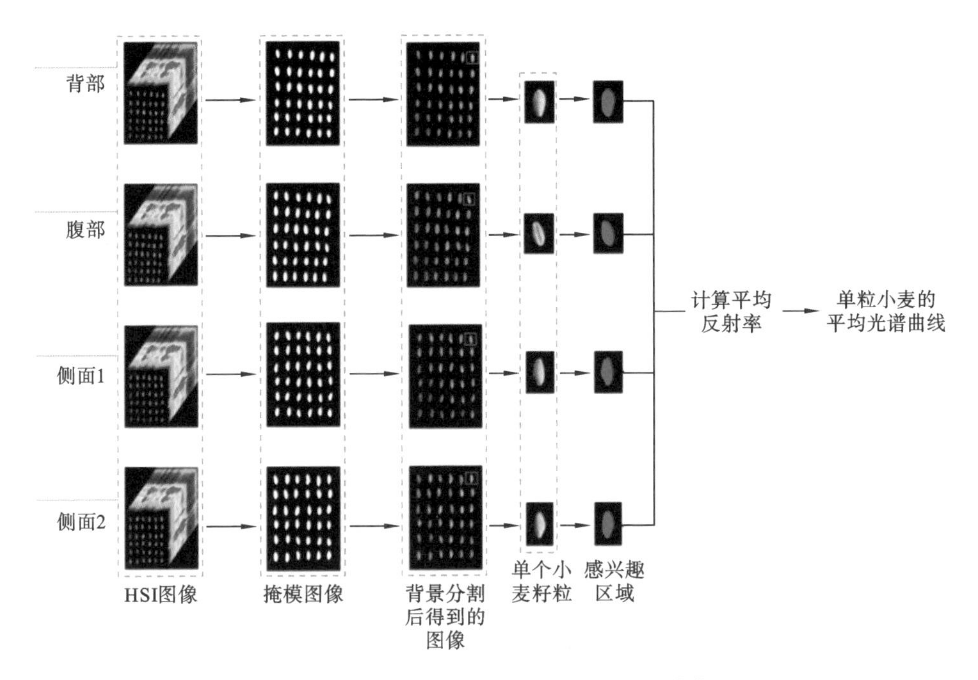

图 2-19　单粒小麦的平均光谱提取过程[13]

灵敏度分别为 99.73% 和 99.20%，特异度分别为 99.47% 和 98.40%，这是因为 SPA 提取的特征波长（50% 位于 1140～1200 nm 范围内，37.5% 位于 1550～1610 nm 范围内，12.5% 位于 1417 nm）最大限度地保留了全波长的有用信息。

2. 生物光子技术

光子辐射是一种普遍存在于各种动物、植物和微生物系统中的生物现象。这一现象最早（1923 年）是 A. G. Gurwitsh 在洋葱实验中发现的。它是生命从高能量状态向低能量状态过渡的代谢过程。大量的实验表明，光子辐射随着生物系统内部的病理、损伤等变化而发生明显的变化。随着光电检测技术的发展，生物光子辐射研究在医学、药理学、农业等许多应用领域得到越来越多的关注[14]。Shi 等人[15]创新性地建立了一种结合模式识别和光子分析技术的小麦内部侵染检测模型，采用 BPCL-ZL-TGC 型超弱发光仪（见图 2-20）测量了正常小麦和虫蛀小麦发出的自发超弱光子。该超弱发光仪由信号分析仪和采集设备、采集暗室、显示器及计算机组成。信号分析仪和采集设备包括光电转换器、光子计数脉冲放大电路。测试样品放置在采集暗室中，显示器用于显示样品的超弱发光计数随时间的变化，计算机用于数据处理。图 2-21 所示为正常小麦和虫蛀小麦样品的测量结果。

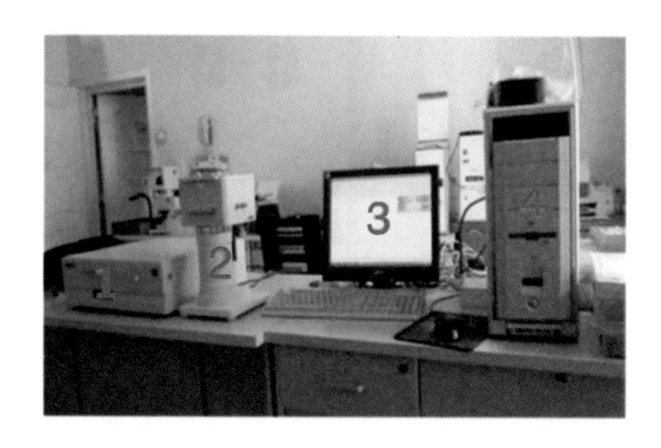

图 2-20　BPCL-ZL-TGC 型超弱发光仪[15]

注：1—信号分析仪及采集设备；2—采集暗室；3—显示器；4—计算机。

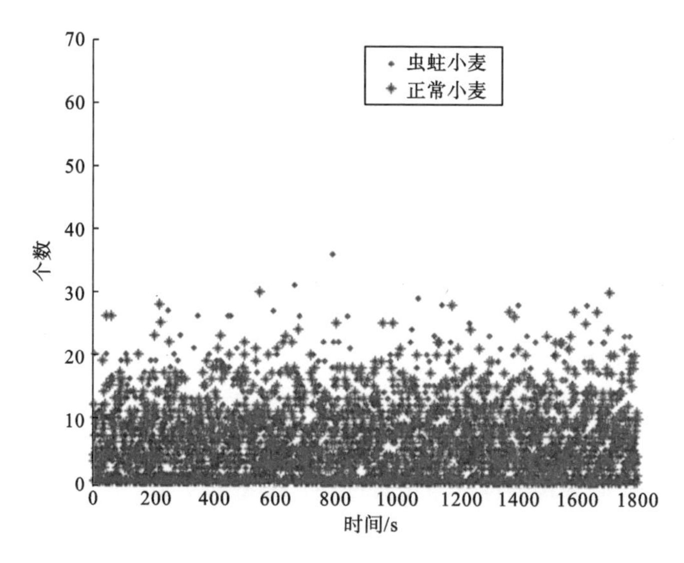

图 2-21　正常小麦和虫蛀小麦的测量结果[15]

从图 2-21 中可以看出，正常小麦和虫蛀小麦很难区分。因此，在获取去噪信号后，提取其统计特征，如位置、离散度、形态特征。采用基于遗传算法(genetic algorithm，GA)的 BPNN 对小麦籽粒是否受昆虫污染进行判断。结果表明，该模型能有效区分正常小麦和虫蛀小麦，平均正确率达 95%。

3. 冲击声信号技术

声发射技术被广泛用于监测机器部件，特别是轴承和齿轮，以确定是否即将发生故障。对机器部件的监测通常允许捕获和分析几个周期的重复信号。随着冲击声信号技术的发展,一些研究者发现农产品和共振频率之间也有很好的相关性[16]。冲击声信号检测系统包括振动给料机、麦克风、冲击板与配备声卡的计算机,整体结构如图2-22所示。振动给料机将料斗中的玉米粒单流传递至给料机末端,麦克风使用宽带频率响应拾音器检测冲击信号。麦克风的频率响应范围为40～18 kHz。冲击板提供了一个大质量的冲击点,使颗粒振动振幅最大化,并使来自板本身的振动最小化。通过反复试验,将冲击板优化为24 cm ×12 cm×0.05 cm的不锈钢块。给料机到冲击板的落差设置为40 cm,冲击板向上倾斜60°。声卡具有4个输出通道和4个输入通道,声卡的频率范围为20 Hz～20 kHz。麦克风信号以48 kHz的采样频率数字化,分辨率为16位。三种玉米样品来自同一批次,分别为未破损玉米粒、虫害玉米粒和霉变玉米粒。玉米样品落在冲击板上,通过麦克风采集声信号。冲击声信号以WAV格式采集并存储,用于后续处理。

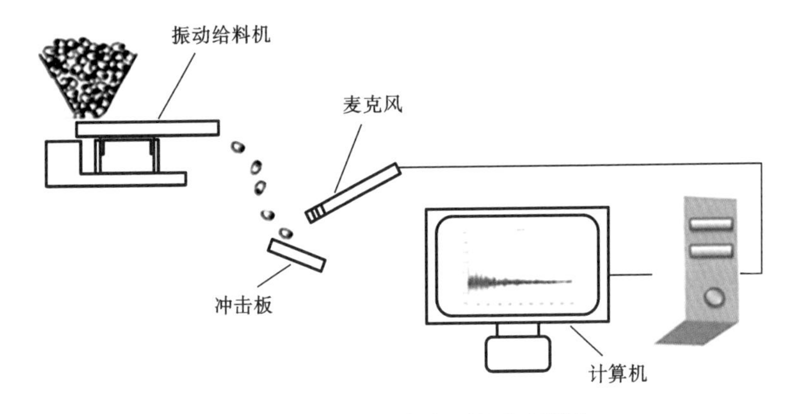

图2-22　玉米冲击声信号检测系统[17]

时域冲击声信号示例如图2-23所示。可以看出,这三种样品信号的振幅波动相对较大。利用系综经验模态分解(ensemble empirical mode decomposition, EEMD)对时域、频域和Hilbert域信号进行分解,从时域中提取了四个特征,即平均振幅变化、威尔逊振幅、平均绝对值和峰-峰值;从频域中获得了三个特征,即均方频率、功率谱均方根和频带方差。将上述得到的特征作为SVM分类模型的输入,通过粒子群优化算法对SVM进行优化。结果表明,未破损玉米粒的分类准确率为99.2%,虫害玉米粒的分类准确率为99.6%,霉变玉米粒的分类准确率为99.3%。

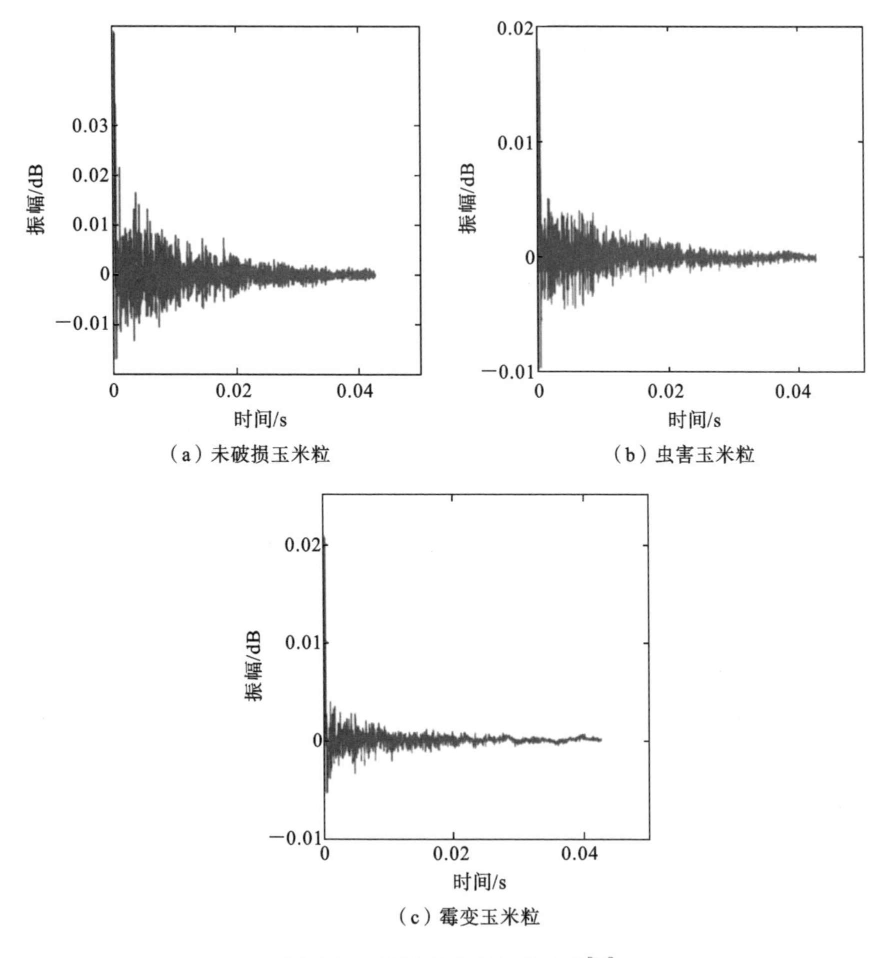

(a) 未破损玉米粒

(b) 虫害玉米粒

(c) 霉变玉米粒

图 2-23 时域冲击声信号示例[17]

综上所述,高光谱技术在原粮贮藏过程品质和虫害监控方面均有较好的应用前景,生物光子技术则具有较高的应用成本,冲击声信号技术突出的优点是成本较低、无须复杂的仪器操作程序和校准等。

2.2 成品粮

2.2.1 感官品质检测及分级技术

感官品质(包括香气、食味、视觉品质)受多种感官模式的影响,其中香气、食味品质主要是食品基质中挥发性化合物复杂组合的产物,而视觉品质(包括颜色、亮度等)主要与食品中的色素成分含量有关。目前,用于成品粮感官品质检测及分级的技术包括电子鼻、电子舌、近红外光谱及机器视觉技术等。

1. 电子鼻技术

电子鼻是模仿人类气味感知过程而开发的仿生仪器,目前已在食品及农产品领域得到广泛应用。成品粮的香气品质是由多种挥发性物质综合作用的结果决定的。一般来说,典型的芳香挥发物包括含氧基团、氮基团、硫基团和芳香基团。此外,香气的强度还与烷烃链长度和不饱和键有关。通常,不饱和化合物的香气强度比饱和化合物的强,双键可以增强香气强度,而三键可以增强更多甚至是刺激性气味[18]。

Shi 等人[19]利用电子鼻对大米的产地进行识别,所得响应曲线如图 2-24 所示。传感器的响应信号为大米挥发性物质产生的电导率 G 与标准活性炭过滤的清洁气体产生的电导率 G_0 之比。该研究还提出了基于快速皮尔逊图卷积网络(fast Pearson graph convolutional network, FPGCN)的水稻气体信息识别方法。该卷积网络基于 Pearson 相关系数值,量化特征之间的相关性,构造图卷积网络的图拉普拉斯(Laplacian)矩阵。为了表征原始检测信号的总体信息,每个传感器提取 50～60 s 的稳态平均值(ME)、最大值(MAX)和 0～60 s 的峰值因子(PF)作为特征。结果表明,利用 ME＋MAX＋PF 作为特征时,可以得到最佳 F1 测度和 Kappa 系数,分别为 0.9829 和 0.9799。

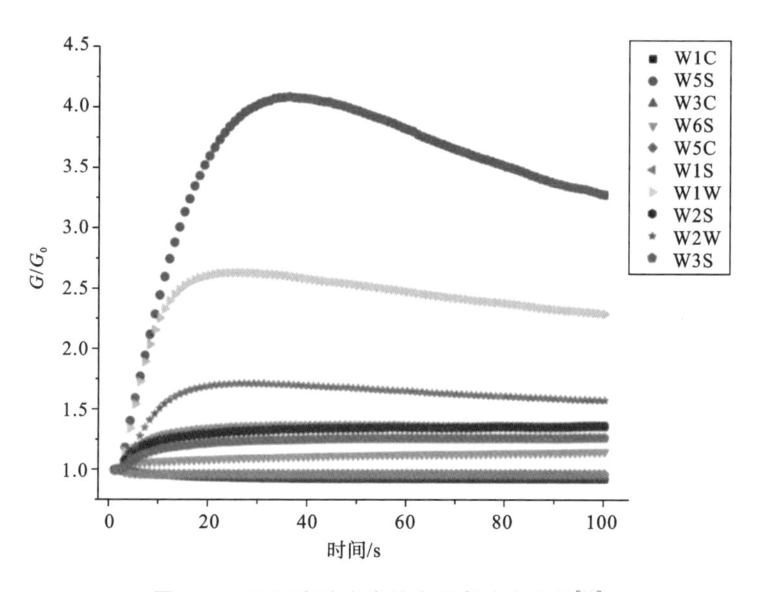

图 2-24　不同产地大米的电子鼻响应曲线[19]

2. 电子舌技术

电子舌是一种模仿人类味觉机制的检测系统，通过一系列传感器和适当的模式识别方法可以实现食品新鲜度评价及成分定量分析，具有客观、灵敏度高等优点[20]。电子舌基本由三部分组成，包括不同化学成分传感器阵列、信号采集仪器和数据处理软件。不同样品含有不同的化合物和离子，传感器阵列获得的信号也会因之而异，因此这些信号可以作为指纹信息来识别样品的感官特性。

Lu 等人[21]提出了一种可视化属性分析方法，利用多频大幅度脉冲伏安电子舌对大米的口味-风味属性（柔软度、黏性、甜度和香气）进行表征和量化。研究中使用了来自中国三个省份（广东、江苏、浙江）的 270 份大米样品。所有大米样品均存放在相对湿度为 20%的环境中，进行浸泡和蒸煮后在室温下冷却 40 min。将每个煮熟的大米样品（2.0 g）在 105 ℃下干燥 30 min，然后研磨成粉末。将粉末在化学唾液中浸泡 15 min 后过滤。滤液用于后续人工感官评估和电子舌分析。多频大幅度脉冲伏安电子舌由传感器、多频大幅度脉冲扫描仪（multifrequency large-amplitude pulse scanner，MLAPS）和计算机组成。电子舌的传感器是一个标准的三电极系统，包括六个不同的金属电极（Pt、Au、Pd、W、Ti 和 Ag），一个 Ag/AgCl 电极作为参比电极，一个 Pt 电极作为辅助电极。连接到传感器的 MLAPS 由计算机控制，计算机用于显示电位脉冲和记录响应电流。为了提高建模的速度和精度，利用 PCA 和快速傅里叶变换（fast Fourier transform，FFT）对原始信号数据进行降维与重构。经 PCA 和 FFT 预处理后的属性表征图如图 2-25 所示。属性表征图显示了每个大米口味-风味属性的交互响应，呈现了与其相关的电子舌的电极和频率响应情况。从图中可以看出，与 FFT 预处理相比，PCA 预处理后的特征区域更为分散。对于 FFT 预处理后的属性表征图，四个属性（柔软度、黏性、甜度和香气）都有两个对应的颜色区域。整体而言，柔软度属性对应的是 Pt、Au 和 Pd 传感器在 1 Hz 和 10 Hz 时的响应；甜度属性与 Ag 传感器在 1 Hz 时的响应和 Ti 传感器在 10 Hz 时的响应有很好的相关性；黏性属性与 Pd 传感器在 10 Hz 时的响应和 Au、Pt 传感器在 100 Hz 时的响应有良好的相关性；对于香气属性，其与 W 传感器在 10 Hz 和 100 Hz 时的响应相关。

3. 近红外光谱技术

近红外光谱、中红外光谱已被广泛用于农产品感官特性的评价[22, 23]。研究表明，从食品中释放的大多数挥发性化合物具有特定的近红外吸收特性，不少研究者以不同品种的大米为研究对象，利用近红外光谱技术实现了对其感官特性的评价[24-30]。

Lu 等人[31]利用可见-近红外味觉分析仪对中国籼米的感官品质进行预测。所用味觉分析仪系统原理图如图 2-26 所示[32]，利用该系统可以得到样品在 540 nm 和 970 nm 的反射率比及在 540 nm 和 640 nm 的透射率比。首先，以香气、

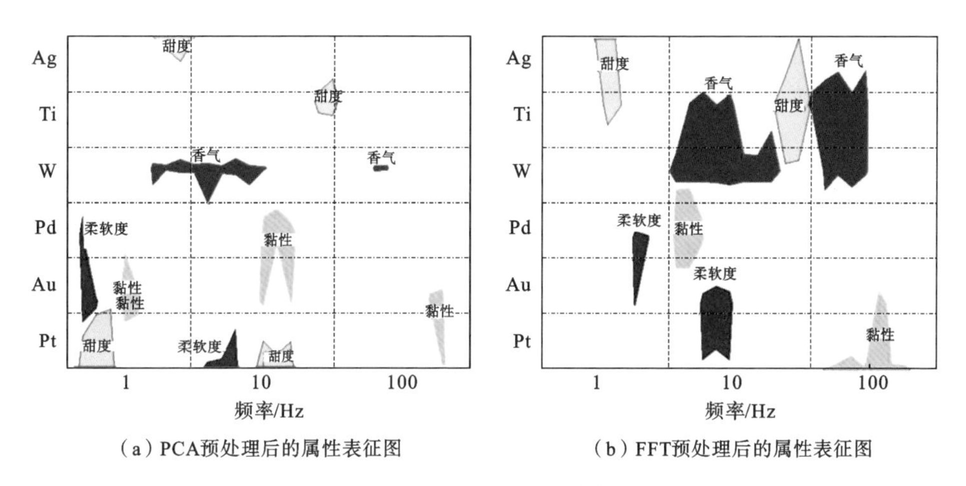

（a）PCA预处理后的属性表征图　　（b）FFT预处理后的属性表征图

图 2-25　属性表征图[21]

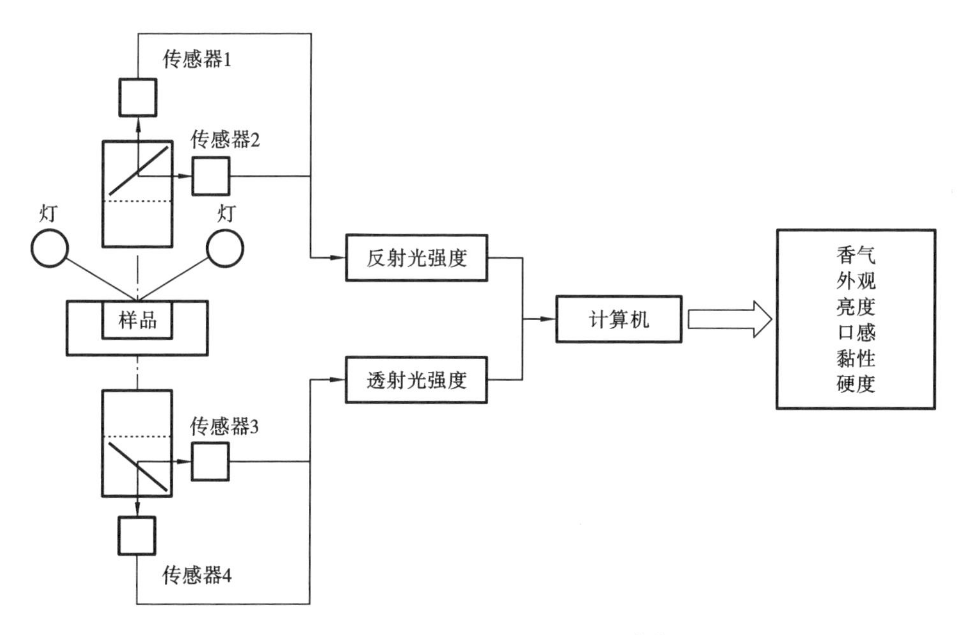

图 2-26　味觉分析仪系统原理图[32]

外观、亮度、口感、黏性和硬度六个评价属性为自变量，以食用品质为因变量，进行多元线性回归分析。探究近红外反射和透射光谱对大米感官品质的评估效果时，将所有评价属性分别用作因变量，将 540 nm 和 970 nm 的反射率比、540 nm 和 640 nm 的透射率比作为自变量。结果表明，近红外光谱对上述七个属性的校正集和预测集的 R 为 0.71～0.88(硬度除外)，标准误差为 0.43～0.94，可以实现对大米感官品质的综合评估。

Siriphollakul 等人[33]利用 940～2222 nm 的近红外透射光谱结合 PLS 实现了对煮熟大米颗粒的低压缩弹性、恢复力、高压缩变形、凝聚力的预测。所有大米样品分为两组，每组共含有 154 个大米颗粒。其中，第一组大米样品用于直链淀粉含量的测定，第二组样品用于大米质地(即低压缩弹性、恢复力、高压缩变形、凝聚力)的分析。图 2-27 显示了用于直链淀粉含量测定(实线)和质地分析(虚线)的完整 Khao Dawk Mali 105 单籽粒的 1 阶导数光谱。从图中可以看出，样品在 1450 nm 和 1900 nm 波长处具有明显的吸收峰。其中，1450 nm 附近的吸收峰与 O—H 一级泛频拉伸振动有关，由大米中的淀粉和水产生。1900 nm 附近的峰与淀粉 C ═O 的二级泛频伸缩振动、O—H 伸缩振动以及两个 C—O 的伸缩振动有关。

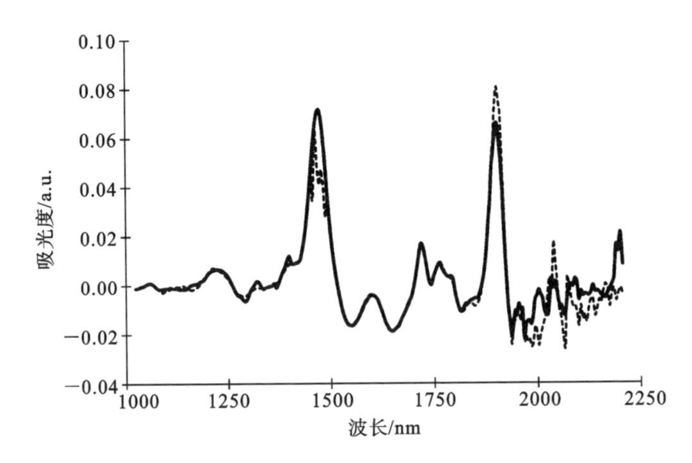

图 2-27　Khao Dawk Mali 105 大米颗粒平均 1 阶导数预处理后的光谱[33]

该研究采用 PLS 分别建立了大米直链淀粉含量和质地的定量分析模型。其中，直链淀粉含量模型的校正集和预测集 R^2 分别为 0.95 和 0.92，SECV 为 1.70 g/kg，RMSECV 和 RMSEP 分别为 1.80 g/kg 和 1.90 g/kg，剩余预测偏差(residual predictive deviation，RPD)为 3.60。针对四个参数的质地模型的校正集

R^2分别为0.72、0.84、0.94、0.91，SECV分别为0.01%、0.01%、0.21%、0.01%，RMSECV分别为0.01%、0.01%、0.21%、0.01%，验证集R^2分别为0.61、0.86、0.87、0.91，RMSEP分别为0.03%、0.01%、0.02%、0.01%，RPD分别为1.12、2.63、2.64、2.79。为了探究对PLS预测模型具有重要贡献的波长，计算模型的投影变量重要性(variable importance in projection，VIP)，如图2-28所示。对于直链淀粉回归模型，在1900 nm左右可以看到清晰的峰值，其应该是由直链淀粉产生的。

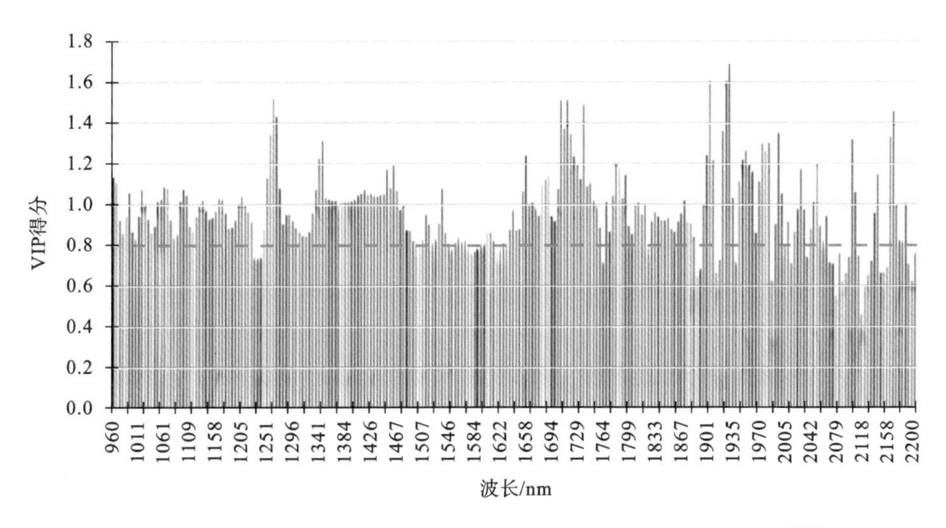

图2-28 使用PLS回归分析进行直链淀粉含量建模时的VIP得分[33]

4. 机器视觉技术

目前，基于机器视觉的成品粮外观品质检测与分级相关研究较多[34-44]。Chen等人[34]提出了一种多视角单粒大米图像获取方法，设计了可以从三个不同的视角拍摄下落大米颗粒的装置，如图2-29所示。机械支架呈三棱柱形，三个相机安装在机械支架的侧边上，彼此间隔120°，对下落的大米颗粒同时从三个角度采集图像。为了确保每一帧同步，利用安装在装置中间的高精度传感器捕获大米下落信号。当大米进入感应范围时，传感器捕捉到大米掉落的信号并触发三个摄像头来捕捉图像。图2-30展示了利用该系统在不同光照条件下采集到的正常大米颗粒和缺陷大米颗粒图像。

一般不同光照条件下采集的校正集和验证集的图像会对模型的预测性能有影响。为增强光照对模型的稳定性，该团队提出了一种多视角学习策略(multi-view learning strategy, MVLS)，并与其之前提出的Deep-Rice模型[37]

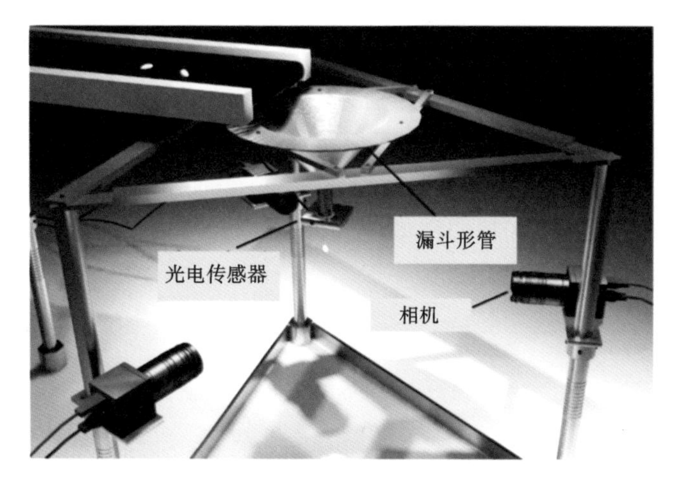

图 2-29　大米图像采集装置[34]

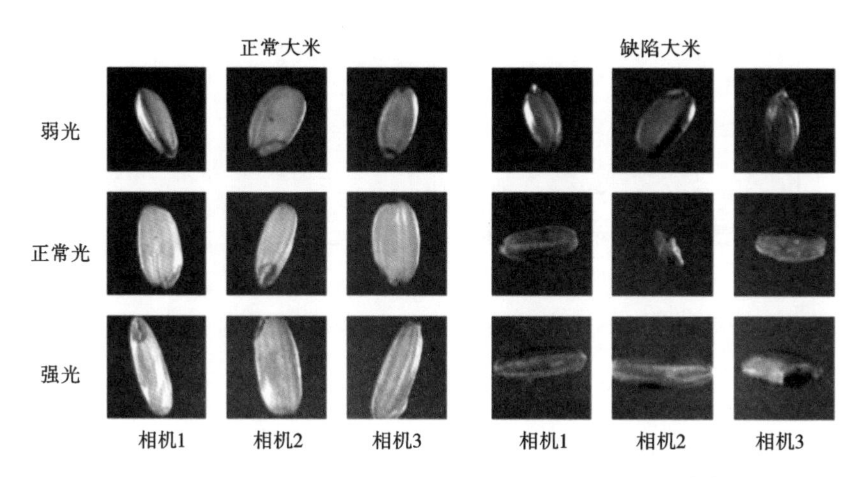

图 2-30　不同相机和不同光照条件下的大米图像示例[37]

进行比较。利用在弱光(曝光时间为 50 μs)、正常光(曝光时间为 60 μs)、强光(曝光时间为 70 μs)和三种光照组合下(弱光和正常光、弱光和强光、正常光和强光)采集到的图像作为校正集获得 6 种分类模型,分别测试在上述 6 种光照条件下采集的验证集图像,得到的结果如表 2-1 所示,表中"\"左侧和右侧数据分别表示基于 Deep-Rice 模型和基于MVLS得到的结果。结果显示,MVLS 提升了在不同光照条件下对大米分类的稳定性,例如,当采用正常光下采集到的图像作为校正集,采用强光条件下采集到的图像作为验证集时,Deep-Rice 模型对正常大米和缺陷大米的正确判别率为 83.0%,MVSL 的正确判别率可以达到 83.6%。

表 2-1 不同光照条件下的实验结果[37] （单位：%）

校正集	验证集					
	弱光	正常光	强光	弱光和正常光	弱光和强光	正常光和强光
弱光	90.1\91.0	85.7\85.8	82.6\82.67	—	—	81.6\81.9
正常光	87.1\87.3	90.1\90.5	83.0\83.6	—	85.8\85.97	—
强光	85.3\86.5	86.2\86.7	90.2\92.4	82.7\83.6	—	—
弱光和正常光	—	—	91.9\93.1	—	—	—
弱光和强光	—	87.3\89.2	—	—	—	—
正常光和强光	87.2\88.9	—	—	—	—	—

综上所述，电子鼻、电子舌、机器视觉技术可以分别对成品粮的嗅觉、味觉和视觉特征进行检测，而近红外光谱技术则通常根据产生感官信息的化学基团实现相关的检测和分级。电子舌、电子鼻技术相对于机器视觉和近红外光谱技术而言具有较高的检测成本和复杂度，更适用于实验室研究；机器视觉和近红外光谱技术则更适用于现场实时检测。

2.2.2 营养品质检测及分级技术装备

成品粮（以大米为主）的营养成分主要包括淀粉、脂肪、蛋白质、水分等。对于大米而言，直链淀粉含量是食用品质的重要决定因素，其精细结构、分子大小和链长分布也是米饭硬度的重要影响因素。直链淀粉含量与回生行为相关，影响大米的质构特性和大米淀粉凝胶的黏弹性动力学。直链淀粉含量的化学测定方法通常包括安培法、电位法和比色法。蛋白质也是大米的主要营养成分，它富含人体所必需的氨基酸，蛋白质含量决定了大米的营养品质和食味品质。因此，蛋白质含量是评价大米品质的重要指标[45]。目前，近红外光谱和高光谱成像技术通常被用于成品粮营养品质的检测与分级。

1. 近红外光谱技术

基于近红外光谱的营养品质无损快速检测技术发展迅速。Sampaio 等人[46]以磨碎大米为研究对象，利用 12000～4000 cm^{-1} 波段范围内的近红外光谱结合 PLS、间隔偏最小二乘（interval-PLS，i-PLS）、协同区间偏最小二乘（synergy interval-PLS，si-PLS）和移动窗口偏最小二乘（moving windows-PLS，mw-PLS）四种回归算法对大米中直链淀粉进行定量检测。原始大米粉末近红外光谱如图 2-31(a)所示。

在图 2-31 中，在 5184 cm^{-1}处的最强吸收峰与直链淀粉中的 O—H 基团的拉伸和弯曲的结合有关，在 6835 cm^{-1}处的吸收峰与直链淀粉分子(O—H)反对称拉伸和 O—H 对称拉伸的第一泛频组合相关。在 8316 cm^{-1}处弱吸收带是由甲基中的—CH 键对称拉伸的第二泛频产生的。直链淀粉标准品近红外光谱如图 2-31(b)所示，可以看出直链淀粉的近红外光谱也在 4633 cm^{-1}、4996 cm^{-1}、5184 cm^{-1}、6834 cm^{-1}和 8316 cm^{-1}处产生特征吸收峰。随后，分别利用不同预处理方法建立 PLS、i-PLS、si-PLS 和 mw-PLS 直链淀粉含量预测模型。结果表

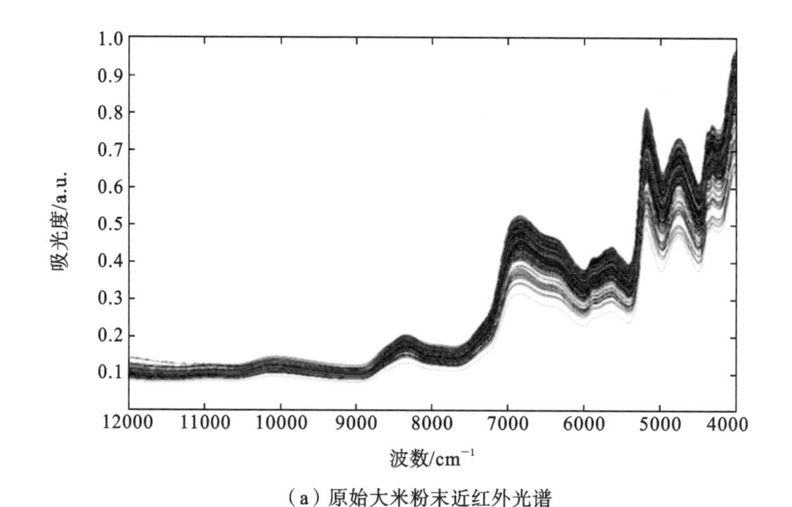

(a) 原始大米粉末近红外光谱

(b) 直链淀粉标准品近红外光谱

图 2-31　原始大米粉末和直链淀粉标准品的近红外光谱[46]

明，利用 SNV+SG 预处理后的光谱结合 si-PLS 的变量选择模型具有更佳的建模效果。基于 si-PLS 选择的光谱区域如图 2-32 所示。其中，8941～8194 cm^{-1} 与 CH_3 的反对称拉伸的第二泛频有关，5592～5045 cm^{-1} 与 O—H 伸缩、O—H 键结合和 H—O—H 变形组合有关，4683～4335 cm^{-1} 与淀粉和蛋白质的谱带相关，这些均与淀粉含量有关，因此会与直链淀粉有较高的相关性。预测集 R 为 0.93，RMSEP 为 1.979%。

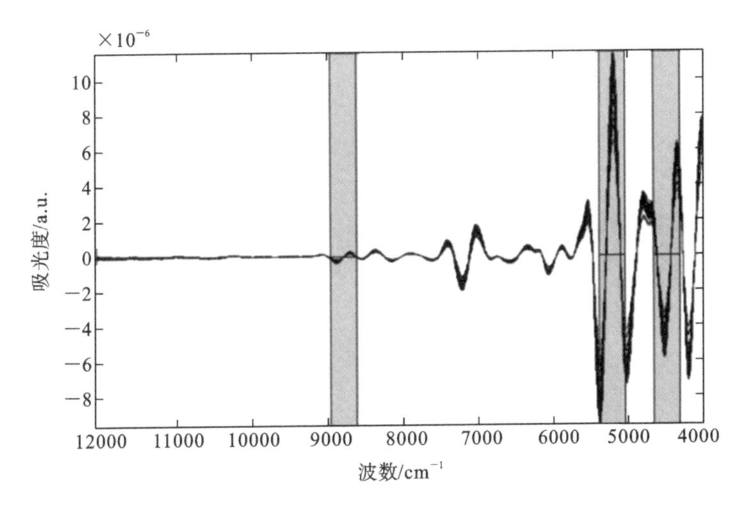

图 2-32　si-PLS 光谱（SNV+SG 平滑预处理）选择结果[46]

刘亚超等人[47]搭建近红外漫透射光补偿系统检测大米中直链淀粉的含量，所搭建系统示意图如图 2-33 所示。卤素灯光源位于样品下方，光补偿杯置于样品物料盒上方，用于反射未进入样品的漫透射光，从而增大了光纤探头采集到的透射光范围。通过对比漫透射检测方式的 PLS 建模结果，发现光补偿后的结果优于未经过光补偿的漫透射检测结果，R_c、R_p 分别为 0.9654 和 0.9577，RMSEC 和 RMSEP 分别为 0.8902%和 1.4261%。

随后，刘亚超等人[48]基于该补偿系统研制了便携式检测装置，实现了对大米中水分、直链淀粉和蛋白质含量的同时快速检测。所搭建的便携式大米品质检测装置实物及结构示意图分别如图 2-34(a)和(b)所示，其主要由光谱采集单元、光源单元、校正参考单元、控制处理与人机交互单元、按键单元、电源单元和温控单元组成。其中，光谱采集单元采集样品在光源激发下产生的信息；光源单元作为光谱采集过程的激发光源；校正参考单元主要用于仪器初始工作和工作期间对光谱仪的校正；控制处理与人机交互单元用于处理采集的样品光谱信

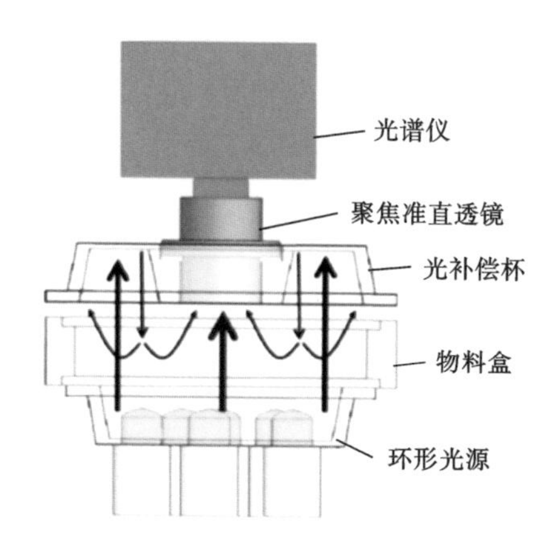

图 2-33　大米近红外漫透射光补偿系统示意图[47]

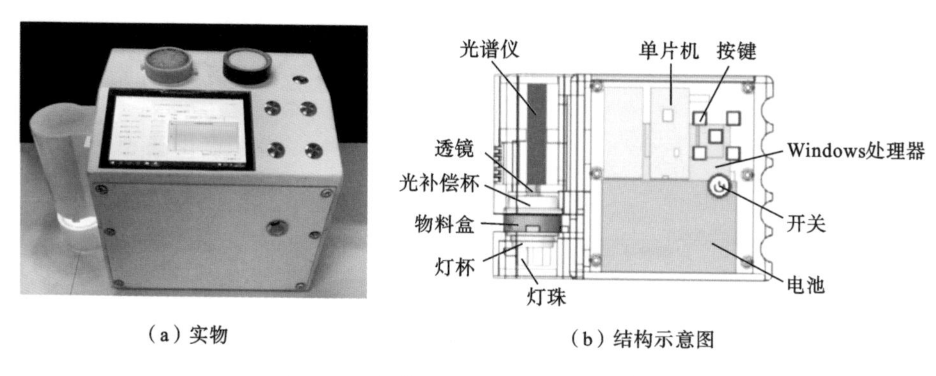

（a）实物　　（b）结构示意图

图 2-34　便携式大米品质检测装置[48]

息并输出结果，同时根据显示屏上的触碰反馈执行相应的指令；按键单元用于触发光谱采集指令的发送；电源单元用于整机供电；温控单元用于整机及光谱仪的温度控制。对大米水分、直链淀粉和蛋白质含量建立 PLS 回归模型，模型的校正集相关系数分别为 0.9803、0.9770、0.9323，均方根误差分别为0.2791%、0.7274%、0.2045%；验证集相关系数分别为 0.9793、0.9571、0.9249，均方根误差分别为 0.3009%、1.1067%、0.2127%。

近红外光谱技术也被用于大米分级。Chen 等人[49]在研究中根据大米的表面脂质含量(surface lipid content, SLC)对大米进行分级。首先，利用 PLS 结合不同预处理方法对 SLC 进行预测，最佳预测模型的校正集和交叉验证集 R^2 分别为 0.9975 和 0.9951，RMSEC 和 RMSECV 分别为0.0189%和 0.0264%。为了寻找最佳 SLC 预测波段，对 11000～4000 cm^{-1} 波段范围内的 PLS 决定系数进行计算，发现最大相关系数位于 7501.7～5449.8 cm^{-1} 和 4601.3～4246.5

cm^{-1}范围内。模型的外部验证散点图如图 2-35 所示。R^2 和 RMSEP 分别为 0.9905和 0.0248%，偏差为−0.0138%。

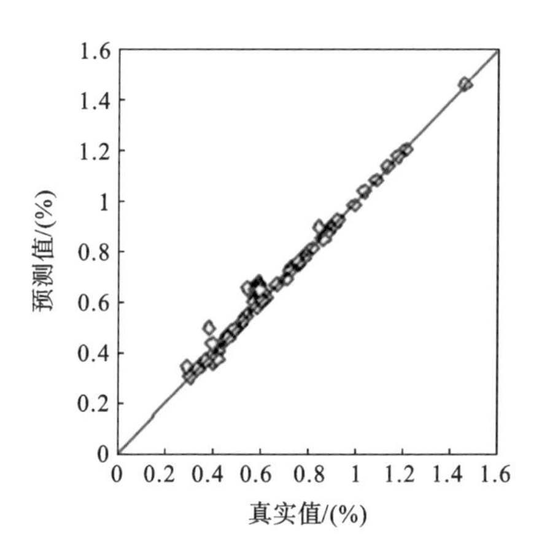

图 2-35　大米 SLC 预测模型外部验证散点图[49]

随后，基于反向传播人工神经网络(back propagating-artificial neutral net，BP-ANN)对大米进行感官分级，将其分为五个等级。利用 BP-ANN 模型根据 SLC 对大米等级进行预测，准确率可以达到 95.45%，表明近红外光谱技术可以替代传统方法对大米进行分级。

2. 高光谱成像技术

高光谱成像技术可以用来同时获取粮食样品的光谱和图像信息，避免粮食分布不均匀而导致的光谱性能不稳定。孙俊等人[50]采用可见/近红外高光谱成像技术对大米中的蛋白质含量进行检测。他们通过控制大米贮藏的温度和湿度，制备了不同蛋白质含量梯度的大米样品，将样品平铺于高光谱移动平台上，采集 400～1000 nm 波段范围内的高光谱图像，并选取样品的感兴趣区域，在 478 个波长点下共得到 478 个图像。为了获取更精确的图像信息，以光谱曲线的 3 个波峰 760 nm、930 nm 和 980 nm 为中心获取 3 个波长范围内的图像并将每幅图像扁平归一化为一维向量，共包含 784 个像素点。将光谱信息和图像信息进行数据层融合后得到回归模型的输入数据总维度，为 1262。采用堆叠自动编码器(stacked auto-encoder，SAE)对输入数据进行降维处理，提取光谱深度特征、图像深度特征及融合二者信息的深度特征，图像深度特征提取结果如图 2-36 所示。利用 SVR 模型分别建立光谱深度特征、图像深度特征及融合二者信息的深度特征的大米蛋白质定量预测模型，结果发现融合二者信息的深度特征的建模效果最优，校正集和预测集 R^2 分别为 0.9710 和 0.9644，RMSEC 和 RMSEP 分别为 0.0772 g/100 g 和 0.0851 g/100 g。

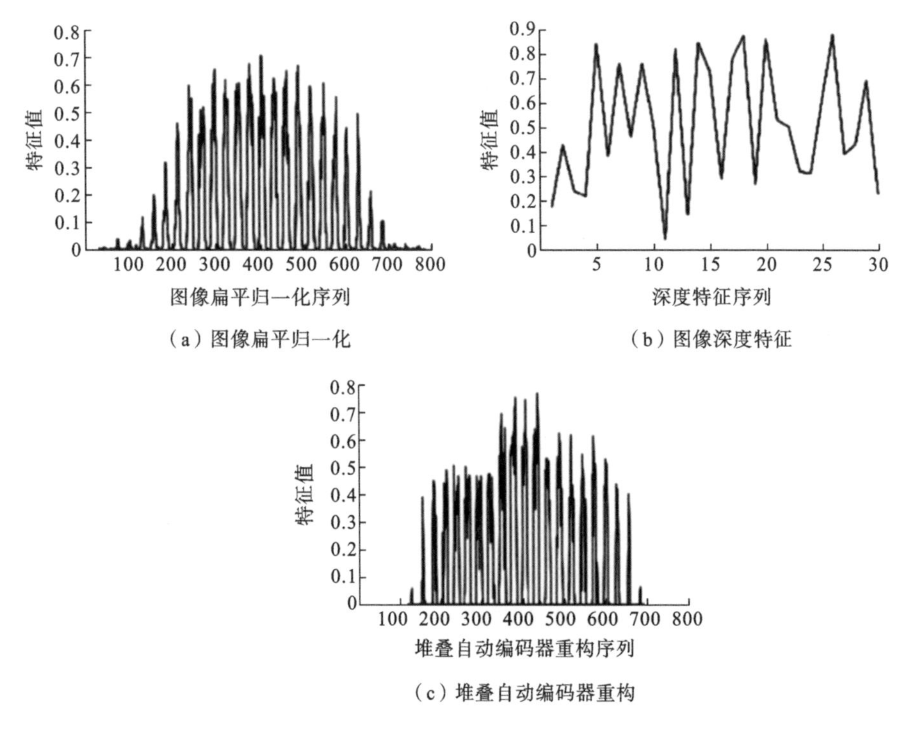

(a) 图像扁平归一化　　(b) 图像深度特征

(c) 堆叠自动编码器重构

图 2-36　图像深度特征提取结果[50]

2.2.3　新陈度鉴别和保质期预测技术

成品粮在贮藏过程中会受到各种贮藏因素的影响，其品质会随着储存年限的增加而改变，因此判断粮食新鲜与否就显得格外重要。目前，在粮食行业，主要采用 GB/T 20569—2006 判别稻谷的新鲜程度。为克服传统检测方法的局限性，已有研究采用近红外光谱技术、电子鼻技术和拉曼光谱技术等对成品粮的新陈度进行鉴别。

1. 近红外光谱技术

大米中的脂肪酸含量是评价大米新陈度的重要指标。Liu 等人[51]在不同的温度下制备了不同新陈度的大米，探究了利用近红外光谱法测定大米脂肪酸含量的可行性。研究中选用了 6 个品种的大米，在 4 ℃和 25 ℃的环境中放置，每间隔一个月，分别从不同贮藏环境下的六种大米中抽取样品进行光谱采集，持续时间为八个月，总计获得 96 个样品。分别以大米颗粒(full granule, FG)和大米粉末(rice powder, RP)为研究对象，采集颗粒和粉末的近红外光谱，如图 2-37 所示。其中，位于 1202 nm 附近的吸收峰与—CH_3 的 C—H 键二级倍频振动有关，1463 nm 附近的吸收峰与直链淀粉分子中 O—H 基团的反对称和对称振动的一阶倍频有关。在 1900～2500 nm 范围内，颗粒光谱没有明显的吸收峰，但粉末光谱存在可见的吸收峰。其中，位于 1933 nm 附近的吸收峰为直链淀粉中 O—H 基团的伸缩弯曲振动组合吸收峰，2110 nm 附近的为 N—H 对称振动与酰胺Ⅲ的组合频吸收峰，并且在 2100 nm 附近的吸收峰也与大米淀粉有关。位于 2286 nm 和 2319 nm 两处弱的吸收峰分别与—CH_3 和—CH_2 中 C—H 伸缩变形组合振动相关。两组光谱差异是由以下两个方面引起的：

(1) 完整的大米颗粒表面存在糊粉层，起到一种类似“保护膜”的作用，影响了大米内部成分信息的收集；

(2) 颗粒间的缝隙产生了光的散射效应，掩盖了一些较弱信息。

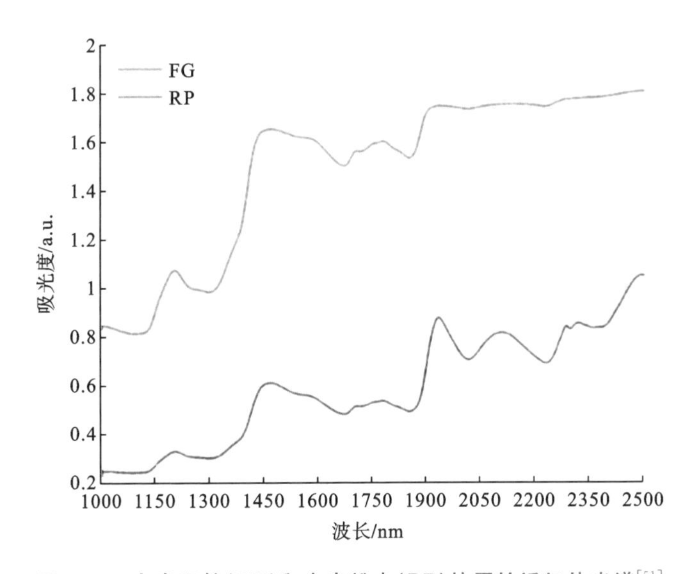

图 2-37 大米颗粒(FG)和大米粉末(RP)的原始近红外光谱[51]

利用 CARS 和 si-PLS 进行特征波长筛选，发现基于 CARS 筛选得到的特征波长建模效果更佳，对脂肪酸含量预测的 R_c 和 R_p 分别为 0.99 和 0.98，RMSEC 和 RMSEP 分别为 2.00 mg/100 g 和 3.21 mg/100 g，RPD 为 4.50，所筛选的波段包括 10000～9090 cm^{-1}、8733～8176 cm^{-1}、7199～7112 cm^{-1}、6993～6203 cm^{-1}、6035～5649 cm^{-1}、5431～5205 cm^{-1}、5045～4585 cm^{-1}、4500～

4158 cm^{-1}和 4111～4061 cm^{-1}。此外，使用颗粒光谱建立的大米脂肪酸含量预测模型效果要优于使用粉末光谱建立的预测模型效果。相较于粉末光谱，颗粒光谱可以更好地保留大米外观（光泽度和颜色）变化的信息，这些信息与大米脂肪酸含量变化存在一定的关系。

2. 电子鼻技术

电子鼻技术是模拟人类嗅觉系统的仿生技术，通过收集物质散发的气味并加以识别。刘杰[52]利用由十个金属氧化物气体传感器组成的电子鼻建立大米新陈度指标的回归预测模型。大米电子鼻原始光谱如图 2-38 所示。可以看出，十个传感器中只有 2 号（TGS2602）和 8 号（TGS825）传感器对大米气味响应相对较高，因此只选取 2 号和 8 号传感器的数据，以其电信号的最大值与最小值之差作为特征值，分析特征值随时间变化的规律。结果表明，2 号和 8 号传感器都对硫化氢气体敏感，而硫化氢的含量对大米香味有极大的影响，对于新米及储存条件好的米，其挥发性气体中硫化氢的含量比陈米高。以 2 号和 8 号传感器的特征值为因变量，以新陈度指标为自变量进行回归分析，结果表明新陈度的 R^2 达到了 0.9 以上。

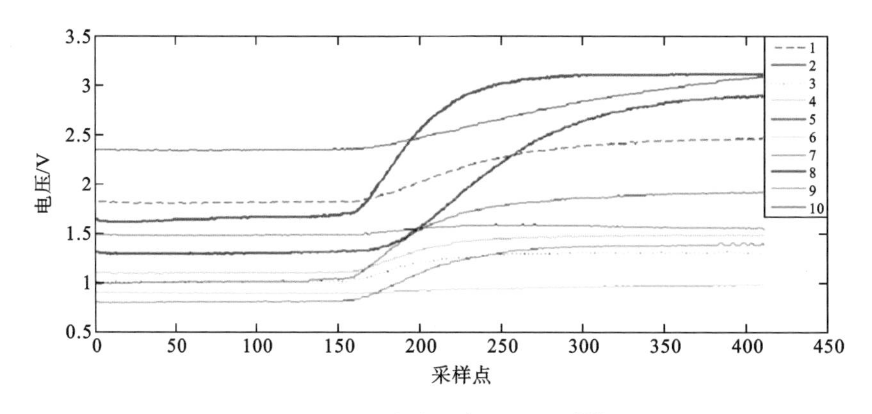

图 2-38 大米电子鼻原始光谱[52]

3. 拉曼光谱技术

拉曼光谱是高灵敏度指纹图谱，常用于微量成分的快速检测。赵迎等人[53]基于拉曼光谱建立了新米、陈米分级模型。采用便携式光谱仪分别获取新米和陈化超过 3 年的陈米的拉曼光谱，经背景扣除、基线校正和平滑滤波等处理后的拉曼光谱如图 2-39 所示。新米、陈米均在 477 cm^{-1}、866 cm^{-1}、940 cm^{-1}、1083 cm^{-1}、1127 cm^{-1}、1262 cm^{-1}、1336 cm^{-1}、1378 cm^{-1}和 1460 cm^{-1}处产生拉曼特征峰，其中 477 cm^{-1} 处为淀粉的主链特征峰，866 cm^{-1} 和 1262 cm^{-1} 处为 CH_2 摇摆振动特征峰，940 cm^{-1}、1083 cm^{-1} 和 1127 cm^{-1} 处为 C—C 键伸缩振动特征峰，1336 cm^{-1} 处为 C—H 平面形变振动特征峰，1460 cm^{-1} 处为 CH_3 和 CH_2 形变振动特征峰。研究中利用 PLS 建立新米、陈米分级模型，将新米赋值为 1，陈米赋值为 0，验证集的判别正确率可以达到 95%，表明拉曼光谱结合化学计量学对新米、陈米具有较好的判别预测能力。

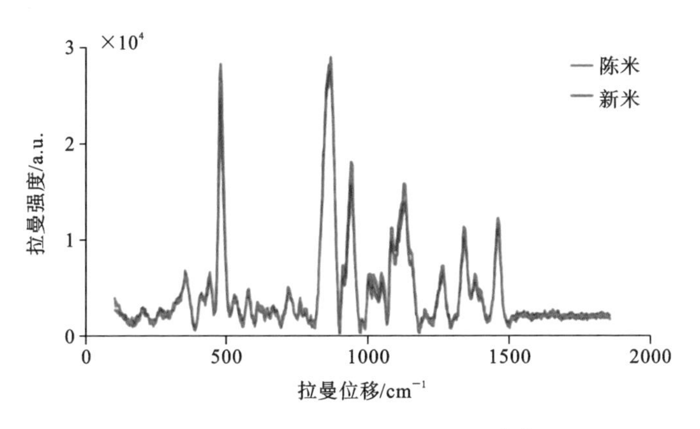

图 2-39　陈米与新米的拉曼光谱[53]

综上所述，针对成品粮新陈度鉴别和保质期预测的技术可以分为基于感官和基于内部品质两类，前者采用电子鼻技术，后者采用近红外和拉曼光谱技术等。基于光谱的检测技术相对较为成熟，但存在过度依赖模型等缺点，电子鼻技术虽然具有较高的检测精度，但是对温度、湿度、流速等检测条件要求较高。

2.2.4　面粉品质和添加物检测技术

小麦粉（又称面粉）的品质指标一般包括淀粉、蛋白质、水分、脂肪和灰分[54]含量等，白度是面粉的重要外观品质指标。过氧化苯甲酰（benzoyl peroxide，BPO）作为小麦粉的漂白剂已被广泛应用，但它对人类健康具有负面影响。国际组织和诸多国家制定了 BPO 的最大允许浓度（质量分数）的相关法规。联合国允许的 BPO 浓度为 75×10^{-6}，美国允许的 BPO 浓度为 50×10^{-6}，日本允许的 BPO 浓度为 300×10^{-6}，我国的国家标准规定禁止向面粉中添加 BPO。还有一些商家向面粉中添加荧光增白剂等以增加面粉的白度。实时检测面粉品质指标、筛查面粉中各种添加剂具有重要实际意义。

1. 近红外光谱技术

灰分含量是指小麦粉中各种矿物质元素的氧化物在面粉中的百分含量，其会影响面粉的白度。Dong 和 Sun[55] 利用近红外光谱技术结合 i-PLS 算法对小麦粉中的灰分和水分含量进行预测。研究中采用 FT-NIR 光谱仪获取了小麦粉的近红外光谱，如图 2-40 所示。其中，4312 cm^{-1}、5628 cm^{-1} 和 8356 cm^{-1} 处的吸收峰分别与 C—H 拉伸振动的第一、第二和组合倍频有关。5184 cm^{-1} 处为水分子的吸收峰，4750 cm^{-1} 和 6860 cm^{-1} 处的吸收峰与 O—H 和 N—H 拉伸振动的二级倍频相关。

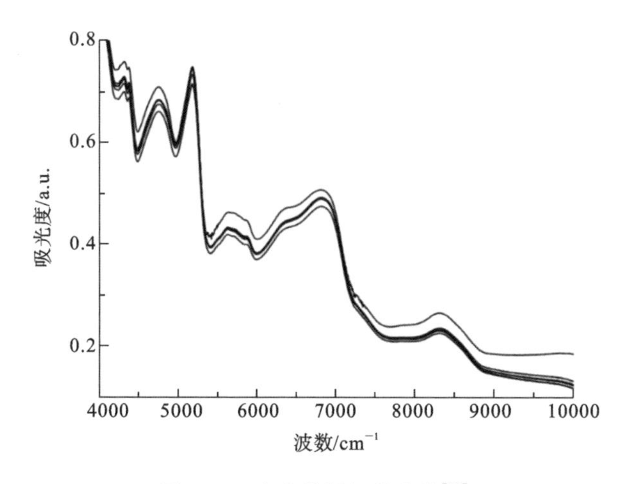

图 2-40　小麦粉近红外光谱[55]

为了测量光谱吸光度与灰分和水分参考值之间的线性相关性强度，研究中计算了吸光度与参考值之间的皮尔逊积矩相关系数（Pearson product-moment correlation coefficient，PCC），如图 2-41 所示。可以观察到，灰分和水分的 PCC 曲线分别在 0.273 和 0.147 处显著降低。这说明，对于灰分和水分，光谱分别在对应点 0.273 和 0.147 的两侧提供了不同的贡献。根据 PCC 方程，选择灰分和水分 PCC 分别高于 0.273 和 0.147 的特征波段。因此，利用 4000～7616 cm^{-1} 和 4000～8524 cm^{-1} 的近红外光谱分别建立水分和灰分的校准和预测模型。

基于上述波段分别建立小麦粉灰分和水分的 i-PLS 模型，其中水分的最佳建模波段为 4000～5500 cm^{-1}、6708～7304 cm^{-1}，灰分的最佳建模波段为 4000～4896 cm^{-1}、5504～6704 cm^{-1}，验证集均方根误差分别为 0.019%和 0.088%。

在小麦粉的储存过程中，脂肪酸值通常会在物理性质发生变化之前增大，

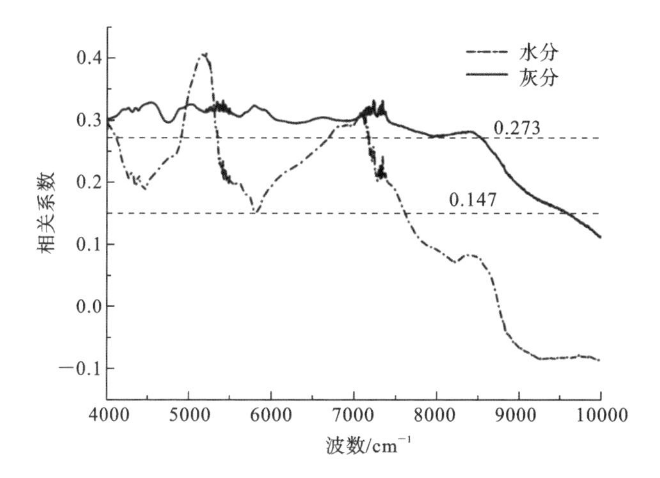

图 2-41　灰分、水分参考值和每个波数的光谱吸光度之间的 PCC 曲线图[55]

而脂肪酸值的增大对小麦粉的食用品质影响较大，这将导致小麦粉制作的成品产生酸味和苦味。Jiang 等人[56]基于便携式近红外光谱系统对小麦粉贮藏过程中的脂肪酸值进行检测。实验中采集的小麦粉原始光谱如图 2-42 所示。

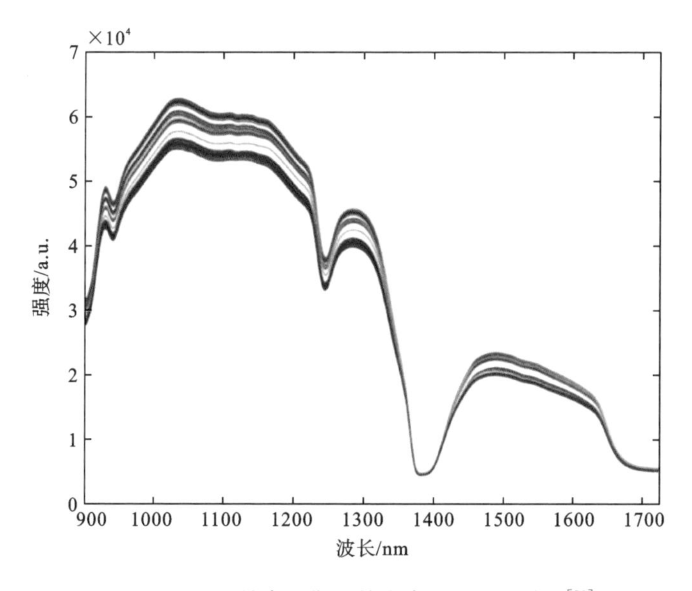

图 2-42　不同储存日期下的小麦粉原始光谱图[56]

利用变量组合总体分析(variable combination population analysis，VCPA)算法对特征波长进行筛选，运行 50 次后的选择结果如图 2-43 所示。同时，为了减小该算法随机性的影响，将 VCPA 执行 50 次，利用 50 个独立运行结果对特征波长进行分析。结果表明，VCPA 对 1563.91 nm、1103.16 nm、1562.31 nm 这三个波长选择的累积频率超过 30 次。其中，1565.91 nm 波长变量的频率选择高达 42 次，超过运行次数的 80%。这表明，该波长变量与小麦粉中的脂肪酸值的相关性非常高，对小麦粉中脂肪酸值的检测模型有较大贡献。此外，总共选择了 15 个波长变量，累积频率不低于 10 次，分别为 1563.91 nm、1103.16 nm、1562.31 nm、

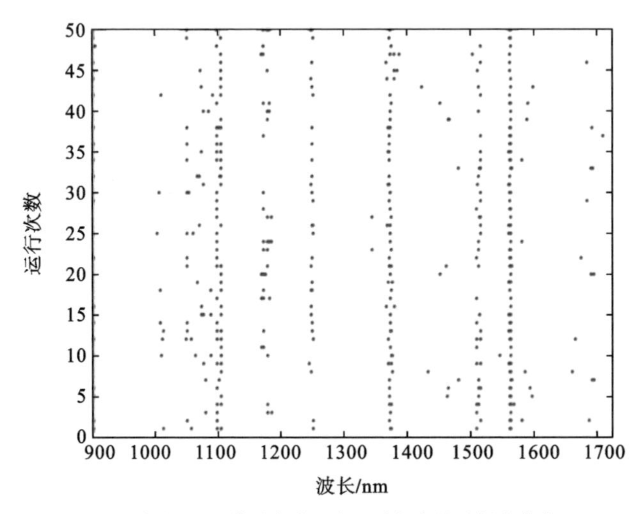

(a) VCPA算法每次运行后波长变量选择的分布

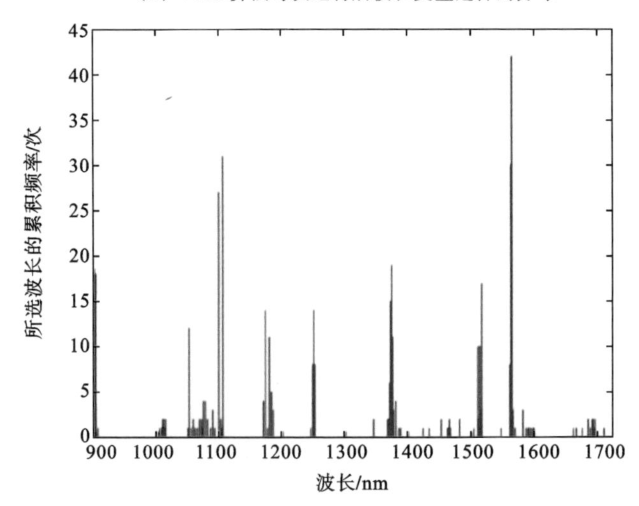

(b) VCPA算法运行50次后所选波长变量的累积频率

图 2-43　VCPA 算法运行 50 次后的波长选择结果[56]

1096.63 nm、1373.45 nm、899.20 nm、1516.02 nm、1371.85 nm、1171.55 nm、1249.35 nm、1049.19 nm、1178.05 nm、1375.06 nm、1509.6 nm 和 1512.82 nm。由于脂肪酸主要含有 C—H 基团，小麦粉中近红外吸收峰主要由 C—H 基团产生。利用极限学习机(extreme learning machine，ELM)基于 VCPA 的特征波长选择结果建立回归模型，最优验证集 R^2 为 09675，RMSEP 为 0.9375 mg KOH/100 g。

2. 拉曼光谱技术

除了水分、灰分含量指标之外，面粉的湿面筋含量也是重要的品质指标。湿面筋含量主要影响面食的弹性和黏性等。窦颖等人[57]使用 DXR 激光共焦显微拉曼光谱仪建立面粉中水分、灰分和湿面筋的定量分析模型。为消除粉末颗粒分布不均对光谱产生的不利影响，利用 SNV 和 MSC 对原始光谱进行预处理，并对光谱进行求导和平滑以减小噪声，面粉拉曼光谱图如图 2-44 所示。

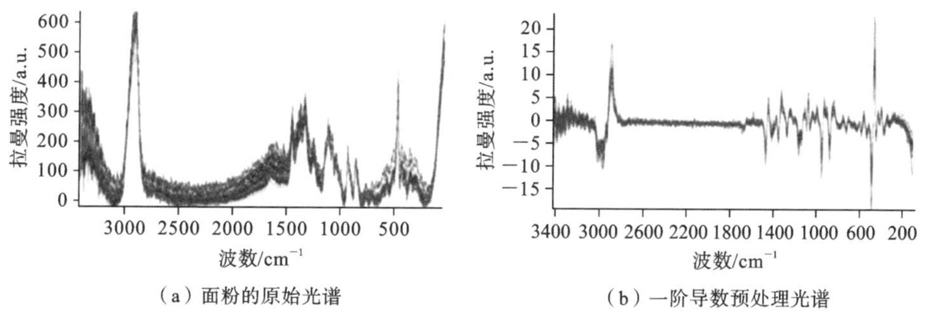

(a) 面粉的原始光谱　　(b) 一阶导数预处理光谱

图 2-44　面粉拉曼光谱图[57]

利用不同光谱预处理方法结合偏最小二乘法建立分析模型，所建立的水分(含量取值范围为 13.3%～15.4%)、灰分(含量取值范围为 0.46%～0.85%)和湿面筋(含量取值范围为 28%～36.8%)定量分析模型的相关系数分别达到 0.94566、0.99339、0.98165，RMSEC 分别为 0.145%、0.0126%、0.456%。结果表明，利用拉曼光谱技术能实现面粉品质快速、无损、高效的检测。

翟晨等人[58]采用实验室自行搭建的线扫描式拉曼光谱成像系统对小麦粉中过氧化苯甲酰和 L-抗坏血酸(LAA)进行快速检测。分别在小麦粉中添加含量为 0.1%～30%的过氧化苯甲酰和 L-抗坏血酸，对制备的样品进行拉曼光谱扫描，选取感兴趣区域的光谱信号进行平均化，得到的平均光谱代表该样品的拉曼信息。图 2-45 为实验所获取的小麦粉、LAA 和 BPO 纯品的拉曼光谱，分别对应着 a、b、c 谱线。谱线 b 中信号较强的 3 个峰分别位于 630 cm^{-1}、1132

cm^{-1}和1656 cm^{-1}，分别归属于环伸缩振动、C—O键伸缩振动和C═C键伸缩振动。BPO在619 cm^{-1}、848 cm^{-1}、890 cm^{-1}、1001 cm^{-1}、1234 cm^{-1}、1603 cm^{-1}及1777 cm^{-1}处均有明显的拉曼特征峰，其中1001 cm^{-1}处的特征峰归属为BPO分子结构中对称苯环的呼吸振动，1603 cm^{-1}处的特征峰归属为C═C键以及苯环振动，1777 cm^{-1}处的特征峰则归属为苯环上的C═O伸缩振动。

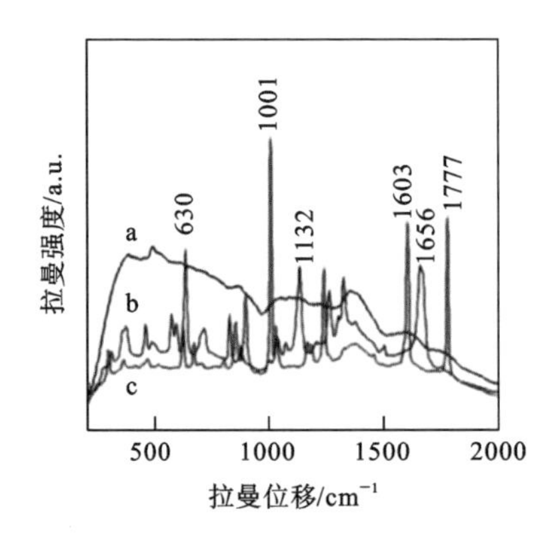

图2-45　小麦粉、LAA和BPO的拉曼光谱[58]

采集BPO含量为0.05%～30%的17个小麦粉样品的拉曼高光谱图像，对图像的感兴趣区域的全部拉曼光谱进行平均，采用自适应迭代重加权惩罚最小二乘(adaptive iterative re-weighted penalized least square, air-PLS)方法去掉荧光背景后，得到的17个样品的拉曼光谱如图2-46所示。利用拉曼光谱中1001 cm^{-1}和1777 cm^{-1}处特征峰的强度与BPO含量建立线性模型，模型决定

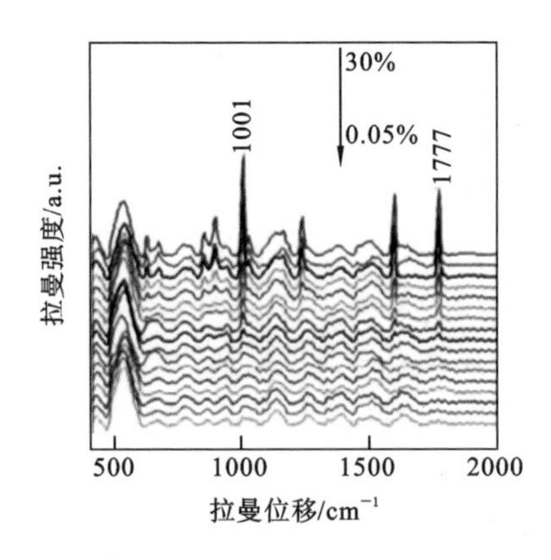

图2-46　不同BPO含量的小麦粉拉曼光谱[58]

系数 R^2 为 0.9828，检出限为 0.1%。采用相同的方法建立小麦粉中 LAA 含量的预测模型，以 1656 cm^{-1} 和 630 cm^{-1} 处特征峰的强度与 LAA 含量建立线性模型，模型决定系数 R^2 为 0.9912，检出限为 0.1%。

3. 太赫兹时域光谱技术

面粉中的大多数极性分子和生物分子的振-转能级跃迁都处在太赫兹波段，可通过它们各自独特的指纹谱分析进行各种成分定性/定量检测。刘翠玲等人[59]使用太赫兹脉冲光谱仪研究了带包装面粉品质的无损检测，光谱仪实物如图 2-47(a)所示。实验利用太赫兹脉冲光谱仪的衰减全反射(ATR)模块完成，ATR 模块如图 2-47(b)所示。ATR 能够测量固体和液体样品，具有采样面积小、样品量小等优点，其工作在 10～120 cm^{-1} 的电磁频谱区域内。采集了 101 份不同品种面粉的太赫兹时域谱，面粉样品的吸光度光谱如图 2-48 所示。

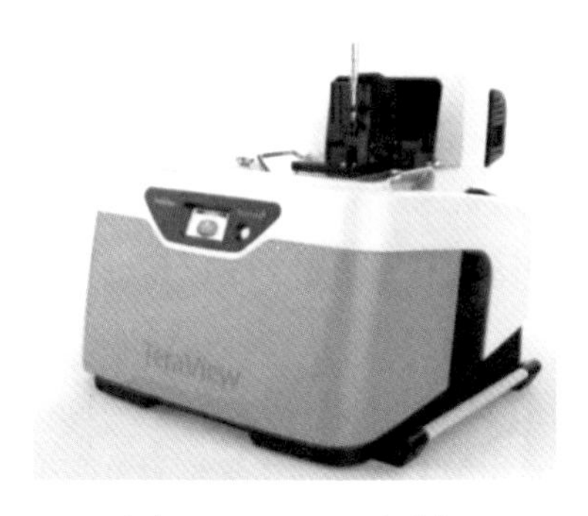

(a) TeraPulse 4000光谱仪

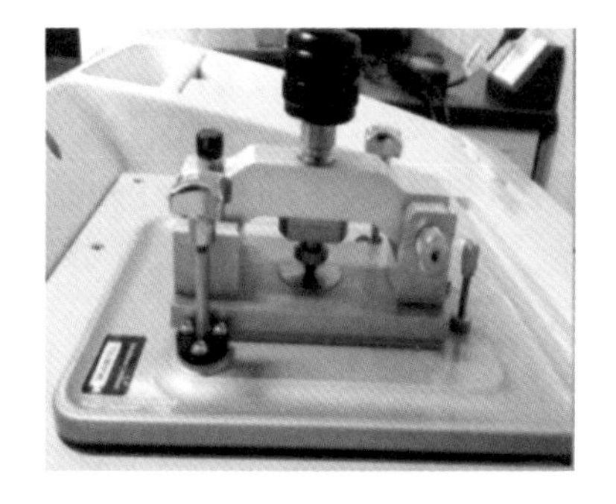

(b) ATR模块

图 2-47 太赫兹脉冲光谱仪[59]

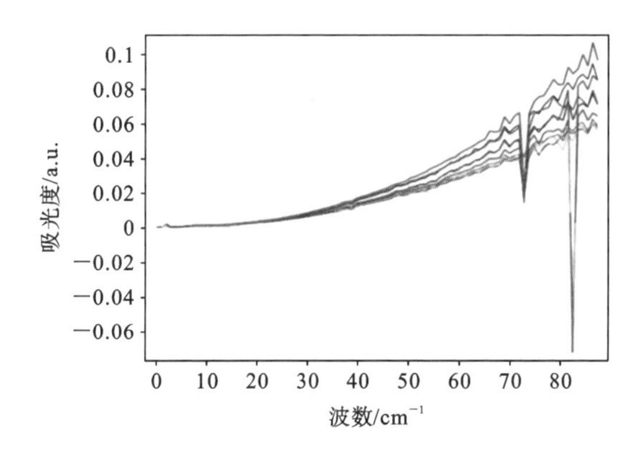

图 2-48 面粉样品吸光度光谱图[59]

该团队对光谱进行预处理后，用PLS算法建立了面粉中水分、灰分、面筋的定量分析模型。各模型的预测相关系数都在0.89以上，研究结果表明，通过太赫兹时域光谱（terahertz time-domain spectroscopy，THz-TDS）技术对面粉品质进行无损、快速检测具有可行性，为下一步利用太赫兹时域光谱技术直接对带包装的面粉进行检测研究奠定了基础。

4. 红外光谱技术

荧光增白剂常用于纺织、造纸等工业。它不仅可以反射可见光，还可以吸收、转化紫外线，然后释放紫蓝色或青色可见光，以抵消黄色，使材料变白。因此，相关制造商使用荧光增白剂来提高产品的白度和明亮度。虽然目前还没有结论表明荧光增白剂会导致人类患上癌症，但作为工业制剂，食品中禁止添加荧光增白剂。中国是小麦生产和消费大国，小麦是中国人最重要的食品之一。色泽是小麦粉食品质量的重要指标，因此，一些面粉制造商盲目地在面粉中添加荧光增白剂，以抢占市场，增大销量。Guo等人[60]利用红外光谱技术实现了对小麦粉中的荧光增白剂二甲基硫醚（dimethyl sulfide，DMS）的定量、快速分析。纯面粉和含DMS面粉的红外光谱以及DMS光谱如图2-49所示。其中，1784 cm^{-1}和1756 cm^{-1}对应的是C—N的振动，1596 cm^{-1}和1449 cm^{-1}对应的是C═C、C—N的振动，1223 cm^{-1}和1036 cm^{-1}对应的是C—C、C—O—C和C—O的振动，1176 cm^{-1}和616 cm^{-1}对应的是—SO_3的振动。随着DMS浓度的增大，含DMS面粉的光谱与DMS光谱的相似性增大，尤其是在1600～1300 cm^{-1}波段范围内。说明，红外光谱可用于检测面粉是否含有DMS。

为了放大光谱之间的微小差异，利用2阶导数对原始光谱进行预处理，并建立PLS模型。不同DMS含量（2.99 mg/g、41.27 mg/g、64.81 mg/g和71.56 mg/g）的面粉样品的R_v^2大于0.98，RMSEV为5.73 mg/g。

5. 高光谱成像技术

高光谱成像技术常被用于食品中各类添加物的快速检测，Kim等人[61]利用线扫描短波红外高光谱成像技术实现了对小麦粉中BPO颗粒的检测。基于自行搭建的高光谱成像系统获取的纯小麦粉、添加BPO的小麦粉和纯BPO的原始吸收光谱如图2-50所示。图2-50(a)中，BPO小麦粉混合物和纯小麦粉表现出类似的典型面粉光谱，在1200 nm、1465 nm、1780 nm、1950 nm、2135 nm和2320～2350 nm处产生吸收峰。其中，1200 nm处的吸收峰与淀粉和脂肪的C—H伸缩（甲基和亚甲基）振动的第二泛频有关；1465 nm处的吸收峰与水中O—H的一级泛频和蛋白质中N—H的一级泛频有关；1780 nm处的吸收峰与

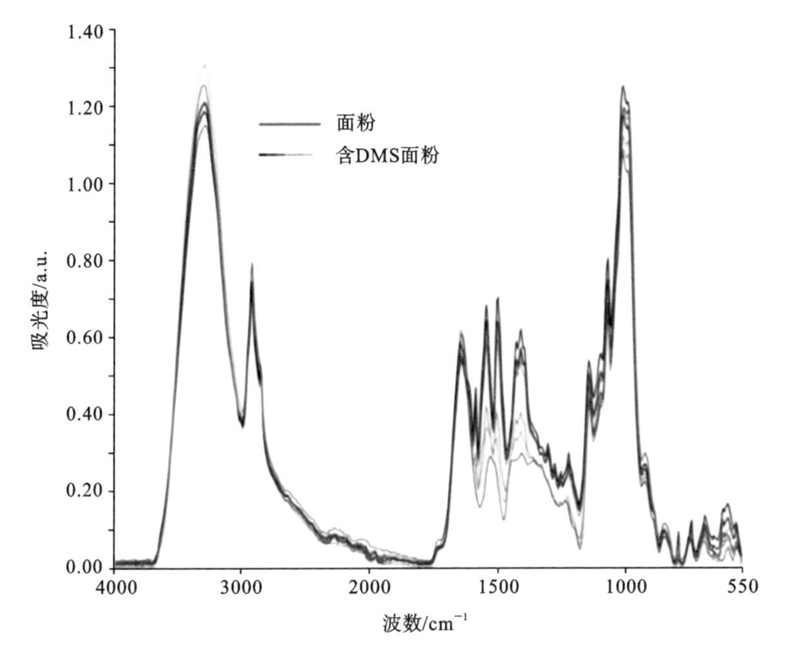

（a）面粉光谱

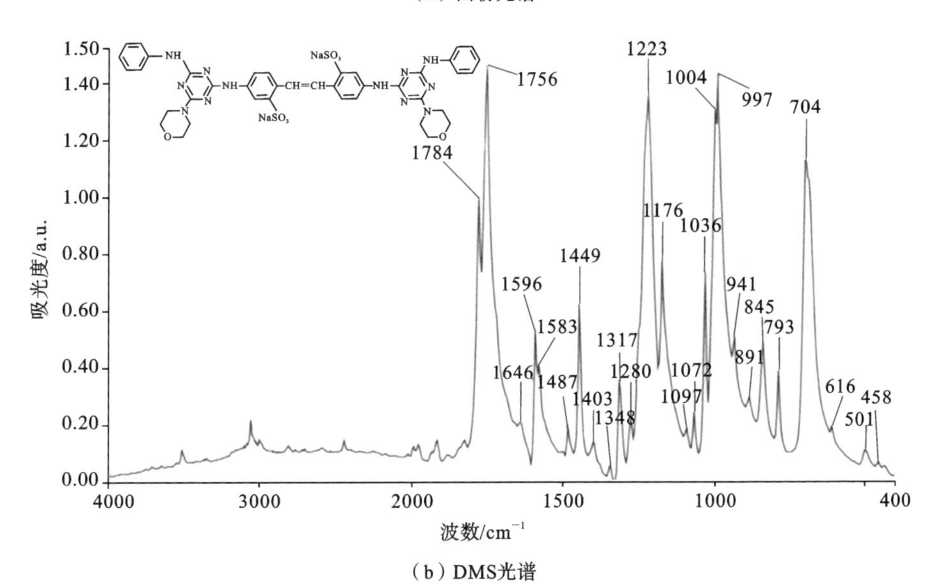

（b）DMS光谱

图 2-49　纯面粉和含 DMS 面粉的红外光谱以及 DMS 光谱[60]

直链淀粉中 C—H 的一级泛频相关；1950 nm 处的吸收峰是由水中 O—H 伸缩和弯曲结合产生的；2135 nm 附近的宽谱带是由蛋白质的吸收产生的，2320～2350 nm 的峰与油中 C—H 相关。图 2-50(b)中，纯 BPO 的特征峰和谱带主要在 1138

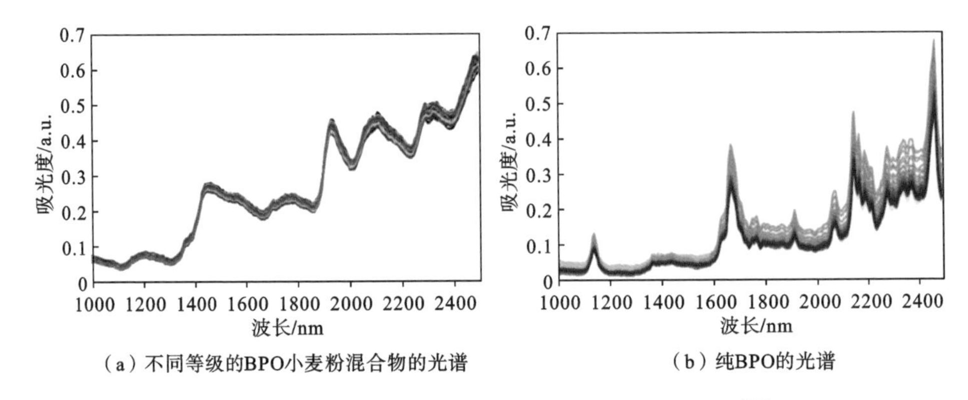

（a）不同等级的BPO小麦粉混合物的光谱　　（b）纯BPO的光谱

图 2-50　BPO 小麦粉混合物和纯 BPO 的近红外光谱[61]

nm、1664 nm、1911 nm、2070 nm、2147 nm 和 2270～2464 nm 附近。C—C 和 C═O 的伸缩振动分别在 1138～1911 nm 和 2070～2464 nm 处产生吸收。

研究中采用 i-PLS 筛选有效波段，平均 RMSECV 为 0.017%，共选取 8 个有效波段：937.5～1062.5 nm、1062.5～1187.5 nm、1312.5～1436.5 nm、1436.5～1562.5 nm、1562.5～1687.5 nm、1812.5～1937.5 nm、1937.5～2062.5 nm 和 2062.5～2187 nm。分别利用这 8 个有效波段和全光谱建立 PLS 模型。结果表明，基于 SNV 预处理在 8 个有效波段所建立的模型具有最高的预测性能，R^2 和 RMSEP 分别为 1.000 和 0.006%，该模型的 PLS 回归系数如图 2-51 所示。可以看出，1665 nm 处的光谱值对模型贡献最大，该峰与苯环 C—C 的伸缩振动有关。其余的主峰被用于面粉中 BPO 含量的光谱图像分析。

综上所述，近红外光谱技术、拉曼光谱技术、太赫兹时域光谱技术、红外光谱技术及高光谱成像技术等可被用于面粉品质和添加物的检测。其中，近红外光谱技术在面粉品质检测方面有较好的应用前景。拉曼光谱技术和红外光谱

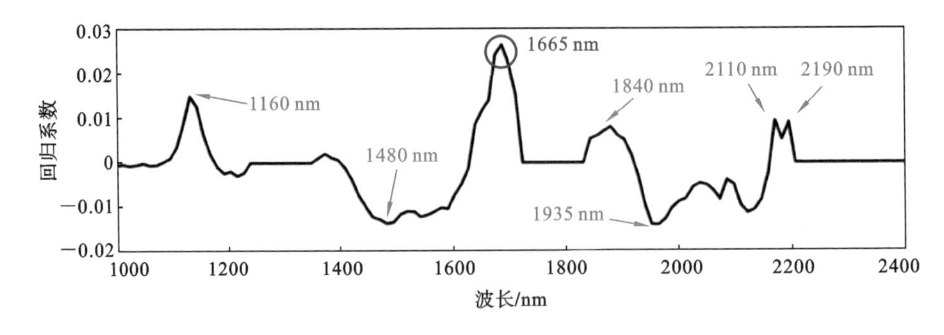

图 2-51　BPO 含量预测模型回归系数[61]

技术由于具有灵敏度高的优点，尤其适合用于面粉中微量添加物的检测。高光谱成像技术则由于能同时表达光谱信息和图像信息，可实现面粉内部成分或添加物的可视化，但成本相对较高，目前只应用于实验室研究。太赫兹时域光谱技术在面粉品质检测方面的研究仍处于初级阶段，其较高的仪器成本在一定程度上限制了其商业发展。

2.3 杂粮

杂粮是指水稻、小麦、玉米、大豆和薯类五大作物之外的粮食及豆类作物。相较于五大作物，其种植面积较小，主要包括谷物杂粮（如高粱、谷子、燕麦等）和豆类杂粮（如绿豆、豌豆等）[62]。杂粮作物对种植环境要求很低，且含有丰富的营养物质，是平衡人们膳食营养的重要食物来源。

2.3.1 特征品质及产地鉴别技术

杂粮不仅含有丰富的蛋白质等营养物质，还含有许多生物活性物质，这里将其定义为特征品质。已有研究表明，杂粮含有的如β-葡聚糖[63]、多酚[64]、植物甾醇[65]和荞麦黄醇[66]等生物活性物质在癌症预防和肿瘤治疗方面发挥了重要作用。此外，产地是影响农作物生产的重要环境因素，很大程度上决定了农产品的产量和质量，农产品产地溯源对于粮食安全具有重要意义。目前，针对杂粮特征品质及产地鉴别的检测技术主要包括近红外光谱技术、高光谱成像技术等。

1. 近红外光谱技术

在谷物杂粮中，β-葡聚糖具有显著的生理活性功能和营养特性，是存在于燕麦、大麦等谷物中的一种活性成分[67]。Ringsted 等人[68]利用超连续光源获取完整单颗燕麦籽粒的近红外透射光谱，实现了对混合连接β-葡聚糖含量的预测。该研究使用的超连续光源是由纳秒脉冲激光进入红移光纤和掺铥光纤产生的。样品放在一个可容纳 36 颗燕麦籽粒的旋转颗粒样品架中，如图 2-52(a)所示。

该研究使用离轴抛物面镜（parabolic mirror，PM）代替透镜来准直超连续光源输出，以减小色差。另一个抛物面镜用于将光聚焦到扫描光栅单色仪。重新准直后，光束通过平凸透镜聚焦到样品上。在样品架后面直接放置 PbSe 探测器以检测透射光。聚焦透镜背面的反射光由另一个透镜收集作为检测参考光。由该系统获取的燕麦近红外光谱如图 2-52(b)所示。该研究利用 PLS 建

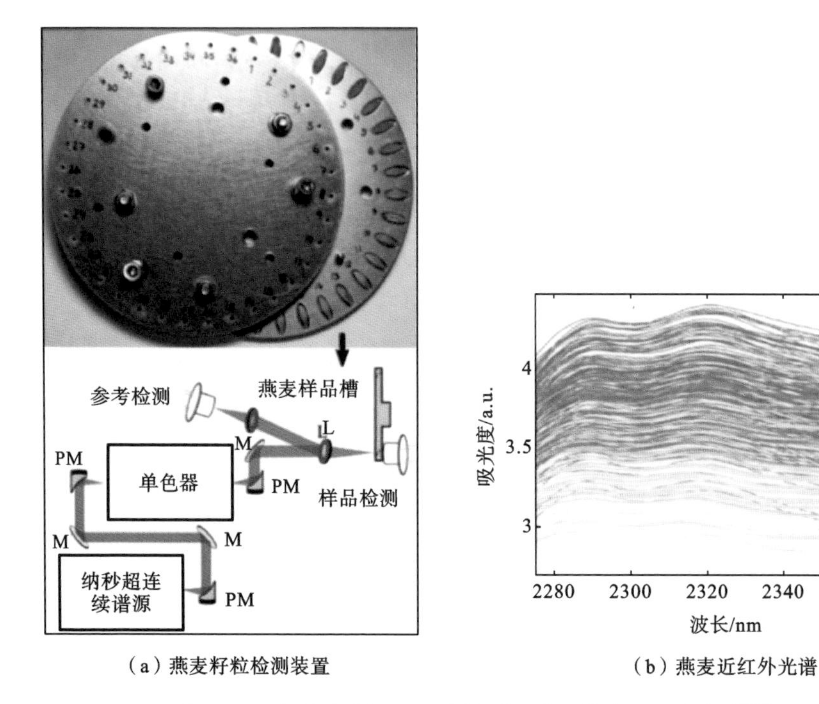

(a) 燕麦籽粒检测装置

(b) 燕麦近红外光谱

图 2-52 超连续光源近红外检测系统及燕麦近红外光谱[68]

立燕麦吸光度光谱和β-葡聚糖之间的定量关系，得到交叉验证集和预测集的 R^2 分别为0.83和 0.90，预测相对误差分别为 15.4%和 11.3%。

谷物中的酚类物质主要有酚酸(如咖啡酸、阿魏酸和香草酸)、类黄酮、缩合单宁等，是一种优良的天然抗氧化剂。此外，总抗氧化能力(total antioxidant capacity, TAC)是抗氧化剂活性的总和参数，可以用作谷物质量参数。目前，已有许多用于检测谷物总酚含量或者 TAC 的方法，其中最常用的湿化学方法为 Folin-Ciocalteu 法[69]。由于该方法存在弊端(如耗时长、需要使用昂贵的检测仪器等)，不少研究者采用近红外光谱技术作为传统湿化学法的替代方法来检测总酚含量或 TAC。

Dykes 等人[70]利用 400～2500 nm 的可见/近红外光谱仪对黑高粱、红高粱、柠檬黄高粱和白高粱中的总酚、缩合单宁和 3-脱氧花青素进行定量测定。四种高粱完整颗粒的可见/近红外光谱如图 2-53 所示。在可见光区域，光谱吸收受到整个高粱籽粒果皮颜色的影响，随着果皮颜色的变暗，其吸光度增大。在近红外区域，1450 nm(O—H 拉伸一级泛频)和 1930 nm(O—H 拉伸和变形组合)附近的吸收带是由水引起的，酚类化合物(即类黄酮、缩合单宁)在 1415～1512 nm、

1650～1750 nm 和 1955～2035 nm 波段产生吸收。采用修正 PLS 进行建模，得到总酚、缩合单宁和 3-脱氧花青素的相关系数 R 分别为 0.93、0.81 和 0.82。

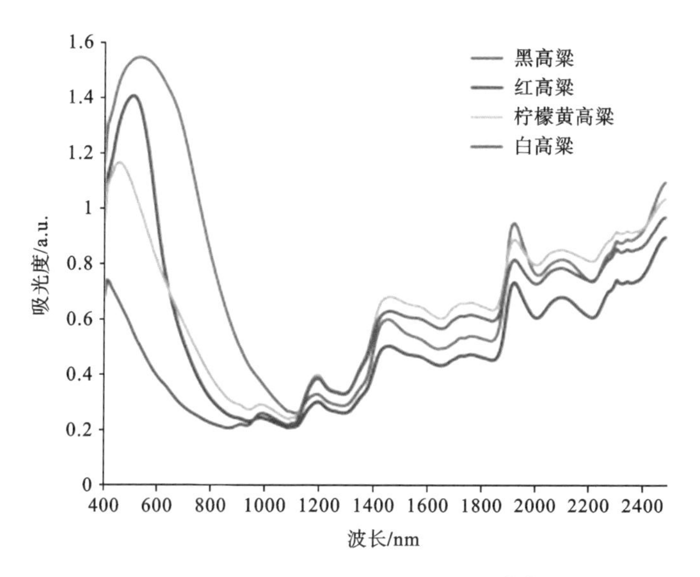

图 2-53 高粱的可见/近红外光谱[70]

在豆类杂粮检测方面，黄燕等人[71]利用 FT-NIR 光谱仪对绿豆产地进行了鉴别，分别以绿豆粉末和完整颗粒为检测对象，采集了不同产地绿豆样品的近红外原始光谱，如图 2-54 所示。为减小绿豆粉末和完整颗粒大小不一对光谱产生的影响，对原始光谱进行 MSC 预处理并基于 CARS 筛选特征波长。

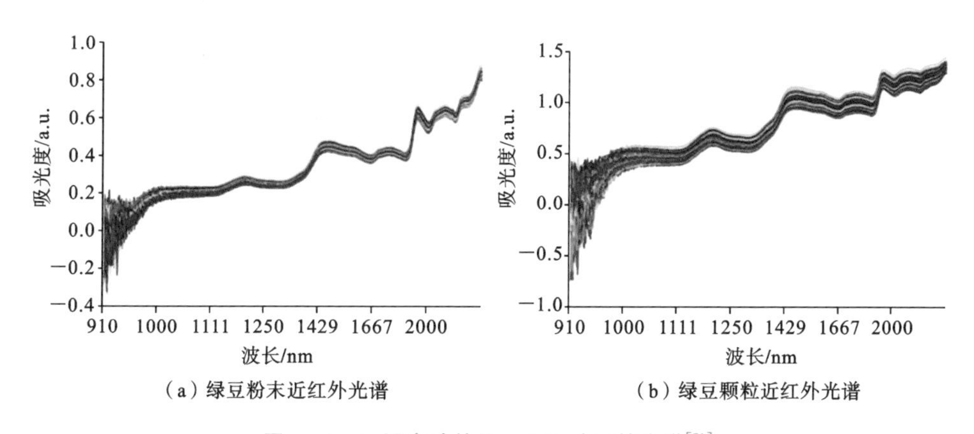

（a）绿豆粉末近红外光谱　（b）绿豆颗粒近红外光谱

图 2-54 不同产地的绿豆近红外原始光谱[71]

利用BPNN建立分类模型，对绿豆粉末和完整颗粒进行产地鉴别，建模结果如表2-2所示。结果表明，对于两种绿豆样品形态，利用MSC结合CARS的BPNN建模结果均为最优，最优验证集准确率可分别达到98.63%和92.59%。

表2-2 绿豆产地检测模型建模结果[71]

绿豆状态	模型	特征波数	验证集	
			样品数量	准确率/(%)
粉末	Raw-BPNN	2114	73	94.52
	MSC-BPNN	2114	73	76.71
	MSC-CARS-BPNN	107	73	98.63
颗粒	Raw-BPNN	2114	81	90.12
	MSC-BPNN	2114	81	88.89
	MSC-CARS-BPNN	61	81	92.59

2. 高光谱成像技术

高光谱成像技术可以通过适当的图像处理、掩模技术对单一杂粮颗粒的特征信息进行提取，能够从一堆颗粒中提取单一颗粒作为检测目标进行品质检测或产地鉴别。Huang等人[72]利用PLS-DA和深度森林算法与高光谱图像结合，对不同产地的高粱进行了识别，并实现了对掺假样品的可视化。共选取8种高粱，其中，4种为高品质高粱(HM、DG、RN和HYZ)，另外四种为一般品质高粱(AZ、HG、MG和TG)。将这8种高粱按照不同的方式进行组合，每个组合包含两种高品质和一种一般品质高粱，由此共得到24种组合。8种高粱的平均光谱如图2-55所示。各高粱品种的平均光谱曲线因属于同一物种而具有相同的变化趋势，但由于主要物质含量的差异，它们在某些光谱区域的反射率值略有不同。如图2-55(a)所示，高粱主要存在3个近红外吸收峰。在980 nm和1430 nm附近的吸收峰与O—H键的一级和二级拉伸泛频有关，主要反映了高粱中的水分含量；1430 nm附近的吸收峰也与N—H键相关，反映了高粱中的蛋白质含量；1200 nm处的吸收峰与C—H二级拉伸泛频相关，主要与碳水化合物和脂肪含量相关。8种高粱的主成分分析结果如图2-55(b)所示。同一品种的高粱籽粒呈聚集状态，但具有一定的空间分布范围，原因是支链淀粉和直链淀粉等主要成分的含量有差异；不同品种的高粱籽粒之间也存在一定程度的重叠，这归因于脂肪和蛋白质等次要成分的含量相似。

随后，利用CARS算法和SPA提取特征波长，利用灰度共生矩阵(gray-

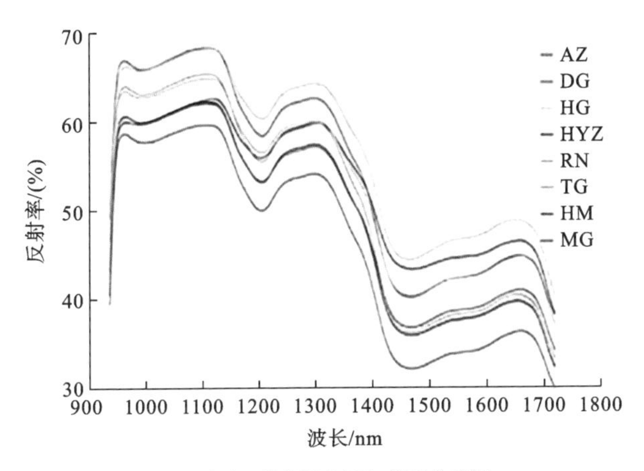

（a）8种高粱的近红外平均光谱

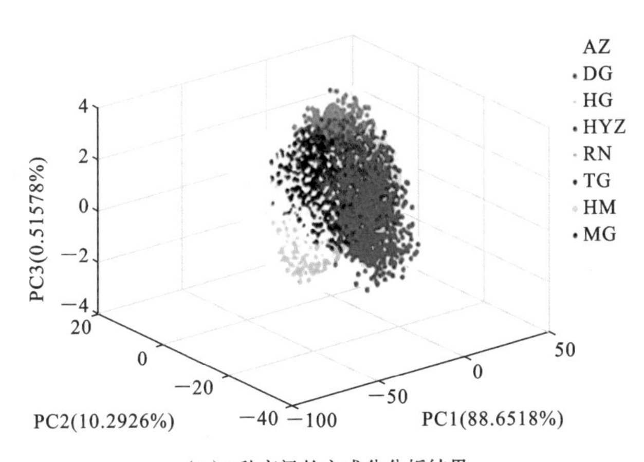

（b）8种高粱的主成分分析结果

图 2-55　高粱的近红外光谱及 PCA 结果[72]

level co-occurrence matrix,GLCM)提取特征波长对应的灰度图像中每个高粱籽粒的纹理特征。基于全光谱、特征光谱、纹理特征数据以及特征光谱和纹理特征的融合数据,研究中开发了用于识别不同品种高粱籽粒的深度森林模型。结果表明,基于特征光谱建立的模型为最优模型,识别正确率高于 91%。此外,最优识别模型在高粱纯度测定中也取得了令人满意的结果,预测混合比的偏差小于 4%。因此,高光谱成像技术可以成功地用于高粱纯度的快速无损测定,为谷物纯度的快速测定提供了一种新策略。综上所述,近红外光谱技术在杂粮特征品质检测方面相对成熟,高光谱成像技术多用于杂粮的产地鉴别研究,可以将杂粮内部品质与外部品质相结合。在实际应用过程中,可根据特定的检测需求选取适宜的技术。

2.3.2 营养品质成分检测及分级技术装备

常见谷物杂粮中的主要营养成分含量如表 2-3 所示。与初级谷物相比，谷物杂粮基本上含有高水平的纤维和微量元素。其中，大麦的纤维含量大约是大米和小麦的 10 倍，燕麦的钙、铁含量最高。目前，杂粮中营养成分的快速检测技术主要包括近红外光谱技术、太赫兹光谱技术等。

表 2-3 常见谷物杂粮中的主要营养成分含量[73]

谷物	种类	糖类/g	蛋白质/g	脂肪/g	纤维/g	钙/mg	铁/mg	维生素 B_1/mg	维生素 B_2/mg	维生素 B_3/mg
初级谷物	大米	76	7.9	2.7	1.0	33	1.8	0.41	0.04	4.3
	小麦	71	11.6	2.0	2.0	30	3.5	0.41	0.01	5.1
谷物杂粮	高粱	70.7	10.4	3.1	2.0	25	3.9	0.38	0.15	4.3
	燕麦	66.27	16.89	5.93	17.9	54	4.7	0.76	0.13	0.96
	大麦	77.2	9.9	1.2	15.6	29	2.5	0.19	0.11	4.6
	谷子	63.2	11.2	4.0	6.7	31	2.8	0.59	0.11	3.2

1. 近红外光谱技术

许多研究利用近红外光谱实现了对杂粮中蛋白质、碳水化合物、水分、矿物成分等含量的检测[74-87]。Liu 等人[88]利用 FT-NIR 光谱对完整和粉末裸燕麦中的蛋白质、淀粉、脂肪、β-葡聚糖和燕麦生物碱(AVE)含量进行检测，利用 PLS 建立预测模型，得到的各种营养成分的最优近红外光谱区域和预处理方法如表 2-4 所示。蛋白质是由肽键连接的氨基酸组成的，以 C—O 拉伸和 N—H 拉伸以及 β-折叠肽结构中的 $CONH_2$ 的组合为特征，在 4359 cm^{-1}、5915 cm^{-1} 和 5925 cm^{-1}附近观察到典型的吸收峰。淀粉的最佳光谱区域为 4597.7～6109.7 cm^{-1}和 7498.3～12489.4 cm^{-1}，近红外光谱可以表征其中的 O—H 和 C—O 的振动(约 4762 cm^{-1}和 5263 cm^{-1})。β-葡聚糖与淀粉的近红外光谱响应频率相近，因为二者都由单糖构成。燕麦的脂肪中含有高水平的不饱和脂肪酸，因此除了由 C—H 振动引起的近红外吸收带之外，CH_2拉伸和 C ═C 拉伸的组合、C ═C—H 和 C ═C 的拉伸以及 C—H 泛频(4566 cm^{-1}、4673 cm^{-1}和 6523 cm^{-1}附近)也会产生近红外光谱响应。AVE 由邻氨基苯甲酸和羟基邻氨基苯甲酸组成，属于酚类化合物，其光谱响应是由 C ═O(CO ═NH)和 C—H (CH_2 和苯)的拉伸引起的(约 5208 cm^{-1}、5797 cm^{-1}和 5935 cm^{-1})。

表 2-4　各种营养成分的最优近红外光谱区域和预处理方法[88]

样品状态	种类	光谱区域/cm^{-1}	预处理方法
完整颗粒	蛋白质	4235.1～4435.7，5446.3～6109.7，7498.3～12489.4	标准化
	淀粉	4597.7～6109.7，7498.3～12489.4	SNV
	脂肪	4235.1～5461.7，6094.3～12489.4	FD+MSC
	β-葡聚糖	4844.6～5461.7，6094.3～9303.4	FD+MSC
	AVE	4235.1～5461.7，6094.3～12489.4	标准化
粉末	蛋白质	4235.1～12489.4	FD+SNV
	淀粉	4597.7～6109.7，7498.3～12489.4	标准化
	脂肪	4597.7～5461.7，6094.3～7513.7	标准化
	β-葡聚糖	4597.7～12489.4	恒定偏移消除
	AVE	4597.7～12489.4	恒定偏移消除

注：FD 表示 1 阶导数。

2. 太赫兹光谱技术

太赫兹光谱可以提供由范德瓦耳斯力、氢键拉伸引起的分子内和分子间模式的丰富信息。Lu 等人[89, 90]分别利用太赫兹时域光谱测定了谷子中的二元氨基酸和三元氨基酸的含量。在二元氨基酸含量的检测中，采用非对称最小二乘(asymmetric least square, AsLS)法对太赫兹光谱进行预处理，所得预处理前后的光谱如图 2-56 所示。利用 PLS 和 i-PLS 建立二元氨基酸定量预测模型，i-PLS 建模结果更佳。当利用谷子在 1.20～1.37 THz 范围内的太赫兹频率时，

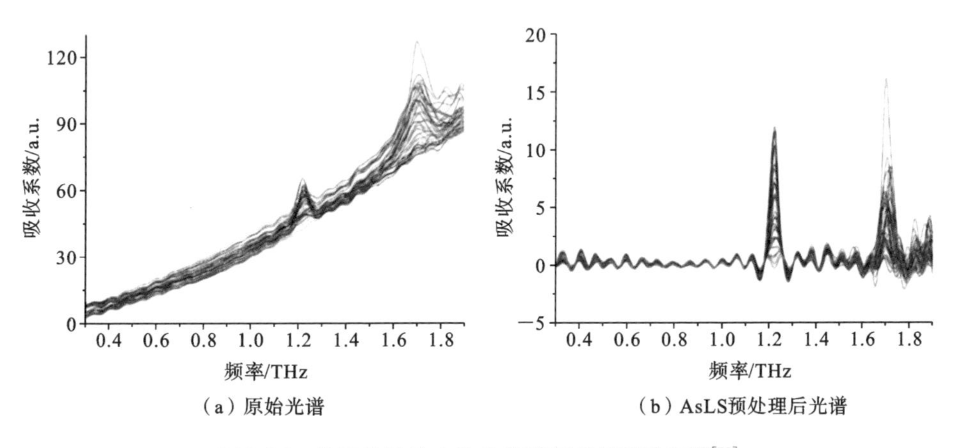

(a) 原始光谱　　(b) AsLS预处理后光谱

图 2-56　谷子的原始太赫兹光谱和预处理后光谱[89]

i-PLS 建模获得最优预测结果,R^2 可以达到 0.99 以上。

在三元氨基酸含量的检测中,Lu 等人采用 Tchebichef 图像矩(Tchebichef image moment, TM)解决了太赫兹光谱在多组分混合物分析中的光谱重叠和漂移的问题。TM 可以将原始的混合数据分解为不相关的分量,即具有不同矩阶的 TM 代表图像中的不同信息。与传统定量分析方法不同的是,TM 法使用吸收系数、消光系数和折射率三个参数进行定量预测。实验得到的太赫兹吸光度光谱是二维光谱,为了能够用 Tchebichef 图像矩提取其特征信息,需要构建样品的三维光谱图。图 2-57(a)和(b)分别显示了太赫兹光谱重建前、后的灰度图像,重建灰度图像后便可以利用 Tchebichef 图像矩提取其特征信息。可以看出,重建前后的灰度图像在视觉上具有相似性。与 PLS 和多维偏最小二乘(N-PLS)模型相比,基于 TM 法所建立的模型获得了更高的 F 检验值和 p 检验值,三种氨基酸的 R_p^2 高于 0.8026,RMSEP 小于 1.2601。

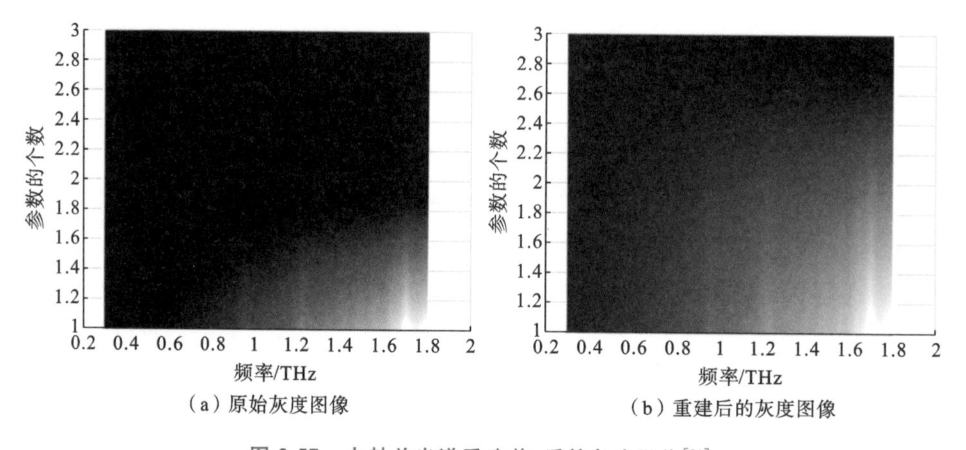

(a) 原始灰度图像　　(b) 重建后的灰度图像

图 2-57　太赫兹光谱重建前、后的灰度图像[90]

综上所述,近红外光谱技术在杂粮品质检测与分级方面发展相对较快,已有商用检测设备,而太赫兹光谱技术仍处于初级发展阶段,主要受限于其检测成本,大多数研究还处于实验室水平。随着太赫兹探测器、光源成本的不断降低,未来有望将太赫兹光谱技术推向实际应用。

2.4　油料

我国是油料生产和消费大国,主要油料包括油菜籽、大豆、花生、葵花籽、芝麻等[91]。油料及其制品含有丰富的营养功能成分,如必需脂肪酸、植物甾醇、多酚、维生素等,为人类健康提供了必需的能量和营养物质[92]。因此,油料产品的质量安全问题引起了消费者的广泛关注。目前,油料品质的检测主要采用传统方法,如索氏提取法、杜马斯定氮法、紫外光谱法、气相色谱法、液相色谱法及色谱-质谱联用技术等,该类方法需要化学试剂,且操作复杂、耗时长、成本高,无法适应现场快速无损检测的需要[93,94]。与传统方法相比,近红外光谱技术是一种绿色、无损的快速检测技术,具有操作简单、检测成本低、不需要化学试剂、绿色环保,以及可实现多品质参数同步检测等优点,广泛用于油料品质的无损快速检测[95,96]。

2.4.1 特征品质检测及分级技术

维生素 E、植物甾醇、多酚、白藜芦醇等是油料产品中的特质营养成分,在植物及人体健康中发挥着重要作用。随着农业供给侧结构性改革的深化,我国油料生产已从高产量向高质量、多用途转变。植物油料特异品质检测技术是发掘和利用特异营养品质、实现油料生产高质量发展的关键。

刘婷等人[97]利用反相高效液相色谱法测定了自然风干花生种子中维生素 E 的含量,利用近红外光谱仪采集其近红外光谱,采用 1 阶导数和多元散射校正的预处理方法建立了花生种子中维生素 E 含量的近红外光谱预测模型,建模结果如表 2-5 所示。经过内部交互校验,确定花生种子中维生素 E 含量测定的最优光谱预处理方法为 1 阶导数+多元散射校正,谱区范围为 6094.3～7506.0 cm^{-1}和 4242.8～5454.0 cm^{-1},建立了自然风干花生种子中维生素 E 含量的偏最小二乘预测模型,最优主成分数为 8,模型的决定系数 R^2 为 88.34,RMSECV 为 0.423 (mg/100 g)。预测值与真实值的 t 检验结果显示,两组数据差异不显著。独立验证集验证结果显示,对未参与建模且与栽种花生种子大小差别较大的野生花生种子,也取得了较好的预测效果。因此,利用近红外光谱技术实现了

表 2-5 花生种子中维生素 E 含量预测值与真实值比较[97]

样品	真实值/(mg/100 g)	预测值/(mg/100 g)	偏差/(mg/100 g)
A3	11.30	10.94	−0.36
A16	8.50	9.09	0.59
A17	8.57	8.47	−0.10
A19	10.40	9.64	−0.76
A20	10.40	10.26	−0.14
A27	11.20	11.34	0.14

对花生种子中维生素 E 含量的测定，为培育高维生素 E 含量花生品种提供了快速、无损的技术手段。

作者团队利用来自我国主产区的 332 份油菜籽样品建立了油菜籽中总酚含量近红外快速测定方法。经过标准正态化和 1 阶导数预处理，同时采用 CARS 算法选择 254 个特征波长作为重要变量，结合偏最小二乘法建立油菜籽中总酚含量的近红外预测模型。该预测模型的交叉验证集均方根误差为 124.54 mg/kg，决定系数为 0.9728，表明该近红外预测模型效果良好，可用于油菜籽中总酚含量的快速检测。综上所述，近红外光谱技术在维生素 E、总酚含量等特异品质指标检测上取得突破，通过优化和开发新型化学计量学方法进行样品识别、变量选择、模型应用域评估，在快速测定油料与食用油的特异品质中发挥着越来越重要的作用。

2.4.2 营养物质检测及分级

蛋白质、脂肪、脂肪酸含量等是油料产品中的常规品质指标，基于近红外光谱的油料常规品质的快速检测方法得到快速发展，并已经广泛应用于油菜籽、大豆、花生、芝麻等主要油料。陈斌等人[98]采用微型近红外光谱仪测定油菜籽含油量，光源为双集成真空钨灯，分光元件为线性渐变滤光片，探测器为 128 线元非制冷铟镓砷(InGaAs)二极管阵列检测器，工作波长范围为 950～1650 nm，运行环境温度为－20～40 ℃，光谱分辨率为 12.5 nm，积分时间为 11 ms，扫描次数为 25 次。把油菜籽样品除杂后均匀装在方形样品杯中，连续采集不同部位的 3 次漫反射光谱，将其平均后作为最终光谱。

采用不同预处理方法优选波长和优化参数，图 2-58(a)和(b)分别为向后区间偏最小二乘(back interval PLS, BIPLS)＋GA 和 si-PLS＋GA 选取得到的最优波长。结合偏最小二乘回归和最小二乘支持向量机方法建模，基于两种化学计量学方法建立的模型 R_p 分别为 0.9330、0.9192，RMSEP 分别为 0.0075％、0.0055％。结果证明，微型近红外光谱仪可用于油菜籽含油量的检测。该研究同时为微型近红外光谱仪测定其他油料作物的品质指标提供了参考。

Yang 等人[99]利用波长范围为 900～1700 nm 的便携式近红外光谱仪采集花生油光谱，实现了花生油酸价的检测，由于原始光谱不仅包含花生油的化学信息，还包含无信息的信号，这些信号会干扰光谱信息，从而影响所建模型的精度和重复性。SNV 不仅可以校正表面散射光效应，还可以消除光谱中的斜率变化，因此可用于原始光谱的预处理。花生油的原始光谱和经 SNV 预处理后的光谱如图 2-59 所示。

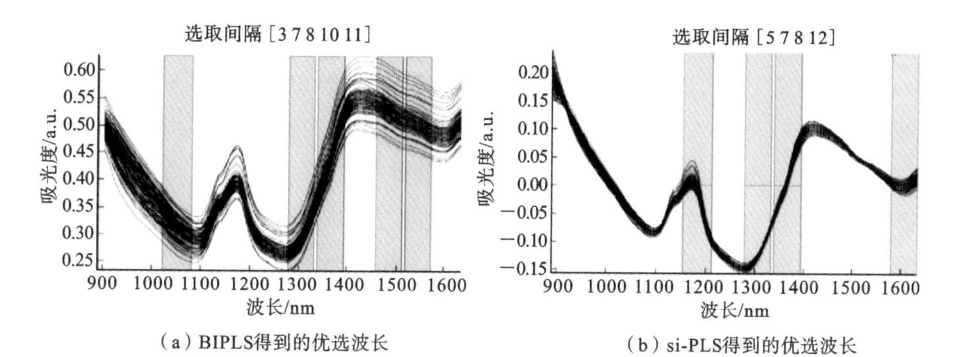

（a）BIPLS得到的优选波长

（b）si-PLS得到的优选波长

图 2-58　基于 BIPLS 和 si-PLS 得到的波长筛选结果[98]

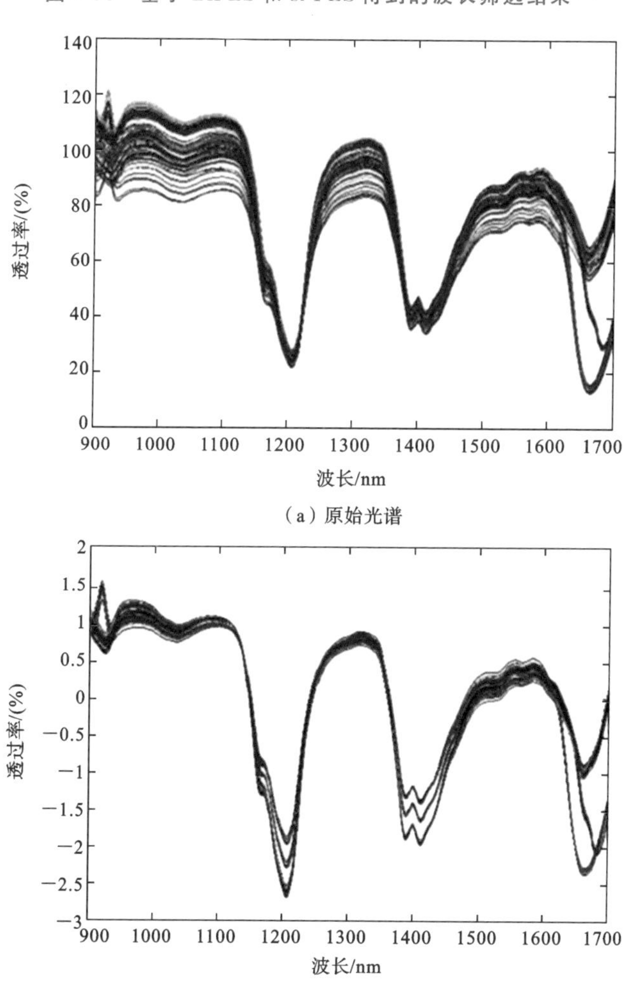

（a）原始光谱

（b）经SNV预处理后的光谱

图 2-59　花生油的原始光谱和经 SNV 预处理后的光谱[99]

该研究比较了基于 si-PLS、GA、GA+si-PLS 和蚁群优化(ant colony optimization, ACO)算法建立的模型效果，结果显示，基于 GA+si-PLS 算法建立的模型效果最佳，R_p、RMSEP 分别是 0.9426 和 0.2980 mg/g。图 2-60 所示为采用 si-PLS 选取的 137 个光谱变量。由于选取的 137 个变量仍然包含太多的光谱数据，进一步应用遗传算法偏最小二乘(GA-PLS)法选取变量，建立了基于 GA+si-PLS 算法的花生油酸价近红外模型。当选取 47 个变量时，利用 7 个主因子数所建立的模型效果最佳，RMSEP 为 0.2980 mg/g，R_p为 0.9426。该研究为快速、实时监测花生油酸价提供了重要工具，同时为在线监测花生油生产过

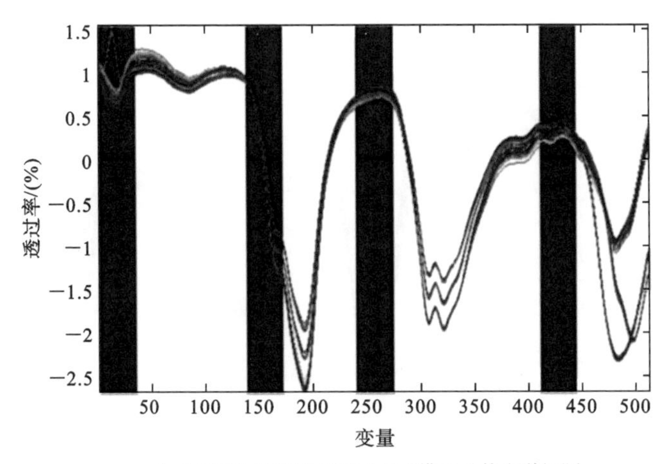

（a）基于SNV预处理的si-PLS模型最佳光谱间隔

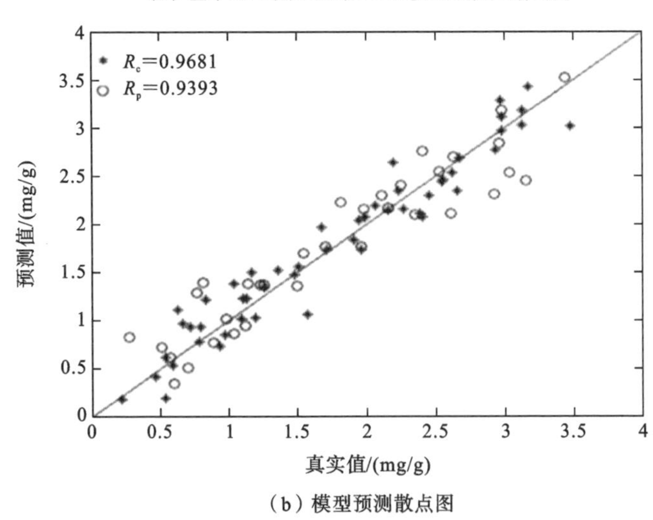

（b）模型预测散点图

图 2-60　光谱间隔选择结果和模型预测散点图[99]

程中的酸价提供了可能的解决方案。

油料中含有丰富的不饱和脂肪酸，营养价值高，利用近红外光谱技术可实现油料和食用油脂肪酸组成的快速测定。郝勇等人[100]分别将棕榈油和菜籽油以一定比例掺入山茶油中配制 76 份山茶油混合油样品，采集近红外光谱，分别采用 NWD1st、NWD2nd、MSC、SNV、NWD1st-MSC 这 5 种预处理方法对原始光谱进行信息变换和提取，结果如表 2-6 所示。光谱经预处理后，山茶油混合油样品中两种脂肪酸的 PLS 模型结果相差较大，其中光谱经 NWD1st-MSC 方法预处理后，两种脂肪酸的 R_c 和 RMSECV 都得到了明显改善。

表 2-6　不同光谱预处理方法的 PLS 模型结果比较[100]

方法	油酸		亚油酸	
	R_c	RMSECV	R_c	RMSECV
无	0.726	5.197	0.354	0.657
NWD1st	0.733	5.105	0.669	0.622
NWD2nd	0.701	5.444	0.546	0.740
MSC	0.985	1.086	0.950	0.171
SNV	0.985	1.096	0.949	0.173
NWD1st-MSC	0.986	1.021	0.968	0.138

由表 2-7 可知，对于油酸模型，光谱经 NWD1st-MSC 方法预处理，并经蒙特卡罗无信息变量消除（Monte Carlo uninforative variable elimination，MCUVE）优选变量后，PLS 模型的校正结果得到进一步优化，而采用 VCPA 优选变量后，模型的精度稍有降低，建模变量由 1501 减少为 7；对于亚油酸模型，光谱经 NWD1st-MSC 方法预处理，并经 MCUVE 和 VCPA 优选变量后，精度均得到提高，建模变量均减少，分别由 1501 减少为 500 和 8。对于山茶油混合油样品中两种脂肪酸模型，采用 VCPA 方法在不影响定量分析精度的前提下得到了最精简的模型。近红外光谱技术结合 NWD1st-MSC-VCPA-PLS 为山茶油混合油样品中脂肪酸含量的测定提供了一种快速简单的分析方法。

油料中脂肪酸含量采用某脂肪酸占所有脂肪酸的含量百分比即相对含量表示。按照朗伯-比尔定律，近红外光谱的吸光度与油料样品中脂肪酸绝对含量成正比，导致近红外光谱预测模型对油料脂肪酸相对含量，尤其是对低含量脂肪酸的预测精度不高。研究团队[101]提出先将脂肪酸相对含量结合含油量和平均相对分子质量转化为脂肪酸绝对含量，建立脂肪酸绝对含量及校正系数的

表 2-7　两种变量优选方法的 PLS 模型结果比较[100]

品质指标	变量选择方法	选择变量数	R_c	RMSECV
油酸含量	无	1501	0.986	1.021
	VCPA	7	0.984	1.107
	MCUVE	180	0.994	0.688
亚油酸含量	无	1501	0.968	0.138
	VCPA	8	0.987	0.089
	MCUVE	500	0.989	0.080

近红外光谱预测模型，最终结果再转化为相对含量的技术思路。研究中采集了510份油菜籽的近红外光谱，并对谱图进行1阶导数求导和标准正态变量变换的数据预处理。通过竞争性自适应重加权采样算法选出特征波长，建立油菜籽中10种主要脂肪酸（油酸、芥酸、棕榈酸、硬脂酸、亚油酸、亚麻酸、花生酸、花生一烯酸、花生二烯酸、二十四碳一烯酸）的 PLS 预测模型。同时，为了避免多步转化过程中误差放大，建立了校正系数的近红外光谱预测模型，实现脂肪酸绝对含量与相对含量之间的一步转化。由表 2-8 可知，油菜籽中10种主要脂肪酸的绝对含量及校正系数的 PLS 预测模型拟合较好，决定系数 R^2 均高于0.9。外

表 2-8　油菜籽中脂肪酸绝对含量及校正系数的 PLS 预测模型参数[101]

指标	主成分个数	R^2	RMSECV	Q^2_{max}
棕榈酸	26	0.9745	0.02	0.9017
硬脂酸	25	0.9208	0.02	0.8598
油酸	26	0.9871	0.44	0.9583
亚油酸	28	0.9825	0.09	0.9516
亚麻酸	38	0.9219	0.05	0.8647
花生酸	24	0.9096	0.01	0.7933
花生一烯酸	26	0.9209	0.23	0.8562
花生二烯酸	24	0.9264	0.01	0.8603
芥酸	26	0.9888	0.28	0.9613
二十四碳一烯酸	42	0.9785	0.01	0.9159
校正系数	28	0.9868	0.16	0.9525

注：Q^2_{max}表示蒙特卡罗交互验证决定系数最大值。

部验证集结果显示，经过转化，预测的最大绝对误差降低，模型的重复性和再现性均显著提高。转化后的所有指标预测结果都已基本达到国家标准中对检测结果再现性的要求，以油酸、芥酸、棕榈酸、亚油酸的预测模型体现得最为明显。

综上所述，近红外光谱技术已广泛用于油料含油量、粗蛋白质含量、脂肪酸含量等品质指标的检测。根据农业行业标准 NY/T 1795—2009《双低油菜籽等级规格》，双低油菜籽根据含油量、硫苷含量、芥酸含量、未熟粒和热损伤粒分为五级。油酸相对含量 72%及以上的双低油菜籽定义为高油酸油菜籽，芥酸相对含量 43%及以上的油菜籽定义为高芥酸油菜籽，高芥酸油菜籽按芥酸含量、含油量、生芽粒、生霉粒、杂质含量、水分含量及色泽与气味分为五级。该团队在油菜籽、花生分等分级和质量控制方面建立了农业行业标准 NY/T 3105—2017《植物油料含油量测定 近红外光谱法》、NY/T 3299—2018《植物油料中油酸、亚油酸的测定 近红外光谱法》、NY/T 3295—2018《油菜籽中芥酸、硫代葡萄糖苷的测定 近红外光谱法》、NY/T 3679—2020《高油酸花生筛查技术规程 近红外法》等。近年来，近红外光谱技术与成像技术相结合的近红外高光谱成像技术，成为油料品质指标检测新的发展方向。

2.4.3 食用油真伪鉴别及保真技术

食用油掺假是将廉价食用油或非食用油加入昂贵食用油产品的造假行为。食用油掺假影响人们身体健康，降低其商业价值。食用油是重要的食品，为人类提供了能量、必需脂肪酸、植物甾醇、维生素 E、多酚、木酚素等丰富的营养功能成分。其中，山茶油、亚麻籽油、橄榄油等作为一种高级食用植物油因具有较高的营养价值和药用价值而受到广大消费者的青睐，其市场销售价格往往高于普通食用油的价格。由于利益驱使食用油掺假现象很普遍，食用植物油真实性问题已成为消费者和产业高度关注的难点问题。因此，为了维护消费者的合法权益，保障食用油产业健康发展，急需开发食用油真伪鉴别及保真技术，尤其是以近红外光谱技术为代表的食用油真实性快速鉴别技术。

Moreira 等人[102]利用近红外光谱技术与偏最小二乘法相结合对 53 个纯度为 50%～100%的巴西苦配巴油(CO)进行真伪判别。图 2-61 中苦配巴油光谱表明近红外光谱随样品组成的变化而变化，最明显的差异是以 1420 nm 为中心的吸收带，而苦配巴油和掺有大豆油的苦配巴油(COSO)光谱表现出高度的相似性。然而，大豆油(SO)的光谱与苦配巴油、掺有大豆油的苦配巴油的光谱存在显著不同，其中大豆油样品中不存在以 1650 nm 为中心的吸收带，而以 1420 nm 为中心的吸收带显示出差异。1420 nm 处的谱带归因于 O—H 拉伸的第一泛频,并且可能与二萜酸的存在有关。在该波段,可以观察到苦配巴油和掺有大豆油的苦配巴油光谱吸光度的明显变化,然而,在大豆油的光谱中未观察到这种变化。同时,在苦配巴油和掺有大豆油的苦配巴油的光谱中观察到的1650 nm波段同与C═C相关的C—H伸缩的第一泛频有关,可能是因为存在乙烯基或包含双键环的化学结构。

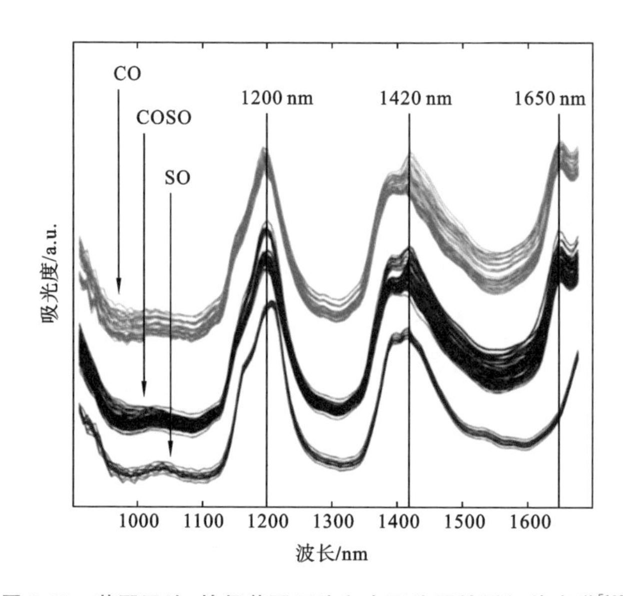

图 2-61 苦配巴油、掺假苦配巴油和大豆油原始近红外光谱[102]

采用四种不同预处理方法对样品近红外光谱进行预处理,结果显示,基于标准正态变量变换建立的模型效果最好,在图2-62(a)中观察到真实值和预测值之间具有非常好的相关性,RMSEP和R^2分别为1.5%和0.991,REP小于2.0%,同时图2-62(b)中对模型残差与预测值的分析表明,只有四个样品的残差高于3%(v/v),而其中三个属于纯苦配巴油样品,不包含在校准样品中。因此,建立的模型可用于区分苦配巴油和掺有大豆油的苦配巴油。

以上方法在化学计量学方法建模过程中需要足量的食用植物油和对应掺入廉价油脂的食用植物油样品,由于随着掺入廉价油脂的种类增加,掺伪的种类呈现爆炸式增长,考虑到成本和可操作性,现有的方法往往仅能实现食用植物油中掺入某一种或两种已知廉价油脂的有效鉴别。显然这些技术具有很大的局限性,不法商贩只要同时掺入两种以上的廉价油脂或直接掺入混合油脂(例如废弃油脂)就可规避以上技术。近年来,近红外光谱技术在食用油多元掺

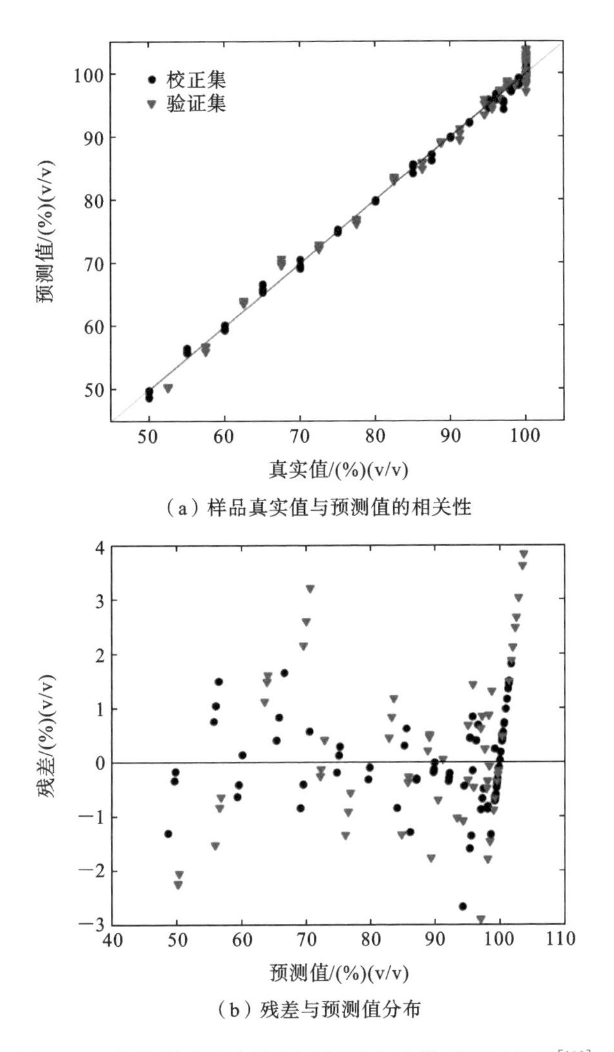

（a）样品真实值与预测值的相关性

（b）残差与预测值分布

图 2-62　基于标准正态变量变换建立的模型预测结果[102]

假鉴别上取得了突破。Yuan 等人[103]利用正交校正的偏最小二乘判别分析选取了亚麻籽油的 184 个特征波长。采用选择变量后所筛选出的 184 个特征波长结合校正集中的亚麻籽油的数据矩阵建立单类分类鉴别模型。利用校正集中的 20 个真实亚麻籽油的近红外光谱信息进行建模，图 2-63(a)中红色点代表校正集的样品。用独立验证集对模型进行评价，图 2-63(a)中绿色的倒三角形代表验证集中真实的亚麻籽油样品，图 2-63(b)中绿色的正三角形代表验证集中掺假亚麻籽油样品。根据一类偏最小二乘(one-class partial least square，OCPLS)模型中预测响应的得分距离(score distance，SD)和绝对中心化残差

(absolute centered residual,ACR),将ACR值较小的左下和右下区域的样品作为常规点。通常,绿点被确定为真实的亚麻籽油,位于图中红线划分的左上和右上区域的值被确定为异常值(表示掺假油或其他油)。建模结果显示当掺假量大于或等于5%时,亚麻籽油的正确判别率达到100%,掺假亚麻籽油的正确判别率可达95.8%,为食用植物油多元掺假快速鉴别提供了一种新的思路和技术支撑。

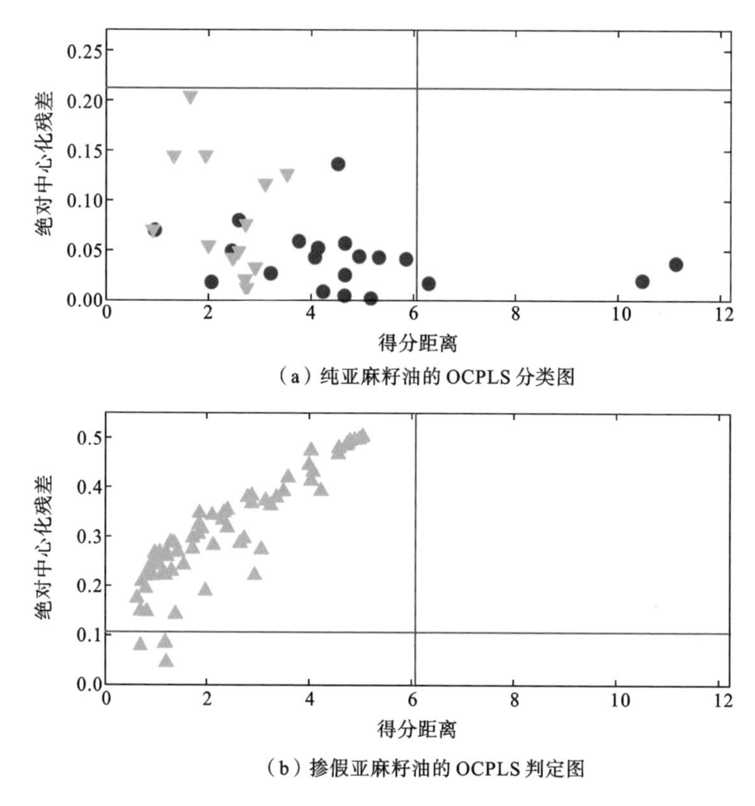

(a) 纯亚麻籽油的OCPLS分类图

(b) 掺假亚麻籽油的OCPLS判定图

图2-63 纯亚麻籽油和掺假亚麻籽油的OCPLS分类图[103]

综上所述,食用油真伪鉴别及保真技术可用于减少和防止劣质食用油以次充好,是高品质油掺杂劣质食用油的定性、定量分析的关键技术之一,为保障消费者健康、维护市场秩序、加强政府监管提供了有效的技术支撑。

参考文献

[1] 李丽. 探究新时期中国粮食安全发展现状[J]. 食品安全导刊, 2016

(36): 23.
[2] KRISHNAN V, RANI R, AWANA M, et al. Role of nutraceutical starch and proanthocyanidins of pigmented rice in regulating hyperglycemia: enzyme inhibition, enhanced glucose uptake and hepatic glucose homeostasis using in vitro model[J]. Food Chemistry, 2021, 335: 127505.
[3] VERMS D K, SRIVASTAV P P. Bioactive compounds of rice (*Oryza sativa* L.): review on paradigm and its potential benefit in human health [J]. Trends in Food Science & Technology, 2020, 97: 355-365.
[4] ZAHIR S A D M, OMAR A F, JAMLOS M F, et al. A review of visible and near-infrared (Vis-NIR) spectroscopy application in plant stress detection[J]. Sensors and Actuators A: Physical, 2022, 338:113468.
[5] BAYE T M, PEARSON T C, SETTLES A M. Development of a calibration to predict maize seed composition using single kernel near infrared spectroscopy[J]. Journal of Cereal Science, 2006, 43(2): 236-243.
[6] WESLEY I J, OSBORNE B G, LARROQUE O, et al. Measurement of the protein composition of single wheat kernels using near infrared spectroscopy[J]. Journal of Near Infrared Spectroscopy, 2008, 16(6): 505-516.
[7] CAPORASO N, WHITWORTH M B, FISK I D. Protein content prediction in single wheat kernels using hyperspectral imaging[J]. Food Chemistry, 2018, 240: 32-42.
[8] ZHANG Z H, YIN X, MA C Y. Development of simplified models for the nondestructive testing of rice with husk starch content using hyperspectral imaging technology[J]. Analytical Methods, 2019, 11(46): 5910-5918.
[9] AMBROSE A, LOHUMI S, LEE W H, et al. Comparative nondestructive measurement of corn seed viability using Fourier transform near-infrared (FT-NIR) and Raman spectroscopy[J]. Sensors and Actuators B: Chemical, 2016, 224: 500-506.
[10] LIN L, HE Y, XIAO Z T, et al. Rapid-detection sensor for rice grain moisture based on NIR spectroscopy[J]. Applied Sciences, 2019, 9(8):1654.

[11] BALBINOTI T C V, JORGE L M D M, JORGE R M M. Mathematical modeling of paddy (*Oryza sativa*) hydration in different thermal conditions assisted by Raman spectroscopy[J]. Journal of Cereal Science, 2018, 79: 390-398.
[12] LIU Z, WU Z D, ZHANG Z J, et al. Research on online moisture detector in grain drying process based on V/F conversion[J]. Mathematical Problems in Engineering, 2015, 2015(Pt. 1): 1-10.
[13] ZHANG L, SUN H, LI H, et al. Identification of rice-weevil (*Sitophilus oryzae* L.) damaged wheat kernels using multi-angle NIR hyperspectral data[J]. Journal of Cereal Science, 2021, 101:1-7.
[14] INAGAKI H, IMAIZUMI T, WANG G X, et al. Sulfonylurea-resistant biotypes of monochoria vaginalis generate higher ultraweak photon emissions than the susceptible ones[J]. Pesticide Biochemistry and Physiology, 2009, 95(3): 117-120.
[15] SHI W Y, JIAO K K, LIANG Y T, et al. Efficient detection of internal infestation in wheat based on biophotonics[J]. Journal of Photochemistry and Photobiology B:Biology, 2016, 155: 137-143.
[16] PEARSON T C, CETIN A E, TEWFIK A H, et al. Feasibility of impact-acoustic emissions for detection of damaged wheat kernels[J]. Digital Signal Processing, 2007, 17(3): 617-633.
[17] SUN X H, GUO M, MA M, et al. Identification and classification of damaged corn kernels with impact acoustics multi-domain patterns[J]. Computers and Electronics in Agriculture, 2018, 150: 152-161.
[18] HU X Q, LU L, GUO Z L, et al. Volatile compounds, affecting factors and evaluation methods for rice aroma: a review[J]. Trends in Food Science & Technology, 2020, 97: 136-146.
[19] SHI Y, LIU M, SUN A, et al. A fast Pearson graph convolutional network combined with electronic nose to identify the origin of rice[J]. IEEE Sensors Journal, 2021, 21(19): 21175-21183.
[20] BRAZ D C, NETO M P, SHIMIZU F M, et al. Using machine learning and an electronic tongue for discriminating saliva samples from oral cavity cancer patients and healthy individuals [J]. Talanta, 2022,

243：123327.
[21] LU L，HU X Q，TIAN S Y，et al. Visualized attribute analysis approach for characterization and quantification of rice taste flavor using electronic tongue[J]. Analytica Chimica Acta，2016，919：11-19.
[22] TOLEDO M，GUTIÉRREZ M C，SILES J A，et al. Chemometric analysis and NIR spectroscopy to evaluate odorous impact during the composting of different raw materials[J]. Journal of Cleaner Production，2017，167：154-162.
[23] ROBERTS J J，POWER A，CHAPMAN J，et al. Vibrational spectroscopy methods for agro-food product analysis[J]. Comprehensive Analytical Chemistry，2018，80：51-68.
[24] SMYTH H，COZZOLINO D. Instrumental methods (spectroscopy，electronic nose，and tongue) as tools to predict taste and aroma in beverages：advantages and limitations[J]. Chemical Reviews，2013，113(3)：1429-1440.
[25] LAPCHAROENSUK R，SIRISOMBOON P. Eating quality of cooked rice determination using Fourier transform near infrared spectroscopy [J]. Journal of Innovative Optical Health Sciences，2014，7 (6):1450003.
[26] AYABE S，TANAKA K，HAMADA Y，et al. Investigation of degree of gelatinization of cooked rice by FT-IR[J]. Journal of the Japanese Society for Food Science and Technology，2006，53(9)：481-488.
[27] LU L，ZHU Z W. Prediction model for eating property of indica rice[J]. Journal of Food Quality，2014，37(4)：274-280.
[28] WINDHAM W R，LYON B G，CHAMPAGNE E T，et al. Prediction of cooked rice texture quality using near-infrared reflectance analysis of whole-grain milled samples [J]. Cereal Chemistry，1997，74 (5)：626-632.
[29] MEULLENET J F，MAUROMOUSTAKOS A，HORNER T B，et al. Prediction of texture of cooked white rice by near-infrared reflectance analysis of whole-grain milled samples[J]. Cereal Chemistry，2002，79 (1)：52-57.

[30] LAPCHAREONSUK R, SIRISOMBOON P. Sensory quality evaluation of rice using visible and shortwave near-infrared spectroscopy[J]. International Journal of Food Properties, 2015, 18(5): 1128-1138.

[31] LU Q Y, CHEN Y M, MIKAMI T, et al. Adaptability of four-samples sensory tests and prediction of visual and near-infrared reflectance spectroscopy for Chinese indica rice[J]. Journal of Food Engineering, 2007, 79(4): 1445-1451.

[32] MIKAMI T, KASHIWAMURA T, TSUCHIYA Y, et al. Palatability evaluation for cooked rice by a visible and near infrared spectroscopy[J]. Journal of the Janpanese Society for Food Science and Technology, 2000, 47(10): 787-792.

[33] SIRIPHOLLAKUL P, NAKANO K, KANLAYANARAT S, et al. Eating quality evaluation of Khao Dawk Mali 105 rice using near-infrared spectroscopy[J]. LWT-Food Science and Technology, 2017, 79: 70-77.

[34] CHEN Y Q, WU Y Q, CHENG J, et al. A deep multi-view learning method for rice grading[C]//Proceedings of 2019 IEEE International Conference on Real-time Computing and Robotics (RCAR). New York: IEEE, 2019: 726-730.

[35] NEELAMEGAM P, ABIRAMI S, PRIYA K V, et al. Analysis of rice granules using image processing and neural network[C]//Proceedings of IEEE Conference on Information & Communication Technologies. New York:IEEE, 2013: 879-884.

[36] CHEN S M, XIONG J T, GUO W T, et al. Colored rice quality inspection system using machine vision[J]. Journal of Cereal Science, 2019, 88: 87-95.

[37] WU Y Q, YANG Z, WU W Y, et al. Deep-rice: deep multi-sensor image recognition for grading rice[C]//Proceedings of 2018 IEEE International Conference on Information and Automation(ICIA). New York: IEEE, 2018: 116-120.

[38] VERMA B. Image processing techniques for grading & classification of rice[C]//Proceedings of 2010 International Conference on Computer and Communication Technology(ICCCT). New York:IEEE,2010: 220-223.

[39] KONGSAWAT P, CHIVAPREECHA S, SATO T. Quality assessment of Thai rice kernels using low cost digital image processing system[C]// Proceedings of 2018 International Workshop on Advanced Image Technology (IWAIT). New York: IEEE, 2018: 1-4.

[40] WAN Y N, LIN C M, CHIOU J F. Rice quality classification using an automatic grain quality inspection system[J]. Transactions of the ASABE, 2002, 45(2): 379-387.

[41] MANOHAR M, CHATRAPATHY K, SOWMYA M S. Smart detection of rice purity and its grading[C]//Proceedings of 2017 3rd International Conference on Applied and Theoretical Computing and Communication Technology (iCATccT). New York: IEEE, 2017: 71-73.

[42] BASATI Z, RASEKH M, ABBASPOUR-GILANDEH Y. Using different classification models in wheat grading utilizing visual features[J]. International Agrophysics, 2018, 32(2): 225-235.

[43] MANDAL D. Adaptive neuro-fuzzy inference system based grading of basmati rice grains using image processing technique[J]. Applied System Innovation, 2018, 1(2): 19.

[44] KAUR H, SINGH B. Classification and grading rice using multi-class SVM[J]. International Journal of Scientific and Research Publications, 2013, 3(4): 1-5.

[45] 贾潇，赵谋明，贾春晓，等. 大米蛋白与阿魏酸酶法交联物的乳化特性和抗氧化稳定性[J]. 食品科学，2017，38(13)：131-137.

[46] SAMPAIO P S, SOARES A, CASTANHO A, et al. Optimization of rice amylose determination by NIR-spectroscopy using PLS chemometrics algorithms[J]. Food Chemistry, 2018, 242: 196-204.

[47] 刘亚超，李永玉，彭彦昆，等. 近红外漫透射光补偿法无损快速检测大米直链淀粉[J]. 分析化学，2019，47(5)：785-793.

[48] 刘亚超，李永玉，彭彦昆，等. 便携式大米多品质参数无损检测仪设计与试验[J]. 农业机械学报，2019，50(18)：351-357.

[49] CHEN K J, HUANG M. Prediction of milled rice grades using Fourier transform near-infrared spectroscopy and artificial neural networks[J]. Journal of Cereal Science, 2010, 52(2): 221-226.

[50] 孙俊，靳海涛，芦兵，等. 基于高光谱图像及深度特征的大米蛋白质含量预测模型[J]. 农业工程学报，2019，35(15)：295-303.

[51] LIU Y C，LI Y Y，PENG Y K，et al. A feasibility quantitative analysis of free fatty acids in polished rice by Fourier transform near-infrared spectroscopy and chemometrics[J]. Journal of Food Science，2021，86(8)：3434-3446.

[52] 刘杰. 成品大米保质期的研究[D]. 武汉：武汉轻工大学，2013.

[53] 赵迎，李明，王小龙，等. 基于拉曼光谱技术鉴别新陈大米的方法研究[J]. 光谱学与光谱分析，2019，39(5)：1468-1471.

[54] 郭孝萱，张芸丹. 小麦面粉营养品质评价指标体系建立的探讨[J]. 农产品质量与安全，2020(4)：80-84.

[55] DONG X L，SUN X D. A case study of characteristic bands selection in near-infrared spectroscopy：nondestructive detection of ash and moisture in wheat flour[J]. Journal of Food Measurement and Characterization，2013，7(3)：141-148.

[56] JIANG H，LIU T，CHEN Q S. Quantitative detection of fatty acid value during storage of wheat flour based on a portable near-infrared（NIR）spectroscopy system[J]. Infrared Physics & Technology，2020，109：103423.

[57] 窦颖，孙晓荣，刘翠玲，等. 基于拉曼光谱技术的面粉品质快速检测[J]. 食品科学，2014，35(22)：185-189.

[58] 翟晨，彭彦昆，李永玉，等. 基于拉曼光谱成像的食品中化学添加剂的无损检测[J]. 高等学校化学学报，2017，38(3)：369-375.

[59] 刘翠玲，徐莹莹，孙晓荣，等. 基于太赫兹时域光谱技术的面粉品质快速无损检测研究[J]. 食品科技，2019，44(1)：321-325.

[60] GUO X X，HU W，LIU Y，et al. Rapid analysis and quantification of fluorescent brighteners in wheat flour by tri-step infrared spectroscopy and computer vision technology[J]. Journal of Molecular Structure，2015，1099：393-398.

[61] KIM G，LEE H，BAEK I，et al. Quantitative detection of benzoyl peroxide in wheat flour using line-scan short-wave infrared hyperspectral imaging[J]. Sensors and Actuators B：Chemical，2022，352：130997.

[62] 向月，曹亚楠，赵钢，等. 杂粮营养功能与安全研究进展[J]. 食品工业科技，2021，42(14)：362-370.

[63] ARCIDIACONO M V, CARRILLO-LÓPEZ N, PANIZO S, et al. Barley-β-glucans reduce systemic inflammation, renal injury and aortic calcification through ADAM17 and neutral-sphingomyelinase2 inhibition[J]. Scientific Reports, 2019, 9(1):17810.

[64] YASMEEN R, FUKAGAWA N K, WANG T T Y. Establishing health benefits of bioactive food components: a basic research scientist's perspective[J]. Current Opinion in Biotechnology, 2017, 44: 109-114.

[65] LLAVERIAS G, ESCOLÀ-GIL J C, LERMA E, et al. Phytosterols inhibit the tumor growth and lipoprotein oxidizability induced by a high-fat diet in mice with inherited breast cancer[J]. The Journal of Nutritional Biochemistry, 2013, 24(1): 39-48.

[66] WU W J, WANG L J, QIU J, et al. The analysis of fagopyritols from tartary buckwheat and their anti-diabetic effects in KK-A^y type 2 diabetic mice and HepG2 cells[J]. Journal of Functional Foods, 2018, 50: 137-146.

[67] 闫雅岚. 燕麦 β-葡聚糖研究进展[J]. 粮油食品科技，2009，17(5)：5-7.

[68] RINGSTED T, RAMSAY J, JESPERSEN B M, et al. Long wavelength near-infrared transmission spectroscopy of barley seeds using a supercontinuum laser: prediction of mixed-linkage beta-glucan content[J]. Analytica Chimica Acta, 2017, 986: 101-108.

[69] FOLIN O, CIOCALTEU V. On tyrosine and tryptophane determinations in proteins[J]. Journal of Biological Chemistry, 1927, 73(2): 627-650.

[70] DYKES L, HOFFMANN L, PORTILLO-RODRIGUEZ O, et al. Prediction of total phenols, condensed tannins, and 3-deoxyanthocyanidins in sorghum grain using near-infrared (NIR) spectroscopy[J]. Journal of Cereal Science, 2014, 60(1): 138-142.

[71] 黄燕，王璐，关海鸥，等. 基于优选 NIR 光谱波数的绿豆产地无损检测方法[J]. 光谱学与光谱分析，2021，41(4)：1188-1193.

[72] HUANG H P, HU X J, TIAN J P, et al. Rapid and nondestructive de-

termination of sorghum purity combined with deep forest and near-infrared hyperspectral imaging[J]. Food Chemistry, 2022, 377: 131981.

[73] FU J, ZHANG Y, HU Y C, et al. Concise review: coarse cereals exert multiple beneficial effects on human health[J]. Food Chemistry, 2020, 325: 126761.

[74] TOMAR M, BHARDWAJ R, KUMAR M, et al. Development of NIR spectroscopy based prediction models for nutritional profiling of pearl millet (*Pennisetum glaucum* (L.)) R. Br: a chemometrics approach[J]. LWT-Food Science and Technology, 2021, 149: 111813.

[75] YANG X S, WANG L L, ZHOU X R, et al. Determination of protein, fat, starch, and amino acids in foxtail millet (*Setaria italica* (L.) Beauv.) by Fourier transform near-infrared reflectance spectroscopy[J]. Food Science and Biotechnology, 2013, 22(6): 1495-1500.

[76] CHEN J, REN X, ZHANG Q, et al. Determination of protein, total carbohydrates and crude fat contents of foxtail millet using effective wavelengths in NIR spectroscopy[J]. Journal of Cereal Science, 2013, 58(2): 241-247.

[77] KAMBOJ U, GUHA P, MISHRA S. Characterization of chickpea flour by near infrared spectroscopy and chemometrics[J]. Analytical Letters, 2017, 50(11): 1754-1766.

[78] LASTRAS C, REVILLA I, GONZÁLEZ-MARTÍN M I, et al. Prediction of fatty acid and mineral composition of lentils using near infrared spectroscopy[J]. Journal of Food Composition and Analysis, 2021, 102: 104023.

[79] GRACIA M B, ARMSTRONG P R, RONGKUI H, et al. Quantification of betaglucans, lipid and protein contents in whole oat groats (*Avena sativa* L.) using near infrared reflectance spectroscopy[J]. Journal of Near Infrared Spectroscopy, 2017, 25(3): 172-179.

[80] JI H Y, RAO Z H. Quantitative analysis the protein of millet by artificial neural network and Fourier coefficients of near infrared diffuse reflectance spectroscopy [C]//Proceedings of 2007 Second International Conference on Bio-inspired Computing: Theories and Applications. New

York:IEEE，2007：74-76.

[81] ZHANG H Y，WANG X M，WANG F，et al. Rapid prediction of apparent amylose，total starch，and crude protein by near-infrared reflectance spectroscopy for foxtail millet（*Setaria italica*）[J]. Cereal Chemistry，2020，97(3)：653-660.

[82] 苏鹏飞，张攀峰，张武岗，等. 大麦、小麦和豌豆水分近红外快速分析模型的建立[J]. 酿酒科技，2021(3)：31-34.

[83] 闵顺耕，覃方丽，李宁，等. 傅里叶变换近红外光谱法测定大麦中蛋白质、淀粉和赖氨酸含量[J]. 分析化学，2003(7)：843-845.

[84] 王成. 傅里叶变换近红外漫反射光谱法测定大麦粗蛋白含量[J]. 新疆农业科学，2000(2)：68-70.

[85] 席志勇. 基于近红外光谱技术荞麦无损检测方法研究[D]. 昆明:昆明理工大学，2013.

[86] 田翔，刘思辰，王海岗，等. 近红外漫反射光谱法快速检测谷子蛋白质和淀粉含量[J]. 食品科学，2017，38(16)：140-144.

[87] 乔瑶瑶，赵武奇，胡新中，等. 近红外光谱技术检测燕麦中蛋白质含量[J]. 中国粮油学报，2016，31(8)：138-142.

[88] LIU H，ZHOU H T，REN G X. Using Fourier transform near infrared spectroscopy to estimate the nutritional value in whole and milled naked oats[J]. Journal of Near Infrared Spectroscopy，2014，22(2)：93-101.

[89] LU S H，ZHANG X，ZHANG Z Y，et al. Quantitative measurements of binary amino acids mixtures in yellow foxtail millet by terahertz time domain spectroscopy[J]. Food Chemistry，2016，211：494-501.

[90] LU S H，LI B Q，ZHAI H L，et al. An effective approach to quantitative analysis of ternary amino acids in foxtail millet substrate based on terahertz spectroscopy[J]. Food Chemistry，2018，246：220-227.

[91] 黄凤洪，钮琰星. 特种油料的加工与综合利用[J]. 中国食物与营养，2003(3)：26-28.

[92] YANG R N，ZHANG L X，LI P W，et al. A review of chemical composition and nutritional properties of minor vegetable oils in China[J]. Trends in Food Science & Technology，2018，74：26-32.

[93] LI X，ZHANG L X，ZHANG Y，et al. Review of NIR spectroscopy

methods for nondestructive quality analysis of oilseeds and edible oils [J]. Trends in Food Science & Technology，2020，101：172-181.

[94] 后其军，鞠兴荣，何荣. 近红外光谱分析技术在粮油品质评价中的研究应用进展[J]. 中国粮油学报，2015，30(7)：135-140.

[95] 金丹，张大奎，王守凯，等. 我国近红外光谱分析技术的发展[J]. 广东化工，2018，45(3)：118-119.

[96] 路茂菊. 试述近红外光谱分析在食品药品检测中的应用[J]. 临床医药文献电子杂志，2018，5(29)：181.

[97] 刘婷，王传堂，唐月异，等. 花生自然风干种子维生素 E 含量近红外分析模型构建[J]. 山东农业科学，2018，50(6)：163-166.

[98] 陈斌，卢丙，陆道礼. 基于微型近红外光谱仪的油菜籽含油率模型参数优化研究[J]. 现代食品科技，2015，31(8)：267,286-292.

[99] YANG M X，CHEN Q S，KUTSANEDZIE F Y H，et al. Portable spectroscopy system determination of acid value in peanut oil based on variables selection algorithms[J]. Measurement，2017，103：179-185.

[100] 郝勇，吴文辉，商庆园，等. 山茶油中油酸和亚油酸近红外光谱分析模型[J]. 光学学报，2019，39(9)：381-386.

[101] 原喆. 基于近红外光谱的油料油脂检测技术研究[D]. 北京：中国农业科学院，2018.

[102] MOREIRA A C D O，MACHADO A H D L，ALMEIDA F V D，et al. Rapid purity determination of copaiba oils by a portable NIR spectrometer and PLSR[J]. Food Analytical Methods，2018，11(7)：1867-1877.

[103] YUAN Z，ZHANG L X，WANG D，et al. Detection of flaxseed oil multiple adulteration by near-infrared spectroscopy and nonlinear one class partial least squares discriminant analysis[J]. LWT-Food Science and Technology，2020，125：109247.

第 3 章 果品智能检测与分级

中国是水果生产、加工和贸易大国，水果产业在中国农业经济中发挥着重要作用。随着农业科技水平的提高，水果种类愈加丰富，已经成为人们日常生活中的必需品[1,2]。水果中富含维生素（特别是维生素 A、维生素 C 和维生素 K）、矿物质、纤维和植物化学物质[3]。这些营养物质对身体健康有广泛的有益作用，包括抑制脂肪组织生长、免疫调节和抗炎、抗氧化、抗高血压以及抗血栓等。此外，摄入足够的水果能降低许多非传染性疾病的患病风险。水果生产在提高产值贡献、提供加工原料、增加产品供给、提高农民收入和促进农村劳动力就业等方面发挥着重要作用[4]。

1. 水果在国民经济中的重要地位

自改革开放以来，我国水果产业发展迅速。自 1994 年以来，我国成为世界第一水果生产大国[5]，水果种植面积不断增加，产量持续上升，其中苹果、梨、柑橘等产量连续多年居世界首位。国家统计局数据显示，2011—2020 年我国水果生产情况如图 3-1 所示，水果产量与种植面积总体呈上升态势，2020 年水果产量达 2.87 亿吨，果园面积达 12646.3 千公顷，水果已经成为我国继粮食、蔬菜之后的第三大种植产品[6]。水果产业作为经济发展的支柱产业，为当地农业增效、农民增收做出巨大贡献，对我国推进农业供给侧结构性改革、实施乡村振兴战略、实现产业扶贫和精准脱贫具有重要意义。

2. 水果产业发展现状

与美国、意大利等发达国家相比，我国水果种植面积大但单位面积产量低，品种多但规模较小，水果商品化处理水平相对落后，出口比重小，粗放型经营状态亟待转型升级[7]。中国果园管理水平低下，缺乏龙头企业带动，致使水果产业经济效益不佳，同时良种苗木繁育体系尚不健全，严重制约水果产业的规范发展[8]。另外，水果采后处理仍是产业链条中最薄弱的环节，采后增值率低、检测与分级技术装备落后，水果加工率也低于世界平均水平，这些都是制约水果产业发展的主要问题。中国作为世界第一水果生产国，产量巨大但出口比例很

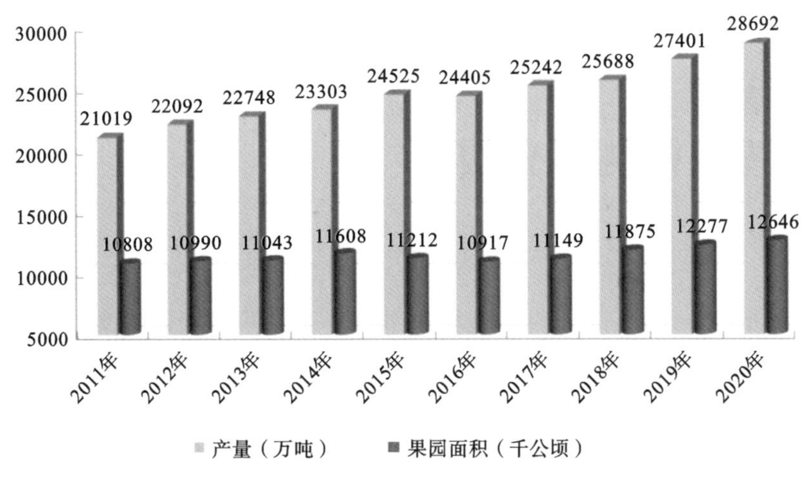

图 3-1　2011—2020 年我国水果生产情况

小，在国际贸易额中所占比例不到 2%[7]，远低于欧美发达国家水平，甚至在国内市场竞争力也低于进口水果的竞争力。在消费升级的大背景下，人们消费能力与消费心态发生了巨大变化，消费者更加关注产品的附加值[9]。在水果消费市场，人们的关注点已经从水果的价格转移到了对水果品质的追求，特别是中高端水果、特色水果的市场占有率越来越高，高品质、精包装水果的需求更加突出。

3. 水果检测与分级的重要意义

水果检测与分级主要有两部分：一是外观品质，多为物理指标，涉及果实直径、颜色、形状、瑕疵等；二是内部品质，以生化要素为主，包括果实成熟度、糖度、酸度、褐变、霉变等[10,11]。水果检测与分级是水果商品化处理的关键步骤之一，是进入流通的第一环节，直接关系到水果的价值和消费者的满意度，是提高销量和保证水果品质的重要手段。水果质量分级促进农业现代化，一方面是通过满足市场对水果质量的多元化需求、促进水果流通，实现水果的市场化，另一方面是通过水果市场的等级价格信息反过来引导农业生产要素的投入和配置，提高农业生产的现代化水平。水果在上市前若不经过检测与分级处理，品种混杂、质量参差不齐，则难以满足消费者需求。分级不仅可以使水果在大小、品质等方面达到一致，提高商品水果档次，增大附加值，还能推动果树栽培管理技术的进步。通过检测与分级，剔除品质低的产品，可以减小贮藏与运输过程中的损失，减轻病虫害的传播，也可以对剔除的残次品及时进行加工处理，降低成本、减少浪费。

我国现阶段水果品质检测与分级以人工评价、判断为主，主观识别的效率低下，易受到个人身体状况、情绪等的影响，误差较大[12]。随着科技的不断发展，相关科研人员展开了长期的研究，并开发了一系列检测技术[13]。无损检测技术是一种快速、高效、便于操作的检测方法，其基本原理是利用光、声、电、热、磁的物理特性，在待检测的水果不被破坏的前提下，通过反馈的相关谱图和信号来判断和分析水果的内部品质[14]。近年来，随着研究的深入，越来越多的无损检测技术在水果品质快速检测与分级领域得到了应用。因此，基于外部质量参数的分级方法逐步被基于内部和组合参数的分级方法所取代。进一步，检测仪器正在逐步朝着便携化、数字化、智能化方向发展，能够实时和原位检测水果的各种质量属性。这些无损检测技术包括电子鼻、核磁共振、近红外光谱、高光谱成像和计算机视觉等技术[15]。水果品质智能检测与分级技术能尽可能地保障销售水果品质，降低销售水果的差异化程度，从而提高消费者的好评率，提高我国水果产业的竞争力和利润水平。

水果品质检测与分级是保障人们健康的重要措施，也间接影响着水果的经济价值。本章首先概述不同种类的水果（仁果类、核果类、浆果类、瓜果类）品质检测与分级研究现状；其次从外部品质检测、内部品质检测、加工储运过程品质监测等方面综述了近年来水果品质检测与分级领域的最新成果；最后总结了不同技术的优缺点，并展望了水果品质智能检测与分级的未来发展方向。

3.1 仁果类

仁果类水果，是指食用部分是肉质的花托发育而成的假果，果心中有多粒种子的水果，主要包括苹果、梨、山楂等。仁果类水果在我国有着庞大的市场，国家统计局数据显示，2020 年我国苹果产量为 4406.61 万吨，梨产量为1781.53 万吨，近十年来产量稳步提高，人们对仁果类水果品质要求也在不断提高。目前在国内苹果、梨消费市场中，各产地高等级水果，依靠其自身优秀品质和良好口碑，逐步在市场中展现出竞争力。如何对苹果、梨、山楂等仁果类水果进行快速智能分级，提升产品竞争力，已成为行业内的迫切需求。

同一品种的仁果类果品依据成熟度、新鲜度、完整度、均匀度和其他指标分为一级、二级和三级，各等级指标规定如表 3-1 所示。本节综合各项水果品质指标，对目前行业内仁果类水果智能分级技术及装备进行汇总介绍。

表 3-1 仁果类果品流通规范[16]

指标	等级		
	一级	二级	三级
成熟度	自然成熟,发育充分,果实饱满,口感佳	发育较充分,果实较饱满,口感佳	稍过熟或稍欠熟,果实欠饱满,口感较佳
新鲜度	颜色鲜亮,果面光滑,肉质紧密,果汁丰富	颜色较鲜亮,果面光滑,肉质较紧密,果汁饱满	颜色稍欠鲜亮,果面较光滑,允许有轻微果锈,肉质较紧密,果汁较饱满
完整度	果体完整,外观洁净,无果面缺陷	果体完整,外观洁净,无明显果面缺陷。苹果、梨单果果面缺陷面积累计不超过 0.25 cm^2	外观较洁净,果体基本完整,有轻微果面缺陷。苹果、梨单果果面缺陷面积累计不超过 1 cm^2
均匀度	外观端正,颜色、果形、大小均匀一致,果梗齐整	外观较端正,颜色、大小较均匀,果梗齐整	外观欠端正,颜色、大小欠均匀,果梗较齐整
其他指标	果心小,果肉占果实质量的比例大	果心较小,果肉占果实质量的比例较大	果心较大,果肉占果实质量的比例偏小

3.1.1 外部品质检测与分级技术

仁果类水果的物理外观品质主要有新鲜度、完整度和均匀度三个指标,这三类指标包括水果(如苹果、梨等)的颜色、形状、大小、表面纹理和表面损伤等物理特征。这些外观品质是消费者在选购时判断水果质量的依据,很大程度上决定了水果的销售价格。传统分级方法依靠人工,需要大量人力。新兴技术如计算机视觉技术可以有效获取水果外部物理特征,高光谱成像技术可以检测水果缺陷,拉曼光谱技术在检测水果外观缺陷的同时还可以检测水果表皮农药残留情况。

1. 计算机视觉技术

计算机视觉(computer vision, CV)技术自 20 世纪 70 年代在生物医学领域成功应用以来逐步推广到其他领域。计算机视觉技术用于水果品质的检测具有高效、无损、可同时检测多个指标和检测结果客观准确等优点,近年来得到广泛研究和应用[17]。

如何利用计算机视觉技术对仁果类水果进行外部品质分级,学者们进行了长期的探索和改进。利用支持向量机(SVM)的方法可以对苹果光泽度进行分级,用针孔光泽度计和色度计分别检测苹果样品的表面光泽度和色阶,采集苹果样品外观图像，提取苹果图像高光区域的颜色参数。利用获取的表面光泽度，建立 SVM 回归模型和分类模型，分别预测苹果表面的光泽度。研究人员首先测量苹果表面光泽度，然后采集苹果图像，进行图像预处理（见图 3-2），提取参数建立模型，将样品划分成校正集和验证集，校正集用于建立模型，验证集用于评价模型可行性。图 3-3 展示了 SVM 回归模型对校正集和验证集苹果样品表面光泽度的预测效果，表明这种苹果分级方法具有可行性[18]。

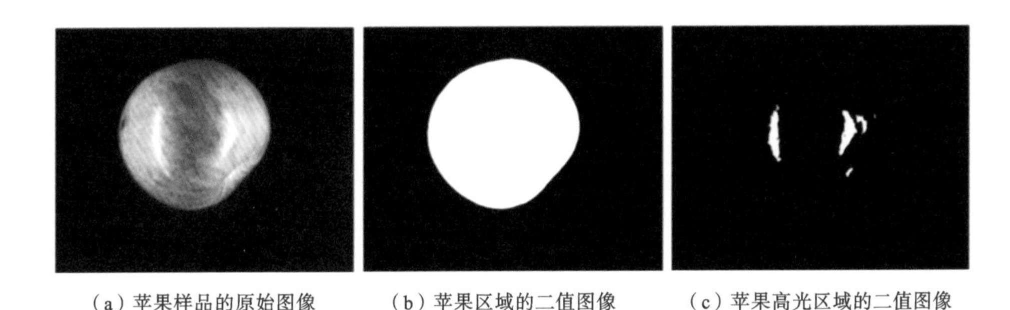

（a）苹果样品的原始图像　（b）苹果区域的二值图像　（c）苹果高光区域的二值图像

图 3-2　苹果样品的图像预处理[18]

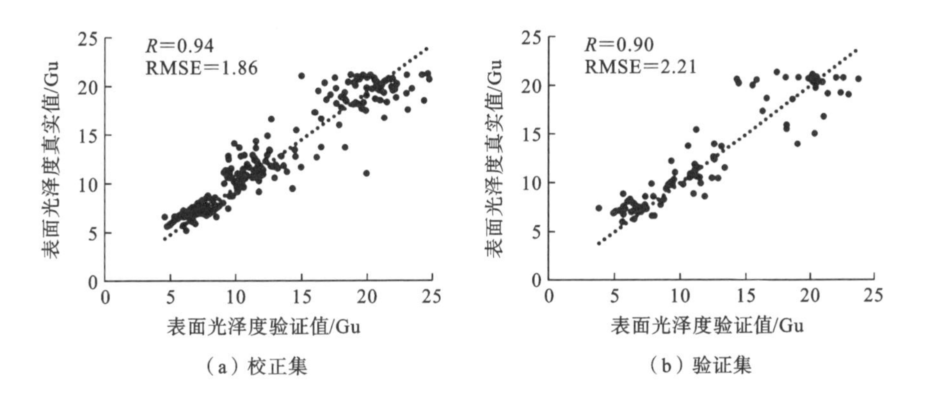

（a）校正集　（b）验证集

图 3-3　SVM 回归模型对校正集和验证集苹果样品表面光泽度预测分析[18]

计算机视觉技术在采集水果图片时，如何准确地从图片中将待测水果与背景区分是影响水果检测效果的关键问题。有研究者针对这一问题设计了一种采用形态学相加进行梨的背景去除和缺陷提取的方法，并提出了区分花萼、果梗与表面缺陷的方法。该方法首先对梨图像进行预处理，进行灰度化、线性变换和自适应滤波，然后实施图像二值化和形态学去噪。提取边缘并膨胀后，将二值图反转获得模板图，与原图像相加即可获得背景去除后的白色背景图像，对其提取I分量后再次进行二值化，并与边缘膨胀图相加即可获得缺陷图。去斑点后的真实缺陷图与梨原图像相加可获得缺陷彩色图。通过对比果梗、花萼和表面缺陷间的平均灰度值，可确定三者在图像中的位置[19]。而对于传统计算机视觉方法分级准确率较低、鲁棒性较差的问题，可以通过深度学习方法对苹果外观品质进行分级，这种方法相较于传统计算机视觉方法分级准确率、鲁棒性都有了较大提升[20]。

2. 高光谱成像技术

高光谱成像(HSI)技术是一种图像信息和光谱信息相结合的无损检测技术，光谱信息可以反映样品内部品质，图像信息则可以反映样品的形状、缺陷等外部特征。该技术早期主要应用于空间遥感领域，近年来不断发展，已经应用于农产品检测等领域[21]。

将高光谱成像技术应用于仁果类水果的外部品质检测的实验在20多年前就已经开展，21世纪初开发的近红外高光谱成像系统在900～1700 nm波长区间内成功实现了苹果瘀伤检测[22]。但由于高光谱成像技术采集信息丰富，数据量大，因此如何对获取的果品数据进行针对性筛选优化是其应用于仁果类水果实际生产检测的关键问题。针对这一问题，研究人员提出了不同的数据优化方法。Alam等人[23]对403～988 nm波长范围内的图像进行分析，筛选出三个特定波长进行建模来检测缺陷苹果，在保持较高检出率的同时显著降低了数据量。随着高光谱检测传感器精度的不断提升，原先难以检测分析的问题也可以运用高光谱成像技术解决。利用高光谱成像技术成功实现了对梨果实黑斑病的早期检测，解决了过去因链格孢引发的黑斑病早期感染变化细微而难以检测的问题[24]。

3. 拉曼光谱技术

拉曼光谱技术是一门基于拉曼效应而发展起来的光谱分析技术。在水果检测中，拉曼光谱技术主要应用于检测水果外表面轻微损伤、新鲜度、成熟度及表面农药残留等[25]。

拉曼光谱广泛应用于分析化学、分子生物学等领域，利用拉曼光谱法检测水果品质同样具有可行性。有研究者应用拉曼光谱技术结合化学计量学方法对苹果早期轻微损伤进行快速识别，采用Savitzky-Golay卷积对原始拉曼光谱进行平滑去噪，利用自适应迭代重加权惩罚最小二乘算法进行基线校正，并通过非线性的SVM回归算法建立分类判别模型，划分校正集和验证集后，基于线性和多项式核函数建立SVM模型，其分类准确率可达到97.8%。结果表明，拉曼光谱技术结合化学计量学方法可快速识别苹果早期轻微损伤，展示了拉曼光谱技术用于判别仁果类水果早期轻微损伤的应用前景[26]。在农药残留检测中，拉曼光谱技术已被验证其适用性，将待检测样品处理后放入仪器中即可进行检测。但这种旧有的检测方式需要对样品进行破坏，不适用于农产品在线检测。借助实验室自主研发的拉曼光谱检测系统，研究人员对苹果中溴氰菊酯和啶虫脒的快速无损识别和检测进行了探索，该检测系统的激光直接照射苹果来采集光谱，在保证苹果完整的情况下识别出残留的溴氰菊酯和啶虫脒两种农药。研究证实了利用拉曼光谱技术对苹果农药残留进行无损检测的可行性，使用该技术进行检测时，在光谱测定前不需要进行前处理，光谱测定后样品无任何损伤[27]。

目前针对苹果、梨等仁果类水果，机器视觉（MV）技术等已发展得较为成熟，在分拣生产线中已大量装备，有效节省了企业的应用成本。近红外光谱、高光谱成像、拉曼光谱等技术目前虽然在仁果类水果的外部品质检测中应用较少，但根据其技术特性，近红外光谱和高光谱成像技术更多应用在仁果类水果糖度、霉心病等内部品质检测中，拉曼光谱技术由于具有可同时检测表面农药残留等优势在未来果品分级分拣装置中仍有广阔应用前景。

3.1.2 内部品质检测与分级技术

仁果类水果的内部品质有硬度、糖度、酸度等，除此之外，水心病、霉心病等病变也会影响水果的内部品质。这些因素在很大程度上决定了水果价格，如新疆的阿克苏苹果、库尔勒香梨等，由于当地独特的地理环境因素，与其他产地的苹果、香梨相比糖度更高、口感更佳，在产品定价上更具优势。仁果类水果的内部品质易受土壤、气候、温湿度等各种种植条件的影响，且肉眼难以分辨。依靠人工进行品质分级需要大量经验丰富的果农，难以保证分级稳定性和准确率；使用传统的仪器检测方法成本高且具有破坏性，不适合大批量检测。近年来，通过利用光谱、声学、电学、气味传感器等技术，并结合化学计量学、计算机编程等技术，水果的内部品质检测与分级获得了长足的进步。

1. 硬度

硬度是水果的主要内部品质指标之一，通过果品硬度评价水果品质，已成为消费者购买水果的重要指南。硬度可用来表示水果的脆性等，基于硬度测量可以对水果进行分级。水果的硬度检测通常使用压缩试验等传统的破坏性方法，将穿透仪中的圆柱杆推入水果中，并测量所需的力，根据力的大小衡量水果的硬度。目前已经开发出各种类型的硬度检测仪器，使用传统方法进行硬度测量具有精确度高等优点,但水果同时也会被破坏导致无法出售。如何实现水果硬度的在线无损检测,是实现水果内部品质自动化分级的关键问题之一。已有的大量农产品品质无损检测研究中,声振法在硬度检测中有着良好的应用,其多采用共振频率来判断硬度,具有装置价格低廉、检测时间短的优点,可满足市场商业化应用需求。

声振法检测果品硬度已经有不少的研究成果,科研人员采用压电梁式传感器对香梨硬度进行了研究,测试分析了香梨声振响应特性,提取频带幅值参数,并基于各幅值参数完成了香梨硬度检测模型的构建和评估。研究发现,使用各幅值参数建立的模型准确率较低,在引入香梨质量参数、果形参数进行修正后,准确率大幅提高。图 3-4 展示了所设计的声振无损检测系统,该系统由压电梁式传感器、电压放大器、振动控制与动态信号采集分析仪等构成[28]。在苹果硬度无损检测领域,基于声振法的苹果硬度检测仪声振信号激励与采集系统的设计及开发,实现了在流水线上对苹果的无损检测与分级。苹果声振无损检测系统示意图如图 3-5 所示。敲击装置结构图如图 3-6 所示,敲击装置由电磁阀、电磁铁、击打钢板、振动信号检测装置等构成。首先将苹果放置在托盘上,将电磁铁、电磁阀同时通电,再将电磁阀断电,使弹簧处于蓄力状态;然后将电磁铁断电,使得击打钢板在弹簧恢复力作用下带动击打头敲击苹果;最后由麦克风和振动传感器收集声振信号,在主机上对数据进行分析处理,无效则进行二次敲

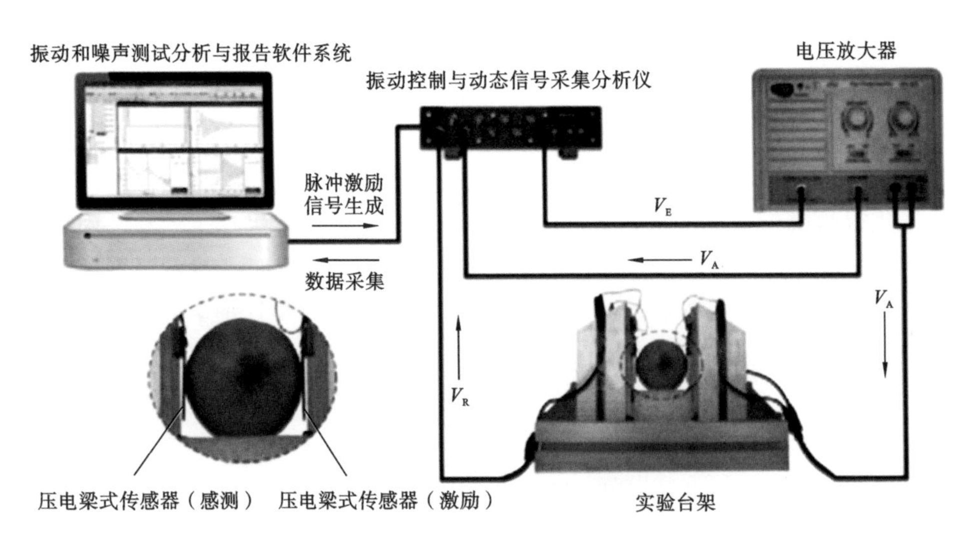

图 3-4 声振无损检测系统示意图[28]

注:V_E—原始激励信号;V_A—放大后的激励信号;V_R—响应信号。

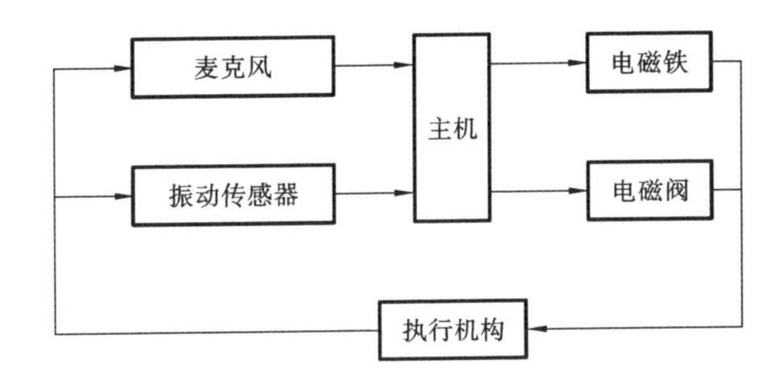

图 3-5　苹果声振无损检测系统示意图[29]

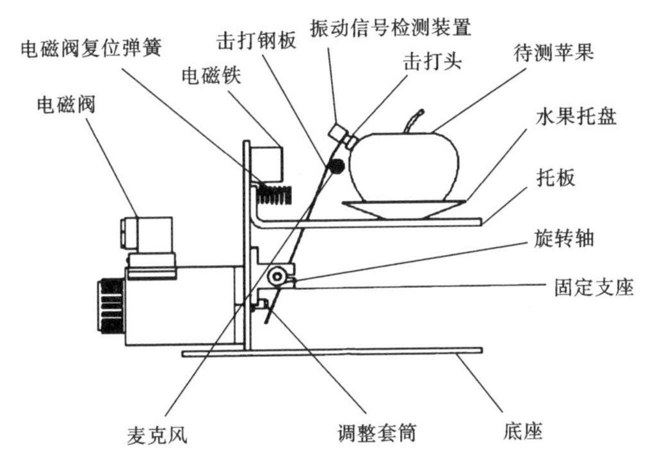

图 3-6　敲击装置结构图[29]

击，有效则储存数据[29]。

2. 糖度和酸度

糖度、酸度以及糖酸比是仁果类水果内部品质的重要指标，也是消费者购买时重点关注的方面。对于苹果、梨、山楂等，根据糖度和酸度对产品进行分级售卖，可以在市场流通环节发挥优势。目前针对水果的通用糖度仪的开发和应用已经比较成熟，数字折光仪对糖度的测量误差可以达到±0.03%，但其具有体积较大、检测时间长、价格高等缺点，且检测对象为果汁，具有破坏性，无法对水果直接进行检测。光谱技术是水果内部品质检测应用最广泛的技术，利用水果对光的吸收、反射和散射等特性获得光谱信息，从而对水果的内部品质进行无损检测，具有检测速度快、操作简便、精确度较高和非破坏性的优点[30]。常用的光谱分析技术主要有近红外光谱、拉曼光谱和高光谱成像等技术[31]。此外，介电谱技术是在宽频范围内描述介电特性参数(如相对介电常数和介电损耗因数)变化规律的技术,该技术已经应用于部分农产品的品质检测中[32]。

近红外光谱(NIRS)技术在近几年得到快速发展,可以较为精确地检测水果的糖度、酸度、维生素含量等,在仁果类水果领域有着广泛的应用。研究人员采用 NIRS 技术在 643.26～985.11 nm 的波长范围内建立了苹果有效酸度的预测模型,模型相关系数达到了 0.925[33];在 900～1700 nm 的波长范围内建立了对多苹果品种的糖度、酸度、糖酸比预测模型,比较了偏最小二乘(PLS)和多元线性回归(MLR)模型的准确性,MLR 模型得到的预测结果较好,其多重相关系数分别为 0.887、0.890、0.893,实现了对苹果的糖度和糖酸比等指标的检测[34];在 350～1800 nm 波长范围内分别采用 MLR、主成分回归(PCR)和 PLS,建立梨的糖度和 pH 值定量预测模型,其中采用一阶微分结合 PLS 所建立的模型有较好的预测效果,糖度和 pH 值定量预测模型的相关系数分别为 0.9285 和 0.8584[35]。利用近红外漫反射光谱检测技术对砀山酥梨的可溶性固形物含量(soluble solids content,SSC)进行检测的过程中,研究人员用 PLS、广义回归神经网络(general regression neural network, GRNN)和最小二乘支持向量机(least squares support vector machine, LSSVM)分别进行建模,运用无信息变量消除(uninformative variable elimination, UVE)法筛选有效特征波数简化模型,其中 UVE-LSSVM 模型有最佳的预测准确度和适用性,其校正集相关系数 R_c 为 0.988,校正集均方根误差(RMSEC)为 0.074,预测集相关系数 R_p 为 0.922,预测集均方根误差(RMSEP)为 0.162[36]。在用数字光处理技术试验机对北京大兴黄金梨和圆黄梨进行可溶性固形物含量的预测中,近红外光谱技术获得了较好的预测准确度,该硬件设备可以降低近红外光谱仪制造硬件成本,更好地将近红外光谱技术推广到农业生产一线[37]。在枇杷无损检测中,利用近红外光谱技术对 101 个枇杷样品采集数据,分别建立可溶性固形物、可滴定酸和维生素 C 含量的 PLS 预测模型,同样具有良好效果[38]。

基于可见/近红外(Vis/NIR)光谱技术,国内研究人员运用集成宽谱 LED 光源和水果特征响应窄带光电探测器,制作了手持式可见/近红外苹果品质无损检测设备,该仪器对 500～1050 nm 波长范围内的光谱信息进行采集、处理。对比 UVE 算法、遗传算法(GA)、连续投影算法(SPA)和竞争性自适应重加权采样(CARS)算法对特征波长的筛选效果,选择 CARS-PLS 模型,其在可溶性固形物含量预测中有较好的结果。手持式检测终端硬件主要由光源、可见/近红外光电传感器、温度传感器、显示屏、控制电路、遮光圈、橡胶垫圈和壳体等构成。如图 3-7 所示,LED 光源呈圆周对称排布,苹果在检测时放置在遮光圈上,

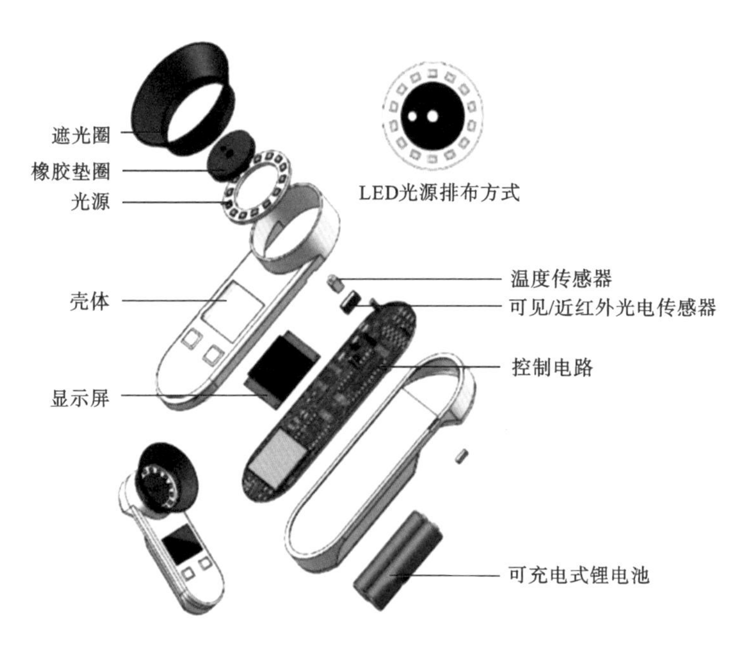

图 3-7 手持式果品检测终端结构示意图[39]

隔绝外界杂光干扰，触动检测开关，LED 光源照射苹果，经苹果内部漫反射后光被可见/近红外光电传感器接收，由控制电路对信号进行处理并通过数据模块传输至云服务器，调用模型获取检测结果[39]。

针对高光谱成像技术采集数据量大、算法运行效率低的问题，研究人员对富士苹果采集高光谱图像，筛选特殊区域反射光谱，通过预处理对光谱降维后，建立了苹果可溶性固形物含量的 MLR 预测模型，利用 SPA 预处理降维，明显提升了预测模型的运行效率[40]。图 3-8 为近红外高光谱成像系统的原理图，该系统在 900～1700 nm 波段采集高光谱信息，研究人员运用此系统对贮藏 13 周后的 167 个富士苹果的可溶性固形物含量、水分含量、pH 值进行测定。选用 SPA 和 UVE 算法对苹果全光谱提取特征变量，结合 PLS、LSSVM 和反向传播网络(back propagation network，BPN)三种建模方法建立多个预测模型。验证集表明所有模型都可以准确预测苹果的可溶性固形物含量和水分含量。近红外高光谱成像系统主要由高性能背照式 8 位电荷耦合器件(CCD)相机、成像光谱仪、含 4 盏 100 W 卤素灯的照明单元、传送平台等组成。CCD 相机镜头与水果夹持平台的距离固定为 65 cm，相机曝光时间设为 10 ms。苹果放置在 20 mm/s 的传送平台上。近红外高光谱图像采集由光谱传感器完成，在室温((20±2) ℃)下进行[41]。

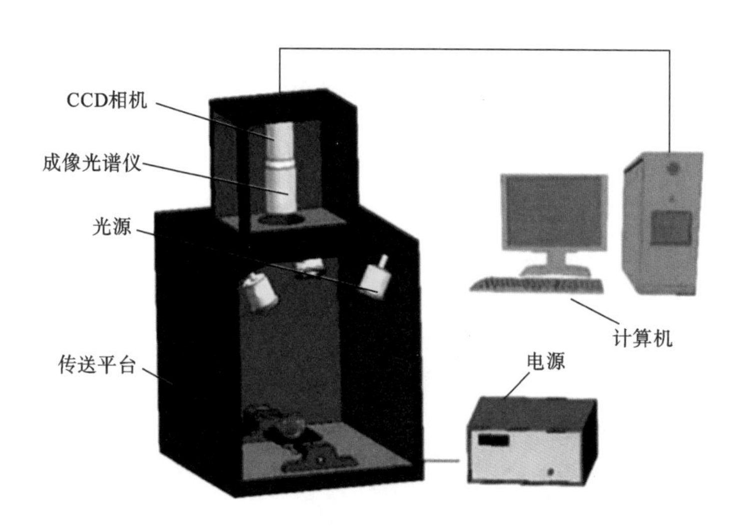

图 3-8 近红外高光谱成像系统的原理图[41]

介电谱技术作为一种新型无损检测技术，目前已应用到仁果类水果的品质检测中。Castro-Giráldez 等人[42]在试验中用不同含糖量的标准溶液（K^+、苹果酸）模拟苹果成熟过程中这些物质的浓度，进行介电测量，发现新定义的介电成熟度与 Thiault 指数之间存在很好的相关性，展现了介电谱技术应用于水果内部品质检测的潜力。为了探索基于介电谱无损检测库尔勒香梨糖度和硬度的可行性，采集三个来源共 168 个库尔勒香梨在 20～4500 MHz 范围内 201 个频率点下的相对介电常数和介质损耗因数，建立模型进行分析评价，结果表明，介电谱技术可用于无损检测库尔勒香梨的糖度[43]。

3. 仁果类水果内部病害

仁果类水果中的霉心病等内部病害产生后，难以从外观上进行区分，若消费者购买到此类水果，不仅无法满足消费者的需求，还将导致仁果类水果口碑下滑和市场竞争力降低，严重影响水果采后贮藏及销售。利用光学特性、电学特性等对水果内部病害的研究已有大量成果，近红外光谱、高光谱成像、介电谱、核磁共振等技术广泛应用于水果内部病害检测领域中。

霉心病苹果病变部位发生性质变化，其内部成分、结构会使其近红外光谱曲线发生变化，技术上可以通过分析光谱曲线来检测苹果霉心病，但准确率仍需提升。针对此问题，国内研究人员提出了一种融合密度特征与漫反射光谱的苹果霉心病多因子无损检测方法，通过将光谱信息与苹果密度信息结合，大幅提高了利用漫反射光谱判别苹果霉心病的准确率[44]。水果霉心病发生时，其内部品质变化同样会导致水果内部阻抗特性的改变，利用这一改变，研究人员使用 3532-50 LCR 测试仪建立了一种苹果霉心病的无损检测方法，测定和比较富士苹果霉心病果和正常果的 7 个阻抗参数变化规律及 3 个理化品质指标[45]。利用核磁共振技术，可以对香梨内部褐变情况进行可视化显示，通过对 BPN 模型的优化，该模型对内部褐变香梨的平均识别率可达到 92.5%[46]。

运用声振法，通过检测仪器灵敏度的提升和检测方法的优化，有效避免了传统方法在检测时产生的水果损伤，获得了良好的检测灵敏度和准确率，该方法目前广泛应用在苹果、梨等水果的硬度检测中。近红外光谱检测设备更多地应用于糖度和酸度及水果内部腐败、病变的检测中，国内外多家公司推出了水果便携式和工厂在线式检测设备。介电谱、核磁共振、X 射线等技术，虽然在某些检测环节性能优良，但由于检测成本高、检测时对环境造成大量辐射等原因目前在实际生产应用环节使用较少。

3.1.3 检测-分级-包装-标识生产线装备

在实际工业应用中，根据内部品质和外部品质，对仁果类水果进行在线检测与分级。近年来，在线检测与分级的理论和关键技术的相关研究广泛开展，诸多国内外制造商研制的在线检测与分级系统已经商品化，投入实际使用。

1. 重量分选设备

通过对传送带上运输的苹果、梨、山楂等仁果类水果进行称重，利用重量进行品质分级，并进行后续产品包装工作。机械重量分选机工作原理简单，结构易维护。苹果、梨等水果种类多样，受种植气候、种植产地、种植技术的影响，待分类水果重量分布范围大，为解决此类问题，果品的在线自动分选设备必不可少。图 3-9 为机械重量分选机结构示意图。通过固定秤确定重量等级单位，当水果重量符合筛选条件时，运载水果的移动秤料斗便会将水果倒入相应的接果盘中，完成等级分选。目前除了利用机械式天平进行重量分选以外，使用电子秤通过电信号控制进行水果重量分选的生产线同样应用广泛。

2. 光学分拣设备

光学分拣机利用光学传感器、红外传感器等，在可见光与红外光等波段通过拍摄外观、采集透射光谱、采集反射光谱等方法获取信息并上传至计算机，分析数据，得到水果的内外部品质信息，以此为依据对水果进行分级。随着技术的不断发展，分拣机光学传感器从黑白相机发展到彩色相机，分辨率大幅提升，信噪比不断优化，可以采集水果表面更多细节，更好获取水果外部品质信息。近年来，红外传感器对糖度、酸度、维生素含量等指标的检测可行性已经得到验

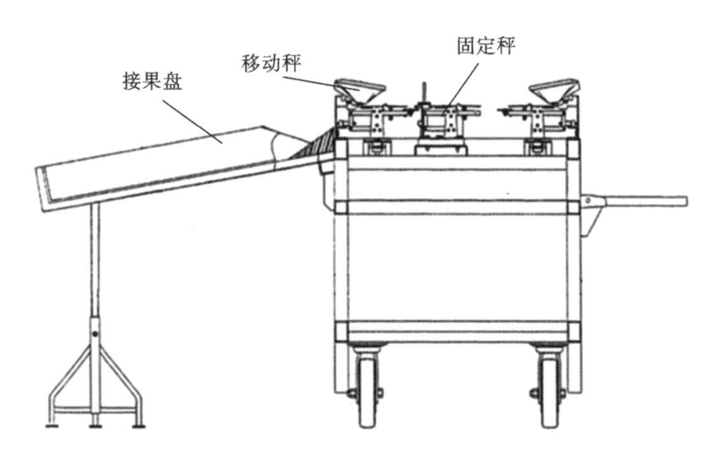

图 3-9　机械重量分选机结构示意图[47]

证，其利用多种算法优化内部品质指标检测精度，通过采集并分析大量数据提升产品通用性，可实现对水果内部品质的检测。例如，Shibuya Seiki 公司运用近红外透射方法，可有效获取水果内部品质信息，如图 3-10 所示，这类设备将光照射到每个产品上，通过分析水果的近红外光谱，结合化学计量学方法对采集的数据进行分析，以检测糖度、酸度、内部缺陷等。自动校准功能提供良好的测量稳定性。随着分析能力的进一步提高，目前国外先进的近红外检测系统可以同时测量 10 个品质指标。国外厂商在光学分拣设备领域有较长时间的研发投入，如荷兰 Aweta、Greefa，日本 Shibuya Seiki、FANTEC，法国 Maf-Roda，新西兰 Taste Tech 等公司，国内厂商在这一领域起步较晚，目前江西绿萌等企业也有装置投入使用。

图 3-10　内部质量传感器[48]

3. 仁果类水果检测-分级-包装-标识生产线装备

国内外制造商生产的仁果类水果检测-分级-包装-标识生产线装备，主要由水果传送机构、水果检测分级机构、包装机构等构成。水果传送机构负责运送水果，消费者对水果外部品质要求高，仁果类水果果皮较薄，水果间相互碰撞、水果与检测装置间碰撞都会对水果造成损伤，因此水果传送机构的设计特别需要考虑对水果的保护。例如，日本 Shibuya Seiki 公司的水果传送机构采用果托以避免传送过程中出现的各种碰撞损伤，图 3-11 所示果托分为携带 ID 芯片和携带条形码两类，在保护水果的同时，也可以实现对生产线单个水果的智能追踪。荷兰 Aweta 公司采用 V 形果盘传送带对球形水果进行传送，采用方形果盘传送带对异形水果进行传送，如图 3-12 所示。

（a）条码型果托

（b）ID芯片型果托

图 3-11　日本 Shibuya Seiki 公司水果传送机构图[49]

（a）V形果盘传送带

（b）方形果盘传送带

图 3-12　荷兰 Aweta 公司水果传送机构图[50]

检测仪器是整条水果检测-分级-包装-标识生产线的核心设备，各制造商在该领域投入大量资源进行研究，采取各种方式实现对水果的品质检测，如机器视觉、高光谱相机、近红外透射/漫反射检测系统等。荷兰 Aweta 公司利用高光谱相机系统对水果的外部品质进行检测，检查水果表皮的机械损伤、碰撞瘀伤、表面腐烂、开裂等，也可以直接获取水果形状、尺寸、颜色的详细情况。日本 Shibuya Seiki 公司则采用工业相机进行水果外部品质检测，如图 3-13 所示，通过黑白相机/彩色相机不断采集生产线上水果的信息，借助专为检测产品而设计的彩色相机，当水果在通过特殊设计的传送带时检测其整个圆周表面的形状、颜色、瑕疵大小。配备适合在农产品上使用的照明装置，将不均匀的照明保持在最低限度，并且不会出现光晕。此功能可实现高质量的图像扫描，最大限度地显示产品颜色信息。

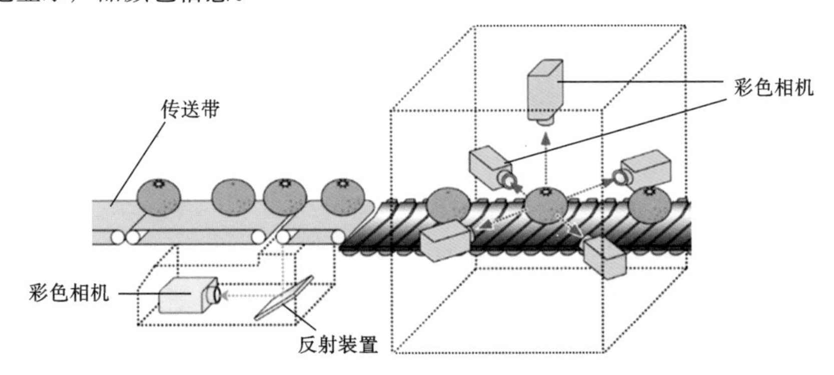

图 3-13　Shibuya Seiki 相机分布示意图[51]

国内在水果内部品质检测领域研发起步较晚，目前国内多家企业推出了自己的果品检测-分级-包装-标识生产线或果品智能检测分选设备。

在仁果类水果领域，目前苹果的智能分选系统产品较多，国内多家企业利用重量检测、机器视觉、近红外光谱相结合对苹果进行分级。如图 3-14 所示，该苹果智能分选生产线通过自动搬运机构和清洗总成完成上料和水果清洁工作，水果经过风干后随传送带先后经过视觉检测箱、称重模块、糖度检测箱，完成果品检测与分级工作，不同等级果品通过不同分级出口进入装箱区包装。该系统整条果盘输送线采用柔性材料包覆及间隔式自循环软辊输送等多重防护方式，有效规避了损伤。单通道水果检测速度为 5～10 个/秒，可以根据实际生产需要，调整检测速度。

针对仁果类水果中苹果、梨、柿子等多种水果的通用检测，国内企业同样推出多条生产线，采用机器视觉与光谱仪相结合的技术手段获取水果内外部品质信息，通过设计的多种毛刷辊与排刷等减震缓冲装置，有效降低了水果间相互碰撞带来的损失，可对苹果、梨、柿子进行在线分级、检测、包装。生产线状态可通过软件实时获取，操作界面显示该生产线运行时间、计划班次、每分钟分选数量、分选水果总重量、分选水果平均重量、不同等级水果占比等数据，便于操作者掌握情况。设备的可视化操作界面如图 3-15 所示。

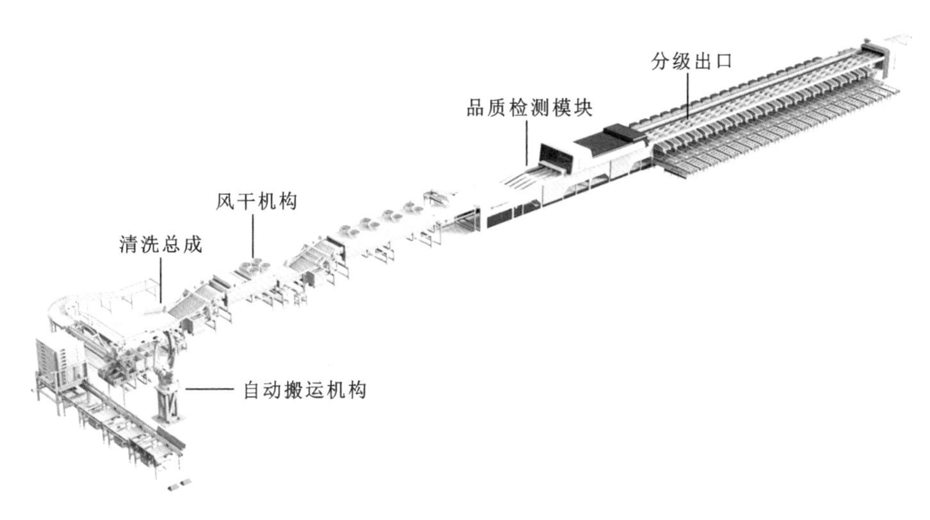

图 3-14　国产苹果智能分选生产线[52]

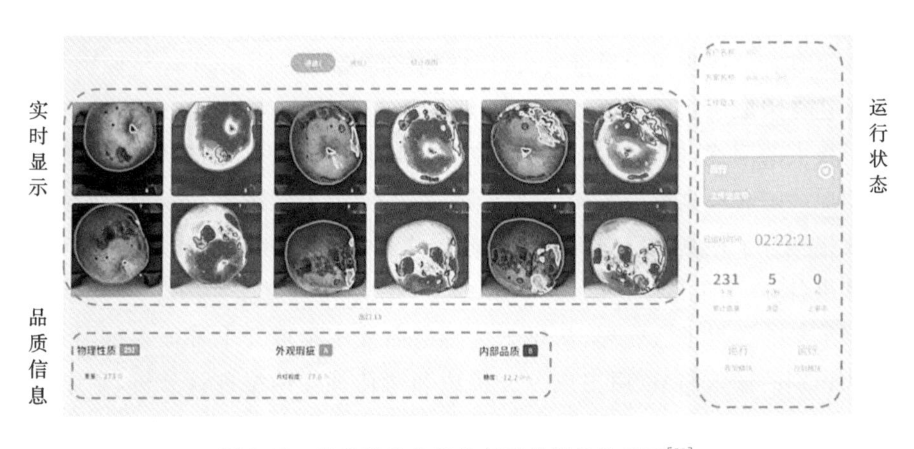

图 3-15　光学果品分级设备可视化操作界面[53]

山楂在仁果类水果中体积偏小，与苹果、梨等有明显差别，针对这一问题，国内公司开发了多种尺寸的传送与检测装置，以适应不同尺寸水果检测。开发的微小型水果分选生产线可对直径为 22～32 mm 的水果，以颜色、尺寸、形状、面积为指标进行果品分级，依靠独特的视觉云计算，能够可靠地检测水果的各项指标，实现多图像同时处理，提升颜色分选精度，山楂的尺寸检测精度达到 ±1 mm，每条检测通道的检测速度最高可达 30 个/秒。该生产线分级系统以光学检测系统为核心，其搭配的果梗分离机可同时去除山楂果梗，避免相互碰撞时果梗插入相邻山楂，在避免额外损失的同时可保证产品外观。生产线末端安装的盒式填充机对分级完毕的山楂进行装箱包装，实现全流程集成化运作。

对于仁果类水果,目前各类分选分级设备能够有效覆盖从山楂到苹果各种尺寸的水果,也能够对梨等非球形水果实现较高精度的检测与分级。通过对水果分级生产线全流程的优化,从上料开始,整个生产过程有效保证了水果品质,有效降低了机械对水果的损伤。目前,国内已有多家企业采购国内外各种型号智能分选生产线,实现了苹果等仁果类水果检测、分级、包装的全流程自动化。

3.1.4 储运过程品质监控技术

水果在果蔬产业上下游流转期间,除空运外,公路运输、铁路运输、海运都需要耗费大量时间。仁果类水果果皮较薄,受到外力作用时发生移动,相互间碰撞极易造成表面瘀伤,腐败菌趁机增长造成大量污染更会影响整批水果品质,带来不必要的损失。因此迫切需要能在储运过程中对果品质量进行实时监控的技术手段。

水果具有单次物流运送量大、占用空间多等销售特性,出于经济原因考虑,运输时往往采取层层堆叠方式。这种堆叠的存放模式对光学技术等检测手段造成了极大的困扰,但该模式对气体流通影响较小,可以利用气体传感器检测腐败情况。随着计算机技术的飞速发展,计算能力大大提高,各种新型算法的应用大幅提升了检测速度和准确度。赵杰文等人[54]对超市所购的正常苹果和劣质苹果各 50 个进行了检测,其使用的电子鼻结构示意图如图 3-16 所示。对传感器采集的数据进行处理,从每个传感器曲线中提取 5 个特征参数,将其作为模式识别的输入向量,用主成分分析法和遗传神经网络进行分析,主成分分析法的结果能较好地区分苹果好坏,遗传神经网络对校正集和验证集的验证正确率分别为 100%和 96.4%。试验表明,利用电子鼻装置对苹果质量进行评定是有效的,同时也可以检测其他水果。

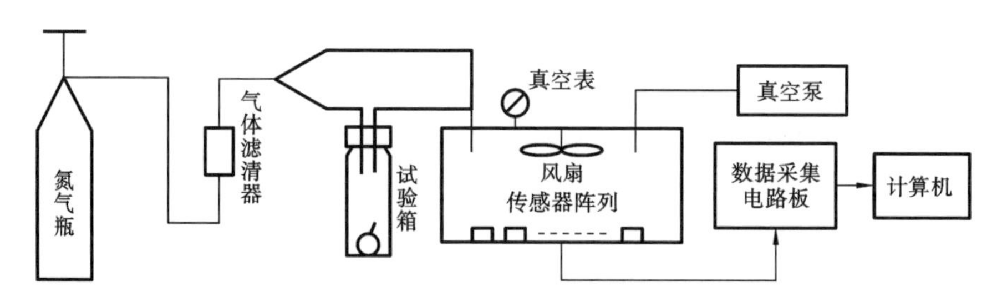

图 3-16 电子鼻结构示意图[54]

在利用电子鼻系统对梨进行品质检测的研究中，研究人员利用电子鼻技术监测贮藏、运输过程中香红梨的腐烂情况。利用电子鼻技术对按腐烂点直径划分的 3 个等级香红梨的挥发性气体进行测定，同时比较贮藏初期和后期果实挥发性气体的差异。采用主成分分析、线性判别分析和载荷分析对电子鼻响应值进行分析。研究结果表明，电子鼻传感器 W5S、W1S、W1W、W2S 和 W2W 是检测香红梨挥发性气体的特征传感器。在贮藏期间，氮氧化合物、甲烷、硫化物和萜烯类、醇类和部分芳香族化合物释放量逐渐增加。果实腐烂使硫化物和萜烯类（W1W）、甲烷（W1S）、氮氧化合物（W5S）挥发性物质进一步积累释放，传感器响应值比贮藏初期分别提高了 7.7 倍、4.6 倍和 4.5 倍。通过监测 W5S 传感器响应值变化可判断果实的腐烂情况。研究结果表明，电子鼻传感器 W5S、W1S、W1W、W2S 和 W2W 对香红梨的挥发性气体可做出灵敏反应，其中 W5S、W1S 和 W1W 为果实腐烂特征传感器，其响应值可用于区分果实腐烂程度。

在电子鼻系统的实机开发中，为解决水果腐败多气体动态监测和早期预警的难点问题，研究人员设计了气体传感器模块、数据采集模块等，开发了检测软件，集成研制了气体传感器阵列检测系统，图 3-17 为该系统原理图。该系统以苹果为验证对象，探析了苹果腐败前气体传感器的响应差异及变化规律；建立了多种苹果腐败前天数的判别模型，CARS-PLS 模型的预测效果最优，相关系数可达 0.974。研究结果表明，基于气体传感器技术的水果腐败检测是可行的，可为水果腐败检测系统的进一步研发提供参考[55]。

目前，应用气体传感器对仁果类水果的优化检测研究已较为成熟，在实验室模拟仓储运输环境，可获得良好验证效果。电子鼻监测系统的进一步成熟，将会满足储运过程中仁果类水果品质的实时监控要求，减小产后物流仓储过程的经济损失，推进仁果类水果产业健康、高品质、可持续发展。

3.1.5 小结

针对仁果类水果特性，目前对仁果类水果外部品质与内部品质的无损检测研究已较为成熟，依托计算机视觉、声学、近红外光谱、化学计量学、深度学习等技术，实现了对苹果、梨等水果的自动化智能检测与分级。目前国内外众多制造商推出了各自的便携式检测仪和在线式大型自动分级生产线，随着客户使用反馈的积累和硬件软件系统的迭代升级，检测精度将会进一步提升，同时制造成本的降低使得更多水果经销商及种植农户有能力购买使用，将使仁果类产业得到整体改善。物流检测领域仍有较大提升空间，一方面针对仁果类水果的电子鼻系统仍需控制成本；另一方面与其配套的大型物联网系统需要行业内领先

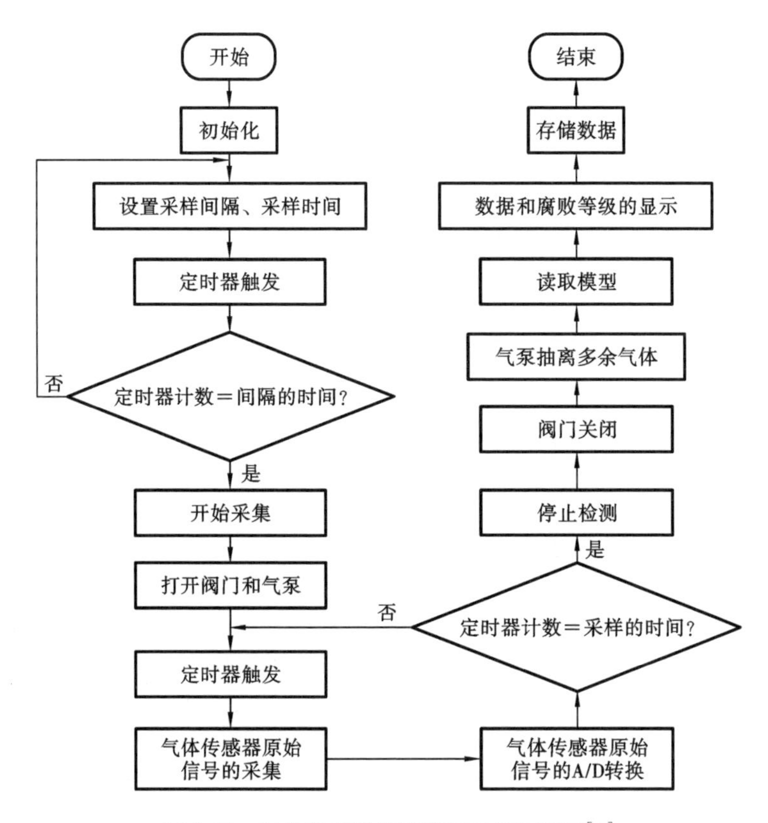

图 3-17　气体传感器阵列检测系统原理图[55]

企业推动试行，丰富系统使用经验。

3.2　核果类

核果是由单心皮雌蕊、上位子房形成的果实，也有的由合生心皮雌蕊或下位子房形成。核果是一种单果果实，由一个心皮发育而成。典型的核果，外果皮膜质，称果皮；中果皮肉质，称果肉；内果皮由石细胞组成，坚硬，称核，每核内含一粒种子，如桃、荔枝、芒果、杏、枣、樱桃等。核果类水果的分布地域极为广泛，几乎涵盖中国的全部地域。其中桃主要经济栽培地区为华北、华东各省；杏在中国分布范围很广，大多数省区皆有。

核果类水果的品质可以通过测量其果形指数、单果重量、果实硬度、可溶性固形物含量、果实可滴定酸含量、果实水分含量、维生素 C 含量以及果实色泽来评判。以桃为例，其品质指标的测量方式如下。果形指数：采用101B型游标卡尺分别测量果实的纵、横径，以果实纵径和横径的比值表示。单果重量：采用MP2001型电子天平称重。果实硬度：采用GY-1型果实硬度计测量。可溶性固形物含量：采用101型手持折光仪测量。果实可滴定酸含量：采用NaOH滴定法测量。果实水分含量：采用烘干法测量。维生素C含量：采用2,6-二氯靛酚滴定法测定。果实色泽：采用DC-P3型全自动色差计测定，结果以Hunter系统中L(代表果面亮度)、a(代表果面红色)、b(代表果面底色)值中的a值(由绿到红)表示。

联合国粮食及农业组织(FAO)的最新统计表明，世界上生产的水果和蔬菜近一半在供应链的各个阶段遭到损失或浪费。此外，据估计，2021年全球有8.28亿人受到饥饿的影响。如何减小果蔬的损失是一个亟待解决的问题。传统的检测方法存在破坏样品、费时费力、成本高等缺点。基于声学特性、机械特性、介电特性、光学特性和电子鼻的无损检测方法，特别是基于光学特性的检测方法，因具有无损、快速、准确等特点而得到迅速发展，目前已广泛应用于核果类水果的内外部品质检测中。

3.2.1 便携式品质检测及产地分级装备

便携式水果品质检测设备一般用于现场抽检，这就要求设备反应速度快、体积小巧、方便携带，这些特点有助于提高使用者的工作效率。为了简化用户的使用步骤，这些设备还具有操作简单、上手快等特点。便携式水果品质检测设备的工作环境基本上是户外，无法连接电源适配器，这就要求它具有长时间续航的能力，所以一般采用大容量电池和低功耗设计，以满足持续检测的需求。便携式近红外光谱检测仪具有携带方便、检测速度快、不破坏样品和可现场检测等优点，广泛地应用于水果的产后加工和质量评判中。

1. 便携式硬度检测设备

对于核果类水果来说，硬度是其收获、储存、运输、加工、流通和销售过程中的重要品质指标。例如，“黑琥珀”李子在采收时要求硬度大于或等于14 N，以避免在采后操作中出现瘀伤[56]；桃子的果肉硬度通常在53～61 N范围内[57]。对水果硬度进行准确检测，可以在食品供应链的每个环节减小水果损失。

低成本的手持式桃硬度现场测量装置，利用力传感器技术，实现对水果的硬度测量，如图3-18所示，它主要由施加恒力的装载手柄、用于压缩水果的探头及用于数据采集和分析的电子控制单元组成，该装置能够独立于操作者感知桃的阻力。在装载手柄内部，电阻弹簧和导杆用于将探头上的力传递给测力传感器。两个直线轴承用于引导和减少摩擦。限位止动器约束加载弹簧的变形，为探头提供恒定的力。如果操作者施加的力超过由加载弹簧提供的恒定力，多余的力由作用于压力板表面(不包括与探头接触的部分)的力抵消。这样，操作者对测量结果的影响最小。测试时，操作者一只手拿着样品，另一只手将装载手柄垂直放在样品上方。然后，用探头用力压缩样品，直到探头支架接触到样品。探头在试样表面产生一个轻微的凹面，凹面深度随硬度的变化而变化。测力传感器通过导杆和电阻弹簧感知样品的电阻，并将导杆和电阻弹簧的输出转换为0～100范围内的设备读数。

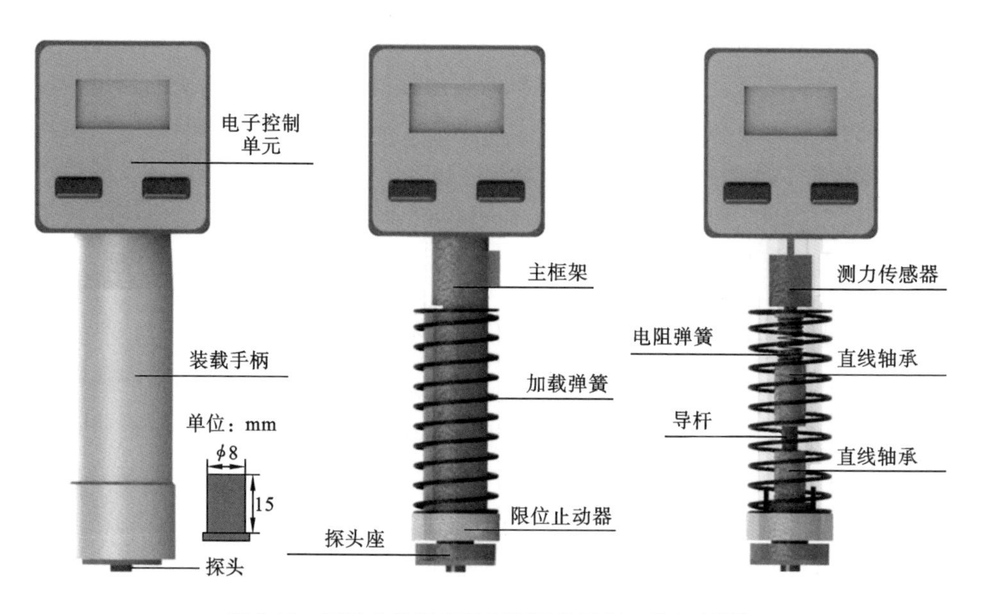

图 3-18 手持式桃硬度现场测量装置及工作机制[58]

利用一种软指机械手及检测方法可以感知水果的硬度。如图3-19所示，软指机械手通过步进电机的转动，驱动连杆实现软指机械手的张开和闭合。当软指机械手闭合时，机械软指会依附水果果形而发生弯曲形变，机械软指上的防滑垫会紧密贴合水果，水果不易滑落。通过柔性软指中植入的压力传感器和弯曲角度传感器可以获取工作面的压力值和弯曲的角度值，将数据输入终端中的公式中，进而计算得出水果的硬度。该软指机械手可以用于实现水果的采摘、转运、上料环节的抓取，柔性软指可以减小水果的损伤，同时利用传感器获取到的水果硬度信息可以指导水果的分级输送。

利用压力传感器可以制作对水果硬度进行检测的装置，一种新型便携式水果硬度计如图 3-20 所示，壳体内设有压力传感器，压力传感器的检测端设有延伸至壳体外的检测杆，检测杆位于壳体外的端部并设有检测头，检测头设有圆柱形插入部，插入部远离检测杆的端部并设有球冠形施力部，插入部外周面沿周向设有盘状限深部。

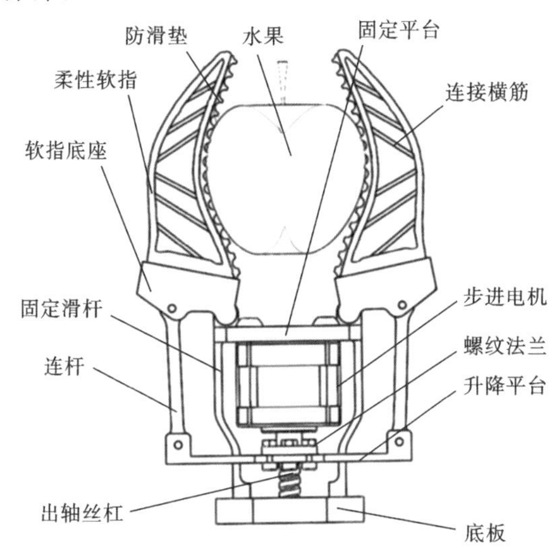

图 3-19 软指机械手示意图[59]

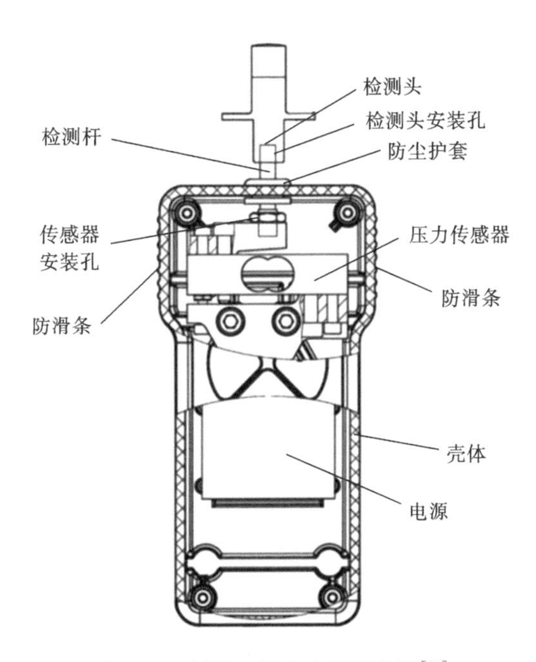

图 3-20 新型便携式水果硬度计[60]

2. 便携式可溶性固形物含量检测设备

可溶性固形物含量(糖度)是决定水果新鲜度、成熟度、口感的一项重要参数。无损检测设备非常适合用于水果种植全程中可溶性固形物含量监控,不破坏果实外观,全程跟踪监测水果生长过程中可溶性固形物含量的变化,为果品研发、果蔬种植、成熟度监测、采摘期控制、存储运输、果蔬配送、售价分级等提供检测数据支持与分析,采用便携式设计,使用环境友好,测量快速,是果园种植户、水果检测机构、水果品控部门的必备检测仪器之一。

图 3-21 为便携式水果无损糖度计的外形构造。其可以检测核果类水果中樱桃、芒果、桃的糖度,然后对水果进行分级分销。该设备特点如下:不需要对水果切肉榨汁,仅通过探测器紧贴水果表面,即可测量糖度;帮助果农、果商实现种植改良、采摘检测、销售分级;设计小巧,便于携带,具备自动温度补偿功能。

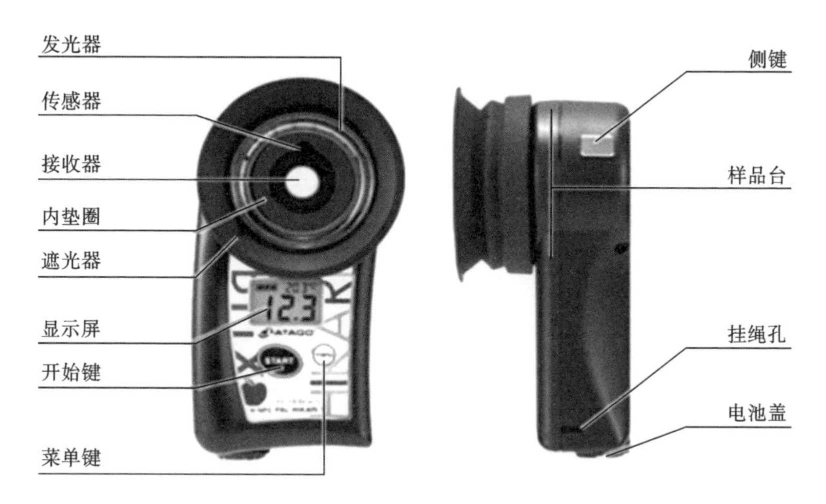

图 3-21　便携式水果无损糖度计的外形构造[61]

便携式近红外光谱检测仪一般由光源、光纤及光纤探头、光谱仪、数据处理模块、电源、显示与输出装置等部分组成[62]。检测流程如下:将样品放在探头的检测位置,光源照射被检测的样品,从样品中透过的光经光纤探头、光纤传输到数据处理模块。数据处理模块中存有被测样品的化学计量学模型,根据模型对样品的光谱进行分析和计算。

利用图像处理方法可以快速、无损估测水果糖度。估测过程如下:获取水果的彩色图像;从水果的彩色图像中获得糖度参数;根据糖度参数并利用糖度模型确定水果糖度。所述糖度参数包括:绿色分量均值 x_1、色调均值 x_2、红绿二色分量的均值 x_3 及水果前景图像占整张图像百分比 x_4。所用装置包括:图像获取装置,用于获取水果的彩色图像;计算单元,用于从水果的彩色图像中获得糖度参数;确定单元,用于根据糖度参数并利用糖度模型确定水果糖度。

3. 便携式表面缺陷检测设备

芒果、桃、樱桃等核果类水果是很柔软的水果,在采后处理过程中非常容易受到机械损伤。水果的机械损伤是由表面载荷引起的。采后的主要问题之一是采后处理过程中造成的损害可能几天后才可见,而此时水果已经上市。产品品质以及生产商的声誉,都是由最终产品的质量来评价的,这使得对芒果、桃、樱桃等核果类水果表面缺陷的检测成为采后处理水果的一个关键行为。

利用高光谱成像技术在透射模式下检测樱桃表面缺陷的装置如图 3-22 所示。在可见光和近红外光谱的范围内,研究人员利用该装置获得了 3 个樱桃品种的高光谱透射图;利用基于相关性的特征选择算法和高光谱数据的 2 阶导数预处理,构建了监督分类模型。在研究的所有分类模型中,反向传播神经网络模型的预测精度最高,通过对高光谱图像的分析,提取有凹坑和无凹坑水果的光谱特征信息,选择有效的波长,优化凹坑的检测,并实现更精确的分类。主要的前处理步骤如下:在图像采集后,对包含感兴趣区域(region of interest,ROI)

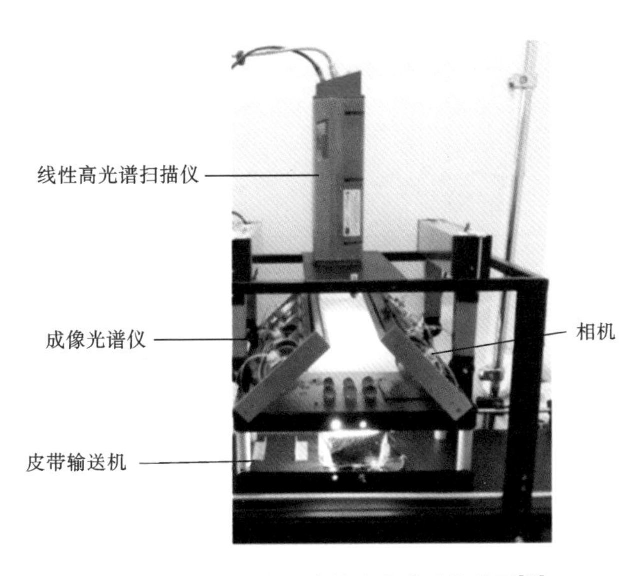

图 3-22　获取透射图像的高光谱成像装置[63]

的区域进行分割。该区域包括整个樱桃果实的区域。对于每个分割的樱桃图像,通过平均 ROI 中所有像素的谱值来计算缺陷樱桃和完整樱桃的平均透射光谱[63]。

为增强光谱中的特征峰和特征谷,研究人员还分析了新鲜和冷冻样品的透过率数据的 Savitzky-Golay 2 阶导数,如图 3-23 所示。光谱的最高复杂性和透过率出现在 680～780 nm 范围内,但在整个光谱范围内存在特定的峰和谷。它们代表 C—H、O—H 和 N—H 波段的泛音和振动组合。

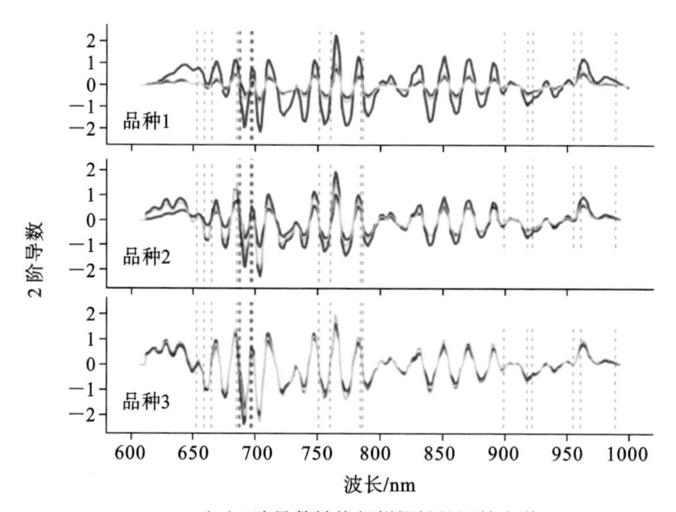

(a) 2阶导数转换新鲜樱桃的原始光谱

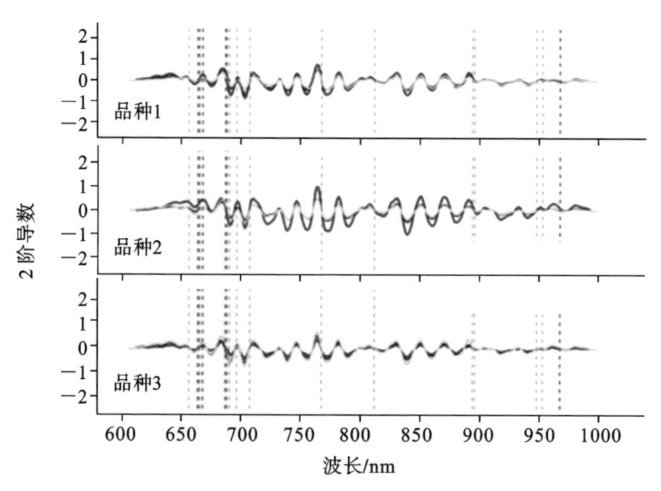

(b) 2 阶导数转换冷冻樱桃的原始光谱

图 3-23　2 阶导数转换樱桃的原始光谱[63]

目前青梅的缺陷识别检测仍然依靠人工挑选方式来完成，但人工挑选方式受工作经验、劳动强度等因素制约，已经难以适应产业的发展。为有效提高青梅表面缺陷检测的自动化程度和精度，可应用机器视觉技术针对青梅表面的缺陷检测进行研究。研究人员通过搭建青梅表面图像静态采集系统，采用图像处理软件 HALCON 对青梅表面进行单通道灰度图像提取、图像滤波灰度二值化及特征提取等预处理，实现了对青梅表面图像的去背景化，并利用去边缘法在青梅 H 通道分量图像中成功提取到青梅表面缺陷。最后采用高斯混合模型构建青梅表面缺陷检测分类器，并创建了一套基于机器视觉的青梅表面缺陷检测系统。研究中选取了 348 张青梅缺陷图像作为校正测试样品，其中 78%的图像作为校正集，22%的图像作为预测集，结果表明：该分类器对青梅溃烂、伤疤、雨斑缺陷的检测准确率分别为 100%、97.22%、92.31%，对完好青梅的检测准确率为 94.44%[64]。

在基于计算机视觉技术对水果表皮缺陷进行检测的研究中，缺陷区域的有效、准确分割是关键环节，根据缺陷面积大小对带有表皮缺陷的水果进行分级，有助于对不同类型表皮缺陷进行分类识别。李江波等人[65]研制的桃子样品图像采集系统由可见/近红外双 CCD 数字相机、LM6NC3 镜头、工控机、LED 光源和样品台等组成。可见/近红外双 CCD 数字相机采用以太网接口，通过 2 条网线和计算机的网卡相连。获取图像时，人工将样品放置在样品台上，为了模拟在线水果检测与分级过程中水果表面缺陷位置在图像中的不确定性，每个样品采集 5 幅图像，其中同一样品采集红绿蓝(red green blue，RGB)图像和近红外(NIR)图像各 1 幅，每幅图像的缺陷位置均不同(正常果的果皮没有缺陷)。该设备采用图像梯度增强、梯度重建及形态学标记结合标准分水岭算法对平谷大桃表面不同类型的缺陷进行分割。对刺伤果、裂果、黑斑果、虫咬伤果、腐烂果、疤伤果和正常果 7 类样品进行检测，该算法在缺陷分割中不会受到水果表面光照不均的影响，能够对不同大小、形状等的缺陷进行分割。因为损伤水果的早期外观与完好水果的非常相似，此时标准计算机视觉系统无法检测出损伤，而利用光谱信息可以检测出标准计算机视觉系统无法检测到的各种类型的损伤。图 3-24 为芒果的高光谱视觉系统，其由单色相机与液晶可调滤光片耦合而成。设备内部空间由十二盏 20 W 的卤素灯照亮，这些卤素灯在半球形铝壳内彼此等距排列，以保持空间分布均匀。穹顶内表面涂有白漆，带有粗糙纹理，用以最大限度地提高反射率，并通过反射间接照亮设备内部空间。

核果类水果由于其果实成熟后，果肉变软，柔嫩多汁，采摘期又正逢炎热季

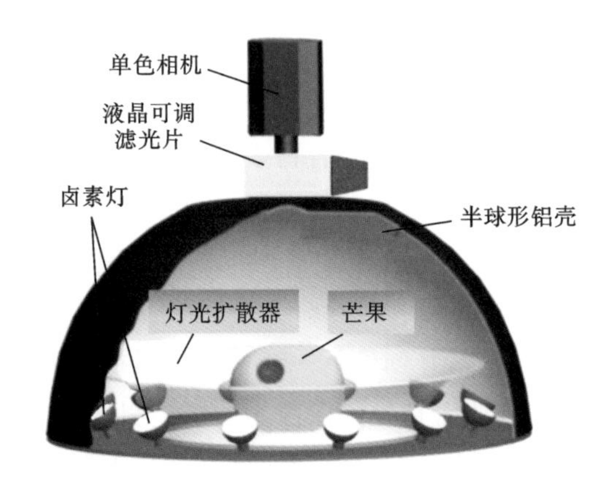

图 3-24 芒果的高光谱视觉系统[66]

节，不适宜长期贮藏。核果类水果的品质评价指标主要包括单果重量、果实硬度、可溶性固形物含量以及表面缺陷。便携式检测设备由于体积小巧、反应灵敏是现场测量水果品质评价指标的实用工具，用于指导生产、优化加工程序、改进处理方法和制定供应策略。通过机械、振动和光学特性以及成像技术，可对便携式水果品质评价装置进行设计和研发，由于每种便携式检测设备都有各自的优点和局限性，将多种技术集成在一起，研制出一种小型、低成本、操作方便的无损检测装置，可以在水果品质评价指标检测中获得更高的性能。

3.2.2 在线式品质检测与分级装备

传统检测与分级是指通过人工目测，依靠人眼识别进行判断和比较，最终判定产品的优劣，完成产品的质检。在线检测与分级是指以自动化机械代替人工，对产品进行系统的分析和判断，剔除残次品，最终完成产品的质检。在线式品质检测相较于人工目测具有许多优势：智能高效，可进行快速识别、检测，有效地提高了检测效率，缩短了产品出货周期，降低了人工成本；系统对被检物进行统一标准化的判断识别，一致性高，可以有效保障产品的标准输出；自动化检测可保持长时间规范化产出，不会因疲劳、瞌睡、注意力分散等人为因素而出现误判、漏判的现象。

水果分级是水果进入流通的第一个环节，直接关系到水果的包装、运输、贮藏和销售的效果与效益。水果在生长发育过程中受到外界多种因素的影响，即使同一株树上的果实在外观、风味等品质方面的表现也不尽相同，从若干果园中采集的水果更是大小混杂、良莠不齐。按照大小、形状、色泽、损伤和缺陷等对水果进行自动化分级和包装后，其商品价值可以大大提高。分级的意义在于使水果在色泽、大小、成熟度、清洁度等方面基本达到一致，便于运输和贮藏中的管理，有利于减小损失[67]。图 3-25 为利用光学检测技术的果蔬分选设备，其使用高分辨率的工业级数字摄像头及 LED 光源系统进行数据采集，运用高斯建模算法进行果蔬视觉综合特征检测和分析，获取图像信息，可根据果蔬表面颜色、大小、形状、体积、密度、瑕疵及表皮褶皱、腐烂等指标进行精准分选。不同果蔬有对应的分选设备和方案；其光路设计，可以克服绿皮果及厚海绵层穿透障碍；模型具有转换模式，可一模多用；具有抗干扰系统，信噪比高、精度高、功耗低；高速、稳定的动态感应系统保证果蔬分选精准无误，即使用户没有计算机使用经验，也能够为用户提供最佳的果蔬组合方式，且可以检测重量、颜色、大小、瑕疵、糖度、酸度等品质指标；具有柔性无创伤的传送系统，其中高速排序系统能够准确地控制果蔬的运动，同步的单列排序系统使果蔬的分选效率大大提高，并且可以对处理量较大的果蔬进行循环再分选以实现高度的自动化；即使在很高的速度下，果蔬也能和果杯一起运动，实现果蔬无创伤分选。

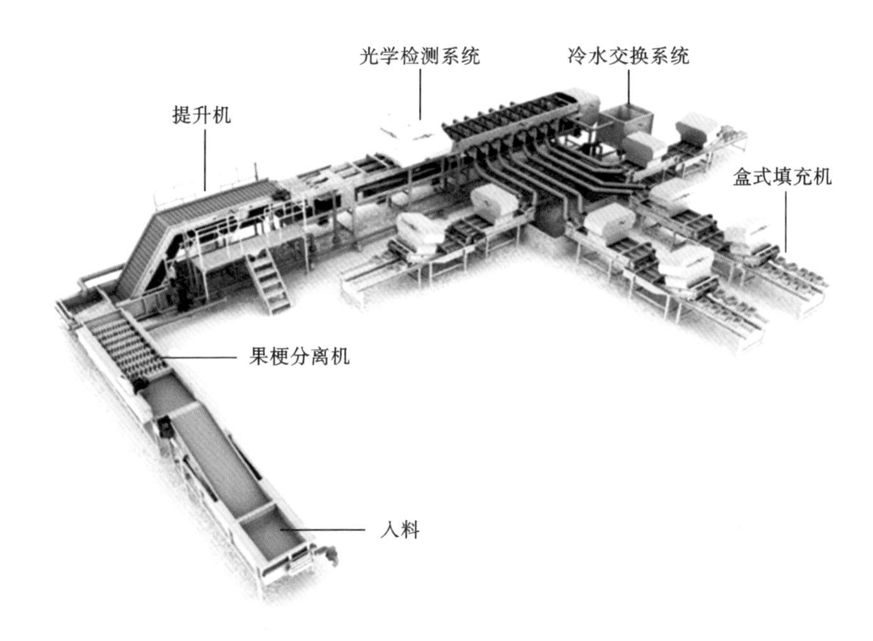

图 3-25　典型的果蔬分选设备[68]

在樱桃分选线中采用水冷技术对樱桃进行降温处理，全程冷水输送，通过机械劈把去除果簇上的叶片，分割成单个果实，冷风烘干，自动分拣大樱桃等，这些环节可以实现果品的分级，樱桃预冷后不失重，且有利于新鲜度的保持，延长大樱桃的储运时间并保持货架期 20 天以上。设备由计算机控制，预设各项参数，大樱桃分级机构对樱桃大小、形状、色度的区分精准，标准化程度高，如图 3-26 所示。

入料　单果排列　智能视觉识别　冷链出口

图 3-26　樱桃在线分选过程[68]

在进料系统中，樱桃从入口处进入水池（入料），水池内提前配好清洗剂，清洗掉其表面的杂物，池内的清洁冷水可以防止樱桃相互碰撞而伤果，同时过滤掉叶片和果梗。在果梗分离机中，在全程冷水环境中对樱桃进行无损伤果梗分离；在提升水池中对樱桃进行再次漂洗，冷水循环系统让樱桃保持在低温中分选，同时对樱桃进行阶梯式预排列和分两次进行单果排列，提升上果率，提高分选效率。然后运用光学检测系统，对樱桃进行智能视觉识别，根据樱桃的颜色、大小、瑕疵进行精细化分选，以确保樱桃品质的稳定性，实现樱桃分选的标准化。最后使用压缩空气卸果，保护樱桃不受伤害，用全不锈钢水槽输送，从而完成樱桃的分级（冷链出口）。

桃子的分选解决方案是利用近红外透射技术进行糖度检测，如图 3-27 所示，设备操作简单，可一模多用，全程无损分选。在滚筒上料机中，无动力滚筒利用推力胶框或推盘进行输送，让每个桃子单独固定在柔软果托上，轻柔护果，

空杯回流系统　糖度检测系统　内部分选　装箱系统

图 3-27　桃子在线分选过程[68]

实现无损分选。在空杯回流系统中，桃子分级后进入包装出口台，在每组出口都配备了空杯回流皮带机，让空杯自动回流，回流后排列好重新上料。自动回流循环系统可以节约时间，提高生产效率。在视觉检测系统中，采用视觉检测技术对桃子信息进行采集，根据桃子的颜色、大小进行检测分选。它的装箱系统配有9组出口，每组出口有两个规格，容量大。桃子包装完毕后进入成品输送带。

田东芒果是著名的热带水果，具有“热带果王”之美称，百色市百冠芒果生态谷种植面积达2.1万亩，芒果产量大，随着我国经济形势越来越好、人工费用逐年增加以及当地劳动力日渐短缺，芒果采后处理问题越来越突出，依靠简单的人工分拣已经无法满足芒果规模化、标准化、品牌化的发展需求。芒果自动化分选线针对芒果这类椭圆形的水果而研制，专门根据芒果的重量进行分选分级，确保每箱芒果重量的一致性。如图3-28所示，该分选线采用水池入料的方式，可以减轻上料时的碰撞，避免芒果被磕伤、碰伤。芒果分选前用清水自动冲洗，可以有效清除芒果表面的果胶以及杂质，再用恒温热处理技术给芒果杀菌保鲜，以延长芒果的货架期。经前处理后的芒果通过传送皮带自动输送到分选台进行重量分选，分选后输送到指定包装口进行包装。芒果自动化分选线，可以帮助企业稳定产品的品质、提高芒果采后的处理效率、延长芒果的货架期，推动芒果市场标准化。

图3-28　芒果在线分选过程[69]

图3-29的水果智选装备适配果径为50～90 mm的类球形水果，如核果类水果中的芒果、桃子等。它能将多项指标一次精准查出，如重量、糖度、酸度、虫洞、水分含量、尺寸、花皮、裂果、粗皮、麻点以及干物质含量。它采用高分辨率

工业相机及镜头，配合定制化的光源系统，全方位高速收集水果外观数据。针对不同果品，根据不同瑕疵及标准，进行建模，检测算法误判率在3%以下。其SpekSense内部检测模块为自主调校近红外光谱检测模块，采用世界顶尖的光纤光谱仪，信噪比高，波长范围广。

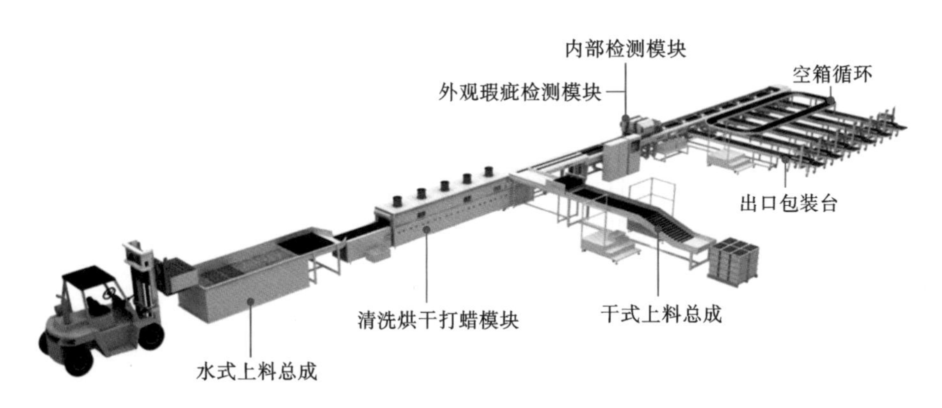

图3-29　水果智选装备[69]

传统检测与分级依靠人眼识别来判断水果品质。在线式检测与分级是以无损检测技术代替人眼，对水果品质进行自动检测与分级。在线式检测与分级相较于传统检测与分级具有许多优势，如智能高效、检测速度快、检测灵敏度高、可长时间持续工作等。在线式检测与分级有利于节省消费者的采购时间，减小了消费者上当受骗的可能性；有利于提高水果整体品质；有利于增加水果附加值，提高水果经济效益，有效减小损失率。在线式品质检测与分级设备可以针对不同果品，定制内部品质指标进行建模，包括糖度检测、表面缺陷识别等，优化检测算法，运用机器学习及AI校正，提高检测精度和速度，针对低温环境，算法自动对检测结果进行校正和补偿，以减小检测误差。

3.2.3　储运过程品质监控技术及装备

在全球范围内，有三分之一至二分之一的粮食在收获后供应链中损失或浪费，其中在包装、运输和储存环节最为严重。全世界水果和蔬菜的损失在40%到50%之间，损失中有54%发生在生产、收获后的处理和储存阶段[70]。在包装、运输和储存新鲜农产品的过程中，农产品的颜色、质地、质量下降，往往会造成粮食损失。这些采后处理工序会影响农产品的营养和感官品质以及可供消费者使用的新鲜农产品的数量。在运输和储存过程中，充分监测环境条件和新鲜农产品质量属性的变化，将有助于减小粮食损失，确保消费者能够获得高营养价值的新鲜水果和蔬菜[71]。因此，需要新兴技术来帮助减小新鲜农产品的整体质量损失，从而减小收获后供应链中的粮食损失。近几十年来，几种现代食品质量检测技术已被应用于监测、控制和预测各种水果和蔬菜在收获后供应链中的质量变化。

成像技术是食品和农业相关行业中用于监测食品质量变化的先进技术。该技术包括计算机视觉、高光谱成像、多光谱成像（multispectral imaging，MSI）、热成像和X射线成像。成像技术在检测和评估水果与蔬菜的外部质量属性（颜色、形状、大小、外观和表面结构）方面具有一定优势。在某些情况下，还可以检测水果和蔬菜的内部结构。该技术收集和分析产品图像中获得的空间信息。一个典型的成像系统由CCD相机、电荷耦合器件阵列（charge coupled device array，CCDA）相机、光源、计算机和相关软件组成，如图3-30所示。相机根据感兴趣区域捕捉产品的图像，然后对捕获的图像进行处理，以评估和量化在特定的采后操作中发生的质量变化。图像处理的步骤通常包括图像采集、分割、特征提取与识别、分类和解释。

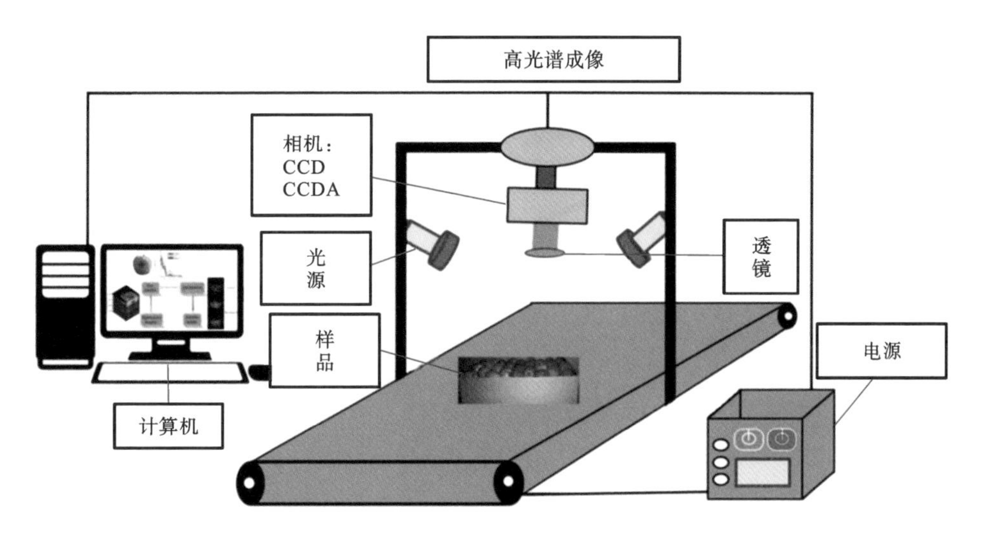

图3-30　用于监测新鲜农产品质量的典型成像系统设备[71]

高光谱成像和多光谱成像技术比计算机视觉技术先进，它涉及以不同波长捕获整个电磁波谱的图像数据。高光谱成像技术集成了图像和光谱特征，可以同时从产品中收集光谱和空间信息，从而使其成为比计算机视觉和多光谱成像技术更强大的成像技术。高光谱成像和多光谱成像技术都可以检测新鲜农产品的内部和外部质量属性。

用于在采后冷链中监测水果和蔬菜质量的其他技术如多传感器技术，用放置在产品不同位置和冷链设备(储存容器或运输车辆)中的多个传感器来捕获重要的质量属性(例如颜色、硬度)和食物损失(重量损失、温度、时间)指标。来自传感器的数据使用软传感器进行处理，软传感器是虚拟软件代码，用于处理多个传感器信息以建立质量识别分类器和开发警告系统。它们可以使用不同的方法开发，包括基于特定质量属性和食物损失指标的物理学的机械建模、基于特征空间的统计建模，以及用于多模态事件的化学计量学或基于深度学习的机器学习技术。图 3-31 描述了结合成像技术的多传感器对水果和蔬菜的运输监控。

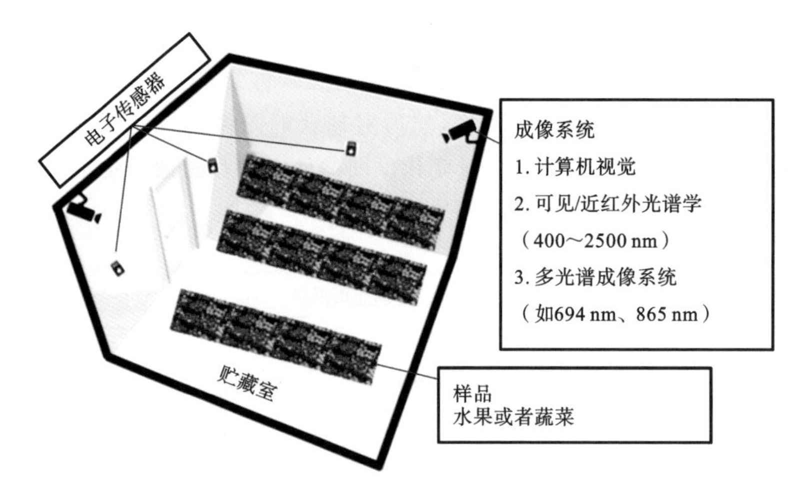

图 3-31　多传感器运输监控示意图[71]

电子鼻系统可应用在水果储运过程中，利用电子鼻能够通过气体传感器阵列和响应图案实时地检测特定位置的气味的特点，对贮藏室内或运输过程中的气体进行监测，根据电子鼻评价体系检测水果的新鲜度、其是否受到有害物质的伤害，从而延长季节性水果的供应周期，提高贮藏的质量。

果蔬运输过程中保质期实时监控系统对环境变量进行实时控制，以预计产品在整个供应链中的货架期。系统节点的主要特点是拥有小巧、灵活和长寿命的电池，根据在系统中的作用，节点可以分为两种类型："网关"和"从机"。它们都可以监控、处理、保存数据，并将数据无线传输到网络服务器，用户可以实时查阅数据，并可编辑采样时间。同时，网关发送地理位置信息。网关和从机传感器节点之间的不同作用在于通信连接，如图 3-32 所示。从机传感器节点可以使用任何 Wi-Fi 基础设施来发送记录的信息。网关传感器节点像从机节点一样执行测量，也生成便携式 Wi-Fi 基础设施，使用商业通信网络(GPRS、SigFox 或 LTE)将从机节点及其自身的信息发送到 Web 服务器。

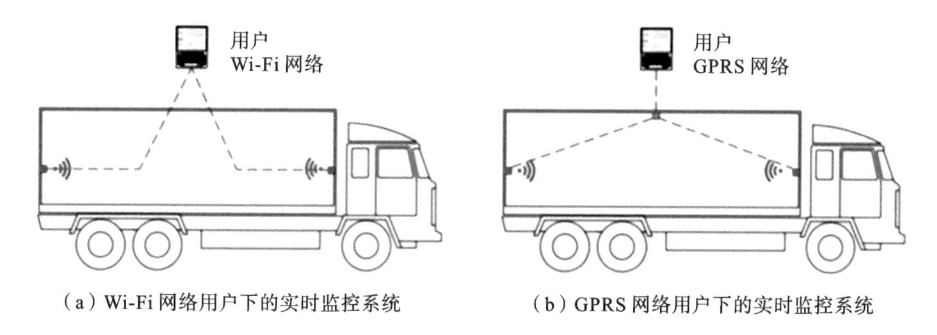

(a) Wi-Fi 网络用户下的实时监控系统　　(b) GPRS 网络用户下的实时监控系统

图 3-32　果蔬运输过程中货架期实时监控系统[72]

射频识别(radio frequency identification，RFID)技术被用作识别包装食品的物理、生化过程的内部和外部变化的先进手段。这种非接触式识别通信技术可以自动识别多个高速运动的物体，因此可以应用于运输冷链，特别是作为物联网的启动器。同样地，可编程终端系统(programmable terminal system，PTS)技术使用喷墨印刷、纳米压印、丝网印刷等工艺在柔性基板上制备电子电路，可以监测新鲜农产品的温度、湿度、压力和运动状态。与 RFID 技术相比，该技术具有在基材上可灵活印刷、易于分发和成本低的优势。然而，它们用于监控和优化冷链过程的应用却很少。

目前还没有关于应用成像技术和智能数字技术来监测水果和蔬菜运输过程中的质量损失的研究。考虑到食品供应链运输阶段的质量损失可能高达 30%，未来成像技术、RFID 技术和 PTS 技术等在果蔬采后冷链中的应用研究应重点关注运输环节。

3.2.4　加工干燥过程品质监控技术

可见/近红外光谱[73]、机器视觉[74]等技术是能够在干燥过程中无损评估质量变化的技术，但是它们需要校准步骤才能正常工作。在一些研究文献中，这些技术被用于监测水分含量、收缩率、颜色、尺寸和形状，以及可溶性固形物含量、类胡萝卜素含量、维生素 C 含量或酚类化合物含量的变化。

可编程逻辑控制器(PLC)是近年来广泛应用的新一代工业自动化控制器。农业物料的干燥过程分为预热升温、恒温和快速升温 3 个阶段。物料脱水大部分发生在恒温阶段。不同质量、相同含水率的物料，在相同的干燥功率下达到恒温期温度的时间不相同。物料质量是影响干燥温度和速度的主要因素。一般的方法是通过控制干燥器的温度保证物料的干燥品质。但由于每次待干燥的物料质量和形状都不相同，难以保证每次干燥过程都按照合理的干燥特性曲线进行。为了对干燥过程进行有效监控，除了对温度进行实时监控外，还应实时监控干燥器中空气湿度和干燥物料脱水率。为此，研究人员设计出了采用湿度传感器和重力传感器测量干燥过程的空气湿度和物料脱水率的设备，它可以实时准确地采集物料干燥过程中的温度、湿度及脱水率信号，并与 PLC 连接，通过针对农业物料干燥特点设计的 PLC 控制程序，有效监控干燥过程。干燥过程监控系统示意图如图 3-33 所示，热风经过风机和循环阀在系统内形成循环；含有水蒸气的湿气经过风机与排潮阀排出系统。

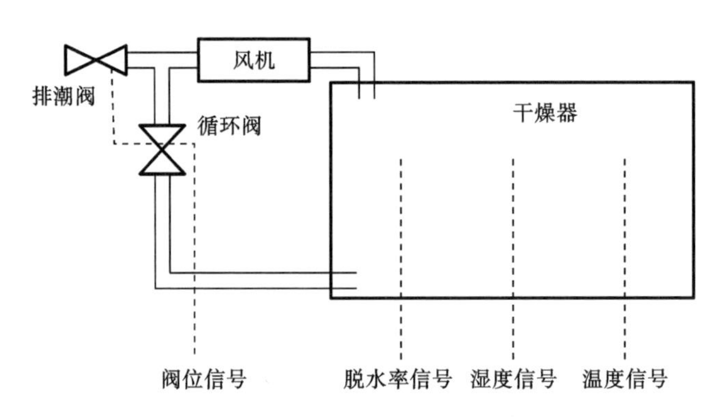

图 3-33　干燥过程监控系统示意图[75]

以冬枣片干燥为例，冬枣片干燥参数与品质指标实时监控系统的硬件结构包括干燥参数监控硬件部分和品质指标监测硬件部分。干燥参数监控硬件部分主要包括欧姆龙温控仪、PT100 温度传感器、德玛变频器、电磁阀、STC89C52RC 单片机控制单元和计算机等；品质指标监测硬件部分主要包括相机及镜头、电子天平和光源等。整体装置工作电压为 380 V，由 380 V 交流三相电源供电。相机、天平及计算机采用 220 V 交流电源。控制系统由计算机通用串行总线(universal serial bus, USB)输出口供电(5 V)并进行数据通信。该系统通过计算机对控制器和单片机实现上、下位机的通信，完成干燥过程中对干燥参数的数据采集和控制以及对品质指标的数据采集。其基本原理如下：风机将热空气送至干燥室，待干燥室内温度、风速均达到预设值时，放入已摆放整齐的冬枣片的物料盘，进行干燥，干燥过程中的图像采集通过相机完成，质量采集由电子天平完成；控制器和单片机将数据发送给上位机，上位机通过功能模块发送命令给控制器和单片机，然后控制器和单片机执行相应操作，并根据情况返回参数，配合上位机操作，从而完成干燥参数的采集；完成图像和质量采集后，计算机对采集到的数据进行后续的计算分析得到所需品质指标[76]。

通过同时和即时监测工艺参数（例如流速、空气湿度和温度等）和产品参数（例如颜色、收缩率、可溶性固形物含量、水分含量等），可以更好地对样品的响应进行调节。使用无损检测（如 MV、Vis/NIR 和 HSI）技术对加工干燥过程进行智能监控和调节，可以控制水果和蔬菜在干燥之前、期间和之后的质量变化。此后的研究方向可以主要集中在果蔬加工干燥过程的质量监控方面，虽然市场有这方面的需求，但是关于这方面的研究还很少。

3.2.5 小结

近年来，随着人们生活水平的提高，新鲜水果成为人们日常生活的必需品，果园种植面积不断扩大，水果产量也不断增加。但从我国整个水果产业来讲，优质果品的产量偏低，从市场角度来看，只有优质果品才能畅销，要想产出高品质的果实，就必须用先进农业技术指导果园生产，加强对水果的质量检测、分级处理，构建完整的产销链。对于桃、荔枝、芒果、杏、枣、樱桃等核果类水果，其果实成熟后，果肉变软，柔嫩多汁，采摘期正值炎热季节，不适宜长期贮藏，所以对这些核果类水果的品质检测、分级，以及储运、干燥过程中的品质监控尤为重要。水果品质检测有与品质指标相应的便携式检测设备，品质检测和分级可用在线式大型检测设备实现，储运过程和干燥过程可用成像系统或多传感器技术监测。核果类水果的品质检测与分级设备在市面上琳琅满目，但储运过程和干燥过程的监测设备却寥寥无几，需要加大对这方面的研究。

3.3 浆果类

浆果是肉质柔软、多汁液的水果。葡萄、猕猴桃、树莓、蓝莓、草莓等都是典型的浆果类水果。其果实颜色鲜艳，富有特殊的果香，味道酸甜，果肉鲜嫩多汁、口感极佳，深受消费者的喜爱。此外，浆果富含多种维生素和生理活性物质如花青素、多酚、黄酮类化合物等，还含有人体必需氨基酸和水溶性纤维，具有较高的营养价值[77]。20 世纪 70 年代，我国已经开始了浆果的大规模种植[78]。近年来，我国浆果种植面积不断扩大且品种增多，随着农业科技的发展和人民生活水平的提高，人们对浆果的品质也有了更高的要求。为了提高浆果的加工质量和出品等级，需要对浆果品质进行检测。

浆果的品质主要包括外部品质和内部品质。外部品质主要有大小、形状、颜色、表面缺陷、损伤程度和病斑等，在实际生产中大部分依靠人类肉眼检查，这样的方法主观性强、耗时、费力、烦琐且不稳定。浆果内部品质检测重点在于硬度、糖度、酸度、可溶性固形物含量和挥发性物质，此外还有农药残留等安全指标。农业标准 NY/T 2009—2011《水果硬度的测定》规定了新鲜水果硬度的手持式硬度计测定方法；测定浆果糖度的标准方法通常采用 NY/T 2637—2014《水果和蔬菜可溶性固形物含量的测定 折射仪法》中的折射仪法；GB 12456—2021《食品安全国家标准 食品中总酸的测定》中给出了三种方法测定果蔬制品的酸度，即酸碱指示剂滴定法、pH 计电位滴定法和自动电位滴定法。这些传统的评定方法主要是物理和化学分析法，测试时必须破坏浆果，过程烦琐、缓慢，不具有代表性，不能满足现代浆果产业自动化、现代化、智能化发展的需要。因此高效、精确的水果无损检测技术对推动水果产业持续健康发展具有重要的现实意义。

目前，已经有许多国内外学者利用包括机器视觉技术、近红外光谱技术、高光谱成像技术在内的光学无损检测技术对浆果的品质进行无损检测，并且取得了一定的研究成果。机器视觉技术用计算机模拟人类视觉，由图像获取设备获取检测对象的外部特征信息并传送给计算机进行图像处理、分析和模式识别，从而实现对检测对象外观品质的综合评价。机器视觉技术不会产生疲劳，且具有高精度和高速度，在果蔬检测领域用于实现不同品质果蔬的分级分选。近红外光谱技术是一种可以评估水果成熟度等采后质量特性的优良技术，在果实成熟过程中，果皮和果肉都会发生变化，波段合适的近红外光可以到达果实内部，在果实内部进行光的反射、吸收等，在从果实另一端接收光信号并分析后便可获知果实内部品质信息。高光谱成像技术通过光谱仪或检测样品的移动，以紫外至近红外波段的光对物体进行连续扫描，获得样品的图像信息和光谱信息，非常适合用于传输带上水果品质的检测和分级。未来，随着计算机技术、自动化控制技术、无损检测技术的不断发展，浆果类水果品质检测将实现全方位多项目检测同步化、检测方法及标准数字化、检测分级自动化和系统化，技术和设备从实验室研究向实际生产应用的转化也将越来越快[79]。

3.3.1 便携式品质检测及产地分级装备

浆果类水果品种多样，不同类型的浆果类水果要在各自的适宜采收期被采收，一般浆果需要在达到储运成熟度时或采收成熟度前被采收。随着消费水平的不断提高，人们越来越关注水果产品的品质问题，不断提出更高的需求。浆果类水果采后分级有利于实现果品质量的标准化，降低成本，提高水果的商品化附加价值，改善水果整体品质。因此，对浆果按质量要素进行等级划分是一个亟待解决的市场需求。

我国对部分浆果的分级标准有着相应的规定，如 NY/T 1789—2009《草莓等级规格》中对草莓的基本要求有：完好；无腐烂和变质果实；洁净，无可见异物；外观新鲜；无严重机械损伤；无害虫和虫伤；具萼片，萼片和果梗新鲜、绿色；无异常外部水分；无异味；充分发育，成熟度满足运输和采后处理要求。在符合基本要求的前提下，按照是否有果形缺陷、未着色面积比例、是否有轻微擦伤或泥土痕迹等要求，将草莓分为特级、一级和二级 3 个等级。以上这些分级标准大多基于外观上的判定，除此以外还有按果实体积大小的规格之分。例如，NY/T 3033—2016《农产品等级规格 蓝莓》中，根据蓝莓果实横径 D（单位为 mm）划分为特大（XL，$D \geqslant 18.0$）、大（L，$15.0 \leqslant D < 18.0$）、中（M，$12.0 \leqslant D < 15.0$）、小（S，$10.0 \leqslant D < 12.0$）四种规格。

市场上销售的浆果大多数依靠机械配合人工的方式实现分级。浆果果实较小、颜色深、果皮较软，有些缺陷肉眼难以辨别，因此给人工分级带来一定的困难，难以实现浆果的快速、准确和无损化分选分级。依据浆果的特性采取多种方法开展果品检测、分级工作，能够在分选浆果的同时，降低人工成本、减小浆果折损率、提高浆果的附加值。便携式品质检测及产地分级装备具有体积小、携带方便的优点，弥补了实验室仪器体积大、破坏性强、不能现场分析的缺点，无论是在浆果生产端分级还是在浆果销售终端品质检测等领域，都具有广阔的应用前景。

1. 葡萄

利用便携式近红外设备，在田间条件下监测浆果从成熟到采收的品质变化时，尚存在几个影响因素，如用于建立模型的浆果样品的最小数量、待评估参数的范围、表皮蜡的影响等。针对这一问题，有研究者[80]使用集成的手持式近红外光谱分析仪 microPHAZIR™ 在实验室和田间采集并分析葡萄的近红外漫反射光谱，对葡萄浆果总可溶性固形物（total soluble solid，TSS）含量预测模型进行校准，如图 3-34 所示，在实验室条件下获得的校准模型的性能表明，至少需要 700 个浆果样品才能保证足够的预测精度。在田间条件下，预测误差（RMSEP＝1.68°Brix，SEP＝1.67°Brix）与由实验室数据集获得的误差（RMSEP＝1.42°Brix，SEP＝1.40°Brix）接近。该研究中获得的结果为便携式近红外光谱分析仪在田间条件下非破坏性监测葡萄果实中的 TSS 含量提供了具体的步骤，在使用无损便携式 NIR 设备评估 TSS 含量的方法学方面有了更深入的拓展。

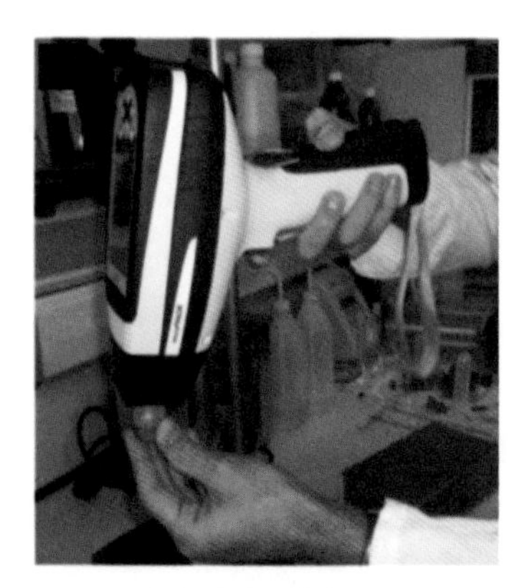

(a) 实验室条件下　　(b) 田间条件下

图 3-34　使用便携式近红外光谱分析仪 microPHAZIR™ 进行光谱采集[80]

光源是光谱检测技术的基础，目前用发光二极管(LED)结合光谱技术来实现浆果品质监测便携设备的设计和制造也成为研究者重点关注和开发的项目。为了在短时间内无损监测大量样品，更全面地了解成熟过程，研究者开发了一种基于 LED 技术结合可见/近红外光谱技术和近红外光谱技术的简化四波长光学系统[81]，其通过测量特定波长下的反射率，可直接用于田间果蔬参数的快速监测(如成熟度评估、病害检测、化学和物理特性预测、新鲜度或保质期分析)。该系统组件单元与其功能的关系如图 3-35 所示，该系统由以下部分组成：① 控制和处理单元；② 接口单元；③ 模数转换器和数模转换器；④ LED 和光学滤波器模块；⑤ 光电二极管；⑥ 光纤；⑦ 电源系统。研究中用三种浓度的蓝色食用染料的蒸馏水溶液进行设备测试，得出的测试结果表明，LED 驱动信号的增益放大系数和刺激电平这两个设定参数与系统响应之间成高度的线性关系。同时，由于半自动校准程序的实施，用户可以为每个 LED 信号独立定义最佳刺激电平，因此该系统可以发射定制的四波长光谱，针对特定应用进行优化。此外，LED 和光学滤波器单元的模块化构造，使同一个设备可以广泛应用于测量不同的产品。蓝莓、葡萄等浆果的颜色与试验中所用到的染料颜色相似，因此理论上该系统可用于浆果的品质检测。

葡萄作为酿造红酒的原料，果皮中含有花青素和其他多酚类物质，有利于红酒颜色和特殊口感的形成[82,83]，花青素和其他多酚类物质在葡萄成熟过程中

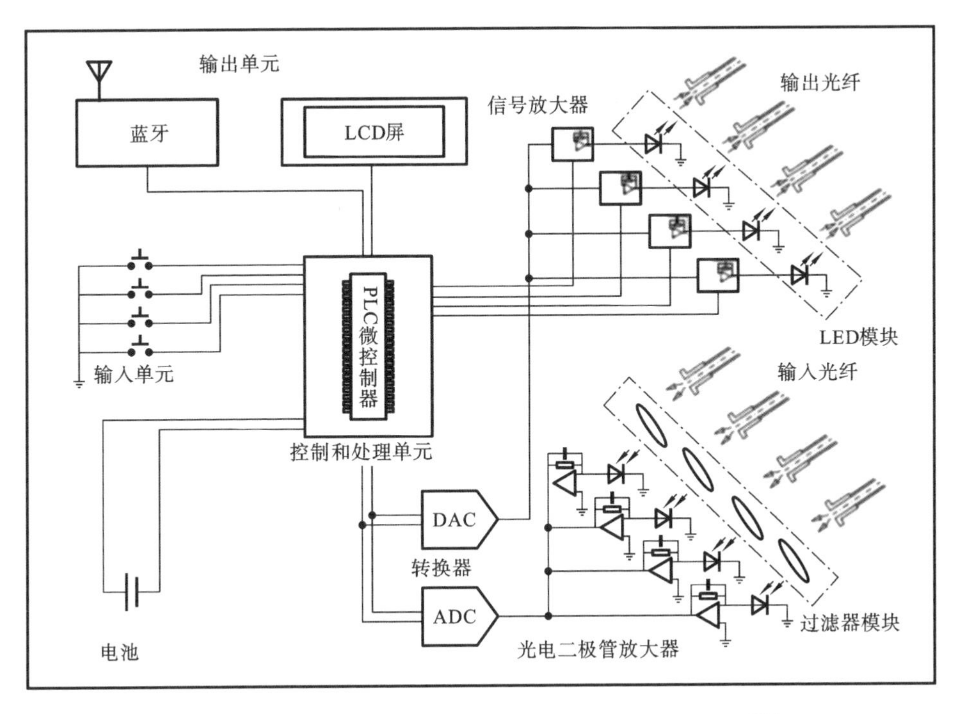

图 3-35　简化四波长光学系统组件单元与其功能的关系[81]

持续积累，因此其浓度可作为评价葡萄成熟度的指标之一。目前，浆果中的花青素和总酚含量都是使用“湿化学”程序测量的[84]，该方法需要耗费大量时间进行取样和样品制备，且具有破坏性，阻碍了其大规模应用。便携式非侵入性设备 Cherry-Meter 提供了与以往指标不同的吸收率差指数 I_{AD}，关于 I_{AD} 是否可以作为一个新的葡萄成熟度指标，有研究者用桑娇维塞葡萄中可溶性固形物含量(SSC)、可滴定酸度(titratable acidity，TA)、硬度(DI)和花青素(总和单体)浓度的无损预测进行了试验验证[85]。Cherry-Meter 采用了 Vis/NIR 光谱技术，该仪器主要由位于光电二极管周围的六个 LED 光源构成。光源照射水果并由中央光电二极管测量，然后通过“ADC(模数转换器)”转换，微控制器对数据进行分析[86]。根据朗伯-比尔定律，I_{AD} 通过两个波长峰值(560 nm 和 640 nm)与 750 nm 处参考值之间的差异计算得出[87]。根据 Cherry-Meter 在 0.4～1.8 范围内的数据，如图 3-36 所示，将浆果分为 10 类，并采用常规方法对其技术参数和花青素浓度进行分析。线性和非线性回归分析表明，I_{AD} 值与 SSC(R^2 =0.92)、TA(R^2 =0.87)、DI(R^2 =0.89)、单体花青素和总花青素浓度(R^2 = 0.68～0.97)显著相关。利用主成分分析(PCA)方法分析了不同技术参数和花

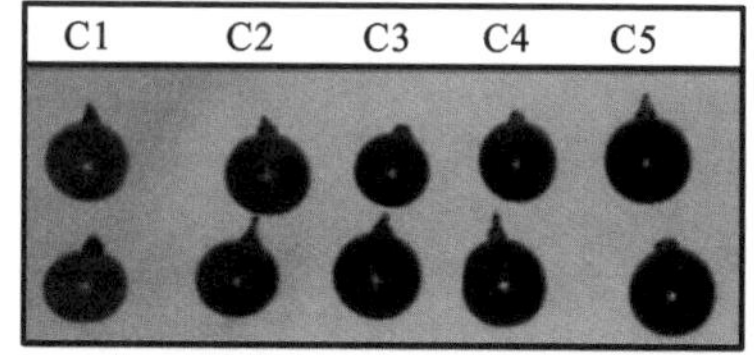

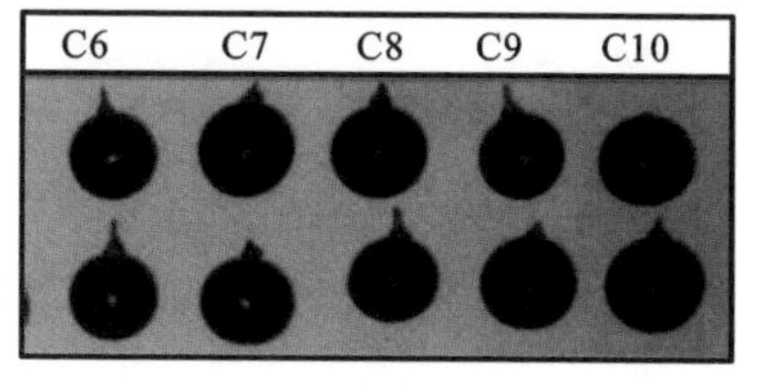

图 3-36 使用 Cherry-Meter 测量葡萄浆果的 I_{AD}值及不同等级浆果的视觉外观(其中 C1～C10 是 I_{AD}等级)[85]

青素浓度定义的成熟度递增级别，得到了 4 个不同的类簇。这是利用 Cherry-Meter 获得的 I_{AD}值来监测葡萄果实技术参数和花青素浓度的第一个方法，为葡萄栽培提供了一个可以快速、更精确地对葡萄进行分类的重要手段。

设备制造成本和人力成本仍然是影响其在农业食品行业中大规模应用的因素，在许多情况下阻碍了实验室研究的技术转化。基于可见光(Vis)和短波近红外(short wave near-infrared, SWNIR)光谱技术，可以设计低成本、易操作的设备，以支持小规模种植者根据葡萄成熟度规划最佳收获日期[88]。这是一种完全集成的光学器件的装置，布局如图 3-37 所示。它由调谐光电二极管阵列、干扰滤波器、LED 和光学元件等组成。具体而言，该装置采用了微机电系统(micro-electro-mechanical system, MEMS)，每个 MEMS 都配备了 6 通道数字传感器，用以在可见光和短波近红外区域进行光谱测量。可见光和短波近红外传感器尺寸为 4.5 mm×4.4 mm，都属于超低功耗传感器。它们具有 16 位辐射分辨率和 12 个独立的器件内光学滤光片，波长范围为 450～860 nm。该装置通过纳米光学沉积干涉滤波技术将高斯滤波器集成到标准互补金属氧化物半导体硅中，从而实现芯片级光谱分析。研究者在内比奥罗葡萄品种上进行了试验，使用该装置采集葡萄串和单个葡萄浆果的光学数据。此外，通过对每个样品的 SSC、TA、花青素可提取性(extractability of anthocyanidin, EA)和 pH 值进行传统实验室分析，得到参考值。还计算了光学数据与参考值之间的 MLR 相关模型：SSC 数据集的决定系数 $R_{cv}^2=0.86$，结果较为理想；而对于 TA、pH 值和 EA 模型，其样品数据差异性较小，因此结果仍然很差(R_{cv}^2为 0.4～0.5)，需要进一步扩大样品数据，但总的来说该装置有较大的应用潜力，可以根据成

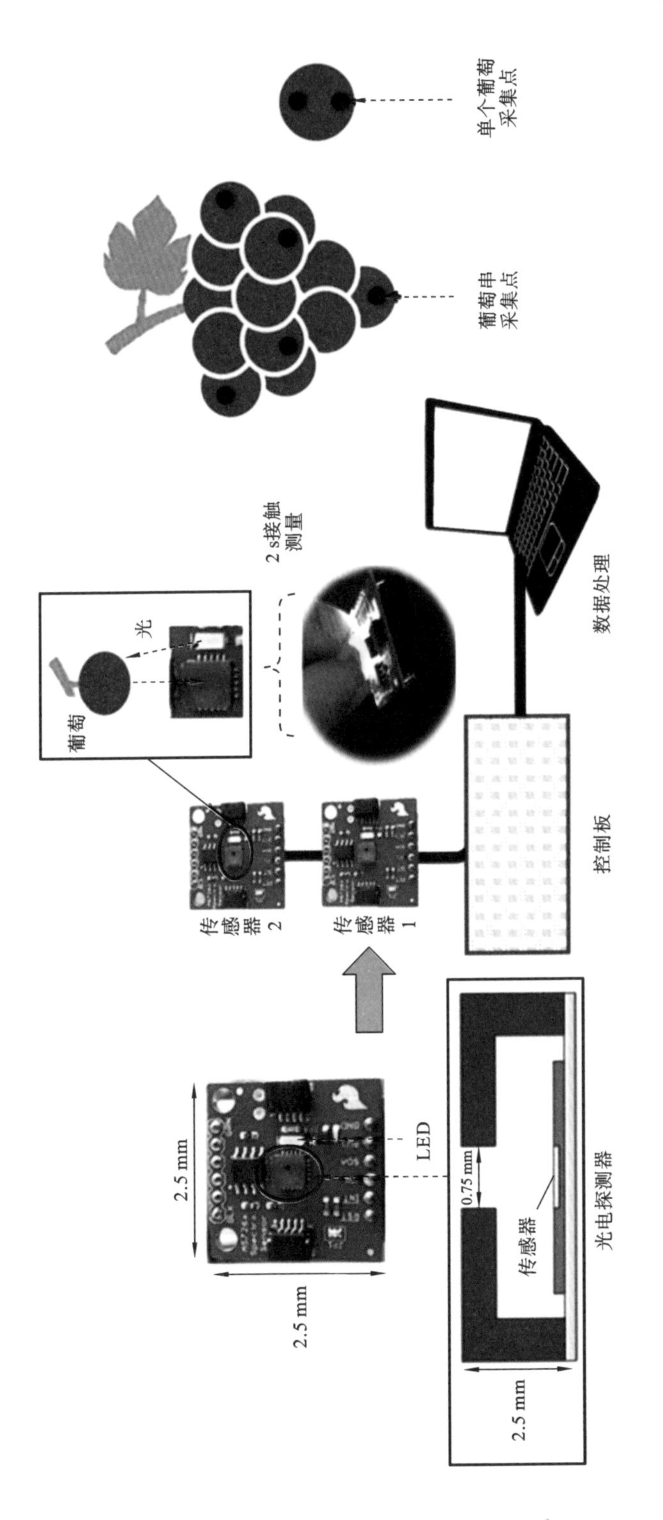

图 3-37　基于 Vis 和 SWNIR 技术的葡萄成熟度检测装置布局图[88]

熟度对葡萄进行现场初步筛选，这种新一代光学设备可能成为构建廉价物联网传感器新概念的起点。

运用 Vis+SWNIR 技术，将光谱采集系统安装在全地形车(all-terrain vehicle, ATV)上，可用于葡萄簇非接触式动态光谱测量[89]。通过使用 Vis+SWNIR 光谱仪，在以 5 km/h 的速度移动的电动平台上，在 570～990 nm 波长范围内，对葡萄簇进行实时光谱测量，以每秒 15 次到 28 次的测量速率获取直径约为 1.9 cm 的圆形测量点的平均光谱。在葡萄成熟期间，在冠层东侧采集了 4 个日期的光谱，在簇闭合时该冠层部分脱落。在整个测量季节，共对 144 个试验区进行了监测和采样，并使用标准的湿化学参考方法对果实进行了 TSS、花青素和总多酚浓度的分析。采用偏最小二乘(PLS)回归算法对葡萄成分参数预测模型进行校正，最佳交叉验证和外部预测模型得出 TSS 的交叉验证集和预测集决定系数(R_{cv}^2和 R_p^2)分别为 0.92 和 0.95，花青素的 $R_{cv}^2=0.75$ 和 $R_p^2=0.79$，总多酚的 $R_{cv}^2=0.42$ 和 $R_p^2=0.43$。监测葡萄成熟过程中 TSS、花青素和总多酚浓度的时空演变和分布，将大大提高水果收获和分级的决策能力。

此外，为监测浆果在转变颜色的成熟期和收获期之间的六个不同时间的花青素含量变化，一个基于手持式、非破坏性荧光的近端传感器被开发[90]。该传感器名为 Multiplex3™，其有六个 RGB 矩阵光源，其中三个的波长分别为 470 nm(蓝色，B)、516 nm(绿色，G)和 635 nm(红色，R)，另外三个为用于荧光记录的同步探测器：黄色(YF)、红色(RF)和远红色(FRF)。与葡萄花青素含量相关的荧光比率基于 FRF_R(红光激发的 FRF)和 FRF_G(绿光激发的 FRF)。基于荧光的花青素指数与浆果花青素含量显著相关(R^2 为 0.74～0.78)。这项研究的结果证实了近端传感器作为非侵入性和快速技术评估浆果组成关键属性的潜在有用性。葡萄中花青素含量的空间和时间变化可以使用快速、无损和市售的荧光传感器进行评估。

利用同样采用荧光光谱技术进行检测系统设计的一种 CMOS 辐射计仪器[91]，在葡萄成熟季节测量了白葡萄(雷司令葡萄)和红葡萄(赤霞珠葡萄)果皮的活体反射光谱和荧光光谱。荧光光谱和反射光谱可使用手持式分光光度计获取，该分光光度计配有内部光源，能够在 325～790 nm 的波长范围内测量反射光谱和荧光光谱。该研究使用了以下光源：用于反射率测量的白炽氙灯(发射波长为 380～1050 nm)，以及用于荧光测量的最大波长约为 450 nm 的蓝色 LED。信号检测由集成了反射光栅和 CMOS 线性图像传感器 S8378-256Q 的紧凑型多色仪实现，光谱分辨率为 9 nm。使用反射率分别为 5%和 20%的灰色反射率标准来对反射率测量进行校正。对浆果汁的糖的含量和浆果皮甲醇提取物的色素(叶绿素a和b、类胡萝卜素、花青素)含量进行了经典参考测量。结果表明,颜色和光谱分析可以作为葡萄成熟的明确指标。受色素(叶绿素和花青素)含量、表面(蜡层)效应和浆果组织结构(细胞大小)影响的反射光谱与浆果的糖度密切相关($R^2=0.89$)。使用该辐射计仪器对一个样品的反射光谱和荧光光谱进行数据采集,有利于找到最佳收获时间,选择优质葡萄,并剔除未成熟或质量下降的果实。

另外,一种基于数学形态学和像素分类的葡萄果实计数图像分析算法被提出。该算法已在智能手机中作为应用程序实现,利用智能手机摄像头进行图像采集[92]。操作时首先提取一组由连通分量表示的候选浆果,然后使用这些成分的关键特征计算六个形态学和统计描述符,并使用监督方法进行假阳性鉴别。具体地说,这组描述符模拟了葡萄独特的形状、光反射模式和颜色。该研究测试了两个分类器,即一个三层神经网络和一个优化支持向量机。使用低成本智能手机摄像头采集了七个品种的葡萄图像共152张,其中126张图像用于验证,其余26张用于校正。从这些校正图像中,生成5438个真/假阳性样品,并根据六个描述符进行标记。神经网络的查全率和查准率的平均值分别为0.9572和0.8705,优于支持向量机。该算法可以为葡萄和葡萄酒行业的田间试验、无损产量预测和浆果品质评估提供有用的诊断工具。

2. 蓝莓和草莓

针对草莓在采后分级中存在分级规格不一和效率低下等问题,有研究者提出一种基于机器视觉技术的草莓重量与形状分级方法,构建了由拾取装置和分级装置两部分组成的SG-01型草莓自动分级机[93]。如图3-38所示,拾取装置由水槽、拨指、链轮链板、过渡板等组成,分级装置由输送带、机器视觉判别单元、分级执行单元和控制单元等组成。在机器视觉判别单元中,工业相机采用大恒公司MER-030-120UM相机,分辨率为656 H×492 V,镜头焦距为8 mm;冷白光条形光源长度为200 mm、宽度为25 mm;相机距离输送带200 mm,输送带颜色为白色。草莓自动分级机作业流程如下:首先,将成堆草莓倒入水槽,启动电机,拨指随链轮链板运动,并随机地拾取草莓,当草莓被运至最高处时,经过渡板滚落到输送带上;然后,草莓随输送带运动,当工业相机下方的图像采集光电传感器被草莓触发时,机器视觉系统采集图像,并分析草莓级别,随后当草莓运动到对应的分级推送光电传感器时,推送继电器将草莓推入相应级别的收集槽中,完成分级。利用阈值分割法检测草莓果实,提取果实周长和面积参数,通过多元线性回归(MLR)分析建立草莓重量分级模型;提取果实的低频椭圆傅里叶系数作为形状特征参数,并对支持向量机进行校正,建立草莓形状分级模型。选用 200 个草莓样品进行试验,结果表明:重量分级正确率为 89.5%,形状分级正确率为 96.7%,平均运算时间分别为 64 ms 和 39 ms。试验验证了该方法的鲁棒性和实时性。

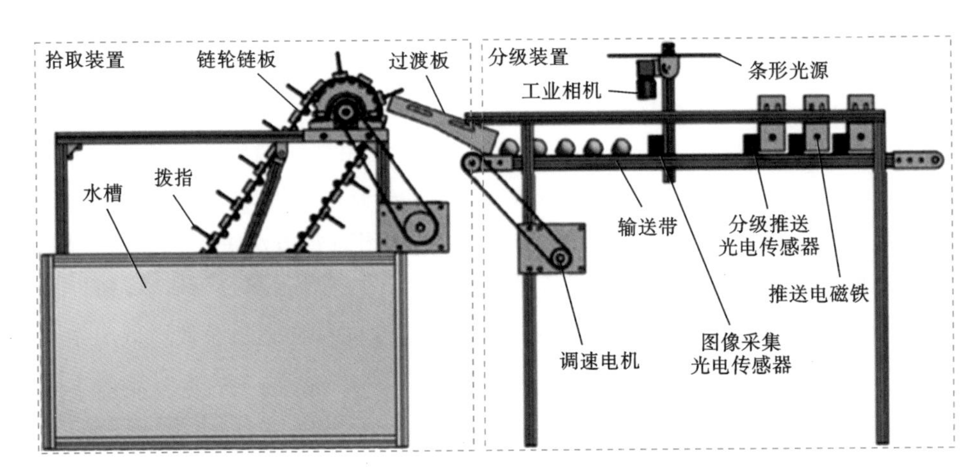

图 3-38 SG-01 型草莓自动分级机[93]

覆盖两个波长范围的高光谱成像系统可用于评估草莓的成熟度[94]。该系统通过两个不同的相机系统获取高光谱图像,覆盖两个波长范围(380～1030 nm 和 874～1734 nm)。前者由一个成像光谱仪(ImSpector V10E)、一个 672×512 CCD 相机(C8484-05)以及一个相机镜头(OLES23)获得,后者由一个成像光谱仪(ImSpector N17E)和一个 320×256 CCD 相机(Xeva 992)以及一个相机镜头(OLES22)获得。最重要的是,该系统包含两个 150 W 的卤钨灯(Fiber-Lite DC950 照明器),以 45°角对称放置在相机的两侧用于照明,还包含由步进电机驱动的传送带。该系统被放置在一个黑暗的房间里,由计算机控制。光谱数据是从成熟、中熟和未熟草莓的高光谱图像中提取的。通过主成分分析(PCA)加载,从 441.1～1013.97 nm 和 941.46～1578.13 nm 的光谱中获得了最佳波长。在最佳波长下从图像中提取模式纹理特征(相关性、对比度、熵和均匀性)。使用支持向量机(SVM)分别对全光谱数据、最佳波长、纹理特征以及最佳波长和纹理特征的组合数据集建立分类模型。使用组合数据集的 SVM 模型在所有数据集中表现最好。使用 441.1～1013.97 nm 高光谱图像数据集的 SVM 模型表现更好,分类准确率超过 85%。总体结果表明,高光谱成像系统可以用于草莓成熟度评价，光谱信息和空间信息相结合的数据融合在草莓成熟度评价中显示出优势。

还有研究者对导电聚合物气体传感器阵列（电子鼻）进行了评估，用于检测和分类蓝莓果实的三种常见采后病害：灰霉病（由灰霉菌引起）、炭疽病（由胶孢炭疽菌引起）和黑斑病（由链格孢菌引起），成熟的兔眼蓝莓样品分别接种三种病原体中的一种或不接种，并在接种后 6～10 天使用气体传感器阵列在两个单独的实验中评估果实散发的挥发物[95]。使用 Cyranose 320 电子鼻分析四种接种处理的顶空样品，该电子鼻是一种气体传感器阵列，由 32 个单独的薄膜炭黑聚合物复合化敏电阻器组成。当气体传感器阵列暴露于气相分析物中时，通过材料的导电炭黑路径被破坏，聚合物传感器的电阻增大。由于传感器材料的化学多样性，每个传感器都对许多不同的挥发性化合物敏感。总的来说，32 个电阻器输出给定气体混合物的唯一模式。传感器对挥发性化合物的响应是可逆的，因为聚合物收缩至其原始尺寸，并在分析物通过净化气体传感器室解吸后恢复其导电性。六种化合物（苯乙烯、1-甲基-2-(1-甲基乙基)苯、桉树醇、十一烷、5-甲基-2-(1-甲基乙基)-2-环己烯-1-酮和罗汉柏烯）被鉴定为对区分因感染而从水果中散发的挥发物差异最有贡献。这项研究利用这些化合物的相对浓度建立了一个典型的判别分析模型，并成功地将健康及接种三种不同病原体的浆果进行分类；强调了使用气体传感器阵列进行蓝莓采后质量评估和真菌疾病检测的潜在可行性。

不同的果皮颜色和缺陷以及光照条件会影响监测的可靠性，模仿人类触觉的纹理传感器能够根据水果的外表皮特征进行分级，提高其可靠性。有研究者利用磁性原理设计用于浆果品质检测的便携设备[96]。以不同成熟阶段的蓝莓和草莓为研究对象，利用巨磁阻（giant magneto resistance, GMR）传感器技术，提出了一种基于高度敏感的毛发样纤毛受体的纹理传感器，用于快速评估水果的质量。该装置的工作原理是基于 GMR 传感器技术，检测纤毛偏转时的磁场变化。当传感系统通过果皮时，纤毛会根据其质地弯曲，改变其发出的杂散场，从而改变底层传感器的电阻。传感器阵列由四个 GMR 传感器组成，采用全惠斯通电桥配置，形成 9 mm^2 的有效面积，其中 3 mm^2 为敏感面积。如图 3-39 所示，该传感器由一系列 35×12 个旋转阀（总共 420 个）组成。每个旋转阀长 40 μm、宽 3 μm，沿宽度方向具有灵敏度。传感器上连接着 100 个纤毛阵列。图 3-40 展示了人工纤毛阵列制造工艺，每个纤毛阵列的直径为 150 μm，长度为 150 μm，彼此之间的间距为 100 μm。纤毛与果皮的接触提供了有关其成熟期

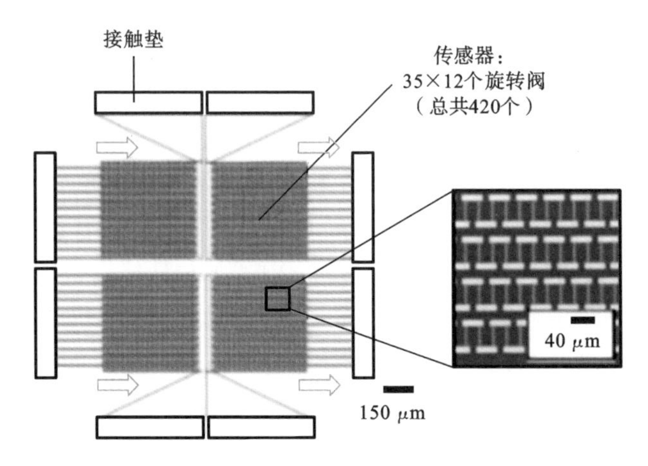

图 3-39 微加工 GMR 传感器的俯视图，箭头指示每个传感器阵列的敏感方向[96]

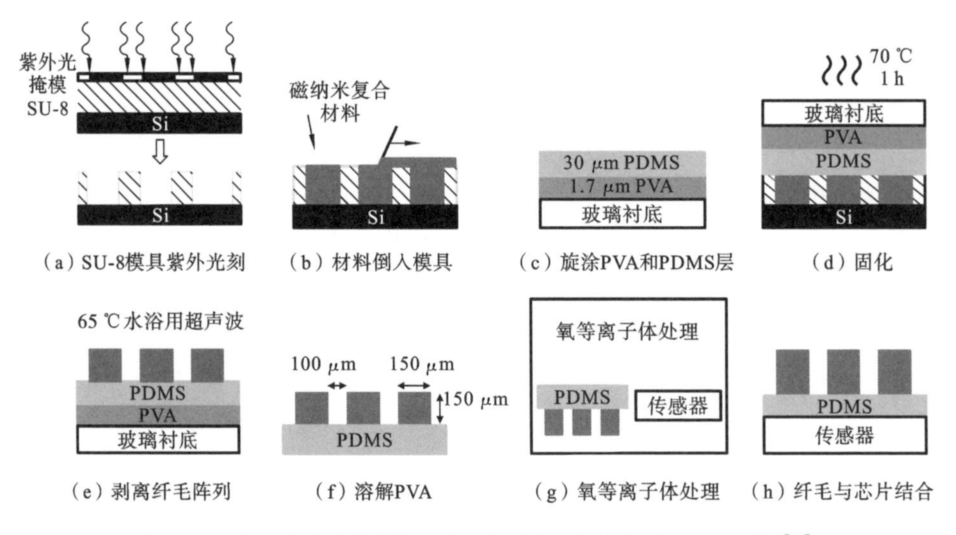

图 3-40 人工纤毛阵列制造工艺(此图不符合比例，仅用来示意)[96]

注：PDMS—聚二甲基硅氧烷；PVA—聚乙烯醇。

质地的定性信息。较不成熟的果实的平均峰值电压：蓝莓为 0.14 mV，草莓为 0.12 mV，而过熟的果实的平均峰值电压：蓝莓为 0.58 mV，草莓为 0.56 mV。这些结果通过对水果新鲜度的感官评估得到证实，从而明确了传感器技术在水果质量控制中的应用潜力。

3. 猕猴桃

猕猴桃生长在世界各地，因具有美味和丰富的营养而广受欢迎。中国是猕猴桃的主要生产国。许多研究表明，氟虫脲(flufenoxuron, CPPU)可以增加单个水果和蔬菜的大小和重量[97]。但施用 CPPU 会降低猕猴桃的风味和缩短贮藏时间，且水果中残留的 CPPU 是否对人体健康有害尚不清楚[98]。因此，鉴定经 CPPU 处理的猕猴桃是猕猴桃产业亟待解决的问题。一种基于传感器的手持式检测器可通过测量五个波长(660 nm、940 nm、1064 nm、1250 nm 和 1445 nm)的反射率来识别经 CPPU 处理的猕猴桃[99]。如图 3-41 所示，该检测器由微控制器、光源、多波长选择器、信号检测处理模块、显示器和电池等组成。多波长选择由五个滤光片实现，反射光由五个光电二极管检测。整个系统由 STM32 微控制器控制。利用偏最小二乘判别分析建立了猕猴桃经 CPPU 处理与未处理的判别模型。用经 CPPU 处理过的两个猕猴桃品种("华优"和"徐香")对检测器进行了测试。试验表明，该检测器对"华优"和"徐香"的判别准确率分别为 92.9%和 85.8%，检测结果可在 2 s 内给出。该研究使经 CPPU 处理的猕猴桃的识别成为可能，并为开发其他经 CPPU 处理的水果(如葡萄、草莓)检测器提供了有价值的信息。

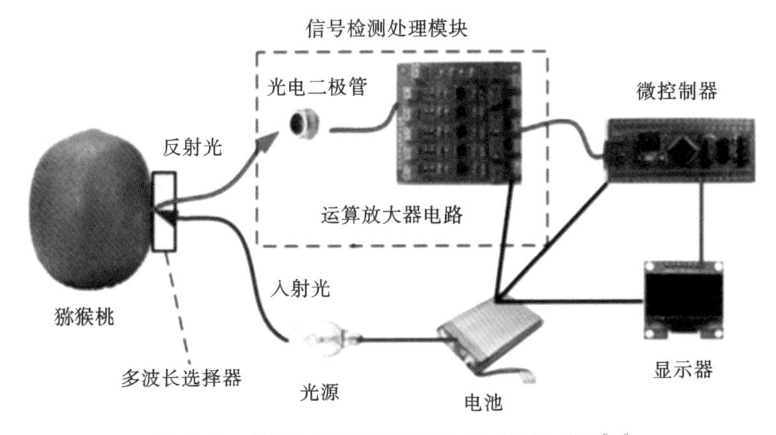

图 3-41　猕猴桃 CPPU 残留的无损检测装置[99]

有研究者利用近红外光谱技术开发便携式猕猴桃糖度检测仪[100]，该无损检测仪的硬件包括：控制器、微型近红外光谱仪、光源模块、电源、漫透射光纤探头和控制电路等。漫透射光纤探头的光源端与光源模块通过可拆卸接口相连，并将光源模块发出的光传送至被测猕猴桃中。光源模块为获取猕猴桃近红外光谱提供稳定的全光谱入射光。控制器与微型近红外光谱仪相连，并控制微型近红外光谱仪获取猕猴桃的近红外光谱。电源分别与光源模块和控制器连接，为光源模块和控制器提供稳定的电能。第一代便携式猕猴桃糖度无损检测仪选择 USB4000 可见光/近红外光谱仪作为微型近红外光谱仪，选用"徐香"猕猴桃为研究对象建立了 PLS 糖度预测模型，校正集和预测集的相关系数分别为 0.94、0.95，均方根误差分别为 1.03°Brix、1.07°Brix。该预测模型能够完成猕猴桃糖度预测工作，但精度还需进一步提高。对第一代便携式猕猴桃糖度无损检测仪存在的不足之处进行总结并改进后，选用微型近红外探测器集成制造微型近红外光谱仪，开发了第二代便携式猕猴桃糖度检测仪，减小了体积，减轻了重量。仍选用“徐香”猕猴桃为研究对象建立 PLS 糖度预测模型，校正集和预测集的相关系数分别为 0.86、0.83，均方根误差分别为 0.67°Brix、0.68°Brix。相较于基于第一代检测仪建立的预测模型该预测模型预测精度有一定的提高，但在模型相关性及预测精度方面还需要做进一步的研究。便携式猕猴桃糖度无损检测仪的研发对于实现猕猴桃产品质量管理及产后分级具有重要作用。

利用近红外检测和图像多变量分析技术，Berardinelli 等人[101]开发了一个基于近红外敏感相机和氙灯的设备，用于捕捉水果透射的 8 位灰度图像（从 0＝黑色到 255＝白色），该设备如图 3-42 所示。利用不同灰度的像素数建立数学模型，对猕猴桃硬度进行关联性和预测分析。最大像素数的灰度与硬度之间呈指数相关，R^2 为 0.717。相反，色调均匀性（具有相同灰度色调的最大像素数）与硬度之间呈线性相关（$R^2=0.687$）。利用 PLS 算法预测猕猴桃硬度，$R^2=0.777$，RMSE＝13 N。用人工神经网络也得到了类似的结果（$R^2=0.725$，RMSE＝14.6 N）。结果表明，该装置对猕猴桃结构变化较敏感，可以通过使用不同发射光谱和功率的光源和不同算法的预测模型来改进技术。

为探究猕猴桃果实后熟过程中相关品质指标的快速无损检测方法，以“徐香”猕猴桃果实为试样，采用 DA-Meter 水果成熟度检测仪（FRM01-F）进行 I_{AD} 值测定，研究“徐香”猕猴桃采收后不同时期各品质指标（包括硬度、可溶性固形物含量、可滴定酸含量及维生素 C 含量）与 I_{AD} 值变化的关系[102]。DA-Meter 水果成熟度检测仪是一种基于光电原理的便捷式手持水果成熟度无损检测设备，通过检测叶绿素-α 吸收率差指数来分析果实成熟度。研究发现，“徐香”猕猴桃果实后熟过程中硬度、维生素 C 含量与 I_{AD} 值变化呈极显著正相关，可溶性固形物含量与 I_{AD} 值变化呈显著负相关，可滴定酸含量与 I_{AD} 值变化呈显著正相关，并得到了 4 种品质指标与 I_{AD} 值变化相关的回归方程，实现通过测定 I_{AD} 值判断“徐香”猕猴桃果实后熟过程中相关品质指标的快速无损检测。

在浆果类水果便携式品质检测及产地分级装备的研究中，葡萄作为红酒的原料，其品质检测的便携式设备开发成为研究热点，而其他浆果的相关研究则相对较少。大多数研究针对浆果的可溶性固形物含量、酸度、硬度等成熟度指

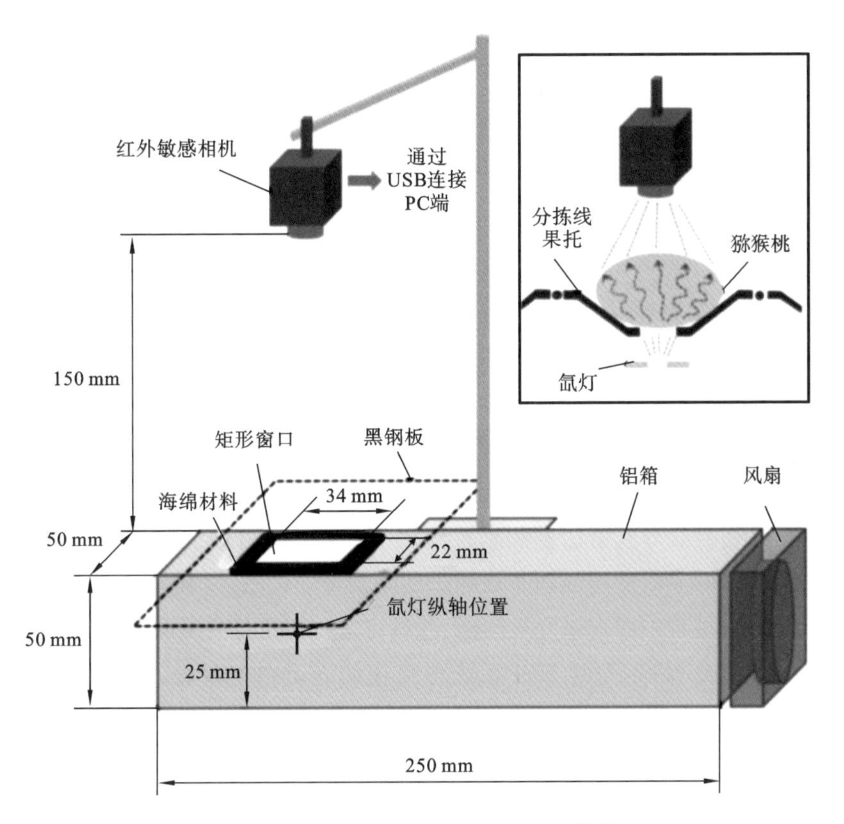

图 3-42　猕猴桃硬度无损检测设备[101]

标和花青素含量、维生素 C 含量等营养物质指标来开发检测装备，一些针对安全指标如农药残留等的便携式检测设备有待开发，以保障消费者食用安全性。从技术角度看，近红外光谱、高光谱成像、荧光、电子鼻、机器视觉等先进技术均显示出较好的适用性和高效性，尤其是多波段光结合 LED 技术具有广阔的应用前景。未来仍需继续研究浆果类水果便携式品质检测及产地分级技术，以开发更小型、更高效、更便捷的现代化浆果检测设备。

3.3.2　储运过程品质监控技术及装备

新鲜浆果水分含量在 80%以上，保质期较短，室温条件下贮藏保质期不足 3 天[103]。由于其质地柔软，表面无坚硬外壳的保护，因此在采收、运输、贮藏过程中易受到损伤[104]。另外，浆果的生理活性较高，易受到温度、氧气、微生物等的影响而腐败变质[105]。因此，加强运输和储存过程中品质的监控是保障浆果食用安全、减少营养流失的关键。而现有的储运监控系统存在缺陷：① 用户不能在第一时间发现浆果的品质变化，无法及时采取应对措施和避免损毁的发生，也难以确认责任方；② 只能单一地实现储运环境下温湿度信息的监测，缺乏对浆果本身质量状况的监测。因此，利用浆果储运过程品质监控技术及装备，有效采集参数、实时传输与精确控制，能够降低储运过程对浆果品质的影响。

开放光程傅里叶变换红外光谱法具有便捷、安全、监测范围大等优点。研究者采用开放光程傅里叶变换红外光谱系统，同时在主动和被动两种模式下长距离监测葡萄变质挥发物，旨在通过红外光谱特征鉴别腐烂状态[106]。根据红外光谱特征对葡萄变质过程中产生的挥发物进行了定性分析，并在研究中测量了葡萄贮藏期间挥发物的红外光谱特征的强度变化，并且根据这种变化规律建立了不同变质阶段的分类方法。此外，还尝试直接从原始光谱中分析挥发物，结果表明挥发物在原始光谱上仍然具有明显的光谱特征。这一研究证实了开放光程傅里叶变换红外光谱法监测水果变质的可行性。开放光程傅里叶变换红外光谱法所具有的灵活使用性和非接触式在线测量的优点，使其有可能用来解决大面积监测贮藏过程中的水果变质问题，并具有进一步定位变质源的潜力。

Fan 等人[107]将不同的 HSI 系统与互补的光谱范围融合，开发了基于推扫的人机交互检测系统和基于液晶可调谐滤波器(liquid crystal tunable filter，LCTF)的人机交互检测系统，以联合检测蓝莓内部瘀伤。利用两种 HSI 系统分别提取各浆果样品的平均反射率光谱。分别采用特征选择法、偏最小二乘判别分析(PLS-DA)和支持向量机(SVM)对两种光谱技术的光谱数据进行分析，并在数据层、特征层和决策层基于三种数据融合策略进行融合，如图 3-43 所示。三种数据融合策略的分类效果优于单独使用每种 HSI 系统的效果。将两种仪器的分类结果与选择的相关特征相结合的决策层融合取得了更有前景的结果，这表明两种光谱范围互补的 HSI 系统结合特征选择法和数据融合策略可以协同提高蓝莓内部瘀伤检测效果。该研究展示了利用两种光谱范围互补的 HSI 系统融合检测蓝莓瘀伤的可行性，多光谱成像系统与合适的检测器结合用于检测包装线上的蓝莓瘀伤具有广阔前景。

此外，一种浆果储运过程品质监控系统被开发，该系统允许仅使用篮子中温度和振动传感器的信息来跟踪浆果收获过程中不同阶段(浆果采摘、等待运输、运输和到达包装现场)之间的过渡[108]。该系统是使用一个 3.5 L 的收获篮开发的，整套系统如图 3-44 所示。它包含两个组件：一个是安装在其一侧的主设备，包含 SODAQ Autonomo 设备、实时时钟、温度传感器和惯性测量单元(inertial measurement unit，IMU)，用于测量收获篮的振动并检测其受到的冲

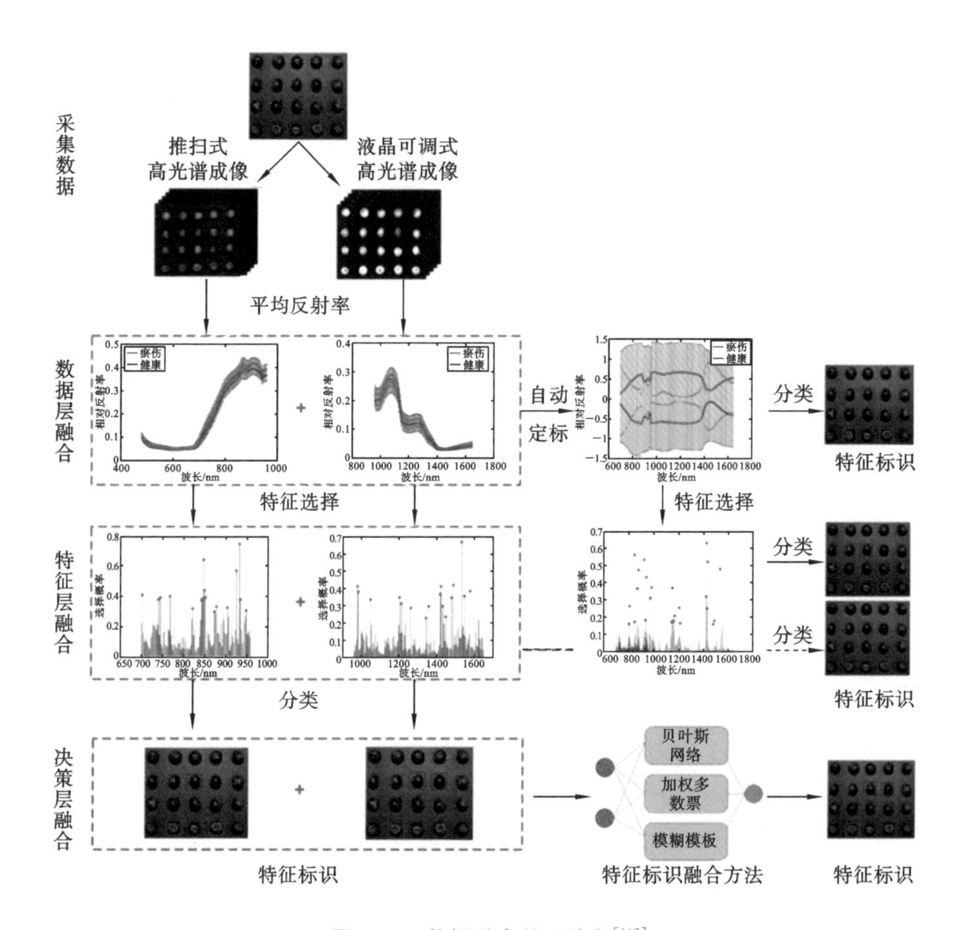

图 3-43　数据融合处理流程[107]

击;另一个是由称重传感器支撑的假底座,用于随时测量收获篮承载的重量。SODAQ Autonomo 设备使用 Atmel SAMD21J18 处理器,具有 256 KB 的闪存、32 KB 的 SRAM 内存和一个运行频率为 48 MHz 的 32 位处理器。此外,它还有一个用于 micro SD 卡的插座,可以在内部存储数据。一个带有时间和日期的实时时钟(DS1307)被添加到该设备中,信息附在所有捕获的数据上。使用的 IMU 基于 MPU-9250 芯片,带有加速计、陀螺仪和三轴磁强计。该装置还有两个基于数字设备 DS18B20 的温度传感器,其精度为 0.5 ℃。这些温度传感器像主设备的两根管子一样凸出,粘在收获篮的一个内壁上,以测量距离箱子底部 6 cm 和 10 cm 两个高度处浆果的温度。位于箱体假底座中的称重传感器连接至模拟/数字转换器 HX711,该转换器又连接至 SODAQ Autonomo 设备。该系统配备 2300 mA·h/3.7 V 的锂离子电池,以实现能量自主性,预计可连

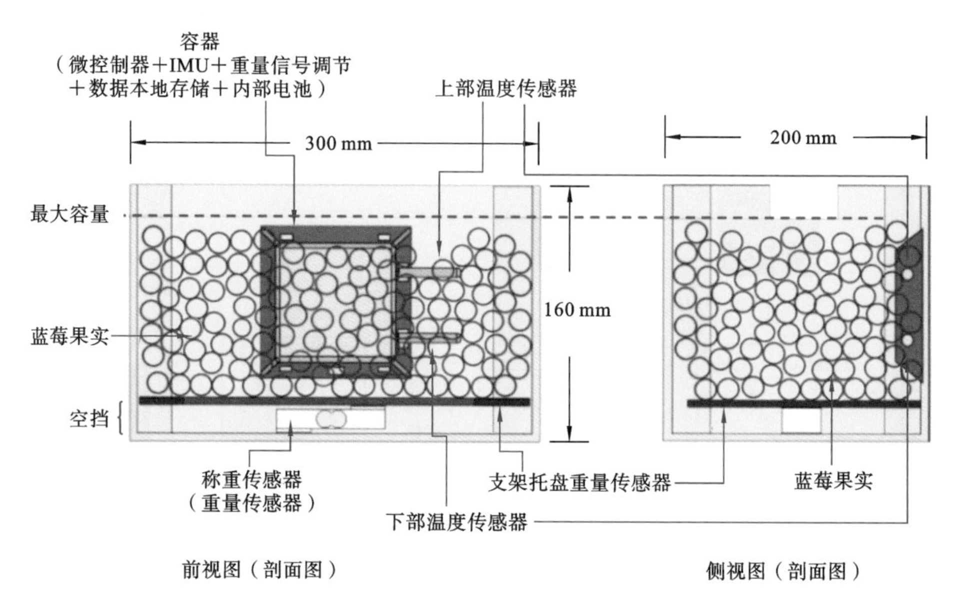

图 3-44　浆果储运过程品质监测收获篮的正面和侧面示意图[108]

续运行 30 h。主设备用作远程采集装置和数据记录器，无线传输并存储安装在 SODAQ Autonomo 设备中的 micro SD 卡收集的所有数据，并带有两种类型的记录。一种记录是每 100 ms 写入一次，记录 IMU、日期和时间的真实值，另一种记录是每隔 15 s 写入一次，记录内容包括温度、重量、电池电压、日期和时间。监控系统基于隐马尔可夫模型对过程进行表征，并使用维特比算法进行推断和估计最可能的状态轨迹。然后，将获得的状态轨迹估计用于实时计算潜在损伤指标。所提出的方法不需要根据篮子重量来确定不同的收获阶段，这使得它比行业中其他可用的替代方案更有效。

由于浆果储运过程存在时间、空间和难以人工操作的限制，其品质监控通常采用温度和重量等可以实时监测的指标来实现。温湿度和气体传感器在众多元件中脱颖而出，设计可移动的设备，利用化学计量学分析数据，可以准确定位发生品质劣变的浆果的存放位置，便于及时采取措施，减小损失。但是传感器成本较高不利于大规模生产和应用，需要不断设计和开发小型化、低成本的集成式传感器，使其与物联网大数据融合实现实时在线监测，向低功耗、规模化和智能化方向发展。

3.3.3　加工干燥过程品质监控技术

干燥是延长浆果保质期的有效方法之一，这是因为干燥可有效降低其水分活度,遏制微生物的生长与繁殖,并抑制酶活性。浆果常见的干燥方式包括热风干燥、微波干燥、红外辐射干燥及冷冻干燥等。浆果中的生理活性物质如花色苷和总酚均属于热敏性物质,容易在干燥过程中发生热降解,而且当长时间暴露在较高温度下时,浆果易出现组织变形、色泽劣变、风味丧失以及营养物质流失[109]。浆果在干燥过程中的品质劣变极大地影响了它的营养价值和经济价值。因此,利用适宜的干燥技术对浆果进行干制加工,并研究浆果干燥过程中色泽、风味、功能性成分的变化对浆果干制加工具有重要意义。

Osmo-空气脱水处理应用于蓝莓,以延长货架期,降低包装和物流成本,并改善最终产品的感官指标和营养质量。采用近红外(NIR)光谱监测蓝莓 Osmo-空气脱水过程具有可行性[110]。将漂白蓝莓浸泡在蔗糖和“果糖+葡萄糖”渗透溶液中 24 h,通过质量平衡(水分损失、固形物增加、糖摄入量、总酚含量和花青素含量的变化)确定渗透交换;收集近红外光谱以研究渗透处理引起的修饰。未经处理和浸渍的浆果随后在 70 ℃下风干,最终含水量为 10%~14%。在干燥过程中,使用漫反射光学探针监测化学变化、营养和结构变化,并获取整个浆果的近红外光谱。光谱数据被标准化,转换成 1 阶导数,并通过主成分分析进行处理。结果表明,近红外光谱能够用于跟踪渗透和空气干燥过程,并区分未经处理和经 Osmo-空气脱水处理的浆果。

葡萄采后枯萎是生产帕西托(Passito)葡萄酒的关键工序。在传统的枯萎过程中,葡萄被放置在单层的托盘上,并在自然条件下于谷仓中储存约 3 个月。在此过程中,脱水和真菌的繁殖导致果汁成分发生一些物理、化学变化。干燥的环境极大影响了葡萄的新陈代谢,从而影响了葡萄酒的最终质量。因此酿酒厂需要新的实用、快速、无损的仪器,用以在枯萎过程中定量评估影响产品质量的参数。在枯萎期间,由于水分蒸发,葡萄的重量损失高达 30%。这些变化可能会影响在枯萎过程中葡萄果皮的光学特性。有研究者在 400~1000 nm 波长范围内测试便携式光学系统(可见近红外分光光度计),用以预测葡萄果实枯萎期间的质量参数[111]。使用商业可见近红外分光光度计(JAZ 系列)直接在谷仓中对葡萄浆果进行光谱采集。JAZ 系统由五部分组成:① 可见近红外照明系统(卤素灯);② 用于反射测量的光纤探头;③ 分光光度计;④ 用于数据采集和仪表控制的硬件;⑤ 电池。光谱以反射模式获取,无须制备任何样品。通过 Y 形双向光纤探针将光辐射从光源引导至样品,其中七根光纤以六边形排列,每根直径为 600 μm。六根外部光纤将光源的光引导至样品,而单个中心光纤将其从样品带回分光光度计。光学探针的尖端配备了一个软塑料盖,以确保在测量过程中与样品表面接触，同时将环境光的干扰降至最低。该研究对300个红葡萄样品进行了分析，对葡萄光谱进行了定性PCA和定量PLS评估。PCA模型显示了不同枯萎阶段的清晰样品分组。PLS模型对可溶性固形物含量和硬度的预测能力令人满意，研究表明，可见/近红外光谱技术作为一种快速技术具有适用性，可以直接在谷仓中分析枯萎期间葡萄的品质。简单且廉价的光学系统可用于检测葡萄的枯萎程度，以便更好地管理葡萄酒生产过程。

对加工干燥过程中的浆果进行品质检测，有利于探究不同种类浆果最佳的干制加工条件，能够减少资源浪费和机械损耗，提高浆果制品行业的整体水平。浆果加工干燥过程品质检测的相关研究仍然有所欠缺，现有的检测技术以近红外光谱技术为主，在实际应用中难以完全实现实时、高效、大批量检测。通常在流水线传送带上进行浆果的加工干燥，可使用的品质检测设备摆放空间有限，且其检测过程往往受传送速度、温湿度和辐射等因素影响，因此要实现加工干燥过程的品质检测绝非易事，快速、无损的检测技术和装备亟待开发。

3.3.4 小结

浆果具有鲜嫩易损、保质期极短等特点，在浆果采收、储运到加工的全过程进行品质检测具有重要意义。浆果的便携式品质检测技术研究已较为成熟，也有部分商用设备已经投入使用，但便携式品质检测及产地分级装备的开发仍存在一些问题。大多数研究以成熟度和营养物质为检测指标设计装备，而只有少部分研究涉及以农药残留等为检测指标的便携式设备。此外，一些普通品种浆果冒充名贵品种销售，以次充好欺骗消费者的情况屡见不鲜，而鲜有区分和识别不同种植产地的不同品种浆果方面的研究，将各品质指标与产地、品种建立联系具有较高的研究价值。浆果的储运和加工干燥过程均受时间、空间等因素限制，需要快速无损的检测技术、小型低成本的检测装备和实时数据的上传与分析。目前大量基于光、声、电、磁、力等原理的先进技术用于浆果的检测，并取得了一定成效，但仍然无法满足市场需求。未来将这些无损检测技术和不断改进的设备与物联网平台对接，有望实现水果行业机械化、产业化、规模化发展，进一步提高产品质量和经济效益。

3.4 瓜果类

我国自北向南有寒温带、温带、暖温带、亚热带和热带5个气候带，复杂的地理环境和得天独厚的位置条件为丰富的果树资源发展提供了条件。我国的瓜果类水果主要包括西瓜、甜瓜、哈密瓜等。瓜果类水果主要是指果皮在成熟时形成坚硬的外壳，内果皮为浆质的水果。瓜果类水果因富含水分与果糖、多种维生素、矿物质及氨基酸等，适当食用可以改善中暑发烧、汗多口渴、小便量少、尿色深黄等症状，有口腔炎、便血、酒精中毒者均可食用。国家统计局数据显示，2020年全国居民人均干鲜瓜果类消费量为56.3千克，较上年减少0.1千克；其中城镇居民人均消费量为65.9千克，较上年减少0.9千克，农村居民人均消费量为43.8千克，较上年增加0.5千克。

瓜果类水果的内部品质指标主要包括可溶性固形物含量、总酸含量（total acid content，TAC）和硬度。成熟度指标包括果肉颜色和果肉可食率等。水果的品质检测是水果产后处理的重要步骤，是提高销售和保证水果质量的重要手段[112]。传统的检测方法效率较低、误差较大、成本较高，还会损害样品，所以新型的水果品质检测与分级技术应运而生。近红外光谱技术、计算机视觉技术、高光谱成像技术和激光多普勒测振技术在一定程度上克服了传统检测技术的缺点，效率高、成本低，同时实现了对样品的准确无损检测，因此广泛应用于各类水果品质检测中。

3.4.1 成熟度和采摘期的预测技术

水果的成熟度一般可以划分为3种，即可采成熟度、食用成熟度和生理成熟度。

（1）可采成熟度定义为水果果实部分已经生长至成熟期大小，基本定型，继续生长基本不会引起果实大小的变化，并且出现成熟时期特有的性能与色泽特征，基本完成了内部营养物质的积累。此时果实已达到可以采摘的阶段，但采摘的果实并不适于鲜食，而适于长距离运输或长期贮藏。所以用于存储或者远距离运输的水果应在可采成熟期进行采摘。

（2）食用成熟度一般是指水果果实部分无论是形状、色泽、香气还是味道都达到了最优状态，是即食的最佳成熟状态。所以，用于即食、短期存储或短距离运输的水果应在此成熟期进行采摘。

（3）生理成熟度一般是指不仅水果果实达到充分成熟的阶段，水果的种子也趋于成熟，主要的表现为果肉已经开始出现软烂，此时果实已不适于即食，更不适于运输和贮藏，一般不建议水果在此时采摘。

果农可根据不同的要求，选择合适的成熟期采摘水果以获取最优品质。而水果多种多样，不同水果则需要不同的成熟度检测方法，如何判别水果的成熟度就成了问题的关键所在[113]。

1. 哈密瓜成熟度和采摘期的预测技术

依据国家标准 GB/T 23398—2009《地理标志产品 哈密瓜》,哈密瓜成熟定义为:果实的发育达到该品种固有的糖度、色泽、质地和风味特征,将 SSC 不小于 15°Brix、TAC 不大于 2 g/kg(以柠檬酸计)的哈密瓜称为特等精品瓜。哈密瓜的适宜采收对其内部品质有较大影响,可根据哈密瓜的采收用途、储运时间及包装特点进行适宜采收。

目前,新疆对哈密瓜的采收主要依靠哈密瓜发育时间结合瓜农经验判断,瓜农主要依靠哈密瓜的外观特征、果实硬度及香味,采用比重法和抽样解剖法等进行采收。在外观特征方面,哈密瓜成熟时,瓜蒂处会产生离层并自然脱落;其表面颜色因品种不同会变为金黄色或青绿色,而且该品种固有的网纹分布均匀且清晰。在果实硬度及香味方面,哈密瓜在成熟过程中会变软,在瓜脐部位硬度变化最为明显;带有香味的哈密瓜在成熟时,瓜脐部分会散发出扑鼻的香味,香味越浓则成熟度越高。比重法就是依据哈密瓜成熟时密度会下降,能浮于水面,或与同体积的哈密瓜相比,成熟的比不成熟的轻来判断哈密瓜成熟度的方法。抽样解剖法就是将哈密瓜沿赤道面切开,测量其中心果肉的可溶性固形物含量,当可溶性固形物含量达到 11°Brix 时即判定为成熟的方法[114]。

上述方法都是依靠人工经验和传统破坏性检测手段对哈密瓜内部品质及成熟度进行评价和判断的,检测周期长,判定结果随意性大,缺乏可靠性和准确性,不适应大规模的生产需要。为了克服上述缺点,国内外学者在光、电、热、声、磁等领域进行了积极的探索和研究,由此衍生出来许多无损、高效的检测技术,如近红外光谱技术、高光谱成像技术、计算机视觉技术、声学检测技术、介电特性检测技术、核磁共振检测技术等。

近红外光谱技术因其具有简单、快速、无损、低成本,且适用于在线检测等特点,在水果成熟度检测方面有广泛的应用。近红外光谱技术是利用近红外谱区包含的丰富的物质信息,即吸收带的吸收强度与分子组成或化学基团的含量有关等,来测定化学物质的成分和分析物理性质的。

近红外光谱技术虽然较传统检测技术有很多优点,但光的透射极限较低、精度和稳定性都不高。而高光谱成像技术集成了光谱技术和图像的优势,稳定性和精度较近红外光谱技术有一定提高。高光谱成像技术集成了光学、电子学、信息处理以及计算机科学技术,是将二维图像和光谱技术融合在一起的新型技术[115]。

计算机视觉技术具有操作方便、速度快、精度高、省时省力等优点,因此在水果品质无损检测中有广阔的应用前景。计算机视觉技术通过计算机模拟人的视觉系统功能来感知周围世界，进而了解周围世界的空间组成和变化规律。它以图像处理技术为核心，用信息处理、模式识别、人工智能技术对图像进行处理和分析，以获取研究对象所需的信息。

计算机视觉技术精度高、效率高、灵活性好，而近红外光谱技术简单、成本低。有研究者通过信息融合方法将近红外光谱技术和计算机视觉技术进行融合，建立哈密瓜成熟度判别模型，比较了证据理论(dempster-shafer, DS)、极限学习机(ELM)、支持向量机(SVM)和AdaBoost分类器4种融合方法的哈密瓜成熟度建模结果。结果显示，基于决策层融合的证据理论建立的哈密瓜成熟度判别模型的校正集和预测集判别结果分别为96%和92%，与基于单一的计算机视觉技术的模型的最优判别结果相同。在三个特征层融合模型中，其校正集判别正确率均为100%，基于支持向量机和AdaBoost分类器建立的融合模型的预测集判别结果均为97%，ELM融合模型最优，其预测集判别结果为98%。因此，ELM特征层融合为最佳融合方法，建立的模型为最优融合模型。

研究者用频带幅值参数主成分回归(PCR)法分析、预测哈密瓜成熟度时，在40～200 Hz频段提取了7个频带幅值参数和1个频带幅值总和参数，这8个参数与哈密瓜的可溶性固形物含量不相关，但与哈密瓜硬度有相关性，因此采用幅值参数与哈密瓜质量共同构建了哈密瓜硬度PCR预测模型。该预测模型校正集相关系数为0.891，校正集均方根误差为1.04 N/mm，验证集相关系数为0.795，验证集均方根误差为1.24 N/mm。结果表明，该预测模型具有较好的预测性能和稳定性，对哈密瓜硬度变化的敏感度为67.70%，适用于哈密瓜硬度无损检测。

2. 西瓜成熟度和采摘期的预测技术

西瓜为夏季水果，果肉甘甜，可以降温去暑；种子含油，可当作消遣零食；果皮药用，有清热、利尿、降血压的作用，是一种营养、纯净、食用安全的食品。

随着社会经济的持续发展、人们生活水平的提升和消费观念的转变，消费者对西瓜品质提出了更高的要求，品质低的西瓜得不到消费者的认可。成熟度是影响瓜果贮藏期间果实品质的重要因素，也是影响消费者购买的主要因素之一。从口感上讲，未成熟的西瓜果实含糖量很低，食用质量较差；成熟的西瓜果实含糖量较高，味美水分多，食用质量较好；过熟的西瓜果肉沙软，水分较少，出现空心或糖心现象，食用质量很差。从外表上看，未成熟西瓜的体积较小、外表皮不光滑、纹理清晰但条纹更细，且呈现浅绿色；成熟西瓜的体积适中、外表皮光滑、纹理清晰，呈现深绿色；过熟西瓜的体积较大、外表皮光滑、纹理清晰，呈现墨绿色。从音感上听，手指弹瓜，若听到“当当”声，是未成熟瓜；若听到“嘭嘭”声，是成熟瓜；若听到“噗噗”声，是过熟瓜[116]。

近红外光谱技术、高光谱成像技术、计算机视觉技术也可用于西瓜成熟度检测，而由于敲击西瓜时音感清晰，故声学检测技术在西瓜内部品质和成熟度检测方面有广泛的应用前景。

声学检测技术利用声波的反射、透射、散射特性，建立声学特征和瓜果成熟度间关系的预测模型，装置具有简单、检测速度快、性价比高的特点，测试时将水果视为整体，可克服测试点局部化差异带来的测试误差，非常适合西瓜这种皮厚、尺寸大、内部成分分布不均的水果的成熟度检测[117]。激光多普勒测振技术作为一种非接触式的声学检测技术，灵敏度高，动态响应快，对横向振动干扰不敏感，可准确测量瓜果组织的真实振动。如图 3-45 所示，实验过程中，用激光多普勒测振仪(DASP)软件采集响应信号，电动振动系统采集激励信号，并分析其频率特性。声学检测技术可以用于成熟度的检测，但受检测部位存在个体差异的影响，且易受到外界噪声干扰，准确性不高[118]。

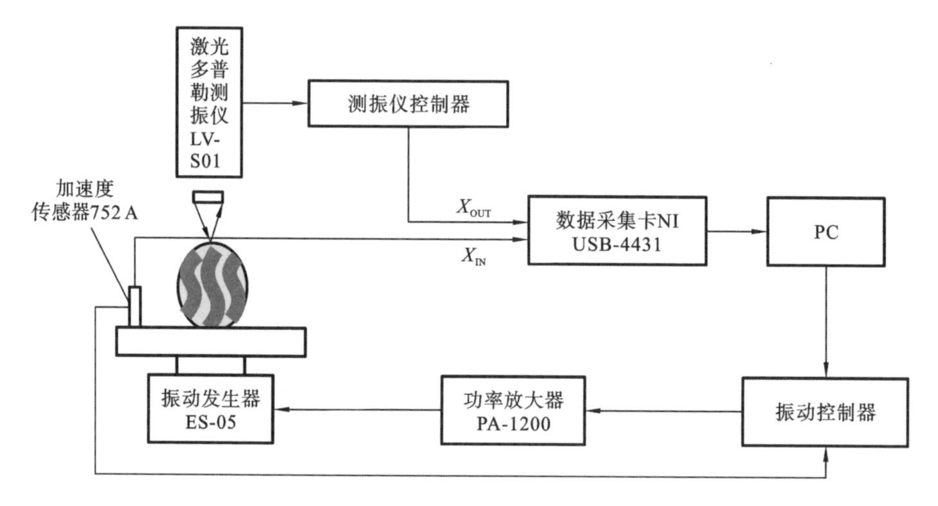

图 3-45　西瓜激光多普勒测振系统[117]

声学振动信号反映的是西瓜声音传播的频率信息，而近红外光谱反映的是分子振动的倍频信息，利用单一信息评判样品的品质指标较为片面。因此，将两种技术数据融合，信息来源将更丰富、更全面。利用智能手机自带的音频系统和便携式近红外光谱仪相结合的技术可同时采集西瓜的音频和光谱信息。

通过数据处理和加工，分离背景噪声，提取音频和光谱特征信号，并将其融合以获取最佳信息组合，提高模型的稳健性。利用便携式近红外光谱仪（见图3-46），以漫透射方式对西瓜样品进行光谱采集，光谱扫描后采用数字阿贝折光仪对60个西瓜样品的可溶性固形物含量进行测定，保持测试环境恒温，利用主成分分析提取音频信号，以遗传算法筛选近红外光谱特征变量，再用k最近邻法、线性判别分析和反向传播人工神经网络3种方法，分别建立西瓜成熟度的定性判别模型。同时采用联合区间偏最小二乘筛选法分别建立基于声学检测技术、近红外光谱技术、融合技术的西瓜可溶性固形物含量的预测模型。该研究可以实现西瓜成熟度的判别及西瓜可溶性固形物含量的快速预测，也可为高品质西瓜快速鉴别设备的智能开发提供理论参考[119]。

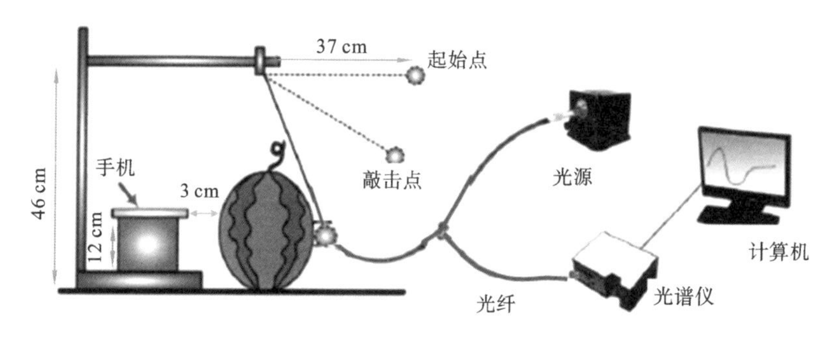

图3-46　西瓜近红外光谱采集装置[119]

3.4.2　品质检测-分级-包装生产线装备

我国是一个大型瓜果（甜瓜、西瓜、哈密瓜等）种植大国，大型瓜果产量逐年增加。然而，我国的大型瓜果出口量小、价格低、附加值低，因此采摘后进行检测与分级尤为重要[120]。在生产时，需要对遭受病害的水果进行分类分拣；在运输时，水果易造成机械损伤，需要对损伤水果进行分类分拣；在销售时，需要根据水果糖度、成熟度、大小、外观缺陷等指标进行分级销售。按照以上指标，对采摘后的水果品质进行快速、精确的检测，分拣出质量不合格的水果，并将质量合格的水果进行分级销售，可以提高在售水果的品质，减少水果的质量、安全问题。因此水果的品质检测与分级对保障人们的生活健康起到重要作用，同时也可提升食品工业的经济效益[121]。

传统的水果品质检测与分级大多依靠人工操作，浪费人力资源且效率低下。目前国内外已有相关学者对大型瓜果检测与分级技术进行了研究。声学检测技术、振动频谱法、电磁检测技术、计算机视觉技术以及光谱技术已经为大型瓜果的检测与分级提供了广阔的空间，这些技术的发展和应用对提高大型瓜果的市场竞争力和农民增收具有重大意义。

1. 品质检测、分级和包装

水果的品质检测包括内部品质检测和外部品质检测。水果的外部品质主要依据它们的颜色、形状、尺寸等物理特征，以及机械损伤和外部缺陷等进行评估。外部品质特征是水果最直观的特征，直接影响它们的市场销售价格和消费者的购买欲望。对水果外部品质进行快速、及时的无损检测，可以最大限度地减小损失，满足消费者的需求。水果的内部品质主要包括可溶性固形物含量、硬度、糖度、成熟度等，是人们十分关注的因素，因此水果内部品质检测一直是研究热点之一。

水果的形状、糖度和表面缺陷等指标表现程度不同，其经济价值也会有所不同，所以在采摘与销售过程中要对水果进行分级分类，这个过程目前以人工主观分类为主，智能化、机械化分级分类尚处于研究阶段。如果能够实现快速、高效的自动分级，可以有效缩短水果销售过程中所浪费的时间，从而保证水果的新鲜度，延长水果的保质期。国内传统的水果分级形式包括体积分级和质量分级两大类，其中体积分级应用更加广泛，其依据的原理为利用若干级别尺寸的孔框或缝隙进行筛选。质量分级设备则由早期的机械式称重分级形式发展到目前先进、高速的动态电子称量分级形式。

水果的包装是水果保鲜的重要一环。不同的水果有不同的包装要求，而包装对水果来说至少有三方面作用：一是保护作用，防止压、挤、碰等意外情况损伤水果；二是保鲜作用，便于长期储存，保鲜期的延长使得长距离流通成为可能，可实现跨区域销售和多区域同步销售，扩大市场销售面，提高单位时间销售量，降低产品损耗和运输成本，提高经济效益；三是方便运输，科学有效的包装，可以大大地提高水果的附加值[121]。

2. 哈密瓜分级包装生产线装备

哈密瓜的品质检测与分级不仅取决于其形状、大小、颜色等外部品质特征，还取决于哈密瓜的硬度、含糖量、可溶性固形物含量等内部品质特征。目前，新疆对哈密瓜的采收和分选主要依靠人工经验，依据哈密瓜的外部品质特征完成采摘和分选，其判定结果随意性大，缺乏可靠性和准确性，造成分选结果良莠不齐，严重影响哈密瓜的品质和声誉，也给瓜农带来一定的经济损失。近年来，无损检测技术在农产品的品质检测方面应用广泛。国内外学者使用近红外光谱技术、高光谱成像技术、机器视觉技术、声学检测技术等做了许多探索和研究。无损检测技术通过尽可能不损坏被检测对象的原有状态来检测其内部化学成分和外部物理特性。

基于机器视觉技术的哈密瓜分级机如图 3-47 所示。输送装置由链轮、链条以及托盘组成。分级执行机构由电磁铁和分级杆组成,通过控制模块将信号传递到电磁铁上,通过电磁铁拉动分级杆使托盘发生旋转而实现分级。光源安装在输送装置上方。线阵相机位于光源箱内,通过信号线缆与图像采集卡相连。微型计算机通过接口与控制模块相连,控制模块与分级执行机构上的电磁铁相连。接收装置位于托盘的下方,由支架和面板组成。计算机中的哈密瓜图像处理软件能对哈密瓜图像进行处理,并根据处理结果通过控制模块控制分级执行机构的动作[122]。该装置能够按照哈密瓜大小、颜色、纹理、缺陷等外部品质特征通过控制模块实现自动分级,提高了生产效率和分级精度。但基于线阵相机的哈密瓜分级机在实际运行中只能使哈密瓜平行前进,不能实现旋转,无法获取哈密瓜整体图像,对分级结果的判别有一定的影响。

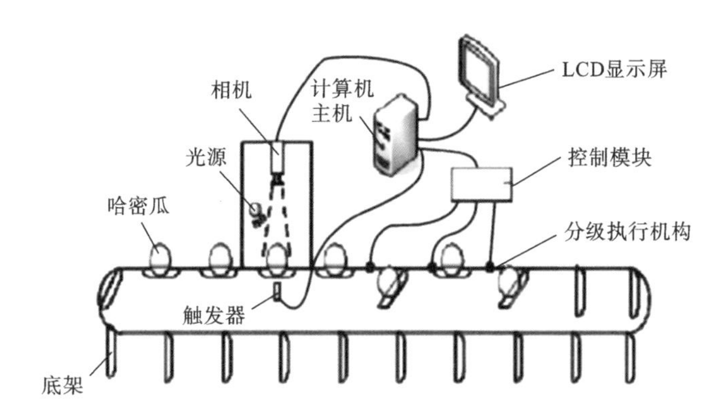

图 3-47 哈密瓜分级系统结构示意图[122]

为了克服因平行前进而无法获取哈密瓜全光谱的弱点,有研究者设计了一种基于传感器和智能控制器的翻转式哈密瓜分级装置[123],如图 3-48 所示,该装置由机架、传送系统、托盘、控制系统和分级执行机构组成。工作时,电机带动传送系统工作,传送系统带动承载水果装置工作,哈密瓜由进料口进入承载水果装置。当承载水果装置通过对射式激光传感器区域时,哈密瓜触发传感器,传感器将信号传给控制器,控制器通过预先设置好的程序控制调速电机转动,调速电机控制凸轮转动使相应的水果托盘翻转,进而使哈密瓜进入相应的卸料口，实现哈密瓜的分级。该装置利用传感器技术实现对哈密瓜的分级，可减小工人分选的劳动强度，提高分级效率。

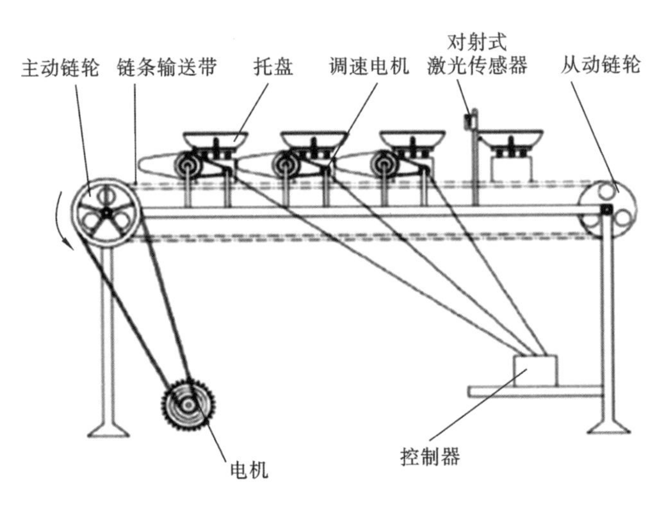

图 3-48　翻转式哈密瓜分级装置示意图[123]

另一种翻转式的哈密瓜分级试验装置如图 3-49 所示，主要包括机架、动力及传动部分、输送旋转机构、角度调节机构和分级执行机构等[124]，工作时，打开电源调节变频器，将哈密瓜放在链条输送带左端承载托辊的上方，哈密瓜在承载托辊的推动作用下顺时针向上滚动前进。在此过程中，无损检测装置采集哈密瓜全表面信息，分级执行机构收到分级信号时打开活动口，使哈密瓜掉落，从而完成分级。该装置具有结构紧凑、性能可靠、便于调试等特点。

3. 西瓜包装生产线装备

近红外光谱技术因其适用于在线检测而得到了广泛应用。日本三井矿业冶炼公司基于近红外光谱技术开发了包括反射装置的近红外光谱仪西瓜糖度无损检测生产线，检测速度为 2 个/秒，糖度检测误差为±0.5%。日本的 FANTEC 公司采用漫反射装置开发了生产线，检测速度为 12 个/分钟，糖度检测误差为±0.38%。浙江大学基于近红外光谱技术，成功开发出西瓜内部质量在线无损检测系统[125]，如图 3-50 所示。该系统采用半透射装置采集光谱，可对西瓜品质进行检测与分级，检测速度为 20 个/分钟，糖度检测误差为±0.5%。

随着科学技术的发展，单一技术、单一指标的检测已经不能满足行业需求，集成的检测设备成了主要研究方向。意大利萨克米机械设备有限公司开发了一种检测系统，其可以避免温度和湿度对光谱仪信号的干扰，检测迷你西瓜的糖度、酸

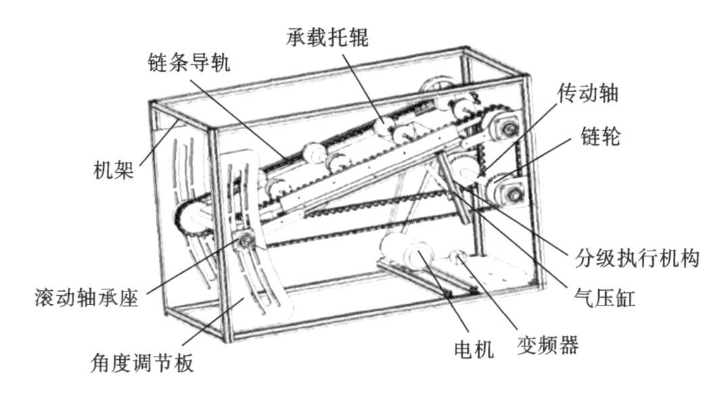

（a）整体结构示意图

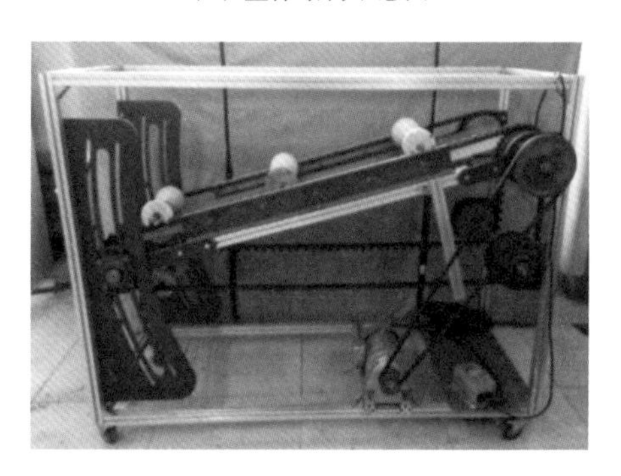

（b）整体结构实物图

图 3-49　哈密瓜分级试验装置[124]

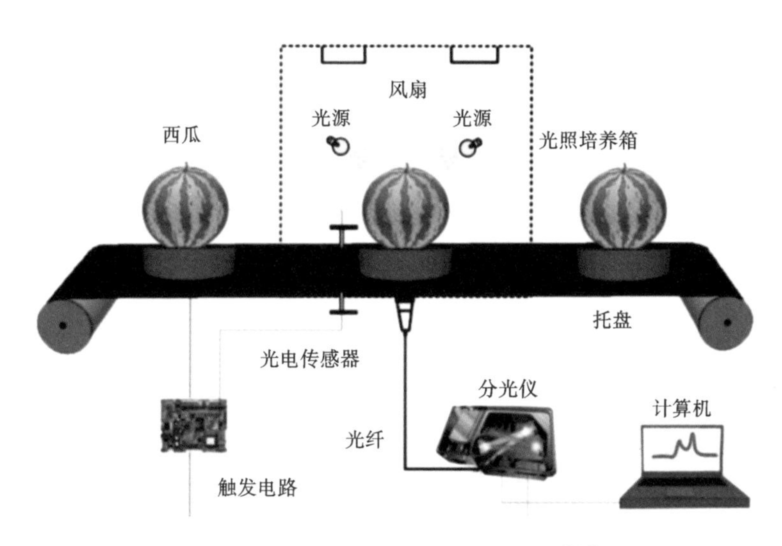

图 3-50　光谱在线测量系统的示意图[125]

度、成熟度和中空缺陷,检测速度为 5 个/秒,糖度检测误差为±0.7%。日本有公司基于近红外光谱、机器视觉和声学检测等技术,开发了西瓜品质在线检测设备。这种设备可以检测西瓜的颜色、大小、形状、糖度、空心度和硬度。还有研究者结合光谱技术、机器视觉技术和声学检测技术,根据质量、含糖量和内部缺陷等指标对西瓜进行分类(见图 3-51)。西瓜分拣系统的检测速度为 1500 个/时,糖度检测误差为±0.8%,内部缺陷检测准确率为 90%。

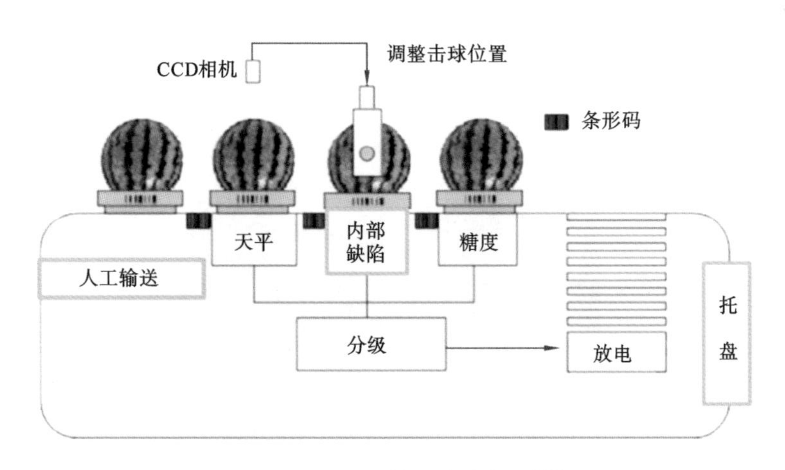

图 3-51　西瓜分拣系统的布局[125]

到目前为止,检测精度低、模型适应性差是无损检测系统存在的主要问题。如何避免环境干扰是声学检测技术存在的问题。在建立西瓜质谱仪数据库之前,近红外光谱技术应用中存在模型透射率问题。就机器视觉技术而言,优化图像处理是提高检测精度和检测速度的关键。与其他检测技术相比,核磁共振技术的检测精度更高,但成本较高,检测效率处于中等水平,因此难以推广应用。声学检测技术为西瓜的空心度和成熟度检测提供了一种新的手段,但检测需要更长的时间,且检测精度会受到水果表面状况的影响。

在水果采摘过程中,根据内部品质和外部品质进行快速、高效分类,可以有效减少水果浪费,在最大限度实现经济价值的同时还能满足消费者的需求。这个过程目前仍以人工分类为主,智能化、机械化分级分类设备尚处于研究阶段。国内传统的水果分级设备分为两大类:利用若干级别尺寸的孔框或缝隙对水果进行筛选的体积分级装备;利用机械式称重的质量分级设备。目前,检测精度低、模型适应性差是无损检测设备的主要问题,高效、便携、智能分级设备是当前研究的重点方向。

3.4.3 储运过程品质监控技术

水果作为营养食品在世界范围内广受欢迎，具有多种口味和质地。然而，水果需要复杂的生长和成熟条件，并且经常需要远距离运输，这使得水果更容易腐烂，造成严重的经济损失和食品安全问题[126]。因此，迫切需要开发一种快速、无损的检测技术，用以在储存和运输过程中实时检测水果的品质。

来自水果的挥发性化合物可以反映它们的特殊状态，所以可以通过水果中挥发性化合物浓度的变化来检测水果的品质，从而延长其储存时间[127]。水果挥发物的早期研究中通常使用气相色谱-质谱和其他质谱方法来分析与水果物理和化学性质有关的特定挥发物。这种方法经常与化学计量学方法相结合，以检测水果腐败的发生。但是因为样品的预处理与其他方法的组合通常是检测挥发物所必需的，因此检测过程复杂且昂贵。一些研究使用电子鼻来确定水果腐败的阶段，从而预测水果的贮藏时间[128]。电子鼻允许以低成本使用小样品量进行在线测量，但其传感器的使用寿命短，并且在实际应用中具有交叉灵敏度，因此不适合进行实时测量。此外，最近在水果工业中有研究者开发了光声光谱技术，其由于高灵敏度和可重复性，有着广阔的应用前景[129]。

红外光谱技术和激光光谱技术是用于分析水果挥发物的技术。红外光谱技术因能进行快速、无损检测以及对不同分子具有高灵敏度而被广泛应用于气体分析。研究者使用长路径傅里叶变换红外(Fourier transformation infrared，FTIR)光谱仪和带有带通滤波器的热红外相机测量水果中的挥发物，以预测水果腐败的阶段[130]。这些方法几乎不需要进行预处理，大大提高了检测效率，为分析水果挥发物提供了新的方向。

然而，这种方法的应用受到限制，因为FTIR光谱仪需要将水果挥发物提取到气室中，并且具有带通滤波器的热红外相机不能同时检测多种气体。一个明显的问题是红外和质谱技术都不能直接测量密封包装中的气体。在实际情况下，检测方法不能损坏包装。因此，优化可以检测包装水果品质而不需要收集气体或打开包装的方法将进一步简化水果品质的检测过程并提高检测效率，具有重要的实际意义。Gao等人[131]提出了一种创新方法，如图3-52所示。通过可调二极管激光光谱法测量密封水果的包装顶部空间中的氧气浓度而不损坏包装，从而预测水果储存时间并检测水果品质。该方法的主要优点和创新点在于它不需要进行样品预处理，并且可以非侵入性地检测密封包装中的气体。

使用在760 nm下操作的连续波分布式反馈(distributed feedback，DFB)激光器作为光源来监测氧吸收线。将激光二极管驱动器和温度控制器连接到激

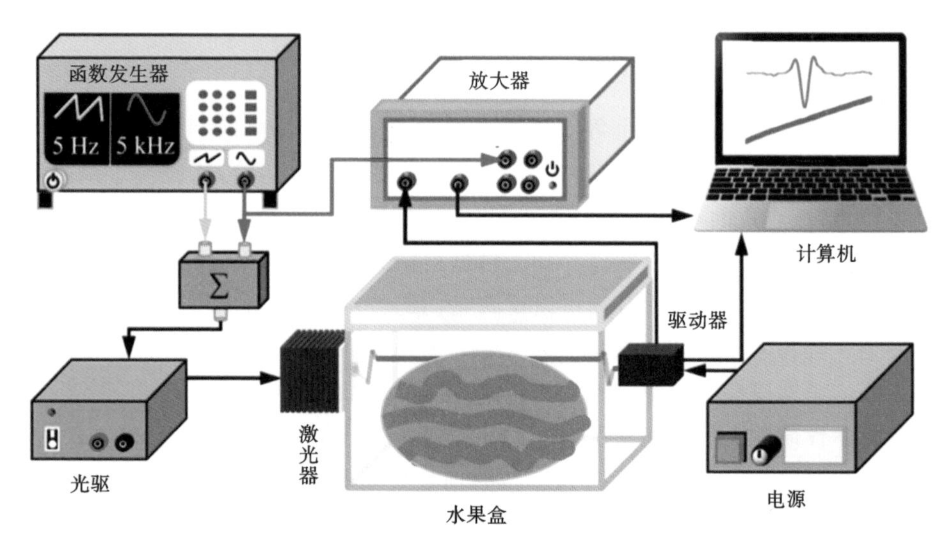

图 3-52 可调二极管激光光谱法检测密封水果盒中氧气的系统示意图[131]

光器。通过在恒定温度条件下改变 DFB 激光器的电流来进行激光波长扫描。激光器的工作温度为 25 ℃,使用 5 Hz 的斜坡波来确保激光输出波长通过氧吸收线。由于散射光强度非常弱,波长调制技术也被用于提高信噪比。将频率为 5000 Hz 的正弦波注入激光二极管驱动器进行调制。调节调制深度以获得最佳的信噪比。斜坡波和正弦波使用带有四个渠道的任意函数发生器输出。斜坡波和正弦波通过加法器耦合到激光器中。将激光器紧密地连接到泡沫盒上,并从另一侧监测穿过盒子的散射光。作为典型的散射介质,泡沫具有大的颗粒和孔隙。光散射在泡沫内部,因此通过泡沫使用具有可调增益的光电倍增管(photomultiplier tube,PMT)作为检测器来监测散射光。使用锁定放大器解调信号并输出谐波信号。使用内置的 MFLI 软件获取数据。

结果表明,在水果贮藏期间,水果盒中的氧气浓度随时间而变化。基于氧气浓度的变化,该研究团队建立了预测水果腐败和贮藏时间的模型。目前的研究表明,激光光谱技术可以作为一种完全非侵入性的方法来检测密封包装中水果的质量,这为未来激光光谱技术的应用提供了新的方向。除了检测氧气浓度之外,可以使用该方法检测水果盒中的其他挥发性化合物如乙醇和乙烯的浓度。这样的分析将允许详细预测包装水果的腐败阶段和储存时间,从而在实际情况下提供有意义的水果质量检测。

采收后的哈密瓜和西瓜含有大量的田间热,在运输过程中其会加速果实衰老、增加腐烂果实数量。通过对哈密瓜和西瓜等瓜果类水果在储运过程中的挥发性化合物浓度的检测，可以达到对水果品质进行监控的目的。然而这种技术也有一定的局限性，水果的包装会影响检测效果，此外，对复杂的挥发性气体浓度的检测也要求该技术具有较高的精度。

3.4.4 小结

在采收水果前，需要利用一定的经验和技术对水果的成熟度和采摘期进行预测以使水果具有最优品质。水果的采后处理过程中，品质检测是一个关键步骤。内部品质检测可以保证水果的质量，而外部品质检测可以提高水果的销量和价格。传统的检测方法主要依靠人工，成本高、效率低，同时还会对样品造成不可逆的损伤。因此，研究人员研发出了一些高效的无损检测技术，如近红外光谱技术、高光谱成像技术、计算机视觉技术、声学检测技术、介电特性检测技术和核磁共振检测技术等。这些技术较传统技术已有很大改进，但检测精度和模型适应性仍需提高，高效、便携、智能分级设备是当前研究的重点方向。

3.5 果品智能检测与分级发展趋势及展望

商品化水果检测与分级大致经历了从人工分拣、机械式分级、光电式分选到机器视觉智能检测的过程，并逐步向智能分选机器人发展（见图 3-53）。机械式分级主要通过分级部件上不同大小的孔穴或输送部件间距的变化，使得大小不同的果品先后分离从而达到分级目的。机械式分级相对简单、价格便宜，与人工分级相比，分级速度更快、分级精度更高，但容易对水果造成损伤[7]。光电式分选是在机械式分级的基础上采用各类传感器进行分级，根据检测目标的不同，光电式分选装置可分为形状、质量和颜色分级装置等。光电式分选可以实现无损分级，但检测指标单一、稳定性差等限制了其实际应用。机器视觉智能检测过程是通过相机对水果三维模型空间信息进行获取，其中包括捕捉、数据分析及图像识别等，从而完成自动分级[112]。其优点在于检测速度快、判别精度高、处理信息量大、检测指标多样，是水果检测与分级的重要发展方向。

在过去的几十年里，机器视觉[132]、高光谱成像[133]、近红外光谱[134]等新兴无损检测技术在水果无损检测与分级系统中得到了迅速发展和广泛应用。智能检测与分级设备是在全新理念基础之上诞生的，智能检测与分级技术主要在这些技术基础之上升级而来，该技术通过获取水果的基本信息，编写特定的程序算法并设计出与之相配合的机械设备来实现水果智能化检测与分级，可实现水果种类自动识别、果形检测、表皮缺陷检测以及内部品质判别。将智能算法

图 3-53 水果检测与分级的发展历程

与现代快速、无损检测技术相结合，是分选技术的一次划时代革新，真正实现了水果的分选分级，对推动我国产后水果分级销售具有重要意义[135]。此外，其还大大简化了机械结构，自动化、智能化程度显著提高，是未来水果加工技术发展的趋势之一。

目前国内对水果智能检测与分级的研究时间还不长，其虽然取得一定进展，但未能得到大规模推广应用。除了近红外光谱技术目前商用程度较高外，其他无损检测技术还集中在实验室阶段，仍然需要大量的理论研究和应用研究支撑和推动其产业化发展，未来的主要发展趋势如下。

(1) 水果品质评价是多方面的，水果品质既包括大小、形状、表面缺陷等外部品质，也包括成熟度、可溶性固形物含量、酸度、硬度等内部品质。目前对水果品质进行检测与分级，多采用单一检测方法，得到的信息片面，易发生误判，无法真正满足水果分级需求[136]。多传感器信息融合具有信息量大、容错性好等优点，可进行水果多指标同时检测，实现水果综合品质检测与分级[137]。与此同时，要注重分析声、光、电、磁等在果蔬组合中的吸收和传播路径，研究其详细的作用机制，分析影响检测结果的主要成分和结构参数；寻找最优的建模参数；优化现有的特征提取算法和建模算法，尝试新算法应用，建立稳定、可靠的校正模型等。

(2) 水果不同于机械加工的标准品,在自然环境中形成的水果形态复杂、品种繁多、种植方式和收获期各不相同,这些现象往往会影响实际的检测效果[138],使检测精度不够理想。随着神经网络、支持向量机、深度学习等智能算法的不断发展和优化,水果的分类准确率得到极大提高。同时在果蔬检测应用示范推广方面,要平衡好检测方法的针对性和普适性要求。果蔬产品作为一种复杂的检测对象,要针对不同的应用场景,收集代表性样品建立校正模型,同时,要注重检测方法的标准化,以避免不同操作人员带来的误差。另外,要注重不同设备间模型转移方法的研究和优化,以满足实际推广要求。

(3) 传感器价格昂贵、操作复杂且易于损坏,部分传感器需从国外进口,售后服务不便,并不符合我国果农生产需求。此外,由于水果品种、产地的多样性,以及信号提取、分析方法的复杂性,要研发出智能传感器仍具有很大难度[139]。为降低传感器成本,应加大传感器新材料、信息识别与分析新方法的开发力度,创制水果专用型传感器件[140],如光谱仪优选特征窄波段光电传感器、电子鼻筛选特征气体传感器,在此基础上进行集成创新,研制小型化、低成本的传感器产品,要以实现自动化、系统化、网络化和关键器件国产化为目标,研发模块化、智能化、集中化的检测设备并将其物联网化。

(4) 移动水果收获与分级组合机器人将是一个潜在的趋势[141]。一个移动水果收获与分级组合机器人可以在果园或温室大棚同时执行水果收获和分级操作,能大大降低劳动强度、节约生产成本、提高生产效率,可以产生更大的经济效益。

(5) 分级结果为精准农业服务。利用物联网、地理信息系统、射频识别等技术构建水果品质信息数据库,检测与分级结果可用于水果产量监测和质量追溯,为农业生产提供更精确的指导,从而获得更大的经济效益,还有利于对生态环境进行保护,实现农业的可持续发展。

参考文献

[1] 邓秀新. 中国水果产业供给侧改革与发展趋势[J]. 现代农业装备, 2018(4): 13-16.

[2] 周艳. 我国水果生产状况分析[J]. 南方农业, 2015, 9(30): 146-148.

[3] SUN L Q, LIANG X P, WANG Y Y, et al. Fruit consumption and multiple health outcomes: an umbrella review[J]. Trends in Food Science & Technology, 2021, 118: 505-518.

[4] 杨杰. 我国苹果产业的格局和发展建议[J]. 中国果菜，2015，35(6)：1-6.
[5] 窦晓博，邵娜. 2017 年国内水果市场形势分析与 2018 年展望[J]. 农业展望，2018，14(6)：9-13,20.
[6] 张放. 2020 年我国水果生产统计简析[J]. 中国果业信息，2021，38(12)：29-39.
[7] 巴勒江·马迪尼也提，布娲鹈·阿布拉. 中国水果出口贸易的比较优势及影响因素分析[J]. 世界农业，2019(7)：57-68.
[8] 赵晓春. 加强产业化建设,做强中国果业[J]. 中国果业信息，2017，34(1)：7.
[9] DIEHL D C，SLOAN N L，BRUHN C M，et al. Exploring produce industry attitudes：relationships between postharvest handling，fruit flavor，and consumer purchasing[J]. HortTechnology，2013，23(5)：642-650.
[10] BHARGAVA A，BANSAL A. Fruits and vegetables quality evaluation using computer vision：a review[J]. Journal of King Saud University-Computer and Information Sciences，2021，33(3)：243-257.
[11] PU Y Y，FENG Y Z，SUN D W. Recent progress of hyperspectral imaging on quality and safety inspection of fruits and vegetables：a review [J]. Comprehensive Reviews in Food Science and Food Safety，2015，14(2)：176-188.
[12] 谢静. 基于计算机视觉的苹果自动分级方法研究[D]. 合肥：安徽农业大学，2011.
[13] 窦文卿，柴春祥，鲁晓翔. 无损检测技术在水果品质评价中应用的研究进展[J]. 食品工业科技，2020，41(24)：354-359.
[14] 王顺，黄星奕，吕日琴，等. 水果品质无损检测方法研究进展[J]. 食品与发酵工业，2018，44(11)：319-324.
[15] 徐赛，陆华忠，丘广俊，等. 水果品质无损检测研究进展及应用现状[J]. 广东农业科学，2020，47(12)：229-236.
[16] 全国农产品购销标准化技术委员会. 仁果类果品流通规范:SB/T 11100—2014[S]. 北京:中国标准出版社,2015:2.
[17] 任永新，单忠德，张静，等. 计算机视觉技术在水果品质检测中的研究进展[J]. 中国农业科技导报，2012，14(1)：98-103.
[18] SUN K，LI Y，PENG J，et al. Surface gloss evaluation of apples based

on computer vision and support vector machine method[J]. Food Analytical Methods, 2017, 10(8): 2800-2806.

[19] 周海英，化春键，方程骏. 基于机器视觉的梨表面缺陷检测方法研究[J]. 计算机与数字工程，2013，41(9)：1492-1494.

[20] 何进荣，石延新，刘斌，等. 基于 DXNet 模型的富士苹果外部品质分级方法研究[J]. 农业机械学报，2021,52(7):379-385.

[21] 任显丞，张晓，彭步迅，等. 高光谱技术在苹果品质检测中的应用[J]. 安徽农学通报，2021，27(1)：132-133.

[22] HUANG M, ZHU Q B. Feature extraction of hyperspectral scattering image for apple mealiness based on singular value decomposition[J]. Spectroscopy and Spectral Analysis, 2011, 31(3): 767-770.

[23] ALAM M N, PINEDA I, LIM J G, et al. Apple defects detection using principal component features of multispectral reflectance imaging[J]. Science of Advance Materials, 2018, 10(7): 1051-1062.

[24] PAN T T, CHYNGYZ E, SUN D W, et al. Pathogenetic process monitoring and early detection of pear black spot disease caused by Alternaria alternata using hyperspectral imaging[J]. Postharvest Biology and Technology, 2019, 154: 96-104.

[25] 马佳佳，王克强. 水果品质光学无损检测技术研究进展[J]. 食品工业科技，2021，42(23)：427-437.

[26] 陈思雨，张舒慧，张纾，等. 基于共聚焦拉曼光谱技术的苹果轻微损伤早期判别分析[J]. 光谱学与光谱分析，2018，38(2)：430-435.

[27] 翟晨，彭彦昆，李永玉，等. 基于拉曼光谱的苹果中农药残留种类识别及浓度预测的研究[J]. 光谱学与光谱分析，2015，35(8)：2180-2185.

[28] 王志鹏，吴杰，赵正强，等. 基于声振频带幅值特性香梨硬度无损检测研究[J]. 现代食品科技，2016，32(12)：343-349,373.

[29] 王冉冉，刘鑫，尹孟，等. 面向苹果硬度检测仪的声振信号激励与采集系统设计[J]. 浙江大学学报(农业与生命科学版)，2020，46(1)：111-118.

[30] 曹玉栋，祁伟彦，李娴，等. 苹果无损检测和品质分级技术研究进展及展望[J]. 智慧农业，2019，1(3)：29-45.

[31] 李志霞，聂继云. 无损检测技术及其在果品质量安全检测中的应用[J]. 中国农业科技导报，2013，15(4)：31-35.

[32] 辛松林，秦文，江凌燕，等. 介电特性在食品物料检测中的应用与进展[J]. 现代食品科技，2007，23(1)：99-102.

[33] 孙炳新，匡立学，徐方旭，等. 苹果有效酸度的近红外无损检测研究[J]. 食品工业科技，2013，34(15)：298-301.

[34] JHA S N，GARG R. Non-destructive prediction of quality of intact apple using near infrared spectroscopy[J]. Journal of Food Science and Technology，2010，47(2)：207-213.

[35] 章海亮，孙旭东，郝勇，等. 近红外漫反射无损检测梨果糖度及 pH 值的研究[J]. 西北农林科技大学学报(自然科学版)，2010，38(4)：128-132.

[36] 王铭海，郭文川，谷静思，等. 成熟期梨可溶性固形物含量的近红外漫反射光谱无损检测[J]. 西北农林科技大学学报(自然科学版)，2013，41(12)：113-119.

[37] 王冬，王世芳，罗娜，等. 基于数字光处理技术的梨可溶性固形物含量的无损速测研究[J]. 食品安全质量检测学报，2018，9(11)：2722-2727.

[38] 王茜，吴习宇，庞兰，等. 枇杷内部品质近红外光谱无损检测[J]. 食品与机械，2016，32(5)：67-70，97.

[39] 郭志明，王郡艺，宋烨，等. 手持式可见近红外苹果品质无损检测系统设计与试验[J]. 农业工程学报，2021，37(22)：271-277.

[40] 孟庆龙，尚静，张艳. 苹果可溶性固形物含量的多元线性回归预测[J]. 包装工程，2020，41(13)：26-30.

[41] DONG J L，GUO W C. Nondestructive determination of apple internal qualities using near-infrared hyperspectral reflectance imaging[J]. Food Analytical Methods，2015，8(10)：2635-2646.

[42] CASTRO-GIRÁLDEZ M，FITO P J，CHENOLL C，et al. Development of a dielectric spectroscopy technique for determining key chemical components of apple maturity[J]. Journal of Agricultural and Food Chemistry，2010，58(6)：3761-3766.

[43] 房丽洁，郭文川. 基于介电谱无损检测库尔勒香梨的糖度和硬度[J]. 现代食品科技，2016，32(5)：295-301.

[44] 张佐经，付新阳，陈柯铭，等. 融合密度与光谱特征的苹果霉心病无损检测[J]. 食品与发酵工业，2022，48(15)：281-287.

[45] 李芳，蔡骋，马惠玲，等. 基于生物阻抗特性分析的苹果霉心病无损检测

[J]. 食品科学，2013，34(18)：197-202.
[46] 张建锋，何勇，龚向阳，等. 基于核磁共振成像技术的香梨褐变检测[J]. 农业机械学报，2013，44(12)：147，169-173.
[47] 连爱国，武振华. 果蔬重量分选机：CN2741678[P]. 2005-11-23.
[48] SHIBUYA SEIKI. Internal quality sensor near-infrared ray by invasion method[EB/OL]. [2023-10-26]. https://www.shibuya-sss.co.jp/sss_e/product/miq.html.
[49] SHIBUYA SEIKI. Sorting & grading systems[EB/OL]. [2023-10-26]. https://www.shibuya.co.jp/en/agriculture/select.html.
[50] AWETA. Sorting solutions[EB/OL]. [2023-10-26]. https://www.aweta.com/en/produce/apple.
[51] SHIBUYA SEIKI. Sorting/grading systems[EB/OL]. [2023-10-26]. https://www.shibuya-sss.co.jp/sss_e/product/ai.html.
[52] 计美龙，姚树良. 果蔬分选机：CN306973212S[P]. 2021-11-30.
[53] 道创智能. 道创智能苹果分选机：为"沂源红"品控保价护航[EB/OL]. [2023-10-26]. https://mp.weixin.qq.com/s/GEIPMoUKLfoO9zN6vG2CqQ.
[54] 赵杰文，邹小波，潘胤飞，等. 基于遗传神经网络的苹果气味识别方法研究[J]. 江苏大学学报(自然科学版)，2004，25(1)：1-4.
[55] 郭闯，郭志明，孙力，等. 水果腐败传感监测系统设计与试验[J]. 食品与机械，2021，37(9)：66-72.
[56] CRISOSTO C H，GARNER D，CRISOSTO G M，et al. Increasing 'Blackamber' plum (*Prunus salicina* Lindell) consumer acceptance[J]. Postharvest Biology and Technology，2004，34(3)：237-244.
[57] CRISOSTO C H. How do we increase peach consumption? [J]. Acta Horticulturae，2002，592：601-605.
[58] WANG D C，DING C Q，FENG Z，et al. A low-cost handheld apparatus for inspection of peach firmness by sensing fruit resistance[J]. Computers and Electronics in Agriculture，2020，174(10)：105463.
[59] 徐惠荣，金洛熠，冯锦涛，等. 一种感知水果硬度的软指机械手及检测方法：CN113733149A[P]. 2021-12-03.
[60] 叶乐克，郑洁，陈达. 便携水果硬度计：CN207096012U[P]. 2018-03-13.
[61] ZHANG C X，TANABE K，TANI H，et al. Biologically active gibberel-

lins and abscisic acid in fruit of two late-maturing Japanese pear cultivars with contrasting fruit size[J]. Journal of the American Society for Horticultural Science, 2007, 132(4): 452-458.
[62] 刘燕德，高荣杰，孙旭东. 便携式水果内部品质近红外检测仪研究进展[J]. 光谱学与光谱分析，2010，30(10)：2874-2878.
[63] SIEDLISKA A, BARANOWSKI P, ZUBIK M, et al. Detection of pits in fresh and frozen cherries using a hyperspectral system in transmittance mode[J]. Journal of Food Engineering, 2017, 215: 61-71.
[64] 刘阳，丁奉龙，刘英，等.基于高斯混合模型的青梅表面缺陷检测识别技术[J]. 林业工程学报，2020，5(4):139-144.
[65] 李江波，彭彦昆，黄文倩，等. 桃子表面缺陷分水岭分割方法研究[J]. 农业机械学报，2014，45(8)：288-293.
[66] RIVERA N V, GÓMEZ-SANCHIS J, CHANONA-PÉREZ J, et al. Early detection of mechanical damage in mango using NIR hyperspectral images and machine learning[J]. Biosystems Engineering, 2014, 122(1): 91-98.
[67] 饶秀勤. 基于机器视觉的水果品质实时检测与分级生产线的关键技术研究[D]. 杭州:浙江大学，2007.
[68] 胡俊庆,陈丰农,陈钊庆,等.一种球形果蔬分拣装置:CN114210593A[P]. 2022-03-22.
[69] 刘海涛,朱壹,朱二. 一种果蔬分选设备用防果杯掉落检测系统: CN112845116A[P]. 2021-05-28.
[70] Food and Agriculture Organization of the United Nations. Food wastage footprint: impacts on natural resources[R]. Rome:FAO,2013.
[71] ONWUDE D I, CHEN G N, EKE-EMEZIE N, et al. Recent advances in reducing food losses in the supply chain of fresh agricultural produce[J]. Processes,2020, 8(11): 1431.
[72] TORRES-SÁNCHEZ R, MARTÍNEZ-ZAFRA M T, CASTILLEJO N, et al. Real-time monitoring system for shelf life estimation of fruit and vegetables[J]. Sensors, 2020, 20(7): 1860-1870.
[73] REN G X, CHEN F. Determination of moisture content of ginseng by near infrared reflectance spectroscopy[J]. Food Chemistry, 1997, 60

(3): 433-436.
[74] FERNÁNDEZ L, CASTILLERO C, AGUILERA J M. An application of image analysis to dehydration of apple discs[J]. Journal of Food Engineering, 2005, 67(1-2): 185-193.
[75] 李虎, 吴荣书, 戈振扬. 农业物料干燥过程的 PLC 监控方法[J]. 安徽农业科学, 2008(24): 10715-10716.
[76] 曹玉雪. 冬枣片干燥参数与品质指标实时监控系统设计[D]. 石河子市:石河子大学, 2020.
[77] 赵金海, 王雷, 黄国庆, 等. 蓝莓的营养成分测定及保健功能研究[J]. 黑龙江科学, 2018, 9(9): 26-27.
[78] 刘如增, 李毅. 中国浆果生产现状与发展前景[C]//2005 中国国际饮料科技报告会论文集. 北京:中国饮料工业协会,2005: 36-37.
[79] 刘妍, 周新奇, 俞晓峰, 等. 无损检测技术在果蔬品质检测中的应用研究进展[J]. 浙江大学学报(农业与生命科学版), 2020, 46(1): 27-37.
[80] URRACA R, SANZ-GARCIA A, TARDAGUILA J, et al. Estimation of total soluble solids in grape berries using a hand-held NIR spectrometer under field conditions[J]. Journal of the Science of Food and Agriculture, 2016, 96(9): 3007-3016.
[81] CIVELLI R, GIOVENZANA V, BEGHI R, et al. A simplified, light emitting diode (LED) based, modular system to be used for the rapid evaluation of fruit and vegetable quality: development and validation on dye solutions[J]. Sensors, 2015, 15(9): 22705-22723.
[82] NOGALES-BUENO J, BACA-BOCANEGRA B, JARA-PALACIOS M J, et al. Evaluation of the influence of white grape seed extracts as copigment sources on the anthocyanin extraction from grape skins previously classified by near infrared hyperspectral tools[J]. Food Chemistry, 2017, 221: 1685-1690.
[83] VILELA A, JORDÃO A M, COSME F. Wine phenolics: looking for a smooth mouthfeel[J]. SDRP Journal of Food Science & Technology, 2016,1(1):20-28.
[84] CASSON A, BEGHI R, GIOVENZANA V, et al. Visible near infrared spectroscopy as a green technology: an environmental impact compara-

tive study on olive oil analyses[J]. Sustainability, 2019, 11(9):2611.
[85] RIBERA-FONSECA A, NOFERINI M, JORQUERA-FONTENA E, et al. Assessment of technological maturity parameters and anthocyanins in berries of cv. Sangiovese (*Vitis vinifera* L.) by a portable Vis/NIR device[J]. Scientia Horticulturae, 2016, 209: 229-235.
[86] COSTA G, NOFERINI M, BONORA E, et al. Metodi innovativi di gestione dei frutti nella fase postraccolta—Metodi non distruttivi per valutare la qualità dei frutti[M]. Bologna:Assessorato Agricoltura, 2010.
[87] NOFERINI M, FIORI G, COSTA G. Un nuovo indice di maturazione per stabilire la raccolta ed orientare il consumatore verso la qualità[J]. Rivista di frutticoltura e di ortofloricoltura, 2009, 209: 229-235.
[88] PAMPURI A, TUGNOLO A, GIOVENZANA V, et al. Design of cost-effective LED based prototypes for the evaluation of grape (*Vitis vinifera* L.) ripeness[J]. Computers and Electronics in Agriculture, 2021, 189: 106381.
[89] FERNÁNDEZ-NOVALES J, TARDÁGUILA J, GUTIÉRREZ S, et al. On-the-go VIS+SW−NIR spectroscopy as a reliable monitoring tool for grape composition within the vineyard[J]. Molecules, 2019, 24(15): 2795.
[90] BALUJA J, DIAGO M P, GOOVAERTS P, et al. Spatio-temporal dynamics of grape anthocyanin accumulation in a Tempranillo vineyard monitored by proximal sensing[J]. Australian Journal of Grape and Wine Research, 2012, 18: 173-182.
[91] NAVRÁTIL M, BUSCHMANN C. Measurements of reflectance and fluorescence spectra for nondestructive characterizing ripeness of grapevine berries[J]. Photosynthetica, 2016, 54(1): 101-109.
[92] AQUINO A, DIAGO M P, MILLÁN B, et al. A new methodology for estimating the grapevine-berry number per cluster using image analysis [J]. Biosystems Engineering, 2017, 156: 80-95.
[93] 张青，邹湘军，林桂潮，等. 草莓重量和形状图像特征提取与在线分级方法[J]. 系统仿真学报，2019，31(1): 7-15.
[94] ZHANG C, GUO C T, LIU F, et al. Hyperspectral imaging analysis for ripeness evaluation of strawberry with support vector machine[J]. Jour-

nal of Food Engineering, 2016, 179: 11-18.
[95] LI C Y, KREWER G W, JI P S, et al. Gas sensor array for blueberry fruit disease detection and classification[J]. Postharvest Biology and Technology, 2010, 55(3): 144-149.
[96] CARVALHO M, RIBEIRO P, ROMÃO V, et al. Smart fingertip sensor for food quality control: fruit maturity assessment with a magnetic device [J]. Journal of Magnetism and Magnetic Materials, 2021, 536 (2):168116.
[97] MILIĆ B, TARLANOVIĆ J, KESEROVIĆ Z, et al. Bioregulators can improve fruit size, yield and plant growth of northern highbush blueberry (*Vaccinium corymbosum* L.)[J]. Scientia Horticulturae, 2018, 235: 214-220.
[98] ZHANG Z, GUO K, BAI Y, et al. Identification, synthesis, and safety assessment of forchlorfenuron (1-(2-chloro-4-pyridyl)-3-phenylurea) and its metabolites in kiwifruits[J]. Journal of Agricultural and Food Chemistry, 2015, 63(11): 3059-3066.
[99] GUO W C, WANG K, LIU Z H, et al. Sensor-based in-situ detector for distinguishing between forchlorfenuron treated and untreated kiwifruit at multi-wavelengths[J]. Biosystems Engineering, 2020, 190: 97-106.
[100] 李伟强. 便携式猕猴桃糖度无损检测仪的研发[D]. 杨凌：西北农林科技大学，2017.
[101] BERARDINELLI A, BENELLI A, TARTAGNI M, et al. Kiwifruit flesh firmness determination by a NIR sensitive device and image multivariate data analyses[J]. Sensors and Actuators A: Physical, 2019, 296: 265-271.
[102] 闫希光，张海娥. 应用 I_{AD} 值确定“徐香”猕猴桃后熟过程的内在品质[J]. 农学学报，2019，9(7)：48-52.
[103] 司琦，胡文忠，姜爱丽，等. 常见浆果气调贮藏保鲜技术的研究进展[J]. 食品工业科技，2017，38(24)：330-333.
[104] SU T Y, ZHANG Z J, HAN J X, et al. Sensitivity analysis of intermittent microwave convective drying based on multiphase porous media models[J]. International Journal of Thermal Sciences, 2020, 153:106344.

[105] ZHAO G H, ZHANG R F, LIU L, et al. Different thermal drying methods affect the phenolic profiles, their bioaccessibility and antioxidant activity in *Rhodomyrtus tomentosa* (Ait.) Hassk berries[J]. LWT-Food Science and Technology, 2017, 79: 260-266.

[106] 汪杰君，陈嘉，叶松，等. 开放光程FTIR光谱的葡萄品质劣变监测方法[J]. 光谱学与光谱分析，2018，38(7)：2132-2135.

[107] FAN S X, LI C Y, HUANG W Q, et al. Data fusion of two hyperspectral imaging systems with complementary spectral sensing ranges for blueberry bruising detection[J]. Sensors, 2018, 18(12): 4463-4481.

[108] ORCHARD M E, MUÑOZ-POBLETE C, HUIRCAN J I, et al. Harvest stage recognition and potential fruit damage indicator for berries based on hidden Markov models and the Viterbi algorithm[J]. Sensors, 2019, 19(20):4421.

[109] CHONG C H, LAW C L, FIGIEL A, et al. Colour, phenolic content and antioxidant capacity of some fruits dehydrated by a combination of different methods[J]. Food Chemistry, 2013, 141(4): 3889-3896.

[110] SINELLI N, CASIRAGHI E, BARZAGHI S, et al. Near infrared (NIR) spectroscopy as a tool for monitoring blueberry osmo-air dehydration process [J]. Food Research International, 2011, 44 (5): 1427-1433.

[111] BEGHI R, GIOVENZANA V, MARAI S, et al. Rapid monitoring of grape withering using visible near-infrared spectroscopy[J]. Journal of the Science of Food and Agriculture, 2015, 95(15): 3144-3149.

[112] 杨再雄，吴恋，左建，等. 基于人工智能的农产水果分级检测技术综述[J]. 科技创新与应用，2021，11(22)：41-43.

[113] 刘志刚，王丽娟，喜冠南，等. 水果成熟度检测技术的现状与发展[J]. 农业与技术，2020，40(8)：17-21.

[114] 孙静涛. 基于光谱和图像信息融合的哈密瓜成熟度无损检测研究[D]. 石河子市：石河子大学，2017.

[115] 孙静涛，马本学，董娟，等. 高光谱技术结合特征波长筛选和支持向量机的哈密瓜成熟度判别研究[J]. 光谱学与光谱分析，2017，37(7)：2184-2191.

[116] 王世强. 西瓜成熟度的判断[J]. 农村科学实验，2007(8)：18.
[117] 毛建华. 西瓜成熟度和内部空心的声学检测技术及装置研究[D]. 杭州：浙江大学，2017.
[118] 高宗梅. 激光多普勒测振技术用于西瓜成熟度检测的研究[D]. 杭州：浙江大学，2016.
[119] 邹小波，张俊俊，黄晓玮，等. 基于音频和近红外光谱融合技术的西瓜成熟度判别[J]. 农业工程学报，2019，35(9)：301-307.
[120] 马本学，李锋霞，王丽丽，等. 大型瓜果品质检测分级技术研究进展[J]. 农机化研究，2013，35(1)：248-252.
[121] 田有文，吴伟，卢时铅，等. 深度学习在水果品质检测与分级分类中的应用[J]. 食品科学，2021，42(19)：260-270.
[122] 郭俊先，刘启全，周军，等. 一种基于机器视觉技术的哈密瓜分级机：CN107520144A[P]. 2017-12-29.
[123] 兰春荣. 一种翻转式哈密瓜分级装置：CN207507845U[P]. 2018-06-19.
[124] 王运祥. 哈密瓜分级试验装置的设计与研究[D]. 石河子市：石河子大学，2016.
[125] SUN T，HUANG K，XU H R，et al. Research advances in nondestructive determination of internal quality in watermelon/melon：a review [J]. Journal of Food Engineering，2010，100(4)：569-577.
[126] DHAMSANIYA N K，PATEL N C，DABHI M N. Selection of groundnut variety for making a good quality peanut butter[J]. Journal of Food Science and Technology，2012，49(1)：115-118.
[127] LANCIOTTI R，GIANOTTI A，PATRIGNANI F，et al. Use of natural aroma compounds to improve shelf-life and safety of minimally processed fruits[J]. Trends in Food Science & Technology，2004，15(3-4)：201-208.
[128] HUI G H，WU Y L，YE D D，et al. Fuji apple storage time predictive method using electronic nose[J]. Food Analytical Methods，2013，6(1)：82-88.
[129] POPA C. Ethylene measurements from sweet fruits flowers using photoacoustic spectroscopy[J]. Molecules，2019，24(6)：1144.
[130] DING L Y，DONG D M，JIAO L Z，et al. Potential using of infrared

thermal imaging to detect volatile compounds released from decayed grapes[J]. PloS One, 2017, 12(6):e0180649.
[131] GAO Y, JIAO L Z, JIAO F, et al. Non-intrusive prediction of fruit spoilage and storage time via detecting volatiles in sealed packaging using laser spectroscopy[J]. LWT-Food Science and Technology, 2022, 155:112930.
[132] 刘福华. 基于机器视觉的水果分级分拣系统关键技术研究[J]. 机电信息, 2021(28): 56-57,60.
[133] 刘亚, 木合塔尔·米吉提, 曹鹏程, 等. 高光谱成像技术在水果多品质无损检测中的应用[J]. 农业科技与装备, 2016(5): 50-52,56.
[134] 宋雪健, 王洪江, 张东杰, 等. 基于近红外光谱技术的水果品质检测研究进展[J]. 无损检测, 2017, 39(10): 71-75.
[135] NARANJO-TORRES J, MORA M, HERNÁNDEZ-GARCIA R, et al. A review of convolutional neural network applied to fruit image processing[J]. Applied Sciences, 2020, 10(10):3443.
[136] 张玉华, 孟一, 张明岗, 等. 基于近红外、机器视觉及信息融合的水果综合品质检测[J]. 食品工业, 2018, 39(11): 247-250.
[137] 张玉华, 孟一, 姜沛宏, 等. 基于多传感器信息融合的水果综合品质检测与分级[J]. 食品工业, 2018, 39(6): 250-252.
[138] ZHANG B H, GU B X, TIAN G Z, et al. Challenges and solutions of optical-based nondestructive quality inspection for robotic fruit and vegetable grading systems: a technical review[J]. Trends in Food Science & Technology, 2018, 81: 213-231.
[139] 吕佳煜, 朱丹实, 冯叙桥, 等. 智能传感技术及在新鲜果蔬品质检测中的应用[J]. 食品与发酵工业, 2014, 40(11): 215-221.
[140] 郭志明, 王郡艺, 宋烨, 等. 果蔬品质劣变传感检测与监测技术研究进展[J]. 智慧农业(中英文), 2021, 3(4): 14-28.
[141] BLANES C, MELLADO M, ORTIZ C, et al. Review. Technologies for robot grippers in pick and place operations for fresh fruits and vegetables[J]. Spanish Journal of Agricultural Research, 2011, 9(4): 1130-1141.

第4章 蔬菜智能检测与分级

蔬菜富含人体所需维生素、矿物质以及粗纤维等营养物质，是人们日常饮食中必不可少的食物之一。我国是世界上最大的蔬菜生产国和消费国。蔬菜是我国种植业中位列粮食之后的第二大产业，也是我国农业农村经济发展的支柱产业。随着我国居民生活水平的不断提高，让消费者购买到新鲜、健康、绿色的蔬菜是生产、管理、科研人员共同努力的方向。以机器视觉、光谱分析为代表的无损检测技术已经广泛应用于蔬菜采后的外部、内部以及安全品质的快速检测，在保障消费者饮食健康的同时，也为消费者提供了更加多元的蔬菜产品。另外，蔬菜采后运输、存储过程中的质量监控也是目前急需解决的关键问题。根据蔬菜质量的动态监测情况及时采取行之有效的措施，可以减少蔬菜运输和存储过程中的变质腐烂，延长蔬菜的货架期。不过，当前在蔬菜储运方面的研究还十分有限，主要原因是光、电传感器成本较高，难以实现多点的全局、动态监控，只能做到抽样检测。由于蔬菜种类繁多，考虑到篇幅有限，本章分别就叶菜类、根茎类、瓜类和茄果类以及鲜豆类蔬菜的检测和分级进行叙述。

4.1 叶菜类

叶菜类蔬菜主要指以植物嫩叶和叶柄为食的蔬菜，富含人类日常所需的维生素等多种营养成分。在我国，叶菜种类多，产量大，市场需求高，占蔬菜总产量的30%～40%[1]。由于大多数叶菜形状不规则，因此对于叶菜的检测指标，在外观方面更加关注菜叶的颜色、形状及异物，在内部成分的检测方面则依据蔬菜的不同检测指标略有差异，例如菠菜中的抗坏血酸、白菜的紧实度等。当下的研究热点聚焦于消费者更加关注的安全品质指标的快速检测，例如蔬菜上的农药残留、微生物污染和重金属污染等。由于关于农药残留检测的研究较为完善和系统，故以单独一节进行叙述。

4.1.1 农药残留检测

农药在蔬菜种植过程中用于防治病虫害以及调节植物生长。叶菜中常见的农药根据其作用目标可分为除草剂、杀菌剂、杀虫剂、杀线虫剂和杀螨剂等[2];根据化学结构可分为有机氯、有机磷、氨基甲酸酯等;根据生产方式也可分为传统农药和环境友好型农药。农药的合理使用可以调节和促进植物生长,但农药使用不当会对人体健康造成潜在的危害,这种危害既来源于农业生产过程中的不当操作,也来源于农产品收获后表面上的农药残留[3]。因此,探索快速、有效的农药残留检测方法,可以最大限度地减少或消除农药残留超标所造成的危害,充分保障消费者饮食健康。

当前叶菜的农药残留检测技术根据原理可分为色谱技术,拉曼光谱、近红外光谱、激光诱导击穿光谱、荧光光谱等光谱技术以及生物传感技术等。色谱技术灵敏度高、重复性好,对农药适用范围广,但其样品处理步骤烦琐、仪器昂贵且操作难度大,需要专门人员进行操作,且仍属破坏性检测技术。光谱技术灵敏度高、检测速度快,可实现无损检测,但容易受其他环境因素的干扰。生物传感技术具有选择性好、成本低、重复性好等特点[4]。

1. 光谱技术

在基于光谱技术的叶菜农药残留检测中,拉曼光谱技术的应用最为广泛。一般的拉曼光谱技术由于信噪比低、背景光谱干扰等,难以对检测物进行有效分析,因此大部分基于拉曼光谱的检测都使用了表面增强技术,即表面增强拉曼光谱技术。表面增强拉曼光谱技术通常使用金或银纳米粒子作为基底来增强拉曼光谱信号。随着基底材料制作技术的不断发展,后来出现的柔性基底不但可以无损地富集待测叶菜表面的农药残留,还可以适应叶片的不规则表面,透明的柔性基底甚至还可以实现原位检测[5]。基于表面增强拉曼光谱技术的叶菜农药残留检测方式根据收集分析物方式的不同可分为以下 3 种。

(1) 渗透式取样。首先需要使用有机溶剂萃取样品上的农药残留,然后使用基底吸收萃取后的溶液并测量基底的拉曼光谱。Chen 等人[6]使用该方法对黄瓜、生菜、小白菜中的百草枯、噻菌灵、三环唑、水胺硫磷 4 种农药残留进行了检测。结果显示,蔬菜中农药残留的含量与拉曼光谱强度呈现出明显的线性关系,该方法对上述 4 种农药残留的检出限分别为 1×10^{-9} mol/L、5×10^{-9} mol/L、5.28×10^{-9} mol/L 和 3.45×10^{-7} mol/L。但该检测方式的缺点在于需要破坏样品来提取分析物。

(2) 拭子取样。将柔性基底粘贴到待测样品表面或擦拭待测样品表面来收集分析物，然后采集基底的拉曼光谱。该方法的缺点在于采集分析物效率不高，检测精度相对较低。Chen 等人[7]针对待测样品表面分析物难以提取的问题，首先将胶带固定在玻璃片上，在带黏性的一面滴加金纳米颗粒溶液，涂匀后干燥，制成柔性基底。在检测时将该基底粘贴到油菜表面提取分析物，然后采集基底的拉曼光谱。结果表明，该柔性基底可有效贴合复杂的样品表面进行分析物的提取，且制作成本低，灵敏度高，与商业中使用的酶抑制法相比，该方法可以提供丰富的分析物分子结构信息且不需要提前预制基底，便于储运。Sun 等人[8]将生菜、胡萝卜、黄瓜的部分表面组织固定在玻璃片上，浇注聚二甲基硅氧烷并加热固化得到基底模板，然后使用氧气等离子体对基底模板进行处理来提高表面附着力，最后使用磁控溅射技术附着银纳米颗粒来形成最终的仿生柔性基底。将该基底用于上述蔬菜表面噻菌灵残留的拉曼光谱检测，检出限可达 1×10^{-6}。

(3) 原位检测。将透明柔性基底粘贴到待测样品表面，直接采集基底的拉曼光谱实现对样品表面农药残留的检测，是一种方便、高效的无损检测方法。但该方法在现场检测时容易受到背景因素的干扰。Chen 等人[9]基于银纳米粒子装饰的纳米纤维素开发出一种具有果冻质感、灵敏度高的柔性基底。首先将 5.2 mg 盐酸羟胺（$NH_2OH\cdot HCl$）和 5.9 mg 氢氧化钠（NaOH）溶解于 45 mL 去离子水中，再迅速加入 5 mL 浓度为 0.1 mol/L 的硝酸银溶液，将最后形成的混合物搅拌 30 min 用以合成银纳米粒子胶体。取 1 mL 该银纳米粒子胶体，以 10000 r/min 的转速离心 10 min，与 5 g 纳米纤维素混合在一起得到实验所用基底。经初步验证，该基底具有较高的灵敏度、长期储存的稳定性、测量的一致性和可重复性。应用该基底对卷心菜表面的福美双和噻菌灵残留进行检测。首先使用一定浓度的福美双和噻菌灵的标准液测量拉曼光谱作为参考，然后将基底涂抹在具有福美双和噻菌灵残留的卷心菜样品的表面，测量拉曼光谱并根据所得拉曼光谱计算样品表面农药残留浓度（见图 4-1）。结果表明，该方法对两种农药的最低检出限分别为 4.2×10^{-7} mol/L 和 4.9×10^{-6} mol/L。

与表面增强拉曼光谱技术相比，近红外光谱技术不但具有快速、无损的特点，且无须制作基底，也被用于叶菜表面农药残留的定量和定性分析。Sun 等人[10]使用全透射近红外光谱技术对生菜叶中的杀虫剂（氰戊菊酯、毒死蜱）残留进行了定性分析。首先根据国家标准中最大残留限来配置实验所用农药溶液，分别使用有效活性成分含量为 20%与 40%的氰戊菊酯和毒死蜱原液与蒸馏水按 1∶10000 的体积比混合获得农药溶液，然后将农药溶液喷洒到生菜叶样品

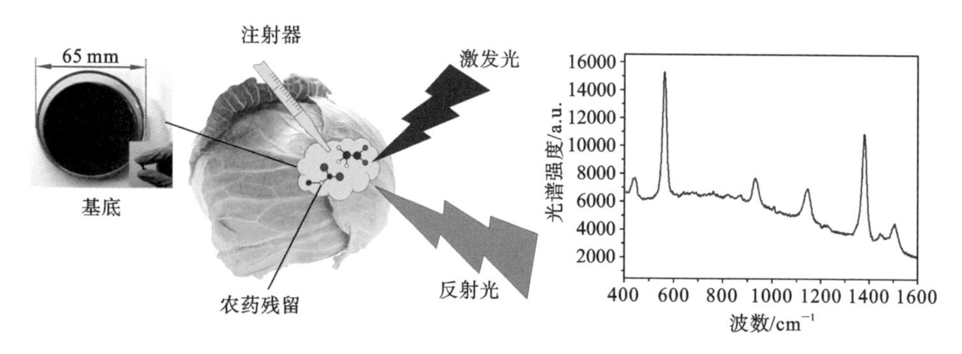

图 4-1　基底外观和微观结构以及检测过程示意图[9]

上，采集波段范围为 950～1650 nm 的近红外光谱，使用连续投影算法(SPA)、竞争性自适应重加权采样(CARS)、迭代保留信息变量(iteratively retains informative variable, IRIV)以及三者中的两两组合挑选特征波长，使用引力搜索算法(gravitational search algorithm, GSA)对支持向量机(SVM)进行优化并建立模型。结果显示，CARS-IRIV-GSA-SVM 模型取得最佳效果，在预测集上将叶片分为正常叶片和喷洒过农药的叶片的正确率为 98.3%。

在基于光谱技术的叶菜农药残留检测研究中，激光诱导击穿光谱(laser-induced breakdown spectroscopy, LIBS)技术和荧光光谱技术也是比较常用的检测方法。LIBS 技术是通过将高功率脉冲激光聚焦到样品表面，将样品激发形成等离子体，从而在原子水平上获得有关样品组成元素的相关信息。Zhao 等人[11]使用表面上涂有不同浓度的毒死蜱的四季葱作为样品，针对毒死蜱中所含的化学元素(磷、氯)，通过在样品上滴加银纳米粒子溶液来强化 LIBS 中磷、氯的特征峰值。该检测方法无须破坏样品，但部分基于 LIBS 技术的农药残留检测方法仍需要对样品进行预处理。Martino 等人[12]基于 LIBS 技术对甜菜叶中有无农药残留以及残留农药的种类进行了分析。将新鲜甜菜叶样品用蒸馏水洗净、烘干至恒重，磨碎并筛分获取粒度均匀的粉末样品。取 2.5 g 粉末样品与 0.75 mL 不同农药溶液混合均匀，使用同样质量的粉末样品与 0.75 mL 蒸馏水混合作为对照组，用压实机将混合物制成圆柱状并获取 LIBS。确定了用以判别甜菜叶中多菌灵、氯氰菊酯、毒死蜱、乐果、吡虫啉残留的目标化学元素(磷、硫、碳、氯)，得到每个目标化学元素的光谱特征峰所对应的特征波长(253.60 nm、416.26 nm、415.33 nm 和 725.66 nm)，并使用主成分分析(PCA)对光谱进行分析，建立线性判别分析(LDA)模型，其对上述 5 种农药残留分类错误率分别为 5%、10%、5%、2.5%和 20%，对样品是否含农药残留判别错误率为 15%。

荧光光谱技术通过记录并分析待测物分子在紫外光或可见光的照射下，被激发后又返回基态时所发出的光来获取待测物相关信息[13]。这种技术具有灵敏度高、选择性强的特点。孙俊等人[14]设计了一款基于荧光光谱的便携式叶片表面农药残留检测装置，可对叶片表面的农药残留直接进行无损检测。首先确定了使用荧光光谱法检测叶片表面啶虫脒残留的最佳激发光波长和最佳发射光波长，分别为350 nm和500 nm。此外，该研究还表明利用荧光光谱技术直接检测叶片表面农药残留容易受到光源照射角度、叶片表面平滑度、叶片放置位置等因素的影响。通过对比不同光照角度下的荧光光谱强度，确定了检测仪器最佳光照角度为45°。通过计算确定了光源和待测叶片之间的最佳垂直距离为3.46 cm。使用具有不同浓度啶虫脒残留的新鲜生菜叶作为样品对仪器进行标定，建立了叶片表面农药残留预测模型。该模型具有良好的检测性能，对预测集检测的决定系数为0.875，均方根误差为0.405 mg/L。

陈菁菁等人[15]结合荧光高光谱成像技术，对油菜表面的毒死蜱残留进行了定性检测。将经甲醇稀释成5个不同质量分数(0.5 mg/kg、1 mg/kg、2 mg/kg、8 mg/kg、16 mg/kg)的毒死蜱喷洒在清洁干净的油菜叶片表面，采集400～1100 nm的高光谱荧光图像。选择波长在429 nm处的图像作为基准图像，根据基准图像分割图像荧光区域和非荧光区域，并得到荧光区域的平均光谱。结果发现，毒死蜱的荧光光谱特征峰位于437 nm附近，且其峰值随着农药浓度的降低而降低。

2. 生物传感技术

用于叶菜农药残留检测的生物传感器按照工作原理可分为电化学传感器、压电式传感器、光学传感器、色度传感器等。其中电化学传感器通过检测生物反应中的电子产生或消耗来对目标物进行检测，是当前最受关注的一类生物传感器，其已经应用于农药残留检测，且准确度高、灵敏性好，仪器结构简单，成本相对较低。Zhao等人[16]开发了一种智能植物可穿戴传感器。首先使用激光感应系统在商用聚酰亚胺薄膜上做出多孔激光诱导石墨烯电极，然后将制作好的电极转移到二甲基硅氧烷薄膜上便得到该传感器。该传感器可有效适应作物的不规则表面进行原位分析。对苹果和菠菜中的甲基对硫磷进行检测，检出限为0.01 μmol/L。

Bakytkarim等人[17]以碳化硅纳米颗粒和多壁纳米碳管为原材料制作了纳米材料墨水，并使用壳聚糖作为纳米材料墨水的稳定剂。使用该墨水制作的工作电极的微观结构致密、稳固，有利于导电。在宏观结构方面，该电极不但可以牢固贴合在待测物体表面，而且可以承受各种剧烈的几何形变而不被损坏。对红薯叶、大白菜、黄瓜等样品上的对硫磷溶液浓度进行检测(见图 4-2)。结果显示，回收率为 76.0%～96.2%，相对标准偏差在 9%以下，检出限为 20 ng/mL，说明基于纳米材料墨水制作的电化学传感器可应用于农产品中对硫磷残留的有效检测。

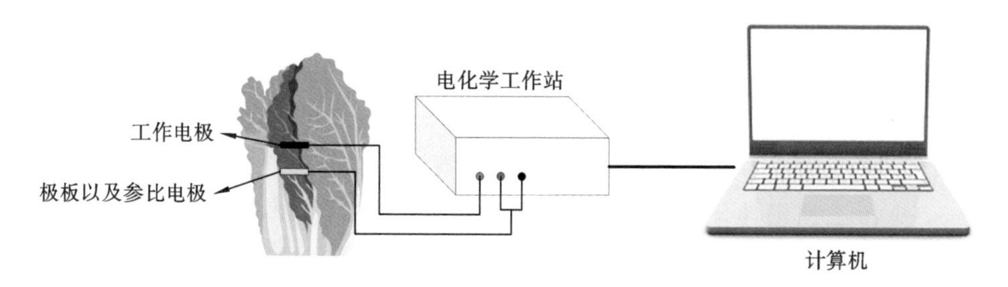

图 4-2 基于纳米材料墨水制作的电化学传感器的检测过程示意图[17]

Raymundo-Pereira 等人[18]设计了一种可穿戴的嵌入塑胶手套上的柔性电化学传感器并对卷心菜、苹果、橙子表面的农药残留进行原位检测。该柔性电化学传感器由辅助电极、参比电极、工作电极三个电极组成。分别在食指、中指、无名指嵌入 3 个电化学传感器，其中食指上的电化学传感器的工作电极使用碳球壳进行修饰用以检测多菌灵，中指上的工作电极使用碳纳米球进行修饰用以检测敌草隆，无名指上的工作电极则不进行修饰，用以检测百草枯和杀螟松。结果显示，检出限分别可以达到 0.023 μmol/L、0.638 μmol/L、0.047 μmol/L 和 0.916 μmol/L。

4.1.2 品质检测-分级-包装生产线装备

叶菜的品质检测主要包括其外部品质、内部品质和安全品质的检测。随着研究的深入和技术的不断进步，当前已经有不少商品化的检测、分级和包装设备用于叶菜的智能化加工。

1. 外部品质检测与分级

叶菜变黄、腐烂、虫害等问题会危害消费者的健康。针对人工挑选费时费力的问题，魏文松等人[19]开发了基于机器视觉的叶菜外部品质在线检测与分级系统以实现黄化叶、腐烂叶以及虫眼叶的快速识别(见图 4-3)。该系统硬件部分主要包括基于负压吸气式的样品分离单元、基于 LED 和彩色相机的图像采集单元以及气吹式分选单元等。该系统可以实现样品信息的自动采集、数据分析、结果显示和分级处理。利用 320 个菠菜样品对装置性能进行试验验证，其中黄化叶、虫眼叶、腐烂叶以及正常叶数目各为 91、75、91、63。针对黄化叶与腐烂叶，利用 RGB 到 HSV(hue saturation value，色度，饱和度，纯度)的颜色空间变换方法提取菠菜黄化叶与腐烂叶的特征信息，实现菠菜黄化叶与腐烂叶的判别；针对虫眼叶，在 RGB 颜色空间中对虫眼叶进行灰度化、二值化及形态学消噪提取虫眼叶轮廓特征信息，实现虫眼叶判别及虫眼面积的计算。试验结果表明，利用该系统对黄化叶、腐烂叶以及虫眼叶的判别正确率分别为 96.70%、92.59%、84.62%，整体判别正确率为 94.69%。

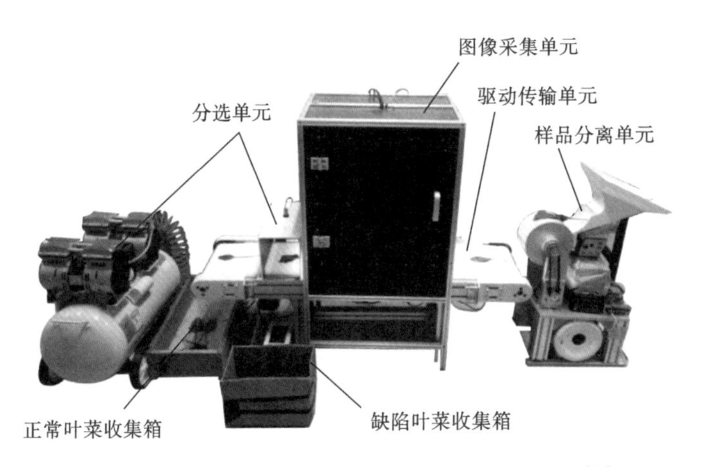

图 4-3 叶菜外部品质在线检测与分级系统实物图[19]

叶菜在清洁后可能仍然会有蠕虫和蛞蝓等污染物的存在。目前，此类污染物主要是通过肉眼识别并通过手工消除的。整个过程需要大量劳动力，且效率低下。考虑到生菜叶片正面和背面都有存在异物的可能，Mo 等人[20] 利用高光谱成像技术，开发了一种在线检测生菜两个表面污染物的装置和方法。整个装置由样品输入单元、输送传送带、缺陷去除单元、翻转单元等组成(见图 4-4)。切好的生菜被输入样品输入单元，然后被输送到传送带上，通过缺陷判定单元中的高光谱图像(400～1000 nm)，被检测为有缺陷的样品被缺陷去除单元剔除。剩余样品经翻转单元反转后放置在输出传送带上，测量生菜另一侧的高光谱图像并将预测有缺陷的样品通过缺陷去除单元剔除。对于被蠕虫和蛞蝓污染的生菜样品的检测，首先从采集到的高光谱图像中，分别提取蠕虫污染区域、蛞蝓污染区域以及健康区域的光谱信息，通过计算任意两个波段(A、B)的所有可能组合，包括双波段比率(A/B)、双波段减法(A－B)以及双波段比率和减法的组合((A－B)/A、(A－B)/(A＋B))，然后采用单因素方差分析方法确定每种组合下，用于区分被污染的生菜与健康生菜的最佳波段组合。经过比较不同波段组合下的检测精度，减法成像算法对蛞蝓的检测取得了最好结果，对于预测集样品的生菜两个面的正确率分别为 99% 和 97.5%。对于蠕虫的检测，(846 nm－924 nm)/846 nm 波段组合图像取得了最好的检测结果，对于预测集样品的生菜两个面的正确率分别为 100% 和 99.5%。总体结果表明，基于高光谱成像技术的叶菜异物在线检测系统可以用于实时鉴别生菜上的蠕虫和蛞蝓。

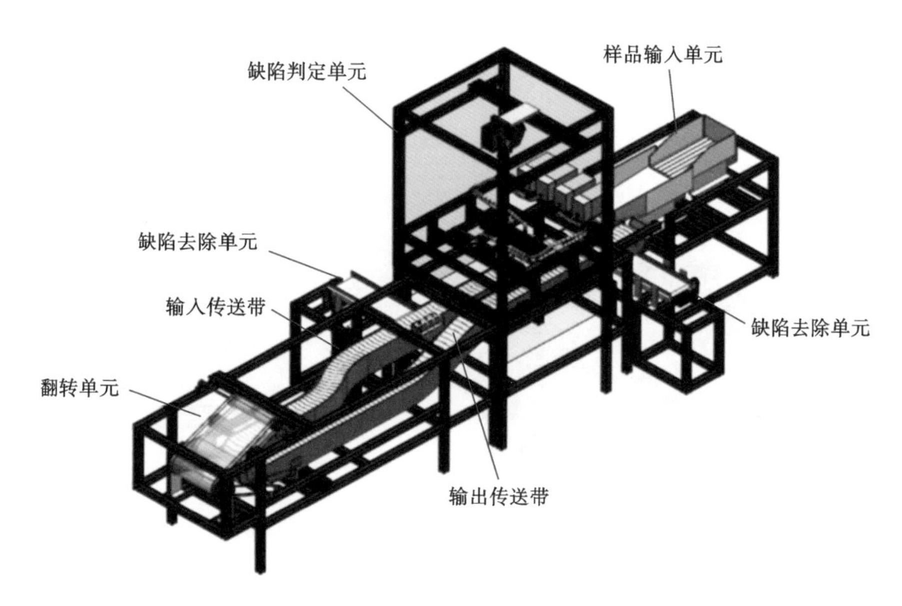

图 4-4　基于高光谱成像技术的叶菜异物在线检测系统[20]

结球甘蓝按其品质可以分为 1 等品、2 等品和 3 等品三个等级，叶球类型是一项用于分级检测的重要指标。李鸿强等人[21]提出了一种机器视觉技术结合反向传播神经网络(BPNN)快速鉴别结球甘蓝叶球类型的方法。购买 3 种叶球类型的甘蓝：尖球形(叶球高度大于宽度，叶球底部宽，顶部呈尖形)、圆球形(叶球宽度和高度相近)以及扁球形(叶球宽度明显大于高度，顶部扁平)。运用图像处理技术，提取结球甘蓝的高度、宽度、长轴、面积 4 个绝对形状参数，在此基础上定义了高宽比、圆形度、矩形度、椭形度、球顶形状指数 5 个相对形状参数。以 4 个绝对参数、5 个相对参数以及上述所有 9 个参数分别作为网络输入，建立 BPNN 叶球类型识别模型。测试结果表明，以绝对参数作为输入的 BPNN 识别正确率仅为 62.5%，而以相对参数作为输入的 BPNN 以及以所有 9 个参数作为输入的 BPNN 对叶球类型的识别正确率均达 100%。

2. 内部品质检测与分级

抗坏血酸是植物体内合成的一类己糖内酯化合物，是大多数生物体内重要的抗氧化剂和许多酶的辅助因子，在植物生长发育中起着重要作用。同时，这种酸与铁的生物利用和可溶性固形物含量（SSC）密切相关，而 SSC 关系到蔬菜的最佳采收期和保质期。因此，对抗坏血酸的快速检测变得更加重要。

Pérez-Marín 等人[22]采用手持式光谱仪收集了多个品种的菠菜叶片 1600～2400 nm 波段范围的近红外光谱信息，尝试对菠菜进行非破坏性的原位质量评估，以便确定菠菜收获后的不同用途。因为在分析每株菠菜时，需要使用 4～10 片叶子对 SSC、抗坏血酸含量进行测试，所以首先将从每片叶子的 4 条光谱中获得平均光谱作为每个叶片的光谱，然后从每个样品的 4～10 个叶片中获得平均光谱作为样品光谱。使用改进偏最小二乘回归算法用于抗坏血酸含量和 SSC 的预测。结果显示，抗坏血酸含量预测模型的预测集决定系数 R_p^2 仅为 0.25。但对 SSC 可以实现有效预测，R_p^2 达到了 0.86，预测标准误差（SEP）为 0.59°Brix。

Kramchote 等人[23]基于可见/近红外光谱技术（500～1000 nm）比较了漫透射和反射两种光谱采集方式在检测卷心菜品质（水分含量、SSC、抗坏血酸含量）方面的潜力（见图 4-5）。卷心菜的光谱测量位置选在环绕赤道且间隔为 120°的三个点（1、2、3）以及卷心菜顶部的一个点（4）。手动旋转卷心菜以切换光谱测量位置，每个测量位置采集 10 条光谱，所有位置的平均光谱作为该样品的光谱信息。按照约 1∶1 的比例将所有 135 个样品划分为校正集和预测集。校正集数据用于可见/近红外光谱模型的构建，预测集数据则用于模型性能的验证。使用 1、2 阶导数对采集到的漫透射光谱和反射光谱数据进行预处理，采用偏最小二乘回归（PLSR）方法构建和比较不同采集模式下和基于不同预处理方法的水分含量、SSC 和抗坏血酸含量预测模型。结果表明，基于经过 2 阶导数处理的反射光谱数据建立的 PLSR 模型在水分含量预测方面效果最佳，对应 R_p^2 为 0.74，预测集均方根误差（RMSEP）为 2.50 g/kg。在 SSC 和抗坏血酸含量的预测方面，基于经过 2 阶导数处理的漫透射光谱数据建立的模型取得了最佳预测结果，R_p^2 分别为 0.66 和 0.61，RMSEP 分别为 0.20°Brix 和 0.11g/kg FW（fresh weight）。上述结果说明，基于可见/近红外光谱技术来评估卷心菜的内部品质是可行的。对比本章参考文献[22]中的菠菜抗坏血酸含量的检测结果，本研究有了较大提高，而对于 SSC 的检测恰好相反。因此在实际生产过程中，需要针对不同的检测对象和检测指标，合理选择近红外光谱采集方式和波段

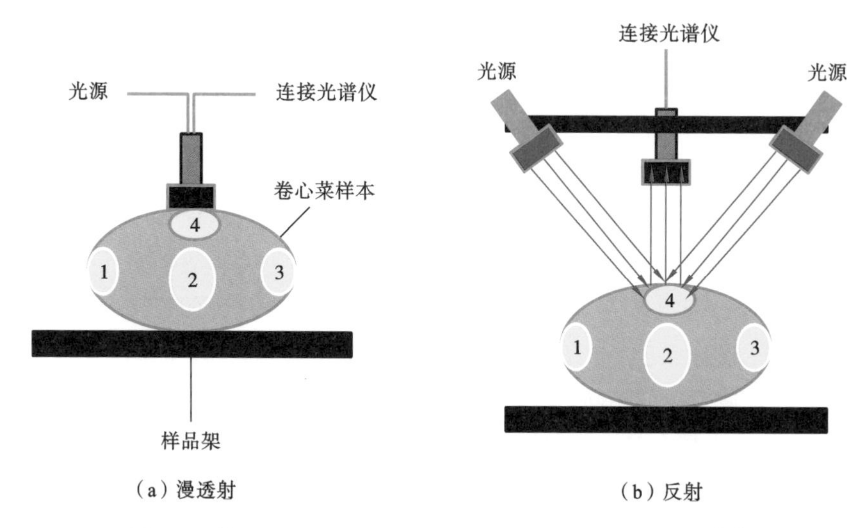

图 4-5 基于可见/近红外光谱技术的卷心菜品质检测装置[23]

范围。

氮(nitrogen, N)、磷(phosphorus, P)、钾(kalium, K)是维持叶菜生长状态和提高叶菜产量的重要营养物质。叶菜在生长期间对肥料营养要求较高,如何合理施肥是农业专家必须解决的问题,而精确施肥是以作物营养元素准确检测为前提的。Zhang 等人[24]探讨了可见/近红外高光谱成像系统对油菜叶片中N、P和K含量的快速、无损检测和分布估计。在 380～1030 nm 波长范围内采集了 140 个叶片样品的高光谱图像并提取整个叶片的平均光谱作为后续分析的光谱数据。分别应用 PLSR 和最小二乘支持向量机(LSSVM)基于养分含量与相应的光谱数据构建检测模型,对于 N 和 P 含量的预测,LSSVM 模型取得了最好的检测结果,预测集相关系数 R_p 分别为 0.882 和 0.710,而对于 K 含量的预测,PLSR 模型取得了最好的检测结果,R_p 为 0.746。进一步,将建立的最佳模型用于高光谱图像中每个像素点 N、P、K 含量的预测,得到对应的空间含量分布图(见图 4-6)。不同颜色表示叶片中对应养分含量的高低。整体结果表明,高光谱成像技术是一种可用于定量和可视化检测油菜叶片中营养物质的原位检测方法。

除了上面提到的油菜叶,Xiong 等人[25]利用可见/近红外光谱技术测定了新鲜生菜中的 K 含量。以 211 片新鲜的香波绿生菜(frill-ice lettuce)和红叶生菜(red-tip leaf lettuce)的叶片为研究对象。样品分析前在(4±2) ℃下最多储存 3 天,以保持生菜的新鲜和叶片中 K 含量的稳定性。取出样品后在 25 ℃下

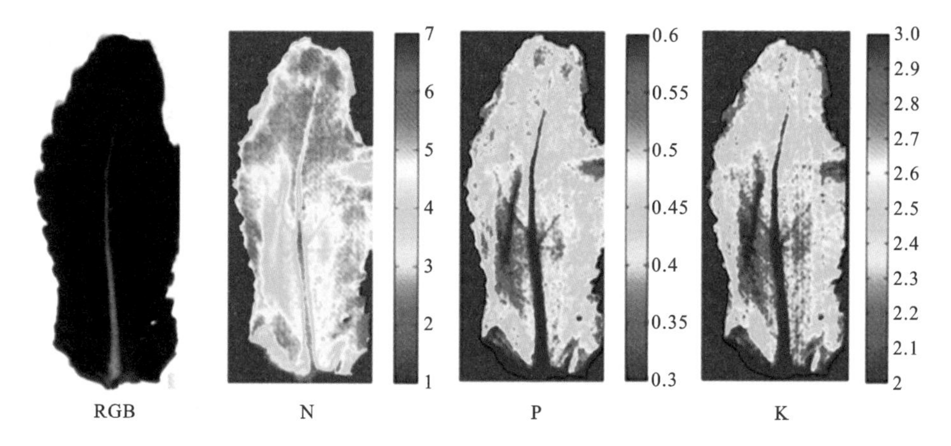

图 4-6　油菜叶片中氮(N)、磷(P)和钾(K)分布预测图[24]

放置 3 h,以达到样品温度与实验环境温度的平衡。为了考察生菜叶片不同部位 K 的分布情况,将整个叶片分为叶柄和绿叶两部分进行光谱和对应真实值的测量。分别在每个测试样品的绿叶和叶柄上随机选取 3 个不同位置用于透射光谱(500～1000 nm)测量(见图 4-7(a)),对每个位置进行 10 次可见/近红外光谱扫描并取平均值,3 个位置的平均光谱作为该样品的绿叶光谱和叶柄光谱。光谱数据收集完成后立即进行真实值分析。结果显示,叶柄部分的 K 含量高于绿叶部分的 K 含量。无论是绿叶还是叶柄部位 K 含量的预测,混合 2 个品种的数据所构建的模型比单一品种下的数据构建的模型效果要好。同时,与传统的 PLSR 模型的预测结果相比,径向基函数(radial basis function, RBF)神经网络模型取得了更好的预测结果。结合 CARS 算法筛选得到的特征波长,对混合 2 个生菜品种的绿叶和叶柄中 K 含量预测的 R_p^2 分别为 0.86、0.88,RMSEP 分别为 31.20 mg/100 g、27.63 mg/100 g,剩余预测偏差(RPD)分别为 2.44、2.47。其中对叶柄中 K 含量的预测集检测结果如图 4-7(b)所示。该研究的总体结果揭示了可见/近红外光谱技术作为一种客观和非破坏性的方法来检测新鲜生菜中 K 含量的巨大潜力。

颜色、质地和干物质是鉴别菠菜新鲜度和品质的重要属性。Sánchez 等人[26]使用手持式光谱仪以反射模式在菠菜叶片上采集 1600～2400 nm 范围的光谱用于颜色(a^* 和 b^*)、质地(最大断裂力、韧性、刚度和位移)和干物质含量的检测。对于质地的真实值,通过将每片叶子放在两个带有重合孔的金属板之间以保持叶片平整,然后采用直径为 6 mm 的探针刺入菠菜叶片生成每片菜叶的力-位移曲线图并从图中得到:① 最大断裂力(刺穿叶片所需的力);② 韧性

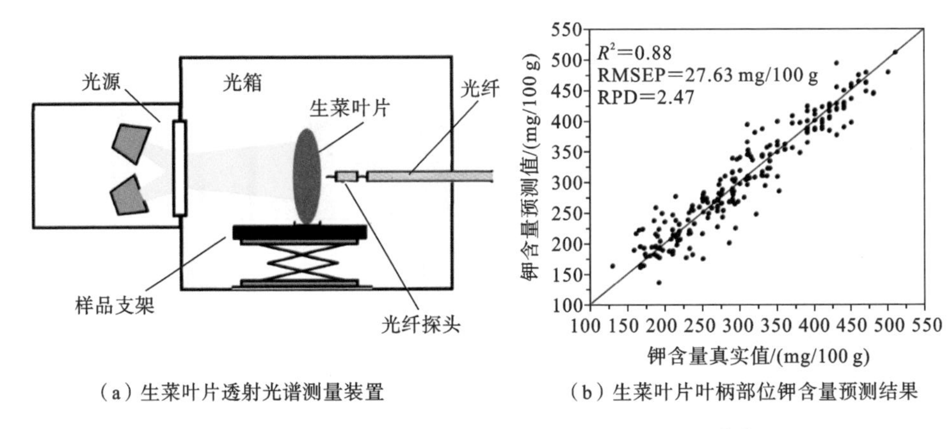

（a）生菜叶片透射光谱测量装置　（b）生菜叶片叶柄部位钾含量预测结果

图 4-7　生菜叶片近红外光谱检测装置及检测结果[25]

(力-位移曲线下的面积)；③ 刚度(曲线的斜率)；④ 位移(使每片叶子断裂所需要的探针位移)。由于使用的光谱仪的波段范围没有覆盖可见光波段，因此对于菠菜叶片颜色的预测效果不是十分理想，对 a^* 和 b^* 的 R_p^2 分别为 0.31、0.13。对于干物质含量的预测，预测结果最好，R_p^2 达到 0.70，SEP 达到 1.58% FW。对于最大断裂力、韧性、刚度和位移，对应的 R_p^2 分别为 0.62、0.63、0.65 和 0.50。上述研究结果再次表明，近红外光谱技术在叶菜质量原位分析上具有巨大潜力，可助力施肥和灌溉等栽培实践。

除了上述检测手段外，机械振动响应也被应用于蔬菜的品质检测中。一系列以感官评价为主和化学分析为辅的传统检测方法已被用于大白菜的品质评价。然而，这些传统的检测方法既耗时又具有破坏性，尤其是在评估大白菜的紧实度和营养成分方面。大白菜的营养成分和紧实度是评价其质量和可接受程度的关键因素，对于减小生产和收获过程中的经济损失也至关重要。Zhang 等人[27]搭建了图 4-8(a)所示的机械振动响应采集装置用于大白菜质量评估。该装置主要由支撑垫、支撑平台、三轴加速度传感器、冲击锤、数字采集记录仪等组成。当冲击锤撞击大白菜时，振动传感器从样品表面接收振动信号，然后传输到数字采集记录仪。随后将响应信号传输到计算机并通过快速傅里叶变换进行分析。由于大白菜样品通常在 0～200 Hz 的频率范围内表现出 3 个或 4 个共振频率，从优化的 X 轴和 Z 轴方向的频率响应曲线中分别提取每颗大白菜的前 3 个共振频率，进一步得到每个共振频率下的阻尼比、弹性指数、刚度系数、刚度指数等共计 26 个特征。大白菜营养品质如 SSC、水分含量(moisture content, MC)、维生素 C 含量(vitamin C content, VC)和粗纤维含量(crude fi-

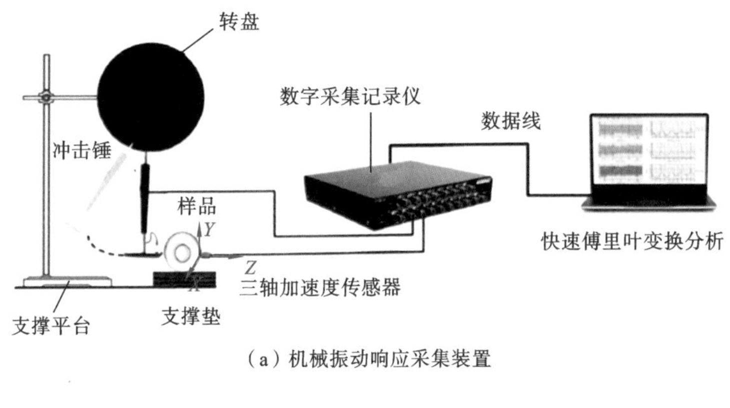

(a) 机械振动响应采集装置

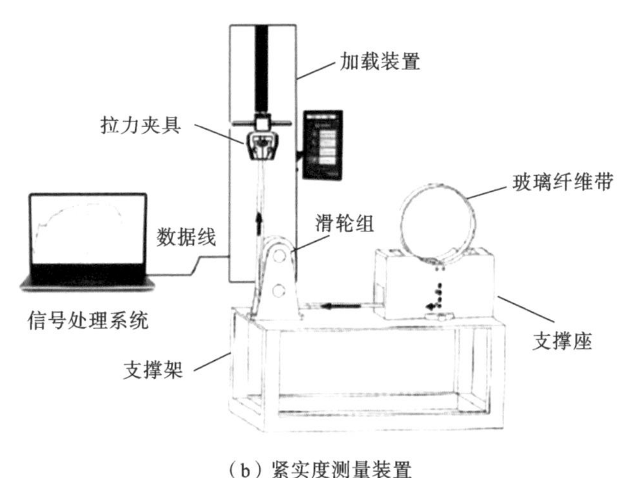

(b) 紧实度测量装置

图 4-8　基于机械振动响应的大白菜营养品质和紧实度检测装置[27]

ber content, CC),由传统破坏性化学方法获取,而紧实度则由自制装置测定(见图 4-8(b))。该装置主要由支撑架、支撑座、玻璃纤维带、滑轮组、拉力夹具、加载装置和信号处理系统组成。采用逐步多元线性回归方法建立大白菜的营养品质、紧实度与振动响应之间的定量分析模型。结果表明,紧实度指标适用于评价大白菜的质地,基于振动响应对紧实度的预测是有效的,其 R_p 和 RMSEP 分别为0.757和 0.002 MPa。另外,对 CC(R_p=0.689,RMSEP=0.224 g/kg)、VC(R_p=0.682,RMSEP=0.009 g/kg)、MC(R_p=0.677,RMSEP=0.879%)的评估也取得了满意结果。然而,对 SSC(R_p=0.590,RMSEP=0.353 g/kg)的检测结果不是十分理想。整体结果表明,该研究为大白菜质量的无损评估提供了一种新的方法,可应用于大白菜采后过程中的在线检测、分级和质量评价以及存储期间质量的评估。

3. 安全品质检测

随着世界人口的增加，对蔬菜的需求也越来越大，使得蔬菜生产逐渐发展为集约化生产的形式。这种集约化的管理、施肥等手段极大地提高了蔬菜生产效率，很大程度上解决了蔬菜短缺的问题。然而，随着经济的快速发展和人们生活水平的提高，食品安全问题越来越受到人们的重视。蔬菜产业化的发展以及追求高产，导致生产过程中施用化肥尤其是氮肥过量等问题日益突出，进而导致蔬菜硝酸盐含量超标。硝酸盐进入人体内，一部分会转化为亚硝酸盐，对人类身体健康产生重大危害。

Vega-Castellote 等人[28]基于近红外光谱技术研究了菠菜硝酸盐含量的在线检测。光谱在线采集装置主要包括波长范围为 834～2502 nm 的傅里叶变换型光谱仪以及样品传送带。传送带速度设为 4.77 cm/s，每个样品的扫描时间为 8 s，扫描次数为 16 次。选用不同品种和产地连续 3 年收获的 516 颗菠菜作为研究对象(2018 年 195 颗，2019 年 228 颗，2020 年 93 颗)。采用两种方法划分数据集，第一种方法将 2018 年和 2019 年的样品组成校正集(C_1，共 423 个样品)，2020 年的样品组成验证集(V_1，共 93 个样品)；第二种方法将 C_1 中所有样品与 V_1 中的前 30 个样品组成校正集(C_2，共 453 个样品)，V_1 剩余的样品组成验证集(V_2，共 63 个样品)。应用非线性回归算法和改进的 PLSR 算法构建菠菜硝酸盐含量检测模型。结果表明，包含更多样品的第二种建模策略取得了更好的预测结果。从实践的角度来看，该模型可以在生产线上用于菠菜硝酸盐含量的高、低分级。如果以准确量化硝酸盐含量为检测目的，可以探索其他更准确的硝酸盐含量测量技术，例如将高效液相色谱法作为参考方法来构建菠菜硝酸盐含量的近红外数据模型。

除动态检测外，便携式光谱检测设备也被用于菠菜硝酸盐含量的检测。Torres 等人[29]使用基于线性可变滤光片技术的便携式光谱仪(波长范围为 908～1676 nm)分别在以下 3 个条件下模拟菠菜供应链上不同节点进行菠菜硝酸盐含量和 SSC 的检测：① 收获前的田间测量(第 1 组)；② 在实验室再次进行光谱检测，模拟加工行业在菠菜收获时的检测(第 2 组)；③ 摘掉叶片并对清洗过的叶片进行光谱检测，模拟菠菜叶片包装前的场景(第 3 组)。采用改进的 PLSR 算法和采集的光谱建立菠菜 SSC 和硝酸盐含量的预测模型，3 组检测结果如表 4-1 所示。根据获取的 RPD 值，所用模型可以大致将高、中、低硝酸盐含量样品分开。便携式近红外光谱检测设备可用于田间 SSC 的预测以确定菠菜的最佳收获时间，同时，也可在生产链的不同环节进行硝酸盐含量的检测，不仅可以指导菠菜生长过程中的氮肥施用，也可以用于产后高硝酸盐含量样品的剔除。

表 4-1 可溶性固形物含量和硝酸盐含量在不同组的检测结果[29]

参数	组别	R_{cv}^2	SECV	RPD
可溶性固形物含量/(%)	第 1 组	0.55	1.1	1.55
	第 2 组	0.60	1.0	1.66
	第 3 组	0.62	1.0	1.76
硝酸盐含量/(mg/kg)	第 1 组	0.59	725	1.55
	第 2 组	0.52	772	1.45
	第 3 组	0.54	766	1.46

新鲜叶菜很容易受到各种微生物和病原体的污染，如大肠杆菌、沙门氏菌、单核细胞增多性李斯特氏菌以及粪便、土壤中的其他病原体。蔬菜的微生物和病原体污染检测是保证新鲜叶菜食用的关键。大肠杆菌是新鲜叶菜微生物污染的主要来源。Wang 等人[30]采用傅里叶变换红外光谱(400～4000 cm^{-1})与配套的智能衰减全反射套件来检测和量化菠菜中的大肠杆菌 K12。将九种不同浓度的大肠杆菌 K12 溶液通过注射器接种到菠菜叶片的组织中，对菠菜叶片高速粉碎后的悬浮液进行红外光谱测量，结果发现，1590～1490 cm^{-1}之间酰胺Ⅱ区域可以作为检测大肠杆菌 K12 的特征指纹波段。大肠杆菌 K12 的光谱估计浓度与通过平板计数确定的真实浓度非常吻合。结果表明，傅里叶变换红外光谱可以在 5 min 内以大约 100 CFU/mL 的检测限检测菠菜中的大肠杆菌 K12。所开发的方法有望适用于新鲜蔬菜中致病性大肠杆菌和其他种类细菌的分析。在另一项研究中，Siripatrawan 等人[31]采用高光谱成像技术实现了对大肠杆菌污染的蔬菜的有效识别。将新鲜菠菜样品在 10 ℃下放置 48 h，使用前将新鲜叶片清洗并沥干数次，在含有大肠杆菌的悬浮液中浸泡 5 min，制备了包括未接种的菠菜(对照)和接种了不同浓度大肠杆菌 K12(K12A、K12B、K12C 和 K12D)的菠菜样品。采集 400～1000 nm 范围内菠菜样品的高光谱图像，采用 PCA 获取前 3 个主成分(principal component，PC)来代替原始光谱信息，并作为反向传播的多层感知机神经网络的输入用于预测大肠杆菌的数量。大肠杆菌 K12 的光谱预测值与实际菌落计数之间的决定系数达到 0.97，表明真实数据和预测数据之间的拟合非常好。Rahi 等人[32]探索了波段范围为 350～1100 nm 的可见/近红外光谱系统用于检测大肠杆菌污染的生菜的潜力。使用 200 株生菜样品，对其进行无菌化处理并除去外层叶片。在同一样品上任选两

片叶片，一片注射不同含量的大肠杆菌微生物溶液(0.1 mL、0.2 mL、0.3 mL)，另一片注射不含大肠杆菌的溶剂，然后分别在两片叶片上随机选取 3 个不同区域测量光谱。分别使用标准正态变量变换(SNV)、多元散射校正(MSC)、1 阶导数、2 阶导数等方法对原始光谱数据进行预处理。结果表明，联合 SNV 和 2 阶导数预处理而建立的基于 6 个特征波长(520 nm、670 nm、700 nm、750 nm、900 nm、970 nm)的偏最小二乘判别分析(PLS-DA)模型效果最佳，在验证集上判别大肠杆菌污染的和健康的生菜样品准确率达到 100%。

粪便是病原体的主要载体之一，可以将源自动物肠道的病原体转移到新鲜蔬菜上，生长在靠近野生动物或牲畜粪便的田地中的蔬菜具有潜在的污染风险。被粪便污染的新鲜蔬菜可以导致人类感染食源性疾病，造成极大的安全隐患[33]。因此，需要一种快速检测技术用以识别新鲜农产品上的粪便污染。Everard 等人[34]配制了 6 种不同稀释浓度(1∶1、1∶2、1∶5、1∶10、1∶20 和 1∶30)的粪便污染物溶液并涂抹于菠菜叶片上。受污染的叶片在 20 ℃室温下放置 8 h，使液滴在高光谱成像之前完全干燥。比较了三种不同激发光源的高光谱成像系统对粪便污染的菠菜叶片的识别效果：① 以紫外光为光源的紫外诱导荧光高光谱(464～800 nm)；② 以紫色光为光源的紫色诱导荧光高光谱(464～800 nm)；③ 以卤素灯为光源的可见/近红外高光谱(456～950 nm)(见图 4-9(a))。比较了全波段的 PLS-DA 以及 678 nm/848 nm 波段比图像两种分类判别方法，结果显示，紫外和紫色诱导荧光高光谱成像在检测菠菜叶片上的粪便污染物方面比可见/近红外高光谱成像具有更高的准确性。对于以上两种分类判别方法，对 1∶10 以上浓度的粪便污染区域均实现了 100%的识别。而对于更低浓度(1∶20 和 1∶30)的检测，紫色诱导荧光高光谱成像的检测精度更高，两种分类算法的检测正确率分别为 99%、87%和 92%、74%。波段比图像算法对不同浓度的污染区域检测效果如图 4-9(b)所示。虽然波段比图像算法的检测精度比全波段的 PLS-DA 算法的略低，但其仅使用两个波段的图像，可以大大提高对粪便的检测效率，有利于后续在线检测装置的开发。进一步，Cho 等人[35]以上述紫色诱导荧光高光谱成像系统和检测方法为基础，探讨了生菜叶片上不同稀释浓度(1∶2、1∶20、1∶50、1∶100)的 4 种动物(猪、牛、羊、鸡)粪便的检测。从高光谱图像中的粪便点以及粪便点周围的叶片像素中提取光谱，进行方差分析，比较不同波段比图像下健康区域光谱与污染区域光谱的差异，确定两类光谱差异最大的波段比为((664±4) nm)/((694±2) nm)，除了对 1∶100 稀释浓度下鸡的粪便检测结果略微不足外，对其余稀释浓度下各类粪便的

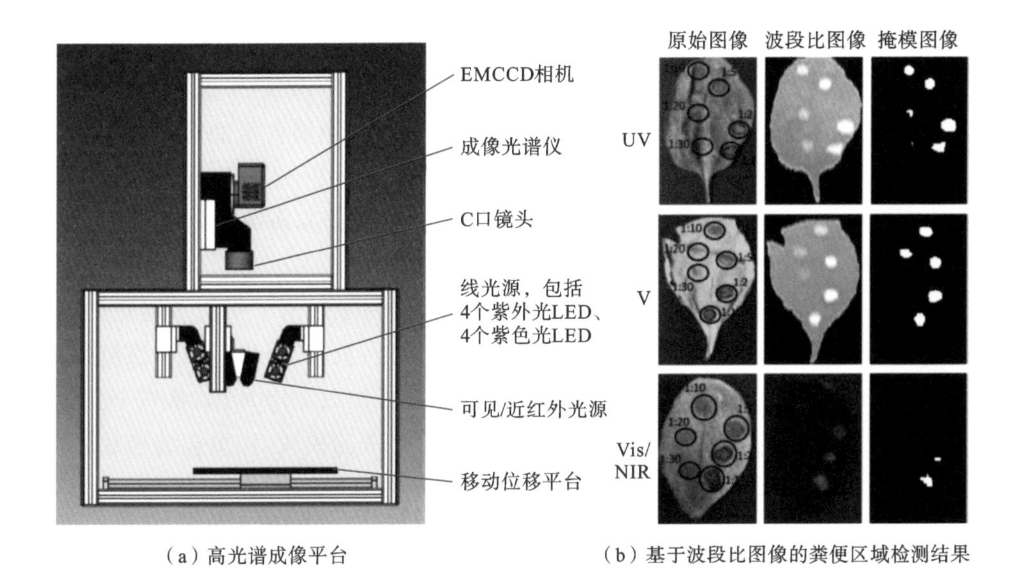

（a）高光谱成像平台 （b）基于波段比图像的粪便区域检测结果

图 4-9 基于高光谱成像技术的菠菜粪便检测[34]

检测正确率均大于 93%。

水、土壤的重金属污染增加了蔬菜、谷物等食物中重金属积累的可能性。重金属可通过食物链进入人体，大大增加人类患病风险。另外，重金属污染后的叶菜生理指标和养分含量也会显著下降。因此，建立一种快速、准确的测定叶菜中重金属含量的方法迫在眉睫。Cao 等人[36]采用可见/近红外高光谱成像技术探讨了油菜中铅含量的快速检测。油菜样品首先在温室的非土壤系统中种植，待幼苗长出完全开放的一对真叶后，移至固体基质中栽培。每个花盆内种植两株油菜苗。在苗期每天用 HCl 或 NaOH 调节 pH 值，每 3 天更换一次营养液。当油菜长出 5 片叶子时，定期浇灌营养液和重金属胁迫试剂，培养不同铅浓度(0 mg/L、100 mg/L、300 mg/L 和 500 mg/L)胁迫的油菜样品。当油菜长出 8、9 片叶子时，采集中叶(不包括新、老叶)用于后续分析，共采集油菜叶 640 份(每个梯度 160 份)。采集油菜叶片 400.68～1001.61 nm 波段范围的高光谱图像并提取整个叶片的平均光谱作为样品的光谱信息。光谱采集完成后，根据国家标准 GB 5009.12—2017 测定油菜叶中铅的真实含量。对采集的光谱进行 1 阶导数预处理后，采用改进的随机蛙跳算法挑选出 57 个特征波长，构建铅含量预测的 SVM 模型，对预测集铅含量取得了较好的检测结果，$R_p^2=0.943$，RMSEP=0.164 mg/kg。Sun 等人[37]采用类似的方法，对生菜叶片中镉含量也取得了较好的预测结果，$R_p^2=0.923$，RMSEP=0.542 mg/kg。因此，结合高光谱成像技术与机器学习算法，可以实现叶菜中重金属含量的快速无损检测。除了高光谱成像技术外，LIBS技术也可以作为一种快速、高效且低成本的方法来评估蔬菜中的重金属污染。该技术可以实现生菜叶片中镉含量的有效检测，其 R_p^2 为0.971，检出限为 1.7 mg/kg [38]。但需要指出的是，该研究在采用 LIBS 技术对叶片进行检测前，首先需要对叶片进行清洗、烘干和研磨等。

4. 商业化分级-包装设备

山东科迈达智能食品装备有限公司[39]是我国一家致力于果蔬智能化处理的企业。产品涵盖果蔬切割、清洗、漂烫、预煮、杀菌、挑拣、分级、脱水、保鲜、包装等系列。该企业研发生产的智能化叶菜处理系统如图 4-10 所示，从右至左分别为挑拣输送模块、切分模块、旋转清洗模块、管路杀菌模块、称重包装模块，可实现叶菜类产品从原料到售卖成品的自动化智能处理。

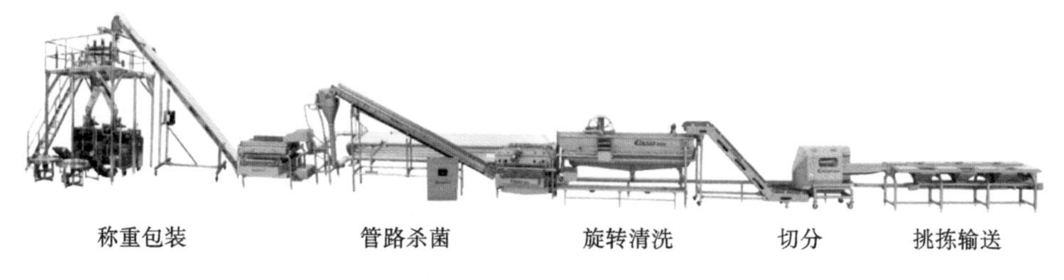

图 4-10　智能化叶菜处理系统[39]

Tomra[40]是总部位于挪威的全球领先的果蔬分选和包装解决方案提供商。其开发的甘蓝分选设备可以按甘蓝尺寸、形状进行分拣，同时去除变色、缺陷样品，以及混杂在甘蓝中的多种异物，包括金属、塑料、石头、玻璃、木材等(见图 4-11)。

图 4-11　商业化甘蓝分选设备[40]

4.1.3 储运过程品质监控技术

蔬菜特别是叶菜，货架期短，运输和贮藏条件都会影响蔬菜的品质、新鲜度和保质期，蔬菜贮藏时间过长会导致品质下降甚至变质腐败。在大多数情况下，蔬菜的质量和新鲜度是由主观因素决定的。然而，基于实验室的检测方法通常成本高、时间长，并且需要专业知识和操作技能。以近红外光谱、高光谱成像、电子鼻等技术为代表的无损检测技术也逐渐应用到叶菜储运过程中的品质检测。

Liu 等人[41]利用傅里叶变换近红外光谱分析技术（4000～10000 cm^{-1}），研究了包装娃娃菜在贮藏过程中相关品质和新鲜度检测方法。品质指标包括减重率、表面颜色指数（L^*、a^*、b^*）、维生素 C 含量和硬度。根据外观和气味将样品新鲜度分为三类（无明显缺陷且气味清新、有明显缺陷点或异味、有明显缺陷区和难闻气味）。采用 SNV、1 阶导数、2 阶导数、MSC 和自动标准化（autoscale）共 5 种方法对原始光谱进行预处理，分别建立了各品质指标的 PLSR 和 SVM 模型。结果显示，基于经 SNV 预处理后的光谱建立的 PLSR 模型对减重率的预测效果最好（$R_p^2=0.96$，RMSEP＝1.332%），基于经 MSC 预处理后的光谱建立的 PLSR 模型对维生素 C 含量的预测效果最好（$R_p^2=0.95$，RMSEP＝3.19 mg/100 g）。对于表面颜色指数的预测，SVM 模型整体优于 PLSR 模型，R_p^2 均大于 0.73。经 autoscale 处理的 SNV 模型对硬度的预测效果最好（$R_p^2=0.60$，RMSEP＝2.453 N），但相对于其他指标预测精度略低。对于娃娃菜新鲜度的预测，采用 SVM 算法构建的分类判别模型取得了最好的效果，正确率达到 88.8%。

温度是影响蔬菜货架期和新鲜度的关键因素。Diezma 等人[42]应用可见/近红外高光谱成像技术（400～1000 nm）监测贮藏期间菠菜的质量劣变。考察了两组不同存储条件下的菠菜样品：① 第 1 组样品储存在 20 ℃环境下以加速降解过程，这些样品在接收当天以及储存 2 天后进行高光谱数据采集；② 第 2 组样品保持在 10 ℃环境中，在接收当天以及在第 3、6、9 天后采集高光谱图像。每次采集共分析 20 个叶片。对于存放在 20 ℃环境下的样品分为以下 3 类：A 类，最佳质量，接收当天的新鲜组织；B 类，存储 2 天后的样品，但没有明显的变质；C 类，存储 2 天后的有明显腐烂区域的样品。在 20 ℃环境下存放的样品对应的高光谱图像中，手动选择上述 3 个类别所对应的图像区域来提取不同类别下的光谱，取由 3600 个光谱（每类 1200 条光谱）构成校正集。采用光谱角制图

(spectral angle mapper，SAM)、PLS-DA 和基于协方差选择(covariance selection，CovSel)波长构建的非线性指标叶菜老化(leafy vegetable evolution，LVE))指数对菠菜表面每个像素点进行聚类分析，3 个算法在分类结果上表现出了较高一致性。将 3 种分析技术(SAM、PLS-DA 和 LVE)应用于 2 组不同存储条件下样品的高光谱图像，这 3 种方法都能够显示出菜叶随着储存时间延长而不断变质这一趋势，能够区分菠菜的不同存储时期。考虑到 LVE 使用较少的波长变量，建议后续可以在此基础上进行深入研究。Zhu 等人[43]为了监测菠菜在贮藏过程中的新鲜度，采用可见/近红外(Vis/NIR)(380～1030 nm)和近红外(NIR)(874～1734 nm)高光谱成像系统研究了 2 种不同贮藏温度下不同保存时间(在 4 ℃下保存 0、3、6、9 天，在 20 ℃下保存 0、1、2 天)的菠菜叶片新鲜度检测，即按照存储时间对菠菜样品进行判别分类。采用 PLS-DA、SVM 和极限学习机(ELM)来构建基于特征波长的分类判别模型。结果显示，在上述 3 个模型中，ELM 模型表现最好，对 4 ℃和 20 ℃贮藏条件下的菠菜新鲜度的判别正确率均达到 100%。

除了光谱及光谱成像技术可用于叶菜新鲜度检测外，电子鼻技术也被应用于叶菜存储期间的质量检测。Huang 等人[44]研究了利用机器视觉和电子鼻融合技术的菠菜新鲜度评价。以 144 株大小相似、成熟度相同的菠菜为研究对象，用塑料袋包装后储存在 4 ℃的冰箱里，每天取出 12 株采集图像和电子鼻信息，并请专业评判员对菠菜的新鲜度进行评价，整个实验共持续 12 天。专业评判员从颜色、形状、纹理、气味 4 个方面对菠菜进行评价，每个标准的权重分别为0.28、0.24、0.30 和 0.18，根据最后的评分将菠菜分为 4 个新鲜度等级。在采集图像时，对每个菠菜样品两面采集图像，有助于全面获得样品外观信息。通过形态学运算实现了叶片区域的完整分割。从图像中提取了 18 个颜色特征变量用于后续模型的建立。优化传感器阵列可以减少传感器、缩短数据处理时间并降低特定电子鼻的成本。根据载荷分析结果优化传感器阵列，筛选获得的传感器的编号分别为 1、3、4、8、9、10、11，分别对应 TGS825、TGS831、TGS822、TGS826、TGS2610、TGS2611 和 TGS2600，主要响应硫化氢、甲烷、酒精、氨和一氧化碳。测量时间为 380 s。将机器视觉测量的 18 个颜色特征变量和电子鼻的特征变量作为数据融合的特征变量来判别菠菜在贮藏过程中的新鲜度。多感官数据融合是一种结合来自不同传感器的信息从而实现对感知对象的更准确的描述，以获得更准确结果的方法。将图像特征和气味特征进行联合并进行 PCA，当选取前 9 个主成分时得到的 BPNN 模型大大改善了菠菜新鲜度的检测结果，对预测集的准确率达到了 93.75%，明显优于单独使用图像信息时的 85.42%和单独使用电子鼻时的 81.25%。

4.2 根茎类

根茎类蔬菜指的是食用部分为根、茎类的蔬菜，如土豆、萝卜、洋葱、山药等。和叶菜类蔬菜相比，根茎类蔬菜的淀粉含量更加丰富，且富含碳水化合物、膳食纤维、矿物质、维生素等，食疗价值高，在蔬菜生产与供应中占有重要地位[45]。

4.2.1 内外部品质检测与分级技术

1. 外部品质检测与分级

胡萝卜是一种富含维生素（特别是维生素 A）、微量元素和多种氨基酸的根茎类蔬菜，深受消费者喜欢。中国胡萝卜的产量几乎占全球总产量的一半，但由于自然因素（土壤、气候等）和人为因素（采摘和运输）的影响，胡萝卜会存在一些外部缺陷（裂纹、畸形等）。识别并剔除掉缺陷样品有利于提高产品的市场竞争力以及种植企业和农民的利润。传统的胡萝卜外部缺陷检测主要依靠人工，效率低且精度不高。Xie 等人[46]以 9290 个胡萝卜为研究对象，其中 2100 个是正常样品，1925 个存在断裂缺陷，1445 个存在裂纹缺陷，1135 个存在畸形缺陷，1310 个存在瘀伤缺陷，1375 个存在分叉缺陷，将各类样品的 80%组成校正集，剩余 20%组成预测集。胡萝卜图像由彩色 CCD 相机采集。胡萝卜缺陷在线检测装置如图 4-12 所示。为避免自然光照影响，图像采集设备安装在光箱中，光箱中放置了 2 块互成 120°角的平面镜，当胡萝卜从 2 块平面镜中间通过时，上方的相机可一次性捕捉到 3 幅胡萝卜图像，以尽可能多地获得胡萝卜表面信息，提高检测结果的可靠性。根据胡萝卜和背景的灰度直方图确定分割阈值，获取胡萝卜区域掩模图像，调整去背景信息图像的大小以适应 CNN 的输入大小（277×227×3）。以深度卷积神经网络 AlexNet 为基础搭建胡萝卜缺陷检测网络 CarrotNet，用以提取图像特征。对网络的参数进行优化和精简。在网络的输出端，分别使用支持向量机、k 近邻、随机森林、高斯朴素贝叶斯 4 种算法，对 CarrotNet 提取到的特征建立 4 种判别模型，并分别使用硬投票、软投票和叠加法 3 种算法融合 4 种判别模型的输出。经比较，使用叠加法对 4 种模型的输出进行融合所得到的预测效果最好，对预测集样品的外观缺陷检测精度为 97.04%。以上结果表明，该研究设计的检测装置结合提出的 CarrotNet 模型，

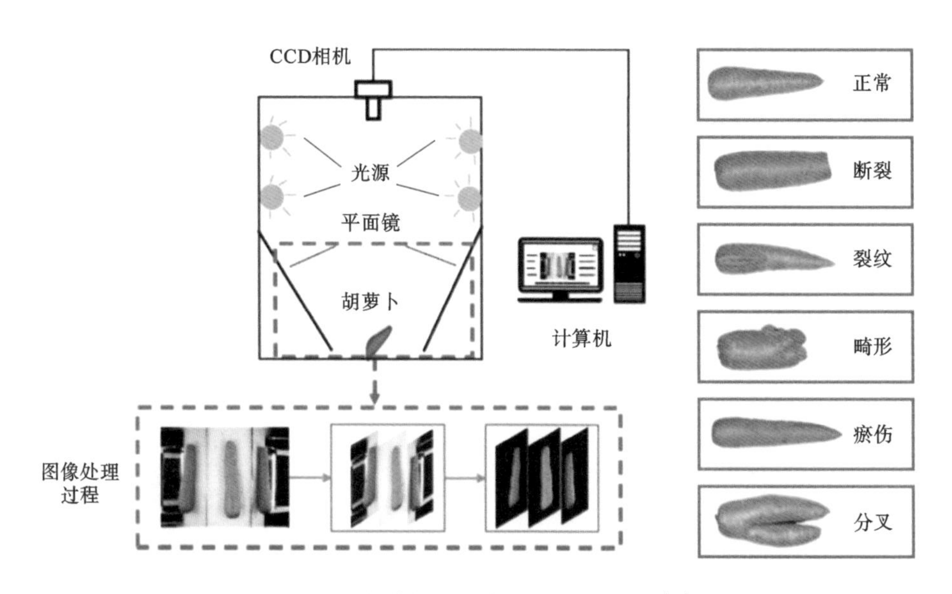

图 4-12　胡萝卜外部缺陷在线检测装置[46]

可用于胡萝卜外部品质的在线检测和分级。

洋葱酸皮病是一种由洋葱伯克霍尔德菌引起的主要发生在洋葱外表皮的采后病害，不仅严重影响洋葱品质，更带来严重的经济损失。Wang 等人[47]采用液晶可调谐短波近红外高光谱成像系统(900～1700 nm)探索洋葱酸皮病的检测。通过人工注射洋葱伯克霍尔德菌的方式获得酸皮病洋葱。采集时，洋葱竖直放置，茎端朝上。采集注射前和注射 5 天后(可以从表皮看到病害特征)洋葱的高光谱图像，将它们分别作为健康洋葱的高光谱图像和酸皮病洋葱的高光谱图像。分别从上述高光谱图像中选取多个感兴趣区域提取对应的光谱信息，对提取的健康洋葱和酸皮病洋葱对应的光谱进行 PCA。从 PC1 和 PC2 的载荷向量中，确定了 1070 nm 和 1400 nm 两个特征波长作为判别洋葱酸皮病的特征波长。进一步，从对数比图像中，提取最大值、对比度和均匀性 3 个参数，构建 SVM 模型，用以判别健康洋葱和酸皮病洋葱，其正确率可以达到 87.14%。本研究结果可用于进一步开发多光谱成像系统，用以检测包装线上感染酸皮病的洋葱。除此之外，气体传感器也可用于洋葱酸皮病的检测。Konduru 等人[48]测试了一个定制的气体传感器阵列，将其用于洋葱酸皮病的检测。该传感器阵列由 7 个金属氧化物半导体气体传感器和 1 个基于微控制器的自动数据记录系统组成。从传感器的响应中提取了 3 个特征，并采用 3 种基线校正方法来校正传感器的响应。对独立预测集的数据进行检测时，SVM 模型具有最佳性能，分类正确率可以达到 85%。

2. 内部品质检测与分级

糠心是根茎类蔬菜内部发生的一种生理现象。萝卜糠心又称空心，是萝卜生长中的自然现象，在生长期和贮藏期均能发生。糠心表现为萝卜内部出现木质化，水分损失，最后产生空洞。糠心会使淀粉、糖分等营养物质减少，且影响后续加工、贮藏和食用。引起萝卜糠心的原因有很多，如水分失调、肥料条件不适、光照及温度条件不宜等。目前国内对萝卜品质的检测主要依靠人工，通常是采收过程中对样品进行随机抽样，然后采用目测法检测，对有明显糠心症状或症状不明显的样品进行剖开检验，此种方法费时费力。因此，建立一种无损、可靠的方法来检测萝卜的糠心对于提高萝卜市场价值以及促进萝卜深加工产业发展都有重要意义。Pan 等人[49]使用 400～1000 nm 波长范围内的高光谱成像系统，采集了白萝卜反射、半透射和全透射 3 种模式下的高光谱图像(见图 4-13)。以采集到的整个白萝卜区域作为高光谱图像的感兴趣区域，提取感兴趣区域的平均光谱作为样品的光谱信息。光谱采集完成后，将萝卜样品切开并根据糠心程度分为 2 类(“正常”和“空心”)、3 类(“正常”“半中空”和“全中空”)或 5 类(“正常”“轻微中空”“中等中空”“重度中空”和“极中空”)。使用连续投影算法从 3 种高光谱图像采集模式中提取最佳波长，建立了基于全波长和特征波长的 PLS-DA 和 BPNN 两种分类模型。分类结果表明，在半透射模式下，基于全波长和特征波长的 BPNN 模型对 2 类糠心程度分类的精度最高，对预测集样品的识别正确率分别达到了 98%和 97%，而对于 3 类和 5 类糠心程度分类的精度较低。结果表明，半透射高光谱成像技术作为一种非侵入性的检测方法，在白萝卜糠心程度的识别中具有潜在的应用价值，为萝卜自动化分级提供了理论和技术支持。

营养成分的检测一直是根茎类蔬菜无损检测的一个重要方向。Lebot 等人[50]开发了利用近红外光谱快速评估芋头质量的方法。首先将芋头进行切块、烘干、研磨等处理，采集粉状样品在 350～2500 nm 范围内的光谱信息，并用于内部主要成分(淀粉、糖、纤维素、蛋白质和矿物质)含量分析。结果显示，在由 58 个样品组成的预测集中，淀粉、糖、蛋白质和矿物质含量的 R_p^2 分别为 0.76、0.74、0.85 和0.85，RPD 分别为 3.41、4.01、3.78 和 3.64，但直链淀粉和纤维素含量的预测效果较差，对应的 R_p^2 分别为 0.15 和 0.37。张拥军等人[51]采用基于漫反射模式的傅里叶变换近红外光谱仪(4000～10000 cm^{-1})进行莲藕品质的检测。对莲藕不做任何处理直接进行近红外光谱采集来检测水分含量、粗纤

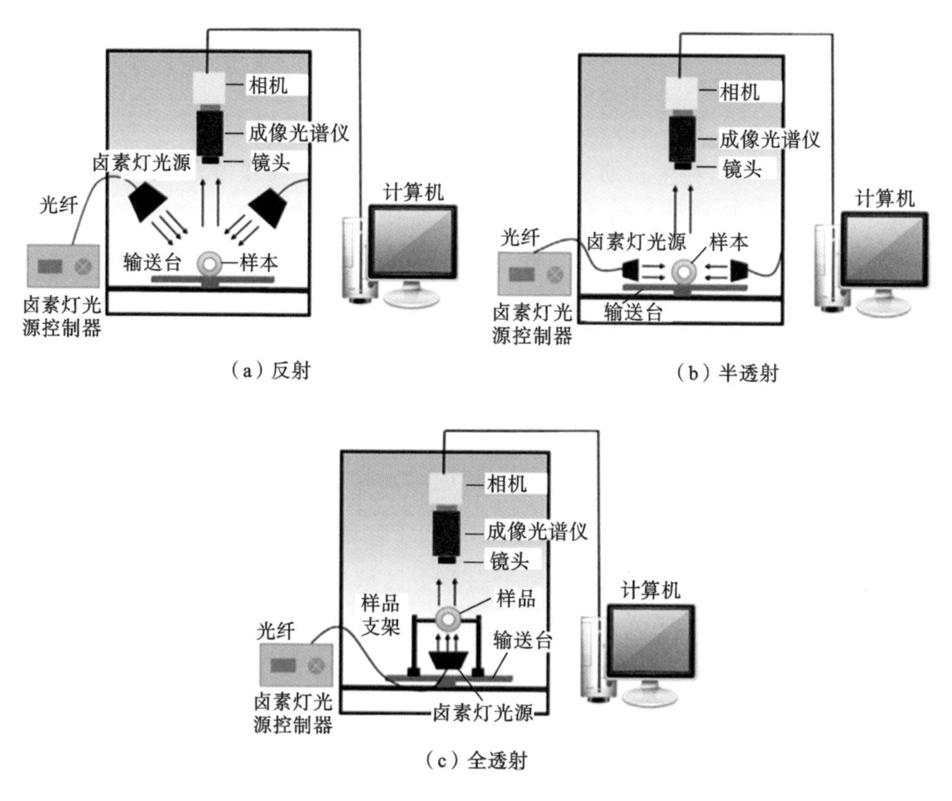

(a) 反射　(b) 半透射　(c) 全透射

图 4-13　用于白萝卜糠心程度检测的高光谱成像系统[49]

维含量、硬度和糖度。采用 PLSR 法建立定标模型,并采用内部交叉验证法对模型进行检验。其中对莲藕硬度的检测结果最理想,模型的交叉验证集相关系数为 0.97;对粗纤维含量、糖度和水分含量的交叉验证集相关系数均大于0.88。Alamu 等人[52]使用近红外光谱预测新鲜山药中干物质、蛋白质和淀粉的含量。制备了两个品种的山药新鲜块茎,每个样品经清洗、晾干、去皮后切成小块,比较了 3 种不同取样技术,即切碎(用小刀将切成的小块进一步切碎)、碾碎(用 2 mm 研磨器将小块碾碎)、电动搅拌器打碎。将处理后的样品放到石英容器进行近红外光谱的采集(400～2498 nm)并采用改进的偏最小二乘法建立校正模型,并使用一组新的山药样品对模型性能进行验证。结果表明,用电动搅拌器打碎的样品建立的模型取得了最好结果,对干物质和淀粉含量预测的 R_p^2 分别为 0.95 和 0.83,然而对蛋白质含量的预测,3 种样品处理方式均不理想。

Makarichian 等人[53]应用电子鼻技术来检测大蒜的早期真菌感染。真菌感染是导致大蒜病害和造成经济损失的重要来源。将大蒜分为以下 4 组:没有真菌感染的对照组、链格孢菌感染组、灰霉菌感染组和镰刀菌感染组。从实验当天开始，每 4 天进行一次数据采集，直到第 28 天。对收集到的电子鼻响应进行主成分分析，在第 4 天可以将真菌感染的样品与对照组样品区分开，在第 8 天可以完全检测到不同类型的真菌感染。进一步，使用 SVM、LDA 和 BPNN 等算法评估对样品是否感染真菌进行判别。结果显示，LDA 算法取得了最好的分类结果，在第 0、4、8 天的分类准确率分别为 90%、97.5% 和 100%。这表明电子鼻技术结合机器学习算法，在大蒜真菌感染的早期，可对其是否感染真菌以及感染真菌的种类进行有效的识别，具有很大的应用潜力。

4.2.2 品质检测-分级-包装生产线装备

Ellips[54] 是荷兰一家致力于果蔬分选包装的公司。其开发的用于洋葱分选的设备（见图 4-14），可以检测黄色、红色和白色洋葱的内外部品质。基于高清摄像头和 LED 照明的视觉检测系统，通过从不同角度检测，对形状、大小、表面积和秃顶、酸皮、外部腐烂、黑霉、发芽、畸形等外部品质进行评估。光谱分析技术主要用于洋葱的内部品质检测，如内部腐烂等。

(a) 洋葱检测与分级设备

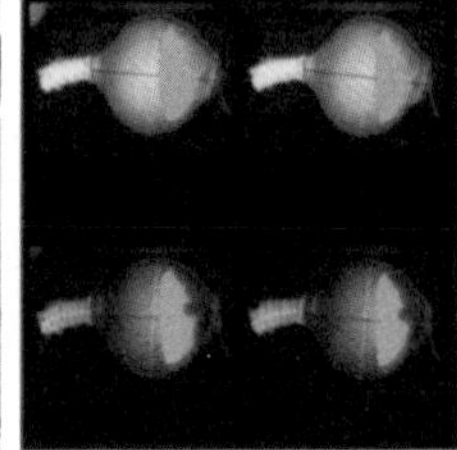

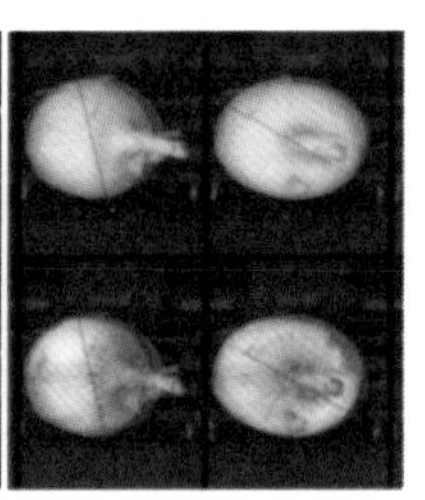

(b) 洋葱外部品质检测示意图

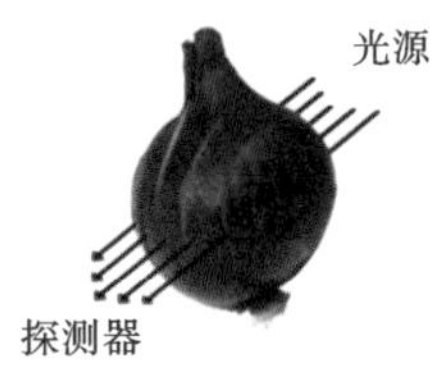

(c) 洋葱内部品质检测示意图

图 4-14 洋葱检测分选设备及内外部品质检测示意图[54]

Maf Roda[55] 是一家法国的新鲜果蔬分选、包装和处理设备开发商。其开发的马铃薯分选设备（见图 4-15），可利用预设波长的 LED 和高清摄像头组成的多光谱检测系统来对马铃薯的外部品质进行检测。结合高效的人工智能算法实现马铃薯形状、直径、体积、颜色以及外部缺陷的检测。近红外 LED 与马铃薯作用后的光信号，被安装在检测对象下方的 8 个光电二极管接收以获取不同波长的光谱信息来准确检测马铃薯不同类型的内部缺陷。

图 4-15　商业化马铃薯分选设备[55]

Quadra[56]是一家专注于果蔬分选的企业。图 4-16 是该企业开发的用于胡萝卜的检测、分级、包装的设备。将收集的胡萝卜卸载到生产线上。经倾斜的上料模块和控制系统来调节胡萝卜的流速以便胡萝卜在生产线上均匀分布。在胡萝卜倾斜前进过程中，同时去除土块和异物。清洗模块采用循环水彻底清洗胡萝卜。抛光模块采用具有特殊硬度的细毛刷来清洁和抛光胡萝卜，有效提升胡萝卜的外观品相且有助于延长保质期。水冷模块非常适合在运输和配送之前快速冷却胡萝卜，有效减缓胡萝卜的变质。长度、大小分级模块仅保留中等大小的胡萝卜，有助于在生产线末端获得大小均匀的产品。光学检测模块采

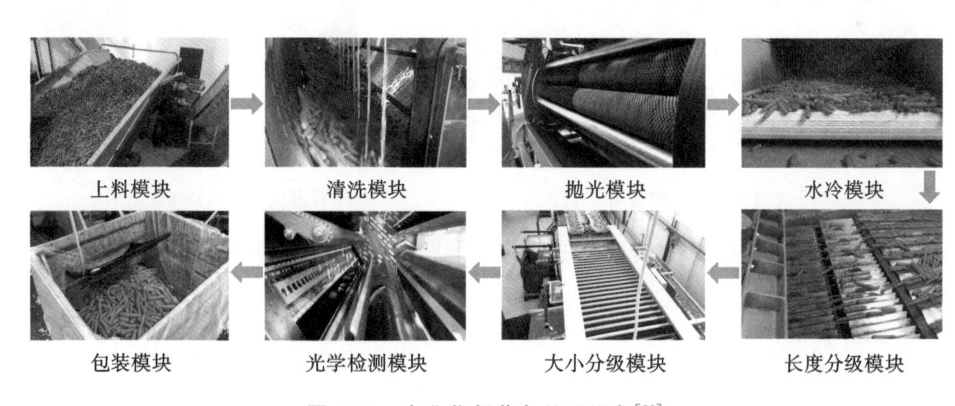

图 4-16　商业化胡萝卜处理设备[56]

用激光视觉和彩色成像技术，高速检测肉眼看不见的缺陷，以及每个产品的尺寸、变色、变形、损坏、质量缺陷等。在胡萝卜生产线的末端，可以将不同等级的胡萝卜散装进盒子、袋子等，还提供立式装袋机或流式包装机来满足用户不同需求。

山东省玛丽亚农业机械股份有限公司[57]是一家设计、开发、生产适应于中国农业生产的高科技农业机械企业。产品主要包括大蒜分选机、大蒜分瓣分选机、大蒜收获机、大蒜种植机等。其开发的大蒜分选机，可以根据大蒜的最大直径，让大蒜通过不同孔径的滚筒从而达到分选目的(见图 4-17)。

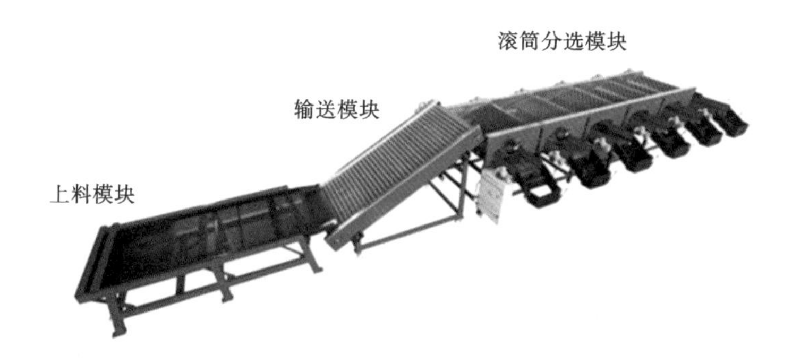

图 4-17　商业化大蒜大小分级设备[57]

4.2.3　储运过程品质监控技术

Islam 等人[58]采用近红外高光谱成像技术(1016～1742 nm)建立了洋葱存储期间硬度和干物质含量的预测模型。在洋葱冷藏存储的第 56 天、105 天和 154 天进行取样和数据采集，每次分析 90 个样品，总共测试了 270 个样品。将采集到的数据随机分配为校正集和预测集，以整个洋葱区域作为感兴趣区域来提取平均光谱作为该样品的光谱信息。经过 2 阶导数处理后，采用区间偏最小二乘法和递归偏最小二乘法优选特征波长，建立基于全波段和特征波长的干物质含量和硬度的 PLSR 模型。结果显示，全波段和特征波段模型具有相似的检测结果。基于特征波长建立的 PLSR 模型，对硬度的 R_p^2 和 RMSEP 分别为 0.80 和 0.81 N，对干物质含量的 R_p^2 和 RMSEP 分别为 0.82 和 0.07%。整体结果表明，近红外高光谱成像技术可以用于洋葱存储期间硬度和干物质含量的准确预测。

Nishino 等人[59]开发了一套基于可见/近红外光谱的双路光谱测量系统用

于洋葱内部腐烂检测。该系统可以测量洋葱两个方向波段范围为665～955 nm的透射光谱：颈部区域（探测光纤1）和赤道区域（探测光纤2）（见图4-18(a)）。样品包括三个中、晚季采收品种，贮藏寿命较长。在贮藏半年后进行检测，测试前去掉部分洋葱表皮，保留一到两层的干燥洋葱皮，将洋葱的颈部朝上放置进行光谱测量。光谱采集完成后，对腐烂程度进行视觉评分，从健康到重度腐烂依次标记为等级0～5（见图4-18(b)）。分别采用探测光纤1、2的数据，以及探测光纤1和2联合数据作为光谱信息构建PLSR模型用于腐烂等级的预测，结果显示，采用探测光纤2，或者探测光纤1和2的联合对腐烂等级的预测误差更小。进一步，根据预测得分将洋葱划分为健康和腐烂两个类别，探测光纤1和2的联合数据取得的准确率更高，达到98.5%，优于单独使用探测光纤1时的95.1%和单独使用探测光纤2时的97.7%。同时结果也说明，获取多部位的光谱信息有助于洋葱内部腐烂的检测。

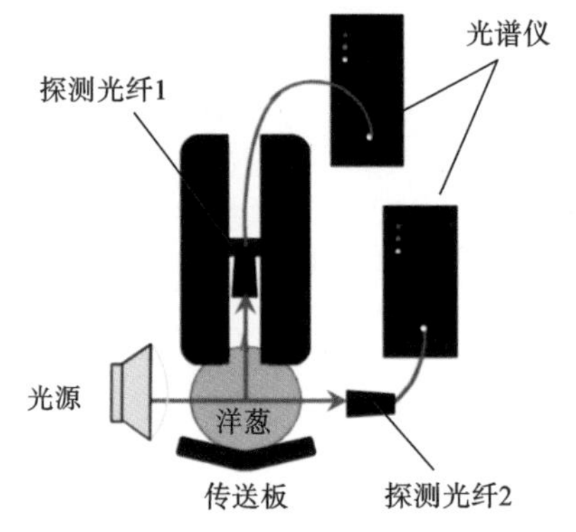

（a）基于可见/近红外光谱的双路光谱测量系统

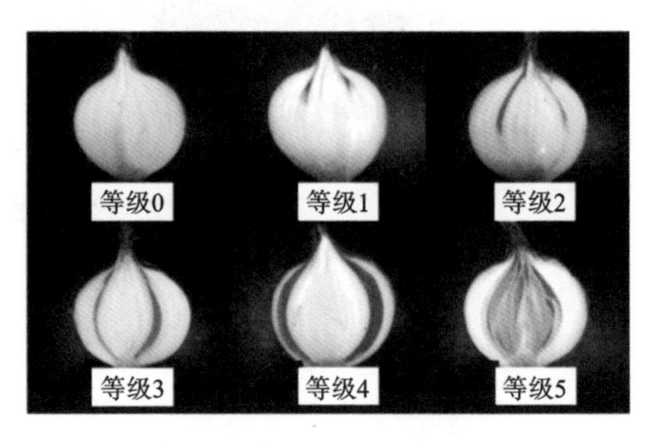

（b）洋葱腐烂等级划分示意图

图4-18　用于洋葱内部腐烂检测的光谱检测系统和对应腐烂等级[59]

4.3　瓜类与茄果类

瓜类、茄果类蔬菜是重要的蔬菜种类，瓜类蔬菜是指葫芦科植物中果实供食用的栽培种群，它们的营养成分相对较高，包括冬瓜、黄瓜、丝瓜、佛手瓜、南瓜、苦瓜等。茄果类蔬菜主要有番茄、茄子、辣椒等，在我国蔬菜生产和市场供应中占据重要地位，约占整个蔬菜供应量的20%[60]。茄果类蔬菜中含有大量的花青素，其具有抗炎、抗肿瘤、调节血脂和改善糖尿病等积极作用。

4.3.1 内外部品质检测与分级技术

1. 外部品质检测与分级

番茄的表面开裂处可能隐藏致病微生物，会对消费者健康造成潜在危害。然而，由于开裂区域的颜色特征与正常果皮一样，采用传统成像技术检测开裂缺陷非常困难。Cho等人[61]提出了一种基于多光谱荧光成像技术的樱桃番茄开裂缺陷检测方法。研究发现在蓝绿色光谱区，开裂区域的荧光强度明显高于正常区域的荧光强度，说明多光谱荧光成像技术是检测樱桃番茄开裂缺陷的有效手段。采用单因素方差分析和主成分分析识别出了2个最佳荧光波段图像，即F484 nm和F689 nm。结果表明，上述两个波段图像的线性组合(－0.993×F484 nm＋0.117×F689 nm)对番茄表面的开裂缺陷实现了较好的检测结果，准确率大于99%。

Wang等人[62]探讨了利用可见/近红外高光谱成像技术检测番茄早期腐烂的可行性。采用均值归一化方法对由番茄表面曲率变化较大引起的光照不均匀进行校正。利用光谱的主成分分析，筛选出最优的用于区分番茄健康和腐烂组织的主成分(PC)聚类分析结果。根据选定的PC图像，分别获得了596 nm、666 nm和858 nm三个特征波长图像用于早期腐烂检测。图4-19给出了基于特征波长图像的番茄腐烂的识别和分割结果。该图中第1行代表原始RGB图像，图像中标记出了腐烂区域和番茄梗，由于腐烂区域的表皮颜色与正常区域十分接近，肉眼难以辨别。第2行图像是基于3个特征波长(596 nm、666 nm和858 nm)图像组合后所获得的图像。可以看出，组合图像表面强度分布更加均匀，番茄腐烂区域更为清晰。第3行图像表示第一次伪彩色变换和RGB变换所生成的图像，由于颜色信息的加入，腐烂区域的视觉效果更好，进一步经过第二次伪彩色变换和RGB变换后，腐烂区域和正常区域已经能够形成清晰的对照(见第4行图像)。第5行图像为G分量图像，通过对第5行图像进行二值化处理获得二值化分割结果图像(见第6行图像)。同时，利用666 nm处校正后的单波长图像对番茄梗进行识别。第7行图像为移除番茄梗后的最终图像。从最终图像可以看出，某些样品边缘区域也被误认为腐烂区域(第4个样品)。考虑到进行番茄品质在线检测时番茄会被输送滚轮带动旋转以便尽可能地让相机采集多幅图像从而进行全表面检测，因此，在处理图像时，可以适当移除检测对象的部分边缘区域来进一步提升腐烂番茄的识别精度。结果显示，该研究对腐烂果和健康果的识别准确率可以分别达到100%和97.5%。同时也表明，可见/近红外高光谱成像技术是检测番茄外部早期腐烂的有效方法。

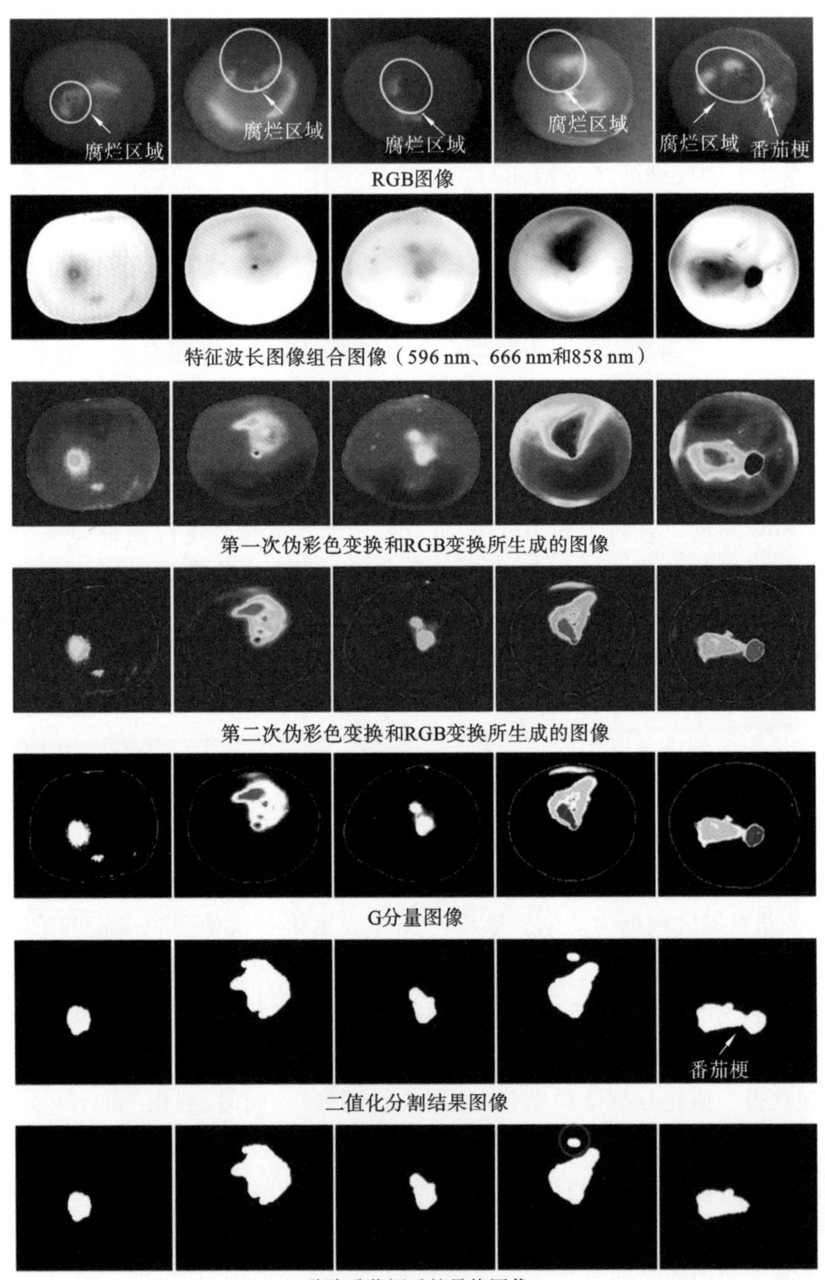

图 4-19　番茄外部早期腐烂检测结果[62]

Da Costa 等人[63]基于深度学习算法构建了番茄外部缺陷检测算法，提出了一种基于网络迁移学习的训练方法。迁移学习所使用的预训练模型是在 ImageNet 数据集上预先训练好的 ResNet 模型，目标域数据集（番茄数据集）源自番茄分拣机，共 43843 张番茄图像。迁移任务采用了 2 种不同的策略，即特征提取和微调。特征提取方法冻结了除 softmax 分类层以外的所有权重，使用被冻结的层提取图像特征，通过在目标域数据集上训练 softmax 分类层来实现迁移；微调方法则是在特征提取完成的基础上，以较小的学习率（$10^{-6}\sim10^{-3}$）对已冻结层的权重进行训练。结果表明，在数据样本充足的情况下，微调的效果优于特征提取，在预测集上的精度为 94.6%。此外，研究还表明，训练的模型在没有学习到任何有关番茄的先验知识的前提下，仅通过将已有模型迁移到番茄数据集上就可以获得较为理想的识别结果，具有一定的应用前景。

2. 内部品质检测与分级

机械碰撞往往会对黄瓜造成隐性的内部损伤，从而降低后续产品的质量并带来额外的经济损失。黄瓜上的外伤，如破碎、捣碎和割伤，很容易识别。然而内部的损伤仅靠人工难以识别。为此，Ariana 等人[64, 65]搭建了图 4-20 所示的一种用于在线评估黄瓜内部缺陷的高光谱成像原型系统。该系统由 1 个双通道输送机、2 个照明光源（1 个用于反射，1 个用于透射）和 1 个高光谱成像单元组成。在反射光源和光纤之间安装了一个截止波长为 675 nm 的滤光片，以阻挡 675 nm 以上的光对透射光产生影响。整个系统具有在可见光区域（500～675 nm）的反射模式（严格来说，应该为反射和透射共同作用）下和近红外区域

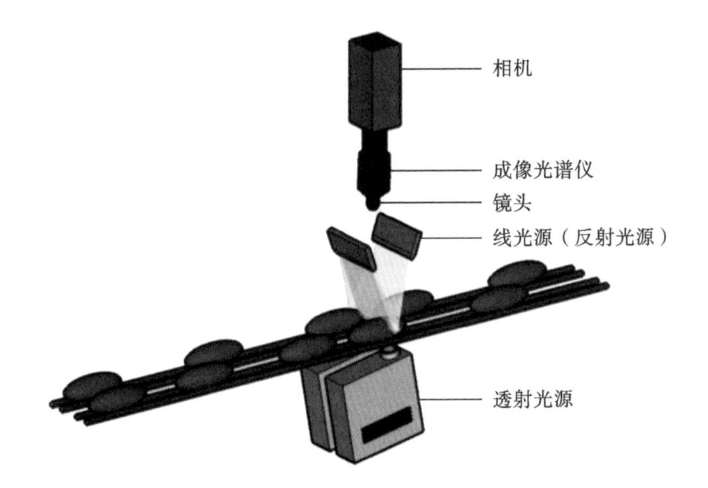

图 4-20　黄瓜内部缺陷高光谱反射-透射在线检测装置[65]

(675～1000 nm)的透射模式下同时成像的新特征。该系统内置了光谱校准参考模块,即安装在传送单元的三个由聚四氟乙烯制成的圆盘。参考模块同黄瓜样品一起被高光谱系统扫描,用于对每个样品的高光谱图像进行实时白参考校正。这种图像校正方法可以有效消除光源的瞬时波动对黄瓜样品反射和透射光谱的影响。借助可见光区域的反射成像信息评估黄瓜的外部特征,例如黄瓜表皮颜色。经验证,该系统对黄瓜表皮的色调和色度预测决定系数可以分别达到 0.75 和 0.76。而透射光谱主要用于内部缺陷检测。首先借助透射光谱信息和 SAM 对黄瓜的直径进行预测。根据直径预测值,对透射光谱进行校正以提高对内部损伤的检测精度。研究结果表明,该设备对黄瓜直径的 R_p^2 为0.92,RMSEP 为 1.35 mm。

由于黄瓜直径大小会影响光谱透射率的大小,通过式(4-1)对光谱透射率进行校正:

$$T_C = T_R \times \frac{d}{\bar{d}} \tag{4-1}$$

式中:T_C 为经校正处理后的光谱透射率;T_R 为原始光谱透射率;d 为校正样品的直径;$\bar{d}$ 为所有样品的平均直径。经过直径校正处理后的光谱信息具有更好的分类结果。对黄瓜内部缺陷的检测正确率最高可以达到 97.3%。进一步,通过波长筛选,当降低到 4 个波长(754 nm、764 nm、951 nm、993 nm)时,该系统对内部缺陷的检测精度仍然可以达到 95.7%。这项研究证明了高光谱反射和透射同时成像技术用于评估黄瓜外部和内部品质的潜力,但其对黄瓜硬度及果肉颜色的检测效果还不理想。Cen 等人[66]在此基础上,利用多个宽波段的 LED 光源代替原有卤素灯提高光源效率。利用自主研发的高光谱成像系统获取了黄瓜在 400～700 nm 波段范围内的高光谱反射图像和在 700～1000 nm 波段范围内的高光谱透射图像。利用最小冗余-最大相关性算法挑选的最优波段比图像(887 nm/837 nm)可以实现黄瓜内部缺陷的有效检测,识别精度高达 95.1%(在 85 mm/s 的传输速度下)和 94.2%(在 165 mm/s 的传输速度下)。由于线扫描高光谱成像系统在传输速度低时扫描线更多,能够获得更高空间分辨率的光谱图像信息,因此,传输速度低时的识别精度略大于传输速度高时的识别精度。

Liu 等人[67]提出一种基于堆叠式稀疏自编码(stacked sparse auto-encoder, SSAE)及 SSAE 与卷积神经网络(CNN)组合(CNN-SSAE)的深度特征提取算法用于识别正常黄瓜和带有图 4-21 所示的 5 类缺陷的黄瓜。利用上述高光谱成像系统,以 85 mm/s 和 165 mm/s 两种传输速度采集黄瓜的高光谱图像，提取整个黄瓜区域作为感兴趣区域并提取其平均光谱，建立 SSAE 模型。由于黄瓜表面缺陷尺寸和颜色不一样，很难用整个黄瓜的平均光谱去判别，特别是缺陷面积较小的时候，因此开发了 CNN-SSAE 模型，首先对包含表皮泥土/沙子、机械损伤/腐烂在内的缺陷进行定位，然后提取缺陷部位的光谱，最后使用 SSAE 模型对正常、松软多水、开裂/中空、皱缩、表皮污染（泥土/沙子）和机械损伤/腐烂进行判别。结果表明，与 SSAE 模型相比，CNN-SSAE 模型提高了整体分类性能，在两种传输速度下，总体分类准确率分别为 91.1%和 88.3%（见表 4-2）。此外，CNN-SSAE 模型对每个样品的平均处理时间小于 14 ms，表明其在黄瓜品质在线检测与分级系统中有较大的应用潜力。

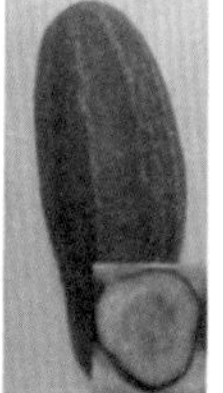

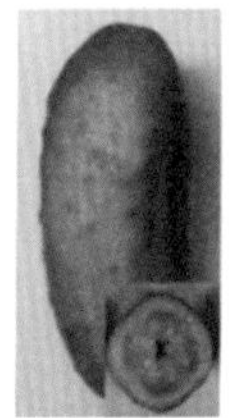

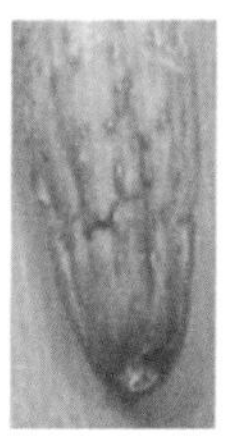

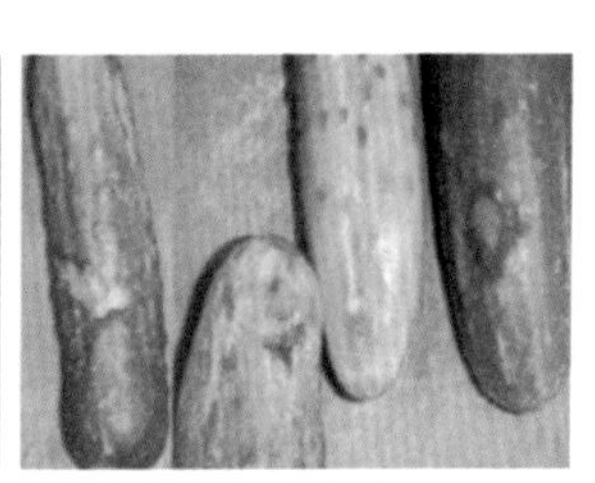

图 4-21　典型的正常和带有缺陷的黄瓜样品[67]

表 4-2　SSAE 模型和 CNN-SSAE 模型对不同类型黄瓜分类准确率结果[67]

样品	85 mm/s		165 mm/s	
	SSAE	CNN-SSAE	SSAE	CNN-SSAE
正常	95.0%	96.7%	93.3%	93.3%
松软多水	83.3%	78.3%	81.7%	80.0%
开裂/中空	93.3%	91.7%	93.3%	88.3%
皱缩	86.7%	91.7%	83.3%	86.7%
表皮污染（泥土/沙子）	86.7%	95.0%	88.3%	93.3%
机械损伤/腐烂	81.7%	93.3%	80.0%	88.3%
合计	88.0%	91.1%	86.7%	88.3%

近年来，空间分辨光谱（spatially-resolved spectroscopy，SRS）技术被广泛应用于食品和生物材料的质量检测中。传统的 Vis/NIR 技术只能采集单点（single-point，SP）或特定区域的光谱，无法提供空间分辨信息，而 SRS 技术采

用点光源来照明，通过采集不同光源-探测器距离的光谱，可获得被测样品不同深度和距离的光谱信息。由于番茄内部异质结构的存在，内部成分分布不均匀，通过 SRS 技术进行番茄内部品质检测具有一定优势。Huang 等人[68]基于多通道高光谱成像设备开发了一种 SRS 检测系统（见图 4-22(a)）。该系统包括高光谱成像系统、光纤探头、光源以及光纤等。光纤包括 1 根光源光纤和 30 根接收光纤。31 根光纤的一侧通过金属块和探头进行固定，适用于平面和曲面物体的检测。其中光源光纤一端固定在探头最中心的金属块上，另一端连接光源。30 根接收光纤的另一端与高光谱成像系统相连。该系统可同时获取番茄样品在 550～1650 nm 范围内的 30 个空间分辨光谱，由于 30 根接收光纤是对称排列的，对每对对称光谱进行平均，得到 15 条光谱。SP 近红外光谱检测系统主要包括便携式光谱仪、光源和环形探头（见图 4-22(b)）。研究中采用两个便携式光谱仪分别获取 Vis/NIR 光谱（400～1100 nm）和 NIR 光谱（900～1650 nm）。环形探头包含直径为 25 mm 的环形光纤，检测光纤位于探头中心，用黑色橡胶圈将两者隔离，避免光源发出的光直接进入检测光纤。

获取 600 个不同成熟度番茄的 SRS 和 SP 光谱数据进行 SSC 和 pH 预测分析。然后使用 PLSR 建立 SSC 或 pH 与光谱数据之间的校准模型。首先通过对每个 SRS 光谱建立 PLS 模型来确定最优单个 SRS 光谱，进一步将最优单个光谱与剩余 14 个单个光谱组合，得到 2 个 SRS 光谱组合。同样地，通过将最佳的 2 个 SRS 光谱与剩余 13 个单个光谱组合，创建 3 个 SRS 光谱组合，直到添加额外的 SRS 光谱不再提高对 SSC 或 pH 的预测精度。

结果表明，光源-探测器距离影响 SSC 预测，但对 pH 预测的影响相对较小。与单个 SRS 光谱相比，两个或多个 SRS 光谱组合可以得到更好、更一致的 SSC 和 pH 预测结果。对于 SSC 预测，3 个 SRS 光谱组合（通道 2、通道 1 和通道 8）取得最好的预测结果，R_p=0.801，与 SP 的 NIR 预测结果（R_p=0.815）相近，但优于 SP 的 Vis/NIR 预测结果（R_p=0.729）。对于 pH 预测，2 个 SRS 光谱组合（通道 5 和通道 2）取得最好预测结果（R_p=0.819），优于单个 SRS 光谱（通道 5）时的预测结果（R_p=0.800），以及 SP 的 Vis/NIR 预测结果（R_p=0.743）和 NIR 预测结果（R_p=0.741）。本研究表明，SRS 技术在改善番茄品质评价方面优于常规 SP 光谱技术。虽然 SRS 光谱组合改善了 SSC 和 pH 预测结果，但将两个或多个光谱级联在一起的简单方法可能不足以增强组合光谱的重要特征。因此，为了充分利用 SRS 系统获取的大量空间光谱信息，仍然需要探索一种更加有效的数据处理方法。

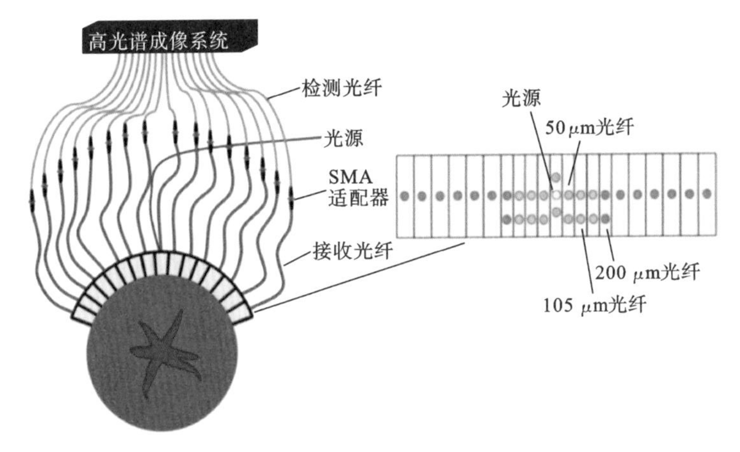

(a) 番茄SRS检测系统

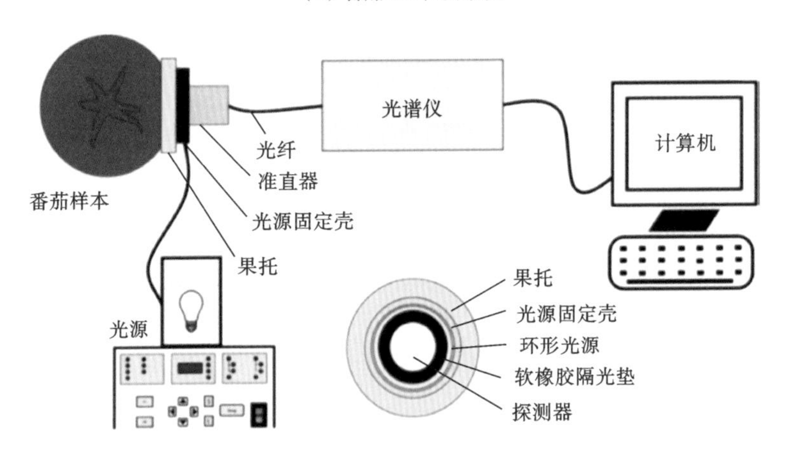

(b) 番茄SP近红外光谱检测系统

图 4-22　番茄内部品质检测的光谱检测装置[68]

研究人员还开发了便携式检测设备用于番茄内部品质的快速检测。王凡等人[69]针对番茄独特的囊室结构及整体成熟度不均等问题，基于可见/近红外全透射光谱，研发了便携式番茄内部品质快速无损实时检测装置。该装置对番茄颜色、硬度、总酸含量、总糖含量的预测集相关系数分别为 0.952、0.940、0.953和 0.961。郭志明等人[70]选用基于微机电系统的数字微镜器件作为分光元件，以单点探测器获取光谱信息，从而实现光谱检测系统的微型化设计和成本的显著降低。通过获取番茄 900～1700 nm 范围的近红外光谱，利用先选择特征波段再优选波长的建模策略，分别建立了番茄中番茄红素和 SSC 的定量检测模型。SSC 模型的 R_p 和 RMSEP 分别为 0.899 和 0.133%；番茄红素模型的

R_p 和 RMSEP 分别为 0.886 和 2.508 mg/kg。

Jiang 等人[71]探讨了近红外高光谱成像技术在辣椒品质评价中的应用。以 3 种辛辣辣椒品种和 3 种非辛辣辣椒品种为研究对象，检测辣椒中的辣椒素、二氢辣椒素和水分含量。获取 975～1646 nm 波长范围内的辣椒高光谱反射图像。采用高效液相色谱法和冷冻干燥法，分别获得了辣椒素、二氢辣椒素和水分含量的真实值。采用三种不同的变量选择方法，即 SPA、CARS 和遗传算法来去除冗余波长信息，选择最优波长。然后分别建立了 PLSR、ELM 和 LS-SVM 定量模型。结果表明，利用结合 SPA 提取的特征波长建立的 ELM 模型，对辣椒素、二氢辣椒素和水分含量的预测效果最好，R_p 分别为 0.83、0.80 和 0.93。最后，基于径向基函数神经网络建立了辛辣和非辛辣辣椒的分类判别模型，分类正确率大于 98.0%。结果表明，近红外高光谱成像技术在辣椒品质评价中具有广阔的应用前景。

4.3.2 品质检测-分级-包装生产线装备

荷兰 Aweta 公司[72]开发了用于黄瓜长度、宽度、曲率、颜色和重量的检测、分级、包装的设备(见图 4-23)。专门设计的分拣杯可确保黄瓜在高速和高通量下准确、稳定地称重。开发的密封机可以根据黄瓜的大小自动调整箔片长度将黄瓜包裹在薄塑料箔中，进一步在塑料箔上标注生产日期等信息以实现产品的跟踪和追溯。最终将黄瓜根据不同等级自动装入包装盒中，结合码垛机可显著降低劳动力成本并提高生产效率。

北京市农林科学院智能装备技术研究中心开发了适用于多种果蔬的自由果托式无损检测分选设备(见图 4-24)，该设备主要包括自主研发的可见/近红外全透射内部品质检测系统 Online NIR 和用于外部品质检测的漫反射均匀光照成像系统。Online NIR 内置高灵敏度光谱仪(波长范围为 560～1100 nm，分辨率为 5 nm)和照明装置(150 W 卤素灯)，照明装置可根据具体需求加装聚焦和衰减装置从而实现光源调节和实时动态校正，消除环境因素造成的光的干扰和漂移。番茄样品通过自由果托置于传送带上进入检测系统，并通过位置传感器控制光谱数据的采集，样品检测速度为 3 个/秒或 4 个/秒，积分时间可以低至 5 ms，因此可根据每个样品连续获取的多个位置光谱数据进行灵活、多元化分析。该设备对番茄糖度检测的 RMSEP 可以达到 0.2%以下[73]。对于外部品质检测，有研究者提出将基于剪枝后的深度学习模型用于番茄表面缺陷的实时检测，该模型对番茄外部缺陷的检测正确率可以达到 94%左右[74]。

（a）黄瓜检测分选流水线

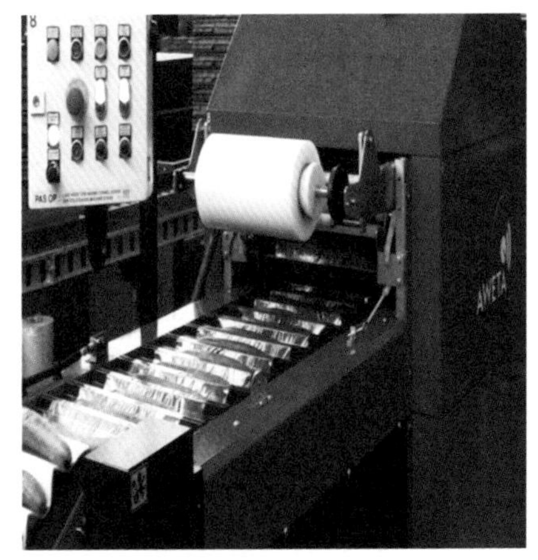

（b）密封机

（c）标签机

（d）码垛机

图 4-23　商业化黄瓜分选包装设备[72]

4.3.3　储运过程品质监控技术

Konagaya 等人[75]探索了紫外诱导可见荧光成像技术用于监测番茄采后贮藏期间品质劣变的可行性。番茄成熟后采摘番茄并将其储存在温度为(25±1)℃、湿度为(85±5)%的恒温箱内，共持续 9 天。使用 365 nm 的 LED 作为激发光源，采用高分辨率的彩色相机用于番茄彩色图像和紫外诱导可见荧光图像的采集。对于获取的彩色图像和可见荧光图像，均以番茄的花萼为圆心，剔除 1/3 半径以内的区域，将剩余区域作为感兴趣区域并分别计算 R、G、B 各通道下所有像素点的平均值作为样本图像的 RGB 值。为了减小番茄表面亮度分布的影

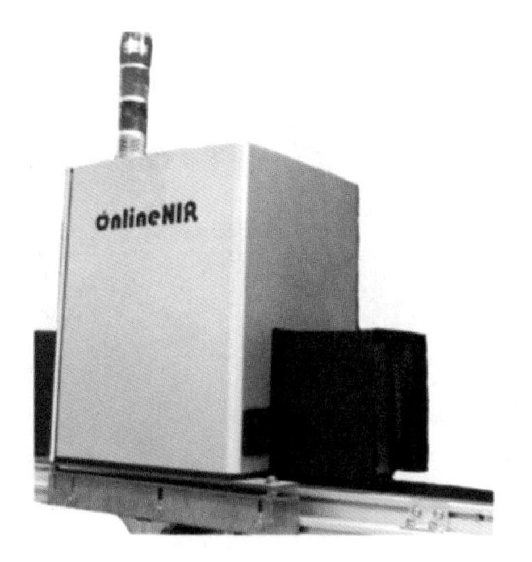

（a）Online NIR设备

（b）番茄透射光谱采集示意图

图 4-24　番茄内部品质检测分选设备[73]

响并加强色度对比，分别计算并得到 R 比率（R/（R+G+B））、G 比率（G/（R+G+B））和 B 比率（B/（R+G+B））3 个参数。实验结果显示，对于番茄的彩色图像，在储存的前 3 天，R 比率上升且 G 比率下降，说明在采后储存的前 3 天内，R 比率和 G 比率均可用于番茄品质劣变的监测。而对于紫外诱导可见荧光图像，在采后的整个储存期内，R 比率没有太大变化，B 比率下降，G 比率在整个储存期内持续升高，变化明显，说明紫外诱导可见荧光图像对整个储存期内番茄品质下降都比较敏感，更适用于番茄贮藏期间的品质监测。

Feng 等人[76]探讨了利用电子鼻技术在检测樱桃番茄的品质和新鲜度方面的可行性和有效性。采用尚未完全熟透（颜色处于粉色阶段）的樱桃番茄作为研究对象，将所有样品分为 2 组进行实验，一组分别用 0.4 MPa、0.8 MPa 和 1.2 MPa 高压氩气处理 60 min，另一组不使用高压氩气进行处理，然后将 2 组样品在温度为 7 ℃、相对湿度为 90%的条件下储存并在第 0、5、10、15、20 和 25 天对样品进行评估。评估分通过感官评估以及电子鼻评估得到。感官评估需要样品在室温下放置 1 h 后经 10 个评审员从颜色、形状、气味三个方面将样品分为非常不新鲜、不新鲜、尚可、新鲜 4 个新鲜等级。电子鼻评估使用一台集成了 14 个金属氧化物半导体传感器的电子鼻来采集样品的气味数据。每次样品评估后，对参与评估的样品测量对应的硬度、SSC，以及 pH 等理化指标。研究结果表明，经 0.8 MPa 高压氩气处理过的样品，在储存期间的品质保持较为完好，储存 10 天仍可以保持较高品质。对采集到的电子鼻数据使用 PCA 算法分析，采用前 2 个主成分能将样品较好地分为 4 个新鲜等级。随后，基于电子鼻数据建立樱桃番茄硬度、SSC、pH 的 ELM、PLSR 预测模型。结果显示，使用 ELM 算法建立的样品硬度、SSC、pH 预测模型性能更好，R_p^2 分别为 0.966、0.950 和 0.957，RMSEP 分别为 0.256 N、0.117°Brix 和 0.016。结果表明，电子鼻技术为樱桃番茄贮藏期间品质和新鲜度的评价提供了一种可靠、有效的方法。

4.4 鲜豆类

菜豆是以嫩荚果和豆粒作为食用部分的一类蔬菜，含有丰富的蛋白质、碳水化合物、膳食纤维、维生素及矿物质，营养价值高，食用口感好，深受消费者喜爱，是重要的蔬菜类食品。鲜豆类蔬菜常见品种有毛豆、豌豆、蚕豆、扁豆、豇豆、四季豆等。我国是鲜豆类蔬菜生产和消费大国，随着国民生活水平的提高，消费者对鲜豆类蔬菜的营养价值、口味和安全品质提出了更高的要求。近年来我国蔬菜质量安全问题频发，限制了我国蔬菜产业的健康发展。在贮藏、销售、加工环节，对蔬菜的品质进行检测与分级，从源头上把控质量，对保证产品质量具有重要作用。鲜豆类蔬菜品种多，形状复杂，传统的外部品质检测与分级，大多使用人工操作，工作量大，易受到主观因素影响；内部品质检测（如营养成分含量、成熟度）大多使用理化方法，需使用专门的仪器，前处理烦琐、检测时间长、成本高，只能进行抽样检测，难以满足流通过程中快速检测的需要。新兴的光学检测技术，检测速度快、无须前处理、自动化程度高，能够实现菜豆的无损检测，具备在线检测与分级的优点，成为智能快速检测与分级的研究和应用热点。

4.4.1 外部品质检测与分级技术

菜豆的外部品质主要指大小、形状、颜色等性状指标，外部品质对消费者购买意愿有重要影响，直接影响菜豆的价格，同时还对菜豆形状分级机械设计、贮藏和加工有重要影响。传统方法对菜豆外部品质的分级多使用人工操作，劳动强度大，分级效率低，受人工主观因素影响大，分级一致性差。光学检测技术，不仅检测速度快，检测一致性强，可实现自动化分级，还可以对多个外部品质同时进行检测与分级。

对于菜用豆荚外部品质检测，菜用豆荚外部品质指标主要指荚长、荚宽和荚厚，其中菜用豆荚厚度直接反映了菜豆的饱满程度，是菜豆一个极其重要的外观分级指标，菜用豆荚外观形状复杂多变，颜色差异大，目前对其外部品质检测与分级的研究不多。万相梅[77]使用高光谱反射成像技术进行了毛豆豆荚的厚度检测研究。其所使用的高光谱反射图像采集系统如图 4-25(a)所示,该系统主要包括高光谱成像单元、反射光源和样品输送平台。高光谱成像单元由CCD相机、成像光谱仪以及计算机等组成。成像光谱仪的狭缝间隙是 25 μm,有效光谱的范围为 400～1000 nm,光谱分辨率为 1.29 nm/pixel,空间分辨率为 0.15 mm/pixel,为避免图像采集过程中受到外界光的影响,整个图像采集过程在一个暗箱中进行。采集高光谱反射图像时,把每一个菜豆放置到玻璃上,其干花萼轴的方向与高光谱成像单元的扫描方向平行。获取的样品高光谱反射图像如图 4-25(b)所示。

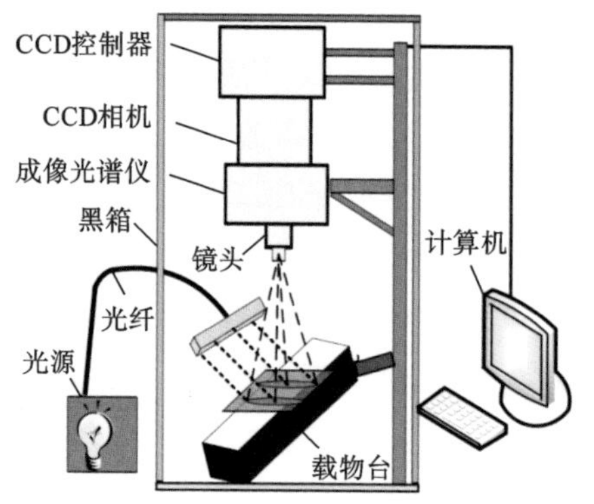

(a) 高光谱反射图像采集系统

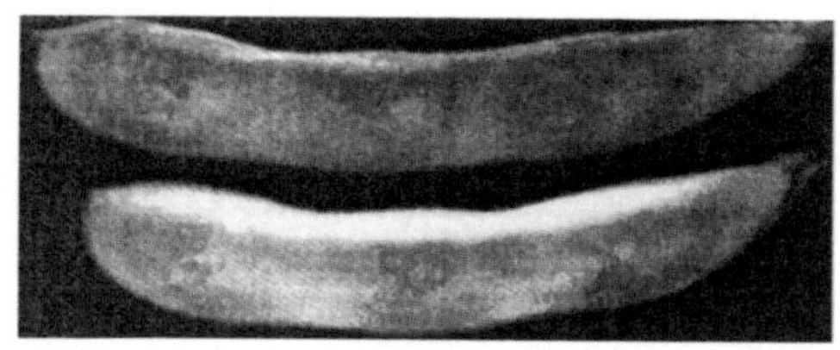

(b) 样品高光谱反射图像

图 4-25　高光谱反射图像采集系统及样品高光谱反射图像[77]

对于获取的高光谱反射图像,选择感兴趣区域,以感兴趣区域的平均反射光谱作为特征光谱,图 4-26(a)为不同厚度的菜用豆荚的原始高光谱反射图像,可以看出,厚度大的菜用豆荚的光谱曲线在厚度小的菜用豆荚的光谱曲线的上方,即厚度大的菜用豆荚的反射光强度大。光谱在 400～700 nm 范围内有所波动,由于叶绿素的吸收,在 675 nm 处有一波谷;在 700～1000 nm 范围内波动较大。菜用豆荚反射率这一光谱特性主要由其内部复杂结构决定。图 4-26(b)为白板的光谱曲线,该曲线呈现出正态分布的趋势。图 4-26(c)为菜用豆荚样品的相对反射率光谱曲线,可以发现经过白板校正后不同厚度的菜用豆荚光谱曲线也会有所不同,尤其是在近红外范围内差别较大。

该研究对反射光谱曲线分别进行多元散射校正和标准正态变换处理,然后进行 1 阶导数处理,针对不同预处理光谱,分别使用 PLSR、多元线性回归、LSS-

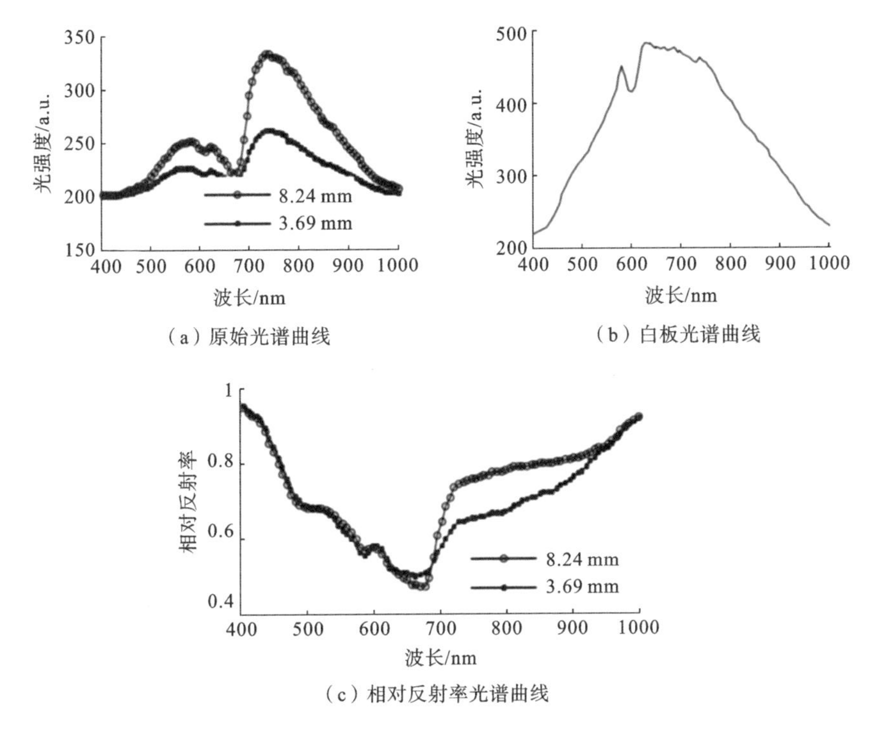

(a) 原始光谱曲线

(b) 白板光谱曲线

(c) 相对反射率光谱曲线

图 4-26 不同厚度的菜用豆荚光谱曲线[77]

VM 三种方法建立菜用豆荚厚度的定量分析模型。结果表明，使用标准正态变换处理和 LSSVM 建立的模型对菜用豆荚厚度预测结果较好，R_p 为 0.955，RMSEP 为 0.591 mm。

高光谱图像包含大量的波段信息，相邻波段之间存在较大的相关性，如果检测时使用全部波段数据进行图像处理，数据量庞大，分析速度慢，影响检测效率和精度。从高光谱图像中选择最有效的特征波段，以特征波段为变量，建立品质检测模型，可以提高检测速度和精度。该研究使用三角模糊领域的熵属性约简算法选择菜用豆荚厚度分级特征波长。基于三角模糊领域的熵属性约简算法模型的阐述如下[77-79]。

一般意义上，假设给定一个模糊信息系统$\langle U,A,D\rangle$。其中 U 是一个非空有限的样品集合$\{x_1,x_2,\cdots,x_n\}$；A 是属性集合$\{a_1,a_2,\cdots,a_n\}$，也称为特征、输入值或者变量，用来描述样品集合 U，产生一个模糊等价关系；D 是决策属性集合。具体的算法步骤如下。

输入：$\langle U,A,D\rangle$，输出：约简 red。

步骤 1：计算任意 $a_i\in A$ 的变量的等价关系矩阵。

步骤 2:将空集赋给 red,即$\varnothing \rightarrow$red。

步骤 3:对任意的 $a_i \in A \rightarrow$red 根据 $H_i = H(a_i, \text{red})$计算熵,a_i 和 red 的相关熵定义为

$$H(a_i, \text{red}) = \frac{1}{n}\sum_{i=1}^{n}\log_2 \frac{|[x_i]_{a_i} \cap [x_i]_{\text{red}}|}{n} \tag{4-2}$$

其中 $[x_i]_R = \sum_{j=1}^{n} r_{ij}$,而 $r_{ij} \in [0,1]$,指的是 x_i 和 x_j 的价值关系,R 指的是模糊等价关系且满足反射率、对称和传递性。

步骤 4:如果属性 a_k 满足下式,那么它将会被选择出来。

$$H(a_i | \text{red}) = \max_i(\text{SIG}(a_i, \text{red})) \tag{4-3}$$

$$H(a_i \mid \text{red}) = \frac{1}{n}\sum_{i=1}^{n}\log_2 \frac{|[x_i]_{a_i} \cap [x_i]_{\text{red}}|}{|[x_i]_{\text{red}}|} \tag{4-4}$$

$$\text{SIG}(a_i, \text{red}) = H(\text{red}) - H(\text{red} - a_i) \tag{4-5}$$

步骤 5:如果 $H(a_k | \text{red}) > \varepsilon$,red$\cup a_k \rightarrow$red 并返回步骤 3,否则就返回 red;其中 ε 是用于控制收敛的一个小的正实数。

步骤 6:结束。

使用基于三角模糊领域的熵属性约简算法,选择 3 个特征波长(705 nm、795 nm 和 931 nm)。将 3 个波长作为 PLS-DA(PLS-DA 是一种基于判别分析的 PLS 算法)预测模型的输入变量,建立菜用豆荚厚度的 PLS-DA 判别模型,其对薄样品的分类准确率是 94.0%,对厚样品的分类准确率是 97.0%,整体分类准确率是 95.5%。

4.4.2 新鲜度检测与分级技术

关于鲜豆类蔬菜新鲜度相关指标的检测,吴秀琴等人[80]早在 1993 年开展了菜豆嫩豆荚营养成分的近红外检测研究,获取菜豆嫩豆荚 1100～2500 nm 范围内的反射光谱,使用逐步回归方法选择特征波长,建立多元回归模型,对菜豆嫩豆荚粗蛋白和纤维含量的 R_p 分别为 0.9905 和 0.9915,RMSEP 分别为 0.475%和 0.315%。赵莉[81]使用计算机视觉技术对霉变芸豆进行检测研究,提出使用表面粒度和霉变区域的面积所占的比例的方法对芸豆的外观进行评价,对霉变芸豆的识别正确率可达 90%。王姣姣[82]使用近红外反射光谱技术对豌豆和蚕豆的品质检测进行了研究,建立了豌豆和蚕豆籽粒品质的 PLSR 检测模型。对豌豆籽粒蛋白质、淀粉、脂肪和总多酚含量的 R_p 分别为 0.97、0.95、0.94 和 0.94;对蚕豆籽粒蛋白质、淀粉、脂肪和总多酚含量的 R_p 分别为 0.88、

0.89、0.81 和 0.84。

赵伟彦等人[83]基于高光谱成像技术，提出多模型融合的干燥过程中毛豆含水率、颜色无损检测方法。样品为成熟度在 8.5 成至 9 成之间的新鲜毛豆，经过清洗、去皮、漂烫后，采用脉冲喷动微波真空干燥设备对毛豆进行干燥，每次干燥毛豆样品质量为(200±0.5) g，干燥时间分别为 10 min、20 min、30 min、40 min、50 min、60 min、70 min 和 80 min，对于每个干燥时间，实验重复 3 次。使用的高光谱反射图像采集系统主要由高光谱成像单元、光源系统、样品输送平台和装有图像采集卡的计算机组成。图像采集的曝光时间为 250 ms，物距为 25 cm，线扫描步长为 80 μm，扫描宽度为 50 mm 光谱维度，binning 为 10，在 400～1000 nm 波长范围内共获得 94 个波段高光谱图像。采集图像时将毛豆样品每 10 个为一组按两排排放到 20 cm×20 cm 的黑色载物板上，垂直放到高光谱扫描单元的下方，为了减少外部光源的干扰，整个采集过程在密闭黑箱中进行。每 6 组样品测量完成后，采集 1 次白板和暗电流图像，用于图像校正。毛豆样品颜色采用 CR-400 色差计测量，用色差 ΔE 来描述干燥过程中样品颜色的变化，其计算公式为

$$\Delta E=\sqrt{(L_0^*-L^*)^2+(a_0^*-a^*)^2+(b_0^*-b)^2} \tag{4-6}$$

式中：L_0^*、a_0^*、b_0^* 分别为标准白板光照度。

毛豆的高光谱图像特征提取如下。首先在 718.2 nm 波段下利用自适应阈值法[84]提取干燥后毛豆轮廓，将 718.2 nm 波段下提取到的毛豆轮廓投射到其他波段，作为对应波段下毛豆的轮廓图像，分别在 400～1000 nm 共 94 个波段下提取毛豆轮廓范围内的平均值(mean value, MV)、熵值(entropy value, EV)、相对散度(relative divergence, RD)以及标准差(standard deviation, SD)四类特征参数。各特征参数的表达式如下。

平均值计算公式为

$$\text{Mean}=\frac{1}{M\cdot N}\sum_{i=1}^{M}\sum_{j=1}^{N}f(i,j) \tag{4-7}$$

熵值计算公式为

$$H=\sum_{i=1}^{M}\sum_{j=1}^{N}p(i,j)\log_2 p(i,j)$$

其中

$$p(i,j)=\frac{f(i,j)}{\sum_{i=1}^{M}\sum_{j=1}^{N}f(i,j)} \tag{4-8}$$

标准差计算公式为

$$\mathrm{Std}=\sqrt{\frac{1}{M\cdot N}\sum_{i=1}^{M}\sum_{j=1}^{N}(f(i,j)-\overline{f})^{2}} \tag{4-9}$$

相对散度计算公式为

$$D=\frac{1}{M\cdot N}\sum_{i=1}^{M}\sum_{j=1}^{N}\frac{f(i,j)-f(a,b)}{\sqrt{(i-a)^{2}+(j-b)^{2}}} \tag{4-10}$$

式中：$f(i,j)$和$\overline{f}$分别为像素的相对反射光强度和光强度平均值；M和N分别为样品在水平和垂直方向上的像素数目；$f(a,b)$和(a,b)分别为质心处的相对反射光强度和质心坐标。

从样品高光谱图像中提取的四类特征参数中，平均值和标准差主要反映图像的光谱信息，而熵值和相对散度主要反映图像的纹理特征信息。不同干燥时间下平均值、相对散度、熵值和标准差的特征曲线如图 4-27 所示，由四个特征曲线图可知，在 430 nm 和 660 nm 附近有吸收峰，这是由叶绿素 a 和叶绿素 b 的吸收造成的。

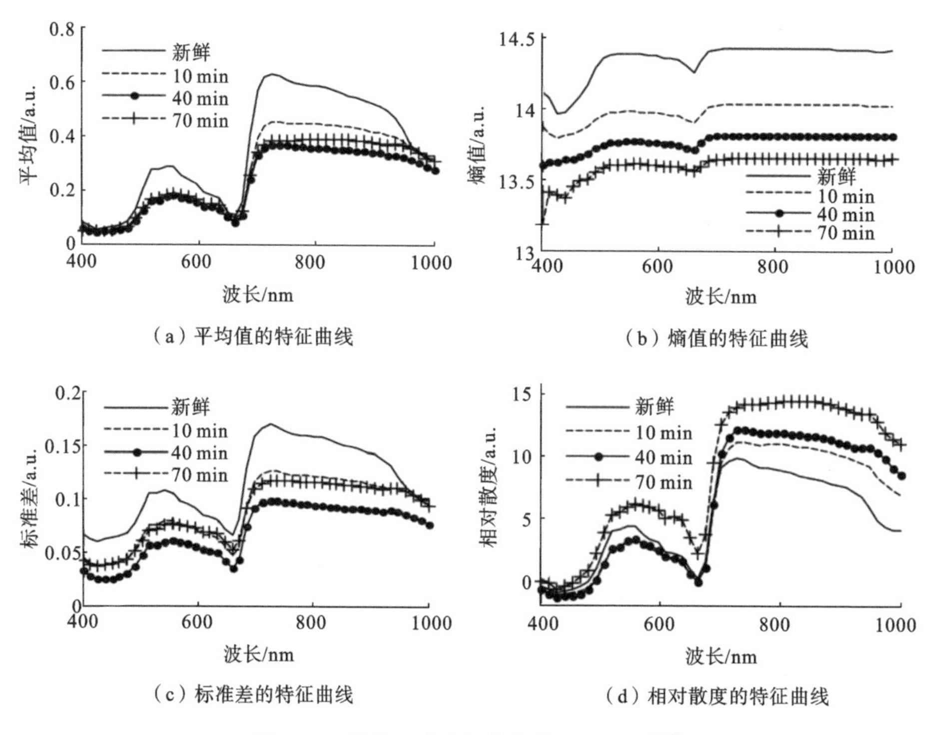

图 4-27 样品四类特征参数的特征曲线[83]

分别利用这四类特征参数建立毛豆颜色、含水量的 PLS 预测模型。对于颜色的预测，使用平均值建立的模型的预测准确度最高，RMSEP 为 0.987；使用熵值建立的模型的预测准确度最低，RMSEP 为 1.087。对于含水量的预测，使用标准差建立的模型的预测准确度最高，RMSEP 为3.837%，使用熵值建立的模型的预测准确度最低，RMSEP 为 6.363%。

多模型融合思想是通过融合多个模型结果，提高模型对环境(样品)的适应能力，以提高模型预测精度和鲁棒性。将多模型融合思想引入毛豆的颜色和含水量预测中，建立图 4-28 所示的预测模型。

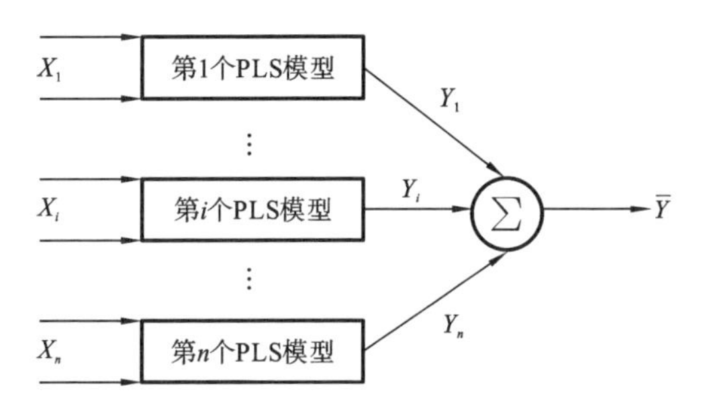

图 4-28　多模型融合示意图[83]

图 4-28 中(X_i, Y_i)，$i=1, 2, \cdots, 4$，分别表示校正集样品的平均值、相对散度、熵值和标准差四类特征参数输入，以及其对应 PLS 子模型下的预测输出；每个 PLS 子模型共有 94 维输入，表示 94 个波段特征。利用校正集相关系数对各子模型的预测结果进行加权融合输出 $\bar{Y}$。当采用多模型融合方法时，由样品的平均值、相对散度、熵值和标准差构成的多特征融合模型具有最佳的检测准确度，对颜色的 RMSEP 为 0.978，对含水量的 RMSEP 为 3.54%。对比单一特征各预测模型和多特征融合模型，多特征融合模型提高了干燥过程中毛豆颜色和含水量无损检测精度。

目前，对利用光学技术在菜豆的营养成分、加工、安全品质等方面的研究很多，具备新鲜度检测研究的基础，然而，对菜豆新鲜度指标的研究不多，因此，迫切需要开展菜豆的新鲜度检测指标选择和方法评价方面的研究。

4.4.3　储运过程品质监控技术

1. 品质检测技术

生菜豆不能直接食用，必须蒸煮，以减少或消除抗营养(有毒)物质、糊化淀粉、刺激蛋白质和溶解细胞壁中的多糖。果胶的溶解性被认为是影响菜豆蒸煮性能的主要因素,果胶的溶解性受品种和贮藏条件的影响较大,尤其是贮藏条件影响菜豆总的蒸煮时间。检测其贮藏期间的蒸煮性能的变化,对于贮藏菜豆的加工性能具有重要意义。Dell'aquila[85]使用机器视觉技术,研究了小扁豆存储期间发芽率与种皮颜色的变化之间的关系,建立了小扁豆外观与潜在发芽之间的检测模型,结果可用于扁豆存储期间品质劣变的检测。Alban 等人[86]使用机器视觉技术研究了蚕豆贮藏期间蒸煮性能的变化,研究发现,蚕豆贮藏期间颜色和纹理特征变化与其蒸煮时间和耐煮特性之间存在显著的相关性,研究结果可用于检测蚕豆贮藏期间蒸煮性能的变化。Wafula 等人[87]使用近红外光谱技术,对多种新收获菜豆在温度为 25 ℃、相对湿度为 75%条件下贮藏 2 周期间的蒸煮性能进行预测,建立了多种菜豆贮藏期间蒸煮时间的偏最小二乘回归预测模型。

2. 微生物污染检测

蔬菜在收获、贮藏和销售环节,易受到微生物污染,微生物污染对人体造成严重危害。真菌,尤其是曲霉菌和青霉菌,在适宜的条件下可在多种食品上生长,产生对人和动物有毒的次生代谢物真菌毒素。Karuppiah 等人[88]使用近红外高光谱成像技术对受曲霉菌和青霉菌污染的不同贮藏时间的食用豆类进行了检测研究。采集了没有受到感染以及真菌感染后贮藏 2 周、4 周、6 周、8 周和 10 周的鹰嘴豆、绿豌豆、小扁豆、斑豆以及四季豆的高光谱图像,高光谱图像范围为 1000～1600 nm,波段间隔 10 nm。对高光谱图像进行降维处理,使用中值滤波去除图像噪声,然后,将每个波段的高光谱图像转换为灰度图像,使用阈值分割法将灰度图像转换为二值化图像,利用二值化图像和连通像素的像素数值对籽粒进行标记,每个籽粒的高光谱图像中包含 61 个波长处的图像,因此经过降维后每个样品得到含有 61 个数据的"光谱"。对降维后的数据,使用线性判别分析(LDA)和二次判别分析(quadratic discriminant analysis, QDA)两种方法分别建立了 5 个不同感染阶段和健康期的分类模型。对于曲霉菌的检测,使用 LDA 方法,将籽粒分为无感染和感染的准确率为 98.0%～100.0%;使用 QDA 方法,将籽粒分为无感染和感染的准确率为 92.8%～100.0%。进一步,对于无污染和污染后 2 周、4 周、6 周、8 周和 10 周等不同存储时间的检测判别,使用 LDA 方法,对鹰嘴豆的总分级准确率为 77.4%～100%、绿豌豆的为 98.2%～100%、小扁豆的为 71.6%～100.0%、斑豆的为 88.0%～100.0%、四季豆的为 95.5%～100.0%;使用 QDA 方法,对鹰嘴豆的总分级准确率为 71.1%～100%、绿豌豆的为 98.1%～99.6%、小扁豆的为 69.1%～100.0%、斑豆的为 75.1%～99.3%、四季豆的为 87.1%～98.5%，LDA 方法的准确率高于 QDA 方法的准确率。对于青霉菌的检测，使用 LDA 方法，将籽粒分为无感染和感染的准确率为 98.0%～100.0%；使用 QDA 方法，将籽粒分为无感染和感染的准确率为 97%～100.0%。进一步，对于无污染和污染后 2 周、4 周、6 周、8 周、10 周等不同存储时间的检测判别，使用 LDA 方法，对鹰嘴豆的总分级准确率为 86.6%～100%、绿豌豆的为 70.9%～98.4%、小扁豆的为 74.8%～100.0%、斑豆的为 83.2%～100%、四季豆的为 87.4%～100.0%；使用 QDA 方法，对鹰嘴豆的总分级准确率为 85.9%～100%、绿豌豆的为 66.1%～97.6 %、小扁豆的为 85.9%～99.6%、斑豆的为 75.1%～99.3%、四季豆的为 86.7%～98.1%。

参考文献

[1] 黄丹枫. 叶菜类蔬菜生产机械化发展对策研究[J]. 长江蔬菜，2012(2)：1-6.

[2] LIANG Z，ABDELSHAFY A M，LUO Z S，et al. Occurrence，detection，and dissipation of pesticide residue in plant-derived foodstuff：a state-of-the-art review[J]. Food Chemistry，2022，384：132494.

[3] 宋亮. 苹果中啶虫脒和溴氰菊酯残留的便携式无损筛查装置的研发[D]. 北京：中国农业大学，2020.

[4] 毛雪金. 果蔬及食用油中有机磷和拟除虫菊酯类农药高效分析新方法研究[D]. 南昌：南昌大学，2020.

[5] ZHANG D R，PU H B，HUANG L J，et al. Advances in flexible surface-enhanced Raman scattering (SERS) substrates for nondestructive food detection：fundamentals and recent applications[J]. Trends in Food Science & Technology，2021，109：690-701.

[6] CHEN W L，LONG F，SONG G F，et al. Rapid and sensitive detection of pesticide residues using dynamic surface - enhanced Raman spectroscopy [J]. Journal of Raman Spectroscopy，2020，51(4)：611-618.

[7] CHEN J M，HUANG Y J，KANNAN P，et al. Flexible and adhesive surface enhance Raman scattering active tape for rapid detection of pesticide residues in fruits and vegetables[J]. Analytical Chemistry，2016，88(4)：2149-2155.

[8] SUN H M, LI X T, GU C J, et al. Bioinspired surface-enhanced Raman scattering substrate with intrinsic Raman signal for the interactive SERS detection of pesticides residues[J]. Spectrochimica Acta Part A: Molecular and Biomolecular Spectroscopy, 2022, 270: 120800.

[9] CHEN J, HUANG M Z, KONG L L, et al. Jellylike flexible nanocellulose SERS substrate for rapid in-situ non-invasive pesticides detection in fruits/vegetables[J]. Carbohydrate Polymers, 2019, 205: 596-600.

[10] SUN J, GE X, WU X H, et al. Identification of pesticide residues in lettuce leaves based on near infrared transmission spectroscopy[J]. Journal of Food Process Engineering, 2018, 41(6): e12816.

[11] ZHAO X D, ZHAO C J, DU X F, et al. Detecting and mapping harmful chemicals in fruit and vegetables using nanoparticle-enhanced laser-induced breakdown spectroscopy[J]. Scientific Reports, 2019, 9: 906.

[12] MARTINO L J, D'ANGELO C A, MARINELLI C, et al. Identification and detection of pesticide in chard samples by laser-induced breakdown spectroscopy using chemometric methods[J]. Spectrochimica Acta Part B: Atomic Spectroscopy, 2021, 177: 106031.

[13] 张亚莉，颜康婷，王林琳，等. 基于荧光光谱分析的农药残留检测研究进展[J]. 光谱学与光谱分析，2021，41(8)：2364-2371.

[14] 孙俊，唐宝文，周鑫，等. 作物叶片表面农药残留的便携式检测仪器的设计与试验[J]. 农业工程学报，2021，37(7)：61-67.

[15] 陈菁菁，彭彦昆，李永玉，等. 基于高光谱荧光技术的叶菜农药残留快速检测[J]. 农业工程学报，2010，26(S2)：1-4.

[16] ZHAO F N, HE J W, LI X J, et al. Smart plant-wearable biosensor for in-situ pesticide analysis [J]. Biosensors and Bioelectronics, 2020, 170: 112636.

[17] BAKYTKARIM Y, TURSYNBOLAT S, ZENG Q, et al. Nanomaterial ink for on-site painted sensor on studies of the electrochemical detection of organophosphorus pesticide residuals of supermarket vegetables[J]. Journal of Electroanalytical Chemistry, 2019, 841: 45-50.

[18] RAYMUNDO-PEREIRA P A, GOMES N O, SHIMIZU F M, et al. Selective and sensitive multiplexed detection of pesticides in food samples

using wearable, flexible glove-embedded non-enzymatic sensors[J]. Chemical Engineering Journal, 2021, 408: 127279.
[19] 魏文松，邢瑶瑶，李永玉，等. 适于餐厅与家庭的叶菜外部品质在线检测与分级系统[J]. 农业工程学报，2018，34(5)：264-273.
[20] MO C, KIM G, KIM M S, et al. On-line fresh-cut lettuce quality measurement system using hyperspectral imaging[J]. Biosystems Engineering, 2017, 156: 38-50.
[21] 李鸿强，孙红，李民赞. 基于机器视觉的结球甘蓝形状鉴别方法[J]. 农业机械学报，2015，46(S1)：141-146.
[22] PÉREZ-MARÍN D, TORRES I, ENTRENAS J A, et al. Pre-harvest screening on-vine of spinach quality and safety using NIRS technology [J]. Spectrochimica Acta Part A: Molecular and Biomolecular Spectroscopy, 2019, 207: 242-250.
[23] KRAMCHOTE S, NAKANO K, KANLAYANARAT S, et al. Rapid determination of cabbage quality using visible and near-infrared spectroscopy[J]. LWT-Food Science and Technology, 2014, 59(2): 695-700.
[24] ZHANG X L, LIU F, HE Y, et al. Detecting macronutrients content and distribution in oilseed rape leaves based on hyperspectral imaging [J]. Biosystems Engineering, 2013, 115(1): 56-65.
[25] XIONG Y T, OHASHI S, NAKANO K, et al. Application of the radial basis function neural networks to improve the nondestructive Vis/NIR spectrophotometric analysis of potassium in fresh lettuces[J]. Journal of Food Engineering, 2021, 298: 110417.
[26] SÁNCHEZ M T, ENTRENAS J A, TORRES I, et al. Monitoring texture and other quality parameters in spinach plants using NIR spectroscopy[J]. Computers and Electronics in Agriculture, 2018, 155: 446-452.
[27] ZHANG J, WANG J, ZHENG C Y, et al. Nondestructive evaluation of Chinese cabbage quality using mechanical vibration response[J]. Computers and Electronics in Agriculture, 2021, 188: 106317.
[28] VEGA-CASTELLOTE M, PÉREZ-MARÍN D, TORRES I, et al. On-line NIRS analysis for the routine assessment of the nitrate content in spinach plants in the processing industry using linear and non-linear

methods[J]. LWT-Food Science and Technology, 2021, 151: 112192.

[29] TORRES I, SÁNCHEZ M T, PÉREZ-MARÍN D. Integrated soluble solid and nitrate content assessment of spinach plants using portable NIRS sensors along the supply chain[J]. Postharvest Biology and Technology, 2020, 168: 111273.

[30] WANG J, KIM K H, KIM S, et al. Simple quantitative analysis of *Escherichia coli* K-12 internalized in baby spinach using Fourier transform infrared spectroscopy[J]. International Journal of Food Microbiology, 2010, 144(1): 147-151.

[31] SIRIPATRAWAN U, MAKINO Y, KAWAGOE Y, et al. Rapid detection of *Escherichia coli* contamination in packaged fresh spinach using hyperspectral imaging[J]. Talanta, 2011, 85(1): 276-281.

[32] RAHI S, MOBLI H, JAMSHIDI B, et al. Different supervised and unsupervised classification approaches based on visible/near infrared spectral analysis for discrimination of microbial contaminated lettuce samples: case study on E. *coli* ATCC[J]. Infrared Physics & Technology, 2020, 108: 103355.

[33] KANG S, LEE K, SON J, et al. Detection of fecal contamination on leafy greens by hyperspectral imaging[J]. Procedia Food Science, 2011, 1(1): 953-959.

[34] EVERARD C D, KIM M S, LEE H. A comparison of hyperspectral reflectance and fluorescence imaging techniques for detection of contaminants on spinach leaves[J]. Journal of Food Engineering, 2014, 143(6): 139-145.

[35] CHO H, KIM M S, KIM S, et al. Hyperspectral determination of fluorescence wavebands for multispectral imaging detection of multiple animal fecal species contaminations on romaine lettuce[J]. Food and Bioprocess Technology, 2018, 11(4): 774-784.

[36] CAO Y, SUN J, YAO K S, et al. Nondestructive detection of lead content in oilseed rape leaves based on MRF-HHO-SVR and hyperspectral technology [J]. Journal of Food Process Engineering, 2021, 44 (9): e13793.

[37] SUN J, WU M M, HANG Y Y, et al. Estimating cadmium content in lettuce leaves based on deep brief network and hyperspectral imaging technology [J]. Journal of Food Process Engineering, 2019, 42 (8): e13293.

[38] SHEN T T, KONG W W, LIU F, et al. Rapid determination of cadmium contamination in lettuce using laser-induced breakdown spectroscopy [J]. Molecules, 2018, 23(11): 2930.

[39] 科迈达.产品中心[EB/OL]. [2023-10-26]. http://www.colead.cc/product/index/cid/3.html.

[40] TOMRA. Brussels sprout sorting machines[EB/OL]. [2023-10-26]. https://www.tomra.com/en/food/categories/vegetables/brussels-sprouts.

[41] LIU Q, CHEN S X, ZHOU D D, et al. Nondestructive detection of weight loss rate, surface color, vitamin C content, and firmness in mini-Chinese cabbage with nanopackaging by Fourier transform-near infrared spectroscopy[J]. Foods, 2021, 10(10): 2309.

[42] DIEZMA B, LLEÓ L, ROGER J M, et al. Examination of the quality of spinach leaves using hyperspectral imaging[J]. Postharvest Biology and Technology, 2013, 85: 8-17.

[43] ZHU S S, FENG L, ZHANG C, et al. Identifying freshness of spinach leaves stored at different temperatures using hyperspectral imaging[J]. Foods, 2019, 8(9): 356.

[44] HUANG X Y, YU S S, XU H X, et al. Rapid and nondestructive detection of freshness quality of postharvest spinaches based on machine vision and electronic nose[J]. Journal of Food Safety, 2019, 39(6): e12708.

[45] 王义国，白延波. 常见蔬菜的营养价值及生长要求[J]. 中国果菜，2019，39(7)：73-76.

[46] XIE W J, WEI S, ZHENG Z H, et al. A CNN-based lightweight ensemble model for detecting defective carrots[J]. Biosystems Engineering, 2021, 208: 287-299.

[47] WANG W L, LI C Y, TOLLNER E W, et al. Shortwave infrared hyperspectral imaging for detecting sour skin (*Burkholderia cepacia*)-infected onions[J]. Journal of Food Engineering, 2012, 109(1): 38-48.

[48] KONDURU T, RAINS G C, LI C Y. Detecting sour skin infected onions using a customized gas sensor array[J]. Journal of Food Engineering, 2015, 160: 19-27.
[49] PAN L Q, SUN Y, XIAO H, et al. Hyperspectral imaging with different illumination patterns for the hollowness classification of white radish [J]. Postharvest Biology and Technology, 2017, 126: 40-49.
[50] LEBOT V, MALAPA R, BOURRIEAU M. Rapid estimation of taro (*Colocasia esculenta*) quality by near-infrared reflectance spectroscopy [J]. Journal of Agricultural and Food Chemistry, 2011, 59(17): 9327-9334.
[51] 张拥军,陈华才,蒋家新,等. 莲藕成分的近红外光谱分析模型的建立[J]. 中国食品学报,2008,8(6):122-127.
[52] ALAMU E O, ADESOKAN M, ASFAW A, et al. Effect of sample preparation methods on the prediction performances of near infrared reflectance spectroscopy for quality traits of fresh yam (*Dioscorea* spp.) [J]. Applied Sciences, 2020, 10(17): 6035.
[53] MAKARICHIAN A, CHAYJAN R A, AHMADI E, et al. Early detection and classification of fungal infection in garlic (A. *sativum*) using electronic nose[J]. Computers and Electronics in Agriculture, 2022, 192: 106575.
[54] ELLIPS. Onion grading machine: this is how you can expand your business potential[EB/OL]. [2023-10-26]. https://ellips.com/grading-machine/onion/.
[55] MAF RODA. Leading vegetable optical sorter[EB/OL]. [2023-10-26]. https://tongengineering.com/product/maf-potato-onion-optical-sorting/.
[56] QUADRA. Agricultural machines and products. [EB/OL]. [2023-10-26]. https://quadramachinery.com.
[57] 玛丽亚机械. 产品中心[EB/OL]. [2023-10-26]. http://www.mariamachine.com/Index.html.
[58] ISLAM M N, NIELSEN G, STAERKE S, et al. Noninvasive determination of firmness and dry matter content of stored onion bulbs using shortwave infrared imaging with whole spectra and selected wavelengths

[J]. Applied Spectroscopy, 2018, 72(10): 1467-1478.
[59] NISHINO M, KUROKI S, DEGUCHI Y, et al. Dual-beam spectral measurement improves accuracy of nondestructive identification of internal rot in onion bulbs[J]. Postharvest Biology and Technology, 2019, 156: 110935.
[60] 于洋，朱月，刘晗，等. 茄果类蔬菜花青素研究进展[J]. 贵州农业科学，2021，49(8)：120-127.
[61] CHO B K, KIM M S, BAEK I S, et al. Detection of cuticle defects on cherry tomatoes using hyperspectral fluorescence imagery[J]. Postharvest Biology and Technology, 2013, 76: 40-49.
[62] WANG H T, HU R, ZHANG M Y, et al. Identification of tomatoes with early decay using visible and near infrared hyperspectral imaging and image-spectrum merging technique[J]. Journal of Food Process Engineering, 2021, 44(4): e13654.
[63] DA COSTA A Z, FIGUEROA H E H, FRACAROLLI J A. Computer vision based detection of external defects on tomatoes using deep learning [J]. Biosystems Engineering, 2020, 190: 131-144.
[64] ARIANA D P, LU R F. Quality evaluation of pickling cucumbers using hyperspectral reflectance and transmittance imaging: part Ⅰ. Development of a prototype[J]. Sensing and Instrumentation for Food Quality and Safety, 2008, 2(3): 144-151.
[65] ARIANA D P, LU R F. Evaluation of internal defect and surface color of whole pickles using hyperspectral imaging[J]. Journal of Food Engineering, 2010, 96(4): 583-590.
[66] CEN H Y, LU R F, ARIANA D P, et al. Hyperspectral imaging-based classification and wavebands selection for internal defect detection of pickling cucumbers[J]. Food and Bioprocess Technology, 2014, 7(6): 1689-1700.
[67] LIU Z, HE Y, CEN H, et al. Deep feature representation with stacked sparse auto-encoder and convolutional neural network for hyperspectral imaging-based detection of cucumber defects[J]. Transactions of the ASABE, 2018, 61(2): 425-436.

[68] HUANG Y P, LU R F, CHEN K J. Assessment of tomato soluble solids content and pH by spatially-resolved and conventional Vis/NIR spectroscopy[J]. Journal of Food Engineering, 2018, 236: 19-28.
[69] 王凡，李永玉，彭彦昆，等. 便携式番茄多品质参数可见/近红外检测装置研发[J]. 农业工程学报，2017，33(19)：295-300.
[70] 郭志明，陈全胜，张彬，等. 果蔬品质手持式近红外光谱检测系统设计与试验[J]. 农业工程学报，2017，33(8)：245-250.
[71] JIANG J L, CEN H Y, ZHANG C, et al. Nondestructive quality assessment of chili peppers using near-infrared hyperspectral imaging combined with multivariate analysis[J]. Postharvest Biology and Technology, 2018, 146: 147-154.
[72] AWETA. Cucumber sorting & packing[EB/OL]. [2023-10-26]. https://www.aweta.com/en/produce/cucumber.
[73] YANG Y, ZHAO C J, HUANG W Q, et al. Optimization and compensation of models on tomato soluble solids content assessment with online Vis/NIRS diffuse transmission system[J]. Infrared Physics & Technology, 2022, 121: 104050.
[74] 梁晓婷，庞琦，杨一，等. 基于 YOLOv4 模型剪枝的番茄缺陷在线检测[J]. 农业工程学报，2022，38(6)：283-292.
[75] KONAGAYA K, AL RIZA D F, NIE S, et al. Monitoring mature tomato (red stage) quality during storage using ultraviolet-induced visible fluorescence image[J]. Postharvest Biology and Technology, 2020, 160: 111031.
[76] FENG L, ZHANG M, BHANDARI B, et al. A novel method using MOS electronic nose and ELM for predicting postharvest quality of cherry tomato fruit treated with high pressure argon[J]. Computers and Electronics in Agriculture, 2018, 154: 411-419.
[77] 万相梅. 高光谱图像技术在菜用大豆分级检测中的应用研究[D]. 无锡：江南大学，2013.
[78] HU Q H, YU D R. Entropies of fuzzy indiscernibility relation and its operations[J]. International Journal of Uncertainty, Fuzziness and Knowledge-based Systems, 2004, 12(5): 575-589.

[79] HU Q H, YU D R, XIE Z X. Information-preserving hybrid data reduction based on fuzzy-rough techniques[J]. Pattern Recognition Letters, 2006, 27(5): 414-423.

[80] 吴秀琴，梁东生，吴燕凤，等. 应用 NIRS 测定菜豆嫩荚的粗蛋白和纤维含量[J]. 作物品种资源，1993(1): 28-29.

[81] 赵莉. 霉变芸豆的计算机视觉识别[J]. 硅谷，2009(12): 5.

[82] 王姣姣. 冷季豆品质性状近红外模型建立及区域分析[D]. 北京. 中国农业科学院作物科学研究所，2014.

[83] 赵伟彦，黄敏，朱启兵. 基于多模型融合的干燥过程中毛豆含水率、颜色高光谱图像无损检测[J]. 食品工业科技，2015，36(5): 267-271,276.

[84] 杨晖. 图像分割的阈值法研究[J]. 辽宁大学学报(自然科学版)，2006，33(2): 135-137.

[85] DELL'AQUILA A. Computerized seed imaging: a new tool to evaluate germination quality[J]. Communications in Biometry and Crop Science, 2006, 1(1): 20-31.

[86] ALBAN N, LAURENT B, OUSMAN B, et al. Color and texture information processing to improve storage beans[J]. British Journal of Applied Science & Technology, 2012, 2(2): 96-111.

[87] WAFULA E N, WAINAINA I N, BUVÉ C, et al. Prediction of cooking times of freshly harvested common beans and their susceptibility to develop the hard-to-cook defect using near infrared spectroscopy[J]. Journal of Food Engineering, 2021, 298: 110495.

[88] KARUPPIAH K, SENTHILKUMAR T, JAYAS D S, et al. Detection of fungal infection in five different pulses using near-infrared hyperspectral imaging[J]. Journal of Stored Products Research, 2016, 65: 13-18.

第5章
畜产品智能检测与分级

5.1　畜禽屠宰过程品质分级

随着我国社会经济的快速发展，人们对肉类食物的消费需求正在不断扩大。但由于我国屠宰行业仍有一大部分以小作坊的形式存在，加工设备简陋、技术相对不太成熟，在满足“量”的屠宰过程中常因操作不规范而造成动物受激、细菌繁殖、交叉污染等问题。近年来，人们生活水平不断提高，低品质的鲜肉已无法满足大众的要求，因此，当前肉类工业在满足“量”的生产中，还需保证一定水平的“质”。

肉类生产过程中智能化装备的使用，不仅能改善人工工作环境，代替人工进行繁重、枯燥和体力型工作，还能在提高产品品质与生产效率的同时减少接触和交叉污染。当前，常见的智能化屠宰设备主要有击晕室、烫毛室、打毛室、屠宰作业线、分割肉生产线和检测、分级生产线等。这些设备的研发多与畜禽屠宰过程中所需工艺相关。如果采用机械电击晕或二氧化碳致晕的方式，则可以减少动物在屠宰过程中的受激反应，从而减少PSE(pale soft exudative)肉的产生(由于动物体内应激激素分泌，屠宰的肌肉无氧酵解速率加快，pH迅速下降，肉质快速酸化)。使用蒸汽烫毛，再全封闭转移至打毛室，全过程避免交叉污染。然后，通过基于机器视觉与在线称量技术的智能化分割设备将胴体按要求进行分割。最后，利用智能化分级设备，将不同畜禽肉按品质进行划分和定级，依此可进行规范生产并引导消费。

在肉类品质检测方面，国外对胴体分级技术研究较早，目前胴体分级技术已趋于完善。而我国肉品品质分级技术研究相对较晚，目前主要采用人工分级的方式，通过专业评估人员的感官识别进行评定，存在主观性、误差大和效率低等问题。在肉类行业的发展过程中，对肉品进行品质分级之前的关键在于使肉类的屠宰与加工过程规范化，在此方面，欧美国家的企业具有先进的技术并得以产业化，如荷兰 Stork 公司、丹麦 SFK 公司、德国 Banss 公司等。我国畜禽肉加工设备与技术在大企业中已经得到应用，现正处于创新驱动发展阶段。

对于我国肉品检测标准，有关部门先后制定、发布了猪、牛、羊、鸡、鸭、鹅等畜禽肉的国家标准和行业标准等。为提高我国畜禽肉分级的准确性，实现优质优价，引导畜牧业生产和屠宰加工由粗放向精准、由低质向高效转变，国家市场监督管理总局发布了 GB/T 40945—2021《畜禽肉质量分级规程》[1]，该标准规定了分级前的准备、分级评定、标识和记录等操作要求。该标准的发布和实施，进一步规范了猪、牛、羊、鸡、鸭胴体及其分割肉的质量分级。下面将从当前胴体和分割肉的检测与分级技术两方面进行介绍与分析。

5.1.1 胴体品质实时在线分级技术

畜禽肉胴体是指畜禽经宰杀、放血后，除去毛、内脏、头尾及四肢(腕及关节以下)后的躯体部分。对其主要从外部品质与营养品质两方面进行评价，其中外观评价主要是指通过视觉与触觉对畜禽肉胴体表面完整性、饱满度、洁净度、生理成熟度、肉的色泽和大理石花纹等进行判断[1]；而营养品质主要是指胴体的瘦肉率(lean meat percentage，LMP)。传统方法，主要是通过已完成专业培训的分级员与复核员进行评估与分级。这种方法虽然能实现一定程度的检测与分级，但是主观性强，需要耗费大量人力。因此，多数企业与科研人员一直致力于研发相关肉品的高效检测与分级设备，早在 1994 年，丹麦 SFK 公司[2]就已设计了名为 AUTOFOM 的自动超声扫描设备，该设备利用脉冲超声波读取猪肉胴体内部数据，通过扫描猪的背部能够快速检测胴体背膘厚度与肌肉厚度，其不仅具有一定的检测精度，且检测速度可高达 1150 头/小时。随着科学技术的发展，用于胴体检测与分级的技术主要有 X 射线技术、核磁共振技术、机器视觉技术、超声波技术和光谱技术等，对应开发的设备正逐渐朝着高精度、高效率、低成本的方向发展。下面将分别从猪胴体、牛胴体、羊胴体和禽胴体检测与分级技术四部分进行介绍。

1. 猪胴体检测与分级技术

在 GB/T 40945—2021《畜禽肉质量分级规程》中，关于猪胴体外部品质的检测主要有以下四条：一是肌肉与脂肪颜色是否正常，有无连带碎肉碎膘；二是皮肤是否有破损，脱毛是否彻底，有无瘀血、鞭伤及炎症；三是体型是否匀称，后腿是否饱满；四是胴体内是否有断骨、大面积瘀血等。此外，该标准对胴体的背膘厚度及瘦肉率也做了相关说明。

在优质肉与非优质肉鉴别方面，众所周知，不同的生长环境与饲养条件是使肉质产生明显区别的重要影响因素。为获取高额利润，部分不法商家常以次充好，如伊比利亚猪火腿，作为欧洲具有高价值的几种食品之一，常有不良商家将猪生长时所必需的天然饲养物料替换为复合饲料，以获取差额利润。为此，Pérez-Marín 等人[3]提出了一种基于近红外光谱（NIRS）技术，利用便携式光谱仪，在屠宰线生产的背景下，对猪胴体进行原位检测的评估方法。该方法的主要原理是利用近红外光谱技术检测猪胴体上的脂肪含量，进而通过优质肉与非优质肉中脂肪含量的不同对肉质进行判别。使用该方法能够实现93%的判别准确率，但是该方法仍需要工作人员操控光谱仪，无法实现完全自动化，如图 5-1 所示。

图 5-1　原位 NIRS 猪胴体分析[3]

目前，猪胴体检测与分级技术所用设备相较于其他几种胴体种类较多，应用较广。猪胴体背膘厚度、眼肌深度和猪胴体的整体瘦肉率具备一定的相关性，在此基础上，丹麦 SFK 公司开发了可对背膘厚度相同而重量不同的猪胴体进行自动检测与分级的装备，之后另一公司研发了原理类似但还可通过对颜色的识别区分出 PSE 肉的设备。加拿大 Destron 公司根据脂肪与瘦肉具有不同光反射率的原理，开发了一种探针检测装置，该装置能够测量出猪胴体的肌肉厚度与脂肪厚度，以此评估胴体瘦肉率，该装置相较于前者能够获得更准确的预测值，但是在使用过程中，探针容易损坏，且不便于更换。随着超声波技术与机器视觉技术的发展与应用，它们也逐渐用于猪胴体重量、背膘厚度和肌肉厚度等的检测，此类技术的发展，基本实现了高准确性、快速性和无接触性的分级，其中使用机器视觉技术还能降低一定的成本，具有经济性。

周彤等人[4]基于机器视觉和图像处理技术，提出了一种检测猪胴体背膘厚度的算法。其中猪胴体图像采集系统如图 5-2 所示。猪胴体背膘厚度的图像处理算法主要用于背膘部位的检测和测量部位的直线检测。通过图像分割、特征点的检测以及漫水填充等方法，能准确提取到猪胴体背膘部位。提取胴体肋排区域作为感兴趣区域，对其进行形态学变换去除噪声后，通过已设定大小和方向的局部处理窗口进行图像全局扫描，对窗口内垂直像素求均值，并对平均灰度线进行平均移动平滑，提取目标像素点，再基于近邻法利用目标像素点间的邻近关系对其进行聚类，找到第 6、7 根肋骨的目标像素点，基于过已知点的 Hough 变换拟合目标直线，寻找具体的测量位置。最后，将目标直线映射到背膘部位，进而计算背膘厚度，如图 5-3 所示。该研究结果表明，背膘厚度测量误差小于 2 mm 时，检测准确率可达 92.31%，所提算法能对猪胴体背膘进行准确定位和厚度测量。

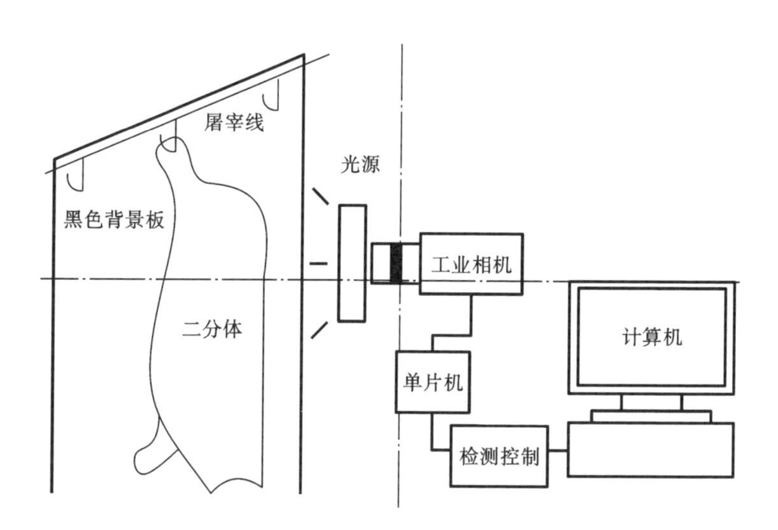

图 5-2　猪胴体图像采集系统[4]

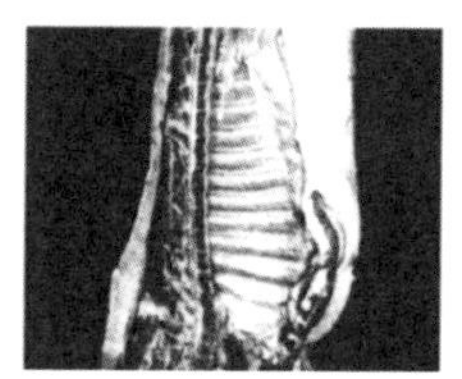

(a) 图像分割

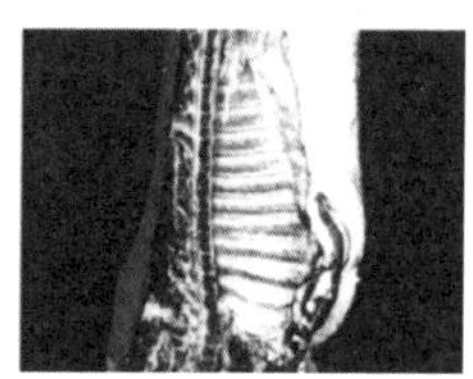

(b) 漫水填充

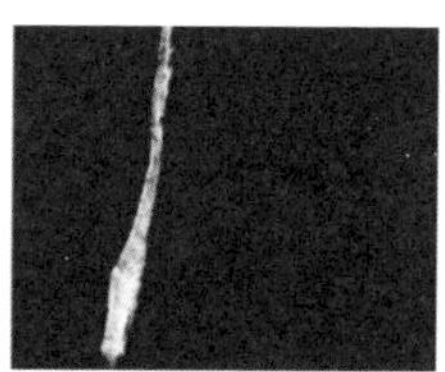

(c) 背膘部位

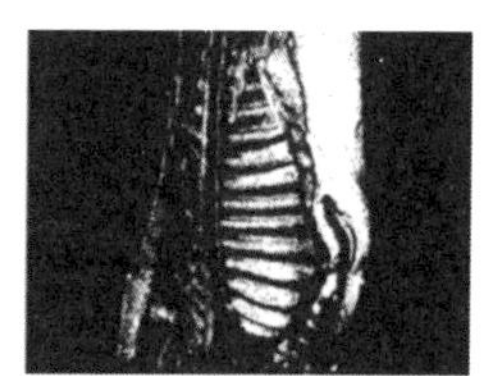

(d) 形态学变换

图 5-3　背膘部位的检测[4]

近年来，随着拉曼光谱、多光谱成像、近红外光谱、高光谱成像等技术的快速发展，各类应用于猪胴体品质检测的便携式装置得到不断创新，如 Sowoidnich 等人[5]开发的便携式拉曼检测系统（见图 5-4），通过前期实验与菌落总数建立的相关性模型，能够快速检测猪胴体各部位的新鲜度。

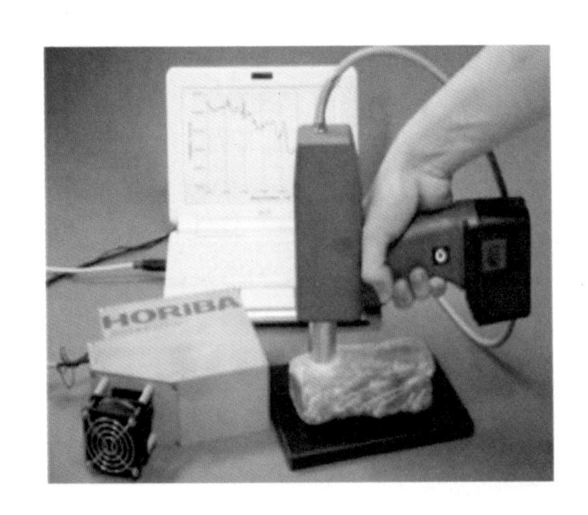

图 5-4　拉曼检测系统快速检测肉质新鲜度[5]

2. 牛胴体检测与分级技术

牛肉由于含有丰富的营养物质，深受人们的喜爱。随着生活水平的提高，人们对牛肉的需求也越来越大。但是大多数法规要求生产商在牛肉及其产品进入市场之前进行品质检测，并实现正确的等级分级、认证和公平价格标记。

牛肉生产和消费的增加给生产商带来了更多的质量监测难题。牛肉屠宰场每天需要完成一定数量牛胴体的质量评估与监控，以确定它们在进入消费市场之前的价值。由于传统评估方法无法满足当前分级速度的要求，Wakholi 等人[6]提出了一种使用数字图像对牛胴体进行检测与分级的评估技术。该研究结合图像处理技术与化学计量学方法，开发了一种简单、无损、仅基于数字成像的检测系统，此系统能够对牛胴体的关键产量参数和重要特征如 LMP 等进行预测。牛胴体检测示意图如图 5-5 所示，仅需要用一个简单的彩色相机对牛胴体进行原位成像，接着将图像信息传入计算机进行即时分析。此方法操作简单，能够实现一定的检测速度，且成本相对较低，基本能够达到屠宰行业对牛胴体品质分级的要求。

除数字成像外，X 射线吸收法也能够预测牛胴体中多种成分含量。Calnan

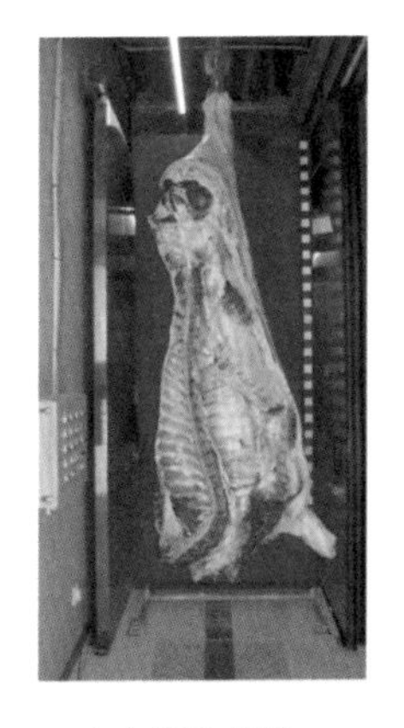

（a）原位成像　　（b）计算机图像分析

图 5-5　牛胴体检测示意图[6]

等人[7]曾开发了一种双能 X 射线吸收测定系统，用于快速测量牛胴体中瘦肉百分比、脂肪百分比以及骨头百分比。该方法用来预测牛胴体中结缔组织含量具有出色的能力且使用过程中受温度影响较小，对于牛胴体成分含量的在线检测具有一定的使用价值。

在牛胴体检测与分级设备的研发过程中，虽然现在新颖方法不断出现，但是主流应用技术仍是基于机器视觉和图像处理的方法，如丹麦 SFK 公司研发的 BCC 牛胴体在线分级系统，通过多方位立体成像获得牛胴体 3D 图像信息，以此分析脂肪覆盖率。此类方法的使用，使得牛胴体的检测与分级更加智能化。

3. 羊胴体检测与分级技术

羊肉作为一个相对较为普遍的肉品，深受众多消费者的喜爱。人们希望其肉质在满足一定嫩度的同时还能满足一定的营养需求，即羊肉既要具有大理石花纹，还要含有尽可能少的皮下脂肪。由此可见，羊胴体分级标准与牛胴体的类似，部分不同在于还需对羊胴体背膘厚度进行测量。

当前，部分屠宰场对羊胴体的品质检测仍取决于专业评估人员的主观分析，而活羊胴体的脂肪厚度多通过超声波进行高精度客观评价，这两种方法各有优势，但是也具有局限性，如主观性强、检测速度慢等。近年来，Marimuthu 等人[8]提出了一种便携式超宽带微波系统，用于评估羊胴体的皮下脂肪厚度、肌肉厚度和眼肌深度。该团队通过三组实验证明，该系统对屠宰前的活羊样品检测特征的预测效果要优于对羊胴体检测特征的预测效果，原因可能是样品的状态与所处环境会对预测效果造成影响，但该研究为羊胴体的检测与分级提供了一种新思路，还需进一步提高预测的准确性与稳健性，探究相同种类与不同种类畜禽胴体的使用普遍性与可重复性。

对于羊胴体肌内脂肪含量的预测，曾有学者提出，利用近红外光谱技术也可以实现。Alvarenga 等人[9]研究发现，在利用近红外光谱技术预测羊胴体肌内脂肪含量的过程中，随着屠宰后胴体温度与 pH 的变化，该技术所检测的参数也会出现较为明显的区别，要想得到测量羊胴体肌内脂肪含量的最佳温度还需对大量样品进行更深入的研究。

相比于欧美国家成熟的羊胴体自动化分级装备，我国此类产业化应用相对落后。其原因可能是我国羊肉屠宰厂较为分散，还未形成较为规范的生产链，加上部分检测与分级装置成本较高，使得自动化设备发展相对缓慢。近年来，我国有研究者[10]开发了一种气动式羊胴体自动分级系统，该系统由气动岔道、拨轮装置、传感器系统和自动控制系统四部分组成。羊胴体的重量与肋脂厚度信息于信号采集区内获取，该系统能够将其分为特等级、优等级、良好级和可食用级四个等级，可代替人工实现自动化作业。

4. 禽胴体检测与分级技术

禽肉作为人们普遍食用的肉品之一，近年来，越来越受到人们的喜爱。它不仅供人们进行家庭烹饪或餐馆使用，其分割产品，如鸡翅、鸡爪、鸡胸肉等在生活中同样倍受欢迎。在禽胴体的检测与分级线上，需对其完整性（有无皮肤破损、骨折、脱臼等）、羽毛残留状态、胴体肤色等指标进行评估，除此之外，禽胴体的尺寸和重量同样是非常重要的检测参数，因为禽胴体的尺寸与重量决定了特定禽胴体的适当切割位置，这对于大型生产线系统的非标准切割十分重要。传统肉鸡称重方法是将称重秤安装在加工生产线上的传送带上，该方法占用大量空间且操作相对笨拙。有学者提出利用实时超声波设备或核磁共振成像技术来测量禽胴体重量，其相较于称重法使用更加灵活，且不会对禽胴体造成实质性伤害，但是需要在屠宰前与活体进行接触，较耗时。一些学者对于禽胴体重量与分割点的检测多致力于与机器视觉相结合，以提高生产效率并降低成本。

Nyalala 等人[11]开发了一种机器视觉系统，用以估计整个鸡胴体与其分割部分的重量（见图 5-6）。该系统在使用过程中需将鸡胴体腿部倒立悬挂，胸部朝向镜头，接着通过相机采集鸡胴体二维图像信息，进而将图像信息传入前期建立的训练模型当中，便可对鸡胴体的重量及分割点进行预测。该方法操作简单，预测结果相对较为准确，但是该系统仅适用于鸡胴体分级生产线，若想将其应用于其他禽胴体分级生产线，则还需针对特定分割样品进行大量数据训练。

图 5-6　鸡胴体分级生产线[11]

对于禽胴体分级技术的应用，荷兰 Meyn 公司基于机器视觉技术，开发了一种可通过对比家禽腹部与背部图像信息实现禽胴体质量和重量分级的检测生产线[12]（见图 5-7），该检测生产线还可与分割生产线或去骨生产线集成使用，从而实现全自动化作业。此外，该公司生产的整禽在线自动称重分级系统，通过采用模块化控制系统，可满足不同用户的加工要求，具有完整信息的储存与查找功能，便于产品的追溯管理和定期检查。丹麦 Linco 公司开发的一种禽类质量分级系统，可通过对禽胴体进行前、左、右、后四个方向图像采集，在质量分

图 5-7　Meyn 机器视觉检测生产线[12]

级的过程中还可检测禽胴体是否存在羽毛残留、表面破损、擦伤或断翅等外部品质，根据系统评定与分级后的禽胴体被自动送入不同的加工通道，实现深加工产品原料利用率的最大化[13]。而对于我国禽胴体分级装备，青岛兴仪电子设备有限责任公司研发了一种家禽称重分级装备，其可根据检测装置检测的重量进行自动分级摆放，无须人工参与，可实现产业化。吉林省艾斯克机电股份有限公司开发了4种称重分级生产线，可实现多级别、智能化的在线分级，生产效率可达10000只/小时[12]。这些技术都在一定程度上减小了人们的工作强度。

5.1.2 分割肉品质在线分级技术

根据有关标准与要求，对胴体按不同部位去皮去骨分制成的肉块称为分割肉。分割肉的分级标准同样分为外部品质与营养品质两方面，其中外部品质包括分割肉的颜色、破损、杂物残留等，营养品质包括脂肪含量、大理石花纹、持水性、化学残留等。

1. 猪肉检测与分级技术

猪肉作为中国消费最多的肉类，其品质评估主要涉及分割肉的颜色、pH值、持水性、新鲜度、蛋白质含量、脂肪含量等。猪肉检测与分级技术主要有高光谱成像技术、荧光光谱技术、近红外光谱技术等。

Zhuang等人[14]通过荧光高光谱成像技术检测了未解冻冷冻猪肉的多个质量指标，并基于挥发性盐基氮（total volatile basic nitrogen，TVB-N）、pH值和颜色参数（L^*、a^*、b^*值）建立了偏最小二乘回归模型。通过与基于可见/近红外高光谱技术所获得的结果对比，基于荧光高光谱成像技术所建立的模型取得了更优的效果，其中新鲜度指标的预测相关性为0.95。该研究结果表明，荧光高光谱成像技术能够应用于冷冻猪肉品质的原位检测，后续可继续探究荧光高光谱成像技术与可见/近红外高光谱技术在猪肉品质检测方面的联合使用，以提高预测模型的准确性与稳健性。

对于猪肉新鲜度的检测，Sun等人[15]利用高光谱反向散射成像技术快速、无损地评估猪肉嫩度。通过三参数洛伦兹分布函数对样品在480～900 nm波长区域的光谱图像进行表征。利用获得的图像参数与样品剪切力真实值建立偏最小二乘回归模型。结果显示，利用图像参数a和b相组合所建立的偏最小二乘回归模型能够实现对猪肉嫩度的预测。但由于高光谱反向散射轮廓迭代数据过于庞大，因此检测速度还需进一步提高。

以上两种技术经进一步发展后，具有与分割肉生产线相结合使用的潜力。近年来，紧凑且便携的光学检测仪器越来越受欢迎。它不仅能于生产线上与人工检测相结合，提高分割肉品质分级的准确性，还能够应用于分割肉售卖单位，实时检测分割肉的品质。

Qin 等人[16]开发了一种便携式可见/近红外光谱系统，用于快速评估猪肉的烹饪损失。通过比较对冷冻猪肉与解冻猪肉的预测结果，发现该系统对两种猪肉的检测效果相似，分别具有 0.82 和 0.84 的预测相关性。该系统具有成本低、检测快速、准确等优点，是一种很有前途的可原位检测冷冻猪肉蒸煮损失率的技术。然而，由于猪肉的多样性，例如不同品种、部位和年龄的猪肉，以及冷冻或解冻方式的不同，该系统检测的准确性和稳定性仍面临一定挑战。可以通过后续研究对该系统进行优化来降低这些因素的影响，以提高其检测的准确性和稳定性以及应用的多样性。

对于便携式检测装置的开发，Wang 等人[17]基于双波段可见/近红外光谱技术搭建了一套便携式光学装置，如图 5-8 所示。该装置能够在可见光和近红外光的连续光谱区域内工作，结合一种改进的竞争性自适应重加权采样算法，对猪肉颜色、pH 和 TVB-N 等多种品质属性选定特征波长。将选定的特征波长用于偏最小二乘回归模型中，该模型能够表现出比全波段光谱模型更好的预测效果，从而实现猪肉多种品质的同步检测。

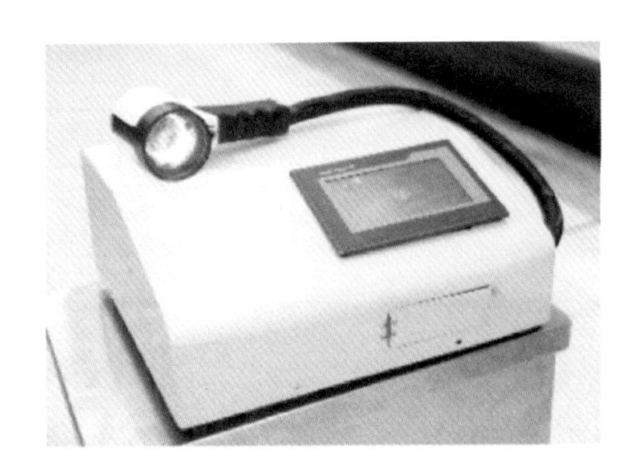

图 5-8　便携式光学装置外观结构[17]

2. 牛肉检测与分级技术

评价牛肉品质的检测指标主要包括颜色、新鲜度、脂肪含量、大理石花纹等，目前用于分割肉的检测技术多为机器视觉技术、可见/近红外光谱技术、高光谱成像技术、拉曼光谱技术等。

Lee 等人[18]提出了一种用于自动评估牛肉大理石花纹的分数估计网络，该网络主要包括分割模块和评分模块两个模块，其作用分别是从输入图片中分割出眼部肌肉区域,然后从分割区域中估计牛肉大理石花纹分数。该方法可以分析人们用智能手机正常拍摄的图像,这使得人们在购买牛肉时对其进行实时检测成为可能。此外,赵鑫龙等人[19]提出了一种基于深度学习的牛肉大理石花纹等级手机评价系统。所用分级方法具有四层神经网络结构,能够实现大理石花纹特征的自动提取。智能方法与智能手机相结合,使人们能够随时检测牛肉大理石花纹。该系统的软件评价结果展示与操作流程如图 5-9 所示。

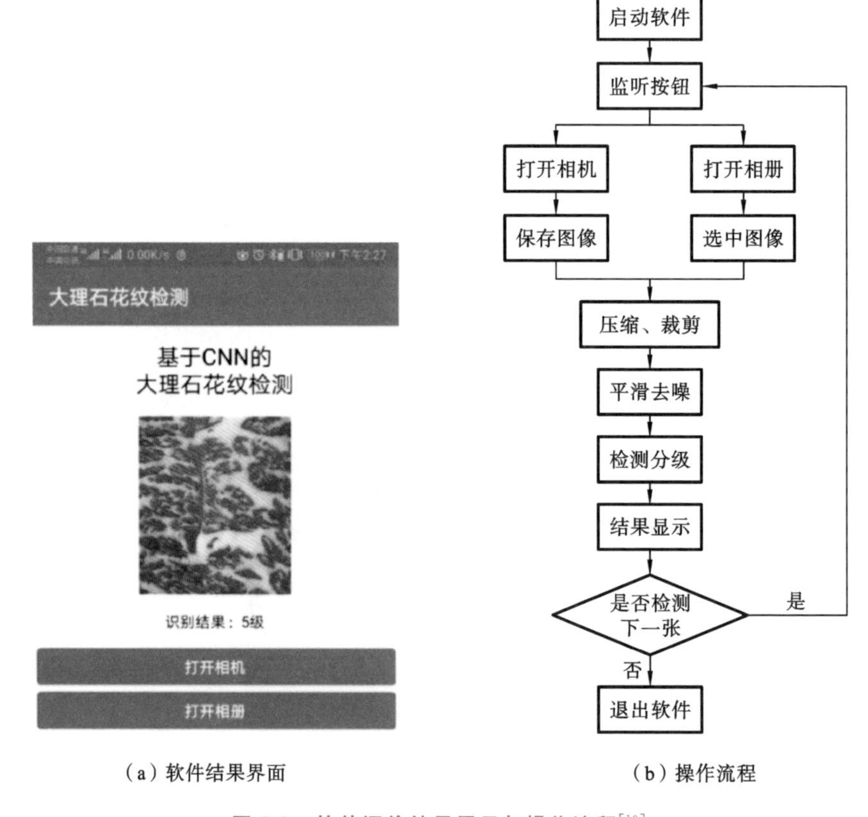

(a) 软件结果界面　　(b) 操作流程

图 5-9　软件评价结果展示与操作流程[19]

对于牛胴体的处理,一方面是将其不同部位制成分割肉进行销售,另一方面则是将其制成肉糜,用于牛肉饼、牛肉丸、香肠等产品的制作。但在这个过程中,经常存在不良商家在碎牛肉中掺加劣质肉以获得高额利润。为快速辨别掺假碎肉,Rady 等人[20]提出了一种彩色成像与机器学习相结合的技术,首先将掺假碎肉与未掺假碎肉进行区分,然后对掺假碎肉中的劣质肉的品种进行判别,最后通过回归模型对掺假碎肉的混合成分进行量化分析。该技术只需利用被检测样品的简单彩色图像便可进行判别，但图像信息只能反映样品的表面信息，对于样品的内部成分不能用于进行有效分析。

3. 羊肉检测与分级技术

评价羊肉品质的检测指标主要包括颜色、新鲜度、脂肪含量、大理石花纹等。对于羊肉品质的评估，常用的检测技术有可见/近红外光谱技术、高光谱成像技术、生物化学传感技术等。

羊肉的新鲜度不仅直接影响着消费者的食用口感，对人类的饮食健康还会产生一定的影响。Zhang 等人[21]曾使用 400～1000 nm 范围内的可见/近红外高光谱成像技术，获取了不同储存时间羊肉样品的光谱信息。结合化学计量学方法，对样品进行了优质、次新鲜和变质三个等级的品质分级。其中校正集与测试集的分类准确率分别为 93％和 91％。该研究从理论上验证了可见/近红外高光谱成像技术在肉品新鲜度检测中的应用是可行的，为后续分级装备的开发提供了理论基础。

此外，Aymard 等人[22]开发了一种新型的双电化学免疫传感器，用于快速、灵敏地检测肉类样品中的恩诺沙星含量。该传感器采用新的双电极设计，一个电极用于样品检测，另一个电极用于阴性对照，提高了传感器的检测准确度。另外，该传感器对其他喹诺酮类药物均表现出了良好的特异性，工作时检测的浓度范围为 0.005～0.01 μg/mL，检测限低至 0.003 μg/mL，在 4 ℃的条件下，能够稳定工作 1 个月。在实验过程中，对样品进行预处理后，在猪肉、鸡肉、牛肉、羊肉、鸭肉和火鸡肉等肉品中均检测到了恩诺沙星残留。该研究表明，生物化学传感器在肉品品质检测中具有一定的可行性。在未来的研究中，羊肉检测技术还需不断向肉品原位检测方向发展，以满足当前人们对肉品品质实时监测的需求。

4. 禽肉检测与分级技术

评价禽肉分割肉的检测指标主要包括禽肉的形态（如分割肉的完整度、残损程度、残留羽毛量、伤痕数量等）、肉色（鸡胸肉、腿肉、鸡翅等断面处的色斑、瘀血数量、有无溃烂等）以及禽肉的新鲜度、品种、有无掺假等。目前用于禽肉检测与分级的技术主要有近红外光谱技术、机器视觉技术、生物化学传感技术等。

Parastar 等人[23]通过将近红外光谱技术与随机子空间判别集成方法相结合，开发了一种快速鉴定鸡胸肉真伪的检测系统。该系统不仅可以对带有包装的新鲜禽肉与冷冻禽肉进行快速判别，还可根据鸡的生长条件准确地对禽肉进行分类。整个检测与数据分析过程仅需 20 s 即可完成。该系统目前能够很好地实现对禽肉的快速检测与分级，但是对于其他肉类的检测还需在使用前进行大量数据训练，以获取不同评价模型。

Erna 等人[24]进行了一项关于开发可生物降解的姜黄素薄膜实验研究。将姜黄素与大米淀粉相结合，所制成的薄膜可用于检测鸡肉中次黄嘌呤含量，从而判定鸡肉的新鲜度。该技术基本原理为薄膜中的指示剂处于 pH 为 9 以上的环境时，薄膜中的姜黄素便会发生去质子化，使得薄膜厚度增加、颜色变深，从而可用肉眼判别包装中鸡肉的新鲜度。在 4 ℃的温度下，该薄膜对次黄嘌呤的检出限为 0.039 mmol/L，定量检测限为 0.129 mmol/L。该研究表明，将该薄膜材料应用于禽肉包装，可便于消费者对禽肉新鲜度进行实时监测。

此外，徐虎博等人[25]开发了一套可控气流-激光检测系统用于评估鸡肉嫩度，其结构示意图如图 5-10 所示。该系统整机结构为开放式，主要结构包括机体、实验台系统、气力产生系统、形变检测系统、应力感测系统与控制和信息处理系统。研究中采用可控气流-激光检测技术的瞬态、蠕变回复和应力松弛等动静态检测模态，并使用支持向量机分类器和全局变量偏最小二乘算法，结合不同预处理方法，对鸡肉嫩度进行定性判别和定量预测。使用过程中，该系统能够很好地适用于分割后的鸡肉嫩度预测。但对于鸡肉生产线上的实时检测，还有待进一步研究。

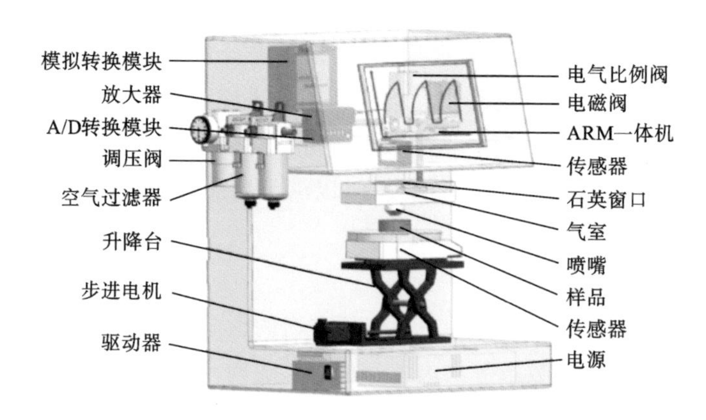

图 5-10　可控气流-激光检测系统结构示意图

5.2　生鲜肉及肉制品品质检测与分级

动物活体被屠宰后，胴体发生尸僵，此时细胞进行无氧呼吸，产生大量乳酸，使得肌纤维变硬、蛋白质凝固。胴体经分割后形成的分割肉，仍有一定的体温，此时乳酸分解为二氧化碳和水等，肉质恢复多汁，并拥有肉特有的风味。常温下微生物繁殖速度较快，因此在运输和储存时，往往需要将生鲜肉冷却，如在0～4 ℃保存的称为冷鲜肉，在－18 ℃保存的称为冷冻肉。生鲜肉是消费者直接购买和使用的对象，随着人们生活质量的提高，人们对其品质检测与分级的需求也越来越大。下文主要从感官品质、营养品质、新鲜度、保持期和货架期及腐败变质等方面对生鲜肉品质检测与分级进行介绍。

5.2.1 感官品质检测与分级

生鲜肉感官品质是肉品的重要品质之一，主要包括颜色、大理石花纹和气味等检测指标，这些指标往往与肉品新鲜度、化学成分含量等内部品质存在联系。正常猪肉呈白色或浅红色，切面有光泽，呈粉红色；病死猪的肌肉无弹性，切面光滑，呈暗紫色，平切面有淡黄色或粉红色液体。大理石花纹是指生鲜肉肌内脂肪的纹理分布，被广泛应用于牛肉品质分级中。可按照大理石花纹等级图谱[26]对背最长肌横切面进行评价。正常猪肉无异味，或带有肉品特有的淡腥味，异常猪肉有血腥味、尿骚味、腐败味、腥臭味；掺假肉与正常肉在气味方面也存在差异。生鲜肉感官品质影响着消费者的选择偏好，也对肉品的市场价值产生重要影响。近年来，检测生鲜肉感官品质的技术主要有机器视觉、机器学习、光谱分析和电子鼻等技术。

Zhuang 等人[14]利用荧光高光谱成像技术，对猪肉颜色检测进行了研究。生鲜肉购于北京当地超市，去除皮下脂肪和结缔组织后，被分割为 50 mm×50 mm×10 mm 大小的样品，并按照 4 个样品一组将其分为 14 组，储存于 4 ℃冰箱中。每隔 24 h 从 4 ℃冰箱中随机抽取一组，置于另一－18 ℃冰箱中冷冻 24 h，然后采集其光谱数据。所使用的荧光高光谱成像系统主要由 CCD 相机、成像光谱仪、激光位移传感器、步进电机和移动平台等部件组成，线光源由 365 nm 的紫外线灯珠（3.5 W，14 个）和石英凸透镜（1 个）组成，两个直流冷却风扇（12 V，5.4 W）被用来散去紫外线灯珠的热量。

样品的 L^*、a^* 和 b^* 的平均值如图 5-11 所示。在早期阶段，存放样品的密封袋里有足够的氧气。因此，肌红蛋白为亮红色的氧合肌红蛋白，这是新鲜肉的标志。随着储存时间的增加，氧气减少，高铁血红蛋白含量随着氧合肌红蛋白和氧气的结合而增加，这意味着样品颜色变深。因此，a^* 值减小，b^* 值增大，L^* 值首先增大、然后减小。

对 56 个样品按照 3∶1 的比例划分为校正集和预测集，样品真实值统计如

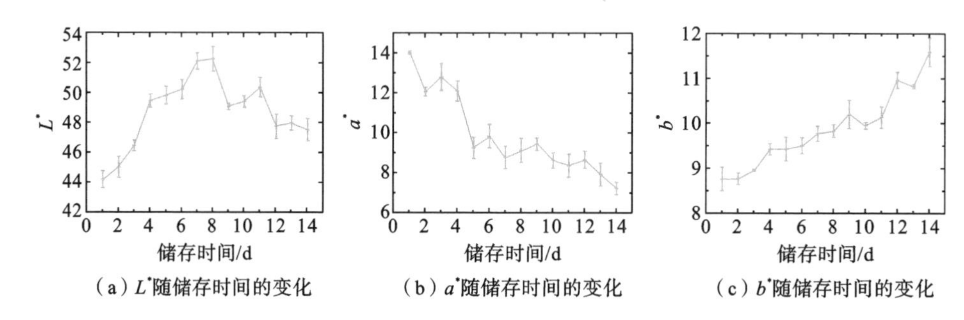

(a) L^*随储存时间的变化　(b) a^*随储存时间的变化　(c) b^*随储存时间的变化

图 5-11　肉品颜色参数随储存时间的变化[14]

表 5-1 所示，每个指标都有较大的变化范围，且预测集范围小于校正集范围，这对建模有利。

表 5-1　样品真实值统计[14]

指标	数据集	样品数	范围	平均值	标准差
L^*	校正集	14	44.24～53.74	49.36	2.45
	预测集	42	45.12～53.20	49.19	2.30
a^*	校正集	14	6.41～13.29	9.94	1.72
	预测集	42	7.06～13.18	10.19	1.66
b^*	校正集	14	8.64～12.98	9.94	0.87
	预测集	42	8.70～11.26	9.63	0.69

建模结果表明，基于荧光光谱的 PLSR 模型在预测 L^* 时误差较大；而预测 a^* 和 b^* 时具有令人满意的表现，a^*、b^* 的 R_p 分别为 0.8686、0.8699，RPD 分别为 1.97 和 1.66。而对于基于传统可见/近红外光谱建立的模型，a^*、b^* 的 R_p 分别为 0.8431、0.7227，RPD 分别为 1.48 和 1.24，相较而言，预测效果较差。此外，该研究使用 CARS 提取了特征波长，针对 a^*、b^* 分别筛选出 16、21 个特征波长，使用筛选出的特征波长建立模型，a^*、b^* 的 R_p 分别为 0.9008、0.9461，RPD 分别为 2.27 和 2.85，进一步改善了基于荧光光谱的 PLSR 模型对肉品颜色的预测性能。该研究表明，荧光光谱在冷冻肉颜色预测方面相较于近红外光谱更有优势。

牛肉大理石花纹是牛肉的重要感官品质。应用检测与分级技术，能够使其分级结果更精准，并节省大量人力和物力。赵鑫龙等人[19]基于深度学习和图像处理技术，对牛肉大理石花纹检测进行了研究。使用 Android 手机获取了 1800

张牛肉图片样品，按照 3∶1 的比例分为校正集和预测集，牛肉大理石花纹等级由专业评分人员对照大理石花纹等级图谱标注[26]。为增大模型训练数据集，采用旋转、镜像、调节亮度和对比度、增加噪声等方法扩增样品，如图 5-12 所示，最后得到校正集图像 5400 张、预测集图像 1800 张。

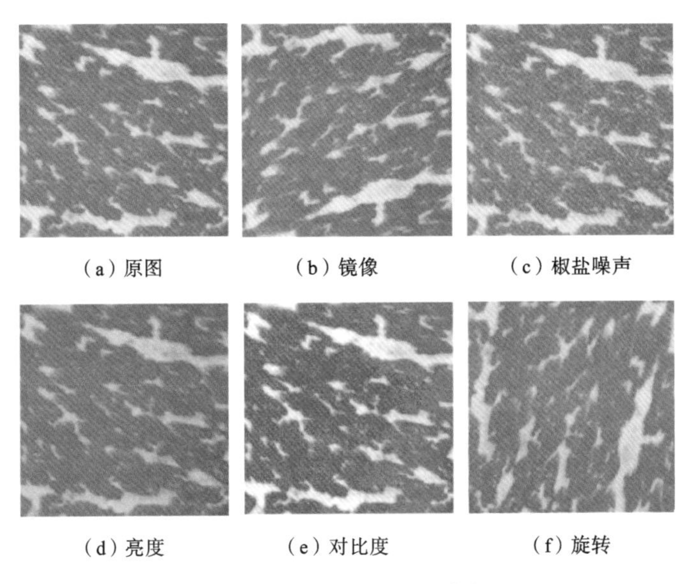

(a) 原图　(b) 镜像　(c) 椒盐噪声

(d) 亮度　(e) 对比度　(f) 旋转

图 5-12　样品扩增方法[19]

该研究使用计算机完成模型训练，操作系统为 Windows 10，CPU 为 Intel Core i9-9900，GPU 为 RTX 2080ti，显存为 11 G。编程语言为 Python，并安装了 Pycharm 和深度学习框架 Tensorflow。在分析各等级样品的分类结果时，使用准确率指标进行表征。卷积神经网络结构如图 5-13 所示，获取的牛肉图像作为输入层，经卷积层、池化层、全连接层处理后，输出一个包含 5 个元素的列向量，以表征牛肉等级。

该研究中神经网络学习率设为 0.001，网络收敛速度最快，且准确率最高，并在 59 次迭代之后一直保持 100%的准确率和接近于 0 的损失率。为验证模型的效果，将预测集的 1800 张图像输入训练好的模型进行验证，校正集和预测集的验证结果如表 5-2 所示。对于所有等级的牛肉图像，校正集分级准确率全部为 100%，说明该模型在充分训练后具备了提取大理石花纹特征的能力。预测集中判错了 42 张，总体的分级准确率为 97.67%。其中等级 1 全部判断正确，等级 1 的牛肉含有极少的大理石花纹，其图像上的脂肪颗粒较少，相应的准

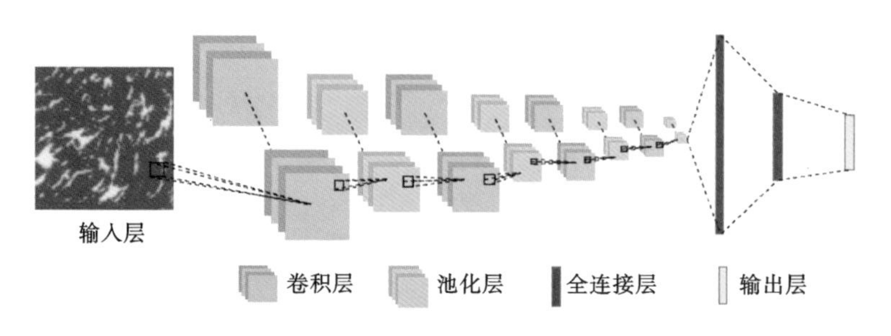

图 5-13　卷积神经网络结构[19]

确率也高。等级 2 判错 8 张，都被误判为等级 3。等级 3 判错 11 张，其中有 3 张被误判为等级 2，有 8 张被误判为等级 4。等级 4 判错 14 张，其中有 5 张被误判为等级 3，有 9 张被误判为等级 5；等级 5 判错 9 张，都被误判为等级 4。挑出误判的图像比对观察后，发现误判图像的大理石花纹丰富程度与误判等级较为相似，大理石花纹的得分情况处于标签等级与误判等级之间，导致了误判发生。在上述软、硬件系统的支持下，检测时间较短，平均每张图像的检测时间为 0.09 s。该研究还开发了基于 Android 平台的检测软件，可利用手机自带相机采集牛肉图像，实现了牛肉大理石花纹的快速、准确检测。

表 5-2　牛肉大理石花纹分级结果[19]

等级	校正集			预测集			检测时间/s
	数量	误判数量	准确率/(%)	数量	误判数量	准确率/(%)	
1	750	0	100	360	0	100	0.09
2	1110	0	100	360	8	97.78	0.09
3	1470	0	100	360	11	96.94	0.09
4	1260	0	100	360	14	96.11	0.09
5	810	0	100	360	9	97.50	0.09

陈通等人[27]基于电子鼻技术，研究了猪肉脯品质的检测和分级。所使用的猪肉脯样品来自 12 个不同品牌厂家，共计 108 个样品。所用电子鼻包含 10 个传感器，其性能如表 5-3 所示。电子鼻采集信号后，使用国家标准中的方法对猪肉脯中蛋白质、脂肪、水分、氯化物及总糖含量共 5 个指标进行测定，测定结果作为参考值判断样品等级。根据样品测定结果和国家标准 GB/T 31406—2015《肉脯》中的规定，12 个品牌的猪肉脯中 6 个为不合格品。

表 5-3 电子鼻传感器阵列及其性能[27]

序号	传感器	性能描述
1	W1C	对芳香成分灵敏
2	W5S	对氮氧化合物灵敏
3	W3C	对氨水、芳香类化合物灵敏
4	W6S	对氢气有选择性
5	W5C	对烷烃、芳香类化合物和弱极性化合物灵敏
6	W1S	对甲烷等短链烷烃灵敏
7	W1W	对无机硫化物灵敏
8	W2S	对醇、醛、醚等灵敏
9	W2W	对芳香族化合物、有机硫化物灵敏
10	W3S	对烷烃灵敏

电子鼻中 W1S、W1W 和 W5S 传感器对待测物响应较为敏感，而 W1C、W3C 和 W5C 传感器的响应则相对较弱，这可能与猪肉脯挥发性有机化合物中含有的芳香族化合物、硫化物、烷烃和一些弱极性化合物有关。采用主成分分析进行数据降维，并使用 k 最近邻判别算法对猪肉脯进行分类，合格样品集中有 6 个样品被误判，而不合格样品集中则有 5 个样品被误判，整体准确率为 89.81%，表明电子鼻技术用于猪肉脯品质分级具有一定的可行性。

5.2.2 营养品质检测与分级

肉中含有丰富的营养成分，主要包括水分、蛋白质、脂肪等。对于不同种类、不同部位的肉，各营养成分比例一般不同。普通杂交白猪瘦肉中约含有 73%水分、20%蛋白质、5%脂肪，三者合计约占肉总质量的 98%，其他成分为碳水化合物、无机盐（铁、磷、钾、钠）以及维生素（B_1、B_2、B_{12}）等。

水分可以通过很多途径摄入，因此在肉品营养品质分级中，其重要性较低。肉中所含蛋白质是人体摄入蛋白质的重要来源，主要分为肌纤维蛋白、肌浆蛋白和基质蛋白。肌纤维蛋白占肌肉总蛋白的 50%～55%，直接参与肌肉的收缩和放松，仅溶于高盐溶液，主要包含肌动蛋白和肌球蛋白；肌浆蛋白占肌肉总蛋白的 30%～35%，可溶于中性低盐溶液，由于包含多种不同的酶，肌浆蛋白的组成较复杂，影响肉品颜色的肌红蛋白属于肌浆蛋白；基质蛋白占肌肉总蛋白的 10%～15%，属于大分子蛋白且难溶于水，分散于肌肉内的结缔组织中，主要包含胶原蛋白和弹性蛋白。肉中蛋白质是完全蛋白质，包含人体自身不能合成的8种必需氨基酸。肉中的脂肪可以供给人体热量和必需的脂肪酸，也是重要的营养成分之一，主要包括甘油三酯、脂肪酸以及少量的磷脂、胆固醇等，猪肉脂肪中不饱和脂肪酸含量一般略高于饱和脂肪酸含量。另外，肉中的铁盐和B族维生素等，同样是人体不可或缺的营养成分。

根据猪肉不同部位品质的不同，目前人工分级的方法一般将猪肉分为四级：特级（里脊肉）；一级（通脊肉，后腿肉）；二级（前腿肉，五花肉）；三级（血脖肉，奶脯肉，前肘，后肘）。这种人工分级的方法按照猪肉部位进行简单分类，不能区分相同部位肉的营养成分差异。传统的化学方法可以准确测量出肉的营养成分，但耗时较长，且具有破坏性，为了克服人工分级和传统化学方法的弊端，以满足无损、快速、准确的检测要求，基于光学的肉品营养品质检测与分级技术迅速发展。

目前，生鲜肉营养品质检测研究主要集中在各营养指标的预测上，如蛋白质、脂肪含量的预测，但生鲜肉整体营养品质的分级方法和分级设备还未见报道。王文秀[28]基于可见/近红外光谱技术，设计并开发了便携式生鲜猪肉品质多参数检测装置，实现了生鲜猪肉蛋白质、脂肪和水分含量的预测。检测装置基于可见-短波近红外光谱仪和长波近红外光谱仪进行开发，通过双波段光谱数据融合，获取样品连续反射光谱曲线，装置工作原理图如图5-14所示。光源照射到样品上，反射光被检测探头的光纤接收，将光谱信号传输至光谱仪，转换为数字信号后，传给上位机软件。上位机软件具有人机交互操作、数据实时处

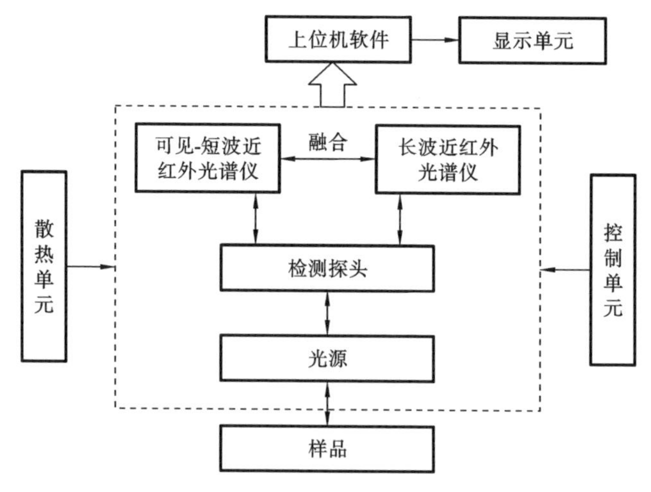

图5-14　便携式检测装置工作原理图[28]

理分析与显示等功能。

该研究通过对光谱变异系数、信噪比和光谱面积变化率的分析，对比了点光源方案和环形光源方案，结果表明，环形光源具有更好的稳定性，且获取的光谱能反映更多的样品特性信息。这是由于入射光照射区域与反射光收集区域距离更远，光经过的区域更深，此时收集的不是肉表层的漫反射光，而是光进入样品内部与之作用后反射回来的光，其携带了更多内部成分的信息。因此将卤钨灯与环形光导结合作为装置的光源单元，并将环形光纤光导与光谱采集光纤设计于一体，形成手持式采集探头。

检测装置的控制部分主要由工业平板电脑、单片机等组成，软件部分基于 Visual Studio 2010 平台开发，采用 C++进行编程。控制部分和软件部分具有控制和分析功能，主要包括：光谱数据读取和显示；光谱融合、去噪和预处理；指标预测；数据保存。

通过不同预处理的对比分析，优选出了各指标的较优预处理方法，并利用 CARS 算法优选出各指标的特征波长，建立了各指标的 PLS 预测模型。蛋白质、脂肪和水分含量的预测结果如表 5-4 所示，其中蛋白质含量的 R_p^2 大于 0.9，脂肪含量和水分含量的 R_p^2 大于 0.8，表明检测装置对蛋白质、脂肪和水分含量的预测效果良好。与使用全波长建模的结果对比，使用 CARS 算法提取特征波长后，各指标 RPD 均有一定的提升，表明模型的稳健性有所提高，并且优选波长后，数据处理压力较小，检测时间缩短，对实现生鲜肉营养品质的实时检测有利。

表 5-4　基于特征波长建立的 PLS 模型结果[28]

参数	R_c	SEC/(%)	R_p	SEP/(%)	RPD
蛋白质含量	0.9621	0.3224	0.9606	0.3263	3.5938
脂肪含量	0.9550	0.1341	0.9452	0.1755	2.9439
水分含量	0.9657	0.5148	0.9187	0.3782	2.1584

在上述研究的基础上，为了进一步缩小检测装置体积，增强其实用性，王文秀对装置硬件系统进行了优化。使用更小巧的微型光谱仪，控制部分由 7 寸平板电脑代替，并进一步优化了光纤和光源单元的设计，优化后的装置如图 5-15 所示。该装置可切换软件触发模式和外触发模式，在软件触发模式下，可以使用软件对装置进行控制；在外触发模式下，可通过按下手持式检测探头手柄处的触发按钮，一键触发完成光谱采集、检测和保存的操作过程。

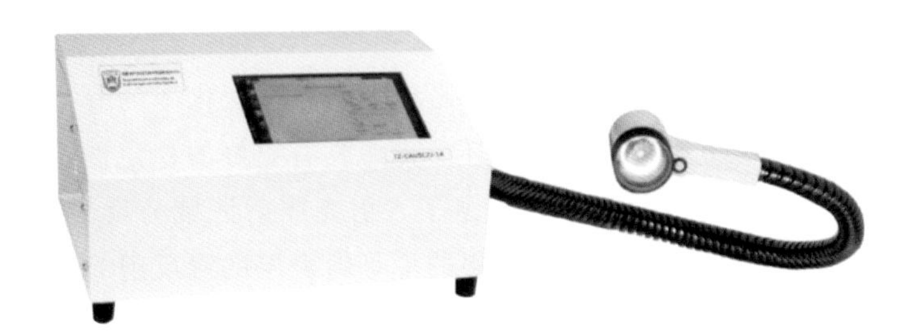

图 5-15　优化后的便携式检测装置实物图[28]

为验证该优化后的便携式检测装置的实际工作性能，进行了独立验证试验，样品为从未参与建模的 20 块猪肉样品，验证时，按照装置操作流程，依次进行参比光谱和暗背景光谱校正，将手持式探头对准待测样品，按下采集按钮后，检测装置实时采集样品的反射光谱信息。基于自适应模型更新方法，系统软件根据待测样品的光谱信息在对应参数的校正集样品数据库中选择部分样品，建立各个样品的局部校正模型，完成对该样品的预测。预测完成后，根据国家标准测定方法，对各个参数的真实值进行测定，得到其标准值，经试验统计，每个样品的检测速度约为 2 s。独立验证试验结果如表 5-5 所示。结果表明，该装置具有检测生鲜猪肉营养品质的能力。

表 5-5　独立验证试验结果[28]

参数	样品个数	R	SEP/(%)
蛋白质含量	20	0.9154	0.4527
脂肪含量	20	0.9208	0.2845
水分含量	20	0.9021	0.4587

Barbin 等人[29]基于高光谱技术，对完整和绞碎生鲜猪肉中的脂肪、蛋白质和水分含量进行预测。该研究所用的猪肉样品来自 45 头猪的半腱肌、背阔肌、半膜肌和股二头肌。样品被切割为 2.5 cm 厚的肉块，采集完整样品高光谱图像后，将样品绞碎，采集绞碎样品高光谱图像，最后进行真实值测定。光谱采集系统主要由以下部分组成：CCD 相机，光谱仪，一对卤素灯光源，步进电机驱动的移动台，计算机以及数据处理软件。

绞碎猪肉样品平均光谱如图 5-16 所示，其中 970 nm 和 1440 nm 附近的吸收峰由 O—H 键振动的第一和第二倍频引起，其变化可能与样品水分含量有关；N—H 键振动的倍频位于 1021 nm 和 1057 nm 附近，这些波长处的变化可能与蛋白质含量有关；C—H 键振动的第二倍频位于 1200 nm 附近，该处的光

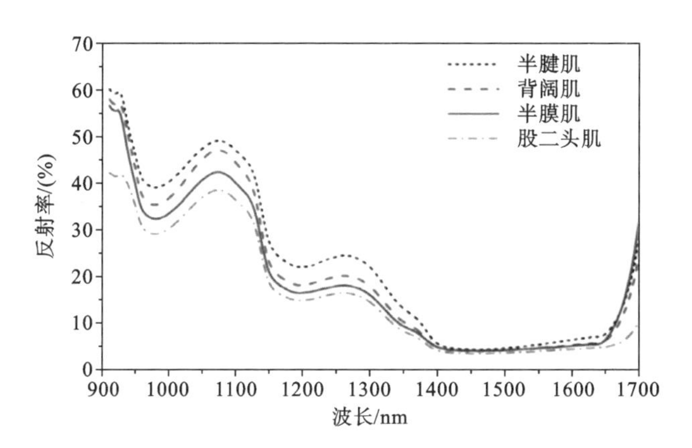

图 5-16　不同部位绞碎猪肉样品平均光谱[29]

谱变化可能反映了样品中脂肪含量的不同。

120 个猪肉样品按照 2∶1 的比例分为校正集和预测集，利用全波长光谱建立各指标 PLS 预测模型，完整猪肉样品蛋白质、水分、脂肪含量的 R_p^2 和RMSEP 分别为 0.80、0.58、0.83 和 0.50%、0.92%、0.76%，绞碎猪肉样品蛋白质、水分、脂肪含量的 R_p^2 和 RMSEP 分别为 0.86、0.91、0.95 和 0.43%、0.64%、0.37%，可以发现，模型对绞碎猪肉样品的预测效果较好，这可能是由于相较于完整猪肉样品，绞碎猪肉样品表面光的散射效应更弱。

为了优选出对模型预测最为重要的波长，减少无关波长信息对预测模型的干扰，该研究通过计算最佳 PLS 回归模型中的加权回归系数，提取出各指标预测模型的特征波长，即 11 个蛋白质含量预测模型特征波长(927 nm、940 nm、994 nm、1051 nm、1084 nm、1138 nm、1181 nm、1211 nm、1275 nm、1325 nm、1645 nm)、7 个水分含量预测模型特征波长(927 nm、950 nm、1047 nm、1211 nm、1325 nm、1513 nm、1645 nm)、9 个脂肪含量预测模型特征波长(927 nm、937 nm、990 nm、1047 nm、1134 nm、1211 nm、1275 nm、1382 nm、1645 nm)。基于提取的特征波长，重新利用 PLS 建模，新模型对各指标都呈现出更好的预测结果，蛋白质、水分、脂肪含量的 R_p^2 分别变为 0.88、0.91、0.93，RMSEP 分别变为 0.40%、0.62%、0.42%。该结果表明，通过波长提取算法对高光谱数据进行处理，可以提升对肉品营养品质预测的能力。

高光谱图像的显著优点是每个像素都包含丰富的光谱信息，可以单独用作预测数据集。利用基于优选出的特征波长建立的最佳预测模型，对感兴趣区域中每个像素点的指标值进行预测，通过可视化处理，便能根据预测值创建指标的浓度伪彩色图像。图 5-17 显示了几个不同部位猪肉营养成分分布，其中第一列通过 1081 nm、1275 nm 和 1329 nm 波长表示 R 通道、G 通道和 B 通道，合成出其 RGB 图像，皮下脂肪部分显示出较低的蛋白质和水分含量，以及较高的脂肪含量，瘦肉中的脂肪分布可以通过伪彩色图像进行直观的显示。

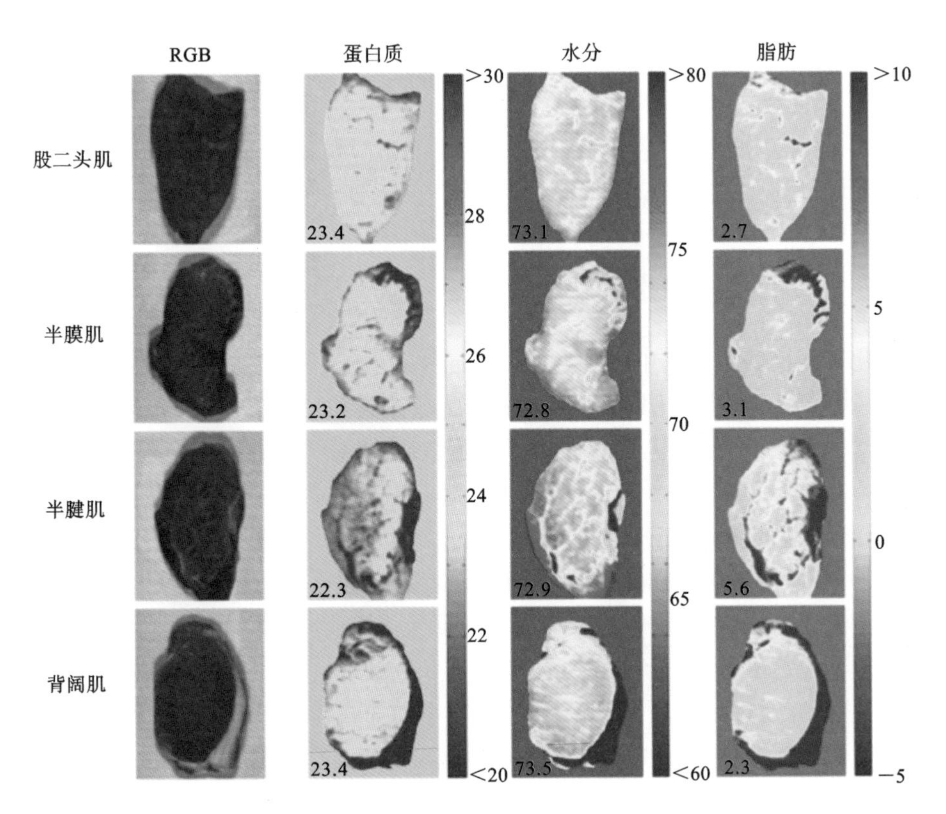

图 5-17　不同部位猪肉营养成分分布伪彩色图像[29]

5.2.3　新鲜度检测与分级

肉品新鲜度是消费者选购时较为关心的指标之一，肉品含有丰富的营养成分，但容易被其他微生物入侵，从而使其新鲜度降低。不新鲜的肉会对消费者的健康造成威胁，因此，对肉的新鲜度进行快速评价具有非常重要的现实意义。可见/近红外光谱技术具有无损、操作简单、无须样品前处理的优点，众多学者基于该技术对肉品新鲜度检测进行了研究。

王文秀等人[30]通过解析二维相关同步光谱和自相关谱，确定了光谱中与新鲜度相关的敏感变量。试验样品为北京美廉美超市的冷鲜猪肉背最长肌，试验前将其分割为约 8 cm×5 cm×2.5 cm 的肉块。光谱采集系统主要包括卤钨灯光源、AvaSpec-2048 光谱仪、光纤、环形光导、计算机等硬件，光谱数据的获取和保存通过光谱仪配套软件 Avasoft 完成。光谱信息采集完成后，参照 GB 5009.228—2016《食品安全国家标准 食品中挥发性盐基氮的测定》中的方法对猪肉样品中的 TVB-N 含量进行测定，并将 TVB-N 含量小于 15 mg/100 g 的样品定义为新鲜肉，将 TVB-N 含量介于 15 mg/100 g 和 25 mg/100 g 之间的样品定义为次新鲜肉，将 TVB-N 含量大于 25 mg/100 g 的样品定义为腐败肉[31]。

由于近红外光谱采集过程中常常伴随基线漂移、杂散光等噪声信号，因此该研究采用标准正态变量变换(SNV)、归一化的预处理方法来减少干扰信息，并进行分析比较。建模采用了 SVM 判别分析方法，结果如表 5-6 所示。由此可见，基于这 3 类光谱信息，在校正集中分别有 6、4、5 个样品被误判，预测集中均有 1 个样品被误判，且均有腐败样品被误判，总体判别正确率为 87.93%、91.38% 和 89.66%，经 SNV 和归一化预处理后，预测模型具有更高的总体正确率。

表 5-6　基于全波段光谱的 SVM 判别分析模型结果[30]

预处理方法	新鲜度类别	校正集样品数	判断正确数	预测集样品数	判断正确数	总体正确率/(%)
无预处理	新鲜	10	6	4	4	87.93
	次新鲜	26	26	8	8	
	腐败	7	5	3	2	
SNV 预处理	新鲜	10	8	4	4	91.38
	次新鲜	26	26	8	8	
	腐败	7	5	3	2	
归一化预处理	新鲜	10	7	4	4	89.66
	次新鲜	26	26	8	8	
	腐败	7	5	3	2	

该研究以 TVB-N 含量为外部微扰，进行二维相关同步光谱解析，寻找与新鲜度评价相关的特征变量。在二维相关同步光谱解析过程中，首先根据 TVB-N 含量实测值，从最小值和最大值之间以均匀浓度梯度共选取 10 个代表性样品用于二维相关同步光谱分析；然后提取光谱特征，采用包络线去除方法来扩

大较弱的特性信息，同时压抑背景光谱；再根据包络线去除后的光谱，选择不同TVB-N含量对应光谱具有明显差异的敏感波段；最后对上述敏感波段分别进行二维相关同步光谱分析，获取并分析其二维相关同步光谱及自相关谱，明确与TVB-N含量变化密切相关的特征波长。

包络线去除前后的光谱曲线对比如图5-18所示，460 nm、590 nm及960 nm波长处出现明显的波谷，可见光波段范围内的波谷与肉中肌红蛋白的浓度和状态有关，960 nm波长处与N—H键的二级倍频有关。在进行二维相关同步光谱分析之前，为尽可能详尽地挖掘有效变量，避免微弱的特征信息被隐藏，结合包络线去除后的光谱曲线，将不同光谱曲线之间具有差异的波段细分为7个子区间，分别进行二维相关同步光谱解析。这7个子区间分别为400.1～429.4 nm、430.6～494.8 nm、496.0～550.4 nm、555.1～584.0 nm、585.7～680.3 nm、835.9～954.7 nm、955.8～999.5 nm。

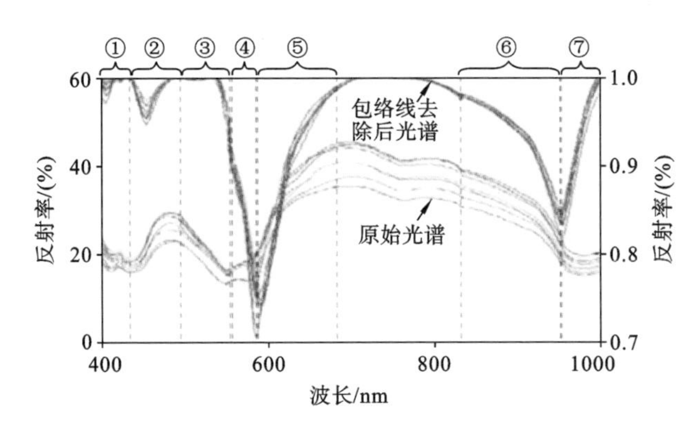

图5-18　代表性光谱包络线去除前后对比图[30]

对7个子区间分别进行光谱分析，不同波段范围内猪肉样品的二维相关同步光谱和自相关谱分别如图5-19、图5-20所示，从图5-19中可以直观地观察到自相关峰的位置和强度，该强度反映了光谱信号随外部扰动变化的程度。415 nm处的为氧合血红蛋白的吸收峰，对应图中411 nm处自相关峰，二者间的偏差可能与光谱仪器的响应有关；430 nm处的为脱氧血红蛋白的吸收峰，对应图中428 nm处的自相关峰；434 nm处的为脱氧肌红蛋白的吸收峰，对应图中434 nm处的自相关峰；505 nm处的为高铁肌红蛋白的吸收峰，对应图中508 nm处的自相关峰；535 nm处的为氧合肌红蛋白的吸收峰，对应图中537 nm处的自相关峰；530～580 nm波段为肌红蛋白色素的特征波段，对应图中560 nm、569 nm 和 580 nm 处的自相关峰；630 nm 处的为硫化肌红蛋白的吸收峰，在肉放置过程中所产生的 H_2S 气体与肌红蛋白结合，形成了硫化肌红蛋白，因此图中 630 nm 处出现对应的自相关峰；937 nm 处的自相关峰与 C—H 键的三级倍频有关；977 nm 处的自相关峰与 O—H 键的一级倍频有关。

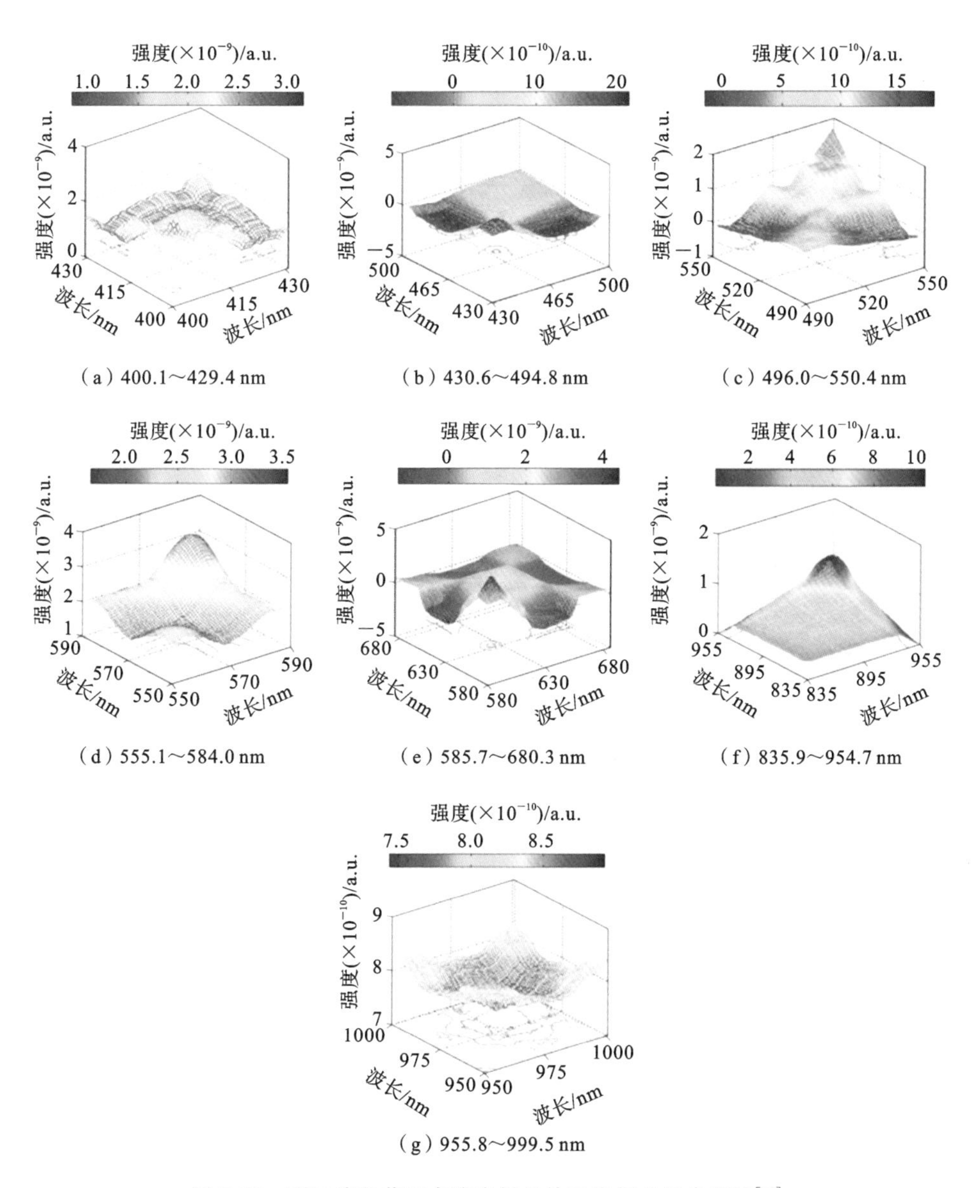

图 5-19　不同波段范围内猪肉样品的二维相关同步光谱[30]

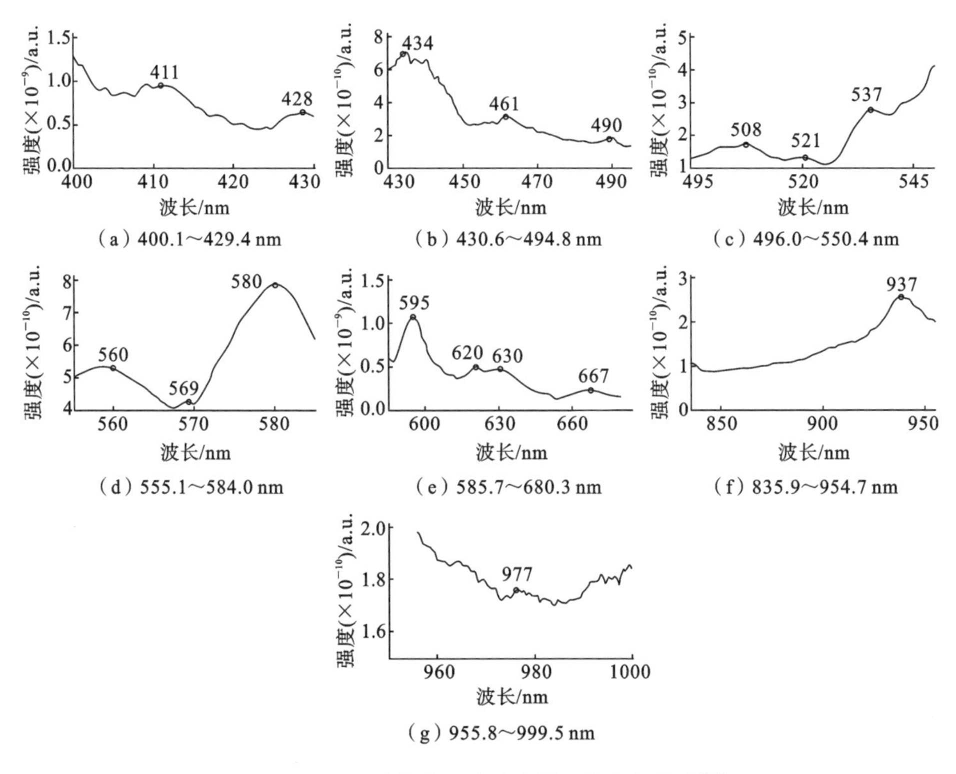

图 5-20 不同波段范围内猪肉样品的自相关谱[30]

利用通过解析二维相关同步光谱得到的 17 个特征变量，建立优化的判别分析模型。基于无预处理、SNV 预处理和归一化预处理建立的优化模型的总体正确率分别为 94.83%、98.28%和 98.28%，该结果验证了光谱的预处理有助于改善模型预测效果。优化后的判别模型，仅利用了总体变量 1.61%的特征变量，取得了更佳的预测效果。这表明通过解析二维相关同步光谱选出的 17 个变量，能够反映与猪肉新鲜度密切相关的特征信息，表征不同 TVB-N 含量的光谱变化，简化判别模型，缩短运算时间。

5.2.4 保质期和货架期的实时预测及评价

保质期和货架期的概念不完全相同。肉品的保质期是指产品的最佳食用期；而货架期指肉品被贮藏在推荐的条件下，能够保持质量，确保理想的感官、理化和微生物特性，保留标签声明的任何营养价值的一段时间。货架期一般较保质期短。在肉品行业中常使用货架期作为指标，其是指在标签上规定的条件下，保持肉品质量的期限，在此期限内，肉品完全适于销售，并符合标签上或产品标准中所规定的要求。对于肉品供应环节来说，肉品货架期是十分重要的指标之一，准确掌握生鲜肉的剩余货架期，可以帮助肉品供应方做出更优的供应决策；对于肉品购买者而言，了解生鲜肉的剩余货架期，有助于避免肉品变质引起的食品安全问题。生鲜猪肉的有效货架期较短，通过感官评价和经验估计方法得到的肉品剩余货架期准确性和精度较低，而微生物动力学生长模型可以用于快速预测不同贮藏条件下的货架期，因此得到广泛应用。

张雷蕾等人[32]利用可见/近红外光谱技术对冷却肉菌落总数进行了快速、无损检测研究，试验样品为屠宰后经过24 h排酸的不同新鲜猪胴体上的背最长肌，在无菌环境下，将肉均匀分割成厚2 cm的肉块，总共54块。研究中使用的光谱采集系统包括光源系统、信号采集系统和控制软件3大模块。其中，光源系统由卤钨灯直流点光源和光源稳定器组成。信号采集系统由成像光谱仪、CCD相机、激光位置传感器及计算机等部件构成。该系统可以采集400～1100 nm波长范围内的光谱，光谱分辨率为2.8 nm，像素尺寸为6.45 μm×6.45 μm。使用光谱采集系统采集样品光谱数据后，立即按照国家标准中的方法进行冷却肉菌落总数参照值测定，测定的菌落总数真实值范围为4.667～9.658 lg(CFU/g)。

根据每天检测的样品数，取参照值的平均值作为当天冷却肉自然腐败的菌落总数，根据它们随贮藏时间的变化绘制变化趋势线，并对其进行分析。如图5-21所示，随着贮藏时间的延长，托盘冷藏冷却肉的细菌总数呈不断增长的趋势。冷却肉初始菌落总数为4.971 lg(CFU/g)。由于环境的改变，微生物需要适应新的环境(即迟滞期)，因此前3天微生物数量变化不大，从第4天开始进入对数期，一直到第9天均有明显的增加，从第10天开始基本处于稳定期，呈现出平缓生长的趋势，在第13天达到最大值9.412 lg(CFU/g)。

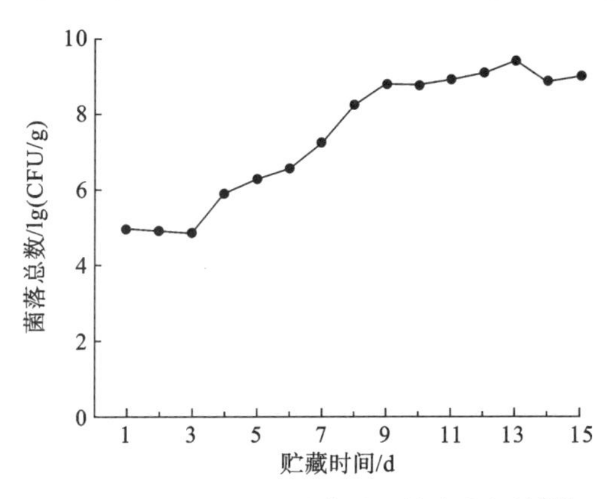

图5-21　菌落总数随贮藏时间的变化规律[32]

利用 Gompertz 四参数拟合函数对提取的全波段范围内散射特征曲线进行拟合，得到 4 个 Gompertz 参数，即渐近值 α、入射中心点光强最大值 β、拐点处的全散射宽度 θ 以及拐点处斜率 δ（见图 5-22）。其中，在 470～1000 nm 范围内拟合效果较为理想，拟合相关系数均在 0.999 以上，因此选取该波段作为有效波段进行下一步的建模分析。从图 5-22 中 α 光谱曲线可以看出，有一部分光谱曲线在 550 nm 处有一个明显的波峰，这是由于在微生物和酶的作用下，肉发生腐败变质，使得肌红蛋白逐渐转化成脱氧的高铁肌红蛋白，而脱氧的高铁肌红蛋白在 550 nm 附近有一个最大的吸收峰。同样的情况在 δ 光谱曲线中也有较为明显的体现。从 θ 光谱曲线中可以看出，光谱曲线在 535 nm 处有一个波谷，在 575 nm 附近有一个波峰，原因是肌红蛋白在这两个波长处有吸收峰，从而导致该波长的光在样品中的衰减率高于其他波长的光，扩散的能力被削弱，因此在这两个波长下散射宽度较低。

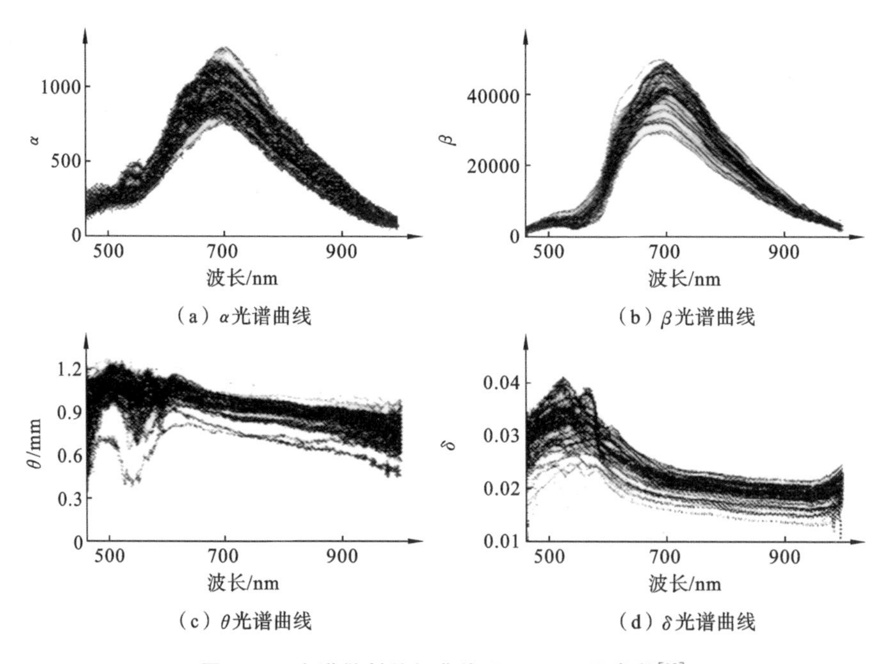

图 5-22　光谱散射特征曲线 Gompertz 四参数[32]

该研究采用支持向量机（SVM）对样品数据进行非线性回归建模。将 54 个样品随机分为两组，41 个样品组成校正集，13 个样品组成预测集。Gompertz 参数作为每个样品的散射特征参数，用于建立冷却肉样品菌落总数的预测模型，结果如表 5-7 所示。对单个参数来说，利用参数 β 和 δ 建立的菌落总数预测模型效果较好。预测集相关系数分别为 0.857 和 0.832，预测标准差分别为 0.921 lg(CFU/g)和 0.945 lg(CFU/g)。Gompertz 参数能够表征冷却肉的生化特性，为了提高模型的预测精度，更加全面地反映样品微生物特征信息，选择预测较好的单个参数 β 和 δ 与其他参数相结合的方法，分别选取 β、δ 组合，α、β、δ 组合，β、θ、δ 组合和 α、β、θ、δ 组合进行建模分析。结果表明，α、β、θ、δ 组合和 α、β、δ 组合建模预测结果最好，预测集相关系数分别为 0.937 和 0.935，预测标准差分别为 0.600 lg(CFU/g)和 0.702 lg(CFU/g)。

表 5-7 基于 Gompertz 参数和 SVM 建立菌落总数预测模型的校正及预测结果[32]

Gompertz 参数	C	g	ε	校正集		预测集	
				相关系数	校正标准差 /lg(CFU/g)	相关系数	预测标准差 /lg(CFU/g)
α	2	0.125	0.01	0.992	0.208	0.802	1.066
β	1	0.125	0.05	0.993	0.225	0.857	0.921
θ	4	0.003	0.02	0.953	1.021	0.795	1.299
δ	4	0.125	0.07	0.964	0.432	0.832	0.945
β、δ	1	2	0.12	0.975	0.494	0.920	0.778
α、β、δ	4	0.25	0.07	0.982	0.325	0.935	0.702
β、θ、δ	4	1	0.06	0.989	0.276	0.906	0.825
α、β、θ、δ	2	0.5	0.05	0.992	0.242	0.937	0.600

注：C—最佳惩罚因子；g—属性参数；ε—不敏感损失函数。

该研究表明，采用可见/近红外光谱技术，通过冷却肉表面的 Vis/NIR 光谱散射特征提取结合支持向量机算法，对冷却肉表面菌落总数进行测定，可以实现冷却肉微生物污染和食用品质的快速、有效、无损检测。采用 Gompertz 分布函数对散射特征曲线进行拟合，得到可以表征光谱信息的 Gompertz 四参数用于建模。对菌落总数来说，α、β、θ、δ 组合和 α、β、δ 组合建模。结果表明，将 Gompertz 四参数有效组合可以更加全面地反映冷却肉样品微生物特征。通过对肉品菌落总数的快速、无损检测，能够更好地实现肉品货架期的预测。

5.2.5 腐败变质产品检测及分选

微生物含量是肉品安全品质中的重要指标，肉品腐败变质是指肉品受到各种因素的影响,微生物水平上升,造成其原有化学性质或物理性质和感官性状发生变化,其营养价值和商品价值降低或失去的过程。品质劣变是指肉品营养品质、外部品质等指标下降,其与腐败变质的区别在于,品质劣变更强调肉品品质的变化,而腐败变质则强调微生物水平上升导致的变质。

生鲜肉富含蛋白质、脂肪和水分等营养物质,极易发生脂肪氧化、蛋白质氧化并滋生微生物,这是导致生鲜肉腐败变质的主要因素。屠宰中动物胴体会被动物皮肤、动物粪便、加工人员和加工设备等污染[33],从而导致肉品中的微生物数量增加;保存和贮藏设施条件不同同样会对肉品微生物水平造成影响。可见,肉品的腐败变质受诸多因素影响,不能简单通过经验判断其腐败变质情况。食用腐败变质肉会引发多种食源性疾病[34,35],传统的腐败变质检测主要利用微生物学、化学、生物学、生理学、分子生物学、免疫学和血清学原理,例如平板菌落计数法、PCR 方法[36]等,然而这些方法往往需要较长的样品前处理时间和较长的分析时间,如果检测出样品不合格,只能对已发往下一个供销环节的肉品进行追回和溯源,会消耗大量人力、物力;另外,传统方法属于破坏性分析方法,检测后的样品即使没有发生腐败变质,也无法再进行销售或食用。因此,众多学者针对肉品腐败变质的快速、无损检测和分级技术展开研究。

挥发性盐基氮(TVB-N)含量和菌落总数(TVC)是评价肉品腐败变质的关键指标。庄齐斌等人[37]以挥发性盐基氮含量和菌落总数为依据,利用可见-短波近红外(400～1000 nm)高光谱技术,对肉品腐败变质规律进行了研究。研究中使用的猪肉样品来自屠宰后经 24 h 冷却排酸的猪背最长肌,在无菌条件下将猪肉切块去除脂肪及结缔组织并将其分割成 8 cm×5 cm×2.5 cm 表面平整的样品,每个样品单独保存于灭菌的自封袋内,无积压地放置于 4 ℃冰箱中冷藏 15 d,每隔 24 h 取出 4 块样品采集高光谱数据,而后测量挥发性盐基氮含量和菌落总数,测量结果如图 5-23 所示。

由图 5-23 可以看出,新鲜猪肉的 TVB-N 含量约为 5 mg/100 g。猪肉在 4 ℃冷藏时 TVB-N 含量随时间呈"S"形变化趋势,且在第 7.5 天达到 15 mg/100 g,变成次新鲜肉或者变质肉,此时,TVB-N 含量进入快速增大阶段。猪肉的 TVB-N 含量在第 15 天已达到 134 mg/100 g,几乎是初始阶段的 27 倍。另外,从图 5-23 中可以推测 15 天后猪肉的 TVB-N 含量可能继续增大,远超 15 mg/100 g。微生物的一级模型主要用于描述呈"S"形变化趋势的微生物生长规律[38],图 5-23 表明猪肉的 TVC 在冷藏期间随时间呈"S"形变化趋势。而修正的 Gompertz 方程是常用的拟合微生物生长曲线的一级动力学方程[32,39,40]。因

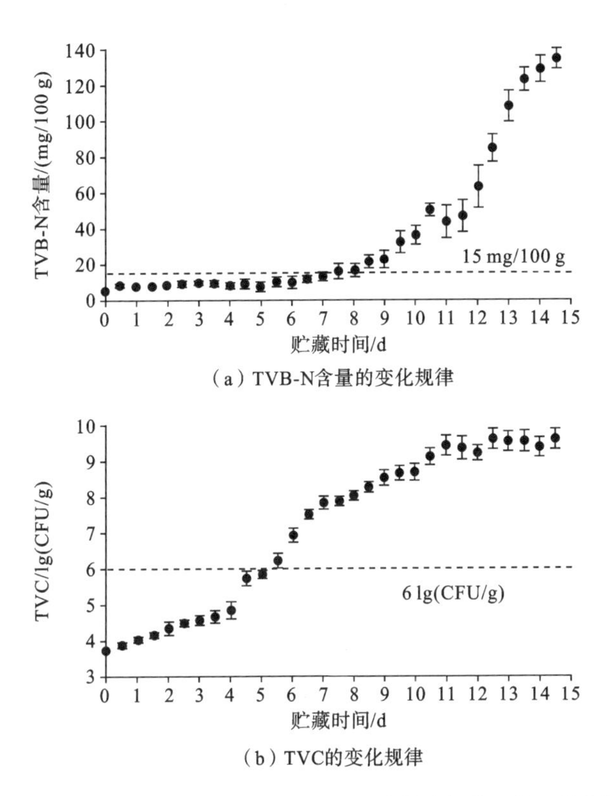

(a) TVB-N含量的变化规律

(b) TVC的变化规律

图 5-23 猪肉 TVB-N 含量和 TVC 随贮藏时间的变化规律[37]

此该研究选用修正的 Gompertz 方程拟合猪肉的菌落生长曲线，决定系数 R^2 达到 0.9939，说明本研究中生鲜猪肉的 TVC 生长符合经典修正型 Gompertz 模型。根据拟合方程计算当贮藏时间等于 5.4981 d，即以 TVC 为考察指标贮藏时间约为 5.5 d 时，TVC 超过 6 lg(CFU/g)，猪肉成为“腐败肉”。

采集的样品高光谱数据通过 ENVI 软件获取感兴趣区域的平均光谱数据，对样品光谱分别采用 SG 平滑、SNV、MSC、1 阶导数、2 阶导数进行处理。经 SG 平滑预处理后光谱在 400 nm、900 nm、1000 nm 波长处的噪声信号明显减弱，而 SNV 与 MSC 预处理能消除猪肉样品表面颗粒散射的影响，经 1 阶导数预处理的光谱在 460 nm、530 nm、560 nm、590 nm、610 nm、880 nm、920 nm 波长处有明显的峰，而经 2 阶导数预处理的光谱在 460 nm、520 nm、540 nm、560 nm、580 nm、595 nm、620 nm、640 nm、880 nm、920 nm 波长处有峰。光谱在这些波长处的变化可能是由在猪肉腐败过程中微生物的生长繁殖产生的代谢物导致其化学成分变化引起的。

使用不同预处理后的光谱，建立光谱数据与 TVB-N 含量和 TVC 的 PLSR 预测模型，结果如表 5-8 所示。对于 TVB-N 含量，经 MSC 预处理后模型较优，R_p 为 0.9569，SEP 为 0.3603 mg/100 g，RPD 达到 3.2472；对于 TVC，经 1 阶导数预处理后模型较优，R_p 为 0.9650，SEP 为 0.3407 lg(CFU/g)，RPD 达到 3.4341。

表 5-8 使用不同预处理后的光谱建立的 TVB-N 含量和 TVC 模型结果[37]

指标	预处理方法	校正集		预测集		RPD
		R_c	SEC	R_p	SEP	
TVB-N 含量	无预处理	0.9415	0.3690 mg/100 g	0.9045	0.8042 mg/100 g	1.4549
	SG	0.9396	0.3782 mg/100 g	0.9043	0.7632 mg/100 g	1.5330
	SNV	0.9622	0.2971 mg/100 g	0.9427	0.5818 mg/100 g	2.0110
	MSC	0.9840	0.1930 mg/100 g	0.9569	0.3603 mg/100 g	3.2472
	1 阶导数	0.9800	0.2161 mg/100 g	0.9650	0.3407 mg/100 g	3.4341
	2 阶导数	0.9482	0.3470 mg/100 g	0.9430	0.4792 mg/100 g	2.4415
TVC	无预处理	0.9415	0.3690 lg(CFU/g)	0.9045	0.8042 lg(CFU/g)	1.4549
	SG	0.9396	0.3782 lg(CFU/g)	0.9043	0.7632 lg(CFU/g)	1.5330
	SNV	0.9622	0.2971 lg(CFU/g)	0.9427	0.5818 lg(CFU/g)	2.0110
	MSC	0.9840	0.1930 lg(CFU/g)	0.9569	0.3603 lg(CFU/g)	3.2472
	1 阶导数	0.9800	0.2161 lg(CFU/g)	0.9650	0.3407 lg(CFU/g)	3.4341
	2 阶导数	0.9482	0.3470 lg(CFU/g)	0.9430	0.4792 lg(CFU/g)	2.4415

该研究利用高光谱技术，以 TVB-N 含量与 TVC 作为指标，对猪肉腐败变质规律进行了研究。由此得到的猪肉在冷藏期间 TVB-N 含量及 TVC 随时间变化规律可知，当 TVC 超标时，TVB-N 含量并未超标，此时按照 TVC 标准，猪肉已经被判定为“腐败肉”，不能食用；然而根据 TVB-N 含量标准，猪肉仍被判定为“新鲜肉”，可食用，即 TVC 比 TVB-N 含量更早达到国家标准规定的肉品腐败限定值。因此，在冷藏期间利用 TVC 作为猪肉品质的评价指标更为严谨，通过 TVC 可以更好地预测猪肉的腐败变质情况。

5.3 禽蛋品质

禽蛋是各种可食用的鸟类的蛋的统称，常用的禽蛋有鸡蛋、鸭蛋、鹅蛋和鹌鹑蛋等,此外一些经过处理的禽蛋类制品如茶叶蛋、卤蛋等也属于禽蛋。禽蛋类制品的营养成分包括蛋白质、脂肪、矿物质和各种维生素,不同的禽蛋种类营养价值有一定差异,但大体相同。本节以鸡蛋为研究对象,重点介绍鸡蛋内外部品质、新鲜度、典型缺陷等的快速、无损检测技术及相关的在线检测装备。

5.3.1 鸡蛋内外部品质检测技术

禽蛋的外部品质主要包括蛋壳质量(蛋壳强度、蛋壳结构、蛋壳颜色)、蛋重、蛋形指数等,内部品质主要是指蛋白质量(蛋白高度、哈夫单位、蛋白 pH 值)、蛋黄品质(蛋黄颜色、蛋黄膜强度)和其他指标。

在国内,禽蛋品质快速、无损检测始于 21 世纪初。熊利荣等人[41]开展了基于机器视觉技术的鸭蛋蛋壳厚度检测研究。其中介绍了基于机器视觉技术的鸭蛋透射图像采集系统,以及鸭蛋蛋壳厚度破坏性测量方法,从鸭蛋彩色图像中提取蛋心区颜色信息。利用颜色参数 H、S、I 建立青壳和白壳鸭蛋哈夫单位(Ha)在不同范围内(Ha>86.0,86.0>Ha>81.0,81.0>Ha>60.0)的蛋壳厚度逐步回归预测模型,无论是白壳蛋还是青壳蛋,蛋壳厚度与颜色参数 H、S、I 三个变量之间存在显著线性相关关系。两组模型可以作为鸭蛋品质无损检测系统的部分模型直接用于蛋壳厚度检测。

侯卓成等人[42]利用近红外光谱技术开展了鸡蛋品质的快速检测研究。使用傅里叶近红外光谱仪采集了 163 枚鸡蛋光谱数据,利用传统方法测量鸡蛋气室高度、气室直径、蛋白高度等参数。对光谱数据分别进行 MSC、平滑和导数等预处理。结果表明,经 2 阶导数和 SG 平滑处理后所建立的蛋白高度、气室直径与气室高度的 PLSR 预测模型最优,预测集均方根误差分别是 0.476 mm、0.014 mm 和 0.479 mm。研究结果验证了近红外光谱技术用于检测鸡蛋品质的可行性。Dong 等人[43]搭建了鸡蛋可见/近红外透射光谱检测系统。为了提高预测模型的普适性,将买来的白壳鸡蛋放置在温度为 20 ℃、相对湿度为 35% 的环境中,每隔 2 天选取 17 枚鸡蛋采集光谱数据、蛋清 pH 值和鸡蛋 pH 值,有效鸡蛋共 178 枚。表 5-9 是不同集合中蛋清和鸡蛋的 pH 值统计情况。对光谱数据进行 MSC、SNV、1 阶导数等预处理后,建立了蛋清和鸡蛋 pH 值的 PLSR 预测模型。结果表明,蛋清的 pH 值预测效果优于鸡蛋,光谱数据经 SNV 预处理后模型对蛋清 pH 值预测效果最好,校正集和预测集的相关系数分别是 0.923和 0.752,均方根误差分别是 0.170 和 0.265。

表 5-9 蛋清和鸡蛋 pH 值统计表[43]

参数	集合	数量/枚	最小值	最大值	平均值	标准差
蛋清 pH 值	校正集	133	8.08	10.11	9.41	0.43
	预测集	45	8.20	10.08	9.42	0.44
鸡蛋 pH 值	校正集	133	7.06	8.76	7.82	0.42
	预测集	45	7.07	8.59	7.74	0.37

5.3.2 新鲜度在线检测技术

禽蛋新鲜度会随着时间的推移逐步下降，当下降到一定的程度时内部的蛋黄散开并融入蛋白中。在实际的生活中，人们靠技术经验来判断，采用看、听、摸、嗅等方法来鉴别禽蛋的内部品质。禽蛋新鲜度变化时，其品质也会改变。

Soltani 等人[44]利用自己搭建的系统检测不同新鲜度鸡蛋的介电光谱和机器视觉图像。选取了 150 个完好的白壳鸡蛋，放置在温度为 20 ℃、相对湿度为 35%的环境中，依据放置时间(1 天、4 天、7 天、11 天、18 天和 24 天)将鸡蛋新鲜度划分为 a、b、c、d、e、f 六个等级。在建立的 ANN、SVM、贝叶斯网络(Bayesian network, BN)、决策树(decision tree, DT)等判别模型中，ANN 模型的判别效果最佳，正确率为 100%。Soltani 等人[44]将介电光谱和机器学习算法相结合实现了鸡蛋新鲜度的检测。

Dong 等人[45]开展了基于可见/近红外光谱技术的鸡蛋新鲜度检测研究。蛋清 pH 值是鸡蛋新鲜度的重要指标，基于此特性研究鸡蛋新鲜度。白条鸡和矮脚鸡生下的鸡蛋各 96 枚，在温度为 30 ℃、相对湿度为 60%的环境中放置 30 天。利用自行搭建的透射式鸡蛋光谱采集系统获取 192 个鸡蛋的透射光谱数据，图 5-24 是两类鸡蛋的平均光谱曲线，白条鸡和矮脚鸡鸡蛋透射光谱曲线形状不同，在 600～650 nm 范围内透射率差别较大，这主要是因为两类鸡蛋的大小、形状、蛋壳颜色不一样。该研究从光谱预处理方法选择、校正集选择等方面重点探讨了提升鸡蛋 pH 值预测精度的问题，研究结果表明，当矮脚鸡鸡蛋作为校正集时透射光谱数据经过斜率/偏差纠正后所建立的 PLSR 预测模型最优，预测集的相关系数和均方根误差分别为 0.908 和 0.133，为提高鸡蛋 pH 值预测模型的普适性和预测精度提供了一种方法。Aboonajmi 等人[46]结合可见/近红外光谱技术和径向基函数网络算法检测了与鸡蛋新鲜度相关的气室高度和哈夫单位两个参数。室温和保鲜两种环境下，哈夫单位的相关系数平方值分

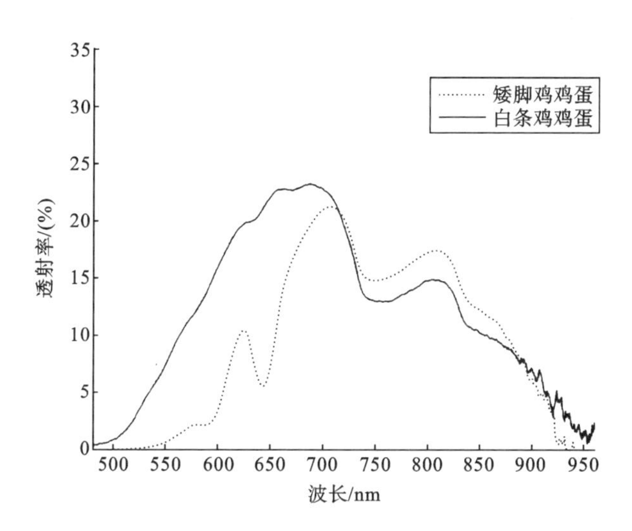

图 5-24 白条鸡和矮脚鸡的鸡蛋透射光谱图[45]

别是 0.745 和 0.76,气室高度的相关系数平方值分别是 0.835 和 0.844,结果表明,径向基函数网络算法可用于检测鸡蛋的哈夫单位。

Wu 等人[47]搭建了可用于鸡蛋新鲜度无损检测的同步荧光光谱检测平台,鸡蛋新鲜度以哈夫单位为评价参数。首先在两个感兴趣区域(ROI)提取激发和发射光谱数据,然后采用逐步回归法选取 27 个发射波长和 13 个激发波长。在所建立的鸡蛋哈夫单位 MLR 模型中,校正集和预测集的样品数量比例是 3 : 1,两个集合的相关系数平方值分别是 0.8971 和 0.8879,均方根误差分别是 5.7893和 6.2896。该研究表明,同步荧光光谱技术在鸡蛋新鲜度检测方面具有很大的潜力。

Akbarzadeh 等人[48]自行研制了适用于单个鸡蛋品质检测的微波光谱检测装置。利用鸡蛋在不同频率(0.9～1.7 GHz)下的散射参数(回波损耗和插入损耗)绘制微波光谱曲线。不同贮藏时间(1 天、3 天、5 天、7 天、15 天和 24 天)鸡蛋各 38 枚,共计 228 枚。分析不同贮藏时间鸡蛋的回波损耗和插入损耗平均微波光谱曲线,可看出,鸡蛋贮藏 24 天后,在 0.962 GHz、1.072 GHz、1.245 GHz 和 1.508 GHz 时回波损耗最低、插入损耗最高。PLSR 和 ANN 用于预测鸡蛋品质参数(气室高度、哈夫单位、蛋白 pH 值、浓蛋白高度和蛋黄系数)时,ANN 预测效果最好。上述 5 个参数的预测偏差分别 2.411 mm、2.033、1.829、3.000 mm 和 3.500。软独立模型分类分析(soft independent modeling of class analogy, SIMCA)和 ANN 用于预测鸡蛋的贮藏时间时,正确率均为 100%。该研究表明，微波光谱技术也能用于检测鸡蛋的新鲜度。

Liu 等人[49]尝试了利用拉曼光谱技术结合化学统计学技术检测与鸡蛋新鲜度相关的理化指标，试验方案如图 5-25 所示。150 枚鸡蛋放置在塑料蛋盘上，贮藏在温度为 20 ℃、相对湿度为 40％的环境中。贮藏时间分别为 1 天、4 天、7 天、10 天、13 天、16 天、19 天、22 天、25 天、28 天、31 天、34 天、37 天、44 天和 59 天时，分批检测鸡蛋的拉曼光谱数据、哈夫单位、蛋黄系数、蛋白 pH 值、气室直径和高度，每批 10 枚鸡蛋。每枚鸡蛋的检测部位为顶部、腰部和底部，单个部位检测 3 个点。研究结果表明，对拉曼光谱数据进行 1 阶导数和 2 阶导数预处理，效果最佳；利用鸡蛋顶部的拉曼光谱数据建立新鲜度指标预测模型，预测效果较好；哈夫单位、蛋白 pH 值、气室直径的预测集相关系数均大于 0.9，而气室高度的预测集相关系数大于 0.8。结果表明，鸡蛋的拉曼光谱数据与新鲜

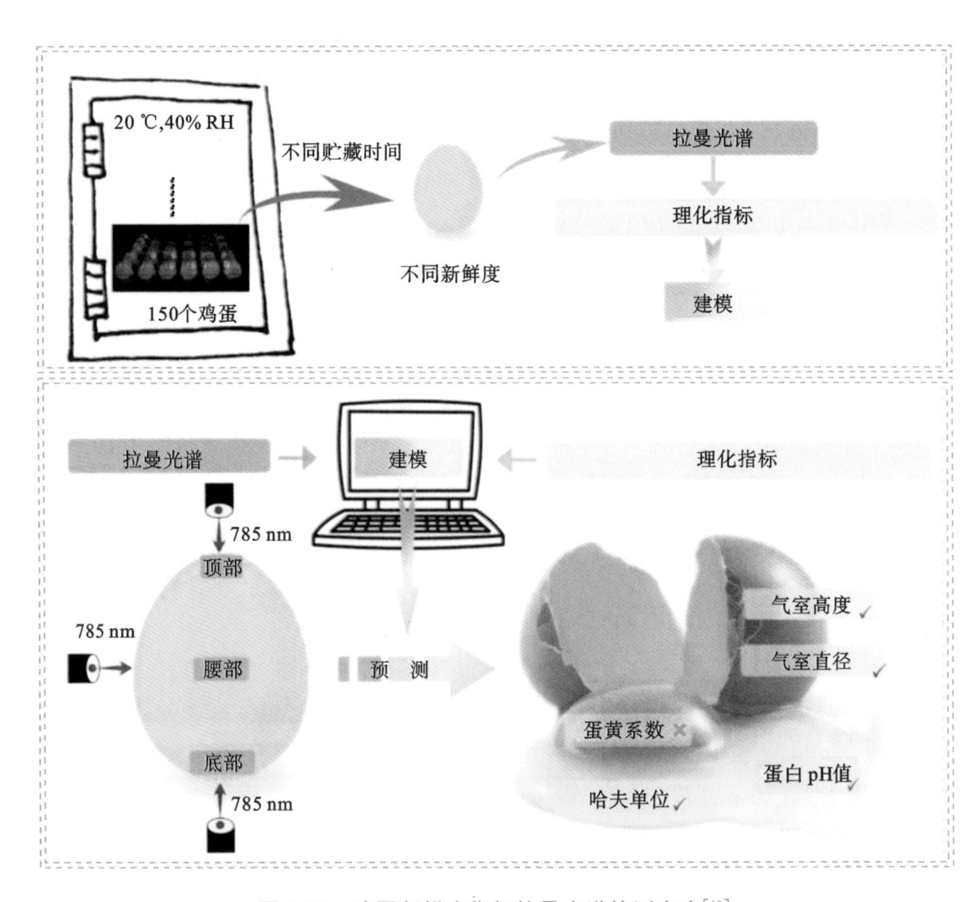

图 5-25　鸡蛋新鲜度指标拉曼光谱检测方案[49]

度相关性高，为鸡蛋新鲜度的快速、无损检测又提供了一种方法。

Cruz-Tirado 等人[50]使用便携式近红外光谱仪和机器学习方法检测鸡蛋新鲜度。从巴西坎皮纳斯的两个农场中选取了660枚新鲜鸡蛋，在实验室消毒、清洗后将新鲜鸡蛋(各330枚)分别放置在20 ℃和30 ℃的湿度可调的控制室中。放置0天、4天、7天、10天、14天、17天、19天和21天时采集顶部、腰部和底部的近红外光谱数据及哈夫单位。当鸡蛋哈夫单位大于60时定义为新鲜鸡蛋，反之为不新鲜鸡蛋。哈夫单位预测模型中，PLSR的预测效果最佳，相对误差和标准偏差比分别是7.32%和2.56；新鲜度判别模型中，PLS-DA的判别结果较好，正确率是87.0%。由于便携式近红外光谱仪价格低、检测时间短，近红外光谱技术可广泛应用于鸡蛋供应链中。此外，Akowuah 等人[51]也应用近红外光谱技术识别鸡蛋新鲜度并能够反向预测收集鸡蛋的时间。

Dai 等人[52]研究了提高高光谱成像技术用于检测鸡蛋新鲜度的正确率的方法，并探讨了光源入射角度影响检测正确率的机理。图5-26是Dai等人研制的用于鸡蛋新鲜度检测的高光谱成像系统，该系统可以同时获取2枚鸡蛋的散射高光谱图像、透射高光谱图像和不同光源入射角度时的混合高光谱图像，为研究鸡蛋新鲜度检测正确率的影响因素提供了硬件条件。为了提取鸡蛋的ROI平均光谱曲线，对R(650 nm)、G(550 nm)、B(450 nm)3个通道的图像进行二值化、阈值分割等预处理，确定鸡蛋的长轴和短轴，以及形心位置。以形心为中心，由鸡蛋长轴和短轴确定的椭圆区域即鸡蛋的ROI。依据哈夫单位将鸡蛋新鲜度分为AA、A、B_1和B_2 4个等级，对不同新鲜度鸡蛋的平均光谱数据进行SG平滑和1阶导数预处理，采用不同降维方法筛选新鲜度的特征波长。建立散射、透射、不同光源入射角度条件下的鸡蛋新鲜度预测模型(SVM、k近邻分类(k-nearest neighbor, k-NN)、随机森林(random forest, RF)、朴素贝叶斯(naive Bayes, NB)、判别分析分类器(discriminant analyzer classifier, DAC)和潜在狄利克雷分布(latent Dirichlet allocation, LDA))。在这些模型中，光源入射角度为0°时，MSC-SPA-DAC的检测正确率最高(96.25%)，而利用Stacking集成学习方法建立的识别模型的检测正确率更高(100%)。研究还表明，光源入射角越大，检测正确率越小。Yao 等人[53]也利用高光谱成像技术检测鸡蛋新鲜度，利用迭代保留信息变量(IRIV)筛选出64个特征波长，利用遗传算法(GA)优化参数C和g后，所建立的SVM模型识别效果最佳，校正集和测试集检测正确率分别是99.29%和97.87%，为鸡蛋新鲜度判别提供了一种良好的预测模型。王巧华等人[54]也采集了165枚白壳罗曼蛋的高光谱透射数据、蛋重

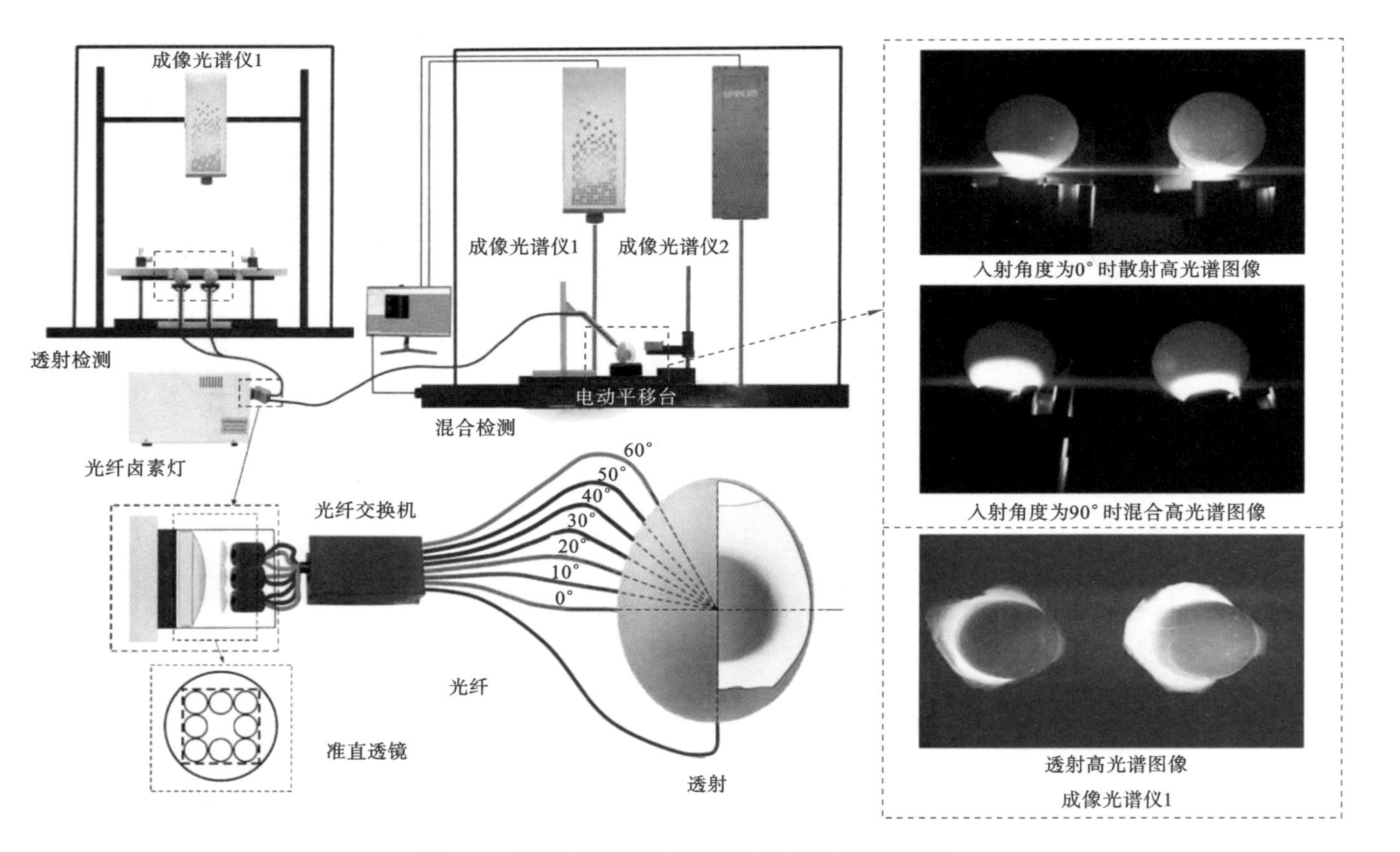

图 5-26 用于鸡蛋新鲜度检测的高光谱成像系统[52]

和蛋白高度，对 ROI 平均光谱数据进行 2 阶导数、小波去噪和光滑等预处理，采用竞争性自适应重加权采样(CARS)算法对光谱数据进行降维，提取了 32 个特征波长，通过将蛋重和蛋白高度相结合计算相应鸡蛋的哈夫单位。分别建立基于全波段 PLSR 和基于特征波长 MLR 的白壳罗曼蛋哈夫单位预测模型，预测集的相关系数分别是 0.88 和 0.93，均方根误差分别为 7.565 和 6.44。哈夫单位预测模型为白壳罗曼蛋新鲜度判别提供了准确的依据。

5.3.3 内部缺陷检测技术

禽蛋的内部指标包括禽蛋的营养含量、蛋白状况、蛋黄状况、气室状况、内容物气味、血斑与肉斑率，还有系带状况和胚胎状况等。有内部缺陷的禽蛋主要指鱼腥味鸡蛋、血斑蛋、散黄蛋和气泡蛋等。

Zhang 等人[55]利用高光谱成像技术识别散黄蛋和气泡蛋。对于气泡蛋，利用主成分分析(PCA)将每枚鸡蛋 440 张高光谱图像压缩成 2 张图像，图 5-27 是气泡蛋主成分 1 和 2 的图像，可以看出鸡蛋端部气室有阴影。分别提取 0°、45°、90°、135°方向上的灰度共生矩阵从而得出不同方向上的对比度、相关系数、能量、同质性和熵 5 个参数。在以上 4 个不同方向上用 5 个参数建立气泡蛋的支持向量机分类(support vector classification, SVC)模型，预测集正确率分别是 87.5%、83.4%、90.0%、85.0%。对于散黄蛋，从高光谱图像中抽取 R、G、B 对应的 3 张图像，合成彩色图像。彩色图像经过二值化处理后提取鸡蛋轮廓，然后通过掩模提取蛋黄区域。结果表明，不同鸡蛋彩色图像经过上述处理后，可提取正常鸡蛋蛋黄区域，而不能提取散黄蛋的蛋黄区域，校正集和预测集的正确率分别是 98.3%和 96.3%。

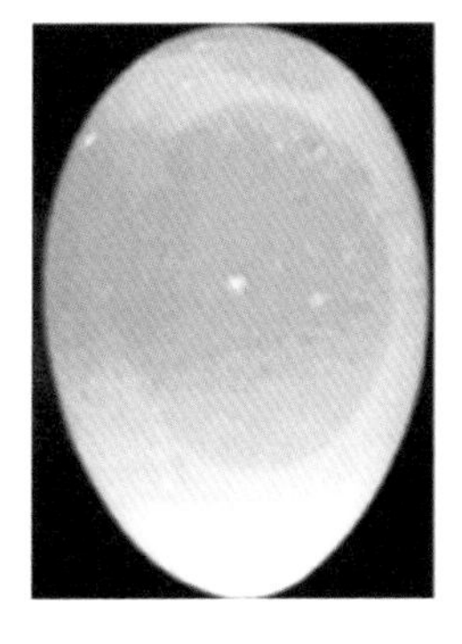

(a) 主成分1

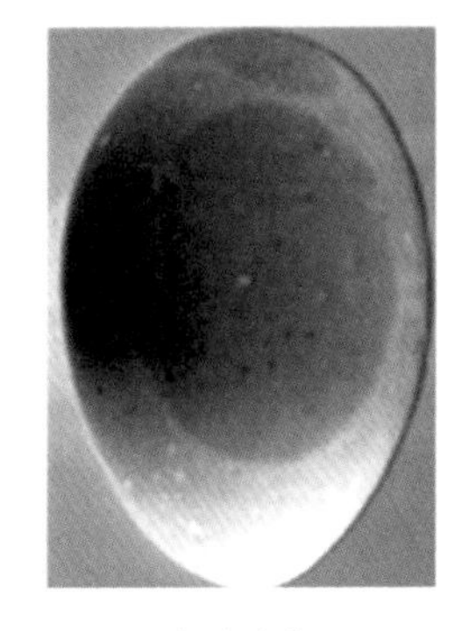

(b) 主成分2

图 5-27　气泡蛋不同主成分图像[55]

血斑蛋是指在蛋白或者蛋黄中有血斑的鸡蛋。鸡在排卵时血管破裂或输卵管发炎出血，血斑附着在卵黄上共同进入输卵管便会形成血斑蛋。SB/T 10638—2011《鲜鸡蛋、鲜鸭蛋分级》中，将血斑蛋视为带有异物的禽蛋。由于血斑蛋的数量较少，学者在血斑蛋检测研究中主要通过人工注射血液的方法制备血斑蛋样品。Chen 等人[56]采用浙江大学智能生物产业装备创新团队自主研发的鸡蛋内部品质在线检测装置采集了 194 枚黄壳鸡蛋(含 98 枚血斑蛋)光谱数据。在线检测装置采用透射式检测方式，输送方式为滚轮输送，速度为 0.2 mm/s，鸡蛋在滚轮作用下滚动前进。光源位于鸡蛋的上方，经过透镜聚焦后照射到鸡蛋上，透过鸡蛋的光束经准直镜输入 Maya2000Pro 微型光纤光谱仪，波长范围都为 200～1100 nm，积分时间为 30 ms，光源采用飞利浦 12 V、50 W 的卤钨灯。图 5-28 是正常鸡蛋和人工血斑蛋的平均光谱曲线，500～600 nm 波长范围内二者差异较大，其他范围差异较小。建立了 PLS-DA、kNN 和二元逻辑回归(binary logistic regression，BLR)3 种血斑蛋识别模型，BLR 模型识别效果最好，校正集和预测集识别正确率分别是 95.4%和 96.9%。该研究表明，可见吸收光谱技术可应用于血斑蛋的在线检测。

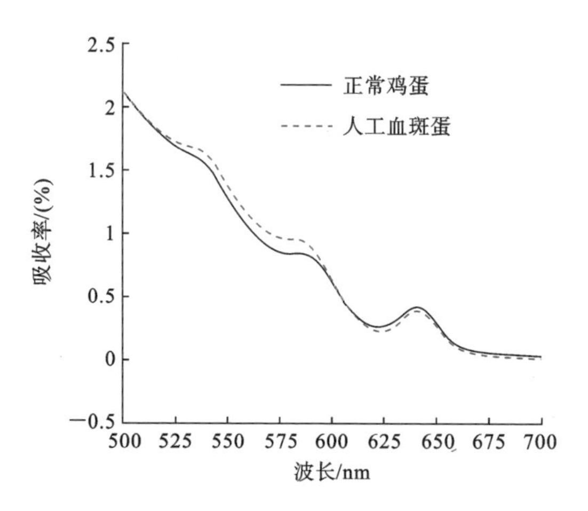

图 5-28　正常鸡蛋与人工血斑蛋的平均光谱曲线[56]

Joshi 等人[57]利用拉曼光谱技术和拉曼高光谱成像技术检测鸡蛋及其仿制品的品质。图 5-29 是鸡蛋、蛋白、蛋黄及其对应仿制品的拉曼光谱曲线。

图 5-29(a)表明，鸡蛋及其仿制品的拉曼光谱曲线有明显的区别，鸡蛋在 1174 cm^{-1}处有极强的峰，在 712 cm^{-1}处也有明显的峰，1174 cm^{-1}和 712 cm^{-1}

处的峰分别与胆绿素和方解石成分相关。图 5-29(b)中，蛋白的拉曼特征峰主要在 1744 cm^{-1}、1666 cm^{-1}、1443 cm^{-1}和 1080 cm^{-1}处，这些峰主要与色氨酸的咪唑基团、CH_2振动拉伸键、碘键、脂肪酸酯的羰基振动相关，而蛋白仿制品的特征峰与原材料(海藻酸钠)相关。图 5-29(c)中，蛋黄在 1666 cm^{-1}和 1443 cm^{-1}处有特征峰，这些峰分别与 C ═C 拉伸键和 CH_2 剪式振动键相关。图 5-29(d)是鸡蛋及其仿制品在 390～1500 cm^{-1}范围内的拉曼光谱曲线，该曲线从拉曼高光谱图像 ROI 中提取。从图中可看出，鸡蛋与其仿制品有区别的特征峰和图 5-29(a)中的基本相同。Joshi 等人为鸡蛋真伪识别提供了一种有效手段。

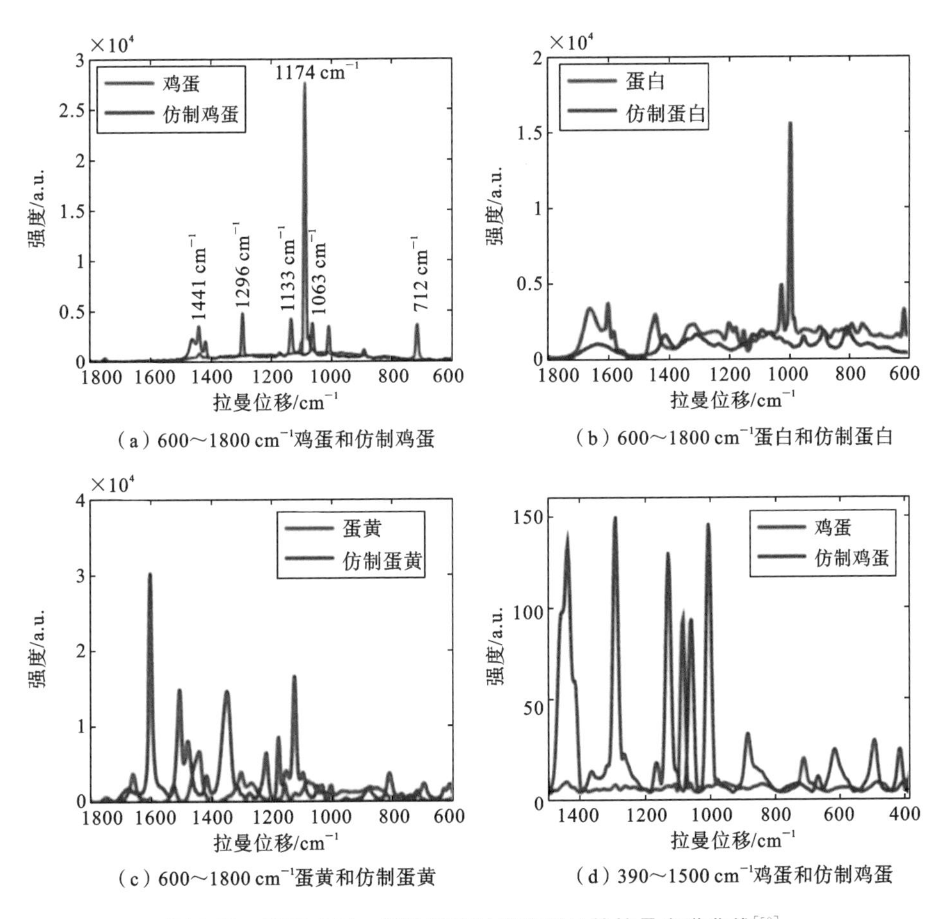

图 5-29 鸡蛋、蛋白、蛋黄及其对应仿制品的拉曼光谱曲线[58]

5.3.4 外部缺陷检测技术

禽蛋在运输、加工过程中产生的裂纹对其食用品质有很大影响。据统计，破损蛋和裂纹蛋占产蛋总量的6%以上，禽蛋蛋壳破损检测对鲜食蛋、种蛋和蛋制品都极为重要。对于鲜食蛋，蛋壳出现破损后，禽蛋内部无法得到有效保护，微生物会侵入禽蛋内部，随着贮藏期的延长而加速变质，会产生较大的食品安全风险，且从破损处流出的内容物会污染其他禽蛋。对于种蛋，蛋壳破损会造成孵化过程中水分过度蒸发，增大了禽类胚胎的死亡率，且会发生种蛋爆裂，污染其他种蛋的情况，因此需要对出现裂纹的种蛋做进一步处理以保证孵化质量。对于蛋制品，破损禽蛋内部极易在腌制环境中被有害菌侵入，不仅其本身失去了食用价值，而且会污染腌制环境，对其他禽蛋产生交叉感染。目前，对禽蛋裂纹的检测仍以人工为主，费时费力，效率低，而且对检测人员的身体条件和技能有较高的要求。部分学者对禽蛋裂纹快速检测进行了研究。

常用禽蛋裂纹快速检测技术是机器视觉技术。Li 等人[58]设计了一套鸡蛋裂纹检测装置，该装置主要由真空压力室和相机等组成。真空压力室可以将鸡蛋裂纹处张开，相机位于真空压力室上方，采集裂纹被撑大的鸡蛋图像。通过一系列图像处理算法(二值化、开闭运算、边缘检测等)能获取被检鸡蛋的裂纹图像。试验结果表明，真空压力室与图像处理算法相结合可消除鸡蛋表面脏物的影响，裂纹识别正确率为100%。Priyadumkol 等人[59]应用类似的工作原理检测鸡蛋的裂纹，但有所改进，如图 5-30 所示。Priyadumkol 等人在真空压力室添加了鸡蛋旋转部件，同时添加了对称的 LED 灯，实现了鸡蛋全方位检测。在鸡蛋图像采集方面，在大气压下和真空下对每枚鸡蛋分别采集 3 张图像，对

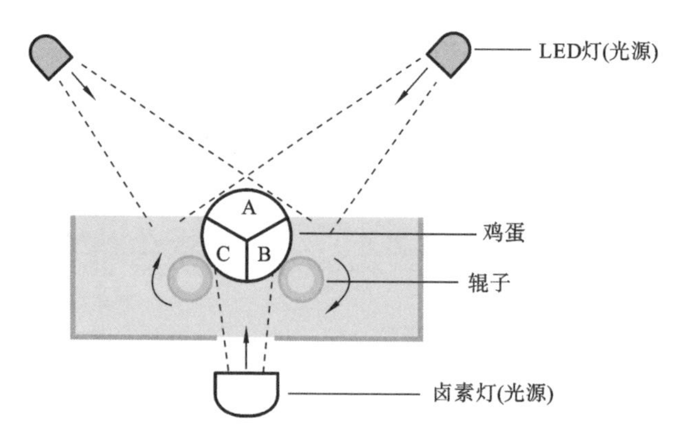

图 5-30 单枚鸡蛋全方位裂纹检测系统[59]

所有图像进行鸡蛋分割、缺陷分割、裂纹识别等处理。对 750 枚鸡蛋进行裂纹检测,正确率为 94%。

Bao 等人[60]搭建了 3 通道鸡蛋全方位裂纹检测系统,如图 5-31 所示。该检测系统主要由机械传动部件、暗箱、工业相机、冷光灯及灯托、计算机等组成,工业相机与冷光灯位于鸡蛋两侧。机械传动部件则主要由传动链、双向锥形辊等组成,鸡蛋向前移动的同时可沿自身长轴旋转。该检测系统为采集鸡蛋全方位图像提供硬件支持。鸡蛋每旋转 120°,图像采集系统采集 1 张图像,通过 3 张图像即可获得整枚鸡蛋的全部外壳信息。此外,该研究提出了在鸡蛋背光区域识别裂纹的图像处理方法。采用负高斯拉普拉斯算子增强图像中的裂纹,利用滞后阈值算法获取最优二值化图像,使用改进型局部拟合图像对鸡蛋的裂纹区域和非裂纹区域进行区分。利用该方法识别裂纹鸡蛋和非裂纹鸡蛋的正确率分别是 92.5%和 90.0%。该研究为鸡蛋工业化生产提供了可行的方法。

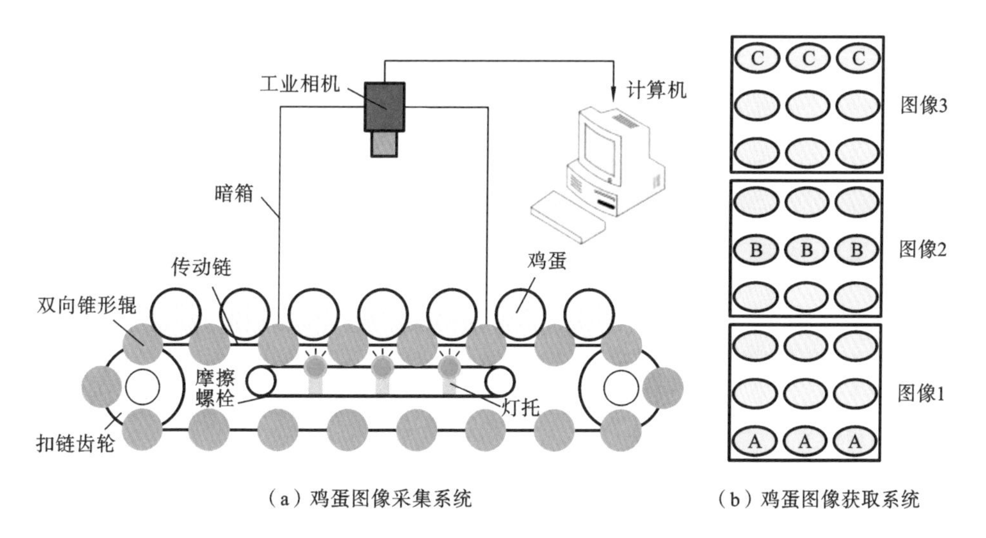

(a) 鸡蛋图像采集系统　　(b) 鸡蛋图像获取系统

图 5-31　3 通道鸡蛋全方位裂纹检测系统[60]

另一种禽蛋裂纹无损检测方法是声振法。Lai 等人[61]搭建了单枚鸡蛋裂纹声波采集平台,其主要包括鸡蛋旋转敲击部件、声音信号采集及放大控制电路、计算机等。完好鸡蛋和裂纹鸡蛋各 30 枚,每枚鸡蛋被敲击 5 次。为了消除鸡蛋放置及环境因素对采集信号的影响,以 500 Hz 的单位带宽对采集信号进行集成和标准化处理。利用向前逐步回归算法选取 5 个特征频率(1500 Hz、5000 Hz、6000 Hz、8500 Hz、10000 Hz),对特征频率进行逻辑回归分析,校正集和预测集判别正确率分别为 89.7%和 87.6%。Sun 等人[62]自行搭建了鸡蛋裂纹声波检测系统,其工作原理与 Lai 等人所用平台的相同,但机械结构不同该系统的机械结构如图 5-32 所示。Sun 等人还建立了线性判别模型,当受检率是95.5%、误拒率是 5%时,模型对裂纹鸡蛋和完整鸡蛋的识别正确率是 100%。

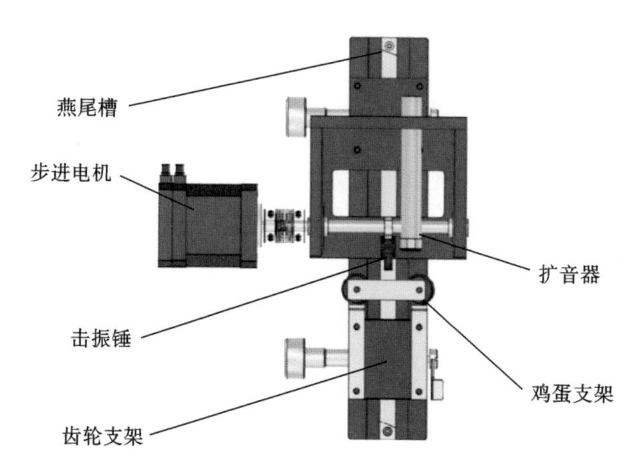

图 5-32 鸡蛋裂纹声波检测系统的机械结构[62]

5.4 乳品品质

5.4.1 鲜奶营养品质检测及评价技术

牛奶的好坏主要看感官指标、理化指标和安全性指标。感官指标主要是色泽、味(滋味和气味)和组织状态,理化指标主要是冰点、相对密度、蛋白质含量、脂肪含量、杂质度、非脂乳固体含量和酸度等,安全性指标指污染物(铅、汞、砷、镉和亚硝酸盐等)和农药残留(六六六、艾氏剂、滴滴涕、狄氏剂、氯丹和七氯等)。在国际和国家标准中,有很多针对牛奶品质参数的测量标准,如针对理化指标和安全性指标的标准,这些标准提供的检测方法均有损、耗时长,不利于牛奶快速溯源和品质的实时监测。目前,关于牛奶品质快速检测、快速溯源和掺假智能识别的研究主要应用介电技术和光谱技术。

Żywica 等人[63]研究了鲜牛奶脂肪含量与电参数的相关性,在不同电源频率下建立了不同电参数与鲜牛奶脂肪含量之间的关系模型。结果显示,不同脂肪含量(0.03%、1.03%、2.03%、3.03%、4.03%和5.03%)在不同电源频率

(100 Hz、120 Hz、1000 Hz、10000 Hz 和 100000 Hz)下随阻抗 Z、导纳 Y、并联等效电容 C_p、串联等效电容 C_s 变化的规律不同。随着鲜牛奶脂肪含量的增大，阻抗 Z 在 5 个频率下均呈上升趋势，导纳 Y 在 5 个频率下均呈下降趋势，并联等效电容 C_p 在前 3 个频率下呈下降趋势，串联等效电容 C_s 基本不发生变化。建立多个脂肪含量线性回归预测模型，其中基于并联等效电容 C_p 的模型预测效果较好，决定系数为 0.934～0.990。

众多学者利用中红外光谱技术检测鲜牛奶的品质参数。Calamari 等人[64]研究了鲜牛奶可滴定酸含量预测模型。为了提高预测模型的普适性和准确性，从意大利 9 个农场选择牛奶样品，样品采集持续 1 年，校正集和验证集的有效样品数量分别是 270 和 88。光谱数据经过 PCA 降维，前 6 个主成分数据参与建立线性回归预测模型，图 5-33 是校正集和验证集的鲜牛奶可滴定酸含量预测散点图。校正集的决定系数为 0.96，均方根误差为 0.090%；验证集的决定系数为 0.95，均方根误差为0.140%。结果表明，建立的牛奶可滴定酸含量预测模型适用范围较广。Rovere 等人[65]和 Niero 等人[66]利用中红外光谱技术研究了牛奶的脂肪酸含量和蛋白质含量快速、无损预测模型。Manuelian 等人[67]利用中红外光谱数据预测牛奶凝固特性参数(皱胃凝血时间、凝乳时间、凝乳硬度)和牛奶酸度参数(pH 和可滴定酸含量)。Lorenzi 等人[68]探讨了利用不同光谱仪预测牛奶品质参数的相关性问题。结果表明，将不同光谱仪获取的光谱数据融合后建立牛奶品质参数预测模型，可有效地改善校正性能和鲁棒性。

部分学者开展了将光谱技术应用到牛奶品质在线检测中的研究。Yang 等人[69]研发了一套小型牛奶品质检测系统，该系统主要由氘灯及配套电源、样品检测模块、紫外/可见光谱仪、显示及控制模块等组成。通过该检测系统分别获取鲜牛奶和经高压匀质处理后的牛奶的紫外/可见光谱数据，采用传统标准方法分别获取对应牛奶的脂肪含量、蛋白质含量、乳糖含量和总固体含量。校正集和验证集的样品数量分别是 180 和 60，对光谱数据进行预处理。建立脂肪含量、蛋白质含量、乳糖含量和总固体含量 PLSR 预测模型，校正集的均方根误差(RMSE)分别是 0.35%、0.19%、0.13% 和 0.46%，验证集的 RMSE 分别是 0.17%、0.14%、0.09%和 0.27%。该研究为牛奶品质快速检测提供了硬件支持和高精度预测模型。Muñiz 等人[70]搭建了牛奶品质监测系统，其主要由便携式光谱仪、手机应用软件等组成。由 903 头牛 3 年的基础数据建立脂肪含量、蛋白质含量、乳糖含量和非脂乳固体含量等深度学习预测模型，并将上述模型植入监测系统。该监测系统能够让关注者和养殖户实时了解每头牛产奶状态，

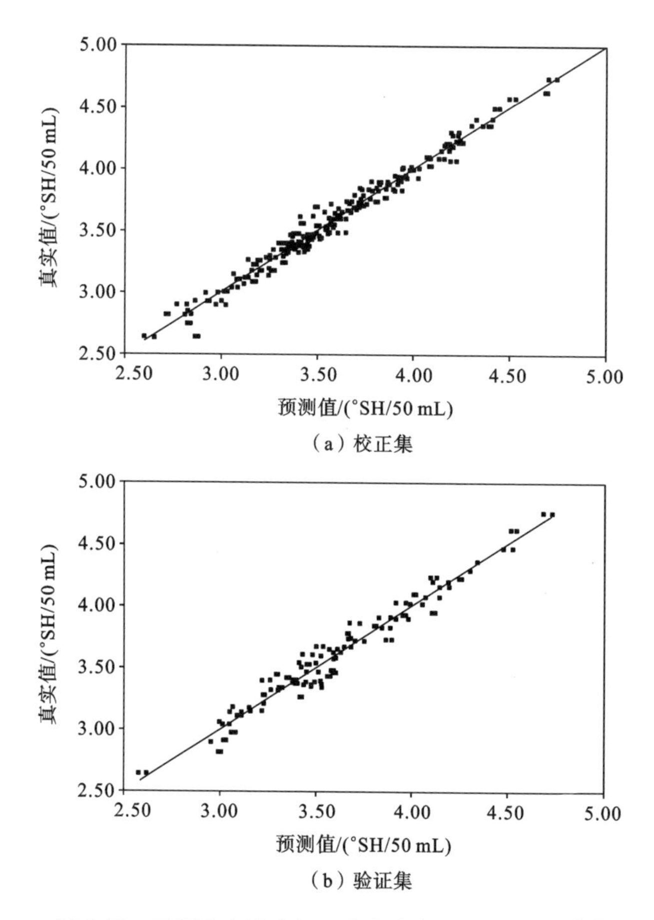

图 5-33　不同集合鲜牛奶可滴定酸含量预测散点图[64]

为养殖户做出决策提供数据支持。

为了提升牛奶品质等级智能评定效果，部分学者对是否为有机牛奶、是否掺水等问题进行了相关研究。Liu 等人[71]研究了利用便携式近红外光谱仪识别有机牛奶的可行性。将 37 份零售有机牛奶、50 份非有机牛奶(36 份传统牛奶、14 份巴氏杀菌牛奶)作为检测对象，利用超紧凑型近红外光谱仪(MicroNIR 1700)和台式近红外光谱仪(NIRFlex N-500)分别采集 87 份样品的光谱数据，通过气相色谱分析仪获取样品的脂肪酸含量。对 3 类光谱数据分别进行 PCA 降维，主成分 1 和主成分 2 能够有效地将有机牛奶和非有机牛奶区分开，但传统牛奶和巴氏杀菌牛奶分布具有交叉性。根据 3 类光谱数据分别建立 2 种 PLS-DA 识别模型(有机牛奶和巴氏杀菌牛奶，有机牛奶和传统牛奶)。气相色谱数据能够用来 100%识别有机牛奶、巴氏杀菌牛奶和传统牛奶；相较于台式近红外光谱数据，由超紧凑型近红外光谱数据建立的 2 种 PLS-DA 识别模型（有机牛奶和巴氏杀菌牛奶，有机牛奶和传统牛奶）识别效果较好，校正集、内部验证集和外部验证集识别正确率分别是 95%、77%和 89%，说明超紧凑型近红外光谱技术可用于鉴别有机牛奶。Kamboj 等人[72]开展了基于近红外光谱技术的牛奶掺水识别及掺水量预测研究。纯牛奶购自 Chandigarh 地区的 1 家市场，采用人工方式将不同容量的水（0～2 mL，等差值为 0.25 mL）添加到纯牛奶中，共计 48 份样品。样品的透射光谱（400～2500 nm）、反射/吸收光谱（400～1100 nm，1100～2500 nm）分别使用不同光谱仪测得，通过 PCA 建立牛奶掺水识别模型，通过 PLSR 建立牛奶掺水定量预测模型。研究结果表明，牛奶掺水通过 PCA 分布图识别，识别正确率为 100%；掺水定量预测模型中，校正集和验证集的 R^2 分别是 0.947 和 0.912，对应的 RMSE 分别是 0.03%和 0.04%。

5.4.2 乳制品营养品质检测技术

乳制品指的是以牛乳或羊乳及其加工制品为主要原料，加入或不加入适量的维生素、矿物质和其他辅料，依照法律法规及标准规定的条件，经加工制成的各种食品。乳制品包括液体乳、乳粉等。乳制品快速、无损检测主要涉及乳制品品质预测、食用安全性检测和真伪的鉴别。

郭中华等人[73]利用近红外透射光谱对纯牛奶、酸牛奶、麦香奶和枸杞红枣奶的蛋白质含量和脂肪含量进行了检测。对近红外透射光谱数据进行 SG 平滑预处理和小波压缩后，建立了 2 个品质参数的径向基函数人工神经网络（radial basis function-ANN，RBF-ANN）模型。4 类乳制品中，2 个品质参数验证集的决定系数均在 0.99 以上，结果表明基于 RBF-ANN 和小波压缩建模更稳定，可实现乳制品品质快速、无损检测。奶粉中的营养成分对婴幼儿的生长发育具有重要影响，除乳糖外的糖类含量超标可能对婴幼儿健康产生不良影响。吴建等人[74]对奶粉中葡萄糖和蔗糖的含量进行了基于太赫兹光谱的定量检测研究，太赫兹光谱系统检测奶粉的工作原理如图 5-34(a)所示。实验装置采用 TAS7500TS 太赫兹光谱系统，实验样品为不含糖的婴幼儿奶粉和纯度大于 99%的葡萄糖、蔗糖晶体及不同梯度浓度的奶粉和葡萄糖、奶粉和蔗糖的混合物。实验采集 3 种纯样品及 15 种不同梯度浓度的奶粉和葡萄糖、奶粉和蔗糖混合物样品的太赫兹时域信号，样品太赫兹时域信号经快速傅里叶变换（FFT）得到对应的太赫兹频域信号，计算各样品的吸收系数和折射率，分析两组混合物样品的光谱吸收特征和折射特征，并利用吸收系数和折射率数据分别建立混合物中葡萄糖、蔗糖含量的 PLSR 预测模型。实验结果表明，奶粉在太赫兹波段无明显特征吸收峰，葡萄糖和蔗糖分别在 1.45 THz、1.8 THz、1.98 THz、2.7 THz 和 1.4 THz、1.9 THz、2.6 THz 频率处有较强的特征吸收峰，不同梯度浓度的两组混合物的整体吸收峰位置与葡萄糖、蔗糖太赫兹吸收峰位置基本一致，具有稳定的吸收特性。基于吸收系数和折射率数据建立 PLSR 模型，图 5-34(b)和(c)是奶粉和葡萄糖混合物中葡萄糖含量及奶粉和蔗糖混合物中蔗糖含量预测散点图。其中，奶粉和葡萄糖混合物中葡萄糖含量 PLSR 模型的 R_p 及 RMSEP 分别为 0.96 和 0.66%，奶粉和蔗糖混合物中蔗糖含量 PLSR 模型的 R_p 及 RMSEP 分别为 0.99 和 0.25%。研究结果表明，太赫兹时域光谱(THz-TDS)技术可有效用于奶粉中葡萄糖和蔗糖的定性、定量分析，为运用 THz-TDS 技术开展奶粉掺假及品质快速检测研究提供参考。

乳制品的质量问题受到广泛关注，为快速、准确判定乳制品污染源，众多学者进行了研究。王建明等人[75]采集了阪崎肠杆菌、金黄色葡萄球菌、大肠杆菌三种致病菌污染过的牛奶制品，对透射光谱数据分别进行 1 阶导数、SNV、MSC 预处理，建立牛奶制品致病菌 PLS-DA 判别模型。研究结果表明，基于未经处理和 MSC 预处理后的透射光谱数据建立的模型判别效果最好，准确率为 100%。光谱技术结合化学计量学方法能用来有效鉴别乳制品致病菌。苗志英等人[76]通过自行搭建的单边全开放式核磁共振系统识别掺假酸奶。该系统主要包括单边磁体、射频功率放大器、前置放大器、Meso-MR 二代谱仪系统等。掺假物是尿素和食盐，配置掺假物质量分数为 10%、15%、20%、30%的牛乳样品。研究表明，在恒定梯度磁场中随着掺假物质量分数的升高，不同掺假比例样品 CPMG(carr-purcell-meiboom-gill)回波串的衰减 T_{2CPMG} 逐渐增大，运用单边核磁共振技术可实现乳制品品质的快速、无损检测。掺杂三聚氰胺以虚假提高奶粉中蛋白质含量的检测值，严重危害消费者的身体健康。庞佳烽等人[77]对奶粉中的三聚氰胺进行了鉴别研究。采用逐级稀释法在纯奶粉中混合少量三聚氰胺。纯奶粉和掺三聚氰胺奶粉光谱的形状大体相同，并且吸收率值相近。对原始光谱数据进行归一化预处理后，分别建立无监督(PCA、非负矩阵分解、距离判别分析)和有监督(PLS-DA、线性判别分析、非相关线性判别分析)的识别模型。研究结果表明，利用非相关线性判别分析最大化了两类样品之间的距离，筛选出包含最佳分类信息的特征变量，仅用一个判别矢量便可对样品进行区分，对于奶粉中三聚氰胺的定性识别，其浓度可低至 0.01%。该研究为奶粉的掺伪识别与质量控制提供了有效的途径。

王海燕等人[78]借助拉曼光谱仪和模式识别算法对奶粉进行了真伪鉴别及

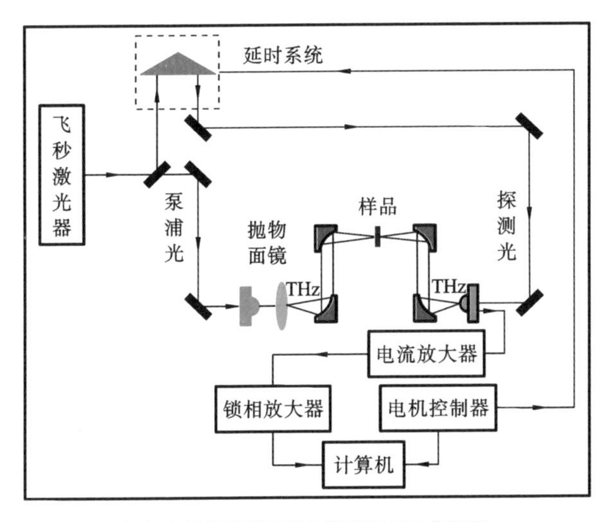

(a) 太赫兹光谱系统检测奶粉的工作原理

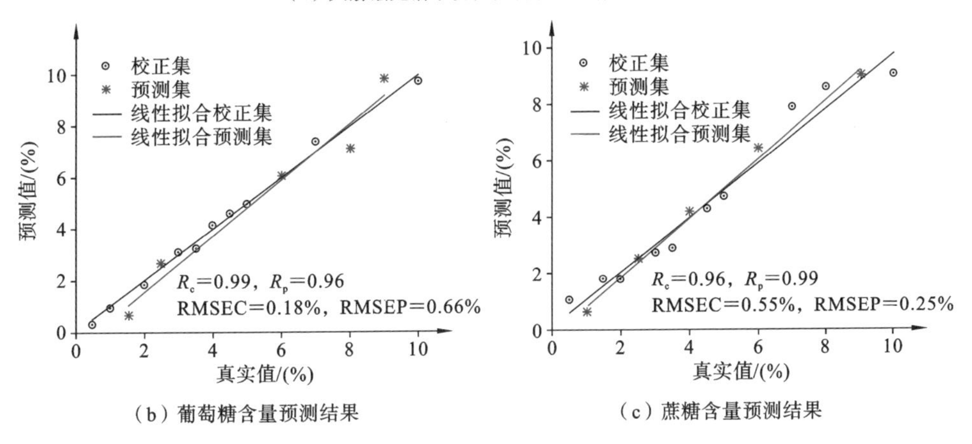

(b) 葡萄糖含量预测结果　　(c) 蔗糖含量预测结果

图 5-34　奶粉太赫兹检测及检测结果[73]

掺假分析。奶粉样品来自贝因美、飞鹤和雀巢3种品牌，利用拉曼特征峰结合最近邻算法识别奶粉品牌，平均识别正确率为99.56%。雀巢奶粉与飞鹤奶粉按照不同质量比(0∶1、1∶3、1∶1、3∶1、1∶0)混合，共计150份掺伪样品，提取掺伪样品中的脂肪，并采集其拉曼光谱，所建立的模型的识别正确率为98.89%，为奶粉掺假检测提供了一种简便、快速的方法。

参考文献

[1] 全国屠宰加工标准化技术委员会. 畜禽肉质量分级规程：GB/T 40945—

2021[S]. 北京：中国标准出版社，2021.
[2] GOLDENBERG A A, ANANTHANARAYANAN S P. An approach to automation of pork grading[J]. Food Research International, 1994, 27 (2): 191-193.
[3] PÉREZ-MARÍN D, FEARN T, RICCIOLI C, et al. Probabilistic classification models for the in situ authentication of iberian pig carcasses using near infrared spectroscopy[J]. Talanta, 2021, 222: 121511.
[4] 周彤，彭彦昆，刘媛媛. 基于近邻法聚类和改进 Hough 算法的猪胴体背膘厚度检测[J]. 农业工程学报，2014，30(5)：247-254.
[5] SOWOIDNICH K, SCHMIDT H, KRONFELDT H D, et al. A portable 671 nm Raman sensor system for rapid meat spoilage identification[J]. Vibrational Spectroscopy, 2012, 62: 70-76.
[6] WAKHOLI C, KIM J, KWON K D, et al. Nondestructive estimation of beef carcass yield using digital image analysis[J]. Computers and Electronics in Agriculture, 2022, 194: 106769.
[7] CALNAN H, WILLIAMS A, PETERSE J, et al. A prototype rapid dual energy X-ray absorptiometry (DEXA) system can predict the CT composition of beef carcases[J]. Meat Science, 2021, 173: 108397.
[8] MARIMUTHU J, LOUDON K M W, GARDNER G E. Prediction of lamb carcase C-site fat depth and GR tissue depth using a non-invasive portable microwave system versus body condition scoring[J]. Meat Science, 2022, 188: 108764.
[9] ALVARENGA T, HOPKINS D L, MORRIS S, et al. Intramuscular fat prediction of the semimembranosus muscle in hot lamb carcases using NIR [J]. Meat Science, 2021, 181: 108404.
[10] 郭楠，王丽红，丁有河，等. 气动式羊胴体自动分级系统开发[J]. 肉类工业，2017 (11)：49-51.
[11] NYALALA I, OKINDA C, MAKANGE N, et al. On-line weight estimation of broiler carcass and cuts by a computer vision system[J]. Poultry Science, 2021, 100 (12): 101474.
[12] 杨璐，刘佳琦，周海波，等. 面向畜禽加工的智能化装备与技术研究现状和发展趋势[J]. 农业工程，2019，9 (7)：42-55.

[13] 王丽红，叶金鹏，王子戡，等. 畜禽胴体分级技术[J]. 肉类工业，2014 (10)：37-41.

[14] ZHUANG Q B, PENG Y K, YANG D Y, et al. Detection of frozen pork freshness by fluorescence hyperspectral image[J]. Journal of Food Engineering, 2022, 316: 110840.

[15] SUN H W, PENG Y K, ZHENG X C, et al. Comparative analysis of pork tenderness prediction using different optical scattering parameters [J]. Journal of Food Engineering, 2019, 248: 1-8.

[16] QIN O Y, LIU L H, ZAREEF M, et al. Application of portable visible and near-infrared spectroscopy for rapid detection of cooking loss rate in pork: comparing spectra from frozen and thawed pork[J]. LWT-Food Science and Technology, 2022, 160: 113304.

[17] WANG W X, PENG Y K, SUN H W, et al. Real-time inspection of pork quality attributes using dual-band spectroscopy[J]. Journal of Food Engineering, 2018, 237: 103-109.

[18] LEE H J, KOH Y J, KIM Y K, et al. MSENet: marbling score estimation network for automated assessment of Korean beef[J]. Meat science, 2022, 188: 108784.

[19] 赵鑫龙，彭彦昆，李永玉，等. 基于深度学习的牛肉大理石花纹等级手机评价系统[J]. 农业工程学报，2020，36 (13)：250-256.

[20] RADY A M, ADEDEJI A, WATSON N J. Feasibility of utilizing color imaging and machine learning for adulteration detection in minced meat [J]. Journal of Agriculture and Food Research, 2021, 6: 100251.

[21] ZHANG J J, LIU G S, LI Y, et al. Rapid identification of lamb freshness grades using visible and near-infrared spectroscopy (Vis-NIR)[J]. Journal of Food Composition and Analysis, 2022, 111: 104590.

[22] AYMARD C, KANSO H, SERRANO M J, et al. Development of a new dual electrochemical immunosensor for a rapid and sensitive detection of enrofloxacin in meat samples[J]. Food Chemistry, 2022, 370: 131016.

[23] PARASTAR H, KOLLENBURG G V, WEESEPOEL Y, et al. Integration of handheld NIR and machine learning to "Measure & Monitor" chicken meat authenticity[J]. Food Control, 2020, 112: 107149.

[24] ERNA K H, FELICIA W X L, ROVINA K, et al. Development of curcumin/rice starch films for sensitive detection of hypoxanthine in chicken and fish meat[J]. Carbohydrate Polymer Technologies and Applications, 2022, 3: 100189.

[25] 徐虎博，赵庆亮，何珂，等. 基于可控气流-激光检测技术的鸡肉嫩度评估方法[J]. 农业机械学报，2020，51(S2)：457-465.

[26] 中华人民共和国农业部. 牛肉等级规格：NY/T 676—2010[S]. 北京：中国农业出版社，2010.

[27] 陈通，祁兴普，陈斌，等. 基于电子鼻技术的猪肉脯品质判别分析[J]. 肉类研究，2021，35(2)：31-34.

[28] 王文秀. 生鲜猪肉品质的多参数同时实时光谱检测技术与装置研究[D]. 北京：中国农业大学，2018.

[29] BARBIN D F, ELMASRY G, SUN D W, et al. Non-destructive determination of chemical composition in intact and minced pork using near-infrared hyperspectral imaging[J]. Food Chemistry, 2013, 138(2-3): 1162-1171.

[30] 王文秀，彭彦昆，孙宏伟，等. 二维相关可见-近红外光谱结合支持向量机评价猪肉新鲜度[J]. 食品科学，2018，39 (18)：273-279.

[31] 阳晖，苏泽平，郭善广，等. 仙草胶/酪蛋白复合膜对冷却猪肉保鲜效果的影响[J]. 现代食品科技，2016，32 (5)：167-172.

[32] 张雷蕾，彭彦昆，刘嫒嫒，等. 冷却肉微生物污染和肉色变化的 Vis/NIR 光谱无损检测[J]. 农业机械学报，2013，44 (S1)：159-164.

[33] ODEYEMI O A, ALEGBELEYE O O, STRATEVA M, et al. Understanding spoilage microbial community and spoilage mechanisms in foods of animal origin[J]. Comprehensive Reviews in Food Science and Food Safety, 2020, 19 (2): 311-331.

[34] DOULGERAKI A I, ERCOLINI D, VILLANI F, et al. Spoilage microbiota associated to the storage of raw meat in different conditions[J]. International Journal of Food Microbiology, 2012, 157 (2): 130-141.

[35] PODPEČAN B, PENGOV A, VADNJAL S. The source of contamination of ground meat for production of meat products with bacteria *Staphylococcus aureus*[J]. Slovenian Veterinary Research, 2007, 44 (1-2): 25-30.

[36] MULLIS K B, FALOONA F A. Specific synthesis of DNA in vitro via a polymerase-catalyzed chain reaction[J]. Methods in Enzymology, 1987, 155: 335-350.

[37] 庄齐斌，郑晓春，杨德勇，等. 基于高光谱反射特性的猪肉新鲜度和腐败程度的对比分析[J]. 食品科学，2021，42(16)：254-260.

[38] 张昭寰，娄阳，杜苏萍，等. 分子生物学技术在预测微生物学中的应用与展望[J]. 食品科学，2017，38(9)：248-257.

[39] 周晏，周国燕，徐斐，等. 单增李斯特菌在生食鱼片中生长模型的建立[J]. 食品科学，2015，36(15)：157-162.

[40] 陶斐斐，王伟，李永玉，等. 冷却猪肉表面菌落总数的快速无损检测方法研究[J]. 光谱学与光谱分析，2010，30(12)：3405-3409.

[41] 熊利荣，文友先，丁幼春，等. 鸭蛋壳厚等级模型研究[J]. 农业机械学报，2006，37(4)：68-70.

[42] 侯卓成，杨宁，李俊英，等. 傅里叶变换近红外反射用于鸡蛋蛋品质的研究[J]. 光谱学与光谱分析，2009，29(8)：2063-2066.

[43] DONG X G, DONG J, PENG Y K, et al. Comparative study of albumen pH and whole egg pH for the evaluation of egg freshness[J]. Spectroscopy Letters, 2017, 50(9): 463-469.

[44] SOLTANI M, OMID M. Detection of poultry egg freshness by dielectric spectroscopy and machine learning techiques[J]. LWT-Food Science and Technology, 2015, 62(2): 1034-1042.

[45] DONG X G, DONG J, LI Y L, et al. Maintaining the predictive abilities of egg freshness models on new variety based on Vis-NIR spectroscopy technique[J]. Computers and Electronics in Agriculture, 2019, 156(9): 669-676.

[46] ABOONAJMI M, SABERI A, NAJAFABADI T A, et al. Quality assessment of poultry egg based on visible-near infrared spectroscopy and radial basis function networks[J]. International Journal of Food Properties, 2016, 19(5): 1163-1172.

[47] WU J H, LI G F, PENG Y K, et al. Nondestructive assessment of egg freshness using a synchronous fluorescence spectral technique[J]. American Journal of Biochemistry and Biotechnology, 2019, 15(4): 230-240.

[48] AKBARZADEH N, MIREEI S A, ASKARI G, et al. Microwave spectroscopy based on the waveguide technique for the nondestructive freshness evaluation of egg[J]. Food Chemistry, 2019, 277: 558-565.
[49] LIU Y L, REN X N, YU H, et al. Non-destructive and online egg freshness assessment from the egg shell based on Raman spectroscopy [J]. Food Control, 2020, 118: 107426.
[50] CRUZ-TIRADO J P, MEDEIROS M L D S, BARBIN D F. On-line monitoring of egg freshness using a portable NIR spectrometer in tandem with machine learning [J]. Journal of Food Engineering, 2021, 306:110643.
[51] AKOWUAH T O S, TEYE E, HAGAN J, et al. Rapid and nondestructive determination of egg freshness category and marked date of lay using spectral fingerprint[J]. Journal of Spectroscopy, 2020 (1):8838542.
[52] DAI D J, JIANG T, LU W, et al. Nondestructive detection for egg freshness based on hyperspectral scattering image combined with ensemble learning[J]. Sensors, 2020, 20(19): 5484.
[53] YAO K S, SUN J, ZHOU X, et al. Nondestructive detection for egg freshness grade based on hyperspectral imaging technology[J]. Journal of Food Process Engineering, 2020, 43(7): e13422.
[54] 王巧华，周凯，吴兰兰，等. 基于高光谱的鸡蛋新鲜度检测[J]. 光谱学与光谱分析，2016，36(8)：2596-2600.
[55] ZHANG W, PAN L Q, TU S C, et al. Non-destructive internal quality assessment of eggs using synthesis of hyperspectral imaging and multivariate analysis[J]. Journal of Food Engineering, 2015, 157: 41-48.
[56] CHEN M, ZHANG L R, XU H R. On-line detection of blood spot introduced into brown-shell eggs using visible absorbance spectroscopy[J]. Biosystem Engineering, 2015, 131: 95-101.
[57] JOSHI R, LOHUMI S, JOSHI R, et al. Raman spectral analysis for non-invasive detection of external and internal parameters of fake eggs [J]. Sensors and Actuators B: Chemical, 2020, 303: 127243.
[58] LI Y Y, DHAKAL S, PENG Y K. A machine vision system for identification of micro-crack in egg shell[J]. Journal of Food Engineering,

2012, 109(1): 127-134.

[59] PRIYADUMKOL J, KITTICHAIKARN C, THAINIMIT S. Crack detection on unwashed eggs using image processing[J]. Journal of Food Engineering, 2017, 209: 76-82.

[60] BAO G J, JIA M M, XUN Y, et al. Cracked egg recognition based on machine vision[J]. Computers and Electronics in Agriculture, 2019, 158: 159-166.

[61] LAI C C, LI C H, HUANG K J, et al. Duck eggshell crack detection by nondestructive sonic measurement and analysis[J]. Sensors, 2021, 21:7299.

[62] SUN L, FENG S Y, CHEN C, et al. Identification of eggshell crack for hen egg and duck egg using correlation analysis based on acoustic resonance method[J]. Journal of Food Process Engineering, 2020, 43(8):e13430.

[63] ŻYWICA R, BANACH J K, KIEŁCZEWSKA K, et al. An attempt of applying the electrical properties for the evaluation of milk fat content of raw milk[J]. Journal of Food Engineering, 2012, 111(2): 420-424.

[64] CALAMARI L, GOBBI L, BANI P, et al. Improving the prediction ability of FT-MIR spectroscopy to assess titratable acidity in cow's milk [J]. Food chemistry, 2016, 192: 477-484.

[65] ROVERE G, CAMPOS G D L, LOCK A L, et al. Prediction of fatty acid composition using milk spectral data and its associations with various mid-infrared spectral regions in Michigan Holsteins[J]. Journal of Dairy Science, 2021, 104 (10): 11242-11258.

[66] NIERO G, PENASA M, GOTTARDO P, et al. Selecting the most informative mid-infrared spectra wavenumbers to improve the accuracy of prediction models for detailed milk protein content[J]. Journal of Dairy Science, 2016, 99 (3): 1853-1858.

[67] MANUELIAN C L, VISENTIN G, BOSELLI C, et al. Prediction of milk coagulation and acidity traits in Mediterranean buffalo milk using Fourier-transform mid-infrared spectroscopy[J]. Journal of Dairy Science, 2017, 100 (9): 7083-7087.

[68] LORENZI C D, FRANZOI M, MARCHI M D, et al. Milk infrared spectra from multiple instruments improve performance of prediction models [J]. International Dairy Journal, 2021, 121: 105094.

[69] YANG B, GUO W C, LIANG W T, et al. Design and evaluation of a miniature milk quality detection system based on UV/Vis spectroscopy [J]. Journal of Food Composition and Analysis, 2022, 106: 104341.

[70] MUÑIZ R, CUEVAS-VALDÉS M, ROZA-DELGADO B D L. Milk quality control requirement evaluation using a handheld near infrared reflectance spectrophotometer and a bespoke mobile application[J]. Journal of Food Composition and Analysis, 2020, 86: 103388.

[71] LIU N J, PARRA H A, PUSTJENS A, et al. Evaluation of portable near-infrared spectroscopy for organic milk authentication[J]. Talanta, 2018, 184: 128-135.

[72] KAMBOJ U, KAUSHAL N, MISHRA S, et al. Application of selective near infrared spectroscopy for qualitative and quantitative prediction of water adulteration in milk[J]. Materialstoday: Proceedings, 2020, 24: 2449-2456.

[73] 郭中华，王磊，金灵，等. 基于近红外透射光谱的乳制品蛋白质、脂肪含量检测[J]. 光电子·激光，2013，24(6)：1163-1168.

[74] 吴建，刘燕德，李斌，等. 基于太赫兹光谱的奶粉中葡萄糖及蔗糖定性定量检测方法[J]. 光谱学与光谱分析，2019，39(8)：2568-2573.

[75] 王建明，李颖，李祥辉，等. 傅里叶变换近红外技术在乳制品微生物鉴别中的应用研究[J]. 光谱学与光谱分析，2016，36 (10)：56-57.

[76] 苗志英，夏天，陈姗姗，等. 基于单边核磁共振技术的乳制品品质分析[J]. 食品科学，2016，37(22)：155-159.

[77] 庞佳烽，汤谌，李艳坤，等. 中红外光谱联合模式识别鉴别奶粉中三聚氰胺[J]. 光谱学与光谱分析，2020，40 (10)：3235-3240.

[78] 王海燕，宋超，刘军，等. 基于拉曼光谱-模式识别方法对奶粉进行真伪鉴别和掺伪分析[J]. 光谱学与光谱分析，2017，37 (1)：124-128.

第 6 章
水产品智能检测与分级

6.1　鲜活水产品外部品质检测与分级技术

水产品色泽、大小、形貌等外观特征能很好地反映水产品的品质，是决定水产品商业价值的关键因素之一。通过对水产品外部品质的检测与分级，可防止劣质水产品流入市场。目前，水产品外部品质的检测与分级往往通过有经验的鉴评人员采用感官评价的方式实现，这种方式需要人工直接接触产品，依靠经验判断水产品品质，主观误差较大。因此，水产品外部品质的智能在线检测与分级技术对水产品加工、生产和销售等过程的品质监控具有重要的作用。在水产品的在线检测中，机器视觉技术是最为常见的水产品外部品质快速检测技术。

6.1.1　机器视觉技术

机器视觉技术主要用计算机来模拟人的视觉功能，从客观事物的图像中提取信息，对信息进行处理和解析，最终实现实际检测和控制。具体地讲，就是用图像采集设备代替人眼识别水产品，通过对采集的图像进行分析，提取水产品的外部品质特征信息，综合多项感官品质指标（如色泽、形状和尺寸等）对水产品进行综合评价，继而实现对水产品外部品质的分级。机器视觉技术不直接与水产品接触，避免水产品的二次污染，且处理速度快、检测结果可靠、工作效率高。借助于机器视觉技术，可实现水产品外部品质的实时在线检测。贾磊等人[1]设计了一种基于机器视觉的水产品外部品质的检测方法，机器视觉检测系统组成如图 6-1 所示，整个系统主要由图像采集系统、图像处理系统和计算机统计分析系统等部分组成。

其中，图像采集系统包括 CCD 相机、照明设备、图像采集卡和计算机等[1]。CCD 相机是水产品的图像采集设备，相机的选型不仅要考虑其性能是否满足设

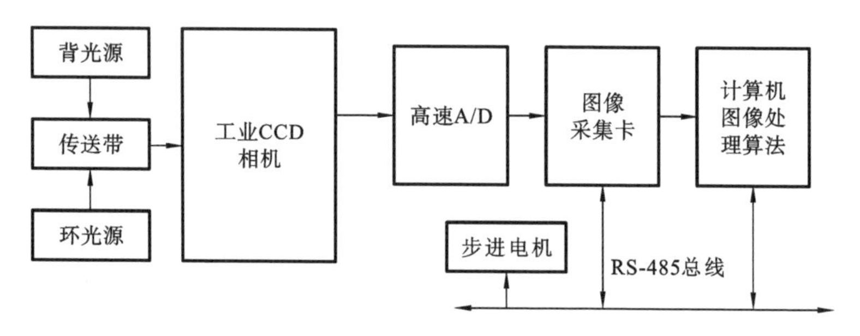

图 6-1　机器视觉检测系统组成[1]

计需求，还要兼顾相机的数据传输速度、相机分辨率、图像颜色、图像传送速度等。照明设备为水产品图像采集提供全方位的光源，包括背光源和环光源两种。图像经相机采集后，传送至图像采集卡，并输送至检测系统进行图像的处理与分析。检测系统是机器视觉技术的核心，包括图像处理系统和计算机统计分析系统两部分，用来模拟人类视觉的识别功能[2]。图像处理系统主要使用各种图像处理算法对采集的图像进行目标提取、去噪等处理，以及对特征变量进行提取与处理，最后输出特定变量。常见的图像处理算法包括图像预处理、图像分割、特征提取和模式识别等。图像处理算法在水产品外部品质检测领域的应用广泛。对于水产品图像处理，常见的预处理流程如图 6-2 所示[3]。

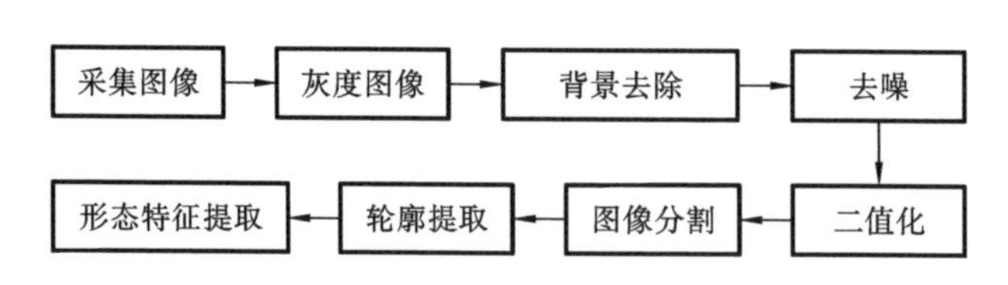

图 6-2　图像预处理流程图[3]

利用机器视觉技术处理样品，可生成客观且精确的描述性数据，自动化程度高，操作快，大大降低了劳动强度，且检测结果准确率高、效率高。因此对于水产品来说，机器视觉技术是一种很好的感官品质检测替代方案，可以大大提高生产效率和自动化程度[4]。机器视觉技术在水产品外部形态变量提取、品种鉴定、完整度检测等领域均有广泛的应用。

6.1.2　鱼体形态指标检测

1. 活鱼图像采集系统

图像采集是鱼体测量的首要步骤，高效率的图像采集和高质量的图像数据是鱼体外部品质准确检测的保证。光学相机是最常用的图像采集设备，分为单目相机和双目相机两大类。单目相机常用于平面物体的测量，要求被测鱼体在固定的深度。Miranda 等人[5]利用单目相机，基于虹鳟鱼逆水流游泳特性，提出一种测量鱼体长度的新方法。该研究利用虹鳟鱼的游动特点，在测量系统中设置了只允许单条鱼游过的通道，当鱼经过相机下方时，采集鱼体的图像；然后对图像进行分割，提取鱼体轮廓，利用近似于鱼体轮廓的三阶多项式回归曲线来估计鱼体长度。结果显示，与手工测量方法相比，该方法对鱼体长度的测量误差在 1.413 cm 以下。

然而，在水产养殖环境，鱼在水中始终处于不断游动的状态，如何准确获取游动状态下的鱼体图像，进行形态指标的检测仍具有较大的挑战。双目相机模拟人眼的原理，使用参数一致、位置不同的两个相机对目标进行图像采集，利用三角测量原理计算出对应像素点的视差，获得包含深度信息的图像。基于双目相机，能够获得图像的三维信息，可以对水体中自由游动的鱼体进行图像采集，进而实现外部形态指标的检测。Torisawa 等人[6]通过双目摄像系统对水体中的金枪鱼进行实时监测，利用直接线性变换从三维图像中获得鱼体的信息，对单条鱼的叉长和鱼体长度的频率分布进行估算。结果显示，在相机测量范围（<5.5 m）内，99％的鱼体测量是有效的，鱼体长度的测量误差小于 5％。Shi 等人[7]利用双目立体视觉系统采集斑石鲷的三维图像，基于 LabVIEW 对斑石鲷的鱼体长度进行测量。该研究对鱼体图像进行分割后，基于轮廓和凸包计算等处理算法，自动标记不完整角度的鱼体长度测量点，提取鱼嘴尖端和鱼尾的关键测量点。该研究验证了所用系统对与相机成不同角度的游动鱼体长度测量的准确性。结果表明，所用方法具有较高的准确率和成功率，估计鱼体长度与人工测量鱼体长度之间具有良好的线性关系，相关系数可达 0.91，平均相对误差小于 2.55％。Muñoz-Benavent 等人[8]通过双目立体视觉系统采集鱼体轮廓图像，结合尾柄提取和吻尖提取两种特征提取算法，对鱼头、鱼尾的图像特征进行提取，然后采用 4 种不同的金枪鱼几何模型估计鱼体长度，通过与真实测量数据比较，对模型进行改进。结果显示，改进后的模型具有较高的检测准确率。

2. 鱼体形态指标的测量

鱼体形态（长度、宽度、周长、面积等）是其体积、年龄等参数的重要判断依据，也是水产品重量分级的重要指标，其中，鱼体长度是最为重要的视觉属性之一。手工接触测量是传统的鱼体长度的测量方法。该方法首先需要将鱼样固定，然后利用皮尺或测量仪等仪器进行测量。手工测量费时费力，而且不同人员测量会导致主观测量误差,检测结果可靠性低、误差大。随着人工智能的发展,机器视觉技术被广泛用于鱼体长度的自动监测。基于机器视觉的鱼体图像采集往往只能反映出鱼体的二维图像信息,需要借助图像处理算法,提取鱼体长度等形态信息。研究者们对鱼体长度的测量方法进行了广泛而深入的研究。常见的鱼体长度特征的提取方法包括最小外接矩形、霍夫变换、图像细化、多项式回归等方法[9],其适用范围和优势如表 6-1 所示。

表 6-1 常见的鱼体长度特征的提取方法[9]

方法	适用范围	优势
最小外接矩形	线性身体结构	简单、精度高
霍夫变换	线性身体结构	简单
图像细化	线性、非线性身体结构	能对非线性鱼体长度进行测量
多项式回归	线性、非线性身体结构	简单、快速,能对非线性鱼体长度进行测量

Misimi 等人[10]利用最小外接矩形的方法分别对大西洋鲑鱼和鳕鱼的长度和宽度进行了测量。Strachan[11]利用机器视觉技术对鱼体长度进行估计,过中点画出一条用于长度估算的中心线,与手动测量方法相比,该方法检测的误差为±3%。Hsieh 等人[12]基于霍夫变换和投影变换简单测量了金枪鱼长度,该方法的平均估计误差为 4.5%±4.4%。Garcia 等人[13]利用 Mask 区域卷积神经网络(region-convolutional neural network, R-CNN)架构将采集的图像细化,经过一系列处理,得到了一条连续、平滑的线来代表鱼的主轴,如图 6-3 所示。然后通过随机抽样一致(random sample consensus, RANSAC)算法,估计三阶多项式定义鱼体的起点和终点,计算鱼体长度。

Miranda 等人[5]采集了虹鳟鱼的图像信息,随后选取图像上的关键点,将关键点参数代入设计的三阶多项式回归方程中,拟合得到回归曲线,然后通过计算曲线内点之间的欧氏距离来获得虹鳟鱼长度信息。

此外,余心杰等人[14]结合机器视觉技术和称重传感器,设计了一种可以对大黄鱼形态指标进行快速、同时、自动检测的方法。该方法首先利用机器视觉技术采集大黄鱼的图像,然后借助图像处理算法对大黄鱼的全长、全宽、体长、体宽、头长、尾柄长、尾柄高、面积等参数进行提取,并结合机器视觉技术和称重传感器,对大黄鱼的重量进行评估。结果显示,大黄鱼尺寸的平均测量误差为 0.28%,重量平均测量误差为 0.74%,该方法为鱼类形态参数自动检测提供了有效的途径。张志强等人[15]利用鱼的头部、腹部和尾部的长度与重量之间的关

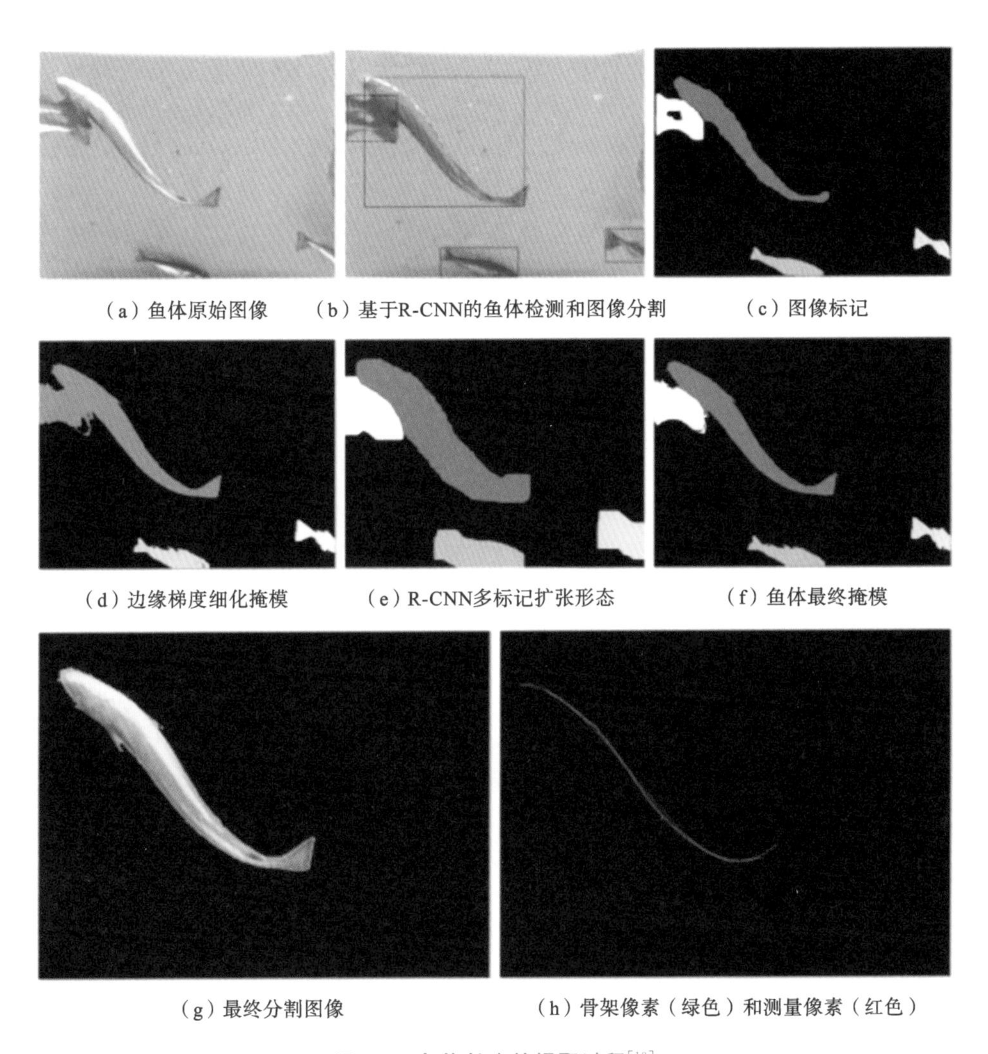

（a）鱼体原始图像（b）基于R-CNN的鱼体检测和图像分割（c）图像标记

（d）边缘梯度细化掩模（e）R-CNN多标记扩张形态（f）鱼体最终掩模

（g）最终分割图像（h）骨架像素（绿色）和测量像素（红色）

图 6-3　鱼体长度的提取过程[13]

系，建立了鱼体重量的预测模型，提出了淡水鱼重量分类的有效方案。

综上所述，机器视觉技术在鱼体形态参数的提取方面具有广泛的应用。机器视觉技术已被用于鱼体外部形态参数提取，并取得了较好的结果。尽管机器视觉技术在鱼体外部品质检测领域得到广泛的研究，然而，高效率的图像采集和图像处理算法仍是该技术研究的核心。基于机器视觉的鱼体图像处理算法的发展以及鱼体形态指标的获取，对鱼体图像的自动提取具有重要的意义。此外，机器视觉技术结合传感器（如称重传感器），可以实现生产线上鱼体形态指标与其他指标（如重量）的同时检测。

6.1.3 鱼品种的识别

除了在鱼体形态指标提取领域的应用外，机器视觉技术在鱼品种的鉴别领域也有重要的应用。鱼品种繁多，不同品种的鱼在口感、营养成分等方面都有差异，在加工处理之前，需要对鱼品种进行鉴别。我国目前淡水鱼的养殖模式通常是混养，因此，对鱼品种进行鉴别非常有必要。常见的鱼品种鉴别都是采用人工的方式来完成的，但是人工方式存在劳动强度大、效率低、准确率不高等问题。鉴于不同品种的鱼在鱼体形态、颜色等外部品质方面具有明显的区别，机器视觉技术被研究用来区分不同的鱼品种。基于机器视觉的鱼品种鉴别技术，与鱼体形态指标的快速检测技术相似，都是利用图像处理算法，提取鱼体的有效形态特征，通过对鱼体有效形态特征的分析，实现不同鱼品种的分类。利用机器视觉技术，不仅能降低劳动强度，还能提高工作效率和准确率，可实现生产线上的实时检测，该技术在鱼品种识别方面具有很好的应用前景。

不同品种的鱼形态不同，基于图像处理算法对鱼体形态参数进行提取，根据不同鱼品种的形态参数，可以实现鱼品种的区分。万鹏等人[16]以鲫鱼和鲤鱼为对象，利用机器视觉技术对鱼体样品进行检测，采集鱼体样品图像，通过背景分割、轮廓追踪、种子填充等方法对鱼体图像进行处理得到二值化图像，然后通过最小外接矩形法，调整鱼体，使得鱼体在检测时保持鱼尾在左、鱼眼在右的相同状态，提取鱼体的形态特征参数，如图 6-4 所示。

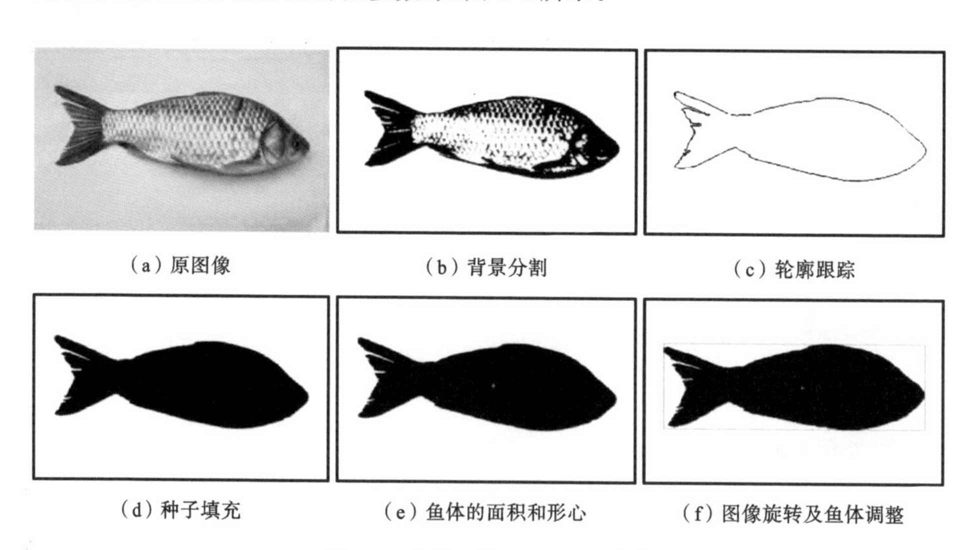

图 6-4 鱼体图像预处理过程[16]

将鱼体沿鱼尾至鱼头的方向分为 5 段，计算各段平均宽度与各段长度的比值，作为描述鱼体形态的特征参数，鱼体各段平均宽度和长度比值的变化规律如图 6-5 所示。从图中可以看出，鲫鱼和鲤鱼样品的形态特征值呈现出明显的规律，总体来看，鲫鱼的形态特征值要高于鲤鱼的形态特征值。随后，再以形态特征值作为输入，构建反向神经网络对鱼品种进行识别。结果表明，该方法对 150～500 g 范围内的鲤鱼和鲫鱼识别准确率分别可达到 100% 和 93.33%。因此，该研究提出的方法可有效地区分鱼品种。

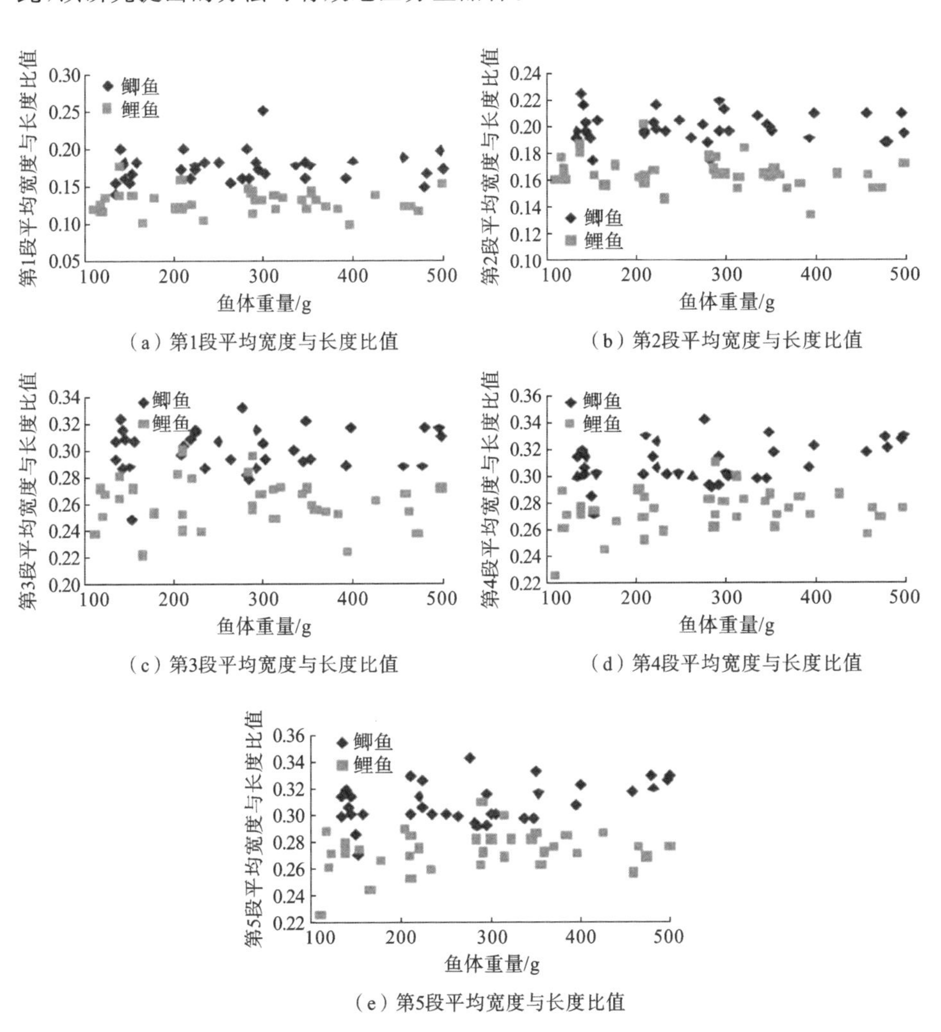

图 6-5　不同品种鱼体形态特征值的变化规律[16]

此外，涂兵等人[17]提出了一种新的基于预提背部轮廓弯曲潜能比率(bending potential ratio，BPR)的方法对不同类型的淡水鱼进行识别。该方法可以从整体结构上对鱼体的形态进行识别和分析。该研究利用机器视觉技术采集了包括鲫鱼、草鱼、鳊鱼和鲤鱼四种共 500 条淡水鱼的图像，并对图像进行去噪、灰度化、二值化、轮廓提取及特征值的提取等。四种鱼的图像轮廓提取图如图 6-6 所示。该研究对提取的鱼体背部轮廓曲线进行分析，根据鱼体吻端位置点 A 和尾柄点 B、点 C 以及背部点 D 构建数学模型。对 B、C 两点之间背部轮廓曲线采用均值算法计算其像素点的值。采用最小二乘法对背部轮廓曲线进行拟合。

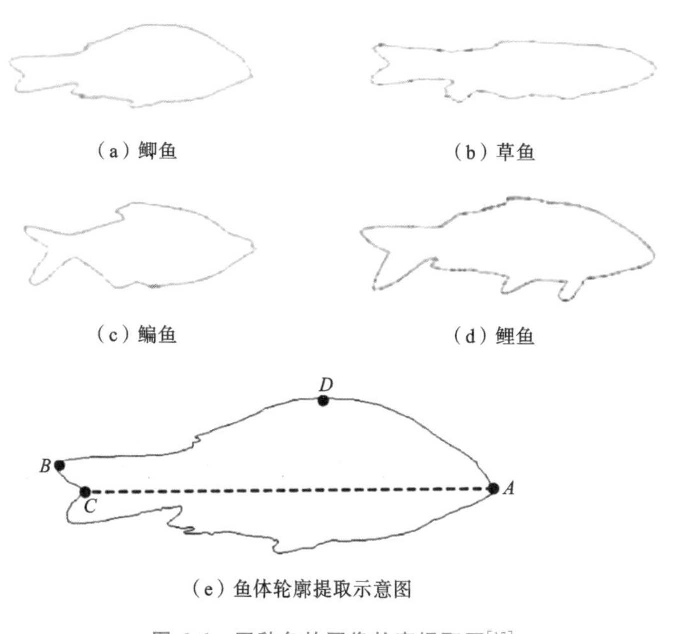

图 6-6　四种鱼的图像轮廓提取图[17]

每种鱼的 BPR 分布结果统计图如图 6-7 所示。从图中可以看出，根据 BPR 可以较好地对鲫鱼、草鱼、鳊鱼和鲤鱼进行区分。结果表明，所提方法具有算法简单、识别准确率较高的特点，在采集的数据库上识别精度达到 95%以上。

除了鱼体的整体形态特征外，鱼体的颜色和长宽比也被用来识别鱼品种。张志强等人[15]从市场上随机购买淡水鱼 240 条，利用机器视觉技术采集鱼体的图像。然后对图像进行颜色提取、二值化、轮廓和特征值提取(各个颜色分量的特征值、鱼体各部分的长宽比以及鱼体长度等)等处理。在轮廓图上提取与鱼

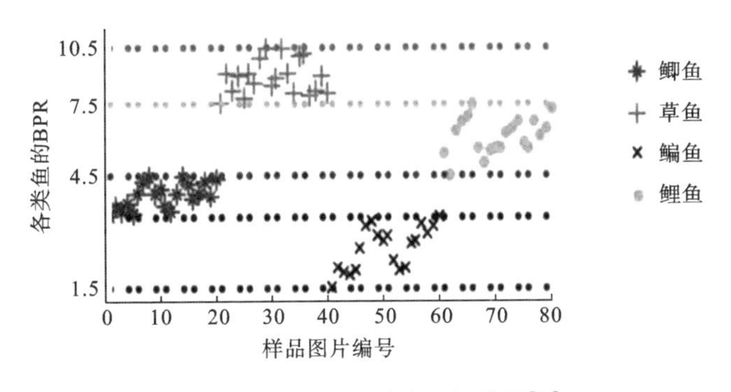

图 6-7 样品 BPR 分布区间模型[17]

体长度相关的特征，主要包括长轴、短轴、投影面积、周长以及长短轴之比等，来代表鱼体长度。随后，对建模组鱼的图像进行处理，获得每条鱼 RGB(红、绿、蓝)3 个颜色分量和长短轴之比，通过软件对特征变量进行统计分析，获得每种鱼的颜色分量与长短轴之比的分布规律，建立预测模型。结果显示，建立的模型对验证组样品进行验证时，品种识别正确率可达 96.67%。

此外，欧利国等人[18]对不同类型的金枪鱼进行了识别。利用机器视觉技术采集了 3 种不同类型的金枪鱼(包括大眼金枪鱼、黄鳍金枪鱼和长鳍金枪鱼)的图像，通过双边滤波的方法对图像进行去噪处理，提取金枪鱼的形态轮廓，并对形态轮廓的特征点进行预先选定，对每张轮廓图像进行特征点定位，计算选定特征点间的像素长度，提取了金枪鱼 13 个形态指标的像素长度(包括全长、叉长、体长、体高、尾鳍宽、第二背鳍长、第二背鳍基底长、臀鳍长、臀鳍基底长、尾柄高、头一鳍长、头二鳍长、头臀鳍长)。结果显示，3 种金枪鱼形态指标的相对误差均值与绝对误差均值变化趋势较为相似。该研究为同属不同种金枪鱼的分类提供了依据。

鉴于不同品种的鱼体在外部形态(包括形状、长度和颜色等)上的区别，利用机器视觉技术对鱼体的外部形态特征进行提取，结合化学计量学算法，以特征变量作为输入变量，对不同鱼品种进行鉴别。针对鱼品种识别，选择最能代表鱼品种的特征变量，是保证鱼品种分级准确率的关键。

6.1.4 虾的检测与分级

虾类在中国餐饮市场上占有重要的地位，虾的体长，头胸甲长、宽、高，第一腹节高、宽，第三腹节高、宽，第六腹节宽、长以及尾节长等都可以作为描述虾类外部品质的重要指标，其中体长、头胸甲长和头胸甲宽是 3 种最常见的评价指标。不同等级的虾的价位具有较大的差异，对虾进行分级有助于防止以次充好现象的出现。虾分级技术方法有人工挑选法和称重法。称重法无法识别残缺及死亡虾体。人工挑选法易受工作人员的经验、习惯、专业技能等因素的干扰，产品标准无法统一。因此，机器视觉技术结合图像处理算法，在虾形态测量以及分类领域受到了广泛的关注。

林妙玲[19]采集虾的图像，并通过图像分割、腐蚀、膨胀等预处理，提取虾的轮廓形态特征，通过确定虾体关键点和虾体方向对虾的头长和体长进行估算。Harbitz[20]通过提取北极甜虾的图像特征以及人工测出的头胸甲长，建立了头胸甲长与像素面积的相关模型，然后利用该模型测量了 285 只北极甜虾的头胸甲长、像素面积和重量，该方法对单个虾体检测所需要的时间小于 0.01 s。金烨楠等人[21]利用机器视觉技术自动识别对虾的特征点(眼柄基部、头胸甲后缘、尾尖)，通过图像分析，自动获取对虾的体长、头胸甲长及头胸甲宽等数据，然后依据对虾的体型，对图像进行旋转和数据校正，最终实现虾体形态数据的获取。高竟博等人[22]将机器视觉技术和卷积神经网络算法结合，对大、中、小不同规格的小龙虾进行分级。不断的优化模型，使模型对干净图像、高斯噪声图像和椒盐噪声图像上 3 种小龙虾的识别正确率分别达到了 99.70%、93.75% 和 88.41%。

此外，在生产线上，不仅需要对虾进行大小分类，还需要剔除破碎的虾，因为它们通常被认为是缺陷产品。王阳等人[23]利用机器视觉技术，以虾体生命状态、步行足残缺度以及尺寸三个因素，对小龙虾进行分级。该研究采集了从市场购买的小龙虾的图像，并对图像进行 RGB 分量提取、二值化、去噪、触角像素填充、最小外接矩形切割、倾斜校正等预处理。小龙虾图像的预处理如图 6-8 所示。然后分别采用 R 分量占比统计法、椭圆近似法、椭圆切割法对虾体的生命状态、步行足残缺度以及尺寸进行检测，结果显示，在 100 个随机检测的样品中，算法的误判率仅为 3%。

Zhang 等人[24]提出了一种基于进化构造(evolution constructed, ECO)特征的虾形完整性自动评估方法。ECO 特征是一种有效的对象识别方法，通过对输入虾图像的子区域进行一系列图像变换，可以自动发现虾类图像原始像素中良好和有用的特征。在这项研究中，对采集到的虾图像使用了包括 Gabor、中值模糊和自适应阈值处理等 28 种图像变换来生成 ECO 特征。生成的 ECO 特征可以用来成功地提取虾类图像的全局和局部信息。然后将 AdaBoost 模型与

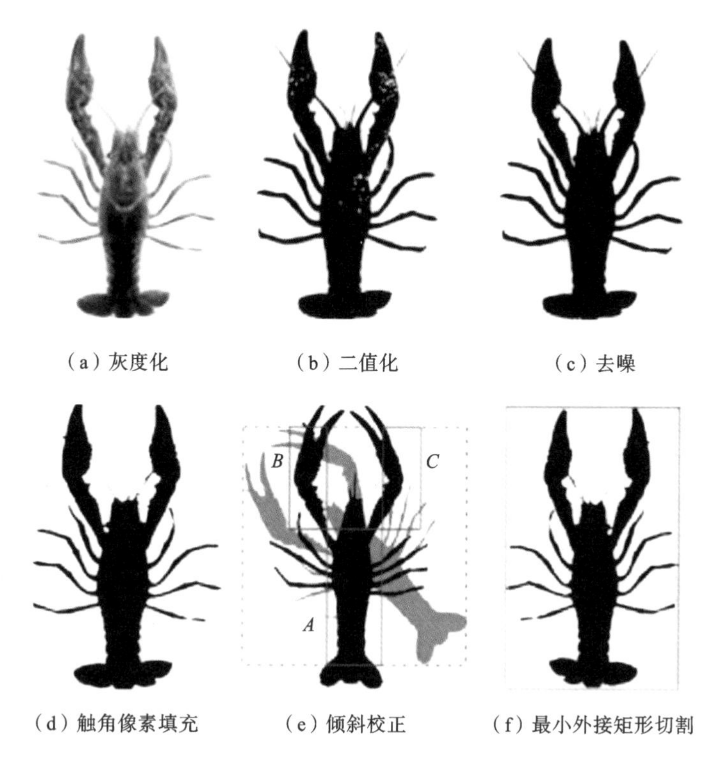

(a) 灰度化　(b) 二值化　(c) 去噪

(d) 触角像素填充　(e) 倾斜校正　(f) 最小外接矩形切割

图 6-8　小龙虾图像的预处理[23]

和所选 ECO 特征相关联的感知器(弱分类器)组合成强分类器,该强分类器可以将破碎的虾与完整的虾区分开。结果表明,该方法对采集的 879 个虾类样品进行分类,总体分类正确率为 95.1%,准确率为 94.8%,召回率为 92.0%,且该方法同样适用于其他水产品评估。

6.1.5　蟹的检测与分级

蟹类作为水产品的重要组成部分,关于其大小、体重的快速无损精准测量的研究,对蟹类的自动分级具有重要意义。机器视觉技术具有快速、无损等特点,在蟹形态特征的检测方面也有应用。唐杨捷等人[25]选择 40 只状态良好、大小不同的梭子蟹,利用俯拍摄像头分别拍摄每只梭子蟹的视频图像。随后,将视频图像传输到计算机上转换成静态图像,选择效果较好的图像进行图像预处理,计算梭子蟹投影面积和甲壳尺寸,如图 6-9 所示。采用 GrabCut 算法对图像进行分割,随后进行一定的形态学处理(包括膨胀、腐蚀、去除内部粒子和内孔等)得到梭子蟹的二维图像。采用分水岭分割法对梭子蟹的全甲宽、甲长等

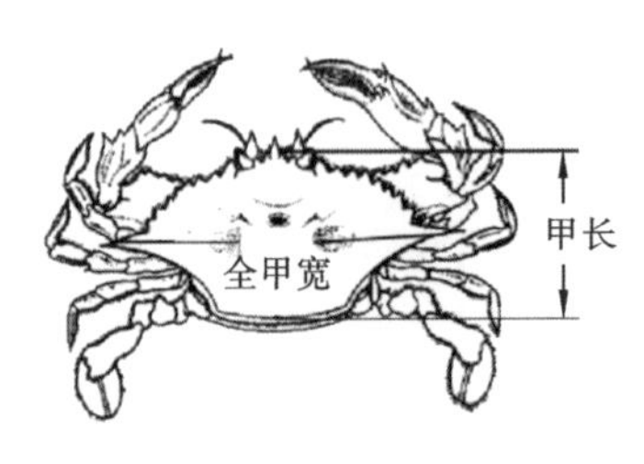

图 6-9　蟹形态特征示意图[25]

参数进行提取。利用像素点来计算梭子蟹全甲宽与甲长，与实际尺寸相比，全甲宽平均测量误差为 1.74％。最后借助支持向量机（SVM）方法建立梭子蟹的体重预测模型，并采用遗传算法（GA）优化预测模型。结果显示，基于 GA-SVM 模型的梭子蟹体重的回归预测的平均绝对误差为 2.23％，最大和最小相对误差分别为 5.66％和 0.11％。

张超等人[26]通过图像采集系统获得梭子蟹的图像，对图像进行模板校正及分割，提取梭子蟹面积特征参数。考虑到图像采集过程中，图像可能发生倾斜、失真等问题，研究中使用仿射变换对模板表面分布规则的特征点建立查找表，查找分析特征点，计算变形量，对失真原图进行修正。然后利用阈值处理及形态学开闭运算，通过轮廓特性的圆形度因子对梭子蟹图像进行分割。分割后，可提取梭子蟹的像素面积，根据梭子蟹像素面积和单个像素的长度，计算梭子蟹的真实面积。利用最小二乘法对梭子蟹面积和重量进行拟合，建立梭子蟹面积和重量的相关性模型，结果显示，二项式相关性最好，相关系数可达到 0.922。该研究表明，图像处理算法结合化学计量学方法可以用于实现蟹体重的快速、无损、精准测量，为蟹大小、体重分级提供重要的技术支持。

此外，机器视觉技术也被用来研究蟹的白色斑纹特征，为不同产地蟹的分类提供了技术支持[27]。卢少坤等人[28]基于图像识别技术研究不同海区三疣梭子蟹甲壳白色斑纹的特征。该研究利用工业摄像头和日光灯系统，采集三疣梭子蟹的图像信息。随后，对图像进行二值化处理，分离蟹壳区域。采用分水岭分割计算方法，获取三疣梭子蟹白色斑纹形状，提取白色斑纹数量、白色斑纹面积、斑纹区域面积及蟹壳面积等特征参数，如图 6-10 所示。该研究利用机器视觉技术对不同海域的三疣梭子蟹进行了分析，发现三疣梭子蟹的白色斑纹具有地理差异性。

综上所述，机器视觉技术在水产品包括鱼、虾和蟹等的外部品质检测领域具有非常广泛的应用。图像处理算法是机器视觉技术的核心，图像处理算法的发展，以及水产品外部特征变量的确定与提取，对水产品外部品质检测具有关键作用。准确提取水产品外部特征变量，获取水产品的准确特征，结合化学计量学方法，可实现水产品外部品质的精准、快速检测。

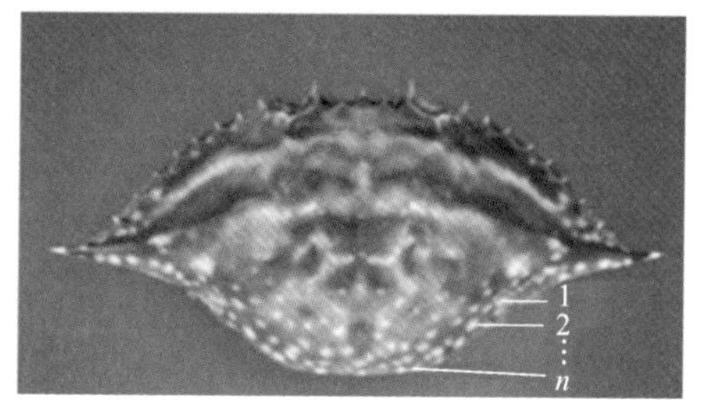

(a) 白色斑纹数量

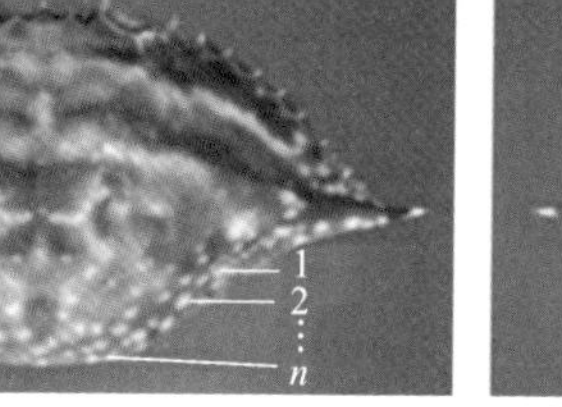

(b) 白色斑纹面积

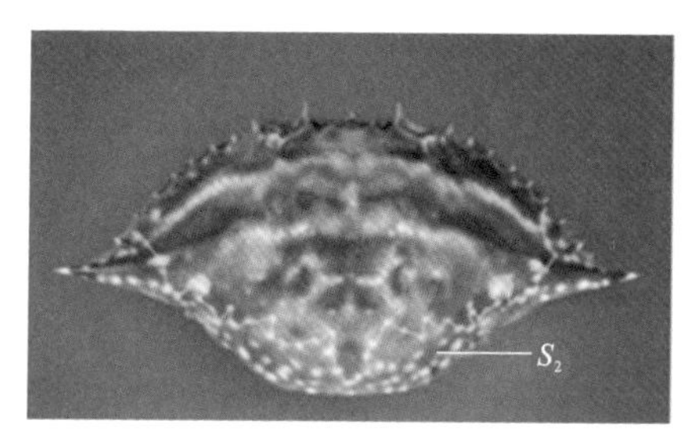

(c) 斑纹区域面积

图6-10　三疣梭子蟹的特征参数[28]

6.2　新鲜度检测与分级技术

水产品极易腐烂，捕捞后的保存时间和保存温度会对水产品的气味、风味和外观特征产生显著影响，新鲜度很难保持。因此，除了外部品质之外，水产品新鲜度也是水产品的重要品质指标之一，其直接影响着水产品的销量、加工以及消费者的食用安全。水产品新鲜度是指水产品的原有化学成分和组织特征变化的程度。以鱼类为例，其在死后大致经历僵硬、自溶和腐败三个阶段。第一阶段主要体现在糖原的无氧酵解和三磷酸腺苷(ATP)及相关化合物的分解，之后肌肉组织收缩变硬，从而失去延展性和弹性，鱼类进入僵直状态，但此时的新鲜度良好；第二阶段主要表现为受肌肉中内源性蛋白酶或来自腐败菌的外源性蛋白酶的作用，糖原、ATP进一步减少，鱼肉硬度降低；第三阶段是鱼肉在微生物及酶的作用下，肌肉成分进一步被分解，水产品产生具有腐败特征的臭味。根据水产品腐败过程中发生的变化，依据其颜色、形态、气味及代谢产物等变化，相关学者采用不同的方法对水产品的新鲜度进行评价。水产品新鲜度的检测和评估是水产品质量安全控制的关键环节，不仅关系着消费者的切身利益，同时对水产品运输、贮藏及加工过程也有着重要的意义。目前，水产品智能检测与分级技术包括感官传感技术、光谱技术、生物传感技术等。

6.2.1 基于感官传感技术的水产品新鲜度评价

目前国内外对水产品新鲜度的检测方法有很多，如感官评价法、微生物学指标评价方法、ATP降解物指标评价方法、挥发性物质评价方法等。然而，这些传统的鱼肉新鲜度的检测方法费时费力，操作严格，过程烦琐，且对样品具有不可逆转的破坏性。近几年，随着传感器技术的快速发展，以水产品的感官指标（视觉、嗅觉、味觉、听觉及触觉）为基础，基于传感器技术（如机器视觉、电子鼻、电子舌、质构仪等技术），对水产品的外观、气味、风味、质地等的检测得到迅速发展。

1. 机器视觉技术

机器视觉技术可以用于水产品外部品质的分析，有研究者利用机器视觉技术对水产品的新鲜度进行检测，进而实现水产品新鲜度的分级。Shi等人[29]探索了罗非鱼死后鱼眼和鱼鳃颜色的变化。利用机器视觉系统对罗非鱼的瞳孔和鳃部颜色参数进行提取，并分别用RGB、HSI和CIELab三种图像颜色模型表示。结果显示，鱼瞳孔、鳃部的颜色参数与TVB-N含量、TVC和硫代巴比妥酸（thiobarbituric acid，TBA）含量三种新鲜度指标之间的多元回归模型显示出良好的线性关系，决定系数R^2高达0.989～0.999，对4 ℃储存期间的鱼体新鲜度能进行很好的预测。Taheri-Garavand等人[30]利用机器视觉技术获取鲤鱼的图像颜色（RGB、HSI和CIELab 3种模式）以及纹理特征，随后利用混合人工蜂群-人工神经网络（artificial bee colony-artificial neural network，ABC-ANN）算法来筛选最佳的特征，利用支持向量机、k近邻和人工神经网络算法来建立鲤鱼新鲜度的分类模型：最新鲜（贮藏1～2天）、新鲜（贮藏3～4天）、一般新鲜（贮藏5～7天）和腐败（贮藏8～14天）。结果显示，基于鲤鱼的图像颜色和纹理特征，k近邻分类器对鱼肉新鲜度的判断准确率可达到90.48%。

2. 电子鼻技术

水产品在腐败过程中，受微生物以及脂肪氧化等作用，会分解代谢出氨、醇、醛、酸等物质，使鱼肉呈现出不良的风味，因此风味变化也可以作为水产品新鲜度的评价指标之一[31]。电子鼻技术，作为一门新兴的仿生技术，是通过模拟哺乳动物嗅觉系统的工作特性对单一或混合气体进行分析、评价的技术，主要使用气敏传感器阵列作为模块。电子鼻是一种用于检测和区分简单或复杂气味信号以达到某种检测目的的新型设备。常见的传感器包括金属氧化物传感器、导电聚合物气体传感器、固体电解质气敏传感器、声表面波气敏传感器等[32]。赵梦醒等人[33]使用 PEN3 便携式电子鼻对不同贮藏时间的凡纳滨对虾虾头和虾肉的气味进行了研究。采集不同贮藏时间的凡纳滨对虾虾头和虾肉的电子鼻信号，获得了电子鼻 10 个传感器的气味响应图。图 6-11 是电子鼻对不同贮藏时间虾头样品的不同传感器的响应图，每一条曲线代表一个传感器的响应值，表示凡纳滨对虾虾头的气味物质通过传感器通道时，相对电阻率 G/G_0（或 G_0/G）随进样时间的变化情况。随着贮藏时间的增加，各传感器的信号呈现出上升的趋势，通过主成分分析和线性判别分析对对虾的电子鼻信号进行分析，结果表明，电子鼻对虾虾头和虾肉的新鲜度检测具有较好的相关性。

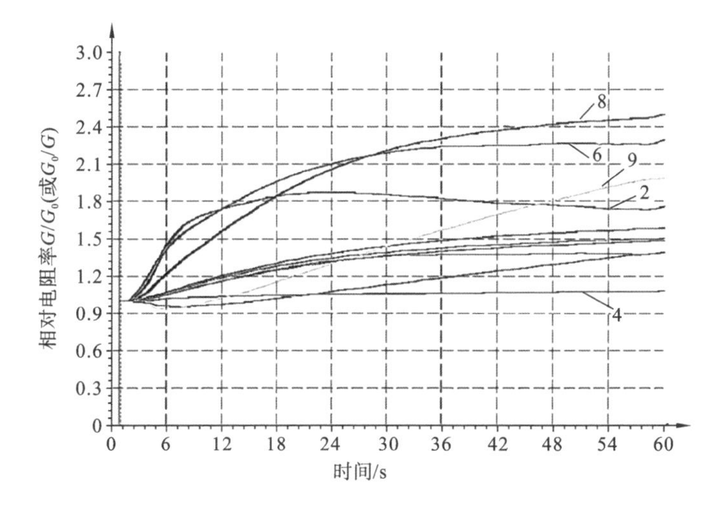

图 6-11　电子鼻对凡纳滨对虾虾头气味的 10 个传感器的响应信号[34]

注：2、4、6、8 和 9 代表传感器的序号。

张铁涛等人[34]结合电子鼻和质构仪对金鲳鱼贮藏过程中的新鲜度变化进行研究。通过用电子鼻测量挥发性气味物质，用质构仪测量质构特性，借助贮藏过程中挥发性气味物质和质构特征的变化，研究金鲳鱼的新鲜度变化。结果表明，电子鼻对硫化成分、芳香成分、有机硫化物、乙醇灵敏，且对不同贮藏时间鱼肉的新鲜度的分类效果好，随着 TVB-N 含量的增加，质构参数如破裂力、硬度呈下降趋势，胶黏性呈上升趋势，弹性、咀嚼性没有明显的变化。周明珠等人[31]以鮰鱼为研究对象，采用固相微萃取-气相色谱-质谱结合电子鼻技术，对 4 ℃冷藏过程中鮰鱼的挥发性成分进行分析。采用便携式电子鼻对样品进行检测，并对电子鼻数据进行线性判别分析、传感器载荷分析以及主成分分析，研究了电子鼻传感器信号与感官评分、K 值、三甲胺含量、挥发性成分含量的相关性。结果表明,电子鼻可以用来区分不同冷藏时间、不同包装的鮰鱼样品,且主成分分析和线性判别分析的结果与新鲜度相关指标(三甲胺含量与 K 值)的变化趋势一致。

综上所述,电子鼻对不同贮藏期水产品的挥发性成分响应明显,借助化学计量学方法,对电子鼻的响应信号进行分析,可以实现水产品新鲜度的快速检测。在未来的研究中,将气味指纹技术与智能技术联用,对不同条件下水产品建立其气味指纹图谱库,探索新的信号处理方法对气味信号进行处理,以便更精准地预测水产品新鲜度。

3. 电子舌技术

水产品贮藏过程中,水产品可能出现鲜味下降、苦味和酸味增加的现象。电子舌技术也可以用于评价水产品的新鲜度。电子舌模拟哺乳动物的味觉系统,利用多传感器阵列,对待测样品进行分析、识别和判断,用多元统计方法对得到的数据进行处理,快速地反映出样品整体的质量信息,利用模式识别和定量、定性分析方法,实现样品的识别和分类。电子舌主要由味觉传感器阵列、信号采集系统和模式识别系统 3 部分组成。研究表明,水产品中的鲜味物质主要包括谷氨酸单钠、天冬氨酸单钠和某些小肽等物质[35]。贾哲等人[36]利用电子舌技术对双斑东方鲀冷藏期间的新鲜度进行检测。对不同冷藏温度(0 ℃和 4 ℃)下的双斑东方鲀的滋味物质进行测定分析,并以 TVC 作为鱼肉新鲜度的评价指标。结果显示,冷藏过程中鲜味的信号强度总体呈现下降的趋势,酸味的信号强度明显增大,苦味的信号强度呈现微弱的上升趋势。除了咸味和丰富性 2 个传感器外,其他传感器均与新鲜度指标具有相关性。该研究分别利用 PLS 和 MLR 法,建立了不同冷藏期双斑东方鲀的 TVC 预测模型,并对模型进行验证。结果表明 PLS 和 MLR 模型都能对不同冷藏期鱼肉的新鲜度进行预测,其中 MLR 模型的拟合度较高,0 ℃和 4 ℃组 TVC 预测模型的校正集的决定系数 R_c^2 分别为 0.98 和 0.99,预测集的决定系数 R_p^2 分别为 0.97 和 0.99,校正集均方根误差分别为 0.40 lg(CFU/g)和 0.08 lg(CFU/g),预测集均方根误差分别为 0.44 lg(CFU/g)和 0.08 lg(CFU/g);外部验证结果显示,该模型校正集的正确率为 100%,具有较好的预测能力。韩方凯等人[37]利用电子舌技术对不同冷藏天数的鲳鱼进行检测,同时测量鲳鱼体内挥发性盐基氮含量及菌落总数,并利用化学计量学方法对电子舌数据进行分析、处理。基于 k 近邻判别模型和反向传播人工神经网络定性评价鲳鱼新鲜度,并基于 SVM 回归模型建立鱼肉新鲜度的定量模型。结果显示,k 近邻判别模型的校正集、预测集识别率分别为99.11%和98.21%;反向传播人工神经网络模型的校正集、预测集识别率分别为92.86%和91.07%。SVM回归模型对挥发性盐基氮含量及菌落总数的预测值和真实值的相关系数分别为0.9727和0.9457,预测集均方根误差分别为2.8×10^{-4} mg/g和0.052 lg(CFU/g)。

综上所述,在水产品腐败变质过程中,影响其口感(鲜味、苦味或酸味)的化学成分会发生变化,基于电子舌传感器采集其味觉信息,分析响应信号,结合化学计量学方法,对水产品新鲜度进行快速预测是可行的。

6.2.2 基于光谱技术的水产品新鲜度评价

光谱技术利用物质对光谱的吸收、发散或散射等特征,对样品中物质成分或样品结构的变化进行分析,在水产品蛋白质结构变化、脂肪氧化和新鲜度检测等方面具有很大的应用潜力。

1. 可见/近红外光谱技术

大量学者利用可见/近红外光谱技术对肉类的蛋白质、脂肪、水分、微生物以及新鲜度等指标进行预测[38]。可见/近红外光谱(400～2500 nm)能够反映食品成分与光源发出电磁辐射之间的相互作用,主要记录C—H、O—H、N—H和C—O等化学键的电磁振动,如图6-12所示,因此,该技术可用来测定水产品中有机官能团的吸收率。随着贮藏时间的变化,水产品的内外部品质会发生变化,产生不同的物质,导致光谱发生变化。由于可见/近红外原始光谱容易受到噪声、平移和基线漂移等的干扰,因此,往往需要对原始光谱进行相应的预处理。常见的预处理方法包括多元散射校正、去基线、平滑、导数等。对于经过预处理后的光谱,其干扰信息减少,有效光谱信息更为突出,更能反映贮藏过程中新鲜度的变化。对预处理后的光谱进行多元变量分析,如PLS、MLR、SVM等模型被用来建立水产品新鲜度与光谱信息之间的相关关系。校正集均方根误差、验证集均方根误差、校正集相关系数R_c和验证集相关系数R_v等被用来评价预测模型的能力,相关系数越接近1,均方根误差越小,说明模型的预测能力越强。因此,结合化学计量学方法结合可见/近红外光谱技术可以对水产品新鲜度进行预测。Nilsen等人[40]利用可见/近红外光谱技术对鳕鱼的新鲜度进行评估。该研究首先采集了鳕鱼的可见/近红外光谱(400～1100 nm),然后采用PCA、MLR及PLS等方法,建立了光谱信息与鳕鱼新鲜度之间的关系模型。蓝蔚青等人[41]以漫反射的方式采集了鱼背部肌肉的光谱数据。该研究对鱼肉的原始光谱进行了均值中心化、趋近归一化、多元散射校正等处理。光谱处理后,PLS被用来建立大黄鱼新鲜度与TVC之间的相关关系。结果显示,模型的相关系数均大于 0.8,其中经趋近归一化处理后的模型预测能力最高,R_c 达到 0.9095,R_p 为 0.8858。该研究为快速、无损预测大黄鱼贮藏期间新鲜度的变化提供了支持。

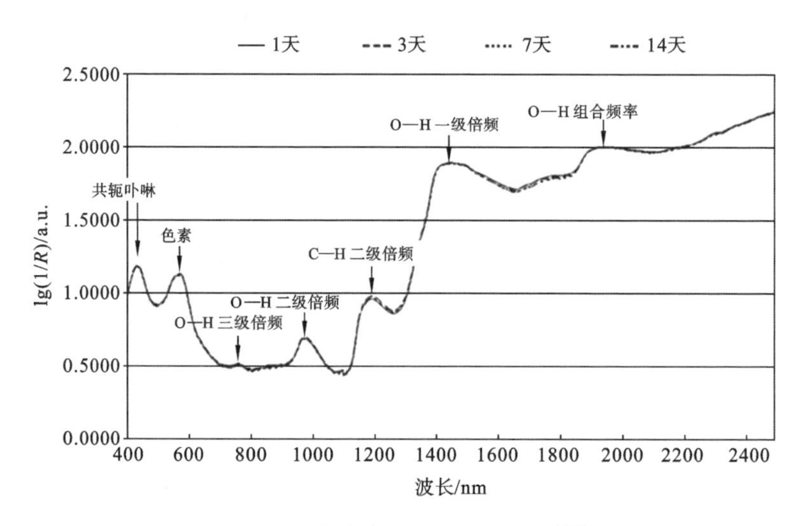

图 6-12 肉类的可见/近红外光谱[39]

朱逢乐等人[42]以多宝鱼肉为研究对象,应用可见/近红外光谱技术检测其贮藏过程中的新鲜度变化。该研究分析了 8 个不同冷藏时间共 160 个鱼肉样品的光谱,并提取样品感兴趣区域的平均光谱。结果表明,吸收率随着冷藏时间的延长而逐渐降低。这是因为冷藏中水分减少导致鱼肉吸收率降低。该研究进一步建立模型对鱼肉样品的冷藏时间进行预测,最后采用交互式数字语言(interactive data language, IDL)图像编程技术,将不同的时间用不同的颜色表示,以伪彩图的形式直观地展示出鱼肉的新鲜度,实现多宝鱼肉冷藏时间的可视化,为将来光谱技术在水产品及加工领域的应用奠定了基础。

刘源等人[43]以大黄鱼为研究对象,通过近红外光谱技术对不同贮藏时间下的大黄鱼新鲜度进行评价。以 TVB-N 含量作为新鲜度的评价指标,对比不同的预处理方法结合不同的建模方法,并对波长范围进行筛选,寻找最佳建模效果。研究表明,趋近归一化与 1 阶导数两种预处理方法相结合,以及单位长度归一化与 1 阶导数两种预处理方法相结合,选择 PLS 作为建模方法,可以得到最佳建模效果。所得到的模型可以有效地检测到大黄鱼中的 TVB-N 含量。

与传统方法相比,可见/近红外光谱技术具有简便、无损、可实现在线分析与远程检测等优点,可快速评价水产品的新鲜度,对水产品的运输与贮藏等有重要意义。即使在初始阶段微生物生长并不显著的情况下,该技术也可以检测到样品的特征光谱的变化,从而检测水产品的新鲜度。然而,受样品、仪器等状态的影响,采集的原始光谱数据存在偏差,需要寻找合适的预处理方法,对原始光谱进行处理,抑制由样品、仪器或操作引起的光谱波动。此外,模型的普适性还有待提高,例如0 ℃下的模型可能不适合4 ℃的条件,不同鱼品种之间模型的预测能力也会受到影响。因此,建模过程中要考虑其普适性的问题,尽可能包含不同状态下的样品。

2. 高光谱成像技术

可见/近红外光谱技术仅涉及样品的二维光谱数据,对水产品空间品质的预测能力不足。从20世纪80年代开始,高光谱成像(HSI)技术凭借强大的探测能力和超高的分辨能力受到了各国研究人员的关注。HSI技术是一种检测速率快、对样品没有损伤、可以大范围扫描和分析样品的检测技术,广泛应用在农业、军事、食品、环境、医疗、矿物勘探等领域的研究中[44,45]。HSI技术可以用于获取水产品的光谱信息和图像信息,在一定的波长范围内,将二维的平面图像按照光谱分辨率连续地组成一个三维的数据立方体结构,其中二维数据是图像像素的横、纵坐标轴,第三维数据是波长信息[46]。图像信息含有样品的形状、尺寸、缺陷等外部品质特征,光谱信息能充分反映样品内部的化学组成、物理结构的差异[47]。

高光谱成像检测系统主要由光源、面阵CCD或互补金属氧化物半导体器件(complementary metal oxide semiconductor, CMOS)相机及计算机软、硬件等组成。该系统有点扫描、线扫描、面扫描、单镜头扫描4种成像方式,点扫描方式精确度最高,线扫描方式应用最广泛。光谱波段通常为400～2500 nm的近红外光谱波段,通过反映含氢基团化学键(O—H、N—H、C—H、X—H)的伸缩振动倍频和合频,来确定含氢基团的光谱信息,进而实现对各种有机质和非有机质的鉴别和分类。同时,图像信息能反映水产品空间品质的分布规律。随着我国消费者对水产品需求的快速增加,水产养殖业和加工业随之快速发展,目前我国的水产养殖规模居世界首位,利用高光谱成像技术对水产品品质进行检测已成为近年来的一个研究热点。

He等人[48]综述了高光谱成像技术在鱼肉及鱼制品品质评估领域的应用,包括不同鱼品种水分含量的预测、鳕鱼缺陷检测、三文鱼的滴水损失检测等。应用高光谱成像技术对鱼肉品质进行评价,其步骤通常包括光谱/图像信息的提取、特征波长/图像信息的选取、高光谱数据降维、化学计量学建模及品质的可视化等，如图 6-13 所示[49]。ELMasry 等人[50]基于高光谱成像技术研究了大西洋比目鱼、鲶鱼、鳕鱼等 6 种鱼肉中水分和脂肪含量的快速、无损检测。该研究将鱼肉样品放在平移台上，通过线扫描的方式，采集了鱼肉样品的高光谱图像，波长范围为 460～1040 nm。随后，从高光谱感兴趣区域提取鱼肉样品的光谱信息，采用 PLS 模型建立鱼肉样品的光谱信息与对应的水分和脂肪含量之间的相关关系。结果显示，水分和脂肪含量的相关系数分别达到了 0.94 和 0.91。

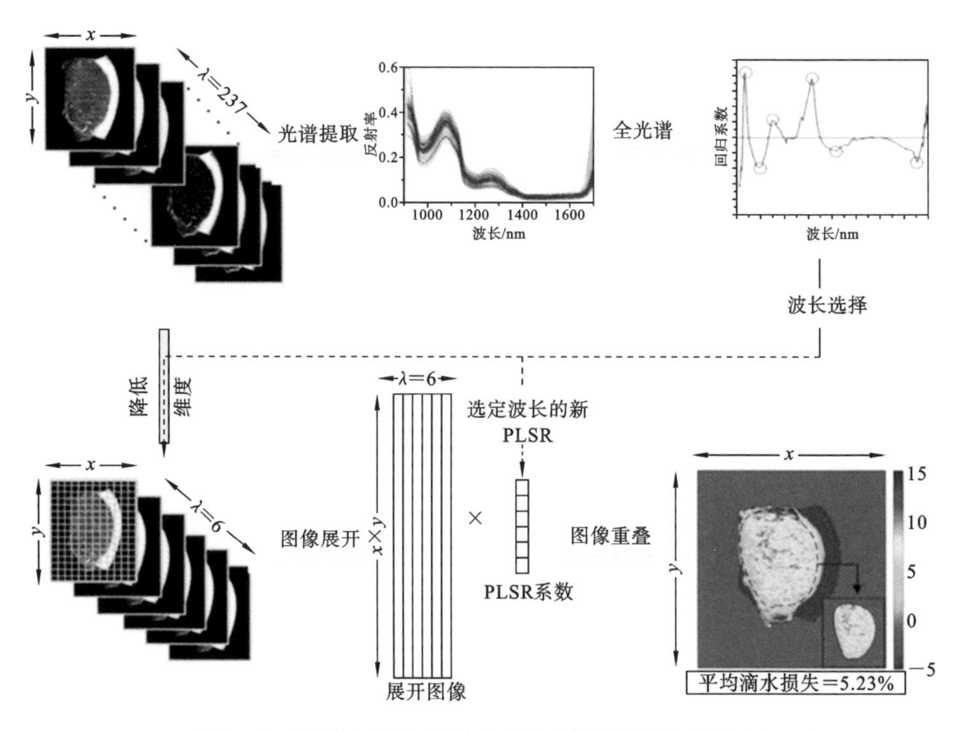

图 6-13　基于高光谱成像技术的鱼肉品质检测流程图[49]

孙宗保等人[51]对冰鲜和冻融三文鱼的光谱差异和图像差异进行了分析，并结合化学计量学方法对冰鲜和冻融三文鱼进行快速鉴别。该研究首先采集了鱼肉样品的高光谱图像，提取感兴趣区域的光谱信息。为了降低高光谱的数据维度，删除冗余信息，该研究分别利用了竞争性自适应重加权（CARS）算法、连续投影算法（SPA）、竞争性自适应重加权-连续投影算法（CARS-SPA）对光谱的特征变量进行提取。同时，利用灰度共生矩阵（GLCM）算法对高光谱的前 3 个主成分图像（见图 6-14）的纹理特征进行提取，包括相关性、对比度、熵角二阶矩及逆差矩等纹理特征。

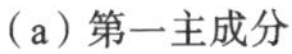

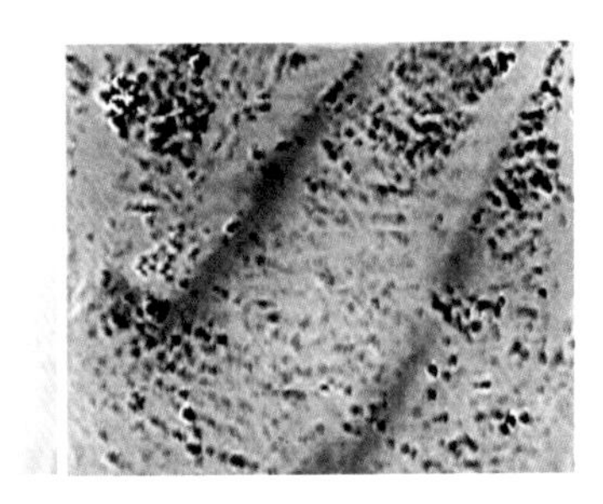

(a) 第一主成分　　(b) 第二主成分　　(c) 第三主成分

图 6-14　鱼肉样品的前 3 个主成分图像[51]

随后,利用反向传播人工神经网络、线性判别分析、极限学习机及随机森林四种定性判别模型,对提取的光谱和图像特征进行分析,实现鱼肉品质的鉴定。对比基于光谱信息、图像信息和光谱融合图像信息建立的 3 种识别模型,结果显示,对光谱进行多元散射校正预处理,通过竞争性自适应重加权-极限学习机(CARS-ELM)进行分析,建立的模型对冰鲜与冻融三文鱼识别效果最佳,其校正集和预测集的识别率分别为 100.00%和 95.00%。并且其对三文鱼冻融次数的预测效果最佳,校正集和预测集的识别率分别为 97.5%和 91.67%。

Qu 等人[52]基于高光谱成像技术(波段为 400～1000 nm),研究了不同冷冻干燥草鱼中的水分含量。该研究利用线扫描的方式采集了不同冷冻干燥处理时间的鱼肉样品的高光谱图像,并获取感兴趣区域的光谱信息,对原始光谱进行了多元散射校正、归一化等处理。为了进一步降低高光谱的数据维度,提高模型的准确度,该研究基于 PLS 模型的回归系数,对特征波段进行提取。较高回归系数(绝对值)对应的光谱被认为是与水分含量相关性较高的特征光谱,如图 6-15 所示。结果显示,基于选择的 9 个特征波长建立草鱼水分含量的预测模型,校正集和交叉验证集的决定系数 R^2 分别可达到 0.9416 和 0.9278。

由于高光谱图像采集了样品空间的光谱信息,空间水分分布不同,其对应的空间像素点的光谱信息也会产生差异,因此,该研究继续将建立的预测模型应用到高光谱图像的空间像素中,对空间像素点对应的水分含量(MC)进行预测,进而实现了鱼肉样品水分含量空间分布的可视化,如图 6-16 所示。

邹金萍等人[53]也基于高光谱成像技术对三文鱼的新鲜度进行了研究,采集了三文鱼的高光谱图像,并对感兴趣区域的光谱信息进行提取。原始光谱处理后,采用最小二乘支持向量机(LSSVM)和 PLS 模型对 100 个样品光谱全波长

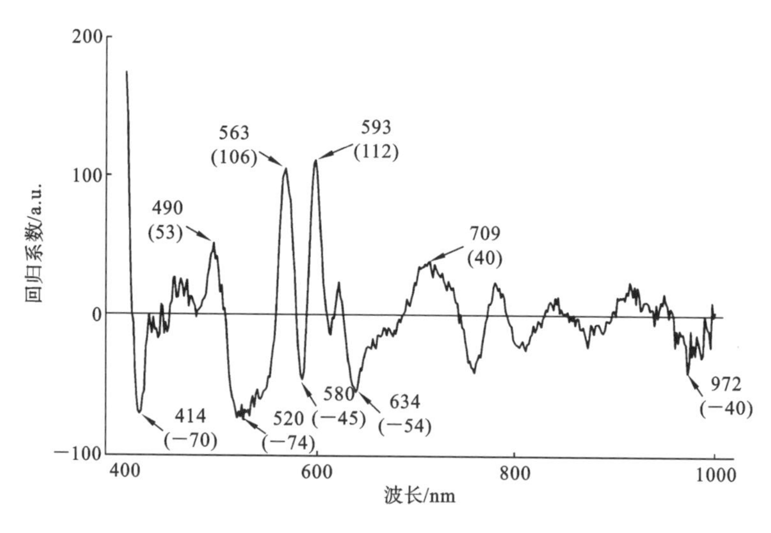

图 6-15 各波段的 PLS 回归系数值[52]

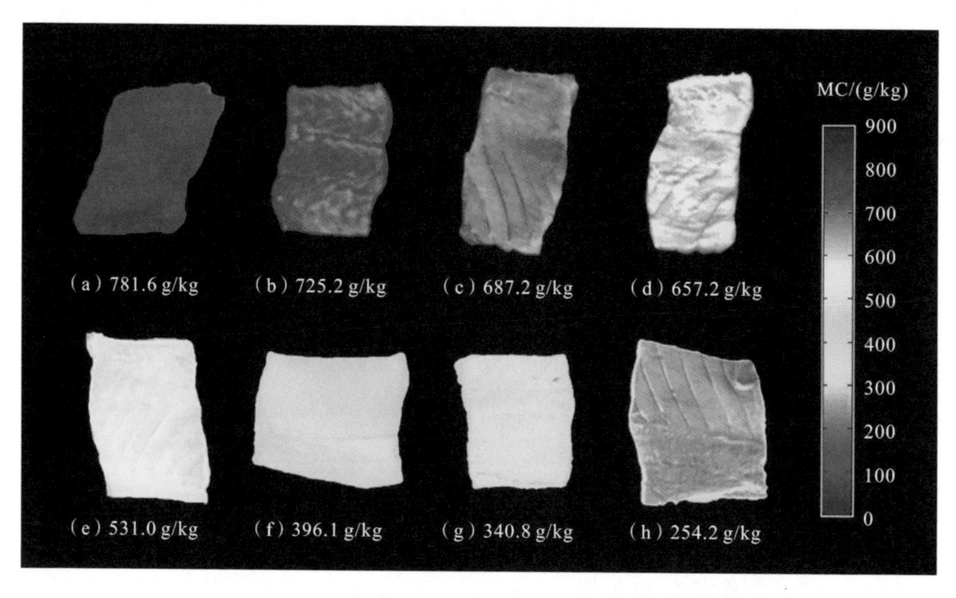

图 6-16 不同冷冻干燥处理条件下鱼肉中水分含量的空间分布[52]

数据进行三文鱼 TVB-N 含量建模分析，利用连续投影算法(SPA)对全光谱数据进行特征波长提取。结果显示，基于 8 个特征波长建立的 SPA-LSSVM 模型因其具有可靠性和有效性而被选为 TVB-N 含量预测模型。代琼[54]利用高光谱成像技术(400～1000 nm)对不同冷藏时间的对虾的色泽进行了采样。利用 SPA 分别提取色泽参数(L^*、a^* 和 b^*)的特征波长，随即对 3 个参数的特征波长建立预测模型，LSSVM 模型具有良好的预测效果，R_p^2 分别为 0.88、0.71 和 0.85，RMSEP 分别为 0.076、0.450 和 0.685。石慧[55]则基于高光谱成像技术，对虾的含水量、冷冻和冷藏时间、虾仁的含水量进行了预测，对注胶虾实现了快速鉴别，并实现了注胶虾中注胶量的预测。此外，借助于高光谱图像信息，用不同颜色表示注胶掺假含量，实现了虾的注胶掺假含量的空间可视化，将掺假信息直观地表示了出来。沈晔[56]以海湾干贝和虾夷干贝为对象进行研究。基于随机划分(RS)法划分的建模集数据，建立了特征波段下 PLSR 和 LSSVM 水分含量预测模型。综合比较各个模型的预测结果，考虑了变量数、运算速率及今后的开发应用前景，优先选择 RC-PLSR 为最优模型，其结果如下：R_c 为 0.9339，RMSEC 为 4.1567%，R_p 为 0.9673，RMSEP 为 3.5584%，RPD 为 3.7150。该研究通过揭示不同干燥时间干贝的水分含量与高光谱数据的关系，预测了水分含量，并对干贝中水分含量分布进行可视化，如图 6-17 所示。

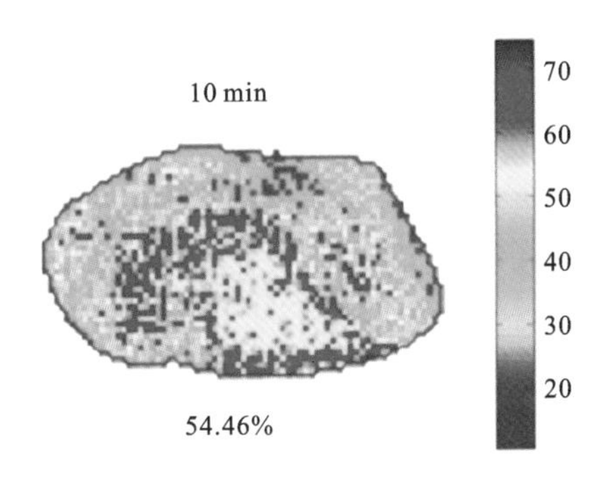

图 6-17 干贝水分含量的可视化图[56]

光谱技术由于具有快速、无损、测试重现度好、精度高、成本低等优势，在鱼、虾、蟹等水产品品质检测领域的应用越来越多。能反映水产品品质变化的指标(如新鲜度、水分含量、菌落总数等)较多，因此，后期可考虑结合多个检测指标，建立精确、统一、全面、完善的水产品光谱分析模型库，采用更加标准的技术手段来促进水产品品质光谱检测平台化，真正实现水产品品质的在线实时分级。

3. 荧光光谱技术

荧光是荧光分子或基团(称为荧光团)在高能光源(激光、紫外线、可见光)的激发下以发射更长波长的光的形式释放能量的一种现象[57,58]。荧光光谱能够提供激发光谱、发射光谱、峰位、峰强度、量子产率、荧光寿命、荧光偏振度等信息，根据这些信息对物质进行定量和定性分析的技术称为荧光光谱技术。自

19 世纪以来，荧光光谱技术已发展出多个类别，包括原子荧光光谱分析技术、分子荧光光谱分析技术、三维荧光光谱分析技术、前表面荧光光谱分析技术、同步荧光光谱分析技术、荧光成像分析技术等[59,60]。荧光光谱技术具有灵敏度高、选择性好、成本低、操作简单、不会造成二次污染等优点[60]，目前被广泛用于水产品(鱼、虾等)新鲜度的鉴别。通常，采用冷冻加工的方式防止水产品变质，与新鲜水产品相比，冷冻水产品的品质和商业价值通常低得多，因而，以冷冻/解冻水产品代替新鲜水产品的不良行为并不少见。但是新鲜水产品与冷冻/解冻水产品之间的区别难以用肉眼分辨，因此通过荧光光谱技术，利用水产品中含有的荧光物质在冷冻前后的变化来快速检测水产品的新鲜度在过去几年中得到了广泛的研究。

ELMasry 等人[61]利用激发-发射矩阵的荧光光谱，结合化学计量学方法，对完整冷冻鱼的新鲜度进行预测。该研究将完整的鱼放在冷冻室中，将光纤探头放在样品上方采集其荧光光谱。对于每一个样品，以 10 nm 为间隔，测量 250～800 nm 的发射光谱，分别在每 10 nm 处激发，获得激发-发射矩阵。随后，利用高效液相色谱法，检测鱼肉的 ATP 及分解产物，计算 K 值。基于荧光光谱技术的冷冻鱼新鲜度的分析流程如图 6-18 所示。

鱼肉的激发-发射荧光光谱图如图 6-19 所示。主要特征峰出现在激发波长为 250～320 nm 处和发射波长为 300～400 nm 处，以及激发波长为 350～550 nm 处和发射波长为 600～800 nm 处。图 6-19(b)显示了三个强度最大的荧光峰，其对应的激发/发射波长为：280 nm/330 nm、430 nm/770 nm 和 520 nm/770 nm。其荧光强度和形状主要取决于鱼类肌肉中主要荧光团的浓度，例如蛋白质、脂质和色素的氨基酸等。峰强度随着新鲜度的变化呈现某些规律性的变化。PLS 模型用来寻找荧光矩阵与新鲜度指标 K 值之间的相关关系。为了获得更好的模型效果，该研究基于 PLS 模型的加权回归系数的绝对值，提取了与新鲜度高度相关的 42 个离散特征变量，模型的决定系数 R^2 为 0.89。

化学计量学在光谱无损检测领域具有重要的作用，决定光谱模型检测的可靠性。苏文华等人[62]采用前表面荧光光谱分析技术结合化学计量学方法，包括 PCA 和 Fisher 线性判别分析(Fisher linear discriminant analysis，FLDA)，根据鱼肉的色氨酸和烟酰胺腺嘌呤二核苷酸(nicotinamide adenine dinucleotide，NADH)荧光光谱，成功区分出不同冷藏时间的大黄鱼。Karoui 等人[63]采用前表面荧光光谱分析技术研究冻融循环对海鲷鱼片品质的影响，应用因式判别分析(factorial discriminant analysis，FDA)对光谱数据进行分析，可以清楚区分

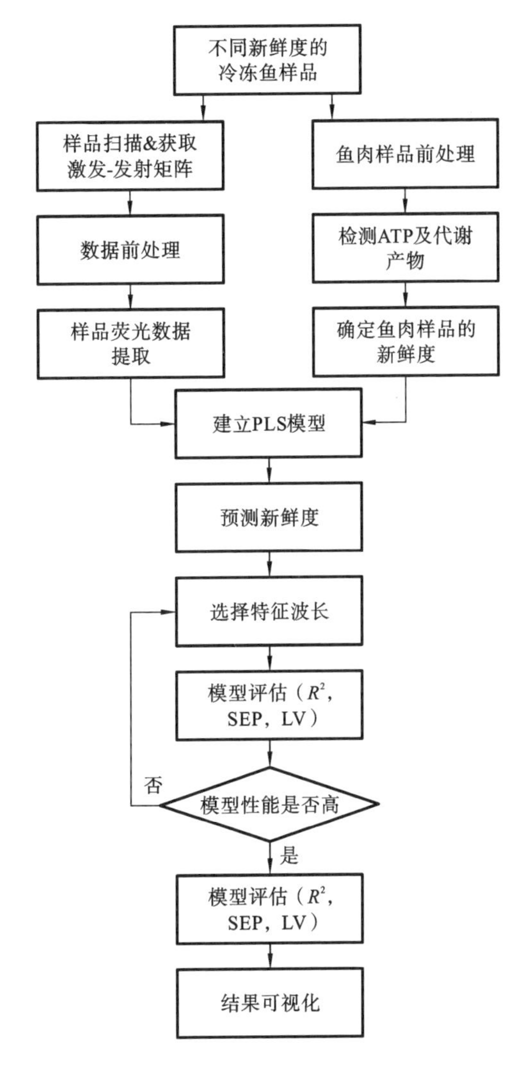

图 6-18　冷冻鱼新鲜度的分析流程[61]

注：LV—潜变量。

海鲷鱼片的冻融循环次数(新鲜、一次冻融和两次冻融)。结果显示，无论原始品质如何，都实现了 91.67% 的分类正确率。Shibata 等人[64]利用冷冻鱼片的荧光指纹(fluorescence fingerprint，FF)建立了不同的 PLS 模型来预测 ATP 含量，作为评估鱼片冷冻早期原始品质的指标。研究过程中，采用荧光分光光度计测定鱼肉样品的荧光指纹图谱，同时，利用高效液相色谱法测定同一样品中与 ATP 相关的化合物，通过对高效液相色谱和 FF 数据的分析和建模来预测

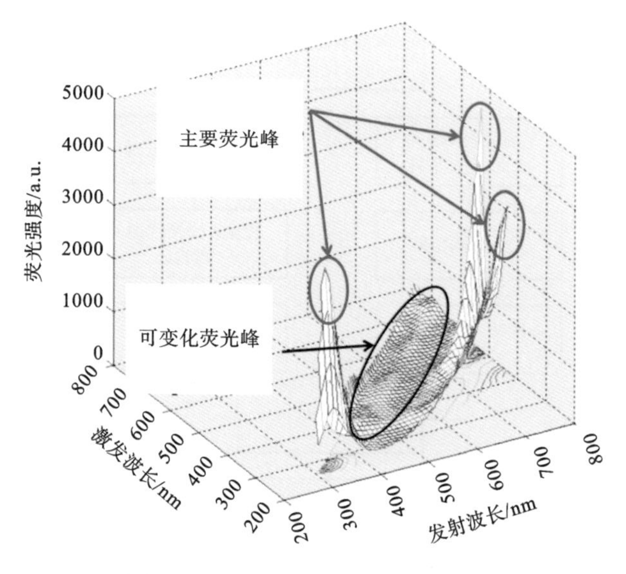

（a）三维坐标空间的鱼肉的激发-发射荧光矩阵

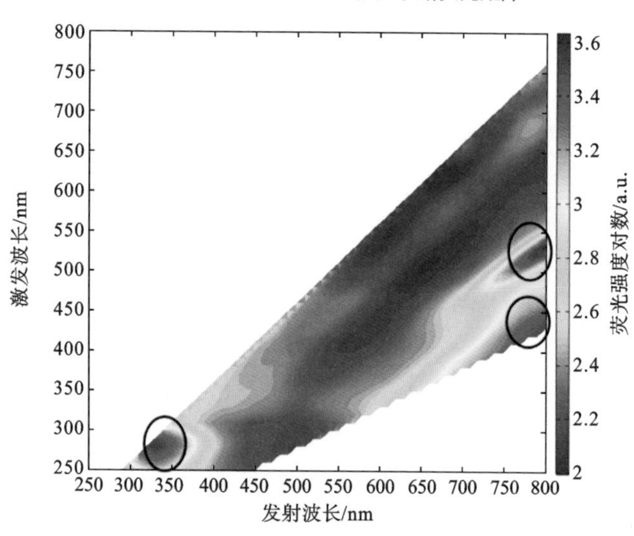

（b）荧光强度对数的等高线中的鱼肉激发-发射荧光矩阵

图 6-19　鱼肉的激发-发射荧光光谱图[61]

ATP 含量，最佳 PLS 模型的相关系数为 0.88，该方法具有足够的准确性，且无须在检测期间解冻样品，可用于鱼肉销售的任何阶段。Liao 等人[65]采用三维荧光光谱分析技术，以红鲷鱼眼液中具有荧光特性的尿酸作为研究对象，通过将它的荧光信号与标准鱼类新鲜度指标 K 值进行对比，快速、简单地评估了红鲷鱼的新鲜度。结果显示，荧光信号和 K 值两个参数之间具有良好的指数关系（决定系数 R^2 为0.94），该方法具有较高的应用潜力，可以快速、简单地评估鱼类的新鲜度。Rahman 等人[66]利用多维荧光成像技术以及化学计量学方法，通过 CCD 相机与激发-发射矩阵相结合的 K 值成像方法，实现了冷冻虾死后新鲜度变化的可视化，为冷冻海鲜新鲜度的实际评估提供了一种更为先进的认证方法。Hassoun 等人[67]采用前表面荧光光谱分析技术对不同储存条件（正常空气和气调包装）下的鳕鱼的品质进行了评估。通过将荧光光谱、理化数据集和仪器数据集串联，可以明显区分鱼类样品的储存时间和储存条件，获得100%分类正确率，且研究中发现含有50% CO_2 和50% N_2 的气调包装是保持鳕鱼片新鲜度的最佳储存条件。

然而，基于荧光光谱的水产品新鲜度检测大部分还是在实验室内进行，在实际应用中仍然受到一些阻碍。投资成本可能是荧光光谱技术作为常规分析方法广泛实施的主要障碍之一。因此，在未来的研究中，需要对分析系统的小型化、集成化进行更多的研究，降低检测成本，进一步提高检测的可靠性和稳定性。

4. 拉曼光谱技术

拉曼光谱技术是在拉曼效应的基础上建立的[68]，属于一种分子特异性诊断的技术[69,70]。通过分析拉曼光谱，可以得到被测物质浓度、结构、构象变化等具体信息，进而对被测物质进行定量和定性分析。此外，拉曼光谱技术既可对样品进行单点检测，又可对样品进行面扫描分析，具有预处理简单、所需样品少、分析速度快、原位无损检测等优点[71]。

Velioǧlu 等人[72]采集了6种不同鱼类的拉曼光谱，结合 PCA 方法，成功地对6种不同鱼类样品进行了种类鉴别和新鲜度分析（新鲜、一次冻融和两次冻融）。检测时，首先对样品的脂肪进行简单的提取，然后收集样品脂肪的拉曼测量数据并进行化学计量分析。由于不同品种、不同新鲜度的样品中脂肪酸含量不同，可以根据它们在拉曼光谱上的细微差异，建立 PCA 模型进行鉴别。Nian 等人[73]利用拉曼光谱技术对冻融循环期间红鲷鱼肌原纤维蛋白的结构变化进行了分析，结果显示，蛋白质变性、巯基氧化以及水和蛋白质之间的氢键减弱，导致了蛋白质空间构象的破坏。郑红[74]利用拉曼光谱技术测定鱼肉蛋白质结构的变化，根据鱼肉蛋白质二级、三级结构的变化，探究了鳝鱼肉的新鲜度变化的机制。结果显示，新鲜状态下鱼肉中的酪氨酸、色氨酸呈包埋状态，含量较低，随着冷藏时间的延长，测定的色氨酸、酪氨酸含量先增大后减小，减小是因为冷藏时间过长导致暴露的色氨酸、酪氨酸重新被包埋。

但在实际应用中，由于拉曼散射约占总散射的 0.001%，拉曼信号非常微弱，仅使用拉曼光谱难以对待测物质进行准确识别和分析，这限制了拉曼光谱技术的实际应用范围。近几年，表面增强拉曼光谱（surface enhance Raman spectroscopy，SERS）吸引了越来越多研究者的注意[75]。表面增强拉曼光谱技术是指当一束光入射到粗糙的金属基底表面时，被照射部位的电场将会增强，此部位的自由电子会产生表面等离子体共振效应，使得距离粗糙金属表面较近的分子的拉曼信号大大增强，即可使待测物质的热点增加[76]。它克服了常规拉曼光谱技术检测灵敏度低且易受荧光干扰的缺点，提高了信号稳定性[77]。余志引等人[78]以纳米溶胶作为基底，利用 SERS 技术，对鱼肉新鲜度进行快速分析。研究中以组胺浓度作为评判鱼肉新鲜度的指标。首先通过除脂、萃取、衍生等前处理步骤，对鱼肉中的组胺进行提取。然后借助贵金属纳米溶胶，采集鱼肉萃取液的 SERS。为了确定组胺分子的特征峰的位置，该研究首先采集了组胺标准品的 SERS，如图 6-20 所示，并对光谱进行平滑、基线校准等预处理。组胺分子在 953 cm^{-1}、992 cm^{-1}、1106 cm^{-1}、1262 cm^{-1}、1317 cm^{-1}、1425 cm^{-1}和 1593 cm^{-1}处的增强效果明显。

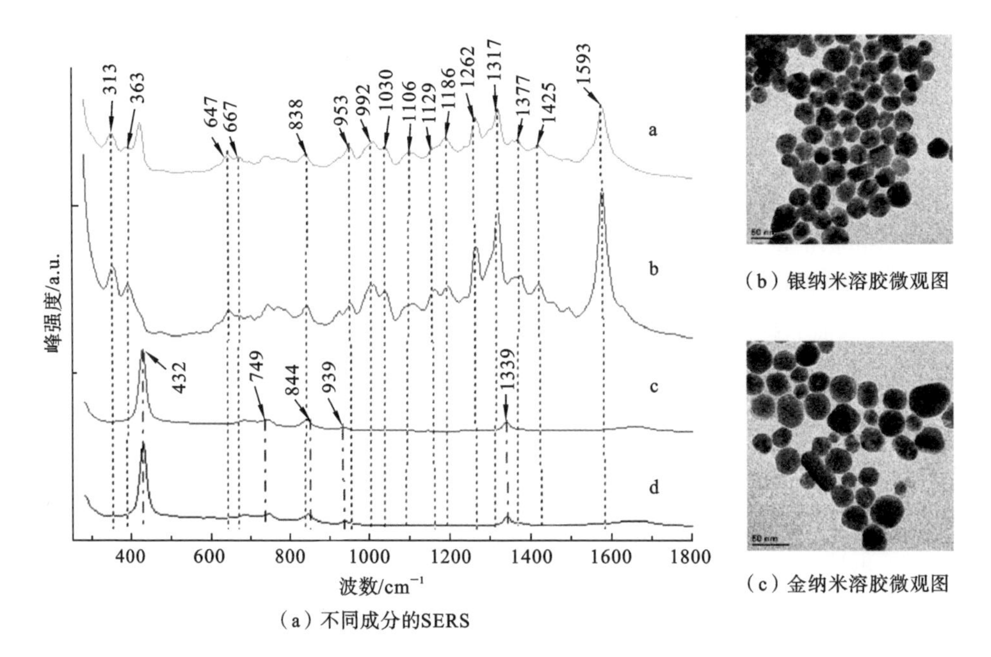

（a）不同成分的SERS

（b）银纳米溶胶微观图

（c）金纳米溶胶微观图

图 6-20　SERS 及增强基底图像[78]

注：a—组胺溶液银纳米溶胶的 SERS；b—组胺溶液金纳米溶胶的 SERS；c—组胺；d—三氯乙酸溶剂。

不同组胺浓度的米鱼肉提取液 SERS 如图 6-21 所示，从图中可以看出，受米鱼肉提取液中蛋白质、脂肪等物质的影响，拉曼峰受到杂质干扰。随着组胺浓度的降低，拉曼峰在 953 cm^{-1}、992 cm^{-1}、1106 cm^{-1}、1262 cm^{-1}、1317 cm^{-1} 等处的强度逐渐减小，其最低检出限可达到 1 mg/kg。

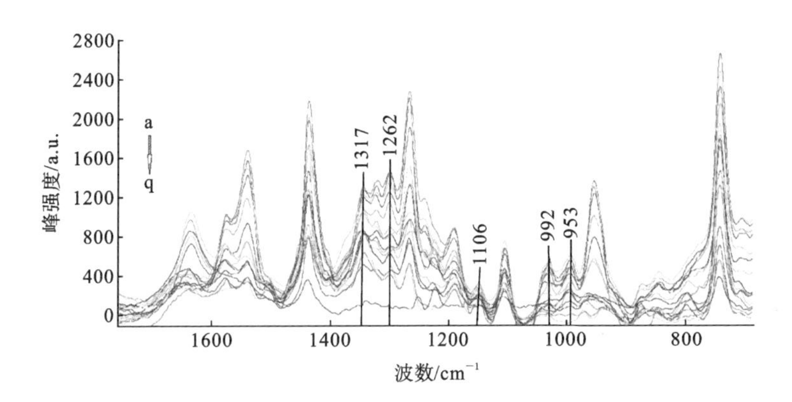

图 6-21　不同组胺浓度的米鱼肉提取液 SERS[78]

注：a→q 依次为组胺浓度是 100 mg/L、95 mg/L、90 mg/L、80 mg/L、75 mg/L、70 mg/L、60 mg/L、50 mg/L、40 mg/L、30 mg/L、25 mg/L、20 mg/L、15 mg/L、10 mg/L、5 mg/L、1 mg/L、0 mg/L 的光谱。

该研究以 1262 cm^{-1} 处拉曼峰的强度与组胺浓度之间的线性关系，建立组胺浓度的预测模型，模型的决定系数 R^2 为 0.9806，如图 6-22 所示。为了验证 SERS 技术检测结果的准确性，该研究利用高效液相色谱方法对样品的组胺浓度进行了测定，结果表明，SERS 技术的回收率为 87.0%～117.3%，相对标准偏差为 2.6%～4.7%，说明该技术对鱼肉新鲜度检测的精密度和准确度较高。

Jančí 等人[79] 基于 SERS 技术，开发了一种快速、灵敏的鱼肉中组胺浓度检测方法。该方法对样品的制备方案进行了优化，并提供了具有组胺特征拉曼谱带的清晰拉曼光谱。此外，利用化学计量学验证了该方法的可靠性：在组胺浓度为 0～200 mg/kg 时，基于拉曼位移 1139.9～1643.7 cm^{-1} 范围内的光谱信息，建立 PLS 回归模型，模型呈线性趋势，$R_p^2=0.962$，RPD=7.250。

近年来，随着拉曼光谱技术和表面增强拉曼光谱技术的日益成熟，其在水产品新鲜度评价和品质检测方面的应用范围逐渐扩大。但是仪器成本高、检测结果的再现性差仍是目前关注的焦点，阻碍了其在实际生活中的应用。因此，后续应在改进系统配置、降低检测成本以及开发适当的统计工具方面进行更多的研究和技术创新。

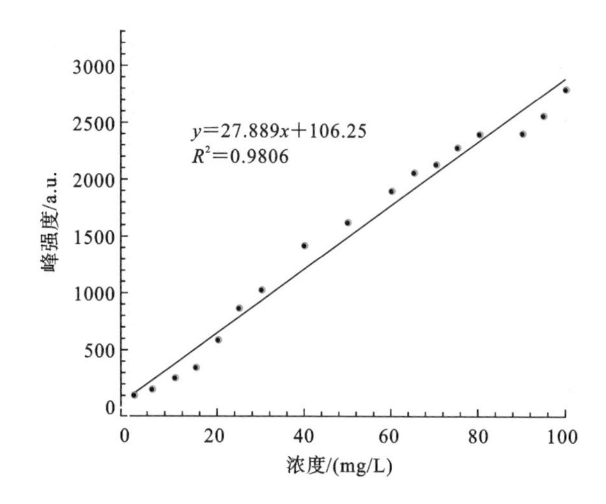

图 6-22　1262 cm⁻¹处拉曼峰的强度与组胺浓度之间的相关关系[78]

综上所述，光谱技术结合化学计量学方法可用来对水产品的新鲜度进行评价。相较于其他的方法，光谱技术具有快速、实验操作简单、检测效率高、便于实现在线检测等优点。但光谱技术易受到仪器参数、样品状态等因素的影响，还有待发展新的化学计量学方法，结合大量具有代表性的样品数据，开发具有一定抗干扰能力且应用更广泛的通用模型。

6.2.3　基于生物传感技术的水产品新鲜度评价

生物传感技术是指由固定化的生物活性材料作为识别原件，在待测物质进入生物活性材料（包括酶、抗体、微生物等）后，经分子识别，发生生物学反应产生信息，并与适当的换能器件（如氧电极和场效应管等）密切接触，将信息转换成可测量的电、声、光等信号，再经过二次仪表放大并输出，从而分析待测物的浓度。

1. 酶传感器

在酶传感器中，电极上固定化酶可与靶材料反应，产生电活性物质，电极将电活性物质转化为电信号，根据电信号可以确定目标物的浓度。奚春蕊等人[80]以噻唑蓝（MTT）、黄嘌呤（Hx）、黄嘌呤氧化酶（XOD）的反应建立化学传感器，对金枪鱼在低温贮藏过程中 K 值的变化进行检测。MTT 传感器基于 XOD 作用下有 Hx 和 MTT 发生反应，生成物的含量随时间和温度的变化而改变，通过吸光率的测定来反映实验过程。实验以 XOD 添加量、Hx 含量和 MTT 含量为因素，研究传感器反应化学产物生成速率，即反应体系的颜色变化，通过测得反应体系的吸光率与相同条件下 K 值进行相关性计算。图 6-23 反映了不同 XOD 添加量、Hx 含量及 MTT 含量对 K 值和传感器吸光率变化的相关系数。通过实验设计，对 XOD 添加量、Hx 含量及 MTT 含量进行优化。结果表明，MTT 传感器在冷藏条件下吸光率的变化与相同条件下金枪鱼 K 值的变化具有很大的相关性，相关系数可达到 0.9 以上，因此，该传感器可以用于金枪鱼新鲜度的快速检测。

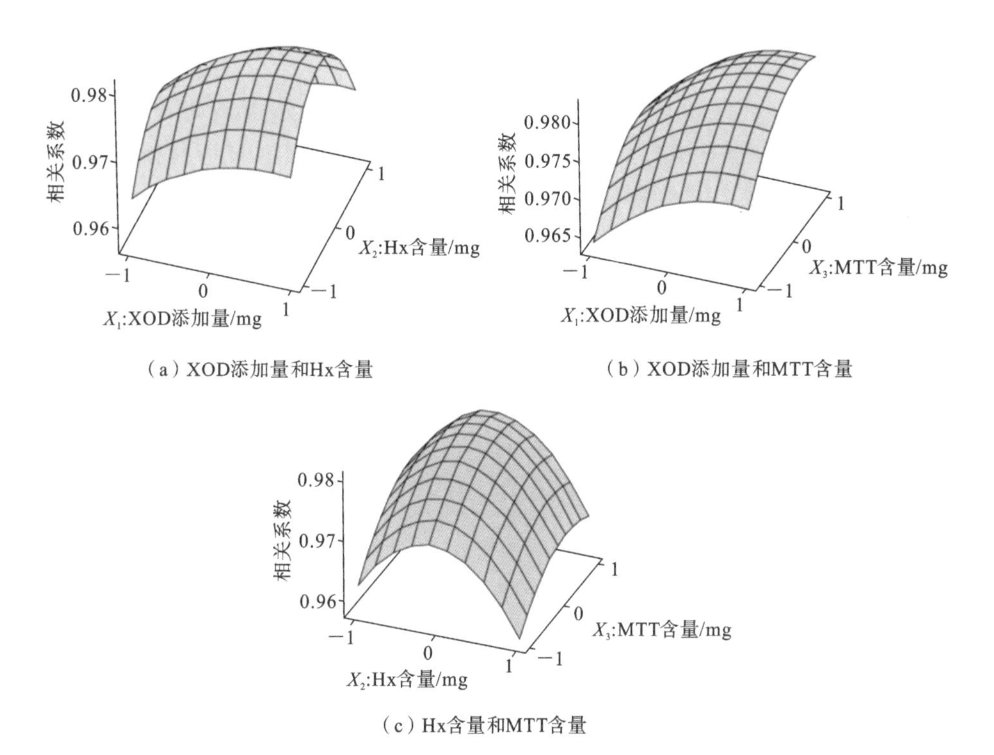

（a）XOD添加量和Hx含量

（b）XOD添加量和MTT含量

（c）Hx含量和MTT含量

图 6-23 XOD 添加量、MTT 含量和 Hx 含量与传感器吸光率变化相关系数的曲面图[80]

Apetrei 等人[81]基于具有二胺氧化酶、石墨烯和铂纳米颗粒的改性碳丝网印刷电极，通过检测由二胺氧化酶生物催化过程生成的过氧化氢，对鱼肉的组胺浓度进行分析，检出限可达到 2.54 nmol/L。由于酶具有高选择性，因此，酶传感器比电化学生物传感器更敏感。

2. 微生物传感器

测定水产品新鲜度的微生物传感器又称生物需氧传感器，由溶氧传感器和生物膜传感器组成。其原理是酵母或腐败细菌会吸收肉类腐败过程中产生的氨基酸或胺等有机物，消耗氧气，引起传感器输出电流下降，根据消耗的氧气量可以得出肉类中有机物的含量随时间变化的关系，从而确定新鲜度[82]。Hoshi等人[83]利用微生物传感器对蓝鳍金枪鱼的品质进行无损评价，通过传感器的电流衰减率来测定鱼肉表面与鱼肉新鲜度高度相关的化学成分。结果显示，鱼肉品质与传感器响应之间具有良好的相关性，且一次化验可以在一分钟内快速完成。微生物传感器能够快速、准确地评价鱼肉新鲜度，但其发展受限于生物识别原件，这一难题值得研究者进一步探讨。

6.2.4 基于生物阻抗技术的水产品新鲜度评价

生物阻抗技术是指利用生物组织与器官的电学特性及其变化来提取与生物体生理、病理状况相关的生物信息的一种无损检测技术。随着科技的发展，生物阻抗技术为水产品新鲜度的检测提供了一种新的方法。生物阻抗技术用于鱼类新鲜度检测的原理是基于不同新鲜度的鱼类生物组织的不同电学特性，因此可以通过鱼体阻抗的特征参数如阻抗或者相位角体现出来。许多研究也表明，生物阻抗技术可以很好地评价鱼类的新鲜度，适用于市场上鱼类快速、无损的现场检测。

张军等人[84]以淡水鱼为研究对象，设计了包括测量电极、信号调理及信号处理3部分的鱼体阻抗测量系统，采用混合式电极和四针式电极进行阻抗测量。在鱼体死后，每隔3 h测量一次阻抗，重复3次取平均值，直至鱼体腐败，同时测量鱼肉的TVB-N含量，通过TVB-N含量判定鱼肉的腐败程度。利用LabVIEW软件对采集的信号进行处理，研究电流激励频率、电极测量方向、电极结构、测量部位与淡水鱼阻抗之间的关系，建立了鱼类新鲜度的预测模型。该研究表明，电极测量方向会对阻抗值产生影响，沿平行方向相较于沿垂直方向得到的阻抗值更大。这符合生物组织的各向异性规律。鱼类不同组织部位的阻抗不同，通过多次实验对比，可知鱼体鳃部在混合式电极情况下，得到的阻抗信号稳定、规律性强，更适合用于模型的预测。其中，采用混合式电极、激励频率为591 Hz时，沿鳃部垂直侧线和平行侧线测量的阻抗结果如表6-2所示。对表中的数据进行线性回归，回归方程均显著，意味着可以用鱼体阻抗作为淡水鱼新鲜度指标。

薛大为等人[85]通过研究鱼体生物阻抗与新鲜度的关系，实现了淡水鱼新鲜度的快速、无损检测。该研究以鲢鱼在5 kHz信号作用下阻抗幅值和5 kHz、50 kHz信号作用下阻抗幅值之比作为新鲜度的评价指标，同时测量TVB-N含量，以TVB-N含量作为检测结果是否正确的评判标准。设计的检测系统的硬件包括微处理器、激励电流源、电极、信号调理电路、有效值变换电路、A/D转换

表 6-2　样品在贮藏过程中的各指标值[84]

贮藏时间/h	TVB-N 含量/(mg/100 g)	垂直		平行	
		阻抗幅值/Ω	阻抗相位/(°)	阻抗幅值/Ω	阻抗相位/(°)
1	13.65	120.74	7.89	114.83	6.62
3	16.38	101.72	6.72	125.16	6.70
6	19.41	100.93	5.77	109.65	5.45
9	21.23	94.44	4.63	99.07	4.68
12	21.84	84.71	3.99	92.47	4.65
15	24.87	69.39	2.74	78.05	3.24
18	27.30	50.39	1.31	60.51	1.42
21	33.97	44.49	1.17	47.95	1.69

及输出显示电路。在电极的设计方面，采用四级电极。一对电极位于两端用于加激励电流信号，另一对电极在激励电极之间用于测量两点间电压。这种方式可克服两级电极的电流分布不均导致的实际测量值和理论值相差较大以及两级电极在低频下容易产生极化现象等缺陷。实验结果表明，设计的阻抗测量电路，可以准确、有效地得到鱼体的新鲜度。赵泓洋等人[86]为提高现场检测的效率，使检测方法适用于终端市场，将神经网络用于鱼肉的阻抗谱信息分析，利用神经网络融合多参数检测鱼肉新鲜度的方法，最终形成了鱼肉新鲜指数。该研究首先采用双电极模式，将直径为 0.5 mm 的铂丝电极垂直插入鱼肉中，深度为 10 mm。通过伯德图提取不同贮藏时间鱼肉的模值、相位角、极点差值等参数，并计算全局稳定性指数(global stability index，GSI)，如表 6-3 所示。

表 6-3　不同贮藏时间下 TVB-N 含量、模值、相位角、极点差值和 GSI[86]

贮藏天数	TVB-N 含量/(mg/g)	模值/Ω	相位角/(°)	极点差值	GSI
2	0.109	486	17.4	8.3	0.14
3	0.127	479	16.6	8.2	0.19
4	0.141	469	16.0	7.6	0.29
5	0.167	464	15.7	7.0	0.36
6	0.206	435	14.8	6.4	0.51
7	0.247	407	13.7	5.1	0.73
8	0.423	388	13.2	3.9	0.85

将提取的鱼肉模值、相位角、极点差值等参数作为输入(x_1, x_2, …, x_m),以 TVB-N 含量作为网络输出(O_1, O_2, …, O_k),如图 6-24 所示。该研究运用神经网络的自主学习能力,将多个与鱼肉新鲜度相关的预测参数进行融合,并利用测试集样品评估模型的效果,最终构建了鱼肉新鲜度的评价指标。用该方法得到的新鲜指数预测效果优于传统方法,其准确率提升到了 91.3%。尽管生物阻抗技术具有低成本、样品无须前处理、可探测动植物无法触及的组织和器官,然而,由于不同来源个体的电学特性具有差异,其在实际应用过程中很难获得和实验条件相当的检测精度。个体差异对检测结果的影响是制约生物阻抗技术检测精度提高和进一步发展的关键瓶颈之一。

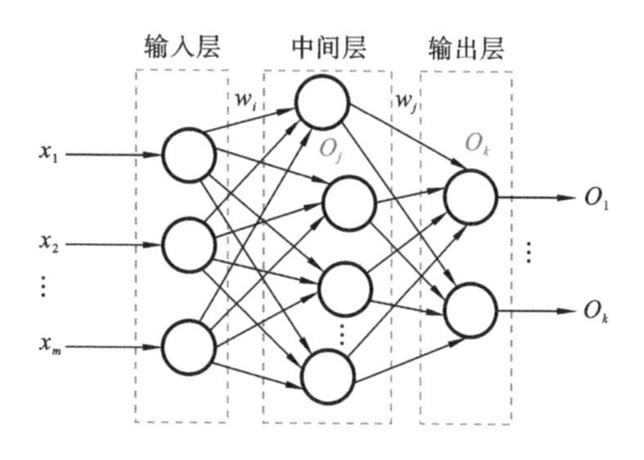

图 6-24 神经网络连接结构示意图[86]

综上所述,基于水产品在腐败变质过程中化学成分的变化、挥发性气体的产生以及组织结构的变化,众多水产品新鲜度的快速、无损检测技术得到发展。尽管各种技术在水产品新鲜度检测领域都取得了较好的结果,然而单一技术往往具有一定的局限性,如电子鼻技术,仅能对挥发性的成分进行检测。然而,水产品腐败变质受多种因素的影响,单一技术有时候无法精准评价水产品的新鲜度。多种技术联合对水产品新鲜度进行评价成为未来的发展趋势。

6.3 植物性水产品品质评价技术

除动物性水产品外,植物性水产品以其独特的营养保健功能逐渐成为国内外研究人员关注的重点。常见的植物性水产品包括紫菜和海带等。

6.3.1 紫菜品质评价

紫菜作为一种重要的经济藻类,其蛋白质、膳食纤维和矿物质等营养物质含量丰富,然而不同品种、不同生长环境下的紫菜在叶绿素、藻红蛋白、藻蓝蛋白等色素组成和含量上都存在显著差异。因此,色泽、气味常被用来作为评价其品质的重要指标。常见的紫菜品质的快速、无损评价方法包括色差法、电子鼻技术和近红外光谱技术。

1. 色差法

色差法具有便捷、快速等优点,被广泛用于坛紫菜色泽品质的评价。由国际照明委员会(CIE)提出的Lab色彩模式是最常见的颜色模型。CIELab是均匀的颜色空间,所谓均匀,是指当颜色数值均匀变化时,颜色对于人的感官也是均匀变化的。Lab颜色模型由三个要素组成,包括一个亮度通道(L^*)、两个颜色通道(a^*和b^*)。a^*反映了深绿色(低亮度值)到灰色(中亮度值)再到亮粉红色(高亮度值)的颜色变化;b^*反映了亮蓝色(低亮度值)到灰色(中亮度值)再到黄色(高亮度值)的颜色变化。所以在Lab颜色模型中任何两个颜色的相对感知差别,可以通过把每个颜色处理为三维空间中一个点来近似,并计算在它们之间的欧氏距离。周青等人[87]通过总色差法对坛紫菜品质进行评价,对单片坛紫菜的正反两面不同部位各测量了10次,分别计算色度L^*、a^*、b^*值,并按公式计算其总色差。Sasuga等人[88]将整块紫菜切成小片,装入色差仪中,采集其颜色,并用CIELab颜色空间表示。每个样品测量3次,分别测定L^*、a^*和b^*三个参数作为明度、红度和黄度,并计算颜色参数的平均值。结果显示,从冬季到春季,L^*和b^*值增大,而a^*值减小,说明紫菜在春季由红色变成黄褐色。张婷婷等人[89]考虑光照强度、温度、湿度、背景色和坛紫菜片数等的影响,利用正交试验确定最优的坛紫菜色差测定条件。在色差测定条件下,L^*、a^*、b^*值可以很好地反映坛紫菜干品的品质变化。结果显示,坛紫菜干品的品质色差测定的最佳条件为:色差仪探头应与样品表面尽可能接触,仪器开机校正后对坛紫菜干品表面进行色差测定,光照强度为黑暗,温度为15 ℃,低湿度(40%以下),白色背景,坛紫菜片数为4。在该条件下坛紫菜干品的L^*、a^*、b^*值变异系数分别为0.41%、2.08%、2.07%,表明在最佳条件下测定色差有利于提高坛紫菜干品测定结果的稳定性。宣仕芬等人[90]对不同采收期的坛紫菜(头水、二水和三水)的色差和质构等感官品质进行评价。以标准陶瓷白板为标准样,应用CIELab表示颜色空间。结果表明,不同采收期坛紫菜的L^*、a^*和b^*值均有所变化,随着采收期的延后,坛紫菜的L^*值和b^*值显著增大,坛紫菜色度稍微偏黄,a^*值变化不显著,二水和三水坛紫菜的b^*值显著高于头水坛紫菜的b^*值。

2. 电子鼻技术

紫菜的质地、气味也是其品质的重要评价指标。电子鼻技术被用来研究紫菜的品质。陈利梅等人[91]利用PEN3型便携式电子鼻，该电子鼻包含10个不同的传感器，对同一品牌4组不同生产日期的坛紫菜进行辨别，利用PCA和线性判别分析(LDA)方法对电子鼻数据进行分析，结果如图6-25所示。结果显示，采用PCA和LDA方法，能够完全区分不同生产日期的4组坛紫菜。选取不同生产日期的3组坛紫菜样品，进行电子鼻系统测定，经数据预处理和特征波长提取后，对欧氏距离、相关性、马氏距离等进行综合分析，发现电子鼻可以用来判定未知样品的生产日期。该研究为基于电子鼻技术的紫菜新鲜度的评价提供了依据。

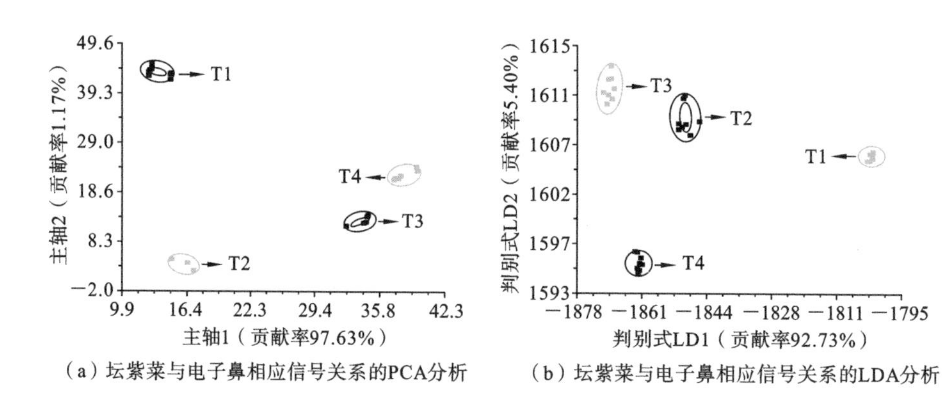

图6-25　坛紫菜与电子鼻相应信号关系的分类结果

(T1～T4表示不同生产日期的坛紫菜)[91]

许璞等人[92]通过顶空固相微萃取和气相色谱质谱联用技术，对坛紫菜、条斑紫菜及1个突变品系的生长藻体挥发性成分进行分析，从3种紫菜中共鉴定出66种挥发性成分，并且验证了不同品种紫菜的挥发性成分也不同。

3. 近红外光谱技术

近红外光谱可以记录化学键的吸收信息，因此近红外光谱技术可以用来对紫菜的化学成分进行评估，实现其品质分级或溯源追踪。刘星等人[93]利用近红外光谱技术，以福建省和浙江省坛紫菜为研究对象，对不同产地坛紫菜营养和活性成分含量的差异进行分析。该研究首先用粉碎机将坛紫菜样品粉碎，然后采集10000～4000 cm^{-1}范围的近红外光谱。不同产地坛紫菜的原始光谱如图6-26所示。从图中可以看出，不同产地坛紫菜营养成分的结构和功能团相似，仅含量略有差别，因为光谱波形相似，且部分有重叠，所以难以根据原始光谱对

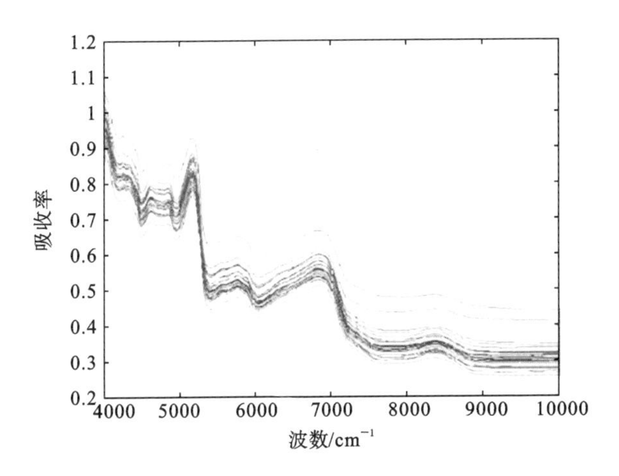

图 6-26　不同产地坛紫菜的原始光谱[93]

坛紫菜的产地进行溯源。

利用化学计量学方法如分层聚类分析(hierarchical clustering analysis，HCA)、PCA、贝叶斯判别分析(BDA)和偏最小二乘判别分析(PLS-DA)方法对坛紫菜产地溯源进行研究。结果显示，相较于其他方法，包含 12 个主成分的 PLS-DA 模型可以将坛紫菜完全正确溯源。将 PLS-DA 模型用于未知产地坛紫菜的溯源，预测准确率达到 100%，证明 PLS-DA 模型具有很好的稳健性，可用于坛紫菜产地溯源。孙文珂等人[94]基于近红外光谱技术和化学计量学方法，开发了一种定量分析条斑紫菜微生物污染程度的方法。通过对菌落总数信息的采集，并结合标准正态变量变换、多元散射校正、2 阶导数等预处理方法，建立了 4 种菌落总数预测模型。结果显示，标准正态变量变换与 2 阶导数组合的预处理效果最佳，全波段下深度学习模型 CNN 预测效果最好，表明 CNN 可以实现条斑紫菜品质的快速、无损检测。

综上所述，紫菜的品质主要体现在其颜色、气味、质地和营养成分等方面。现代快速检测手段如电子鼻技术、质构仪及光谱技术可用来快速检测紫菜的感官品质及营养成分，对其品质进行分级。在未来的发展中，可以将多种技术结合，实现紫菜感官品质和营养价值的全方位评价。

6.3.2　海带品质评价

除了紫菜以外，海带也是一种常见的可食用大型藻类，其不仅具有营养丰富、口感良好、质地脆嫩等优点，还具有药用价值，在消费者中广受青睐。常见的海带品质评价方法包括感官评价法[95]、电子鼻技术、质构仪和分光光度计法。

1. 电子鼻技术

顾赛麒等人[96]利用电子鼻技术对不同条件下发酵脱腥后海带的气味进行评价。采用 FOX4000 型电子鼻，采集海带样品的气味，每个样品测定 5 次。结果显示，不同条件下发酵的样品，其电子鼻气味轮廓差异十分显著，样品信息损失率小于 10%，区分度较高。脱腥后海带样品中挥发物种类由 42 种降低至 24 种，总浓度由 287.65 ng/g 降低至 138.88 ng/g，感官评分达到最大值 70.5。由相关性分析可知，感官评分与挥发物总浓度间具有较强的一致性，两者相关系数绝对值均达 0.8 以上。

2. 质构仪

王红丽等人[97]利用 TA-XT Plus 型质构仪采集了不同钙盐漂烫处理后的海带样品的质构参数，包括硬度、弹性、内聚性、咀嚼性、胶着性和恢复性等，并按照感官评分标准进行感官模糊评价得到感官评分。表 6-4 是质构参数及感官评分的关系模型。感官评分(Y)越高，表示海带的口感越好，而质构参数(X)过高或过低都不能体现产品的良好品质。结果表示，感官评分与质构指标的关系符合二次曲线方程。

表 6-4 质构参数及感官评分的关系模型[97]

质构参数	模型	R^2	F	P	X_{max}
硬度 X_1	$Y=-3.342\times10^{-6}X_1^2+0.01X_1+0.504$	0.676	13.555	0.001	1496.11
内聚性 X_2	$Y=-95.494X_2^2+114.734X_2-27.603$	0.477	7.286	0.006	0.60
咀嚼性 X_3	$Y=-2.281\times10^{-5}X_3^2+0.025X_3+0.284$	0.739	22.594	<0.001	548.01
恢复性 X_4	$Y=-17.852X_4^2+24.332X_4+1.483$	0.400	5.336	0.017	0.681
胶着性 X_5	$Y=-9.600\times10^{-6}X_5^2+0.016X_5+0.921$	0.714	19.979	<0.001	833.33

注：R^2 为决定系数；F 为主成分得分；P 为检验水平；X_{max} 为感官评分最高时对应的理论质构参数。

建立感官评分与质构参数的二次函数，将质构参数转换为与感官评分呈正相关的质构参数指数，对其进行主成分分析。结果显示，第一主成分贡献率为 79.808%，主要包括硬度指数、咀嚼性指数和胶着性指数；第二主成分贡献率为 14.180%，主要包括内聚性指数和恢复性指数。两个主成分贡献率达到 90%以上，能很好地评价海带的品质。结果显示，该方法可客观评价海带综合品质。

3. 分光光度计法

海带作为一种富含碘的食物，其碘含量也是评价海带品质的重要指标。张怀斌等人[98]利用分光光度计法测量海带中的碘含量。该研究首先通过灰化、氧化和萃取从干海带中提取了碘。然后，利用紫外可见分光光度计法测定了碘在氯仿中的最大吸收波长，为 511 nm，用吸收光谱测定了海带中的碘含量，相关系数 $R=0.9998$。利用该方法对海带不同部位的碘含量进行检测，结果显示，海带上半部分的碘含量(0.0316%)高于下半部分的碘含量(0.022%)。徐瑞波等人[99]同样采用分光光度计法测定海带中的碘含量，不同的地方是根据碘遇淀粉变蓝的原理选择淀粉作为显色剂。使用控制变量法对测定条件进行优化，包括最大吸收波长、pH 值、淀粉用量、测定时间、测定温度等。结果显示，碘-淀粉反应体系的最大吸收波长是 600 nm，碘含量为 0～2.0 mg(25 mL 体系)时线性关系良好，回收率为 99.3%～101.6%，相关系数是 0.9996。

综上所述，现代快速检测手段如机器视觉技术、电子鼻技术、质构仪及光谱技术可用来快速鉴定海带的外观、腥味、质构特征及营养成分，对其品质进行分级。目前针对海带的快速检测的研究还不是很多，在未来的发展中，可以将更多的快速检测技术应用到海带品质的检测和分级中。

6.4 水产品品质检测-分级-包装设备

6.4.1 水产品大小自动分级装置

水产品大小和品种分级对水产品进一步的加工和销售非常重要。鱼肉作为最常见的水产品之一，对其进行分级尤为重要。王志勇等人[100]设计了一套分级间距可以调节的机械式自动分级系统。该系统通过调节分级辊间的倾角和转速，对不同体积大小的鱼体进行分级。当鱼体从鱼斗进入分级装置平面时，受自身重力下滑，当鱼体的厚度小于分级辊间距时，鱼体从分级辊的间隙滑落至下面的集鱼槽中，厚度较大的鱼体继续向前输送，到达该级别的分级口时下落，最终实现按照体积大小的鱼体分级。该装置可实现 4 个规格的鱼体分级。由于不同鱼类的体形特征存在差异，因此，该装置还设计有分级辊间距调节机构，如图 6-27 所示。每组分级辊端部下面装有调节支座，支座内配有轴套和内螺纹套，调节杆和内螺纹套定位安装，转动调节杆，分级辊间距会相应增大或减小，从而得到所需要的分级辊间距。该自动分级装置可替代人工，实现鱼体按大小规格的自动分级筛选。

沈建[101]利用在输送带上方装有的 2 根光滑回转辊，对鱼体按体积大小进行分级。回转辊与输送带间距可根据最大分级厚度调节，或设置呈 V 形排列的输送带或呈扇形排列的回转辊，在输送过程中，体薄的鱼从中间空隙落下去，而

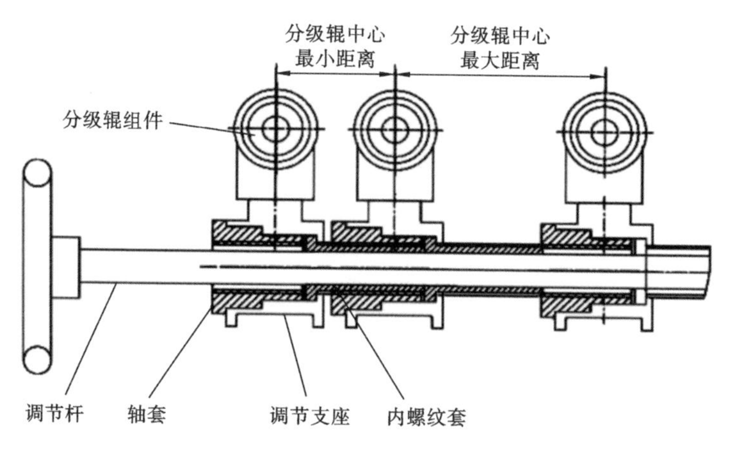

图 6-27　分级辊间距调节机构示意图[100]

体厚的鱼继续往前输送，送到特定的位置进行分级。机械式自动分级装置可实现鱼体按大小规格的分级，机械装置的分级辊倾角、分级辊转速、鱼样规格等因素都会对分级效率产生影响，例如分级辊倾角增大到一定角度后，小规格的鱼体来不及分离就被带到下一级，导致分级效果变差。因此，机械装置在设计过程中要充分考虑分级辊倾角、分级辊转速、鱼样规格等因素对分级效果产生的影响。基于机械装置的鱼体分级方法可实现鱼体按大小规格的分级，但无法按鱼体的外部形貌、重量等指标进行分级。

6.4.2　水产品重量在线检测系统

水产品在进一步加工之前需要按照重量或者外形尺寸进行分级，以满足不同的加工要求。以鱼类为例，淡水鱼品种多，外部形态差距大，仅根据机械装置进行分级往往无法满足要求。因此，基于机器视觉技术和称重传感器的水产品重量在线检测系统得到广泛的应用。水产品重量在线检测系统通常由称重传感器、输送装置、分级装置和控制系统等组成。王坤殿等人[102]对淡水鱼重量在线检测系统进行了设计，如图 6-28 所示。该重量在线检测系统由称重装置、分级装置和控制系统组成。称重装置包括称重输送机、称重传感器等；分级装置包括鱼体输送机、分拨机构及鱼体收集框等，其中分拨机构对称固定在鱼体输送机的两侧，根据鱼体重量等级分别将鱼体拨至不同的鱼体收集框中；控制系统包括重量信息采集电路、光电传感器、液晶显示器和控制芯片等，其中光电传感器对称布置在分拨机构的前面，用于检测鱼体在输送机上的位置。该系统工作过程如下：鱼体进入称重装置后，控制系统在线采集鱼体的重量信息；当鱼体进入分级装置时，随着输送带向前传输，当光电传感器检测到鱼体时，光电传感器响应，给出鱼体的位置信息，并将该信息传送至控制系统，控制系统依据鱼体的重量和位置信息，控制分拨机构，将鱼体送至对应的鱼体收集框中。该系统在输送速度为0.2～0.25 m/s时，对300～3000 g的淡水鱼样品可实现4等级分级。平均速度可达到2条/分钟，正确率在98%以上。

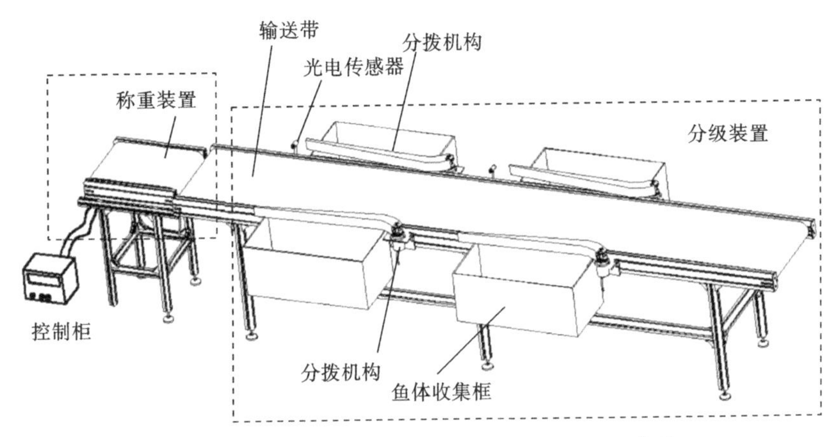

图6-28　淡水鱼重量在线检测系统结构示意图[102]

称重传感器是测量重量的重要部件之一，常见的有电阻式、电容式等类型。电阻式称重传感器的作用是将桥式电路中电阻应变片的应变量转化为电信号输出。王坤殿等人[102]设计的秤架采用悬浮式结构，皮带输送机整体悬浮安装在4个称重传感器上方。皮带输送机的动力一般由一只驱动滚筒提供，皮带输送速度可调节。

6.4.3　水产品形态在线分级系统

机器视觉技术是水产品形态在线分级常用的技术之一。基于机器视觉技术的水产品分级装置通常包括图像采集系统、图像分析检测系统、分级装置及外触发装置等。图像采集系统用于采集水产品的图像，通常包括物料箱、输送装置、工业相机、工业镜头、环形光源、传感器、工控机、显示器和控制台等部分。工业相机作为图像采集设备，是机器视觉系统不可或缺的部分。为满足在线检测需求，工业相机应该具有功能稳定、工作时间长、抓拍效率高、采集的图像清晰、信号之间传递效果好以及抗干扰能力强等特点。工业相机的选型要考虑工作环境、生产成本、使用时间、像素以及分辨率等指标。光源用于图像采集过程中，增强被测目标影像的对比度，以获得清晰的图像。光源的种类很多，其中

LED灯具有照明效果好、节能高效、绿色环保等优点，在图像采集过程中的应用较为广泛。光源往往安装在采集箱内壁的四周，顶部安装环形的荧光光管，以保证均匀的光照环境。图像分析检测系统包括图像处理、信息传递以及系统开发等模块。分级装置主要由鱼体输送机、鱼体分拨机构及鱼体收集框等组成。鱼体输送机一般为皮带输送机，皮带输送机由一台三相异步电机驱动。鱼体分拨机构由舵机、摇臂、舵机支座及紧固端盖等组成，其中舵机提供动力，具有摆动速度快、扭矩大等特点。外触发装置根据控制模块传递过来的参数设定值向图像采集系统发出控制信号。

王坤殿[103]设计了一套基于鱼体轮廓特征的淡水鱼种类的检测与分级系统。针对白鲢鱼、草鱼、鳊鱼和鲫鱼 4 种淡水鱼的特性，设计了专用的图像采集系统，如图 6-29 所示。该图像采集系统由计算机、皮带输送机、光源箱、工业相机及环形灯等组成。工作时，首先将淡水鱼放置在皮带输送机上，输送带带动鱼体运动至工业相机的拍摄范围内，传感器检测到鱼体，控制相机启动，对鱼体进行图像采集。采集的图像首先存储在图像采集卡的缓存当中，随后在计算机上经过二值化、图像分割、轮廓提取、特征提取、种类判别等处理，对鱼体的外部形态特征进行提取和记录。控制器根据鱼体的形态特征，控制分拨机构，实现鱼体分级。

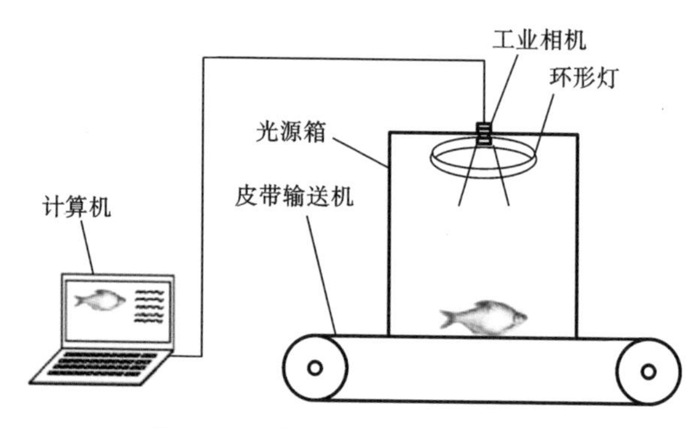

图 6-29　淡水鱼图像采集系统[103]

6.4.4　水产品品质无损在线检测系统

光谱技术是水产品内部品质无损检测常用的手段之一。基于光谱技术的水产品品质在线检测系统通常包括机架、物料输送装置（输送带、载物台、步进电机）、光谱采集系统（光纤光谱仪、光源、光纤探头、光谱采集箱、数据采集卡、计算机）、控制系统（单片机、传感器）、升降台系统和执行系统等[104]。工作时，将水产品放在载物台上，单片机控制步进电机带动输送带运动，载物台带着水产品随输送带运动，进入光谱采集区域，光源发出的光照在水产品上，传感器检测到水产品进入光谱采集箱以后，触发光纤光谱仪采集水产品的光谱信息。

光谱采集系统中光纤探头通常固定在光源箱内。光源一般选用氘灯、氙灯、卤钨灯、红外灯四类，其中卤钨灯由于具有波长范围宽、光谱连续平滑、发光效率高等优点得到广泛使用。常见光源的波长范围如表 6-5 所示。光谱采集箱一般为具有一定尺寸的金属箱体，箱体沿传送方向开门，同时下方开出通槽，以便载物台通过。

表 6-5　常见光源的波长范围

光源类型	波长范围
卤钨灯	300～2700 nm
氘灯	100～400 nm
氙灯	200～2500 nm
红外灯	1000～16000 nm

美国海洋光学公司的 NIRQuest 系列光谱仪是常见的光谱仪之一，波长范围为 900～2550 nm。该系列光谱仪的具体参数如表 6-6 所示。

表 6-6　NIRQuest 系列光谱仪的具体参数[105]

参数	型号			
	NIRQuest 512	NIRQuest 512-2.2	NIRQuest 256-2.1	NIRQuest 256-2.5
探测器	G9204-512 InGaAs 阵列	G9204-512 WInGaAs 阵列	G9206-256 InGaAs 阵列	G9208-256 InGaAs 阵列
波长范围/nm	850～1700	900～2200	900～2100	900～2550
有效范围/nm	900～1700	900～2200	900～2050	900～2500
像素	512	512	256	256
标配狭缝/μm	25	25	25	25
标配光栅/(1/mm)	150	100	100	150
分辨率/nm	－3.1	－4.6	－7.6	－9.5
信噪比	＞15000∶1 @100 ms	＞10000∶1 @100 ms	＞10000∶1 @100 ms	7500∶1 @10 ms
积分时间	1 ms～10 s	1 ms～2 s	1 ms～2 s	1～170 ms
校正线性率	＞99.8%	＞99.8%	＞99.8%	＞99.8%

光谱采集系统直接影响谱图质量以及分析模型的预测能力。近红外光谱采集有暗场光谱采集、参比光谱采集、样品光谱采集以及标准物质光谱采集等多种采集模式。其中,暗场光谱采集、参比光谱采集、样品光谱采集是获得高质量近红外光谱数据的必要流程,而标准物质光谱采集用于对样品光谱进行校正,以保证光谱数据的可靠性。此外,光谱采集系统的核心是精密光学和电子系统,设计时要考虑该模块的除尘功能,避免灰尘的侵入。

对不同厚度的水产品进行光谱采集,需要调节光谱仪与输送带上被测样品之间的距离。可以在预备实验阶段确定各种形态水产品对应的光谱仪的准确高度,提前设置好距离参数。系统工作时,可以通过传感器和控制器自动调节光谱仪与待测样品之间的距离。此外,保持光谱仪稳定不抖动也是必须要考虑的问题。

张雷蕾等人[106]研发了便携式拉曼光谱装置,对水产品品质进行无损检测。检测过程如下:激光器发出稳定的 785 nm 的激光,照射到待测水产品表面,反射光进入探测器被接收,光信号转换为数字信号,ARM 控制处理器根据内置的水产品品质预测模型对数字信号进行分析,并将检测结果显示到 LCD 显示器上。该装置包括光源模块、光谱采集模块、系统控制处理模块、触摸屏、电源模块和通信模块等。光源模块选用高输出功率的稳光谱激光器模块。光谱采集模块由拉曼探头及微型光谱仪组成,反射光经检测探头进入光谱仪,光信号转变为电信号,并输送给系统控制处理模块。系统控制处理模块采用基于ARM 9 的 32 位嵌入式微型处理器 S3C2440 芯片,实现对光谱仪、光源模块的控制以及数据处理和保存等功能。通信模块采用 Wi-Fi 通信实现数据的无线传输。该装置的软件基于 Windows CE 6.0 系统开发,具有光学信号采集、光谱数据保存和处理、界面显示、数据库查询等功能。

水产品品质智能在线检测系统是指将水产品品质智能检测技术应用到在线检测系统上,实现水产品品质的在线、实时检测。综上所述,目前常见的水产品品质智能在线检测技术包括传感器技术、机器视觉技术和光谱技术。水产品品质智能在线检测系统除了包含技术所需的元器件外,其硬件结构还包括输送带、定位传感器、机电控制系统、分级装置等。与人工检测方式相比,水产品品质智能在线检测系统具有检测快、准确率高、可以消除人工检测产生的误差等优势,对生产线上水产品品质的精准控制具有重要的意义。

6.4.5 水产品包装设备

传统的包装设备大多以机械式控制为主[107]。近几年,随着科技的发展,以及消费者对新鲜、安全且保质期较长的产品的需求的增加，为了更好地延缓食品中微生物的生长和酶促腐败，越来越多的技术被应用到水产品包装设备中。食品包装设备是集电、光、磁等于一体的机械电子设备，将包装设备与自动化技术相结合，实现包装过程的机电一体化控制。例如，将微机技术引入包装设备中，开发智能化包装技术，按产品自动包装工艺要求进行自动包装，可实现水产加工食品的精确计量、高速充填和包装等。

对于水产品来说，由于其含有丰富的水分、蛋白质等营养成分，在储运过程中容易受到微生物或者内源酶的影响而腐败变质，其新鲜度是重要指标，因此合适的保鲜包装技术尤为重要。例如，多工位制袋真空包装机可实现制袋、称重、充填、抽真空、封口等多个功能一体化操作，如法国 CRACECRYOYA 和 ISTM 公司研制的鲜鱼真空包装生产线，采用特殊的气体，将充气成分、包装材料与充气包装机三方面结合起来[108]。此外，利用传感器技术，监测包装材料厚度、材质的变化，随之改变包装的温度和速度，保证最佳的封口质量。未来食品包装设备总体上会朝着多功能、高效率、低消耗的方向发展。当前常见的水产品包装设备有气调包装设备和真空包装设备等。

气调包装保鲜技术是一种安全性高、操作简单、效果显著的保鲜技术，已被广泛应用于水产品保鲜领域。该技术利用不同浓度比的 O_2、N_2 和 CO_2 三种气体组合对食品进行充气包装，其中 CO_2 具有抑制需氧菌与霉菌生长的特性，可延长细菌的潜伏期，O_2 可以阻碍厌氧菌的生长，而 N_2 使化学反应难以发生，作为载气存在[109]。该技术已被证明能够延长海鲈鱼、去内脏养殖鲈鱼、大比目鱼等鱼类的保质期。黄小林等人[110]设计了一款新型的袋式气调包装机，该装置的整体结构示意图如图 6-30 所示。其主要包括物料输送装置、包装薄膜输送装置、制袋成型器、拉膜牵引机构、气体置换机构、配气系统、纵封器、横封器和成品输出装置等。

袋式气调包装工序流程示意图如图 6-31 所示，其包括产品输送、产品测长、包装袋成型、包装袋纵封、气体置换、包装袋横封切断、包装成品送出 7 个工序。气调包装保鲜技术可以避免食品营养在保鲜过程中损失。在未来的研究中，还需要加强对低成本、安全的气调包装保鲜材料的研发。此外，气调包装所需要的设备、食品级气体等尚未形成完整的体系，需要机械、自动化、材料、化学等多学科的协同研究[111]。

食品真空包装技术是通过改变被包装食品的储存条件而延长保质期的技术。在 20 世纪 50 年代，随着第一台真空包装机的出现，科研人员开始陆续研

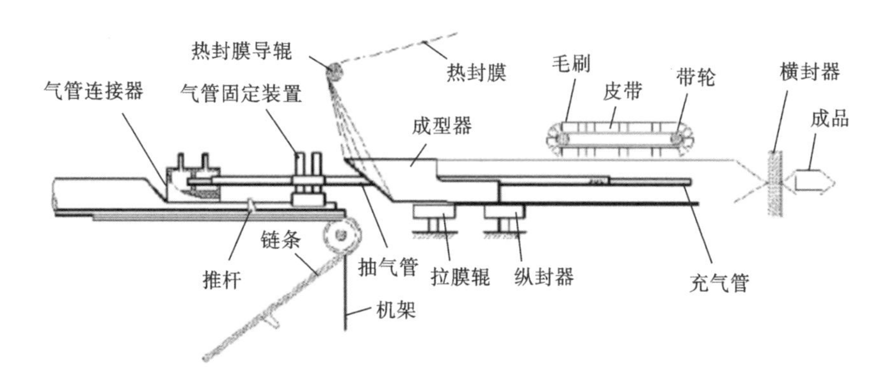

图 6-30　袋式气调包装机整体结构示意图[110]

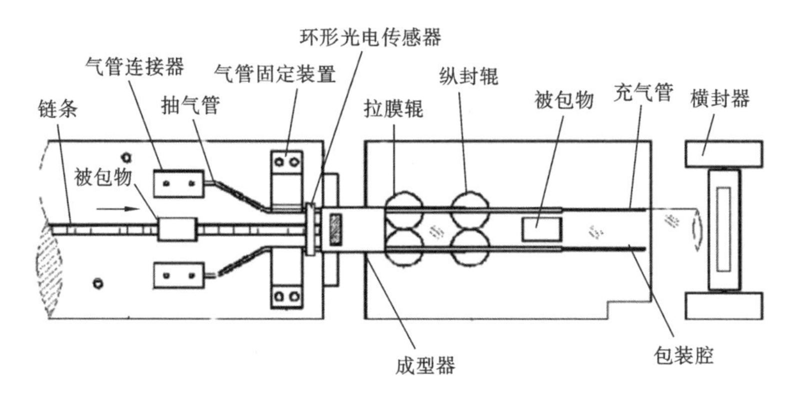

图 6-31　袋式气调包装工序流程示意图[110]

发各种各样的真空包装设备。真空包装机达到预定的真空度后，充填真空包装袋的空气可自动抽出，完成密封过程。真空包装机在食品工业中具有广泛应用，在水产品运输、存储和销售中的应用也越来越多。然而，部分水产品在真空包装过程中，受摆放位置随意的影响，抽真空后形状不规则，导致包装袋体积大、空间利用率比较低的问题。针对这一问题，朱邦杰等人[112]设计了一款新型的金枪鱼包装定型装置。其主要包括机架支撑结构、传输装置、热收缩装置及冷却定型装置等。其工作原理是在传输装置的两侧及上方装有多个滚柱，滚柱伴随金枪鱼一起输送滚动，使金枪鱼依次挤压定型，其不规则的外形经挤压定型变为规则的长方形，随后向后运输，将形状规则的金枪鱼送至塑料包装袋内进行热收缩及冷却，最后确保金枪鱼产品呈现规则的长方体外形，方便贮藏和运输。该金枪鱼包装定型设备效率高，可以根据不同需要调节金枪鱼产品的大小。定型后的产品外形规整,易于贮藏。

除了气调包装和真空包装外,水产品包装的未来趋势是以活性包装及智能包装为主。活性包装是通过对包装材料的成分进行改进,使其对水产品能起到防腐保鲜的作用。智能包装是集多元知识为一体的新技术,通过智能化的材料包装技术,例如在外包装材料中加入一定的光敏指示剂,对水产品的品质进行实时检测,提高水产品的安全性。

参考文献

[1] 贾磊,陈俊超. 机器视觉的水产食品外观品质检测系统[J]. 食品工业,2021, 42(5): 266-268.

[2] 邢士元,刘艳秋,郑元松,等. 基于机器视觉的海产品外观品质分级方法[J]. 大连工业大学学报,2017, 36(2): 147-150.

[3] 杨杰超,许江淳,陆万荣,等. 基于计算机视觉的大黄鱼体尺测算与体质量估测[J]. 中国农机化学报,2018, 39(6): 66-70.

[4] 贾志鑫,傅玲琳,杨信廷,等. 机器视觉技术在水产食品感官检测方面的应用研究进展[J]. 食品科学,2019, 40(13): 320-325.

[5] MIRANDA J M, ROMERO M. A prototype to measure rainbow trout's length using image processing[J]. Aquacultural Engineering, 2017, 76: 41-49.

[6] TORISAWA S, KADOTA M, KOMEYAMA K, et al. A digital stereo-video camera system for three-dimensional monitoring of free-swimming Pacific bluefin tuna, *Thunnus orientalis*, cultured in a net cage[J]. Aquatic Living Resources, 2011, 24(2): 107-112.

[7] SHI C, WANG Q B, HE X L, et al. An automatic method of fish length estimation using underwater stereo system based on LabVIEW[J]. Computers and Electronics in Agriculture, 2020, 173: 105419.

[8] MUÑOZ-BENAVENT P, ANDREU-GARCÍA G, VALIENTE-GONZÁLEZ J M, et al. Enhanced fish bending model for automatic tuna sizing using computer vision[J]. Computers and Electronics in Agriculture, 2018, 150: 52-61.

[9] 李振波,赵远洋,杨普,等. 基于机器视觉的鱼体长度测量研究综述[J]. 农业机械学报,2021, 52(S1): 207-218.

[10] MISIMI E, ERIKSON U, DIGRE H, et al. Computer vision-based eval-

uation of pre-and postrigor changes in size and shape of Atlantic cod (*Gadus morhua*) and Atlantic salmon (*Salmo salar*) fillets during rigor mortis and ice storage: effects of perimortem handling stress[J]. Journal of Food Science, 2008, 73(2): E57-E68.

[11] STRACHAN N J C. Length measurement of fish by computer vision[J]. Computers and Electronics in Agriculture, 1993, 8(2): 93-104.

[12] HSIEH C L, CHANG H Y, CHEN F H, et al. A simple and effective digital imaging approach for tuna fish length measurement compatible with fishing operations[J]. Computers and Electronics in Agriculture, 2011, 75(1): 44-51.

[13] GARCIA R, PRADOS R, QUINTANA J, et al. Automatic segmentation of fish using deep learning with application to fish size measurement [J]. ICES Journal of Marine Science, 2019, 77(4): 1354-1366.

[14] 余心杰,吴雄飞,沈伟良. 基于计算机视觉的岱衢族大黄鱼选育群体外形特征模式识别方法[J]. 浙江大学学报(农业与生命科学版),2018, 44(4): 490-498.

[15] 张志强,牛智有,赵思明. 基于机器视觉技术的淡水鱼品种识别[J]. 农业工程学报,2011, 27(11): 388-392.

[16] 万鹏,潘海兵,宗力,等. 基于机器视觉的鲫鱼和鲤鱼品种识别方法研究[J]. 广东农业科学,2012, 39(17): 184-187.

[17] 涂兵,谭志豪,贺燕,等. 鱼体背部轮廓 BPR 算法的淡水鱼种类识别方法研究[J]. 计算机应用与软件,2016, 33(12): 127-130, 139.

[18] 欧利国,王冰妍,刘必林,等. 基于计算机视觉的 3 种金枪鱼属鱼类形态指标自动测量研究[J]. 海洋学报,2021, 43(11): 105-115.

[19] 林妙玲. 基于机器视觉的虾体位姿和特征点识别[D]. 杭州:浙江大学,2007.

[20] HARBITZ A. Estimation of shrimp (*Pandalus borealis*) carapace length by image analysis[J]. ICES Journal of Marine Science, 2007, 64(5): 939-944.

[21] 金烨楠,龚瑞,刘向荣,等. 3 种对虾的图像测量技术与人工测量方法的比较分析[J]. 水产学报,2018, 42(11): 1848-1854.

[22] 高竟博,李晔,杜闯. 基于深度学习的小龙虾分级算法[J]. 现代计算机,

2020(26): 40-46.
[23] 王阳,杨晨,曾瑞敏,等. 基于机器视觉的小龙虾分级算法设计[J]. 科学技术与工程,2019, 19(17): 234-238.
[24] ZHANG D, LILLYWHITE K D, LEE D J, et al. Automatic shrimp shape grading using evolution constructed features[J]. Computers and Electronics in Agriculture, 2014, 100: 116-122.
[25] 唐杨捷,胡海刚,张刚,等. 基于计算机视觉和GA-SVM的梭子蟹体重预测[J]. 宁波大学学报(理工版),2019, 32(1): 32-37.
[26] 张超,徐建瑜,王文静. 基于机器视觉的梭子蟹质量估计方法研究[J]. 宁波大学学报(理工版),2014, 27(2): 49-51.
[27] 王斌,徐建瑜,王春琳. 基于计算机视觉的梭子蟹蜕壳检测及不同背景对蜕壳的影响[J]. 渔业现代化,2016, 43(2): 11-16.
[28] 卢少坤,李荣华,施欧文,等. 基于图像识别技术研究不同海区三疣梭子蟹甲壳白色斑纹特征及蜕壳前后斑纹特征的变化[J]. 水产学报,2018, 42(2): 257-266.
[29] SHI C, QIAN J P, HAN S, et al. Developing a machine vision system for simultaneous prediction of freshness indicators based on tilapia (*Oreochromis niloticus*) pupil and gill color during storage at 4 ℃[J]. Food Chemistry, 2018, 243: 134-140.
[30] TAHERI-GARAVAND A, FATAHI S, BANAN A, et al. Real-time nondestructive monitoring of Common Carp Fish freshness using robust vision-based intelligent modeling approaches[J]. Computers and Electronics in Agriculture, 2019, 159: 16-27.
[31] 周明珠,熊光权,乔宇,等. 鮰鱼冷藏过程中气味和新鲜度的变化及相关性[J]. 肉类研究,2020, 34(3): 68-74.
[32] 张四喆,贾文珅,马洁,等. 一种高效的冷鲜肉新鲜度检测工具——电子鼻[J]. 分析试验室,2019, 38(7): 878-884.
[33] 赵梦醒,曹荣,殷邦忠,等. 电子鼻在对虾新鲜度评价中的应用[J]. 渔业科学进展,2011, 32(6): 57-62.
[34] 张铁涛,程慧,武天明. 电子鼻结合质构仪分析金鲳鱼贮藏过程中新鲜度变化[J]. 食品工业,2018, 39(11): 146-150.
[35] 韩千慧,蔡宏宇,潘婷,等. 草鱼和鲢鱼制作腊鱼滋味品质的比较研究[J].

食品研究与开发,2016, 37(24): 25-29.

[36] 贾哲,陈晓婷,潘南,等. 基于电子舌快速检测冷藏双斑东方鲀的新鲜度[J]. 现代食品科技,2021, 37(5): 220-229.

[37] 韩方凯,黄星奕,穆丽君,等. 基于电子舌技术的鱼新鲜度定性、定量分析[J]. 现代食品科技,2014, 30(7): 247-251,267.

[38] 石长波,姚恒喆,袁惠萍,等. 近红外光谱技术在肉制品安全性检测中的应用研究进展[J]. 美食研究,2021, 38(2): 62-67.

[39] ANDRÉS S, SILVA A, SOARES-PEREIRA A L, et al. The use of visible and near infrared reflectance spectroscopy to predict beef M. *longissimus thoracic et lumborum* quality attributes[J]. Meat Science, 2008, 78(3): 217-224.

[40] NILSEN H, ESAIASSEN M. Predicting sensory score of cod (*Gadus morhua*) from visible spectroscopy[J]. LWT -Food Science and Technology, 2005, 38(1): 95-99.

[41] 蓝蔚青,孙雨晴,张楠楠,等. 基于近红外光谱建立大黄鱼新鲜度预测模型[J]. 包装工程,2020, 41(17): 1-6.

[42] 朱逢乐,章海亮,邵咏妮,等. 基于高光谱成像技术的多宝鱼肉冷藏时间的可视化研究[J]. 光谱学与光谱分析 2014, 34(7): 1938-1942.

[43] 刘源,陈伟华,侯巧娟,等. 应用近红外光谱技术评价冰鲜大黄鱼新鲜度的研究[J]. 光谱学与光谱分析,2014, 34(4): 937-941.

[44] XING Z, CHEN J Y, ZHAO X, et al. Quantitative estimation of wastewater quality parameters by hyperspectral band screening using GC、VIP and SPA[J]. PeerJ, 2019, 7: e8255.

[45] ARENDSE E, FAWOLE O A, MAGWAZA L S, et al. Non-destructive prediction of internal and external quality attributes of fruit with thick rind: a review[J]. Journal of Food Engineering, 2018, 217: 11-23.

[46] 吴永清,李明,张波,等. 高光谱成像技术在谷物品质检测中的应用进展[J]. 中国粮油学报,2021, 36(5): 165-173.

[47] 刘燕德,程梦杰,郝勇. 光谱诊断技术及其在农产品质量检测中的应用[J]. 华东交通大学学报,2018, 35(4): 1-7.

[48] HE H J, WU D, SUN D W. Nondestructive spectroscopic and imaging techniques for quality evaluation and assessment of fish and fish products

[J]. Critical Reviews in Food Science and Nutrition, 2015, 55(6): 864-886.

[49] BARBIN D F, ELMASRY G, SUN D W, et al. Predicting quality and sensory attributes of pork using near-infrared hyperspectral imaging[J]. Analytica Chimica Acta, 2012, 719: 30-42.

[50] ELMASRY G, WOLD J P. High-speed assessment of fat and water content distribution in fish fillets using online imaging spectroscopy[J]. Journal of Agricultural and Food Chemistry, 2008, 56(17): 7672-7677.

[51] 孙宗保,梁黎明,李君奎,等. 高光谱成像的冰鲜与冻融三文鱼鉴别研究[J]. 光谱学与光谱分析,2020, 40(11): 3530-3536.

[52] QU J H, SUN D W, CHENG J H, et al. Mapping moisture contents in grass carp (*Ctenopharyngodon idella*) slices under different freeze drying periods by Vis-NIR hyperspectral imaging[J]. LWT-Food Science and Technology, 2017, 75: 529-536.

[53] 邹金萍,章帅,董文韬,等. 应用高光谱图像检测鱼肉挥发性盐基总氮含量研究[J]. 光谱学与光谱分析,2021, 41(8): 2586-2590.

[54] 代琼. 基于高光谱成像技术的虾仁新鲜度检测研究[D]. 广州:华南理工大学,2015.

[55] 石慧. 基于高光谱成像技术的对虾品质信息快速检测方法研究[D]. 杭州:浙江大学,2013.

[56] 沈晔. 基于高光谱成像技术的干贝水分含量快速检测研究[D]. 杭州:浙江大学,2017.

[57] 林晓东. 基于荧光光谱的茶藻斑病病害程度判别方法研究[D]. 南昌:华东交通大学,2021.

[58] CARSTEA E M, BRIDGEMAN J, BAKER A, et al. Fluorescence spectroscopy for wastewater monitoring: a review[J]. Water Research, 2016, 95: 205-219.

[59] 张亚莉,颜康婷,王林琳,等. 基于荧光光谱分析的农药残留检测研究进展[J]. 光谱学与光谱分析,2021, 41(8): 2364-2371.

[60] 史鑫,罗永康,张佳然,等. 荧光光谱分析技术在食品检测领域的研究进展[J]. 食品工业科技,2022,43(11): 406-414.

[61] ELMASRY G, NAGAI H, MORIA K, et al. Freshness estimation of

intact frozen fish using fluorescence spectroscopy and chemometrics of excitation-emission matrix[J]. Talanta, 2015, 143: 145-156.

[62] 苏文华,汤海青,欧昌荣,等. 前表面荧光光谱法鉴别不同冷藏时间的大黄鱼鲜度[J]. 核农学报,2020, 34(2): 339-347.

[63] KAROUI R,BOUGHATTAS F,CHÈNÉ C. Classification of sea bream (*Sparus aurata*) fillets subjected to freeze-thaw cycles by using front-face fluorescence spectroscopy[J]. Journal of Food Engineering, 2021, 308: 110678.

[64] SHIBATA M,ELMASRY G,MORIYA K,et al. Smart technique for accurate monitoring of ATP content in frozen fish fillets using fluorescence fingerprint[J]. LWT-Food Science and Technology, 2018, 92: 258-264.

[65] LIAO Q H,SUZUKI T,KOHNO Y,et al. Potential of using uric acid fluorescence in eye fluid for freshness assessment on Red Sea bream (*Pagrus major*)[J]. Spectroscopy Letters, 2018, 51(8): 431-437.

[66] RAHMAN M M,BUI M V,SHIBATA M,et al. Rapid noninvasive monitoring of freshness variation in frozen shrimp using multidimensional fluorescence imaging coupled with chemometrics[J]. Talanta, 2021, 224: 121871.

[67] HASSOUN A,KAROUI R. Monitoring changes in whiting (*Merlangius merlangus*) fillets stored under modified atmosphere packaging by front face fluorescence spectroscopy and instrumental techniques[J]. Food Chemistry, 2016, 200: 343-353.

[68] 陈瑞鹏,孙云凤,霍冰洋,等. 表面增强拉曼光谱技术在食品安全检测的应用[J]. 解放军预防医学杂志,2020, 38(9): 146-149.

[69] KRAFFT C, POPP J. The many facets of Raman spectroscopy for biomedical analysis[J]. Analytical and Bioanalytical Chemistry, 2015, 407(3): 699-717.

[70] NIMBKAR S, AUDDY M, MANOJ I, et al. Novel techniques for quality evaluation of fish: a review[J]. Food Reviews International, 2021,39(1):639-662.

[71] 王新怡,董鹏程,罗欣,等. 拉曼光谱在肉品质预测与控制中的应用[J]. 食品与发酵工业,2022,48(24):294-302.

[72] VELIOĞLU H M, TEMIZ H T, BOYACI I H. Differentiation of fresh and frozen-thawed fish samples using Raman spectroscopy coupled with chemometric analysis[J]. Food Chemistry, 2015, 172: 283-290.

[73] NIAN L Y,CAO A L,CAI L Y,et al. Effect of vacuum impregnation of Red Sea bream (*Pagrosomus major*) with herring AFP combined with CS@Fe_3O_4 nanoparticles during freeze-thaw cycles[J]. Food Chemistry, 2019, 291: 139-148.

[74] 郑红. 货架期冷藏过程中鳝鱼肉品质变化规律及其机理研究[D]. 重庆: 西南大学,2018.

[75] FLEISCHMANN M,HENDRA P J,MCQUILLAN A J. Raman spectra of pyridine adsorbed at a silver electrode[J]. Chemical Physics Letters, 1974, 26(2): 163-166.

[76] ZHOU X X,LIU R,HAO L T,et al. Identification of polystyrene nanoplastics using surface enhanced Raman spectroscopy[J]. Talanta, 2021, 221: 121552.

[77] 章洁,吴鑫,占忠旭,等. 表面增强拉曼光谱技术在食品安全检测中的应用[J]. 现代食品,2021(17): 133-138.

[78] 余志引, 蔺磊. 表面增强拉曼光谱法分析米鱼肌肉中组胺[J]. 浙江农业科学,2021, 62(9): 1886-1891.

[79] JANČI T,VALINGER D,KLJUSURIĆ J G,et al. Determination of histamine in fish by surface enhanced Raman spectroscopy using silver colloid SERS substrates[J]. Food Chemistry, 2017, 224: 48-54.

[80] 奚春蕊,包海蓉,刘琴,等. 基于金枪鱼 *K* 值变化的 MTT 快速传感器的研究及响应面设计[J]. 食品工业科技,2013, 34(12): 131-136.

[81] APETREI I M, APETREI C. Amperometric biosensor based on diamine oxidase/platinum nanoparticles/graphene/chitosan modified screen-printed carbon electrode for histamine detection[J]. Sensors, 2016, 16(4): 422.

[82] 董彩文. 鱼肉鲜度测定方法研究进展[J]. 食品与发酵工业,2004(4): 99-103.

[83] HOSHI M, SASAMOTO Y, NONAKA M, et al. Microbial sensor system for nondestructive evaluation of fish meat quality[J]. Biosensors and

Bioelectronics，1991，6(1)：15-20.
[84] 张军，李小昱，王为，等．用阻抗特性评价鲫鱼鲜度的试验研究[J]．农业工程学报，2007，23(6)：44-48.
[85] 薛大为，杨春兰．基于阻抗特性的淡水鱼新鲜度快速检测系统[J]．广东农业科学，2013，40(1)：191-193，237.
[86] 赵泓洋，林峰，孙健，等．基于神经网络多参数融合的鱼肉新鲜度检测方法[J]．农业装备技术，2021，47(4)：25-30.
[87] 周青，林洪，付晓婷，等．响应面法优化坛紫菜中镉的脱除工艺及其营养品质变化[J]．食品工业科技，2017，38(14)：174-180.
[88] SASUGA K，YAMANASHI T，NAKAYAMA S，et al. Discolored red seaweed pyropia yezoensis with low commercial value is a novel resource for production of agar polysaccharides[J]. Marine Biotechnology，2018，20(4)：520-530.
[89] 张婷婷，骆其君，陈娟娟，等．坛紫菜干品色差测定条件的优化研究[J]．食品工业科技，2019，40(23)：213-220.
[90] 宣仕芬，朱煜康，孙楠，等．不同采收期坛紫菜感官品质及蛋白组成分析[J]．食品工业科技，2020，41(14)：291-296.
[91] 陈利梅，李德茂，叶乃好．电子鼻在紫菜识别中的应用[J]．江苏农业科学，2010(3)：385-386，437.
[92] 许璞，伊纪峰，李瑞霞，等．四种经济红藻挥发性成分组成分析[C]//庆祝中国藻类学会成立30周年暨第十五次学术讨论会摘要集．青岛：中国海洋湖沼学会，2009：245.
[93] 刘星，范楷，钱群丽，等．基于近红外光谱技术的坛紫菜产地溯源研究[J]．农产品质量与安全，2021(1)：51-55.
[94] 孙文珂，沈照鹏，权浩严，等．基于近红外光谱的条斑紫菜菌落总数快速检测技术[J]．食品工业科技，2022，43(16)：322-328.
[95] 顾赛麒，唐文燕，周洪鑫，等．响应面法优化海带脱腥工艺及其色泽品质评价[J]．食品科学，2018，39(18)：217-226.
[96] 顾赛麒，胡彬超，张月婷，等．基于电子鼻、气-质联用技术和感官评价方法优化海带发酵脱腥工艺[J]．食品与发酵工业，2020，46(19)：124-129.
[97] 王红丽，陈慎，何志刚，等．基于主成分分析法的钙盐漂烫海带质构品质综合评价[J]．福建农业学报，2017，32(10)：1124-1129.

[98] 张怀斌，万君，柴勇，等. 分光光度法测海带中碘的含量[J]. 广州化工，2017，45(15)：120-121，156.

[99] 徐瑞波，敖特根巴雅尔，钟志梅. 分光光度法测定海带中碘的含量[J]. 内蒙古农业大学学报(自然科学版)，2015，36(6)：88-90.

[100] 王志勇，谌志新，江涛，等. 鱼类重量自动分级装置研究[J]. 上海海洋大学学报，2012，21(6)：1064-1067.

[101] 沈建. 欧洲淡水鱼前处理加工技术与装备[J]. 安徽农业科学，2010，38(23)：12491-12495，12498.

[102] 王坤殿，万鹏，谭鹤群，等. 淡水鱼体质量在线检测及分级系统的设计与试验[J]. 华中农业大学学报，2016，35(2)：122-128.

[103] 王坤殿. 淡水鱼种类识别与重量在线检测方法研究及装备设计[D]. 武汉：华中农业大学，2015.

[104] 汪东升. 在线近红外检测系统的研发及在油菜籽含油率检测中的应用[D]. 镇江：江苏大学，2020.

[105] 李鹏. 基于虚拟仪器的淡水鱼在线品质分级系统研究[D]. 武汉：华中农业大学，2013.

[106] 张雷蕾，滕官宏伟，朱诚. 便携式水产品多品质参数拉曼检测装置设计与试验[J]. 农业机械学报，2020，51(S2)：478-483.

[107] 水产包装机械行业的发展现状及趋势分析[J]. 农业工程技术(农产品加工业)，2008(7)：22-23.

[108] 吴亮. 水产食品包装机械行业的现状与发展趋势[J]. 渔业致富指南，2006(7)：11-12.

[109] 贺莹. 紫外线杀菌结合气调包装技术对带鱼品质的影响[J]. 肉类研究，2019，33(1)：37-41.

[110] 黄小林，陈秀，徐贞，等. 新型袋式气调包装机的设计[J]. 包装与食品机械，2016，34(1)：34-37.

[111] 吴宪玲，李晓敏，周雪婷. 气调包装技术在食品包装中的应用[J]. 农业科技与装备，2021(6)：86-87.

[112] 朱邦杰，王琴，罗准，等. 新型金枪鱼包装定型装置的设计和研究[J]. 机械工程师，2021(4)：40-41.

第7章
蜂产品智能检测与分级

蜂产品包括蜂蜜、蜂胶、蜂蜡等，其中蜂蜜消费量逐年增大。随着人们生活水平的提高，人们对蜂产品的品质提出了更高的要求。然而，我国蜂产业的品质监控标准体系还不健全，蜂产品生产企业的质量意识还有待提高。蜂产品质量安全问题主要包括以下几个方面：① 蜂蜜中抗菌药物残留；② 环境引起的污染，如杀螨剂、杀虫剂、除草剂等；③ 蜂蜜未成熟、掺假等。提升蜂产品安全品质监控水平极其重要。为全面推动我国生态蜂业创新发展，中国质量万里行促进会生态蜂业专业委员会2019年牵头制定了《高质量蜂蜜》产品标准，其与之前发布的《蜂业工匠评价准则》《蜜源地认定通则》《中国数字化蜂业整体解决方案》，初步形成了生态蜂业标准化体系，有助于提高蜂产品质量。同时，蜜蜂养殖、产品溯源及产品质量安全检测的全产业链需要从传统蜂业朝信息化、智能化方向转型升级，蜂产品智能检测技术将成为重要的监控手段。本章分别对蜂蜜品质检测、蜂产品产地鉴定以及有害添加物鉴别等相关技术进行介绍，旨在为蜂产业从业人员、市场监督管理部门、科研人员等提供技术参考。

7.1 蜂蜜品质检测与分级技术

蜂蜜是指蜜蜂采集植物的花蜜、分泌物或蜜露，与自身分泌物混合后，经充分酿造而成的天然甜物质，其中水分含量为18%～21%，碳水化合物含量为65%～80%，酸类物质含量为0.1%～0.78%，矿物质含量为0.02%～1.0%。此外，其还含有蔗糖转化酶、淀粉酶、葡萄糖氧化酶等，以及维生素、蛋白质等[1]。国家标准GB 14963—2011《食品安全国家标准 蜂蜜》对蜂蜜感官要求和理化指标均有详细的鉴定标准。理化指标主要包括果糖和葡萄糖含量、蔗糖和锌(Zn)含量。影响蜂蜜品质的因素主要有掺假、果糖和葡萄糖含量不达标、羟甲基糠醛含量超标以及水分含量超标[2]。与蜂蜜品质相关的检测指标包括葡萄糖和果糖含量、羟甲基糠醛含量、淀粉酶值、蔗糖含量、麦芽糖含量、C4植物糖含量、脯氨酸含量、乙酰胆碱和丙三醇含量等[1]，用以判别蜂蜜是否掺假、成熟度和储存时长等。对于蜂蜜的等级划分，加拿大的蜂蜜等级规格标准依据水分含量、外来物质、水不溶物、香味、感官等将蜂蜜分为1级、2级和3级共3个等级。美国根据蜂蜜的光密度，将蜂蜜按颜色分为水白色、特白、白色、超亮褐色、亮褐色、褐色、深褐色7个级别，并根据蜂蜜的颜色、缺陷、气味和香味、清澈度每项的分值进行权重积分评定将蜂蜜划分为A、B、C和等外级别[2]。我国没有规定蜂蜜的等级要求。建立蜂蜜等级规格标准评价机制和发展检测与分级技术，做到质优价优，对促进我国蜂产业发展和维护消费者合法权益具有重要意义。

蜂蜜成分繁杂，蜂蜜品质和营养成分分析仍然是一个复杂的问题，理化检验结合感官评价是最基本也是最常用的蜂蜜品质分析方法。例如，用高效液相色谱法（high performance liquid chromatography, HPLC）对蜂蜜内部葡萄糖、果糖、蔗糖和麦芽糖含量进行测定，利用固相微萃取（solid-phase microextraction，SPME）技术结合气相色谱法对蜂蜜中的挥发性成分进行测量等。近几年，蜂蜜品质无损检测技术发展迅速，通过拉曼光谱技术、核磁共振波谱技术、荧光光谱技术、近红外光谱技术等建立预测模型，对待测蜂蜜进行品质检测与分级。这些技术具有检测速度快、精度高、对产品破坏性小、易于实现自动化和适于规模化生产中的在线检测等特点，有很高的实用价值。

7.1.1 拉曼光谱技术

拉曼光谱技术利用样品的非弹性散射光获得样品分子结构和官能团的指纹信息[3]，对 C=C 等敏感，对水的敏感性较低，不易受样品中水分的干扰，对碳水化合物的拉曼响应较强且能够提供准确的结构信息，这使其非常适合检测蜂蜜品质[4, 5]。

Özbalci 等人[5]利用拉曼光谱技术结合化学计量学方法建立蜂蜜中果糖、葡萄糖、蔗糖和麦芽糖含量的预测模型，快速、可靠地分析出了真实蜂蜜样品中这四种糖的含量。李水芳等人[6]利用拉曼光谱技术结合化学计量学方法对蜂蜜中果糖和葡萄糖含量进行了分析研究。为保证研究结果的普适性，采用不同年份来自我国10个省份的16个品种共74个样品进行实验，实验前将样品放置在4～6 ℃的冰箱内，采集光谱前溶解晶体并放置一段时间直至室温。采集光谱所用仪器包括：i-Raman 高性能便携式激光拉曼光谱仪搭配光纤探头；2048像素的热电冷却电荷耦合器（thermoelectric cooled charge-coupled device，TEC-CCD）作为检测器，测量光谱范围为175～2600 cm^{-1}。光谱仪参数如下：

激发波长为 785 nm，光谱分辨率为 3 cm^{-1}，积分时间为 15 s。将蜂蜜样品加入石英比色皿中，选择发射功率为 60%的总功率采集光谱。每个样品采集 3 次，取平均光谱作为样品光谱。74 个蜂蜜样品的拉曼光谱如图 7-1(a)所示，由于蜂蜜成分非常复杂，存在较多荧光物质，其拉曼光谱出现基线漂移现象。该研究利用自适应迭代重加权惩罚最小二乘(air-PLS)算法进行基线校正，代表性蜂蜜样品在特征峰范围内的拉曼原始光谱和校正光谱如图 7-1(b)所示，校正光谱在保持有用光谱峰形的情况下，有效地抠除了背景。

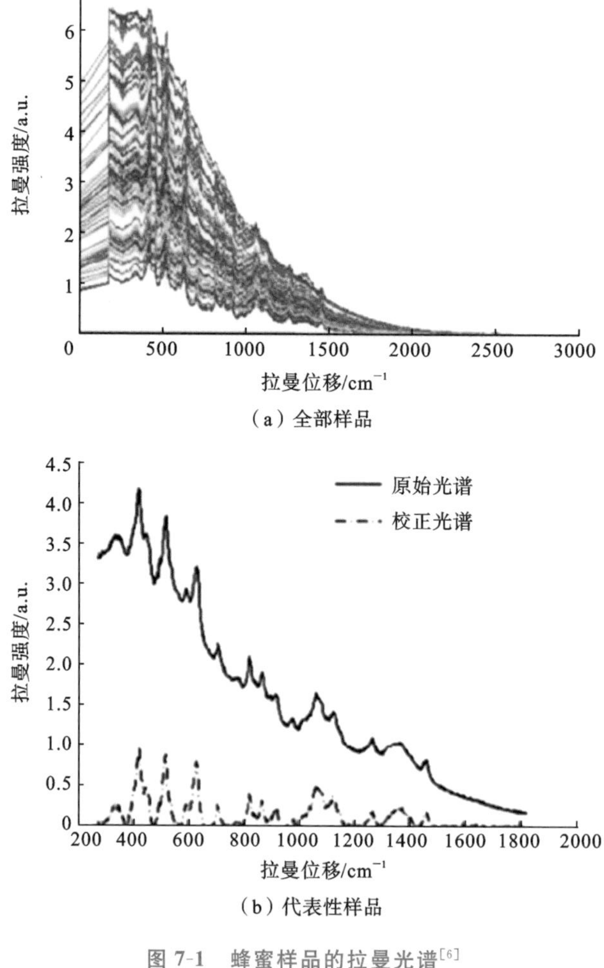

(a) 全部样品

(b) 代表性样品

图 7-1　蜂蜜样品的拉曼光谱[6]

该研究采用KS(kennard-stone)样品选择方法将所有样品区分为校正集与预测集。为了避免光谱变量过多导致的模型冗杂，提高模型的准确性与稳定性，通过竞争性自适应重加权采样(CARS)算法将果糖与葡萄糖的建模变量从1150个分别缩减到了46个与31个，被选择的变量绝大多数落在拉曼峰上或其附近。果糖的变量落在425 cm^{-1}、517 cm^{-1}、592 cm^{-1}、629 cm^{-1}、824 cm^{-1}、865 cm^{-1}和1065 cm^{-1}处拉曼峰附近，葡萄糖的变量落在425 cm^{-1}、517 cm^{-1}、705 cm^{-1}、824 cm^{-1}、915 cm^{-1}和1065 cm^{-1}处拉曼峰附近。其中705 cm^{-1}处的峰与CO键的伸缩振动和CCO、OCO的弯曲振动有关，824 cm^{-1}处的峰是由C(1)—H键、CH_2的振动引起的，865 cm^{-1}处的峰与CH键的振动有关，915 cm^{-1}处的峰与C(1)—H键和COH的弯曲振动有关，1065 cm^{-1}处的峰主要由碳水化合物中C(1)—H键、COH的弯曲振动引起。

该研究对比了用线性的偏最小二乘(PLS)回归算法和非线性的支持向量机(SVM)回归算法建立的定量校正模型的结果，如图7-2所示。对果糖而言，PLS模型和SVM模型预测集决定系数R_p分别为0.892和0.902，RMSEP分别为1.604 g/100 g和1.401 g/100 g，SVM模型优于PLS模型，说明果糖含量与拉曼光谱信息之间更多地表现为非线性关系。对葡萄糖而言，PLS模型和SVM模型预测集的R_p分别为0.968和0.933，RMSEP分别为0.669 g/100 g和1.410 g/100 g，PLS模型优于SVM模型，说明葡萄糖含量与拉曼光谱信息之间有较好的线性关系。

另外，Wu等人[7]利用拉曼光谱技术结合卷积神经网络(CNN)和化学计量学方法实现了对掺有高果糖玉米糖浆(high fructose corn syrup, HFCS)、大米糖浆(rice syrup, RS)、麦芽糖浆(maltose syrup, MS)和混合糖浆(blended syrup, BS)的蜂蜜样品的识别和量化。此研究中，为覆盖大范围的掺假浓度，获得泛化性能优异的检测模型，纯蜂蜜与不同掺假物的混合比例设置为5%、10%、20%、30%、45%、60%、75%和90%，还制备了天然蜂蜜(纯蜂蜜)和纯糖浆样品(100%掺假)。对于蜂蜜样品的定性分析，所有样品(包括纯蜂蜜和纯糖浆)根据掺假浓度分为四类，即Honey、低掺假(LA)、中掺假(MA)和高掺假(HA)。该研究共制备了240个样品，其中纯蜂蜜样品60个，掺假蜂蜜样品160个，纯糖浆样品20个。将所有样品置于35 ℃恒温烘箱中至少保存24 h，以去除样品中的气泡和晶体。在光谱测量之前，将样品置于磁力搅拌器中以固定速度运行10 min，以确保样品混合均匀。经air-PLS预处理后，蜂蜜样品的平均拉曼光谱如图7-3(a)所示，不同类型蜂蜜样品的光谱之间存在非常相似的光谱特征和严

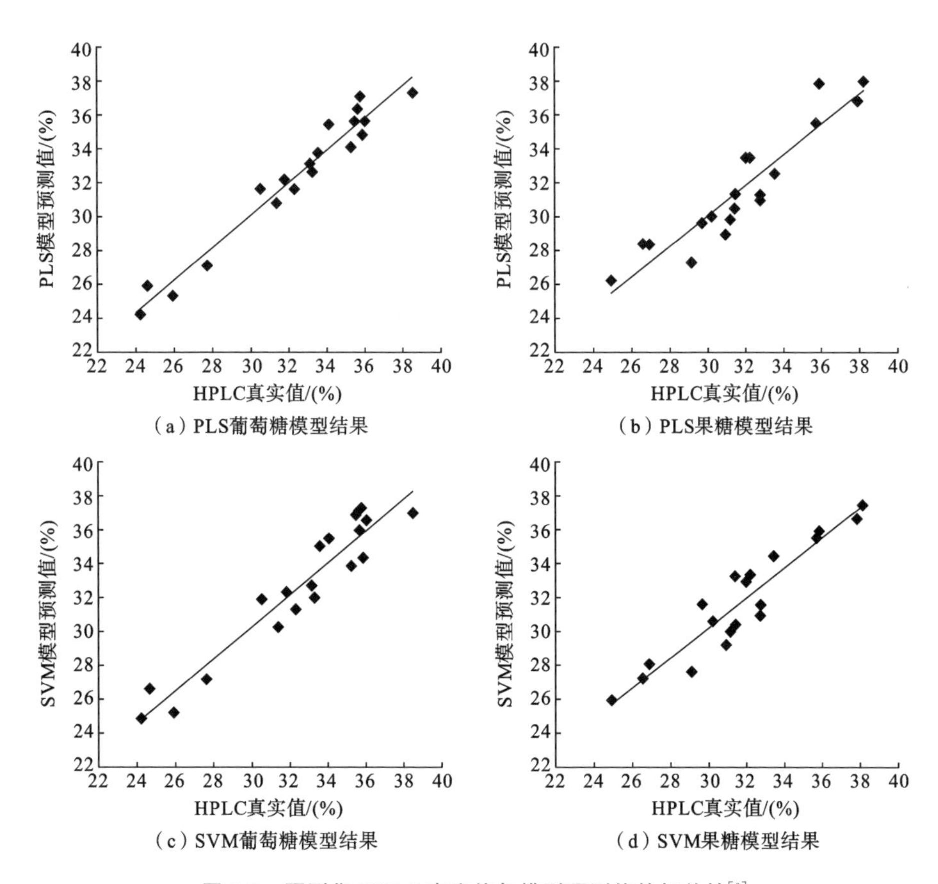

图 7-2　预测集 HPLC 真实值与模型预测值的相关性[6]

重的光谱重叠，原因是蜂蜜作为过饱和糖溶液，主要由糖组成，糖官能团的振动模式对蜂蜜拉曼光谱的特征峰影响很大[8]，蜂蜜和用于掺假的糖浆之间的相似成分导致它们的特征峰非常相似。纯蜂蜜的拉曼光谱主要由以 328 cm^{-1}、424 cm^{-1}、452 cm^{-1}、519 cm^{-1}、629 cm^{-1}、705 cm^{-1}、821 cm^{-1}、866 cm^{-1}、1063 cm^{-1}、1125 cm^{-1}、1265 cm^{-1}、1368 cm^{-1} 和 1460 cm^{-1} 为中心的峰组成。328 cm^{-1}、424 cm^{-1}、452 cm^{-1} 和 519 cm^{-1} 处的峰可归因于 CCC、CCO、CO 和 CC 的强振动模式，而 629 cm^{-1}、821 cm^{-1} 和 866 cm^{-1} 处的峰分别与果糖的环变形、碳水化合物的 COH 弯曲以及 CH 和 CH_2 的变形振动有关[9]。其余两个强峰分别位于 1063 cm^{-1} 处和 1125 cm^{-1} 处，前者与 CC、CO 和 COH 的振动模式有关，后者则归因于糖中 CO 和 COH 的振动模式与蛋白质和氨基酸中 CN 的振动模式的组合[10]。此外，以 1265 cm^{-1}、1368 cm^{-1} 和 1460 cm^{-1} 为中心的峰分别与

COH、CCH 和 OCH 的变形振动、CH_2的对称变形振动以及 CH_2和 COO 基团的振动模式有关[11]。纯蜂蜜掺有 HFCS 的蜂蜜样品的平均拉曼光谱如图 7-3(b)所示。

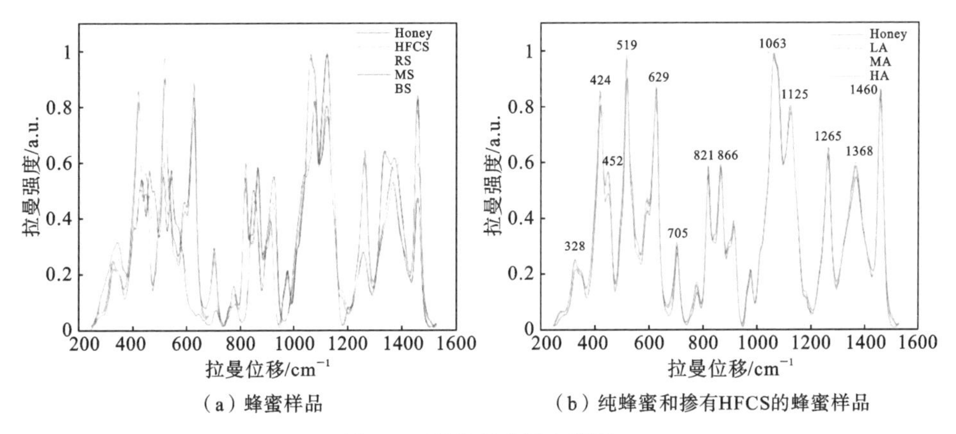

(a) 蜂蜜样品　　(b) 纯蜂蜜和掺有HFCS的蜂蜜样品

图 7-3　预处理拉曼光谱[7]

虽然掺假浓度直接影响某些光谱带的强度，但仅凭这些在视觉上观察到的细微差异不足以判定蜂蜜的真伪。对掺有单一品种糖浆的蜂蜜样品的光谱数据和所有样品的全局光谱数据集进行主成分分析(PCA)。图 7-4 显示了基于 HFCS、RS、MS、BS 掺假数据集的 PCA 得分图，随着 HFCS 掺假浓度的增大(从 Honey、LA、MA 到 HA)，样品的数据点沿 PC1 轴负向逐渐集中，掺有 RS 和 BS 的样品也显示出类似的趋势，而掺有 MS 的样品的数据点在 PC1 轴上呈现出相反的趋势。这是由于 HFCS、RS 和 BS 中存在果糖和葡萄糖，而 MS 中主要含有的麦芽糖在蜂蜜中含量较小。上述结果表明，采用拉曼光谱技术结合 PCA 判别蜂蜜真伪非常有效。

不同算法和数据集的分类结果如表 7-1 所示。CNN 对掺有单一糖浆的蜂蜜样品的检测准确率均超过 97%，同时对掺有任何类型糖浆的蜂蜜样品的检测准确率达到 94.79%。无论糖浆类型如何，CNN 在识别掺假蜂蜜方面实现了高精度检测。掺假蜂蜜的定量分析中，PLS 能够预测纯蜂蜜与单一糖浆混合样品的纯度，决定系数和均方根误差分别大于 0.98 和小于 3.50%，将 PLS 与拉曼光谱技术相结合来定量预测掺有单一糖浆的蜂蜜样品是有效的。在不考虑掺假类型的蜂蜜样品的定量分析中，PLS 表现不佳，但 CNN 能够成功地将样品按掺假浓度分为四类。因此，基于拉曼光谱技术的 CNN 算法对蜂蜜产品的质量控制具有重要的现实意义。

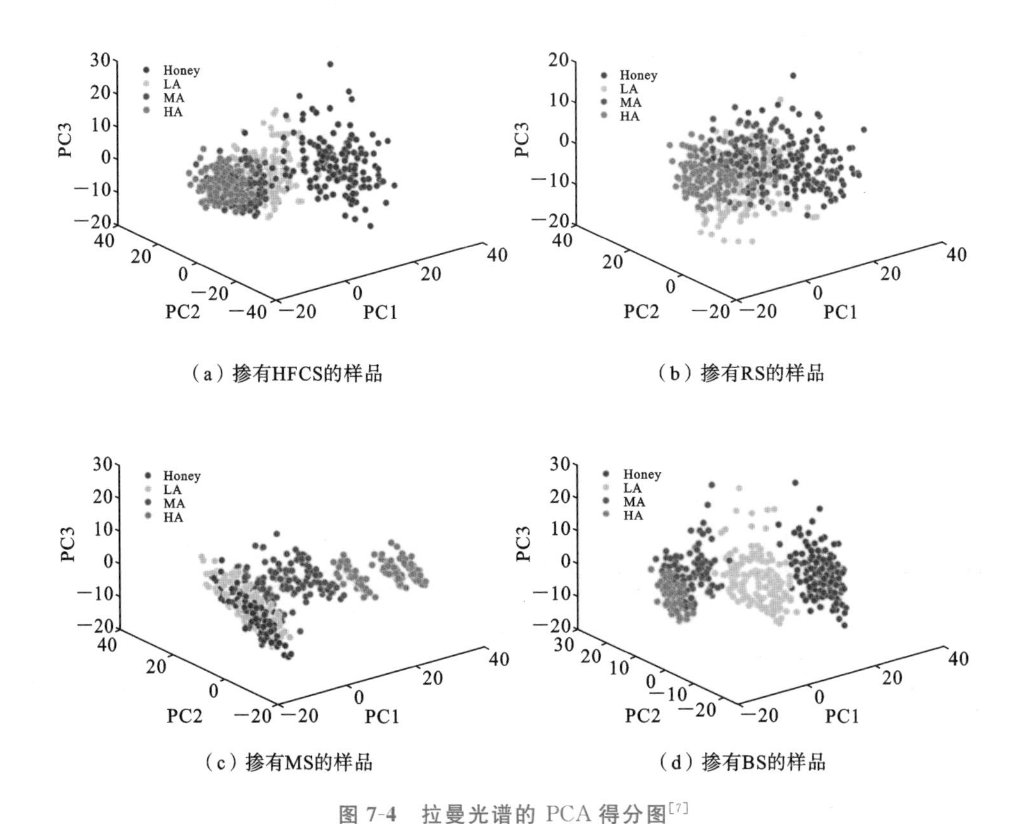

图 7-4 拉曼光谱的 PCA 得分图[7]

表 7-1 不同算法和数据集的分类结果[7]

糖浆	PLS-DA		PCA-LDA		CNN
	主成分数	准确率	主成分数	准确率	准确率
HFCS	7	86.67%	8	99.17%	99.17%
RS	5	85.83%	8	89.17%	97.50%
MS	5	89.17%	5	95.83%	100.00%
BS	4	100.00%	3	98.33%	100.00%
全部	11	63.96%	13	58.33%	94.79%

拉曼光谱技术无损、快速、经济，无须烦琐的样品预处理，因此适用于现场分析[12]。然而，收集到的拉曼光谱数据可能包含背景噪声，因此光谱预处理对于获取经拉曼光谱分析的准确信息至关重要[13]。此外，拉曼光谱技术每次只能

处理一个样品的光谱数据，而且光谱数据只涉及样品的一个点，可能并非处处均匀。如果一个样品需要更多数据点，则激光辐射可能会导致强烈加热从而破坏样品或隐藏拉曼光谱[14]。

7.1.2 核磁共振波谱技术

核磁共振波谱技术是利用原子核对射频（波长大于微波的电磁波）辐射吸收的性质而形成的分析方法。最初，核磁共振波谱技术主要应用于核物理研究领域，现已广泛应用于化学、食品、医学、生物学、遗传学等领域。陈雷等人[15]利用核磁共振（nuclear magnetic resonance，NMR）波谱技术进行了掺假蜂蜜的快速检测研究。实验蜂蜜采自湖北省、湖南省的不同养蜂场，品种为油菜蜜，共取用 303 个蜂蜜样品，贮藏在 4～8 ℃冰箱中备用。购于 8 家生产商的 18 种不同规格的果葡糖浆按 5%、10%、30%、50%、70%质量比加入油菜蜜中制备掺假蜂蜜。每种果葡糖浆分别掺入任选的 2 个油菜蜜样品，配制糖浆掺假蜂蜜样品 180 个。所有样品放置至室温，加入适量磷酸盐缓冲溶液，振荡离心后取适量上清液转移到 5 mm NMR 管中，利用 500 MHz 液体 NMR 仪采集波谱，序列中 90°脉冲的脉宽为 10.2 μs，t_1（纵向持续时间）和 t_m（混合时间）分别设为 4 μs 和 100 ms，延迟等待时间为 2.0 s。

油菜蜜样品的^{1}H NMR 谱图如图 7-5 所示。其大致可以分成 3 个区域，包括脂肪区（δ 0.00～δ 3.00）、糖类化合物区（δ 3.00～δ 6.00）和芳香区（δ 6.00～δ 9.50）。通过化学位移、偶合常数 J 以及^{13}C NMR 谱、^{1}H—^{1}H 化学位移相关谱、^{1}H—^{13}C 异核单量子相干谱可以对其中大部分信号进行归属，鉴定出多个化合物。比较强的共振峰都集中在 δ 3.00 和 δ 6.00 之间，主要是蜂蜜中葡萄糖和果糖的信号。δ 5.243 的双峰信号归属来自 α-吡喃葡萄糖的 C(1)H，受到 C(2)H 的偶合而裂分，偶合常数 J 为 3.75 Hz；β-吡喃葡萄糖 C(1)H 的化学位移为 δ 4.654，受 C(2)H 的偶合而裂分成双峰，偶合常数 J 为 7.95 Hz。β-吡喃葡萄糖 C(2)H 的化学位移为 δ 3.252，分别受到 C(1)H 和 C(3)H 的偶合，为双二重峰形。果糖在蜂蜜中主要以 β-吡喃果糖（β-fructopyranose，β-FP）、α-呋喃果糖（α-fructofuranose，α-FF）和 β-呋喃果糖（β-fructofuranose，β-FF）3 种构型存在。β-FP 含量最高，β-FF 含量次之，α-FF 含量最低。果糖的信号主要集中在 δ 3.5 和 δ 4.2 之间，可以观察到 β-FP 的 C(6)H′为 dd 峰形，其中一个双峰的化学位移为 δ 4.041，另一个双峰与 α-FF C(4)H、β-FP C(5)H 的信号重叠（δ 4.028～δ 3.983）；δ 4.088～δ 4.15 的信号来自 α-FF C(4)H 和 β-FF C(3)H、C(4)H。

脂肪区的共振峰主要来自氨基酸、有机酸以及乙醇等化合物。可以观察到

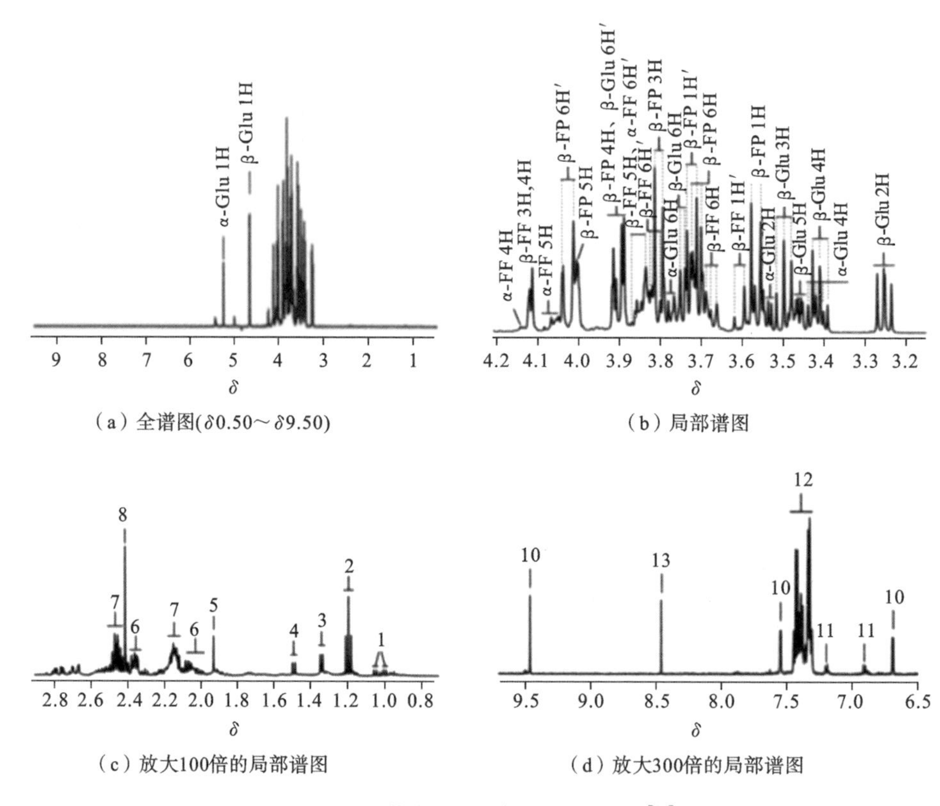

图 7-5　油菜蜜样品的^{1}H NMR 谱图[15]

缬氨酸、乙醇、乳酸、丙氨酸和乙酸的CH_3基团信号以及脯氨酸、谷氨酰胺、琥珀酸的CH_2基团信号，例如，δ 1.188 的三重峰信号来自乙醇的CH_3基团；δ 1.483 的双峰信号归属丙氨酸的 CH 基团，偶合常数 J 为 7.34 Hz；δ 2.408 的单峰信号归属琥珀酸的CH_2基团。芳香区处于谱图的低场区，可以鉴定出 5-羟甲基糠醛、酪氨酸、苯丙氨酸以及甲酸。例如，可以观测到酪氨酸苯环上的 C(3)H、C(5)H 和 C(2)H、C(6)H 两组质子的双峰信号，化学位移分别为 δ 6.906、δ 7.197。以上化合物的共振峰都较弱，反映出其在蜂蜜中的含量较小。

从 303 个油菜蜜样品中随机选出 213 个样品，从 180 个糖浆掺假蜂蜜样品中选出 100 个样品构成校正集，余下的 90 个油菜蜜样品和 80 个糖浆掺假蜂蜜样品组成预测集。选择 δ 0.1～δ 6.0 积分区间建立了正交偏最小二乘(orthogonal partial least square，OPLS)模型。表 7-2 列出了不同糖浆掺入量样品的均方根误差及判别结果，较高糖浆掺入量(30%以上)样品的均方根误差明显比低糖浆掺入量(5%、10%)样品的小,说明糖浆掺入量对样品的判别产生主要影响,所建模型可以对掺假蜂蜜进行快速筛查。

表 7-2 OPLS 模型对不同糖浆掺入量样品的判别结果[15]

糖浆掺入量/(%)	校正集		预测集	
	RMSEC/(%)	误判数	RMSEP/(%)	误判数
5	0.4203	2	0.4212	2
10	0.313	1	0.3609	1
30	0.1751	0	0.2514	0
50	0.1464	0	0.2196	0
70	0.2256	0	0.2142	0

此外,Bertelli 等人[16]利用一维和二维核磁共振法结合多变量统计分析,对掺入不同浓度糖浆的蜂蜜进行了检测。利用一维光谱和留一交叉验证法进行检测,其准确率达到 95.2%,但该方法需要对大量数据进行处理才能保证结果的有效性。Simova 等人[17]研究发现,栎醇为橡树蜜露的特征化合物,通过其亚甲基基团上的 H 和 C 在 ^{1}H 和 ^{13}C NMR 光谱上的不同响应,能够快速地将其与其他蜜源的蜜露进行区分。核磁共振波谱技术在蜂蜜掺假、蜜源判别等方面具有较好的应用前景。

7.1.3 荧光光谱技术

荧光光谱技术是一种新兴的检测技术,待测物中有些物质能够在一定的激发波长下发射荧光信号,根据荧光信号的强度可以判断荧光物质的含量。其由于具有分析时间短、样品预处理少、非破坏性、无污染、不需要专业人士操作及成本低等特点,在食品检测领域具有广阔的应用前景。

葛学峰等人[18]将纯净水与纯蜂蜜配成 5×10^{-2} g/cm^3 的蜂蜜标准溶液样品,利用比色皿取样 3 cm^3,测定其荧光光谱,激发波长为 283 nm,扫描蜂蜜水溶液的荧光光谱,测得其最大发射波长为 333 nm。为研究荧光强度与蜂蜜浓度之间的关系,利用 333 nm 处荧光强度值对蜂蜜浓度数据进行线性拟合,结果如图 7-6 所示,在 $0\sim5\times10^{-2}$ g/cm^3 范围内线性关系良好,蜂蜜浓度与荧光强度预测函数模型为 $I_{333}=40752877x+185600$(其中 x 为蜂蜜浓度,单位为 g/cm^3),模型决定系数为 0.97。

该研究还制备实际浓度分别为 2.7×10^{-2} g/cm^3、2.2×10^{-2} g/cm^3、1.7×

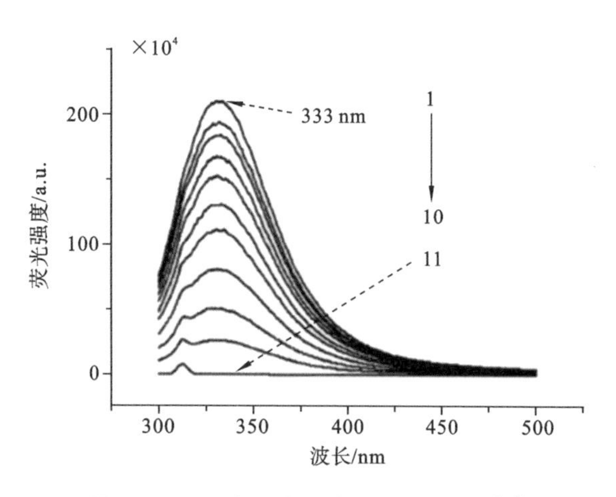

图 7-6 不同浓度蜂蜜溶液的荧光光谱[18]

注：曲线 1～11 代表的蜂蜜浓度分别是 5×10^{-2}、4.5×10^{-2}、4×10^{-2}、3.5×10^{-2}、3×10^{-2}、2.5×10^{-2}、2×10^{-2}、1.5×10^{-2}、1×10^{-2}、0.5×10^{-2}、0，单位为 g/cm³。

10^{-2} g/cm³、1.2×10^{-2} g/cm³ 的蜂蜜溶液对所建模型进行了外部验证。分别采集其荧光光谱，得到 333 nm 处荧光强度值，根据所得模型计算预测值，预测值与真实值对比如表 7-3 所示。结果说明，采用荧光光谱技术所得的预测模型具有较好的预测能力，准确率在 90%以上。

表 7-3 预测值与真实值对比[18]

浓度/(g/cm³)				准确率/(%)
本底值($\times10^{-2}$)	添加量($\times10^{-3}$)	真实值($\times10^{-2}$)	预测值($\times10^{-2}$)	
2.5	2	2.7	2.86	94.4
2	2	2.2	2.43	90.5
1.5	2	1.7	1.83	92.9
1	2	1.2	1.2	100

此外，胡乐乾等人[19]根据蜂蜜中的氨基酸种类和含量的不同，应用甲醛和乙酰丙酮与蜂蜜中氨基酸发生荧光衍生反应这一原理对不同花源的蜂蜜进行种类辨别研究。Necemer 等人[20]利用全反射 X 射线荧光光谱对斯洛文尼亚蜂蜜中的铁、铜、镍等微量元素进行了分析。陈兰珍等人[21]的研究结果显示，基于氨基酸荧光衍生的多维模式识别方法可以用于蜂蜜品种的鉴定。以上说明荧光光谱技术作为蜂蜜品质检测的全新方法具有广阔的发展前景。

7.1.4 近红外光谱技术

近红外(NIR)光谱技术是利用原子和分子的吸收或发射的电磁辐射,基于样品分子在不同波长范围内的光谱特性,通过测量光的总量来提供检测样品的复合化学描述的一种技术[22]。当光照射蜂蜜样品时,各种化学成分的振动、拉伸、弯曲和旋转都会产生近红外光谱信号[23],近红外光谱信号是由复杂的高频泛音和振动峰重叠的信息产生的,可以揭示与蜂蜜样品化学成分相关的隐藏信息[24]。

NIR 光谱技术与化学计量学方法相结合可用来识别和量化不同的蜂蜜掺假物,现有的研究结果已证实该技术应用于蜂蜜质量控制的潜力,一个稳健的模型不仅可以检测蜂蜜掺假物,还能可靠地检测其类型和含量[25, 26]。Aliaño-González 等人[27]介绍了一种结合化学计量学的基于可见/近红外(Vis/NIR)光谱的检测技术,用于识别和量化优质蜂蜜中的转化糖(IS)、大米糖浆(RS)、红蔗糖(BS)和果葡糖浆(FS)等不同类型掺假物及含量(5%~50%),实现了非掺假样品和掺假样品的快速识别。纯蜂蜜和四种掺假物的 Vis/NIR 平均光谱如图 7-7 所示,特定区域中的光谱差异可能与所使用的掺假物有关。在 400 nm 和 750 nm 之间的可见光区域,BS 呈现出最高的吸光度,其次是纯蜂蜜,其余掺假物在该区域表现出相似的吸光度。400 nm 处的吸收峰与吸收蓝紫光的化合物有关,因此蜂蜜会产生特有的橙琥珀色[28]。较高的吸收度表明样品颜色较深,如 BS 呈深棕色,纯蜂蜜保持在中等范围内呈橙琥珀色,其他掺假物呈现出类似

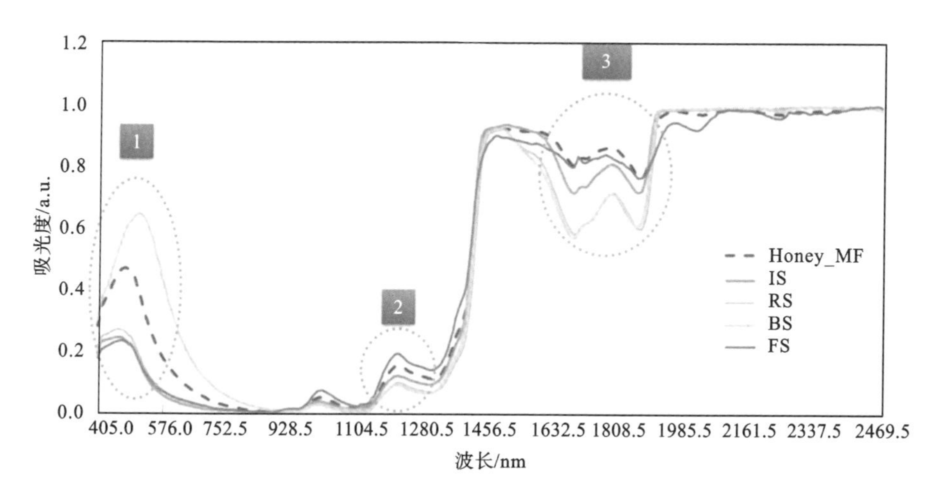

图 7-7　纯多花蜂蜜样品和掺假物(糖浆)的 Vis/NIR 平均光谱[27]

的淡黄色。550～600 nm 附近的峰为样品中核黄素(维生素 B_2)的最大发射峰[29],BS 该范围在内呈现出较高的吸光度,可能与其核黄素含量有关。在 NIR 区域,1190 nm 附近有一个重要的吸收峰,不同的掺假物显示出不同的吸光度。该峰与 C—H 频段的第二泛音和 O—H 频段的泛音的组合相关[30, 31],因此也受蜂蜜中含水量的影响。大约在 1700 nm 和 1900 nm 处的第三个吸收带与化学键 C—H 的第一泛音有关,已有研究表明,这些吸收带的强度与蔗糖、果糖和葡萄糖含量之间具有直接关系[30, 32]。

为区分蜂蜜光谱中肉眼无法分辨的细小差异,应用化学计量学方法提取与蜂蜜中掺假物相关的信息。分层聚类分析(HCA)是一种非监督技术,将其应用于包括纯多花蜂蜜(Honey_MF)和不同浓度掺假物的数据集,HCA 的结果如图 7-8 所示。HCA 结果中包含两个主要组,称为簇 A 和簇 B,簇 A 包含所有掺假蜂蜜样品,而簇 B 包含所有纯蜂蜜样品。根据掺假物是否存在对样品进行分组的第一个趋势表明 Vis/NIR 光谱技术适用于检测蜂蜜是否掺假。线性判别分析(LDA)用于确定 Vis/NIR 光谱技术的适用性,结果表明其不仅可以区分非掺假样品,还可以区分不同类型的掺假样品。将 LDA 应用于相同的数据矩阵,预先建立五个组,一组用于 Honey_MF,另外四组用于四种掺假物(IS、RS、BS 和 FS),随机选择 75%共 90 个样品作为校正集,其余 25%共 30 个样品作为预测集进行模型测试。从 LDA 中获得了四个最大化不同蜂蜜样品之间分离的标准判别函数。图 7-9(a)和(b)表示基于三个第一标准函数(F1 与 F2 和 F2 与 F3)的所有蜂蜜样品的判别分数。将 F1 样品分为三组:第一组由 RS 和 IS 掺假样品组成,正载荷值在 0 到 10 之间;第二组包含 BS 掺假样品,其负载荷值(从 0

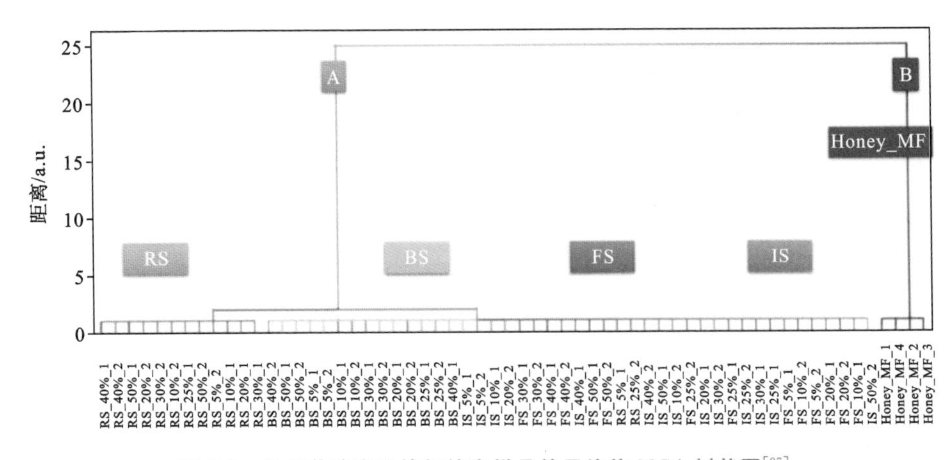

图 7-8　纯多花蜂蜜和掺假蜂蜜样品的平均值 HCA 树状图[27]

到－5)较低;第三组包括 FS 掺假样品和纯蜂蜜样品,它们都具有高负载荷值(从－5 到－10)。仅基于 F1 无法实现完全区分,基于 F2 可以实现 BS 掺假样品(具有 F2 负值)与其余样品(具有 F2 正值)之间的空间分离,基于 F3 能将 IS 掺假样品与其余样品(包括 RS 掺假样品)完全分开。

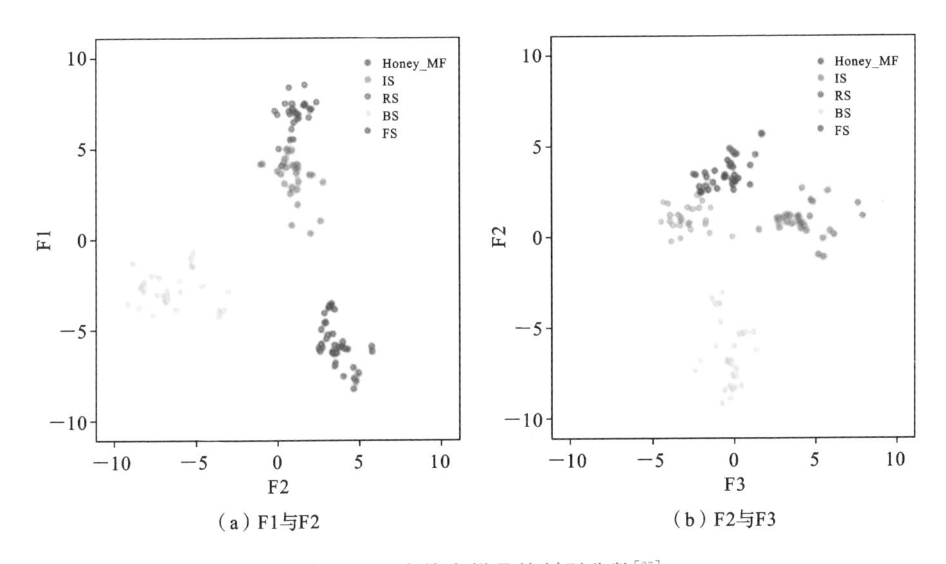

图 7-9　所有蜂蜜样品的判别分数[27]

最后评估了通过 Vis/NIR 光谱技术量化掺假水平的可能性,应用具有交叉验证的 PLS 回归来建立多变量校准模型。掺假物的类型可以通过 LDA 进行识别,首先基于 0%、5%、10%、20%、30%、40%和 50%掺假水平的样品分别建立 4 种掺假物的模型,并利用一组掺假水平为 25%的未参与建模的样品进行外部验证,PLS 结果如表 7-4 所示,所有单个掺假模型的决定系数均高于 0.98,均方根误差均低于 3%,全局掺假模型的决定系数为 0.964,RMSEC 和 RMSEP 分别为3.195%和 3.886%。结果证明了模型的准确性和稳健性,单个掺假模型相较于全局掺假模型结果略好。

另外,酶的活性是评价蜂蜜质量的基础,养蜂人通常使用浓缩机高温浓缩蜂蜜,而活性酶对高温非常敏感,超过一定温度就会失去活性。Huang 等人[33]开发了一种基于可见/近红外(Vis/NIR)光谱的在加热过程中快速测定蜂蜜淀粉酶活性的无损检测方法。应用 PLS 和最小二乘支持向量机(LSSVM)算法来确定 Vis/NIR 光谱信息与淀粉酶活性之间的定量关系,经高斯滤波平滑标准正态变量变换(Gaussian filter smoothing-standard normal variate, GF-SNV)预处理

表 7-4 蜂蜜样品中单个和全局掺假模型的 PLS 结果[27]

模型	R^2	RMSEC/(%)	RMSEP/(%)	外部验证平均误差/(%)	
IS	0.981	2.433	2.930	0.172	
RS	0.990	1.794	2.925	2.973	
BS	0.992	1.621	1.911	0.187	
FS	0.990	1.740	2.069	3.575	
全局	0.964	3.195	3.886	IS	2.957
				RS	6.234
				BS	3.069
				FS	6.073

后建立的 LSSVM 预测模型的 R^2 为 0.8872，RMSE 为 0.2129 mL/(g·h)。

在蜂蜜品质检测方面，近红外光谱技术可实现水分、果糖、葡萄糖和还原糖等含量的测定。邱琳等人[34]利用傅里叶近红外光谱仪采集蜂蜜的透反射光谱进行了蜂蜜中主要成分（水分、果糖、葡萄糖和还原糖）含量的检测研究。蜂蜜中水分、果糖、葡萄糖和还原糖 PLS 定量模型的 R 分别达到 0.997、0.974、0.928 和0.953，RMSEP 分别为 0.165%、0.564%、1.300%和 1.270%。侯瑞丽等人[35]利用 NIR 光谱技术检测蜂蜜中的蔗糖含量，其校正集决定系数为 0.9932，均方根误差为 0.2472。李水芳等人[36]提出了一种利用 NIR 光谱技术定量分析蜂蜜中可溶性固形物含量（SSC）的方法，并对蜂蜜中的水分含量进行了分析，研究表明 NIR 光谱技术能够准确测定蜂蜜中 SSC 和水分含量。刘晨[25]根据对蜂蜜光谱的分析研究结果，提出了一种快速检测蜂蜜品质的近红外光谱检测方案并完成了检测方案的光学仿真和信号采集电路设计，但目前市场上仍没有能够快速检测蜂蜜品质的专用仪器。

7.2 产地鉴定辨识技术

蜂蜜的成分复杂，除含有各种糖类、蛋白质、氨基酸、维生素、酸类、酶类等常规成分及活性物质外，还含有丰富的矿物质[37]，蜂蜜中含有 60 多种矿物质，其大多数参与了蜜蜂体内激素、酶、维生素、蛋白质等的代谢与合成[38]。动植物源性食品中矿物质的构成与含量主要与产地土壤有关[39]，而土壤矿物质又来源于成土母质等[40]。因此，无论是土壤矿物质，还是动植物源性食品所含矿物质，在地理上都呈现出区域性或地带性分布特征。植物来源包括生产蜂蜜的主要植物来源,而地理来源是指产品的采集区域。不同产地、不同蜜源所产蜂蜜的普通成分基本一致,然而植物和地理来源不同,蜂蜜的物理化学成分和感官特性是不同的。对蜂蜜植物来源的鉴定主要包括三个部分:感官分析、理化性质测定和蜂蜜孢粉学分析。由于蜂蜜感官特性容易受到加工、结晶、储存等因素的影响,且没有针对单一花色类型的参考蜂蜜,仅仅依靠感官方法很难准确辨别产地和蜜源,且可能造成产地和蜜源标识混淆。因此,进行蜂蜜产地和蜜源溯源研究,不仅具有一定科研价值,对于保障消费者权益也具有一定意义。传统的理化性质分析技术如色谱、质谱技术等已相当成熟,近几年一些新兴的鉴定技术也开始涌现,本节着重讲解一些新的产地鉴别技术,旨在为蜂蜜产地鉴别提供新的技术方案。

7.2.1 电子鼻技术

电子鼻的概念最早由 Persaud 和 Dodd[41] 在 1982 年提出,电子鼻被定义为一种具有部分特异性的电子化学传感器阵列和适当的模式识别系统,能够识别简单或复杂的气味的仪器[42]。随着多传感器技术的应用与发展,电子鼻发生了许多概念上的变化,目前便携式电子鼻得以制造,并基于更高灵敏度和选择性的创新纳米粒子材料发展了具有先进功能的新型传感器[43]。图 7-10 为典型的电子鼻结构,其工作原理是将所研究的现有挥发物信息转换为传感器阵列的电

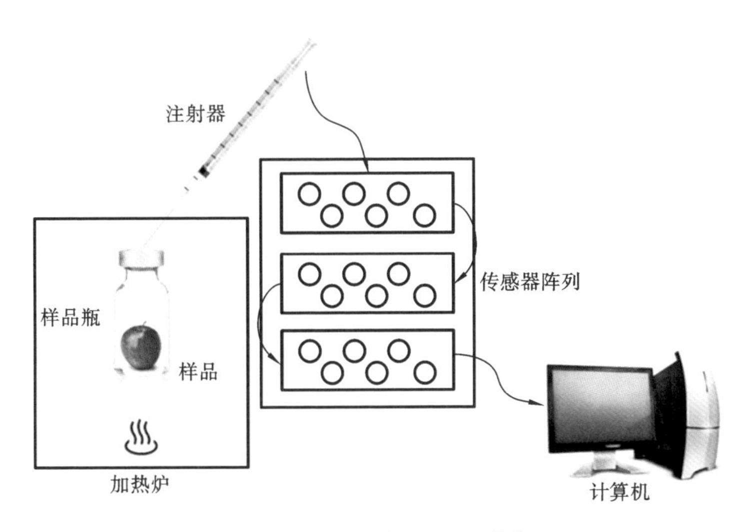

图 7-10 电子鼻组成部分[44]

子信息，然后经过数据处理单元提取相应的信息将得到的数据输出[44]。作为电子鼻的核心组成部分，传感器决定了所使用的仪器类型，主要有金属氧化物半导体传感器、金属氧化物半导体场效应晶体管传感器、质量敏感传感器、导电有机聚合物传感器、固体电解质传感器和光纤传感器等[45]。作为一种客观的、自动化的、无损的表征食品风味的技术，电子鼻技术具有灵敏度高、与人体感官相关性高、操作方便、成本效益高等优点，仅需很短的时间即可完成分析[46]。

蜂蜜的香气是由复杂的挥发性成分产生的，电子鼻的传感器阵列可测量蜂蜜的气味指纹，有效捕捉蜂蜜的香气信息。一些研究人员利用电子鼻对蜂蜜产地进行了鉴别，Huang 等人[47]使用基于金属氧化物（SnO_2）传感器的电子鼻对不同植物和地理来源的样品进行了分析。如表 7-5 所示，样品来源包含两个地理来源和 14 个植物来源，每个植物来源有 6 个样品，共 84 个样品，选择 56 个样品（每个植物来源有 4 个样品）进行模型校准，其余 28 个样品（每个植物来源有 2 个样品）用于验证。图 7-11 中的两个极坐标图显示了 14 个植物来源和 2 个地理来源的典型蜂蜜样品的指纹。14 个植物来源的样品或 2 个地理来源的样

表 7-5　蜂蜜样品的植物和地理来源以及用于 LSSVM 鉴别的编码二进制数[47]

任意数	编码二进制数				地理来源	植物来源
	1	2	3	4		
1	−1	−1	−1	−1	中国	枣树
2	−1	−1	−1	+1	中国	来自油菜、刺槐和黄芪的多花蜂蜜
3	−1	−1	+1	−1	中国	刺槐
4	−1	−1	+1	+1	中国	黄芪
5	−1	+1	−1	−1	中国	橘子
6	−1	+1	−1	+1	中国	椴树
7	−1	+1	+1	−1	中国	荔枝
8	−1	+1	+1	+1	中国	龙眼
9	+1	−1	−1	−1	澳大利亚	Red Stringybark（大咀桉）
10	+1	−1	−1	+1	澳大利亚	Yellow-top Mallee Ash（鲁曼桉）
11	+1	−1	+1	−1	澳大利亚	Grey Box（小果桉）
12	+1	−1	+1	+1	澳大利亚	River Red Gum（赤桉）
13	+1	+1	−1	−1	澳大利亚	Sweet Oranger（柳橙）
14	+1	+1	−1	+1	澳大利亚	Yellow Box（蜜味桉）

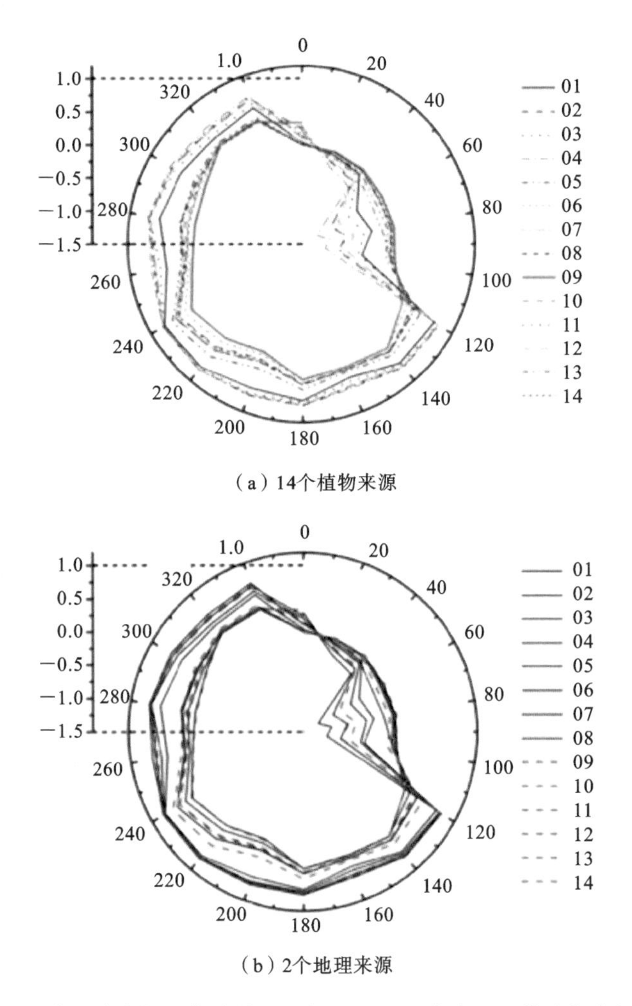

（a）14个植物来源

（b）2个地理来源

图 7-11　典型蜂蜜样品指纹的极坐标图(1～14 代表不同的植物来源)[47]

品之间没有明显差异，通过直接观察极坐标图中一个或多个传感器的响应值，很难区分 14 个植物来源的样品或 2 个地理来源的样品。

PCA 和判别因子分析(discriminant factor analysis，DFA)用于检测电子鼻将蜂蜜样品分配给特定植物来源的能力。14 个植物来源的 84 个样品的 PCA 和 DFA 结果如图 7-12 所示，其中相似的样品彼此靠近，并且可以观察到不同植物来源样品之间的差异。前两个主成分和前两个判别函数的总贡献率分别为 99.01%和96.99%，表明大部分来自电子鼻数据的信息都包含在前两个主成分/判别函数中。在图 7-12(a)中，样品点根据与电子鼻响应相关的前两个主成分分为两组。枣树 1、刺槐 3、黄芪 4、荔枝 7 和大咀桉 9 的蜂蜜样品可以被较好

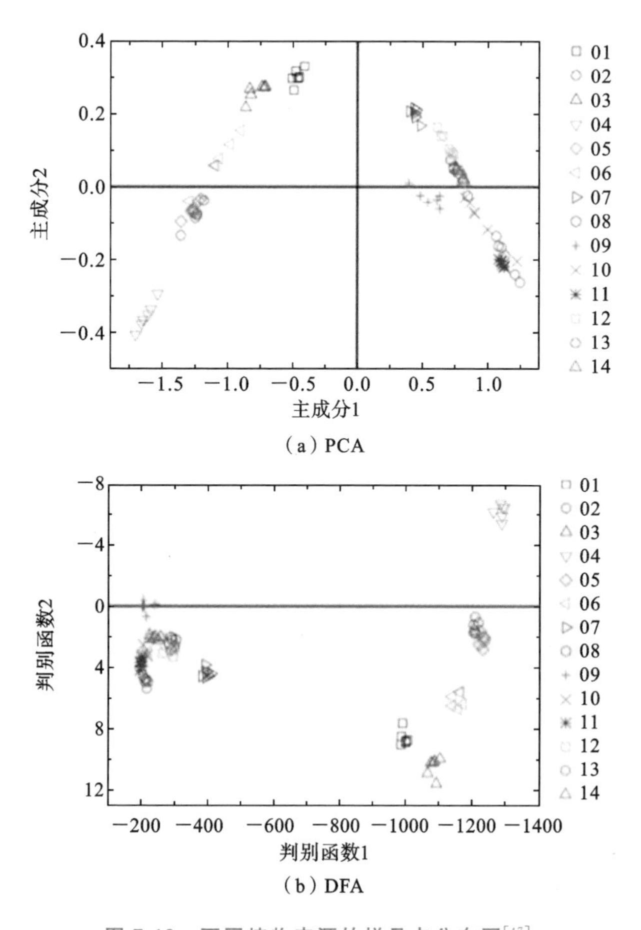

（a）PCA

（b）DFA

图 7-12　不同植物来源的样品点分布图[47]

地判别，其他植物来源的蜂蜜样品点相互重叠。图 7-12(b)中，枣树 1、刺槐 3、黄芪 4、椴树 6、荔枝 7 和大咀桉 9 的蜂蜜样品彼此分离良好；多花蜂蜜 2 和橘子 5 的样品点重叠；其他植物来源的样品点聚集在一起。来自澳大利亚的所有样品点以及来自中国的荔枝 7 和龙眼 8 的样品点分布图 7-12(b)的左侧，而来自中国的其他样品点分布在图 7-12(b)的右侧。PCA 和 DFA 结果表明，电子鼻可以准确地区分两个地理来源的蜂蜜。虽然成功区分的样品与其他样品分离良好，但是一些植物来源的样品点相互重叠，因为 PCA 和 DFA 都是线性识别方法，在 PCA/DFA 计算后无法保留电子鼻响应之间的非线性相关性。

非线性建模方法即 LSSVM 可提高对不同植物来源样品的区分度，当根据其地理来源分配任意数时，使用－1 和＋1 的编码二进制数来表示样品是来自中国还是来自澳大利亚，如表 7-5 所示。基于样品的电子鼻信号及其任意数建立了 LSSVM 判别模型,在标定和验证过程中基于已建立的 LSSVM 判别模型获得了 100%的地理来源判别总准确率(overall accuracy, OA),荔枝 7 和龙眼 8 的样品的地理来源被正确分类为中国。LSSVM 判别模型在校准和验证过程中对所有植物来源样品的判别具有 100%的 OA,多花蜂蜜 2 和橘子 5 的样品也被正确区分,并且所有来自澳大利亚的不同植物来源的样品也被正确识别。结果表明,非线性建模方法对于区分蜂蜜的植物和地理来源非常重要。

Dymerski 等人[48]开发了低成本电子鼻,用于不同植物来源的蜂蜜样品的分类。样品温度的准确保持是准确测定气相中分析物浓度的基础,利用气体恒温模块来防止气态样品成分混合物在测量装置内冷凝,以提供稳定且可重现的传感器响应信号,同时较高的样品相对湿度能够增大传感器灵敏度。如图 7-13 所示,为了提供恒定温度和较高相对湿度的气态样品,应用四个恒温模块:T_1(控制样品加热夹套温度的模块)、T_2(控制样品室温的模块)、T_3(控制传感器腔内温的模块)、T_4(控制传感器模块温度的模块)。应用四个恒温模块获得了所需的恒定温度梯度,这可以防止气态样品中的水分在从样品室到电子鼻系统的输出过程中冷凝。制备的气体混合物相对湿度在 86%和 91%之间,根据样品的温度以及惰性气体流速进行调整。电子鼻外壳及样品室、传感器室和电子系统室隔板均采用隔热材料,以保证稳定工作。使用半导体传感器(TGS 880、TGS 825、TGS 826、TGS 822、TGS 2610、TGS 2602),最终确定了最佳操作参数:发泡温度为 35 ℃,载气体积流量为 15 L/h,传感器信号采集时间为发泡过程开始 60 s 后。图 7-14 显示了最佳分析条件下电子鼻传感器响应信号与时间的关系。电子鼻结合 PCA 和聚类分析(cluster analysis, CA)可以识别三种不同植物来源蜂蜜,使用 LDA 可以区分五种不同植物来源的蜂蜜,且通过计算变

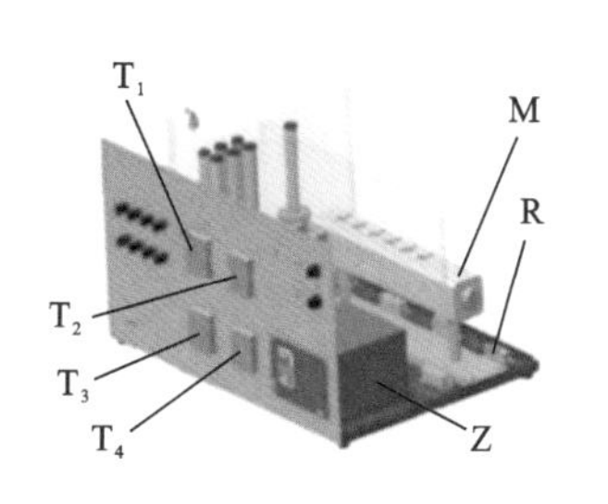

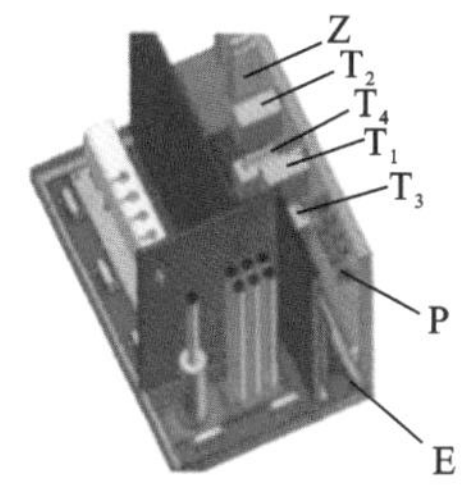

(a) 装置3D示意图一　(b) 装置3D示意图二　(c) 实物图

图 7-13　电子鼻样机设计[48]

注:Z—230 V AC 电源;R—加热元件;M—传感器模块;P—电位器;E—负责对 TGS 传感器响应信号进行初步处理的集成电路。

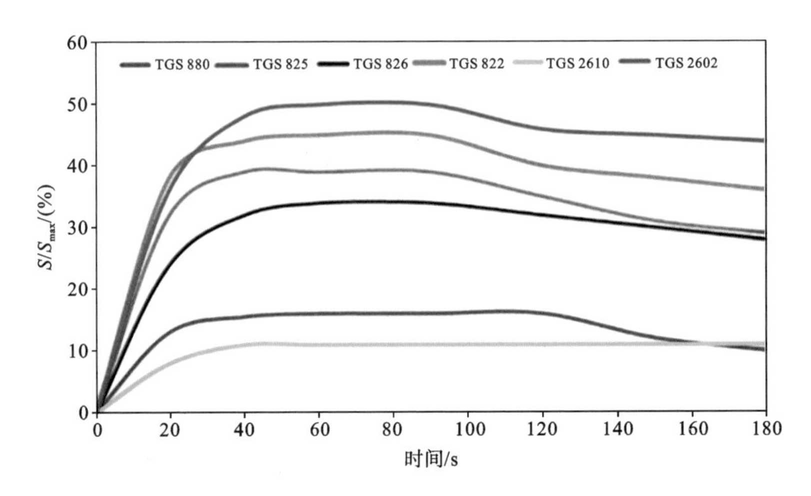

图 7-14 最佳分析条件下电子鼻传感器响应信号与时间的关系[48]

异系数(coefficient of variation, CV),发现 CV 在 4.9%～8.6%的范围内有96%的复现性,结果显示电子鼻可以快速、客观地对波兰不同植物来源的蜂蜜进行分类。

Ampuero 等人[49]使用固相微萃取采样技术结合基于质谱的电子鼻,对来自瑞士的金合欢树、蒲公英、栗树、油菜、酸橙和冷杉单花蜜进行了分类,使用该技术在 PCA 和 DFA 中获得了 98%的分类准确率。电子鼻已被证明能够按植物来源快速、可靠地对未知蜂蜜样品进行分类。

7.2.2 电子舌技术

电子舌是一种包含一组具有部分特异性的电子化学传感器和一个模式识别系统,能够识别简单或复杂味道的仪器[50]。在设计电子舌时,传感器的差分阵列可根据目标样品采用不同的操作模式进行定制,主要包含基于电化学、酶促、光学和质量相互作用的传感器。

Elamine 等人[51]开发了一种基于阻抗的电子舌,用于鉴别不同植物来源的蜂蜜。实验中蜂蜜样品包括 18 个来自摩洛哥的柴胡花蜂蜜样品以及来自葡萄牙不同地区的 31 个薰衣草花蜂蜜样品。样品置于玻璃容器中并于暗环境下保存,对蜂蜜样品的电导率、水分含量、颜色、葡萄糖含量和果糖含量进行了测定。

图 7-15 为电子舌示意图。电子舌由四组不同的传感电极组成,这些传感电极由导电材料制成,分别为玻璃载玻片上的热蒸发金薄膜、碳薄膜、涂有铟锡氧

化物(indium tin oxide, ITO)层的玻璃载玻片和高度掺杂的 n 型硅片。采用 Fluke PM 6306 阻抗分析仪对蜂蜜样品进行小信号阻抗测量,分别测量电容和电阻随频率的变化情况,交流信号的振幅为 50 mV。每个蜂蜜样品由 8 个阻抗谱表征,对每个光谱测量从 60 Hz 到 1 MHz 共 49 个不同的频率,用 392 个实验数据点对蜂蜜样品进行表征。

(a) 实物照片

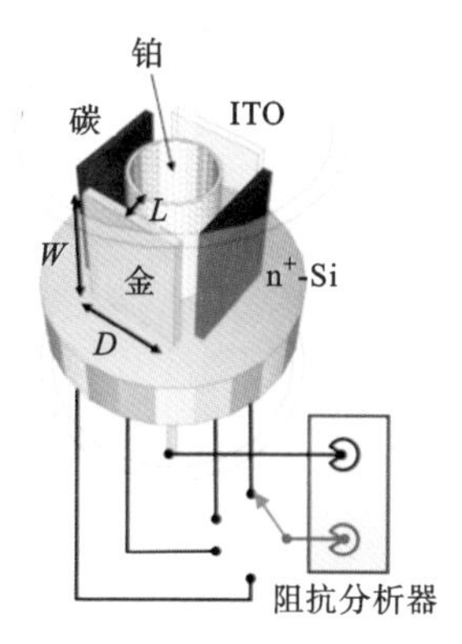

(b) 3D示意图

图 7-15 电子舌示意图[51]

实验过程中发现不同电极对不同植物来源蜂蜜的鉴别能力不同,其中金电极的鉴别能力最高。与金电极相比,ITO 电极获得的 PCA 数据分布在四个像素上,但仍然组织成两个分离良好的簇。碳电极和 n^+-Si 电极对蜂蜜样品的鉴别能力最低。图 7-16 显示了使用四组传感电极的损耗角正切数据构建的 PCA 图。这两种蜂蜜的区别非常明显,在不同的象限沿两条清晰的线分布,可见电子舌对蜂蜜导电性的变化较为敏感,蜂蜜中的电离有机酸和矿物盐引起了不同植物来源蜂蜜之间电导率的差异,电子舌对蜂蜜这种复杂液体的检测具有相当大的优势。

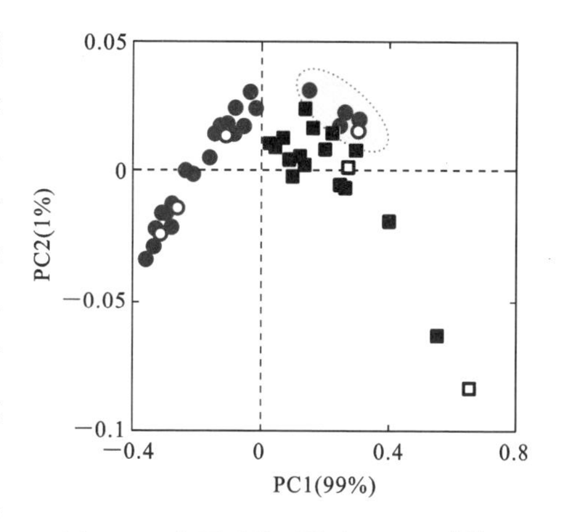

图 7-16 电子舌鉴别能力 PCA 图[51]

Bougrini 等人[52]研发了一种伏安电子舌(VE-tongue)对不同地理和植物来源的蜂蜜样品进行分类。同时伏安电子舌也可以对蜂蜜中葡萄糖糖浆(glucose syrup，GS)、蔗糖糖浆(sucrose syrup，SS)等杂质进行检测。VE-tongue系统如图 7-17 所示。

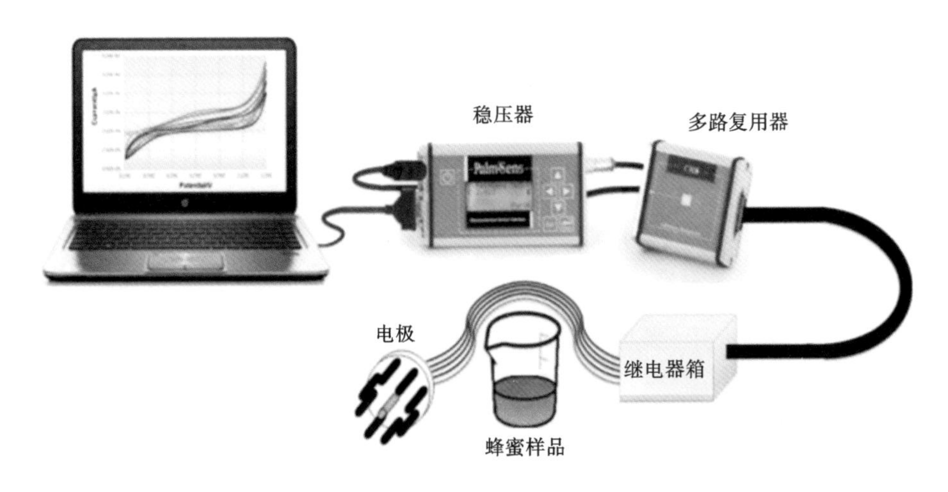

图 7-17　VE-tongue 系统[52]

VE-tongue 系统能够根据蜂蜜的地理和植物来源区分不同类型的蜂蜜，也可以对蜂蜜中的掺假物进行检测。如图 7-18(a)和(b)所示，PCA 结果分别代表不同地理和植物来源蜂蜜数据集的 73.41%和 81.83%的总方差，SVM 和 HCA 的识别正确率为 100%。如图 7-18(c)和(d)所示，数据集中 86.39%的信息对应葡萄糖糖浆掺假蜂蜜，86.37%的信息对应蔗糖糖浆掺假蜂蜜。葡萄糖

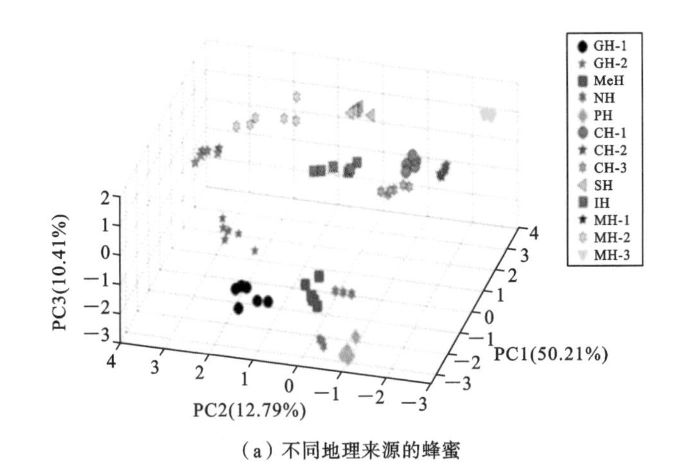

(a) 不同地理来源的蜂蜜

图 7-18　PCA 得分图[52]

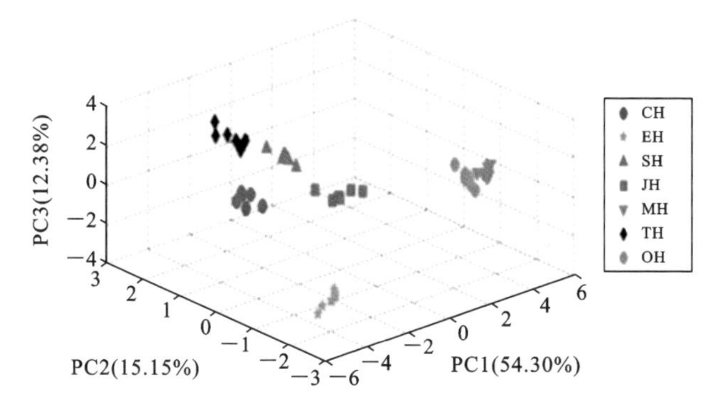

（b）不同植物来源的蜂蜜

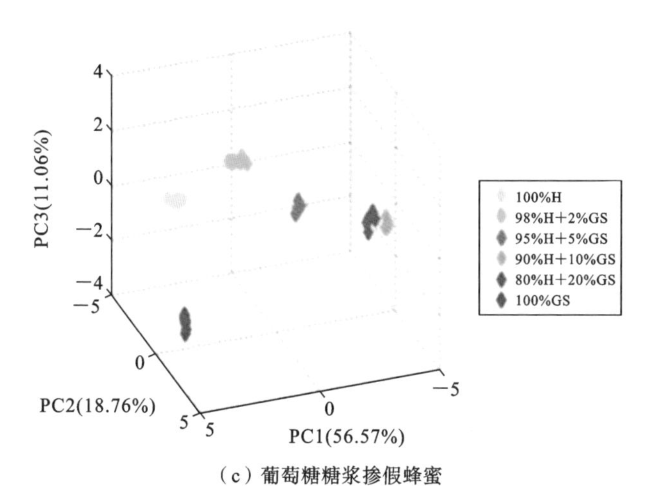

（c）葡萄糖糖浆掺假蜂蜜

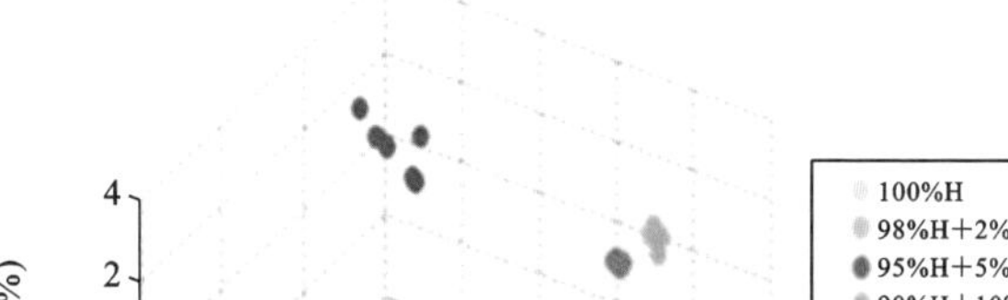

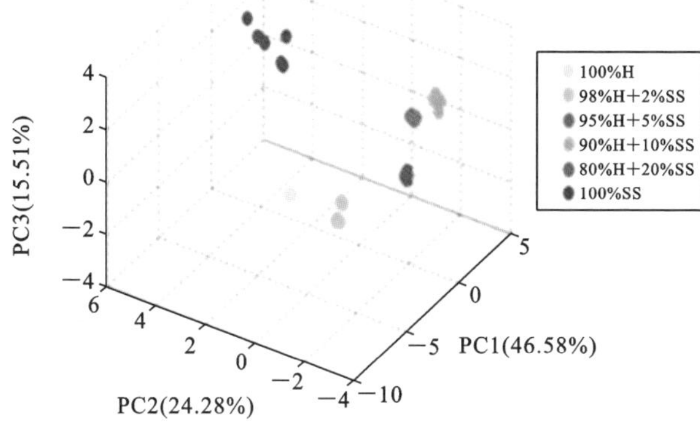

（d）蔗糖糖浆掺假蜂蜜

续图 7-18

糖浆和蔗糖糖浆掺假蜂蜜的 SVM 和 HCA 识别正确率均达到 100%。伏安电子舌可以通过进一步优化成为一种可靠、有效的蜂蜜来源鉴别手段,从而替代部分传统分析方法。

7.2.3 近红外光谱技术

近红外光谱技术具有高效、快速、无损、绿色环保等特点,在蜂蜜产地鉴别方面具有传统方法不可比拟的优点。李水芳等人[53]利用近红外光谱技术结合化学计量学方法进行了蜂蜜产地快速鉴别研究。所用蜂蜜样品共 142 个,其中 80 个苹果蜜(山西临汾和陕西咸阳产蜂蜜各 40 个),62 个油菜蜜(四川资阳产蜂蜜 21 个、湖南常德产蜂蜜 41 个)。光谱的采集在约 25 ℃环境下进行,采用 AntarisⅡ傅里叶变换近红外光谱仪,每个样品扫描 3 次,取 3 次的平均光谱作为样品光谱。选用 KS 法划分校正集和预测集。80 个苹果蜜中 54 个作为校正集,26 个作为预测集;62 个油菜蜜中 41 个作为校正集,21 个作为预测集。

对采集的光谱进行 1 阶导数和自归一化预处理,再用小波变换(wavelet transform, WT)对预处理后的光谱进行压缩和滤噪。小波变换中小波参数(小波基、阶数和分解尺度)的选择至关重要,它直接影响所建模型的预测能力。db(Daubechies)族小波基应用最广泛,选择 db 族小波基,考察不同阶数和分解尺度对模型预测能力的影响。图 7-19 为选用不同阶数和分解尺度的 50 个径向基函数神经网络(radial basis function neural network, RBFNN)模型预测总准确

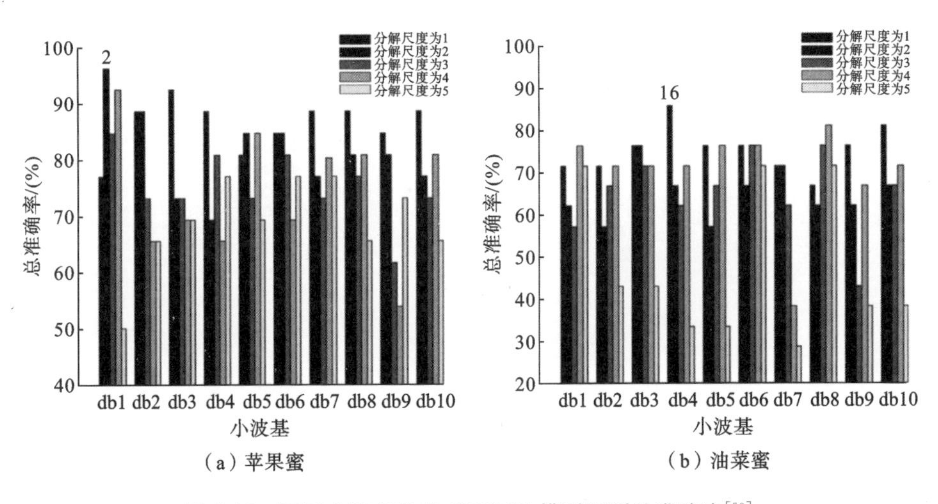

图 7-19 不同小波参数的 RBFNN 模型预测总准确率[53]

率结果。对于苹果蜜，预测总准确率最高为 96.2%，对应的小波系数为 389，小波基为 db1，分解尺度为 2；对于油菜蜜，预测总准确率最高为 85.7%，对应的小波系数为 781，小波基为 db4，分解尺度为 1。

不同阶数和分解尺度的 50 个偏最小二乘线性判别分析(PLS-LDA)模型预测总准确率结果见图 7-20。ROC(receiver operating characteristic)曲线可用来评价二分类模型性能。ROC 曲线下的面积越大，模型的预测能力越强。当 ROC 曲线下的面积为 1 时，可认为所建模型具有很好的预测能力；当 ROC 曲线下的面积小于 0.5 时，可认为所建模型已不具备预测能力。对于苹果蜜，模型 2、4、6、7、12 和 16 都得到了 96.2%的最高预测总准确率，对应的小波系数分别为 389、98、779、391、392 和 781。为了进一步评价这 6 个模型的预测能力，对校正集进行了 10 折交互验证，6 个模型 10 折交互验证的总准确率分别为 98.2%、94.4%、94.4%、92.6%、96.3%和 94.4%，ROC 曲线下的面积分别为 0.962、0.934、0.951、0.940、0.944 和 0.948，表明模型 2 的预测能力最好，对应的小波基为 db1，分解尺度为 2。对于油菜蜜，模型 6、36、41 和 46 都得到了 90.5%的最高预测总准确率，对应的小波系数分别为 779、785、786 和 787。这 4 个模型对校正集 10 折交互验证的总准确率分别为 82.9%、82.9%、85.4%和 85.4%，模型 41 的 ROC 曲线下的面积最大，为 0.863，其预测能力最好，对应的小波基为 db9，分解尺度为 1。

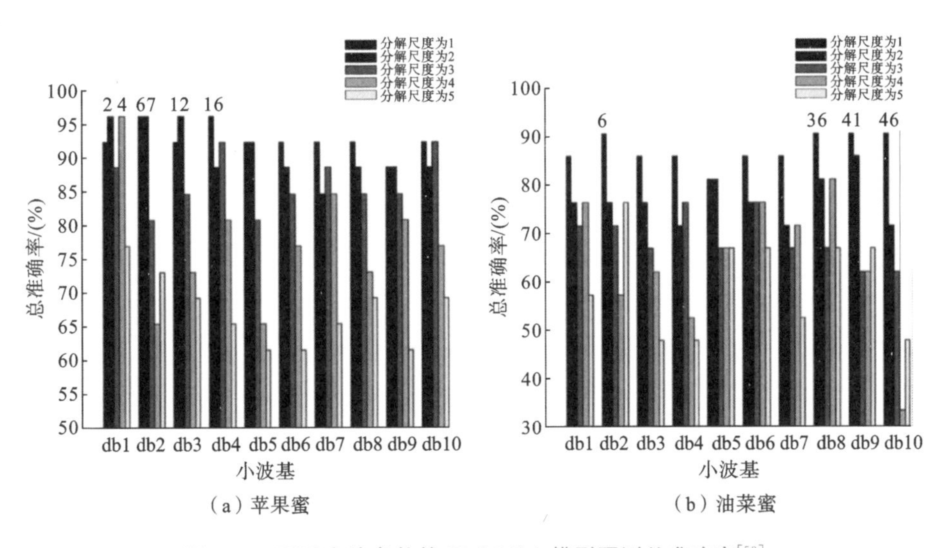

(a) 苹果蜜 (b) 油菜蜜

图 7-20 不同小波参数的 PLS-LDA 模型预测总准确率[53]

图 7-21 为苹果蜜样品的近红外光谱图。该研究中 RBFNN 具有很好的逼近性能和全局最优特性,并且结构简单,训练速度快,被选作非线性建模方法。PLS-LDA 通过 PLS 提取主成分,再结合 LDA 进行判别分析,比其他线性判别方法有更好的模式识别能力,因此选择该方法为线性建模方法。对比 RBFNN 模型和 WT-RBFNN 模型预测结果,对于苹果蜜和油菜蜜,WT-RBFNN 模型具有较好的预测能力,对应的预测总准确率分别为 96.2%和 85.7%,说明 WT 预处理能有效提高模型的预测能力,对苹果蜜的预测结果优于油菜蜜。对比 PLS-LDA 和 WT-PLS-LDA 模型预测结果,WT-PLS-LDA 模型预测结果较好,WT-PLS-LDA 模型对苹果蜜的最高预测总准确率为 96.2%,而 WT-PLS-LDA 模型对油菜蜜的最高预测总准确率为 90.5%。

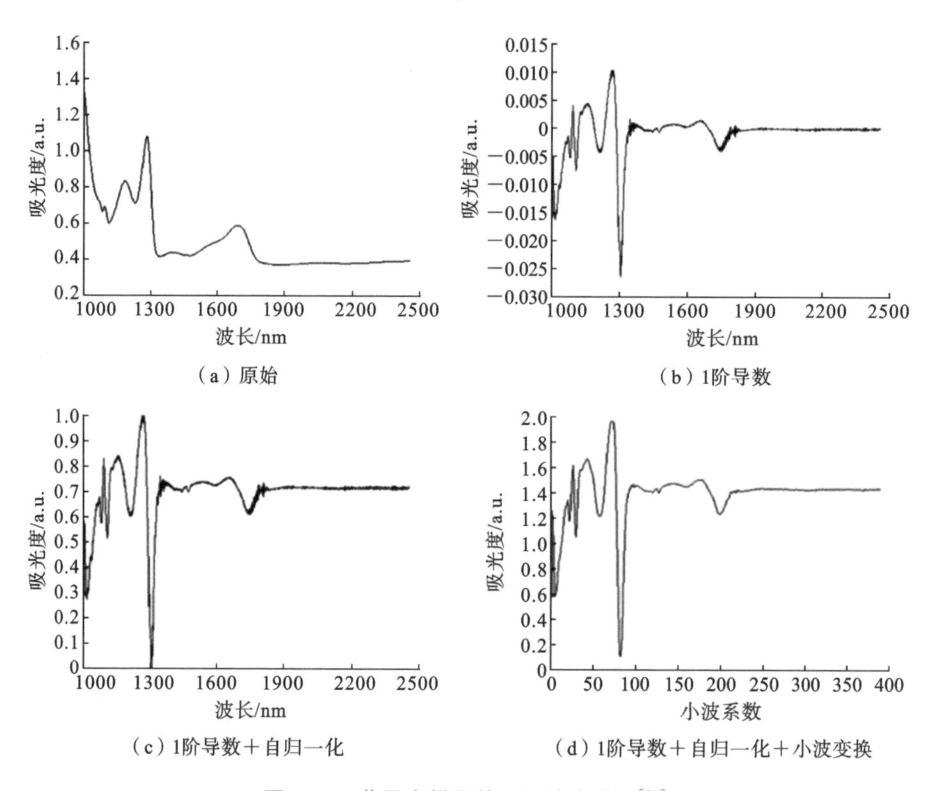

图 7-21　苹果蜜样品的近红外光谱图[53]

对两种蜂蜜的预测结果是 WT-RBFNN 模型优于 RBFNN 模型、WT-PLS-LDA 模型优于 PLS-LDA 模型,说明 WT 在蜂蜜产地鉴别上是一种行之有效的光谱预处理方法。WT 不仅能使数据点显著减少,还能有效提取原始信号中的特征信息，因此能提高模型的预测精度。模型对苹果蜜预测总准确率都达到96.2%，说明非线性和线性模型对苹果蜜产地都有很好的判别能力。对于油菜蜜，PLS-LDA模型要优于RBFNN模型，WT-PLS-LDA模型要优于WT-RBFNN模型，表现最好的WT-PLS-LDA模型预测总准确率为90.5%，说明线性模型更适于油菜蜜的产地判别。

此外，Chen等人[54]用近红外分光光度计结合BP-ANN方法建立模型，并对5种国产蜂蜜进行了分类，正确率均在90%以上。Ruoff等人[55]用傅里叶变换光谱仪测定144份不同植物来源的蜂蜜样品的21个参数，对蜂蜜样品进行定性分析及品种鉴定。杨娟[56]采用中红外光谱技术结合化学计量学方法，创建了5个蜂蜜品种的识别模型和蜂胶品种的识别模型。典型判别分析法显示，样品在校正集和交叉验证集的总体判别准确率都较高。

7.2.4 核磁共振波谱技术

核磁共振波谱技术用于蜂蜜溯源主要是通过测定蜂蜜的共振吸收信号或寻找蜂蜜中特征标记物来实现的。杨娟[56]基于核磁共振波谱技术和化学计量学方法对35个荔枝蜜、30个椴树蜜、31个洋槐蜜、33个油菜蜜、33个荆条蜜共162个蜂蜜样品进行了品种鉴别研究。如图7-22所示，5种蜂蜜的核磁共振原始波谱图中，1～3 ppm范围为氨基酸类物质的谱峰区，1.17 ppm处为异亮氨酸上甲基谱峰；1.23 ppm处为醇类物质的甲基峰；1.47 ppm和2.05 ppm处为丙氨酸的亚甲基峰；3.24 ppm处为葡萄糖和果糖C_2H的β异构体双峰，4.64 ppm处为C_1H的β异构体双峰，5.23 ppm处为C_1H的α异构体双峰；5.38 ppm和5.09 ppm处分别为蔗糖和木糖双峰。通过典型判别分析对蜂蜜品种进行判

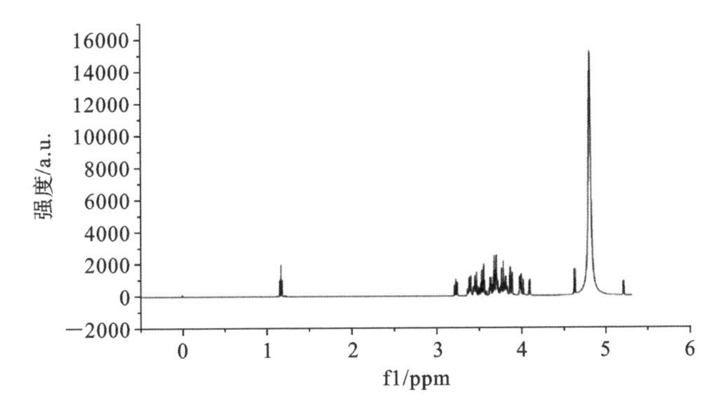

图7-22 蜂蜜样品核磁共振原始波谱图[56]

别,荆条蜜、荔枝蜜、洋槐蜜、油菜蜜和椴树蜜交叉验证集的判别准确率分别为100%、94.3%、96.8%、90.9%和90%。如图7-23(a)所示,荔枝蜜、洋槐蜜和油菜蜜的组质心相距较近,样品间有部分重叠。单独对洋槐蜜、油菜蜜和椴树蜜三个蜂蜜品种进行典型判别分析,如图7-23(b)所示,洋槐蜜、油菜蜜和椴树蜜的组质心相距较远,样品间聚集的趋势比较明显,交叉验证集的判别准确率分别为96.8%、93.9%和100%,表明所建立的判别模型可以较好地将洋槐蜜、油菜蜜和椴树蜜区分开。

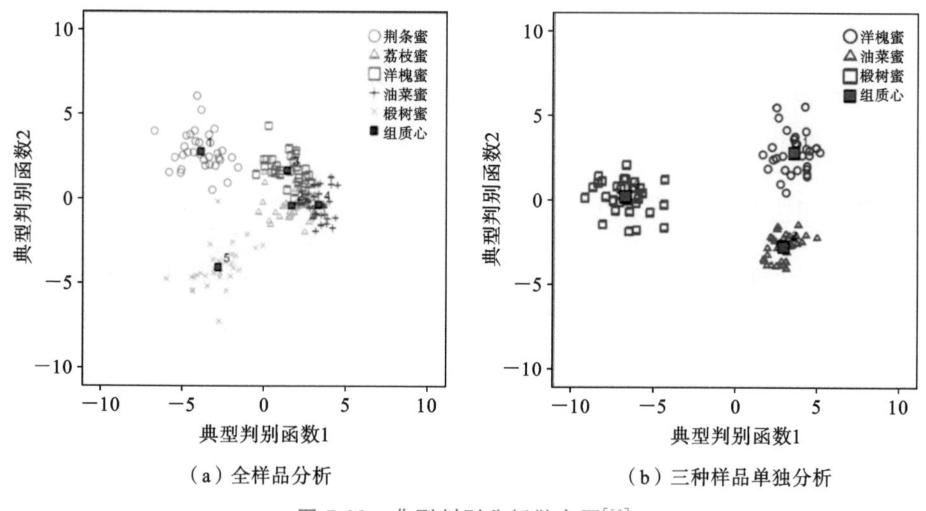

(a) 全样品分析　　(b) 三种样品单独分析

图 7-23　典型判别分析散点图[56]

此外,Schievano等人[57]利用核磁共振波谱技术结合化学计量学方法对野花蜂蜜、桉树蜂蜜和柑橘蜂蜜进行了分类研究,结果表明野花蜂蜜的特点是苯丙氨酸和酪氨酸含量较高,桉树蜂蜜的乳酸含量高于其他蜂蜜的乳酸含量。Spiteri等人[58]利用核磁共振波谱技术结合化学计量方法区分了61个麦卢卡蜂蜜样品和49个其他蜜源的蜂蜜样品。以上说明核磁共振波谱技术在蜂蜜产地鉴别领域具有较好的应用前景。

此外,荧光光谱以及拉曼光谱等技术也被用于蜂蜜溯源的研究。蜂蜜中含有蛋白质、氨基酸等物质,受到特定波长激发后能发射特征荧光光谱,以响应信号为基础结合化学计量学软件进行分析便可实现蜂蜜溯源。Ruoff等人[59]应用前表面荧光光谱分析技术对57个单花蜜和多花蜜样品进行了植物来源鉴别研究。Karoui等人[60]用同样方法对瑞士62个不同植物来源蜂蜜在不同发射条件下进行扫描并结合化学计量学方法进行了溯源研究。拉曼光谱是一种散射光谱,通过对与入射光频率不同的散射光谱进行分析可以得到分子振动、转动方面的信息。Corvucci 等人[61]采集 308 个蜂蜜样品的拉曼光谱并结合主成分分析建立模型,成功鉴别出蜂蜜的品种。这些技术在蜂蜜产地鉴别领域均具有非常广阔的发展前景。

7.3 有害添加物鉴别及筛查技术

蜂产品可能受到不同来源的污染,污染可能来自蜜蜂养殖活动或自然环境。养蜂过程中的污染物主要有杀螨剂以及用于避免蜜蜂感染的抗生素,如氯霉素、四环素、链霉素和磺胺类等,环境污染物包括重金属(铅、镉和汞)、有机污染物、农药(杀虫剂、杀菌剂和除草剂)等。此外,蜂产品加工中,一些不法厂家可能向劣质蜂蜜中掺入防腐剂、甜味剂、色素等。蜂产品中有害物质常规检测技术如色谱法、质谱法以及色谱和质谱联用方法的应用要求高,使用场景受限。近年来,随着技术的进步,已有相关的快速、绿色、智能检测技术应用于蜂产品质量检测领域。本节主要对蜂产品中抗生素、农药及重金属的快速鉴别及筛查技术进行介绍。

7.3.1 表面增强拉曼光谱技术

蜂产品中的抗生素残留已成为消费者关注的主要问题。2014—2020 年农业农村部畜禽及蜂产品兽药残留监控计划检测结果显示,蜂产品检测样品合格率为 92.7%～99.45%,氯霉素、磺胺类、喹诺酮类、硝基咪唑类、硝基呋喃类代谢物、四环素类 6 大类兽药残留超标时有发生。蜂产品中的抗生素残留可能导致人体的直接中毒、过敏或超敏反应[62],例如,内酰胺类抗生素在极低剂量时也会引起皮疹、皮炎、胃肠道症状和过敏反应[63],而长期接触抗生素残留物会有致癌和致畸等风险。

闫帅[64]利用表面增强拉曼光谱(SERS)技术对蜂蜜中的喹诺酮类、磺胺类和硝基呋喃类抗生素进行了快速检测研究并建立了定量预测模型。喹诺酮类、硝基呋喃类和磺胺类抗生素的拉曼光谱及其在蜂蜜中的 SERS 如图 7-24 所示,在蜂蜜中喹诺酮类抗生素的拉曼特征峰在 1404 cm^{-1} 和 1626 cm^{-1} 附近清晰可辨,分别归属于喹诺酮环的伸缩振动和芳香族喹啉环的 C ═C 的伸缩振动[65, 66];在蜂蜜中硝基呋喃类抗生素 SERS 最显著的特征峰位于 1336 cm^{-1} 附近,归属于 H—C—H 的对称拉伸和呋喃环的摆动[67];在蜂蜜中磺胺类抗生素 SERS 的特征峰主要位于 1124 cm^{-1} 和 1600 cm^{-1} 附近,分别归属于磺酰基的对

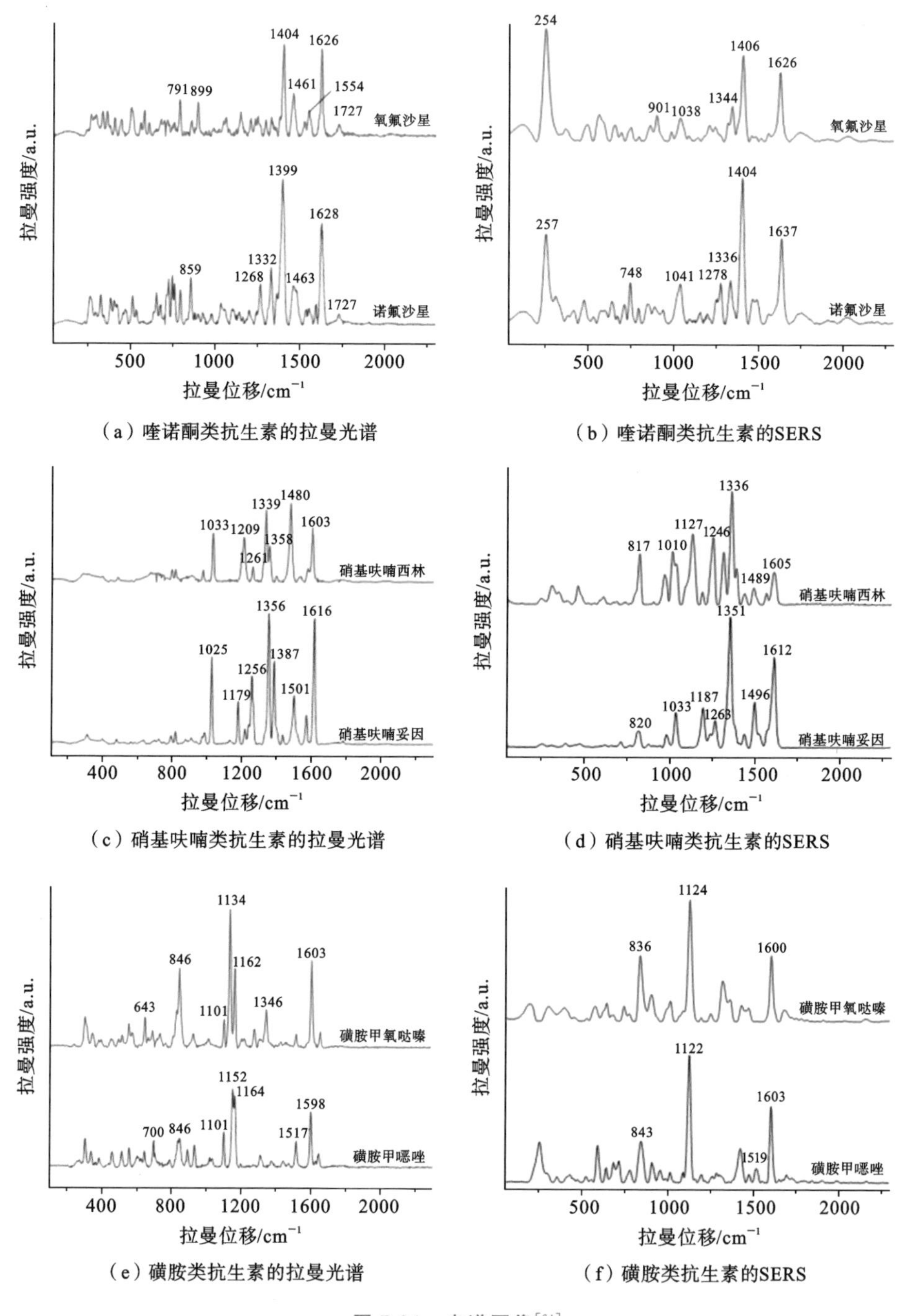

（a）喹诺酮类抗生素的拉曼光谱

（b）喹诺酮类抗生素的SERS

（c）硝基呋喃类抗生素的拉曼光谱

（d）硝基呋喃类抗生素的SERS

（e）磺胺类抗生素的拉曼光谱

（f）磺胺类抗生素的SERS

图 7-24　光谱图像[64]

称拉伸与C—SO_2的拉伸以及苯环的伸缩振动[68]。以磺胺甲噁唑 1122 cm^{-1}和1603 cm^{-1}处的SERS特征峰建立二元线性回归方程对蜂蜜中1～40 mg/kg的磺胺甲噁唑进行分析，校正集和预测集的决定系数分别为0.9965和0.9971，均方根误差分别为0.7025 mg/kg和0.7076 mg/kg。对于蜂蜜中的氧氟沙星，基于1406 cm^{-1}和1626 cm^{-1}处SERS特征峰建立浓度预测模型，校正集和预测集的决定系数分别为0.9868和0.9760，均方根误差分别为0.6395 mg/kg和0.9451 mg/kg。基于硝基呋喃妥因1612 cm^{-1}处SERS特征峰与蜂蜜中739 cm^{-1}处内标峰比值对蜂蜜中的硝基呋喃妥因残留进行了预测，校正集和预测集决定系数分别为0.9712和0.9696，均方根误差分别为1.1151 mg/kg和1.2422 mg/kg。研究结果表明，表面增强拉曼光谱技术可对蜂蜜中多种类别抗生素残留进行快速、有效和定量检测。此外，针对液态样品SERS检测中变量条件难以控制的问题，闫帅等人[69]设计了微量液态样品自动混合控制装置，其与拉曼光谱采集系统相连(见图7-25)。控制待测蜂蜜样品与表面增强基底的自动混匀以及检测过程的变化条件，可减少变量因素对SERS检测的干扰，实现蜂蜜中抗生素残留实时、快速、自动SERS检测。

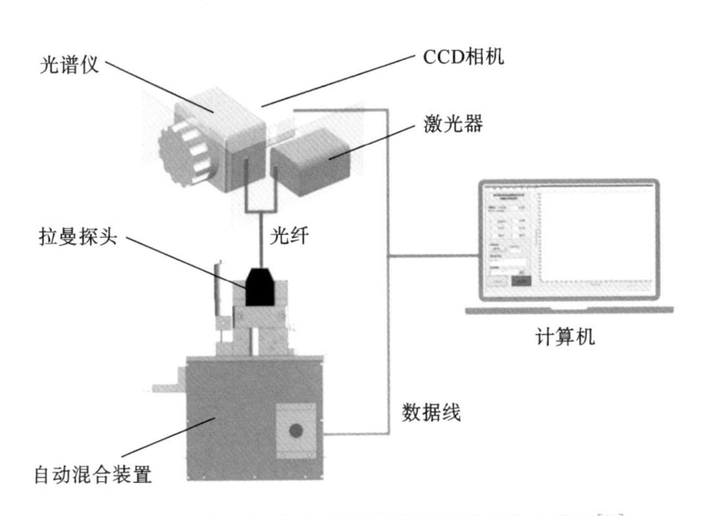

图7-25　蜂蜜中抗生素残留SERS检测系统示意图[64]

表面增强拉曼光谱技术中不同的表面增强剂和表面增强基底对抗生素等的检测效果影响非常大。Fá 等人[70]对用由绿色合成方法获得的银纳米颗粒(AgNPs)检测土霉素进行了评价。葡萄糖被用作在碱性介质中形成AgNPs的还原剂和封端剂，将AgNPs与K_2CO_3、蜂蜜和土霉素混合，制成胶体悬浮液，将其沉积在底部铝板上。在离心后，将 $AgNO_3$ 和 NaOH 添加到上清液中，利用蜂蜜中的还原糖原位合成 AgNPs，加入 K_2CO_3 并在同一管中再次离心将溶液中剩余的土霉素吸附在新的 AgNPs 表面上，K_2CO_3 的作用是促进 AgNPs 的聚集。通过绿色合成方法，可以明显地土霉素与蜂蜜的拉曼光谱区分而无须执行任何提取程序或对样品进行烦琐的处理。Xiao 等人[71]设计和制造了均匀固载 AgNPs(AAO/Ag)的华夫饼状阳极氧化铝(AAO)SERS 基板，如图 7-26 所示。由于华夫饼状 AAO 支持分散良好的 Ag 纳米颗粒，拉曼信号均匀(RSD＝7.02%)。利用 AAO/Ag 底物并基于 1348 cm^{-1} 处的 SERS 快速测定蜂蜜中的氯霉素(chloramphenicol，CAP)浓度，检出限为 4.0×10^{-9} mol/L，检测线性范围为 1.0×10^{-5}～1.0×10^{-8} mol/L。

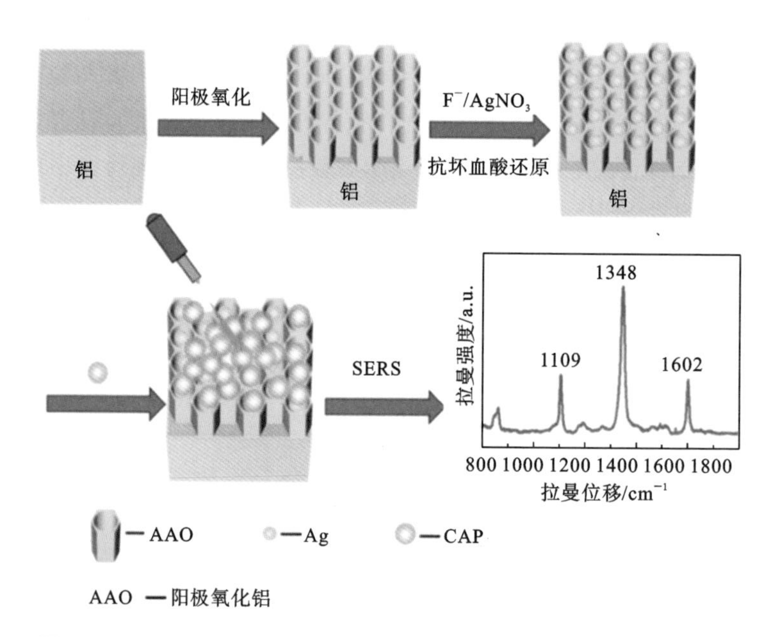

图 7-26　AAO/Ag 复合纳米粒子的制备和氯霉素的拉曼检测示意图[71]

蜂产品中农药包括杀虫剂、除草剂和杀菌剂等，在蜂箱内使用这些农药具有直接污染蜂蜜和其他蜂产品的风险。农药的存在会降低蜂产品质量，也会危及人类健康，危害程度具体取决于农药的毒性以及暴露的时长和程度。SERS 技术同样适用于蜂产品中农药残留的识别和检测，Nie 等人[72]利用基于银纳米棒(AgNR)阵列的 SERS 技术与偏最小二乘回归(PLSR)算法对蜂蜜中的双甲脒进行了分析。图 7-27 显示了增强基板的制备以及蜂蜜样品中双甲脒的预处理和 SERS 检测过程。双甲脒的主要拉曼特征峰位于 720 cm^{-1}、1242 cm^{-1} 和

1490 cm^{-1},可归属于苯环振动、苯环呼吸振动和 C—H 摇摆振动。在 0.08～83.3 mg/kg 的浓度范围内,SERS 强度随着蜂蜜样品中双甲脒浓度的增大而增大,如图 7-28 所示。对于浓度为 8.4 mg/kg、16.8 mg/kg 和 66.7 mg/kg 的双甲脒,标准添加物的回收率分别为 118.7%、108%和 82.7%。全波长 PLSR 双甲脒定量预测模型的预测值与真实值之间的线性拟合决定系数 R^2 为 0.98。

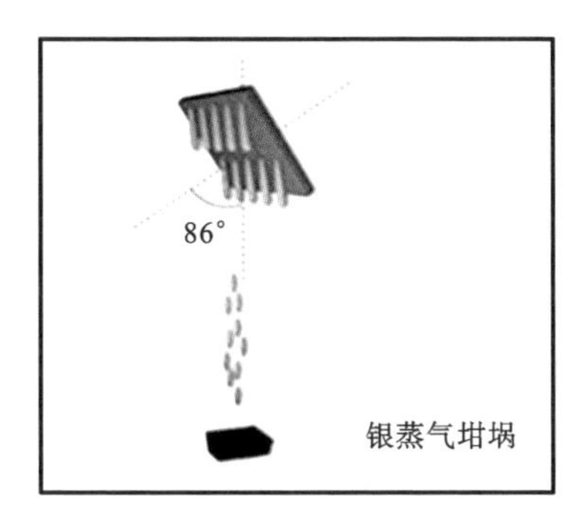

(a) AgNR基板制备示意图

(b) AgNR阵列基板的生长过程

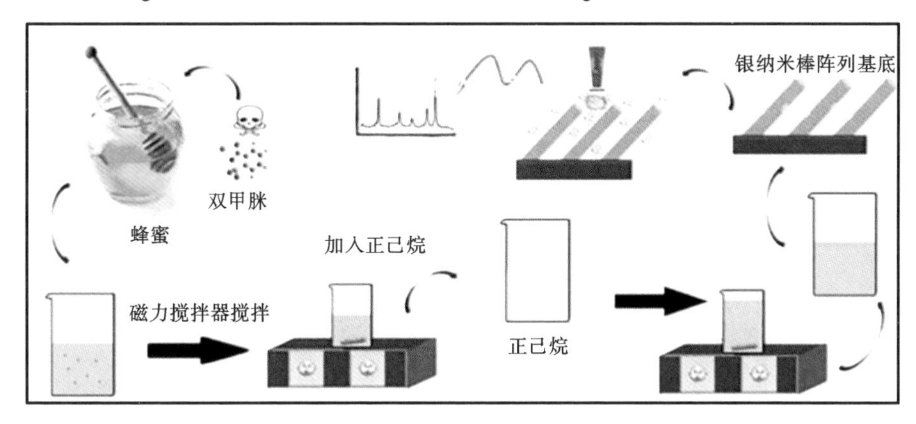

(c) 蜂蜜样品中双甲脒的预处理和SERS检测

图 7-27 预处理与检测过程[72]

此外,孙旭东和董小玲[73]应用 SERS 技术结合线性回归算法开展了蜂蜜中乐果残留快速定量分析研究。如图 7-29 所示,益母草蜂蜜和乐果混合物的 SERS 包含较丰富的特征拉曼位移信息,其中 868 cm^{-1}和 869 cm^{-1}处的峰由乐果分子的 O—P—O 键和益母草蜂蜜中糖类分子的 CH 和 CH_2的伸缩振动共同引起;1060 cm^{-1}和 1071 cm^{-1}处的峰由乐果分子和蜂蜜中糖类分子中的 C—N 和 C—C 键的伸缩振动共同引起;1317 cm^{-1}处的峰由乐果分子的 CH_2、NH 和

CN 的摆动振动引起；1452 cm^{-1}和 1453 cm^{-1}处的峰由乐果分子和蜂蜜中糖类分子的 CH_3的弯曲振动引起。通过对比分析含乐果蜂蜜样品的 SERS 与乐果标准品的拉曼光谱，确认了蜂蜜中乐果残留对应的四个特征拉曼位移：867 cm^{-1}、1065 cm^{-1}、1317 cm^{-1}和 1453 cm^{-1}。其中，以 867 cm^{-1}处拉曼特征峰强度建立线性回归模型，该模型预测结果最优，表明 SERS 技术结合线性回归算

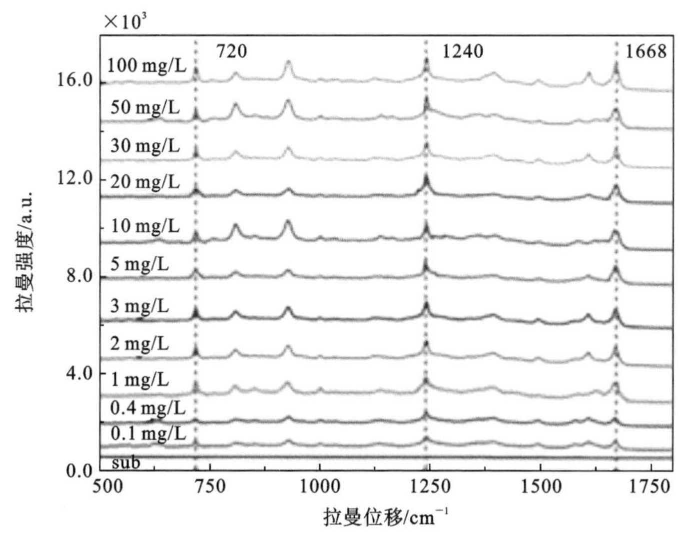

（a）正己烷中不同浓度双甲脒的SERS

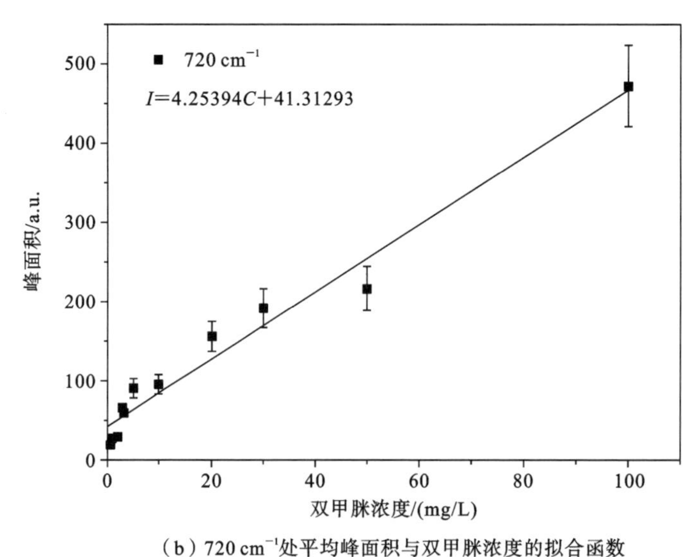

（b）720 cm^{-1}处平均峰面积与双甲脒浓度的拟合函数

图 7-28　光谱图像与拟合曲线[72]

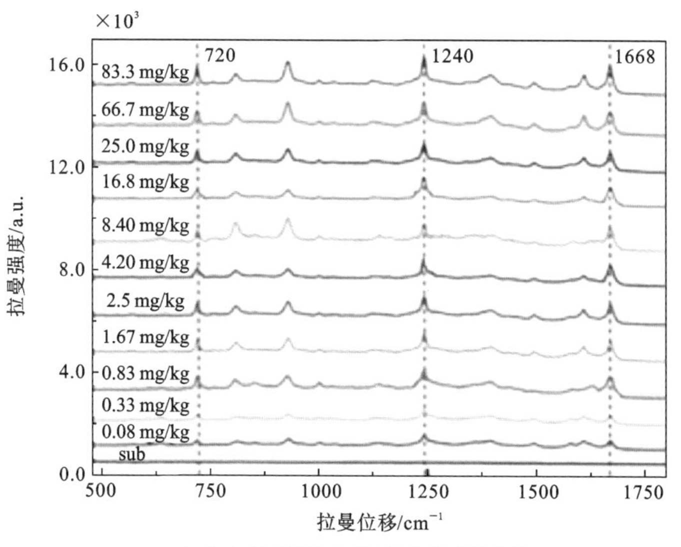

（c）含有不同浓度双甲脒的蜂蜜样品的SERS

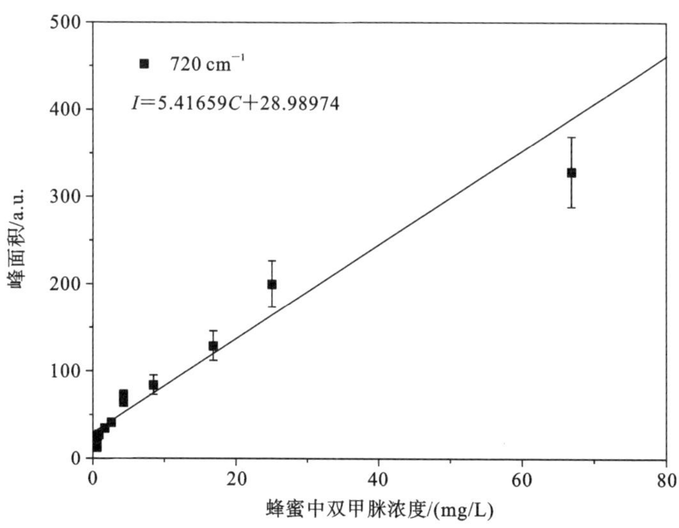

（d）720 cm^{-1}处平均峰面积与蜂蜜中双甲脒浓度的拟合函数

续图 7-28

法可实现蜂蜜中乐果残留的快速定量分析。

7.3.2 太赫兹时域光谱技术

太赫兹时域光谱(THz-TDS)技术在食品安全控制领域得到越来越多的关注,它能够表征和识别不同的材料和化学物质[74-76]。由于太赫兹波的光子能量

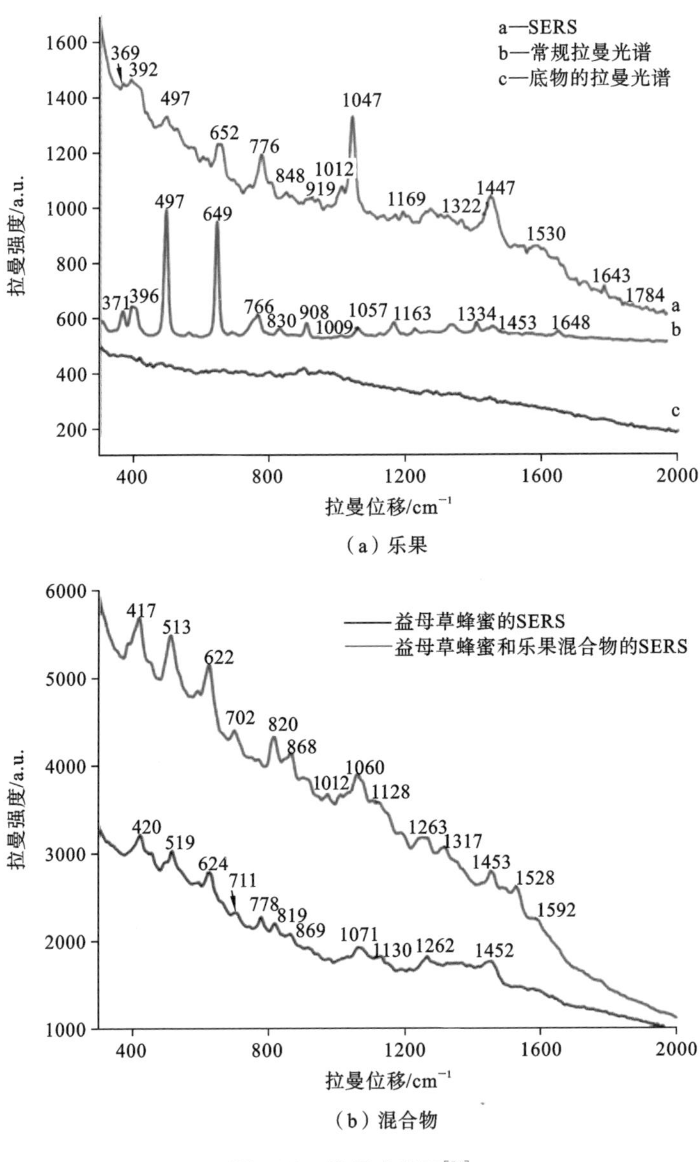

(a) 乐果

(b) 混合物

图 7-29 拉曼光谱图[73]

非常低,因此它是一种非侵入性技术,能够直接获得具有高信噪比的材料吸收系数和折射率[77]。Massaouti 等人[78]利用 THz-TDS 技术对蜂蜜中三种抗生素(磺胺吡啶、磺胺噻唑和四环素)和两种杀螨剂(蝇毒磷和双甲脒)进行了检测和鉴别。图 7-30 和图 7-31 分别显示了使用 ZnTe 晶体(500 μm)和 GaP 晶体(100 μm)获取的 THz-TDS,所有化学物质在 0.5～6.0 THz 的频率范围内都

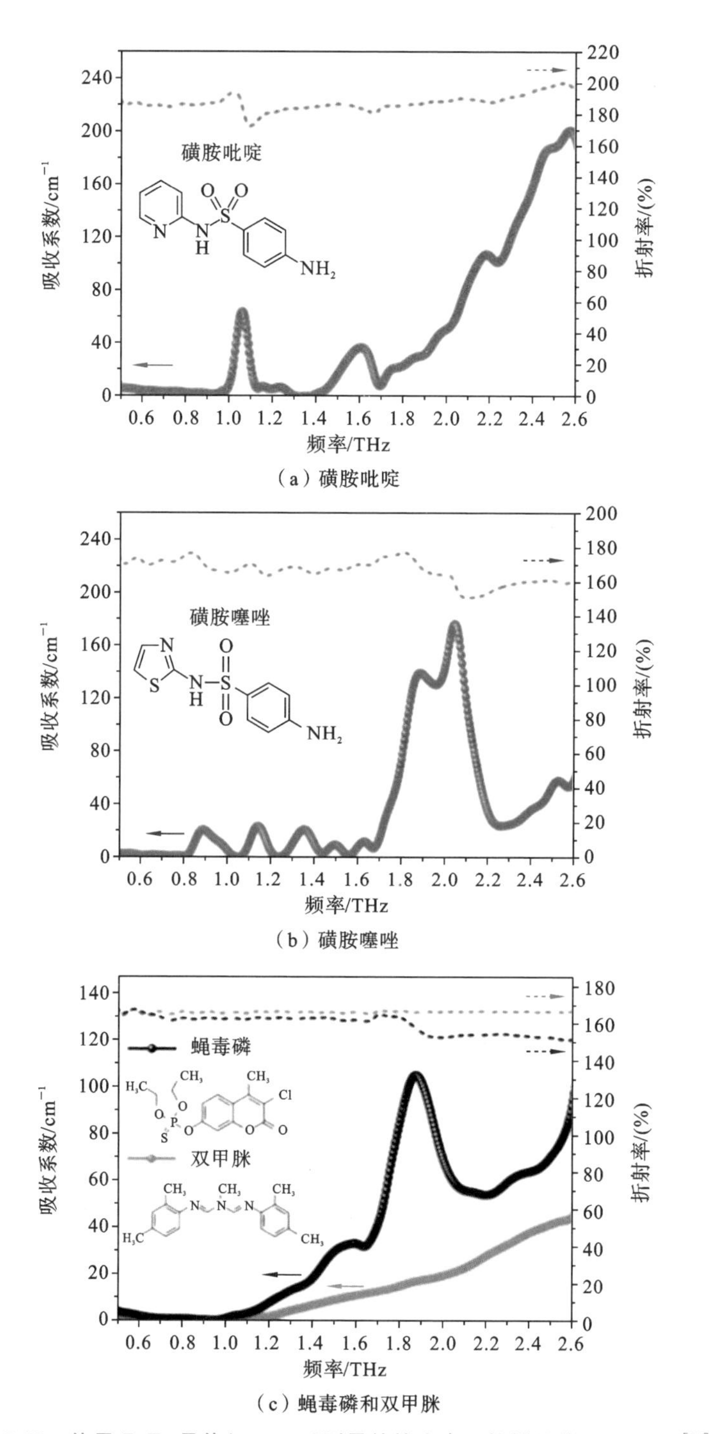

（a）磺胺吡啶

（b）磺胺噻唑

（c）蝇毒磷和双甲脒

图 7-30　使用 ZnTe 晶体（500 μm）测量的抗生素颗粒样品的 THz-TDS[78]

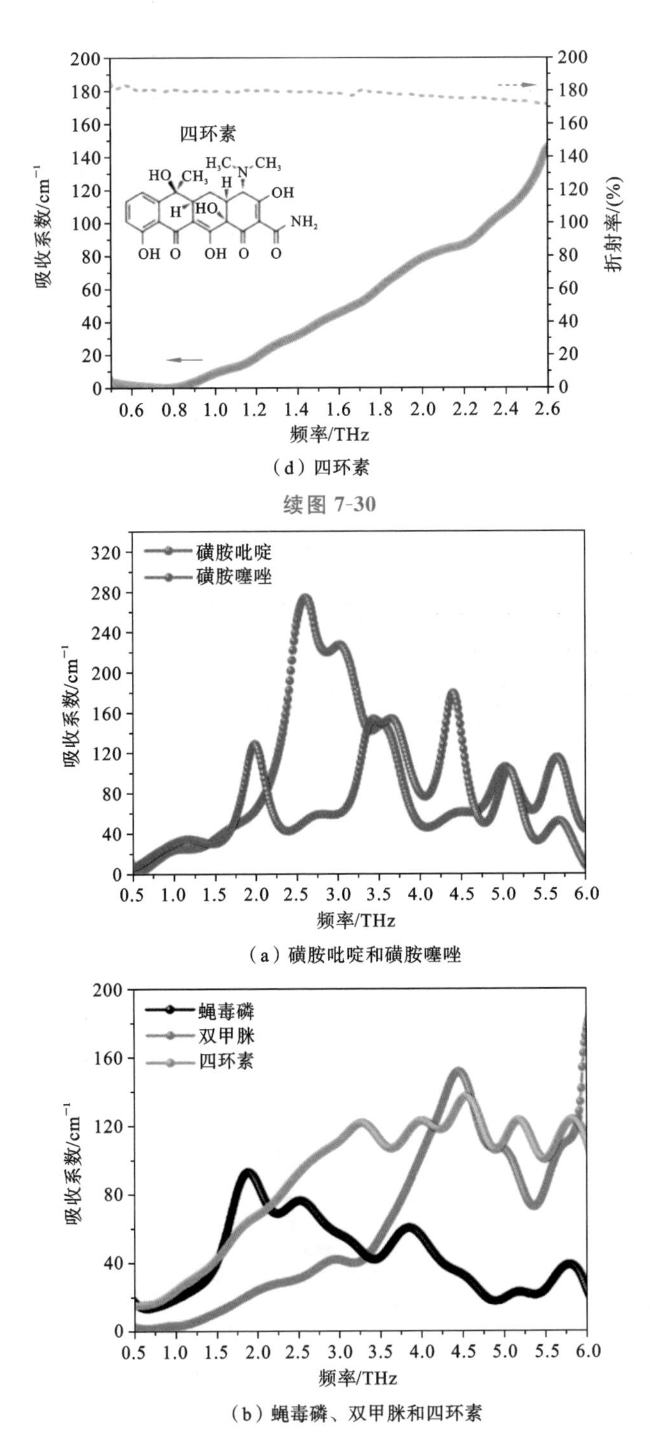

（d）四环素

续图 7-30

（a）磺胺吡啶和磺胺噻唑

（b）蝇毒磷、双甲脒和四环素

图 7-31　使用 GaP 晶体(100 μm)测量的抗生素颗粒样品的 THz-TDS[78]

有明显的吸收峰。磺胺吡啶在1.064 THz处出现共振峰，磺胺吡啶最明显的吸收峰出现在2.7 THz、5.0 THz和5.65 THz处；磺胺噻唑在1.88 THz、2.04 THz、3.56 THz、4.4 THz和5.05 THz处出现明显的峰；蝇毒磷在1.88 THz处出现明显的峰；双甲脒在4.4 THz处具有强烈的共振峰；四环素在3.25 THz、3.98 THz、4.53 THz和5.16 THz处出现几个小峰。如图7-32所示，在0.9～1.2 THz的频率范围内，磺胺吡啶的吸收峰明显高于其含量低于1%的所有混合物的噪声水平，说明在此频率范围内可检测到低至1%的磺胺吡啶残留物。太赫兹时域光谱技术可在蜂蜜中同时鉴定出多种抗生素，快速、实时，在蜂蜜化学残留物筛查领域中具有一定的发展潜力。

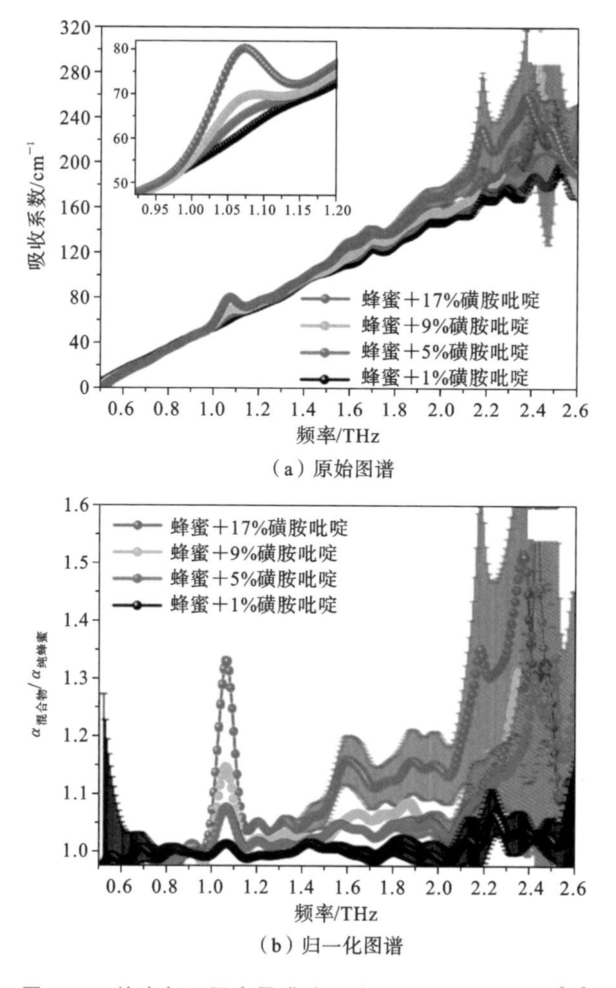

图7-32 蜂蜜与不同含量磺胺吡啶混合物的吸收系数[78]

7.3.3 生物传感器检测技术

生物传感器检测技术可应用于食品品质检测、环境污染检测等领域。其中,生物芯片阵列是一种替代的基于免疫化学的检测平台,生物芯片阵列检测时采用竞争形式,当目标分析物被相关抗体捕获时,会形成一种复合物,在添加信号试剂时会发出光。样品中存在的任何目标分析物都会与酶标记的偶联物竞争络合,导致记录的化学发光信号变化,因此可使用 CCD 相机对化学发光信号进行成像检测。O'Mahony 等人[79]开发了一种基于化学发光的生物芯片阵列传感技术,并将其应用于蜂蜜样品中硝基呋喃残留的检测。如图 7-33 所示,

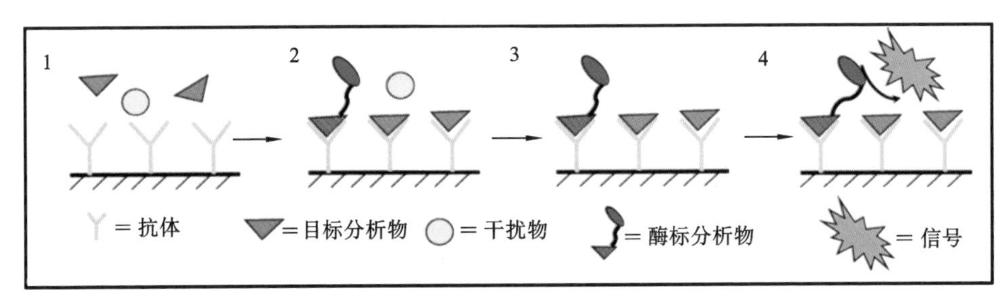

(a) 采用竞争形式检测

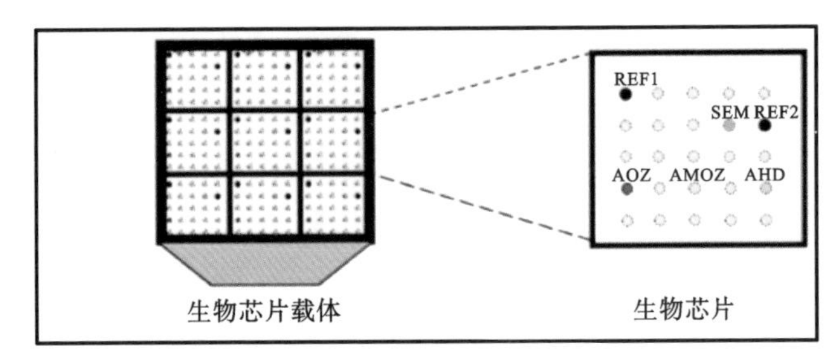

(b) 生物芯片格式

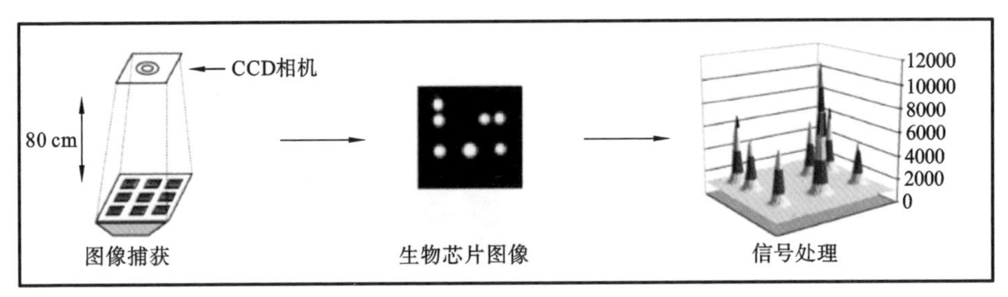

(c) 图像获取和处理

图 7-33 实验流程[79]

注:1—样品孵育;2—偶联物孵育;3—洗涤步骤;4—添加信号试剂导致化学发光反应。

采用具有化学发光反应的竞争形式，固定在生物芯片上的抗体能够同时检测四种主要硝基呋喃抗生素的代谢物：1-氨基乙内酰脲（AHD）、3-氨基-2-噁唑烷酮（AOZ）和3-氨基-5-吗啉代甲基-2-噁唑烷酮（AMOZ）、盐酸氨基脲（SEM）。代谢物AHD、AOZ和AMOZ的检出限低于0.5 μg/kg，SEM的检出限低于0.9 μg/kg。

Wutz等人[80]提出了一种使用可再生抗原微阵列结合自动流动注射系统来识别和量化蜂蜜样品中抗生素衍生物的方法。使用结合到微阵列表面的单克隆抗体，采用间接竞争性免疫测定形式，如图7-34所示，载玻片表面涂有环氧活化的聚乙二醇，可以直接固定抗生素衍生物，芯片表面的抗原/抗体的相互作用通过CCD相机获得的化学发光图像来检测。该方法允许同时快速分析四种分析物，无须纯化或萃取。加标实验表明，该系统在恩诺沙星（92%±6%）、磺胺二甲嘧啶（130%±21%）、磺胺嘧啶（89%±20%）和链霉素（93%±4%）的校准

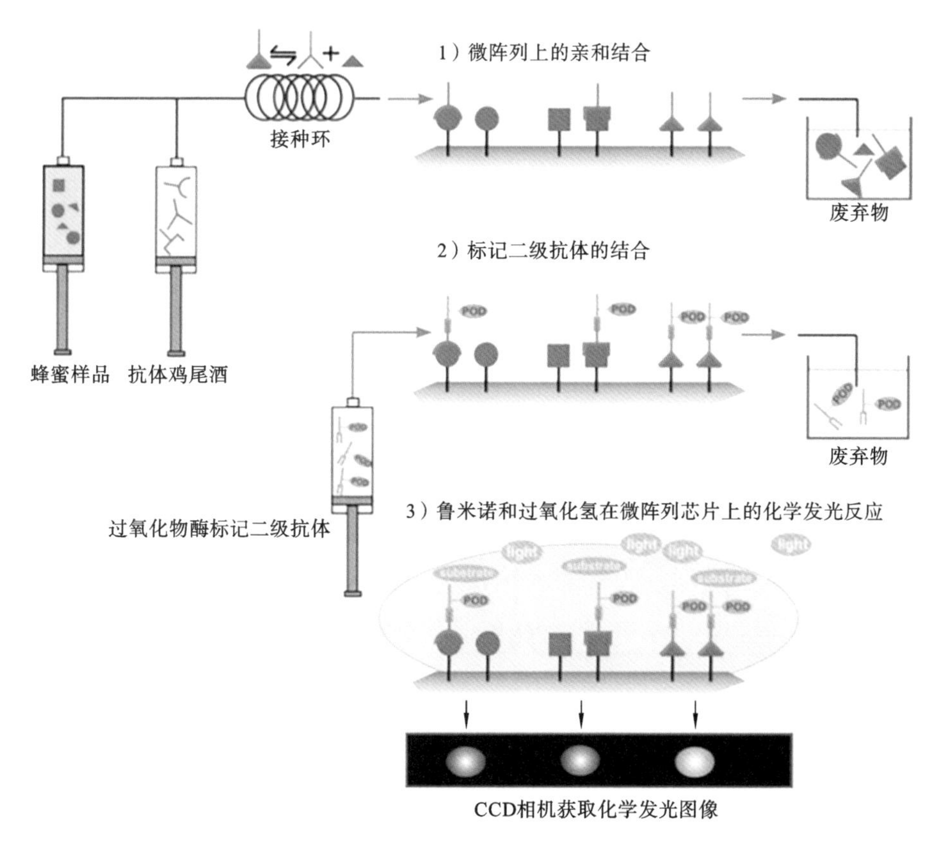

图7-34　可再生抗原微阵列结合自动流动注射系统[80]

曲线动态范围内具有较高的回收率。

7.3.4 免疫方法检测技术

免疫传感器是根据抗原(抗体)对抗体(抗原)的特异性识别而制成的。免疫方法检测设备小且方便,测量过程自动化、简单化,缩短了分析时间。目前免疫传感器用来检测食品中的毒素、细菌、残留的农药等。Guillén 等人[81]通过将半抗原结合物和山羊抗兔抗血清分别作为捕获和对照试剂分配在硝酸纤维素膜上,以竞争反应形式开发了一种横向流动免疫测定法(lateral flow immunoassay, LFIA),将抗磺胺噻唑的多克隆抗血清与胶体金纳米粒子结合并用作检测试剂,如图 7-35 所示,用于测试蜂蜜样品中的磺胺噻唑(STZ)残留物,实际检测效果如图 7-36 所示,磺胺噻唑的 LFIA 视觉检出限(截止值)为 15 ng/g。邢淑婕等人[82]利用间接竞争酶联免疫吸附测定(enzyme linked immunosorbent assay, ELISA)分析了自制抗土霉素(OTC)抗体的灵敏度与特异性,结果表明,所得抗体的灵敏度和特异性都较好,和其他结构相似或相近物质交叉反应的概率较低。对蜂蜜中 OTC 的残留量进行检测,检测范围为 5～200 ng/mL,相关系数 R 为 0.9951,平均回收率为 97.5%～107.0%。唐宗贵等人[83]通过方阵滴定法和单因素实验优化了间接竞争酶联适配体检测食品中 OTC 的分析方法,在最佳实验条件下,作用方法的半抑制浓度(IC_{50})为 6.3 ng/mL,对 OTC 的检测范围为 0.5～50 ng/mL。其中,蜂蜜样品中 OTC 的加标回收率为 86.5%～95.9%,相对标准偏差(RSD)小于 8%,实际样品检测中获得的相关性($R^2=0.979$)较高。

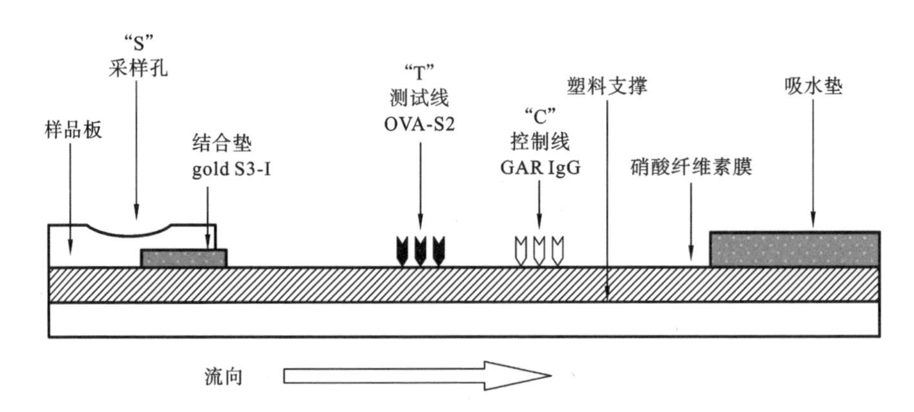

图 7-35　横向流动免疫色谱分析示意图[81]

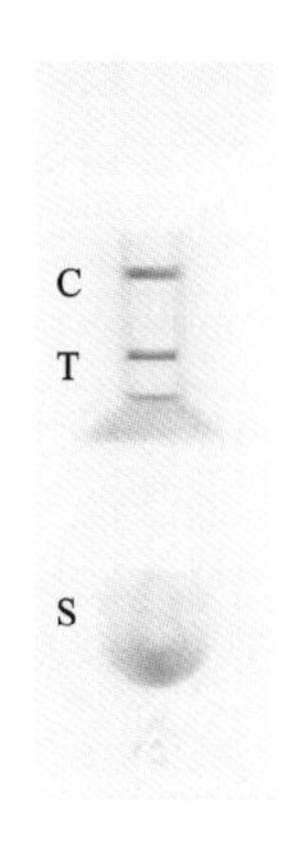

(a) 添加5 ng/g STZ蜂蜜样品提取物的结果

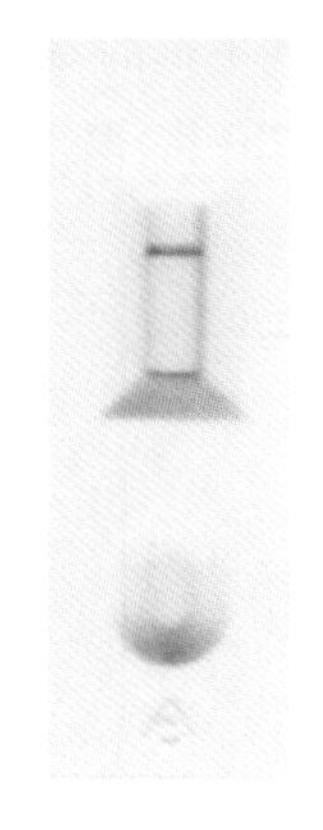

(b) 分析样品中含有15 ng/g STZ

图 7-36　LFIA 与蜂蜜样品提取物的代表性结果[81]

注：S—取样孔；T—测试线；C—控制线。

此外，Jeon 等人[84]采用生物素-亲和素介导的 ELISA 方法定量测定蜂蜜中的四环素，检出限和定量限分别为 3.98×10^{-10} mol/L(0.19 μg/L)和 7.94×10^{-10} mol/L(0.38 μg/L)，可实现蜂蜜中 1.52～152 μg/L 动态范围内四环素的检测，平均回收率为 95%～101%。Pastor-Navarro 等人[85]通过合成一组半抗原以产生针对磺胺类药物的多克隆抗体，开发了一种高度灵敏且特异的酶联免疫吸附方法用于检测蜂蜜中的磺胺噻唑浓度，获得了良好的回收率、选择性和灵敏度(IC_{50}=1.6 ng/mL)。免疫方法检测技术缩短了检测时间，可用于现场测定，但是易导致假阳性反应，因此只能作为一种辅助手段。

7.3.5　电化学方法检测技术

电化学方法检测技术可用于蜂蜜中重金属浓度的检测。Yao 等人[86]基于单壁碳纳米角(single-walled carbon nanohorns，SWCNHs)修饰的丝网印刷电极(screen-printed electrode, SPE)开发了一种电化学传感器。在 SPE/SWCNHs 表面电镀铋膜(bismuth film, BiF)，电化学传感器对镉和铅表现出明显且分离的剥离峰。图 7-37(a)显示了不同浓度的 Cd(Ⅱ)和 Pb(Ⅱ)离子在 SPE/SWCNHs/BiF 上的剥离响应。当目标金属离子的浓度从 1.0 μg/L 增大到 60.0 μg/L 时，目标金属离子的浓度与剥离峰值电流表现出线性关系。Cd(Ⅱ)离子线性回归方程的相关系数为 0.9978，如图 7-37(b)所示。Pb(Ⅱ)离子线性回归方程的相关系数为 0.9866，如图 7-37(c)所示。所开发电极的 Cd(Ⅱ)和 Pb(Ⅱ)离子浓度检出限分别为 0.2 μg/L 和 0.4 μg/L。延长沉积过程中的沉积时间，可以实现更低的Cd(Ⅱ)和Pb(Ⅱ)离子浓度检出限，SPE/SWCNHs/BiF在Cd(Ⅱ)和Pb(Ⅱ)离子浓度测定中表现出相当好的分析性能。

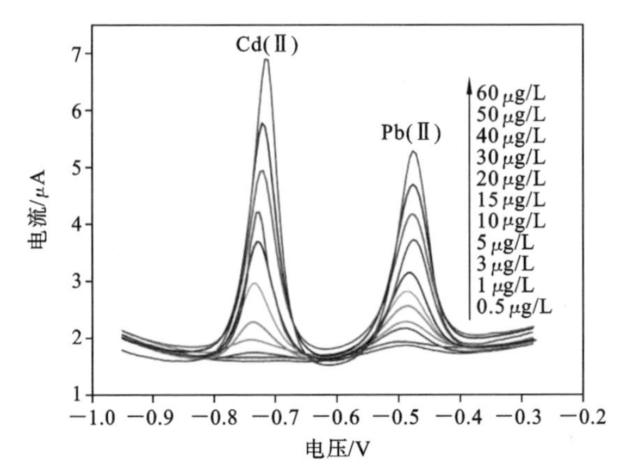

（a）不同浓度的Cd(Ⅱ)和Pb(Ⅱ)离子在SPE/SWCNHs/BiF上的方波阳极剥离伏安图

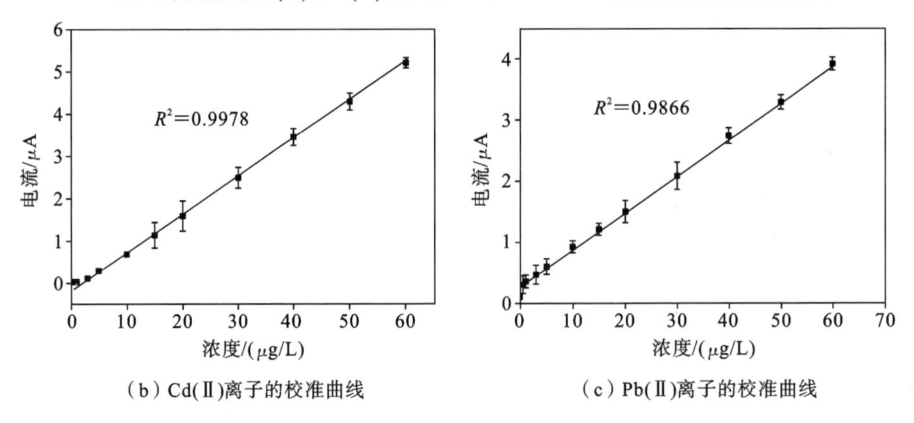

（b）Cd(Ⅱ)离子的校准曲线　　（c）Pb(Ⅱ)离子的校准曲线

图7-37　基于SPE/SWCNHs/BiF的伏安图与校准曲线[86]

Bougrini等人[87]基于用分子印迹聚合物微孔金属有机框架修饰的金电极表面开发了一种检测蜂蜜产品中四环素浓度的电化学传感器。该传感器成功用于蜂蜜中四环素浓度的测定，其线性范围为224 fmol/L～22.4 nmol/L，检出限为0.22 fmol/L，回收率范围为101.8%～106.0%，相对标准偏差(RSD)小于或等于8.3%。Krepper等人[88]首次使用“原位”制备的锑膜电极(SbFE)来测定四环素和土霉素浓度，采用方波阴极溶出伏安法(square wave cathodic stripping voltammetry，SWCSV)对阿根廷蜂蜜样品中的抗生素浓度进行测定，SWCSV响应在0.40～3.00 μmol/L的四环素浓度范围内呈线性，如图7-38所示，检出限为 0.15 μmol/L，在对加标蜂蜜样品进行回收的实验中四环素和土霉素标准差分别为 0.75%和 9.69%。

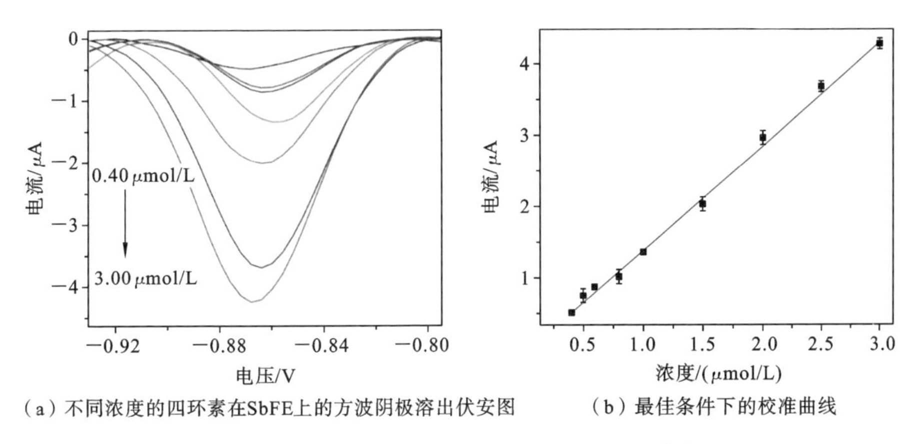

（a）不同浓度的四环素在SbFE上的方波阴极溶出伏安图　　（b）最佳条件下的校准曲线

图 7-38　基于 SWCSV 的伏安图与校准曲线[87]

此外，Sanna 等人[89]提出差分脉冲吸附溶出伏安法（differential pulse adsorptive stripping voltammetry，DPASV），在 Hg 微电极上测定蜂蜜样品中的 Cu、Pb、Cd 和 Zn 金属浓度，它们的检出限分别为 0.019 μg/g、0.013 μg/g、0.012 μg/g 和 0.015 μg/g。

参考文献

[1] 田洪芸，王冠群，任雪梅. 我国蜂蜜产品及其品质检测指标[J]. 中国蜂业，2020，71(10)：47-49.

[2] 孙彩霞，戚亚梅，王钢军，等. 国内外蜂蜜等级规格标准研究[J]. 中国蜂业，2014，65(Z1)：60-64.

[3] ESTEKI M，SHAHSAVARI Z，SIMAL-GANDARA J. Use of spectroscopic methods in combination with linear discriminant analysis for authentication of food products[J]. Food Control，2018，91：100-112.

[4] 王强，李熠，赵静. 无损检测技术在蜂蜜品质安全检测中的应用[J]. 中国蜂业，2013，64(9)：42-43.

[5] ÖZBALCI B，BOYACI İ H，TOPCU A，et al. Rapid analysis of sugars in honey by processing Raman spectrum using chemometric methods and ar-

tificial neural networks[J]. Food Chemistry, 2013, 136(3-4): 1444-1452.

[6] 李水芳，张欣，李姣娟，等. 拉曼光谱法无损检测蜂蜜中的果糖和葡萄糖含量[J]. 农业工程学报，2014，30(6)：249-255.

[7] WU X J, XU B R, MA R Q, et al. Identification and quantification of adulterated honey by Raman spectroscopy combined with convolutional neural network and chemometrics[J]. Spectrochimica Acta Part A: Molecular and Biomolecular Spectroscopy, 2022, 274: 121133.

[8] AYKAS D P, SHOTTS M L, RODRIGUEZ-SAONA L E. Authentication of commercial honeys based on Raman fingerprinting and pattern recognition analysis[J]. Food Control, 2020, 117: 107346.

[9] ANJOS O, SANTOS A J A, PAIXÃO V, et al. Physicochemical characterization of *Lavandula* spp. honey with FT-Raman spectroscopy[J]. Talanta, 2018, 178: 43-48.

[10] MAGDAS D A, GUYON F, BERGHIAN-GROSAN C, et al. Challenges and a step forward in honey classification based on Raman spectroscopy[J]. Food Control, 2021, 123: 107769.

[11] TAHIR H E, ZOU X B, LI Z H, et al. Rapid prediction of phenolic compounds and antioxidant activity of Sudanese honey using Raman and Fourier transform infrared (FT-IR) spectroscopy[J]. Food Chemistry, 2017, 226: 202-211.

[12] WU L M, DU B, HEYDEN Y V, et al. Recent advancements in detecting sugar-based adulterants in honey—a challenge[J]. TrAC Trends in Analytical Chemistry, 2017, 86: 25-38.

[13] XU Y, ZHONG P, JIANG A M, et al. Raman spectroscopy coupled with chemometrics for food authentication: a review[J]. TrAC Trends in Analytical Chemistry, 2020, 131: 116017.

[14] LOHUMI S, LEE S, LEE H, et al. A review of vibrational spectroscopic techniques for the detection of food authenticity and adulteration[J]. Trends in Food Science & Technology, 2015, 46(1): 85-98.

[15] 陈雷，刘红兵，罗立廷. 氢核磁共振结合正交偏最小二乘法对油菜蜜中果葡糖浆掺假的判别分析[J]. 食品科学，2017，38(4)：275-282.

[16] BERTELLI D, LOLLI M, PAPOTTI G, et al. Detection of honey adul-

teration by sugar syrups using one-dimensional and two-dimensional high-resolution nuclear magnetic resonance[J]. Journal of Agricultural and Food Chemistry, 2010, 58(15): 8495-8501.

[17] SIMOVA S, ATANASSOV A, SHISHINIOVA M, et al. A rapid differentiation between oak honeydew honey and nectar and other honeydew honeys by NMR spectroscopy[J]. Food Chemistry, 2012, 134(3): 1706-1710.

[18] 葛学峰，吴彦玮，赵志敏. 荧光光谱法检测蜂蜜含量[J]. 分析试验室，2017，36(6)：660-662.

[19] 胡乐乾，尹春玲，王欢，等. 氨基酸衍生三维荧光法结合多维模式识别用于蜂蜜种类辨别研究[J]. 光谱学与光谱分析，2016，36(7)：2148-2154.

[20] NECEMER M, KOSIR I J, KUMP P, et al. Application of total reflection X-ray spectrometry in combination with chemometric methods for determination of the botanical origin of Slovenian honey[J]. Journal of Agricultural and Food Chemistry, 2009, 57(10): 4409-4414.

[21] 陈兰珍，芮玉奎，赵静，等. 应用 ICP-MS 测定不同种类蜂蜜中的微量元素和重金属[J]. 光谱学与光谱分析，2008，28(6)：1403-1405.

[22] SUN D W. Hyperspectral imaging for food quality analysis and control [M]. San Diego: Academic Press, 2010.

[23] TRIFKOVIĆ J, ANDRIĆ F, RISTIVOJEVIĆ P, et al. Analytical methods in tracing honey authenticity[J]. Journal of AOAC International, 2017, 100(4): 827-839.

[24] SE K W, WAHAB R A, YAACOB S N S, et al. Detection techniques for adulterants in honey: challenges and recent trends[J]. Journal of Food Composition and Analysis, 2019, 80: 16-32.

[25] 刘晨. 蜂蜜品质的近红外光谱检测方法研究[D]. 西安：西安理工大学，2019.

[26] 赵正阳. 基于近红外光谱技术的蜂蜜品质检测[D]. 雅安：四川农业大学，2019.

[27] ALIAÑO-GONZÁLEZ M J, FERREIRO-GONZÁLEZ M, ESPADA-BELLIDO E, et al. A screening method based on visible-NIR spectroscopy for the identification and quantification of different adulterants in

high-quality honey[J]. Talanta, 2019, 203: 235-241.

[28] LANZA E, LI B W. Application for near infrared spectroscopy for predicting the sugar content of fruit juices[J]. Journal of Food Science, 1984, 49(4): 995-998.

[29] LENHARDT L, BRO R, ZEKOVIĆ I, et al. Fluorescence spectroscopy coupled with PARAFAC and PLS DA for characterization and classification of honey[J]. Food Chemistry, 2015, 175: 284-291.

[30] LI J B, HUANG W Q, ZHAO C J, et al. A comparative study for the quantitative determination of soluble solids content, pH and firmness of pears by Vis/NIR spectroscopy[J]. Journal of Food Engineering, 2013, 116(2): 324-332.

[31] WEBSTER T C, DOWELL F E, MAGHIRANG E B, et al. Visible and near-infrared spectroscopy detects queen honey bee insemination[J]. Apidologie, 2009, 40(5): 565-569.

[32] OMAR A F, YAHAYA O K M, CHODI T K, et al. The influence of additional water content towards the spectroscopy and physicochemical properties of genus *Apis* and stingless bee honey[C]//Proceedings of SPIE Photonics Europe. Washington:SPIE,2016.

[33] HUANG Z X, LIU L, LI G J, et al. Nondestructive determination of diastase activity of honey based on visible and near-infrared spectroscopy[J]. Molecules, 2019, 24(7): 1244.

[34] 邱琳，刘莹，张媛媛，等. 近红外光谱法测定蜂蜜中主要成分的研究[J]. 世界科学技术-中医药现代化，2015，17(9)：1949-1952.

[35] 侯瑞丽，程玉来，重腾和明. 采用近红外光谱技术检测蜂蜜中蔗糖含量的研究[J]. 食品工业，2007，28(2)：57-58.

[36] 李水芳，张欣，单杨，等. 近红外光谱检测蜂蜜中可溶性固形物含量和水分的应用研究[J]. 光谱学与光谱分析，2010，30(9)：2377-2380.

[37] CONTI M E, STRIPEIKIS J, CAMPANELLA L, et al. Characterization of Italian honeys (Marche region) on the basis of their mineral content and some typical quality parameters[J]. Chemistry Central Journal, 2007, 1(1): 1-10.

[38] 魏益民，郭波莉，赵海燕，等. 论食品溯源技术研究方法与应用原则[J].

中国食品学报，2012，12(11)：8-13.
[39] 林崇献. 土壤与农业地质土壤[J]. 广西地质，2001，14(1)：41-45.
[40] CHEN H，FAN C L，WANG Z B，et al. Uncertainties estimation for determination of 10 elements in northeastern China black bee honey by ICP-MS[J]. Analytical Methods，2013，5(13)：3291-3298.
[41] PERSAUD K，DODD G. Analysis of discrimination mechanisms in the mammalian olfactory system using a model nose[J]. Nature，1982，299(5881)：352-355.
[42] GARDNER J W，BARTLETT P N. A brief history of electronic noses[J]. Sensors and Actuators B：Chemical，1994，18(1-3)：210-211.
[43] SUZUKI K，MIYAZAKI H，YUZURIHA Y，et al. Characterization of a novel gas sensor using sintered ceria nanoparticles for hydrogen detection in vacuum conditions[J]. Sensors and Actuator B：Chemical，2017，250：617-622.
[44] ROSA A R D，LEONE F，CHELI F，et al. Fusion of electronic nose，electronic tongue and computer vision for animal source food authentication and quality assessment—a review[J]. Journal of Food Engineering，2017，210：62-75.
[45] JIA W S，LIANG G，JIANG Z J，et al. Advances in electronic nose development for application to agricultural products[J]. Food Analytical Methods，2019，12(10)：2226-2240.
[46] PERIS M，ESCUDER-GILABERT L. A 21st century technique for food control：electronic noses[J]. Analytica Chimica Acta，2009，638(1)：1-15.
[47] HUANG L X，LIU H R，ZHANG B，et al. Application of electronic nose with multivariate analysis and sensor selection for botanical origin identification and quality determination of honey[J]. Food and Bioprocess Technology，2015，8(2)：359-370.
[48] DYMERSKI T，GEBICKI J，WARDENCKI W，et al. Application of an electronic nose instrument to fast classification of polish honey types[J]. Sensors，2014，14(6)：10709-10724.
[49] AMPUERO S，BOGDANOV S，BOSSET J O. Classification of unifloral

honeys with an MS-based electronic nose using different sampling modes: SHS, SPME and INDEX[J]. European Food Research and Technology, 2004, 218(2): 198-207.

[50] GARDNER J W, BARTLETT P N. Electronic noses: principles and applications[M]. Oxford:Oxford University Press, 1999.

[51] ELAMINE Y, INÁCIO P M C, LYOUSSI B, et al. Insight into the sensing mechanism of an impedance based electronic tongue for honey botanic origin discrimination[J]. Sensors and Actuators B:Chemical, 2019, 285: 24-33.

[52] BOUGRINI M, TAHRI K, SAIDI T, et al. Classification of honey according to geographical and botanical origins and detection of its adulteration using voltammetric electronic tongue[J]. Food Analytical Methods, 2016, 9(8): 2161-2173.

[53] 李水芳，单杨，朱向荣，等. 近红外光谱结合化学计量学方法检测蜂蜜产地[J]. 农业工程学报，2011，27(8)：350-354.

[54] CHEN L Z, WANG J H, YE Z H, et al. Classification of Chinese honeys according to their floral origin by near infrared spectroscopy[J]. Food Chemistry, 2012, 135(2): 338-342.

[55] RUOFF K, IGLESIAS M T, LUGINBÜHL W, et al. Quantitative analysis of physical and chemical measurands in honey by mid-infrared spectrometry[J]. European Food Research and Technology, 2006, 223(1): 22-29.

[56] 杨娟. 基于多种光谱技术的蜂蜜和蜂胶品种鉴别研究[D]. 北京：中国农业科学院蜜蜂研究所，2016.

[57] SCHIEVANO E, MORELATO E, FACCHIN C, et al. Characterization of markers of botanical origin and other compounds extracted from unifloral honeys[J]. Journal of Agricultural and Food Chemistry, 2013, 61(8): 1747-1755.

[58] SPITERI M, JAMIN E, THOMAS F, et al. Fast and global authenticity screening of honey using ^{1}H-NMR profiling[J]. Food Chemistry, 2015, 189: 60-66.

[59] RUOFF K, KAROUI R, DUFOUR E, et al. Authentication of the bo-

tanical origin of honey by front-face fluorescence spectroscopy. A preliminary study[J]. Journal of Agricultural and Food Chemistry, 2005, 53(5): 1343-1347.

[60] KAROUI R, DUFOUR E, BOSSET J O, et al. The use of front face fluorescence spectroscopy to classify the botanical origin of honey samples produced in Switzerland[J]. Food Chemistry, 2007, 101(1): 314-323.

[61] CORVUCCI F, NOBILI L, MELUCCI D, et al. The discrimination of honey origin using melissopalynology and Raman spectroscopy techniques coupled with multivariate analysis[J]. Food Chemistry, 2015, 169: 297-304.

[62] VELICER C M, HECKBERT S R, LAMPE J W, et al. Antibiotic use in relation to the risk of breast cancer[J]. JAMA, 2004, 291(7): 827-835.

[63] PAIGE J C, TOLLEFSON L, MILLER M. Public health impact on drug residues in animal tissues[J]. Veterinary and Human Toxicology, 1997, 39(3): 162-169.

[64] 闫帅. 基于表面增强拉曼光谱的蜂蜜和鸡蛋中抗生素残留检测方法研究[D]. 北京:中国农业大学, 2022.

[65] EL-ZAHRY M R, LENDL B. Structure elucidation and degradation kinetic study of ofloxacin using surface enhanced Raman spectroscopy[J]. Spectrochimica Acta Part A: Molecular and Biomolecular Spectroscopy, 2018, 193: 63-70.

[66] NEUGEBAUER U, SZEGHALMI A, SCHMITT M, et al. Vibrational spectroscopic characterization of fluoroquinolones[J]. Spectrochimica Acta Part A: Molecular and Biomolecular Spectroscopy, 2005, 61(7): 1505-1517.

[67] SUN H M, LI X T, HU Z Y, et al. Hydrophilic-hydrophobic silver nanowire-paper based SERS substrate for in-situ detection of furazolidone under various environments[J]. Applied Surface Science, 2021, 556: 149748.

[68] MARKINA N E, MARKIN A V, WEBER K, et al. Liquid-liquid extraction-assisted SERS-based determination of sulfamethoxazole in spiked

human urine[J]. Analytica Chimica Acta, 2020, 1109: 61-68.

[69] 闫帅，李永玉，彭彦昆，等. 拉曼检测系统中微量试样自动混匀控制装置设计与试验[J]. 农业机械学报，2021，52(1)：324-332.

[70] FÁ A G, PIGANELLI F, LÓPEZ-CORRAL I, et al. Detection of oxytetracycline in honey using SERS on silver nanoparticles[J]. TrAC Trends in Analytical Chemistry, 2019, 121: 115673.

[71] XIAO D F, JIE Z S, MA Z Y, et al. Fabrication of homogeneous waffle-like silver composite substrate for Raman determination of trace chloramphenicol[J]. Microchimica Acta, 2020, 187(11): 593.

[72] NIE X M, WANG J, WANG X, et al. Highly effective detection of amitraz in honey by using surface-enhanced Raman scattering spectroscopy coupled with chemometric methods[J]. Chinese Journal of Chemical Physics, 2019, 32(4): 444-450.

[73] 孙旭东，董小玲. 蜂蜜中乐果农药残留的表面增强拉曼光谱定量分析[J]. 光谱学与光谱分析，2015，35(6)：1572-1576.

[74] MANTSCH H H, NAUMANN D. Terahertz spectroscopy: the renaissance of far infrared spectroscopy[J]. Journal of Molecular Structure, 2010, 964(1-3): 1-4.

[75] BAXTER J B, GUGLIETTA G W. Terahertz spectroscopy[J]. Analytical Chemistry, 2011, 83(12): 4342-4368.

[76] JEPSEN P U, COOKE D G, KOCH M. Terahertz spectroscopy and imaging—modern techniques and applications[J]. Laser & Photonics Reviews, 2011, 5(1): 124-166.

[77] MANCEAU J M, NEVIN A, FOTAKIS C, et al. Terahertz time domain spectroscopy for the analysis of cultural heritage related materials [J]. Applied Physics B, 2008, 90(3-4): 365-368.

[78] MASSAOUTI M, DASKALAKI C, GORODETSKY A, et al. Detection of harmful residues in honey using terahertz time-domain spectroscopy [J]. Applied Spectroscopy, 2013, 67(11): 1264-1269.

[79] O' MAHONY J, MOLONEY M, MCCNNELL R I, et al. Simultaneous detection of four nitrofuran metabolites in honey using a multiplexing biochip screening assay[J]. Biosensors and Bioelectronics, 2011, 26

(10): 4076-4081.

[80] WUTZ K, NIESSNER R, SEIDEL M. Simultaneous determination of four different antibiotic residues in honey by chemiluminescence multianalyte chip immunoassays[J]. Microchimica Acta, 2011, 173(1-2): 1-9.

[81] GUILLÉN I, GABALDÓN J A, NÚÑEZ-DELICADO E, et al. Detection of sulphathiazole in honey samples using a lateral flow immunoassay [J]. Food Chemistry, 2011, 129(2): 624-629.

[82] 邢淑婕，张宇航，陈福生. 蜂蜜中土霉素残留的ELISA检测[J]. 食品科技，2006，31(7)：232-235.

[83] 唐宗贵，刘长彬，罗小玲，等. 间接竞争酶联适配体检测食品中土霉素[J]. 分析测试学报，2015，34(4)：458-462,467.

[84] JEON M, PAENG I R. Quantitative detection of tetracycline residues in honey by a simple sensitive immunoassay[J]. Analytica Chimica Acta, 2008, 626(2): 180-185.

[85] PASTOR-NAVARRO N, GARCÍA-BOVER C, MAQUIEIRA A, et al. Specific polyclonal-based immunoassays for sulfathiazole[J]. Analytical and Bioanalytical Chemistry, 2004, 379(7-8): 1088-1099.

[86] YAO Y, WU H, PING J F. Simultaneous determination of Cd(Ⅱ) and Pb(Ⅱ) ions in honey and milk samples using a single-walled carbon nanohorns modified screen-printed electrochemical sensor[J]. Food Chemistry, 2019, 274: 8-15.

[87] BOUGRINI M, FLOREA A, CRISTEA C, et al. Development of a novel sensitive molecularly imprinted polymer sensor based on electropolymerization of a microporous-metal-organic framework for tetracycline detection in honey[J]. Food Control, 2016, 59: 424-429.

[88] KREPPER G, PIERINI G D, PISTONESI M F, et al. "In-situ" antimony film electrode for the determination of tetracyclines in Argentinean honey samples[J]. Sensors and Actuators B: Chemical, 2017, 241: 560-566.

[89] SANNA G, PILO M I, PIU P C, et al. Determination of heavy metals in honey by anodic stripping voltammetry at microelectrodes[J]. Analytica Chimica Acta, 2000, 415(1-2): 165-173.

第8章 茶叶智能检测与分级

作为传统的茶叶生产和消费大国,保障茶叶品质安全对于促进我国茶产业持续、健康的发展意义重大。因此,利用智能检测技术快速、准确、可靠地获取茶叶的品质信息是提高茶叶生产管理水平,促进茶产业信息化、现代化的关键。本章重点对经济作物茶叶的智能检测与分级进行分析与总结,内容主要包括:茶叶的农药残留快速筛查技术、品种及产地鉴别技术、感官品质检测技术、营养品质检测与分级装备四个方面。目前,茶叶品质无损检测技术主要有电子鼻技术、电子舌技术、计算机视觉技术、光谱分析技术、超声波技术以及交叉融合技术等。从技术层面上看,茶叶无损检测研究表现出由静态取样检测向动态在线监测、由外观品质检测向内部品质检测以及内外部品质同时检测、由单一常规检测技术向新的高精度检测技术和多感知融合技术发展的趋势。当前,随着人们对绿色、安全食品消费需求的提升,更高、更严格的绿色食品标准和食品安全标准等规范出现了,所以研发快速检测和智能分级装备对茶叶的种植、生产和产后全产业链的持续、快速发展以及经济效益提升都十分重要。

8.1 茶叶农药残留快速筛查技术

我国是一个农业大国,每年有80多万吨化学农药用于预防、消灭或者控制危害农作物的病、虫、草和其他有害生物。由于茶树长期以来受到茶饼病、炭疽病和叶枯病等病害,茶小绿叶蝉、茶叶螨类、茶蚜等虫害,以及苔藓和地衣等草害的威胁,拟除虫菊酯类(氰戊菊酯农药)、氯化烟碱类(啶虫脒)以及部分有机磷类(毒死蜱)等农药被广泛使用以保证其高产量。但是由于存在滥用、误用农药等现象,时常有残留农药检出或超标的情况发生,对人体健康构成潜在的风险。茶叶生长过程中不仅需要适当地喷洒农药以保证产品品质和产量,还需要避免农药使用不合理而导致农药残留量超标,因此急需大力发展茶叶农药残留检测技术。

8.1.1 传统的农药残留检测技术

我国已经制定了农药残留检测的规范准则，国家标准 GB/T 23376—2009《茶叶中农药多残留测定 气相色谱/质谱法》规定了用气相色谱/质谱测定茶叶中有机磷、有机氯、拟除虫菊酯 3 类农药残留的方法；此外，GB/T 23204—2008《茶叶中 519 种农药及相关化学品残留量的测定 气相色谱-质谱法》和 GB 23200.13—2016《食品安全国家标准 茶叶中 448 种农药及相关化学品残留量的测定 液相色谱-质谱法》分别规定了气相色谱-质谱法和液相色谱-质谱法对绿茶、红茶、普洱茶、乌龙茶等茶叶中百种农药及相关化学品残留量的测定方法。依据 GB/T 23204—2008，453 种农药及相关化学品的方法检出限为 0.001～0.500 mg/kg，29 种酸性除草剂的方法检出限为 0.01 mg/kg。王淑燕等人[1]采用超高效液相色谱串联-三重四极杆质谱联用仪和超高效液相色谱串联-飞行时间质谱联用仪分析测定了草铵膦处理对茶树生长及叶片品质的影响，首先使用草铵膦对成龄黄茶茶树叶片进行 3 组喷施处理，施药浓度分别为 0.6 g/L、1.4 g/L 和 2.4 g/L，然后定期观察施药处理后黄茶叶片的变化和茶树的生长状况（见图 8-1）；发现叶片在喷施不同浓度草铵膦后的具体药害表现为干枯、皱缩和脱落。在施药后第 1 天叶片对草铵膦的吸收量达到最大，随后草铵膦逐渐降解；进一步分析施药处理后叶片中 32 种成分含量的变化，发现在经 1.4 g/L 施药浓度的草铵膦处理后，共有 28 种成分的含量发生了显著变化。另外，实验表明，用 0.6～2.4 g/L 的草铵膦直接喷施茶树后，会造成茶树的生长抑制，茶叶品质显

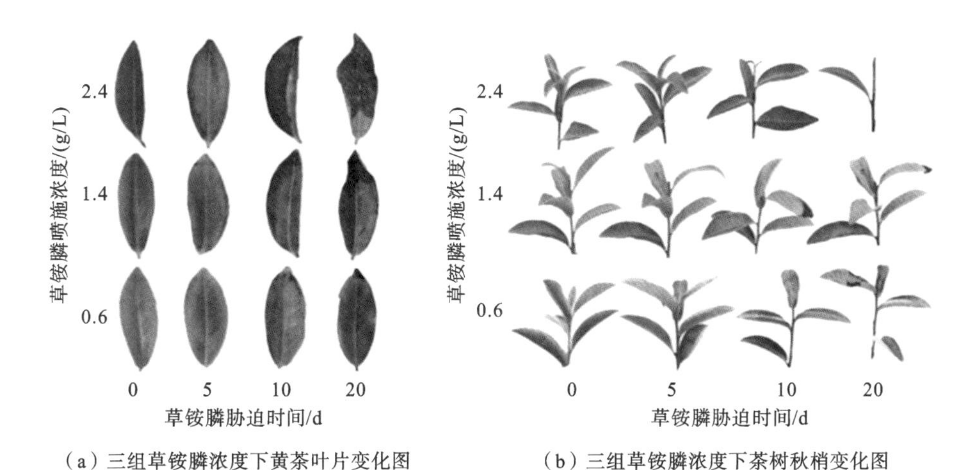

（a）三组草铵膦浓度下黄茶叶片变化图　（b）三组草铵膦浓度下茶树秋梢变化图

图 8-1　不同胁迫时间下黄茶叶片与茶树秋梢变化图[1]

著降低。该研究探究了农药对茶叶品质的影响，但是它基于传统检测方法检测茶叶农药残留，存在样品处理操作烦琐、耗时费力、消耗大量试剂等缺点，无法实现田间在线快速检测。

相较于气相色谱仪的理化检测方法，免疫分析技术以其灵敏度高、耗时短、操作简便、专一性强等优势逐渐在农药残留检测领域占据重要地位，广泛应用于蔬菜、水果、茶叶等农产品检测领域中。目前用于茶叶中农药残留检测的免疫分析技术主要有酶联免疫吸附测定法、放射免疫测定法和荧光免疫分析法等。徐娜[2]将半抗原与载体蛋白结合，制备出高效价的氰戊菊酯抗体，提出了一种简单、快速、有效的茶叶中氰戊菊酯残留的检测方法；通过对试验条件（离子浓度、酸碱度、有机溶剂）的优化，发现直接竞争酶联免疫检测方法的灵敏度（IC_{50}）为 9 μg/kg，检出限（IC_{15}）为 0.5 μg/kg，回收率高达 76.67%～91.43%。赵颖等人[3]开发了一种基于直接竞争免疫层析法的啶虫脒金标速测试纸条的方法，该方法获得的单克隆抗体的抗体效价大于 1∶10000，对啶虫脒的检出限为 10 ng/mL，对茶叶中啶虫脒的实际检出限为 0.5 mg/kg，检测时间为 10 min，实现了茶叶（绿茶、红茶、铁观音）中烟碱类农药啶虫脒的快速检测与残留诊断。但此类方法的特异性较强，多用于特定种类农药的快速检测，且无法实现实时检测，尚有一定的操作局限。

以上方法是近年来农药残留检测的主要技术，各有优、缺点，在实际检测应用中会受制于检测环境，应用范围较小。例如，酶抑制法存在酶易失活、稳定性差的缺点，主要用于定性检测；气相色谱分析法等方法仅能检测部分氨基甲酸酯类农药与有机磷类农药，适用范围有待进一步拓宽；免疫分析检测法的特异性较强，无法对同类型的多种农药残留同时进行检测。随着要求的提高和科技的进步，新型检测方式也逐渐涌现。

8.1.2 光谱技术

随着光电技术和仪器技术的逐渐成熟，光谱技术凭借无损、快速、便携等优点已经开始用于农药残留的检测，在农业和食品等领域中发挥越来越重要的作用。近年来，研究发现拉曼光谱可以反映光与农药残留物发生的非弹性散射，利用其散射产生的指纹拉曼光谱可观察到一定数量的拉曼位移峰，这些拉曼位移峰代表相应农药残留物的拉曼散射波长和强度，反映出分子的化学键振动信息，可进一步得到农药残留物的化学结构等信息，在此基础上出现了基于拉曼光谱的快速检测农药残留的新方法。随着对光学中吸收光谱特性的深入研究，运用表面增强技术检测农药残留，可在原有基础上进一步提升农药残留物分子的拉曼光谱响应特性，提高检测灵敏度和准确度。

Sanaeifar 等人[4]利用共聚焦显微拉曼光谱(CRM)技术和电子鼻对茶树鲜叶中残留的毒死蜱(CPS)农药进行原位快速检测研究，首先获取了 1015 个拉曼光谱变量数据(见图 8-2)和 108 个电子鼻变量数据，通过正交信号校正、标准化、标准正态变量变换和多重散射校正等多种方式对数据进行处理，应用遗传算法(GA)、区间偏最小二乘(iPLS)算法、递推加权偏最小二乘(recursive weighted partial least square, rPLS)算法、投影变量重要性(VIP)算法、连续投影算法(SPA)和竞争性自适应重加权采样(CARS)算法六种变量选择方法来获取有效的信息变量并减少模型输入的冗余，最后利用偏最小二乘(PLS)回归分别对电子鼻和拉曼光谱变量数据进行建模分析，如表 8-1 所示，结果表明 CRM 技术和电子鼻可以用来检测农药残留。

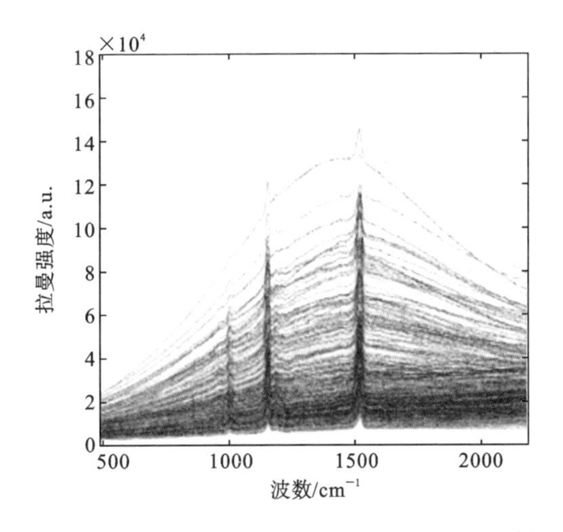

图 8-2　茶树鲜叶的 CPS 残留拉曼光谱响应图[4]

该团队接着将由两种技术获得的信号与由参考分析方法获得的农药残留物浓度相关联，对单个数据集和融合数据集建立 SVM 和 ANN 模型，如表 8-2 所示，基于融合数据集建立的模型明显优于基于单个数据集建立的模型。ANN 模型从融合数据集中选取 32 个有效变量，预测效果最佳，RMSEP 和 R_p^2 分别为 0.0135 mg/kg 和 0.973。这项研究深入探索了茶叶中农药残留定量检测，建立了茶叶与毒死蜱浓度稳定的预测模型，证明了现代光谱技术能够实现对茶叶中农药残留的检测。

表 8-1 基于拉曼光谱和电子鼻变量数据通过全变量和变量选择方法检测 CPS 残留的 PLS 模型结果[4]

变量选择方法	数据集	预处理	变量数/个	潜在变量数/个	R_c^2	RMSEC/(mg/kg)	R_p^2	RMSEP/(mg/kg)
全波长	CRM	OSC	1015	9	0.914	0.0212	0.730	0.043
	E-nose	OSC	108	10	0.903	0.0225	0.686	0.048
VIP	CRM	OSC	318	9	0.912	0.0214	0.729	0.0431
	E-nose	OSC	78	10	0.903	0.0225	0.686	0.048
rPLS	CRM	OSC	50	10	0.705	0.0393	0.757	0.0413
	E-nose	OSC	9	1	0.396	0.0721	0.298	0.0821
iPLS	CRM	OSC	315	10	0.998	0.0031	0.783	0.038
	E-nose	SNV	15	9	0.909	0.0218	0.814	0.0364
GA	CRM	OSC	235	14	0.968	0.013	0.845	0.0325
	E-nose	SNV	43	8	0.832	0.0296	0.804	0.0384
CARS	CRM	MSC	36	13	0.943	0.0171	0.922	0.0305
	E-nose	标准化	8	4	0.785	0.0335	0.675	0.0518
SPA	CRM	MSC	12	16	0.898	0.0231	0.807	0.041
	E-nose	标准化	10	10	0.847	0.0282	0.776	0.0423

注:OSC—正交信号校正;SNV—标准正态变量变换;MSC—多重散射校正;E-nose—电子鼻。

表 8-2 基于全变量和变量选择方法的 CRM 技术和电子鼻融合的检测 CPS 残留的 PLS 模型结果[4]

变量选择方法	预处理	总变量数/个	光谱变量数/个	电子鼻变量数/个	潜在变量数/个	R_c^2	RMSEC/(mg/kg)	R_p^2	RMSEP/(mg/kg)
全波长	SNV	1123	1015	108	8	0.985	0.0089	0.630	0.0497
VIP	SNV	1011	976	35	13	0.999	0.0014	0.903	0.0262
rPLS	SNV	14	4	10	11	0.994	0.0055	0.951	0.0206
iPLS	MSC	315	280	35	12	0.998	0.0027	0.816	0.0352
GA	标准化	283	235	48	13	0.999	0.0007	0.776	0.0393
CARS	标准化	32	30	2	10	0.982	0.0096	0.973	0.0135
SPA	去基线	16	2	14	10	0.614	0.0449	0.626	0.0507

光谱对物质的变化响应灵敏,但是存在信号重叠和弱的问题。为了提高农药残留的检出限和准确度,Zhu 等人[5]利用表面增强拉曼光谱(SERS)技术结

合化学计量学方法，提出了茶叶中毒死蜱(CPS)残留的定性和定量分析模型。首先合成具有高增强因子的 Au@Ag 纳米粒子，再利用化学计算学方法来测量表面增强拉曼光谱，然后利用 kNN 模型获得了不同浓度下农药残留的定性分析模型，分类准确率高达 90.84%～100.00%。对于预测毒死蜱残留的量化模型，使用经标准正态变量变换预处理的数据，采用四种模型，即偏最小二乘(PLS)模型、协同区间偏最小二乘(si-PLS)模型、遗传算法偏最小二乘(GA-PLS)模型和协同区间偏最小二乘遗传算法(si-PLS-GA)模型。它们的预测性能如图 8-3 所示，较高的相关系数和较低的预测集均方根误差表明这些模型具有出色的回归质量。数据检验显示气相色谱仪确定的参考值与量化模型中的预测值之间没有统计学上的显著差异，该研究所提出的方法是一种有效检测茶叶样品中毒死蜱残留的手段。

对于广泛使用的有机磷农药，其残留物可经消化道、呼吸道及完整的皮肤和黏膜进入人体，危害人体的器官。许丽梅等人[6]提出了以甲基对硫磷和水胺

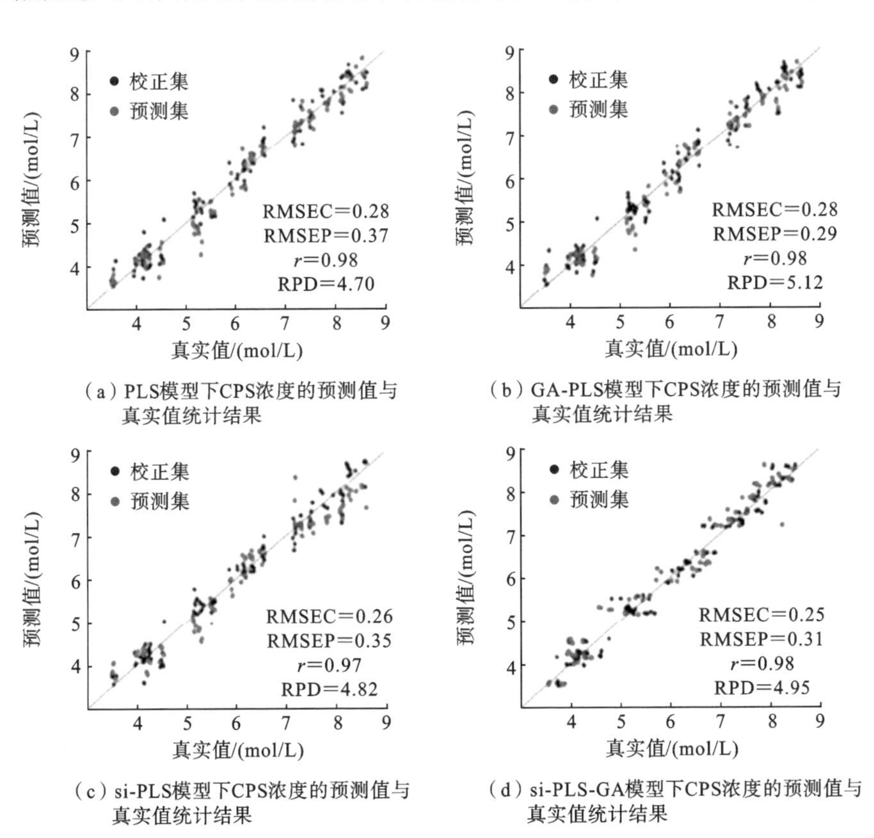

(a) PLS模型下CPS浓度的预测值与真实值统计结果

(b) GA-PLS模型下CPS浓度的预测值与真实值统计结果

(c) si-PLS模型下CPS浓度的预测值与真实值统计结果

(d) si-PLS-GA模型下CPS浓度的预测值与真实值统计结果

图 8-3　四种模型的预测性能[5]

硫磷为研究对象的表面增强拉曼光谱技术，实现了对茶叶浸出液中的有机磷残留的痕量检测。该团队首先改良了传统的处理工艺，以自制金纳米溶胶为增强基底获取了拉曼光谱信息，如图8-4所示，通过对比两种有机磷农药的拉曼特征峰进行定性分析，同时，选取570 cm^{-1}、1034 cm^{-1}、1107 cm^{-1}和1202 cm^{-1}等附近的特征峰光谱数据，利用微分等数学手段结合偏最小二乘法建立回归方程，预测样品中农药残留量。将所得预测值与气相色谱-质谱联用法检测值进行对比，结果如下：表面增强拉曼光谱技术对上述两种有机磷农药的检出限可达0.05 mg/L；通过数学模型分析建立回归方程，其线性相关系数范围为0.9077～0.9824，预测集均方根误差范围为0.77%～2.68%；由回归方程得到的预测值与由气相色谱-质谱联用法得到的检测值基本接近，相对误差范围为－5.16%～9.03%，回收率为81.4%～115.1%。结果说明，可以用表面增强拉曼光谱技术对茶叶浸出液中的有机磷残留进行检测。

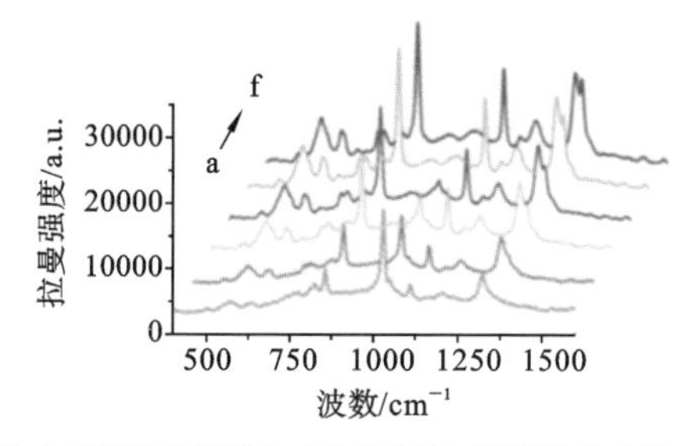

（a）不同浓度的甲基对硫磷的表面增强拉曼光谱

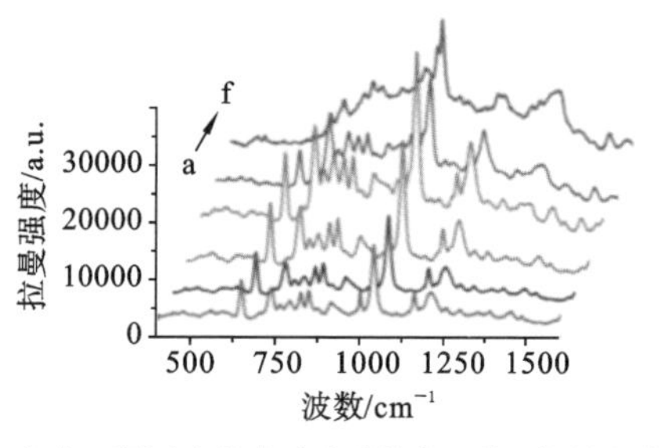

（b）不同浓度的水胺硫磷的表面增强拉曼光谱

图8-4　不同浓度的甲基对硫磷与水胺硫磷的表面增强拉曼光谱[6]

表面增强拉曼光谱技术对不同的检测物所使用的增强基底具有一定的特异性，蔺磊等人[7]采用表面增强拉曼光谱技术结合密度泛函理论，实现了鲜茶叶中噻菌灵残留的快速检测。该团队使用四氧化三铁纳米粒子和石墨化碳去除茶叶中叶绿素等荧光物质的干扰，利用银纳米溶胶进行拉曼增强，通过分析噻菌灵分子的谱峰归属，结合密度泛函理论计算结果，得出782 cm^{-1}、1076 cm^{-1}和1576 cm^{-1}处的拉曼峰可作为噻菌灵残留判别的特征峰。表面增强拉曼光谱技术对茶叶中噻菌灵的最低检测浓度为0.5 mg/L，尤其是浓度在0.520 mg/L以下时，782 cm^{-1}处峰的强度与噻菌灵的浓度具有良好的线性关系，回收率为87.33%～93.04%，相对标准偏差为3.28%～5.64%，说明所用方法具有较高的准确度和精密度。

对于能被作物的根、茎、叶吸收，可在植株体内传输，通过韧皮部传输到植株的各个部位，从而隐藏在茶叶内部的多菌灵农药，吴燕等人[8]采用表面增强拉曼光谱技术并结合快速溶剂提取处理方法，实现了茶叶中多菌灵残留的快速检测。以表面增强试剂为基底，分别采集不同浓度多菌灵溶液和以茶叶提取液为基质的不同浓度多菌灵溶液的表面增强拉曼信号。结果表明：630 cm^{-1}、730 cm^{-1}、1004 cm^{-1}、1221 cm^{-1}、1262 cm^{-1}、1368 cm^{-1}、1462 cm^{-1}、1528 cm^{-1}处的拉曼信号较强，可作为多菌灵的特征峰；表面增强拉曼光谱技术对于茶中多菌灵的最低检测浓度为 2 mg/L，满足国家标准检测茶叶的要求。通过机器学习等数据分析方法，在 2～50 mg/L 浓度范围内，选用 630 cm^{-1}处峰的强度与多菌灵的浓度建立线性模型，其决定系数 R^2 为0.9802，回收率为 86.84%～92.40%，相对标准偏差均小于 5%，说明所用方法有良好的重现率。

传统的检测方式仍在不断的进步，新的光谱技术又展现了其潜力。检测农药残留时，针对拉曼光谱信号较弱和荧光噪声影响等问题，已经发展出了表面增强拉曼散射光谱技术。光谱数据采集的有效性和稳定性问题不断地得到解决，在处理待检测物光谱时需选择合适的分析模型，为提升模型的准确度和稳定性，必须对光谱检测模型进行评价。另外，在用光谱技术检测农药残留时，要获取更多的光谱信息形成族谱表，扩充全国通用的模板信息库，使人们在进行实际作业时可快速对待检测物进行查表测定，并不断丰富农药的光谱数据。随着我国光学技术、电化学技术、生物技术的不断发展，食品领域中的农药残留检测技术也会逐渐从实验室走向实际的生产生活。

8.2 茶叶品种及产地鉴别技术

茶叶源于中国，目前已经传播到全世界。茶叶主要分为 3 种，即不发酵的绿茶、半发酵的乌龙茶以及发酵的黑茶和红茶。绿茶是我国茶叶重点出口茶类，出口量占我国出口茶叶总量的 70%，占世界绿茶总量的 85%以上。随着国际贸易的发展和人们饮食结构的调整，人们对茶叶质量的要求越来越高，全面提高茶叶的质量，已日趋为人们所重视。茶叶质量安全市场准入制度不断更新，我国茶叶在国际大市场中运营，如何防止产地冒充和以次充好等对我国茶叶加工业提出了更高的科技创新要求。开发简便、快速、精确的现代自动化分析方法鉴别茶叶品种和产地成为茶叶品质检测研究者的一项重要任务。

8.2.1 近红外鉴别品种技术

用于茶叶鉴别的传统方法为感观评定法和化学方法。感观评定法受人为因素和外界环境的影响较大，同时，感官评定法常要求评定者具有相对丰富的经验，因此，难以保证鉴别的客观性与可靠性。He 等人[9]提出了一种用可见/近红外光谱技术快速、无损鉴别茶叶品种（西湖龙井、浙江龙井、羊岩勾青、雪水云绿和庐山云雾）的新方法。首先建立了反射光谱（400～1000 nm）与茶叶品种间的关系，然后用主成分分析压缩大量的光谱数据得到少量的主成分，计算主成分得分，将得分前 6 位的主成分作为反向传递人工神经网络的输入，使用 5 个品种的 125 个随机样品来构造反向传递人工神经网络模型，然后用模型预测 25 个未知样品，校准样品的残差为 1.267×10^{-4}，辨别率达到了 100%，表明模型具有很高的可靠性和实用性。该团队进一步运用小波变换对其中的三种茶叶（西湖龙井、雪水云绿、庐山云雾）光谱数据进行变换压缩，使压缩后的特征能在主成分空间中查看，如图 8-5 所示，这些特征使不同类型样品光谱具有优秀的空间分布结构。由此可见，光谱技术对于茶叶种类的鉴别十分有效，对于茶叶品种的分类具有重大意义。

8.2.2 高光谱品种分类技术

单一的光谱技术仍存在适应性较低等问题，结合机器视觉技术的多光谱与高光谱技术有效地提高了信息的准确度。李晓丽等人[10]提出了一种基于多光谱图像纹理分析的快速识别不同品种绿茶（羊岩勾青、庐山云雾、安吉白片和西湖龙井）的方法。首先使用多光谱相机的红色、蓝色和绿色三个通道获取茶叶的图像，采用灰度共生矩阵结合纹理滤波来提取图像纹理特征，分析了不同品种绿茶的各个通道图像的纹理特征，如图 8-6 所示。非监督聚类分析结果表明，

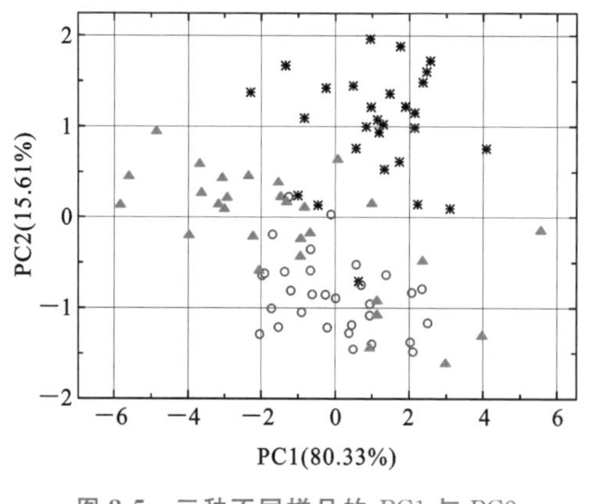

图 8-5　三种不同样品的 PC1 与 PC2 分数的散点图[9]

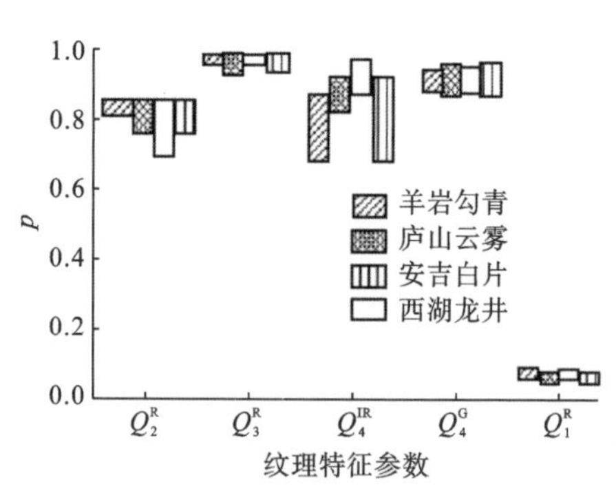

图 8-6　4 种茶叶的 5 个纹理参数的统计特性

基于组合方法提取的纹理特征优于仅依靠灰度共生矩阵得到的纹理特征，优化和筛选后得到10个特征参数作为支持向量机模型的输入，建立模式识别模型。如表8-3所示，结果表明，组合纹理特征提取和光谱数据融合方法对126个校正集样品的识别准确率达到94.4%，对64个预测集样品的识别准确率达到93.8%。由此可见，所用方法能够较好地识别不同品种的绿茶。

表8-3 基于支持向量机分类器的绿茶品种的识别准确率[10]

品种		数量/个	羊岩勾青/个	庐山云雾/个	安吉白片/个	西湖龙井/个	准确率/(%)
校正集	羊岩勾青	28	27	1	0	0	96.4
	庐山云雾	32	2	30	0	0	93.8
	安吉白片	33	0	0	30	3	90.9
	西湖龙井	33	0	0	1	32	97.0
	合计	126	29	31	31	35	94.4
预测集	羊岩勾青	15	15	0	0	0	100
	庐山云雾	17	0	17	0	0	100
	安吉白片	16	0	0	12	4	75
	西湖龙井	16	0	0	0	16	100
	合计	64	15	17	12	20	93.8

对于用肉眼难以根据颜色和大小准确分辨的茶叶品种，陈孝敬等人[11]利用高光谱成像技术对两种颜色几乎一样的安吉白茶和金鸡春茗茶的茶叶进行分类，选用CCD光谱成像仪近红外波段图像中的2个参数(即像素偏方差和平均值)，采用一个通道信号减去另一个通道信号的方法得到6个纹理特征，建立了基于反向传递人工神经网络的茶叶品种识别模型，识别准确率高达100%(如表8-4所示)。以上表明多光谱和高光谱技术具有较高的空间分辨能力。

随着算法的不断迭代，研究人员对纯光谱的分析不断深入，吴迪等人[12]提出了一种基于离散余弦变换和支持向量机的多光谱纹理图像分析方法，以更好地进行茶叶分类。首先通过光谱成像仪获得蓝色、红色和绿色三个波段的图像，再对原图像的近红外波段图像提取均方差值，然后应用离散余弦变换算法，构造出8个带通和高通滤波器对近红外通道的图像进行滤波并提取均方差值，最后应用支持向量机技术，分别对原图像的近红外波段图像提取的均方差值和用8个滤波器滤过的图像提取的均方差值进行建模。结果表明，经过8个滤波

表 8-4 利用模型对 20 个未知样品进行预测的结果[11]

样品	真实值	预测值	样品	真实值	预测值
1	1	1.03103	11	2	2.0616
2	1	1.01782	12	2	2.0352
3	1	1.05962	13	2	2.1188
4	1	1.01892	14	2	2.0374
5	1	1.02886	15	2	2.0572
6	1	1.03133	16	2	2.0616
7	1	1.01781	17	2	2.0352
8	1	1.05962	18	2	2.1188
9	1	1.01891	19	2	2.0374
10	1	1.02882	20	2	2.0572

器处理的图像的识别准确率为 100%，而没有经过滤波处理的纹理图像的识别准确率只有 73.33%，如表 8-5 所示，说明改进滤波器算法模型也是一种非常有效的识别方法。

表 8-5 对 20 个未知样品进行模型预测的结果[12]

数据	类别	样品数/个	支持向量机分类/个						准确率/(%)
			1	2	3	4	5	6	
原始近红外图像信息	1	20	16	1	3	0	0	0	80
	2	20	9	11	0	0	0	0	55.5
	3	20	13	0	7	0	0	0	35.5
	4	20	1	1	0	18	0	0	90
	5	20	0	0	0	0	18	2	90
	6	20	0	0	0	0	2	18	90
	总计	120	39	13	10	18	20	20	73.33
处理后的近红外图像信息	1	20	20	0	0	0	0	0	100
	2	20	0	20	0	0	0	0	100
	3	20	0	0	20	0	0	0	100
	4	20	0	0	0	20	0	0	100
	5	20	0	0	0	0	20	0	100
	6	20	0	0	0	0	0	20	100
	总计	120	20	20	20	20	20	20	100

高光谱技术在获取大量、有效高维数据信息的同时也存在权重系数低或者无关的变量数据，因此需要通过数据的分析与挖掘，提取有效的特征变量并建立具有鲁棒性的模型。Li 等人[13]利用多光谱成像技术智能识别不同种类中国名茶(径山、碧螺春、龙井、羊岩勾青、龙谷丽人、铁观音、庐山云雾和安吉白茶)。采用灰度共生矩阵提取特征，引入最小二乘支持向量机模型用于多光谱图像的分类，如图 8-7 所示，用接收器操作特性曲线来评价多光谱成像分类器的性能。为了进一步发掘图像的纹理特征结构，对所有小波纹理特征进行了主成分分析，并通过载荷分析，找到最重要的一批特征变量。其中的 18 个小波纹理特征作为最重要的辨别特征，使得多光谱图像具有高达 96.82%的辨别准确率。二维小波的分解结构图如图 8-8 所示。实验结果表明，通过对数据的挖掘与分析可以进一步提高茶叶的分类准确率并简化模型。

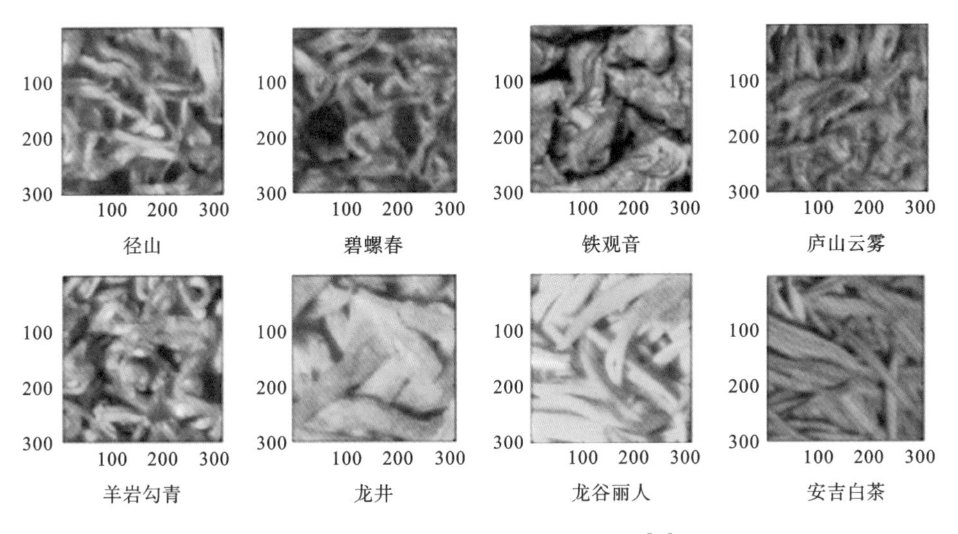

图 8-7　中国八种名茶的多光谱图像[13]

对于同种绿茶的不同区域分类，获取单一通道的信息数据可能难以实现高准确率分类。李晓丽等人[14]提出了一种采用基于机器视觉的多光谱成像技术对 4 个区域种植的西湖龙井茶进行区分的方法。首先采用 CCD 多光谱成像仪同时获取茶叶在区域光谱下的波长图像，然后对预处理后的图像提取了 20 个形状特征和 15 个纹理特征。基于这两组特征分别对 4 个区域的茶叶进行主成分聚类分析(见表 8-6 和表 8-7)，得到的两幅主成分空间聚类图都不能对 4 个区域的茶叶进行有效的区分。为了得到高效的区分模型，遂采用多类逐步判别分

图 8-8　二维小波的分解结构图(分解尺度为 2,将图像分解为 7 个小波子空间图像,包括 LL2、LH2、HL2、HH2、LH1、HL1、HH1)[13]

析法对形状特征、纹理特征和组合特征(形状特征＋纹理特征)分别进行优化,并建立了对应各组特征的区分模型,经过比较发现基于组合特征的模型效果最佳,对预测集样品的区分准确率为 85 %,如表 8-8 所示,结果说明,光谱对同品种下不同区域的微小变化具有敏感性,有助于茶叶产地识别。

表 8-6　基于形状特征模型的不同等级茶叶样品预测结果[14]

类别	分类结果/个					准确率/(%)
	类 1	类 2	类 3	类 4	小计	
类 1	16	4	0	0	20	80
类 2	2	14	3	1	20	70
类 3	3	4	12	1	20	60
类 4	5	1	2	12	20	60

表 8-7　基于纹理特征模型的不同等级茶叶样品预测结果[14]

类别	分类结果/个					准确率/(%)
	类 1	类 2	类 3	类 4	小计	
类 1	20	0	0	0	20	100
类 2	0	15	0	5	20	75
类 3	0	0	20	0	20	100
类 4	0	12	0	8	20	40

表 8-8 基于组合特征的模型对预测集样品的判别结果[14]

类别	分类结果/个					准确率/(%)
	类 1	类 2	类 3	类 4	小计	
类 1	20	0	0	0	20	100
类 2	0	17	1	2	20	85
类 3	0	0	19	1	20	95
类 4	0	6	2	12	20	60

对于不同名优绿茶以及不同产地的区分，章海亮等人[15]基于光谱主成分信息和图像信息的融合实现了名优绿茶不同品牌的鉴别。先采集 6 个品牌名优绿茶(狗牯脑茶、井冈翠绿、庐山云雾、茉莉花茶、婺源毛尖和婺源绿茶)在 380～1023 nm 波长范围的 512 幅光谱图像，如图 8-9 所示，然后提取并分析绿茶样品的可见/近红外光谱响应特性，结合主成分分析法找到了最能体现这 6 类样品差异的 2 个特征波段(545 nm 和 611 nm)，并从这 2 个特征波段图像中分别提取 12 个灰度共生矩阵纹理特征参量(中值、协方差、同质性、能量、对比度、相关、熵、逆差距、反差、差异性、二阶距和自相关)，最后融合这 12 个纹理特征参量和 3 个主成分特征变量得到名优绿茶品牌识别的特征信息，利用偏最小二乘支持向量机建立区分模型，预测集识别准确率达到了 100%，同时采用接收器操

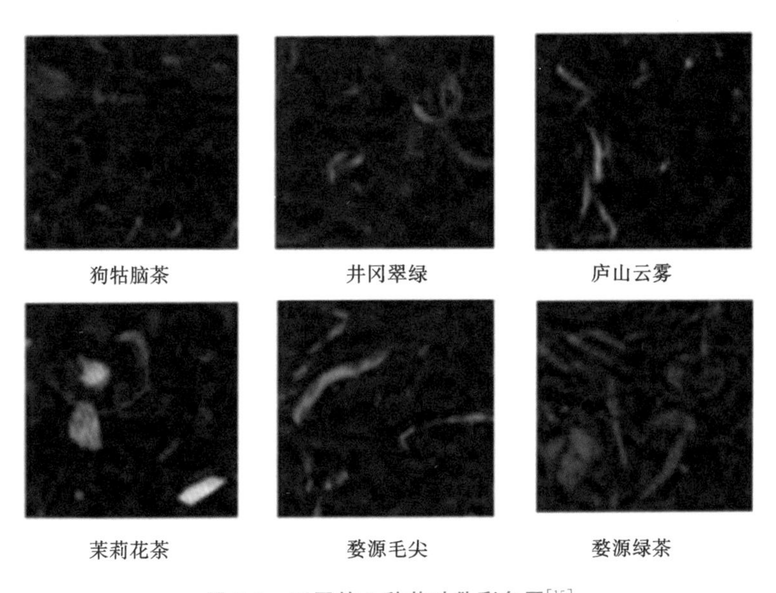

图 8-9 不同的 6 种茶叶伪彩色图[15]

作特性曲线方法来评估分类模型。结果表明，综合应用灰度共生矩阵纹理特征参量和光谱主成分特征变量可更好地实现对茶叶品牌的鉴别。

过去茶叶品种分类仅依靠熟练工人的经验。随着机器视觉技术和光谱技术的快速发展，高光谱成像技术已经广泛应用于农产品品质的快速、无损检测中，大量的成功案例也证明了高光谱成像技术是农产品品质的科学、有效检测工具。高光谱成像技术融合了传统的成像技术和光谱技术的优点，获取的高光谱图像具有“图谱合一”的特点，即同时含有图像信息和光谱信息，图像信息用来检测茶叶的外部品质，而光谱信息则用来检测它们的内部品质，再通过数据的分析融合与信息的提取技术，极大地提高了茶叶品种和产地的分类准确率。

8.3 茶叶感官品质检测技术

我国的茶叶种类甚多，花色品种复杂，各类感官品质检测标准不一。通常来说，茶叶的新鲜度、整齐度和病斑等直观的品质较容易理解和分析。因此，从外形来看，品质优异的茶叶，外形条索紧实，或细或肥状或卷曲，均齐规整，越紧细越厚重就代表茶叶品质越好；色泽感官鉴别，主要是看干茶的色度和光泽度，例如红茶、花茶类，以深褐色或青黑色、油润光亮的为优质茶叶，茶芽翠绿有光泽为品质优异的绿茶；嫩度鉴别，可通过感官来判断茶叶芽尖和白毫的数量，芽尖和白毫多的为品质优异的茶叶；茶叶的净度，主要是通过茶叶中的茶梗、片、末等的含量和非茶类杂质的有无来鉴别的，没有茶梗、非茶类杂质以及病虫害斑的为优质茶叶。因此图像的感知与识别是外部品质首要的检测手段，再结合影响茶叶外形的内部成分分析手段，可以更好地实现对茶叶感官品质的检测。

8.3.1 外形感官品质检测技术

为摒弃茶叶品质感官评价方法存在的主观性和经验性等缺陷，童阳等人[16]采用计算机视觉技术快速评价茶叶感官品质。依据碧螺春茶行业标准及茶叶评审师的评审结果，将 20 个不同品质碧螺春绿茶样品分成 4 个等级。采用小波变换和灰度共生矩阵提取茶叶图像的纹理特征，利用遗传算法优化神经网络参数，建立茶叶感官品质的反向传播（BP）神经网络模型，并与其他模型结果进行比较，结果如表 8-9 所示，当选用前 5 个主成分时，所建立的主成分分析-遗传算法-反向传播（PCA-GA-BP）神经网络模型识别精度最高，该模型总体识别准确率为 93.8%，其 Kappa（一个用于一致性检验的指标）系数为 0.933，相较于 PCA-BP、GA-BP、BP 识别准确率分别提高 10.0 个百分点、6.3 个百分点和

18.8个百分点，Kappa 系数分别提高 0.133、0.066 和 0.233，有效地实现了碧螺春 4 个等级的外形感官品质检测。

表 8-9　不同模型的识别性能对比[16]

模型名称	校正集识别准确率/(%)	预测集识别准确率/(%)	总体识别准确率/(%)	Kappa 系数
PCA-GA-BP	95	92.5	93.8	0.933
PCA-BP	85	82.5	83.8	0.8
GA-BP	90	85	87.5	0.867
BP	77.5	72.5	75	0.7

刘鹏等人[17]进一步优化计算机视觉技术对茶叶感官品质的快速、无损评价。以碧螺春绿茶为对象，依据专家感官审评结果，将其分成 4 个等级；采用中值滤波及拉普拉斯算子对茶样图像进行预处理，并提取预处理后的茶样图像的颜色和纹理，利用随机森林算法对茶叶外形特征进行重要性排序，筛选出重要性较大的特征，利用随机森林算法中最优的决策树建立感官评价模型，并将其与建立的支持向量机(SVM)模型相比较。结果表明：色调均值、色调标准差、绿体均值、平均灰度级、饱和度均值、红体均值、饱和度标准差、亮度均值、一致性 9 个特征的重要性较大，如图 8-10 所示，且与感官审评特征描述结果一致；当采用优选出的 9 个重要性较大的特征及 500 棵决策树模型时，建立的模型性能最优，模型总体判别率为 95.75%，Kappa 系数为0.933，袋外样品误差为 5%，且优选的 9 个重要性较大的特征与感官审评特征描述一致。研究表明，利用随机森林算法筛选出对茶叶外形属性贡献最大的几个特征建立模型，能获得很好的识别效果，同时模型得到简化，精度和稳定性

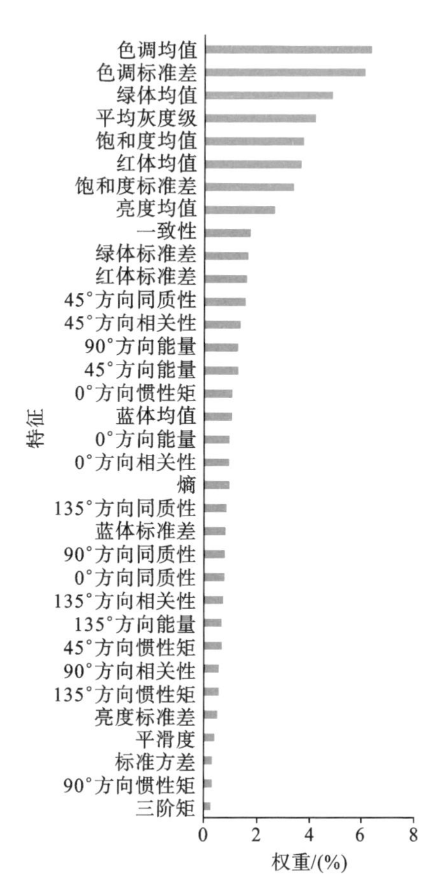

图 8-10　特征重要性分析[17]

较高。

8.3.2 内含物感官品质检测技术

茶叶外形的变化往往与内部化学成分有关,单一的机器视觉技术无法检测茶叶内含物的变化情况,而光谱技术具有实时性和微量分析的优势,近年来被广泛研究。Li 等人[18]认为叶绿素、脱镁叶绿素含量及其比例是评价绿茶感官品质的重要因素,提出了一种基于 FTIR 光谱法测定绿茶中叶绿素和脱镁叶绿素含量的有效方法。首先对 5 个品牌的茶叶(雀舌、径山、碧螺春、三杯香、龙井)进行光谱采集,如图 8-11 所示,采用参考法测定叶绿素和脱镁叶绿素含量的真实值,提取了这些色素(叶绿素 a、叶绿素 b、脱镁叶绿素 a 和脱镁叶绿素 b)的特征红外波数并建立了偏最小二乘支持向量机非线性模型,得到的决定系数分别为 0.87、0.80、0.85 和0.89;相对预测偏差分别为 2.77 μg/g、2.62 μg/g、2.26 μg/g 和3.07 μg/g。基于化学计量学方法开发了叶绿素和脱镁叶绿素含量与 FTIR 光谱之间的关系,证明了 FTIR 光谱法测定这两种色素含量的可行性。

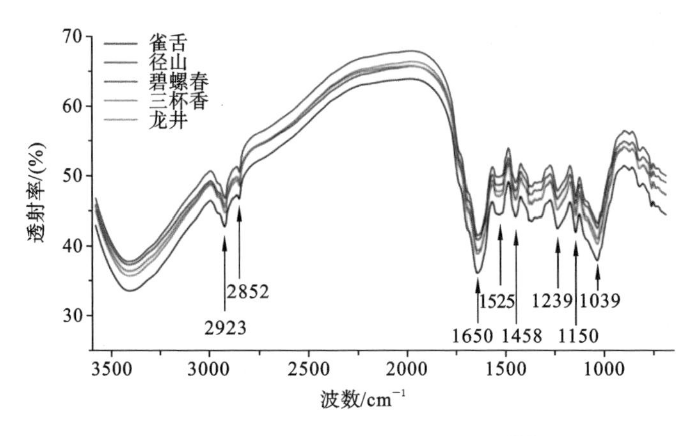

图 8-11　不同样品之间的光谱差异[18]

为了进一步实现茶叶感官品质的实时原位检测,Li 等人[19]通过综合小波变换和多变量分析,用野外便携式光谱仪采集了 738 个代表性样品(包括新鲜茶叶、成品茶和半成品茶)在 325～1075 nm 范围的光谱,研究了茶叶中水分含量对漫反射光谱的影响。采用三种特征提取方法(小波变换、主成分分析和非线性主成分分析)探究光谱数据的结构信息,结果表明,经过小波变换产生的变量能有效揭示光谱数据的结构信息。随后又用偏最小二乘回归、多元线性回归和最小二乘支持向量机等回归分析方法来校正光谱数据与水分含量之间的关系，如表 8-10 所示，结果表明，水分含量与光谱数据间有着显著的相关性（R=0.991，RMSE=0.034）。该团队[20]进一步利用叶脉附近纹理是连续和定向的这一特点，设计具有合适权重的定向过滤器，以基于纹理过滤器的方法更好地实现了影响茶叶外形的水分含量的原位检测。

表 8-10　不同组小波近似系数作为自变量的多元线性回归模型结果[19]

模型	输入	样品划分	变量数/个	回归系数	误差	偏差
模型 8	2～7,51～57,59～60,62～63,67,72	校正集	492	0.951	0.079	-2.326×10^{-5}
		预测集	246	0.909	0.107	-7.500×10^{-3}
模型 9	2～7,46～74	校正集	492	0.982	0.048	-7.546×10^{-6}
		预测集	246	0.978	0.054	-2.73×10^{-3}
模型 10	2～6,58～74	校正集	492	0.969	0.063	-2.160×10^{-6}
		预测集	246	0.965	0.067	1.220×10^{-4}
模型 11	58～74	校正集	492	0.966	0.065	3.633×10^{-6}
		预测集	246	0.968	0.065	-8.680×10^{-4}
模型 12	69～89	校正集	492	0.986	0.043	-8.997×10^{-8}
		预测集	246	0.983	0.051	-1.290×10^{-2}
模型 13	65～83	校正集	492	0.992	0.032	1.103×10^{-6}
		预测集	246	0.991	0.034	6.282×10^{-6}

在茶树的生长过程中，环境因素会导致其感官品质出现明显的差异，茶叶中类胡萝卜素是植被环境胁迫、光合能力和植被发育阶段的指示器，李晓丽等人[21]基于叶片的原位拉曼光谱响应特性对茶叶（龙井 43）叶片的类胡萝卜素含量进行了研究，并建立了两者之间的定量模型。此研究共对 315 个茶叶叶片样品进行了拉曼光谱采集和分光光度检测，为避免检测过程受噪声、基线漂移等因素的干扰，运用了五种光谱数据预处理方法提取原始拉曼光谱中与茶叶中类胡萝卜素含量有关的有效信息，并建立了偏最小二乘（PLS）回归模型，拉曼光谱与类胡萝卜素含量的校正集和预测集的相关系数分别为 0.817 和 0.786。为进一步研究类胡萝卜素的拉曼光谱响应机理，研究人员采用连续投影算法（SPA）优选了 17 个拉曼特征波数，建立相应的特征波数模型，模型的校正集和预测集的相关系数分别为 0.808 和 0.777。根据已建立的模型，探究了茶树四

个不同叶位(如图 8-12 所示,取新梢附近的四个位置)的叶片中类胡萝卜素含量的变化。发现随着叶龄的增加,茶树叶片中类胡萝卜素含量呈先增大后减小的趋势,且第 2 叶位的类胡萝卜素含量最高。实验表明,采用拉曼光谱技术可以实现茶树叶片中类胡萝卜素含量的原位、无损、定量检测,让茶树的实时品质检测成为可能。

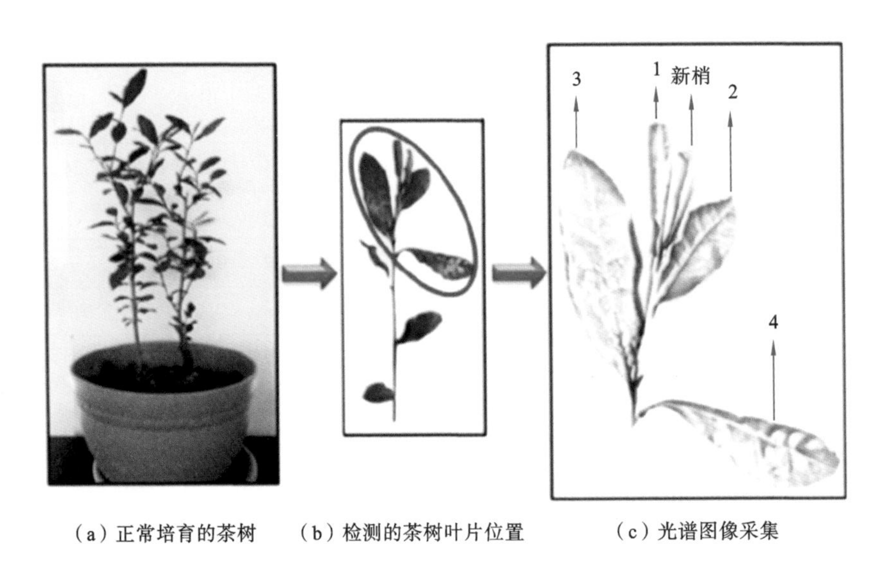

(a) 正常培育的茶树　(b) 检测的茶树叶片位置　(c) 光谱图像采集

图 8-12　茶树叶位的选择图[21]

茶树作为多年生叶用植物,营养品质还会受到培育过程中养分以及重金属的影响,针对作为茶树生长关键养分之一的氮,围绕茶叶等作物生理信息快速感知难题,李晓丽等人[22]探究并开发了基于红外光谱技术的茶树中^{15}N示踪尿素的光谱快速测量方法,找到了茶树营养监测中最具代表性的检测部位,为快速检测茶树氮素的动态变化规律奠定了理论基础。陈海天等人[23]开展了在铅气溶胶胁迫下生理生化指标变化和铅累积效应研究,以铅气溶胶方式模拟大气污染环境,如图 8-13 所示,研究“乌牛早”与“迎霜”两种茶树在铅气溶胶胁迫

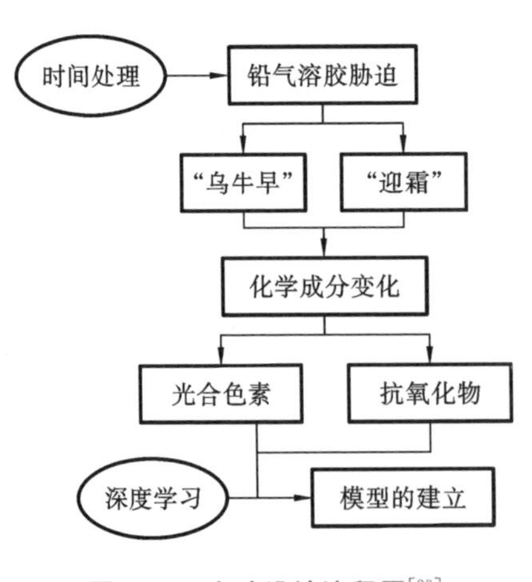

图 8-13　实验设计流程图[23]

下根、茎、叶各器官的铅累积情况以及叶片中光合色素和抗氧化物含量的变化规律，并结合中红外光谱技术建立各指标的快速检测模型。结果表明：茶树叶片会吸收并囤积空气中的铅气溶胶污染物，高浓度铅处理组的叶片中铅含量最高，可达无处理组的 14 倍；在进行胁迫实验的 42 天中，叶片的光合色素含量与抗坏血酸含量在前中期不断增大而在中后期不断减小，谷胱甘肽含量整体处于上升趋势。采用支持向量机与人工神经网络建立了基于中红外光谱特征波段的生理生化指标定量预测模型，可实现铅气溶胶胁迫下茶树生理生化指标的快速检测，其中神经网络模型效果普遍优于 SVM 模型效果，预测集相关系数最高可达 0.810，预测集均方根误差可达 0.032 mg/g。研究表明，铅气溶胶胁迫会导致茶树体内铅的累积以及生理生化指标的显著变化，有望构建茶树受铅气溶胶胁迫的快速诊断方法，实现茶树的动态品质检测与管理。

8.3.3 病虫害检测技术

对于常见的叶片病斑，张帅堂等人[24]为实现快速、高效识别，提出了基于高光谱成像技术和图像处理技术融合的茶叶病斑识别方法。利用高光谱成像技术采集了炭疽病、赤叶斑病、茶白星病、健康叶片 4 类样品的主成分图，如图 8-14 所示。首先提取感兴趣区域敏感波段的相对光谱反射率作为光谱特征，然后通过两次主成分分析，确定第二主成分图像为特征图像，基于颜色矩和灰度共生矩阵提取特征图像的颜色特征和纹理特征，利用 BP 神经网络对颜色、纹理和光谱特征向量融合数据进行检验，识别准确率为 89.59%；为进一步提高识别准确率，利用遗传算法优化 BP 神经网络，使病斑识别准确率提高到 94.17%，建模时间也缩短至 1.7 s。实验结果表明：高光谱成像技术和利用遗传算法优化 BP 神经网络的方法可以快速、准确地实现对茶叶病斑的识别，为植保无人机超低空遥感病害监测提供参考。

为了深入了解病虫害对茶叶感官品质的影响，李晓丽等人[25]采用共聚焦显微拉曼光谱技术研究了炭疽病感染的茶叶细胞壁结构和化学成分的变化。对茶叶健康和染病组织细胞进行微米级空间分辨率的显微拉曼光谱扫描，并结合透射电镜观察炭疽病侵染所致的细胞超微结构变化。结果显示，染病前后细胞壁的拉曼光谱位移和强度都有明显的差异。如图 8-15 所示，炭疽病侵染导致细胞壁中化学成分发生了较大的变化，其中由纤维素、果胶、酯类化合物产生的拉曼峰的强度明显下降，说明茶叶中这些物质的含量在染病后减小了；而由木质素的拉曼散射引起的拉曼峰的强度有所上升，说明木质素的含量在染病后有所

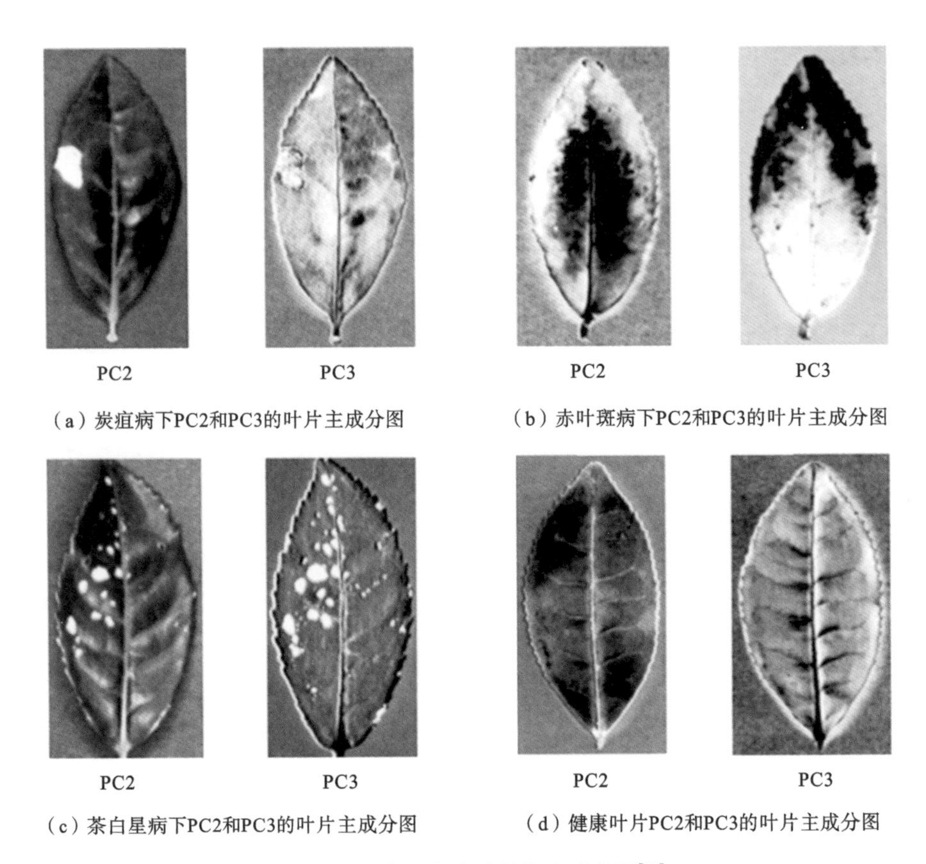

（a）炭疽病下PC2和PC3的叶片主成分图　（b）赤叶斑病下PC2和PC3的叶片主成分图

（c）茶白星病下PC2和PC3的叶片主成分图　（d）健康叶片PC2和PC3的叶片主成分图

图 8-14　健康和患病叶片的主成分图[24]

增大。随后，基于纤维素的拉曼指纹波数和显微空间结构信息实现了茶叶健康组织和染病组织细胞壁中纤维素的化学成像分析。结果显示，炭疽病侵染不仅导致细胞壁中纤维素的含量大大减小，而且纤维素的有序结构被破坏，这使得茶叶的外形变得粗大且干硬，外部品质变差。

传统的机器视觉技术无法实时地感知茶叶的品质变化，但光谱技术利用其广泛的光谱吸收特征和空间分布特性，有效地解决茶叶主要生化成分的时间-空间动态变化监测的问题，建立了光谱信息在病虫害生物胁迫下和重金属等环境非生物胁迫下，与茶叶水分含量、嫩度以及生长状态等的相关联系和理论模型。越来越多的茶叶品种样本分析，将会提升模型的普遍适应性，未来有望通过原位、高效和无损的技术提高茶叶生长过程中的实时在线检测和精确管理，最终提升茶叶的品质和产量。

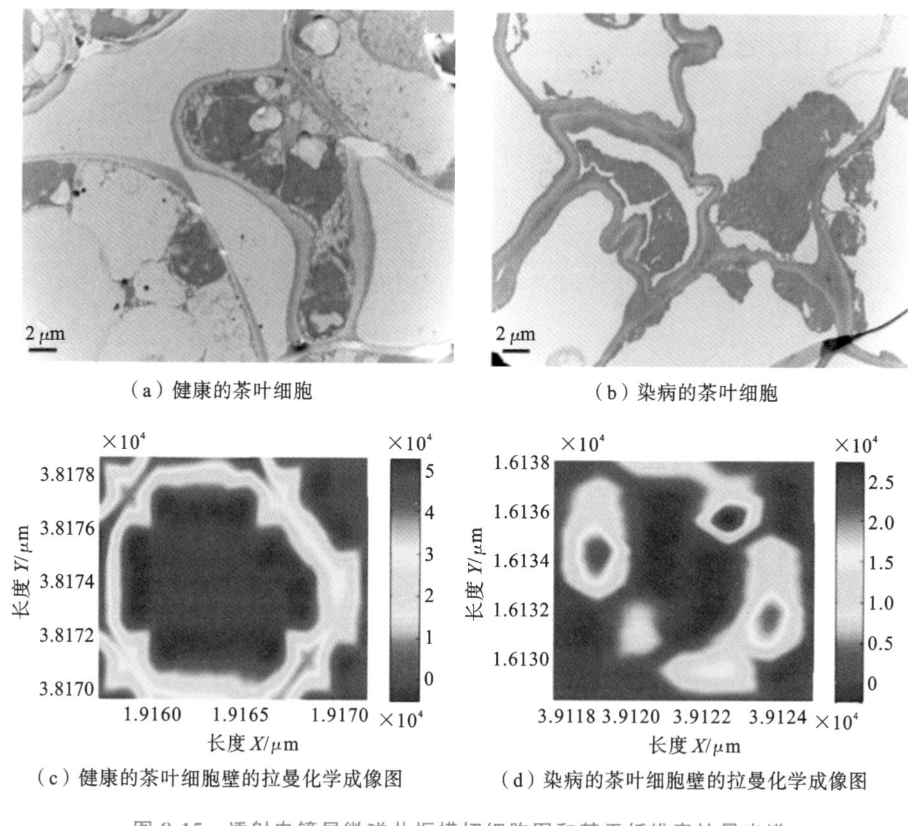

（a）健康的茶叶细胞　（b）染病的茶叶细胞

（c）健康的茶叶细胞壁的拉曼化学成像图　（d）染病的茶叶细胞壁的拉曼化学成像图

图 8-15　透射电镜显微磁共振横切细胞图和基于纤维素拉曼光谱（1145～1165 cm^{-1}）的茶叶细胞壁化学图像[25]

8.4　茶叶营养品质检测与分级装备

茶叶生产过程中需要根据茶叶类型进行不同的发酵及后续处理，不同加工工艺和等级的茶叶的功效以及市场价值不同，因此需要根据其不同特征进行分级鉴定。茶叶的内在化合物是影响其品质的重要因素，例如：咖啡碱是构成茶汤滋味的主要物质，具有强心、解痉、松弛平滑肌的功效；氨基酸可以提高人体的免疫力；茶多酚具有抗氧化、抑制肿瘤、降血脂等功能；儿茶素具有苦、涩味，是茶叶特有成分，有利于增加食欲、促进胃部的消化吸收；等等。传统上，茶叶有机化学成分的检测采用湿化学方法，成本高、步骤复杂、时间长，而光谱技术能够有效地弥补传统检测手段的缺陷，有望代替传统湿化学方法成为一种检测茶叶内部品质的技术，相应的茶叶分级设备也得到设计和开发。

8.4.1 营养品质检测技术

李晓丽等人[26]认为儿茶素和咖啡碱含量是茶叶品质的重要评价指标，为了探究可见/近红外光谱技术用于茶叶中儿茶素和咖啡碱含量无损、快速检测的潜力，使用高效液相色谱来测定茶叶中儿茶素和咖啡碱的含量，采用竞争性自适应重加权采样和连续投影算法选择特征波长简化输入，利用回归分析和深度卷积神经网络建模，构建了光谱与茶叶内含物的定量关系。结果如图 8-16 所

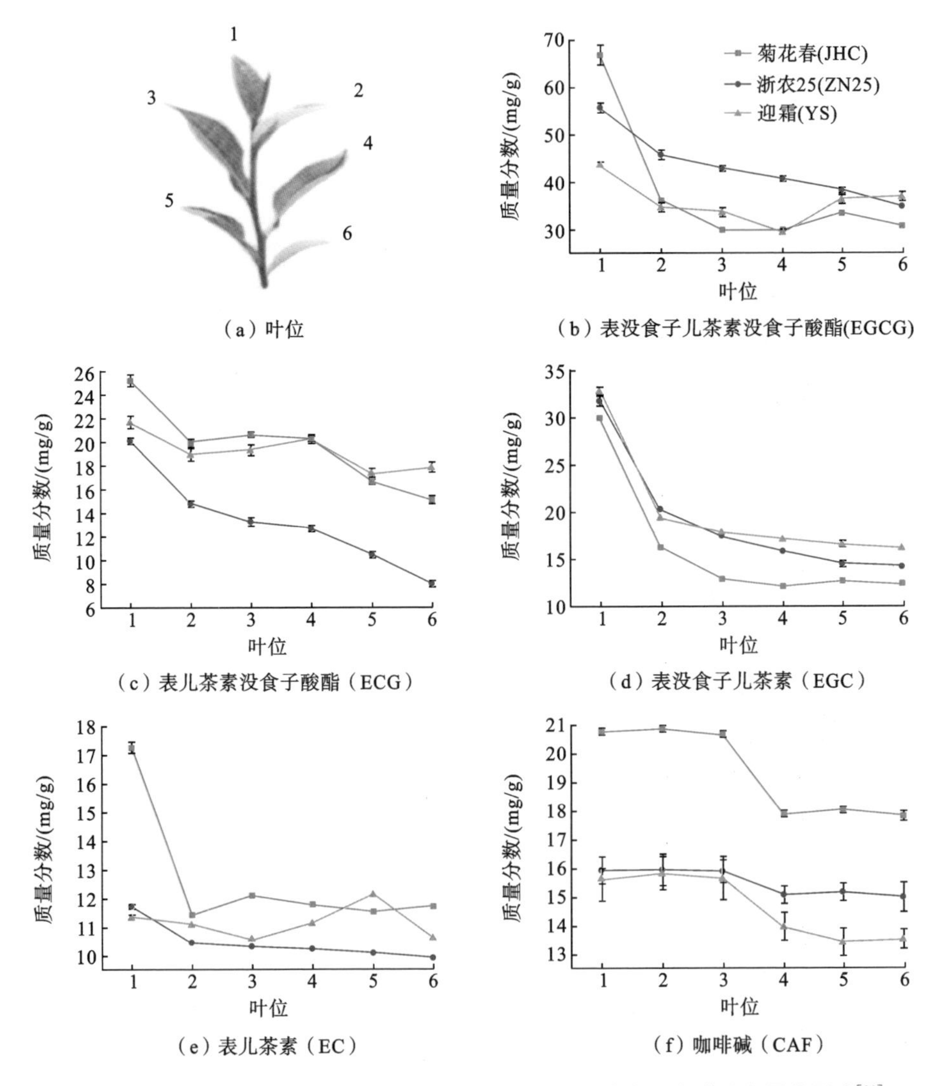

图 8-16 鲜茶叶的叶位分布及不同叶位对 4 种主要儿茶素和咖啡碱含量的影响[26]

示:4 种儿茶素和咖啡碱含量从第 1 叶位到第 6 叶位呈现出逐渐降低的趋势;提取特征波长不仅减少了光谱变量,还获得了比全谱更优或接近的模型性能;深度卷积神经网络在回归分析和特征提取中均表现出良好的性能,预测儿茶素和咖啡碱含量最优模型的决定系数 R^2 和剩余预测偏差(RPD)分别达到了 0.93 和 3.28 mg/g 以上。由此可见,近红外光谱技术结合卷积神经网络可以对儿茶素和咖啡碱的含量进行快速、无损检测。

李晓丽等人[27]进一步采用高光谱成像技术解决了目前关于 EGCG 在茶叶中的模型联系和分布缺乏可视化表达等问题。首先通过高光谱成像仪采集茶叶的光谱信息,按照标准方法测量茶叶中 EGCG 的浓度,运用化学计量学方法建立光谱与 EGCG 浓度之间的回归模型。为寻求相对较优的模型效果,对光谱进行不同的预处理,并且对光谱进行特征波段选择,以减少数据冗余、提高模型的稳定性和运算速度,采用 4 种建模方法建立回归模型并相互比较,最后,将高光谱图像中像素点对应的光谱变量导入最优模型,从而生成 EGCG 分布可视化图,如图 8-17 所示。结果表明,可见/近红外光谱与 EGCG 浓度之间具有很强的相关性,其回归模型的决定系数达到 0.905,利用高光谱成像技术对茶叶中 EGCG 分布进行可视化是有效的。通过对不同品种、叶位的茶叶中 EGCG 分布进行可视化,能够为高 EGCG 浓度茶树品种的培育、EGCG 代谢规律的分析以及茶树采摘部位的识别提供有效手段。

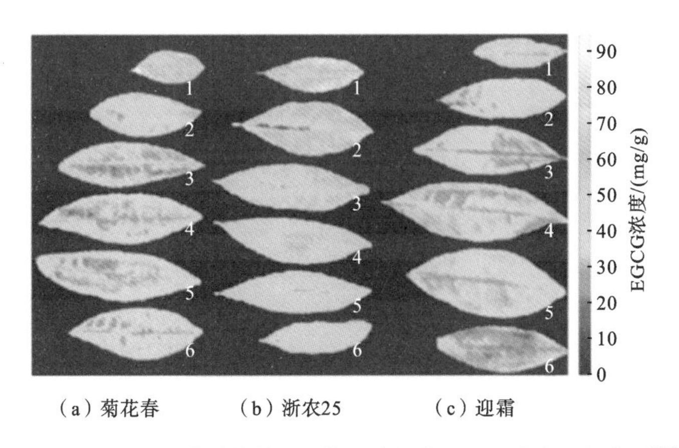

图 8-17　不同品种茶叶的第 1 至第 6 叶位中 EGCG 分布可视化图[27]

Zhou 等人[28]系统地研究了利用傅里叶变换红外(FTIR)光谱技术与化学计量学方法耦合,测定三个品种不同位置茶叶中咖啡因含量的模型。对新芽的咖啡因含量进行了检测,利用区间偏最小二乘、竞争性自适应重加权采样和连续投影算法的组合提取反映成分分子特征的特征波数。此外，基于提取的波数，为所有成分开发了具有良好可预测性和鲁棒性的高斯过程回归(GPR)确定模型。预测集的决定系数约为0.93，如表8-11所示，表明FTIR光谱技术测定茶叶中咖啡因含量的可行性很高。并且该分析方法可以快速、高效地检测鲜茶叶中的咖啡因含量，对茶叶的培育和茶叶加工原料的选择具有指导作用。

表8-11 三种建模方法对特征变量的预测[28]

成分	模型	R_c^2	RMSEC/(mg/g)	R_v^2	RMSEV/(mg/g)	R_p^2	RMSEP/(mg/g)	RPD
咖啡因	PLS	0.966	0.53	0.95	0.641	0.923	0.824	3.504
	RBFNN	0.992	0.254	0.898	0.917	0.886	0.968	2.983
	GPR	0.971	0.494	0.952	0.632	0.933	0.78	3.702

脂溶性色素对茶叶的叶底与色泽有很大贡献，间接地影响其品质检测。Li等人[29]使用可见/近红外光谱技术快速、同时测量绿茶中六种主要类型的脂溶性色素含量。共采集5种3级135个茶叶样品进行光谱扫描和比色测定，采用高效液相色谱法测定其脂溶性色素含量。主成分分析结果表明，不同品种和等级茶叶样品的光谱存在差异，并且不同品种和等级茶叶样品的脂溶性色素含量也存在显著差异。最后，基于特征波长的六种脂溶性色素多元线性回归模型分别获得了0.975、0.973、0.993、0.919、0.962和0.965的优异结果。这些结果表明，可见/近红外光谱技术结合化学计量学方法快速测定绿茶中脂溶性色素含量可以成为茶叶分级的一个方向。

茶叶消费量的增加大部分归因于其成分，尤其是多酚、色素等对人体健康有有益影响的营养物质，然而这些物质在茶叶加工过程中可能会发生变化。Sanaeifar等人[30]系统地研究了两个品种茶叶从鲜叶到成品茶的加工过程中十种成分的系统动力学，其雷达图如图8-18所示，茶叶加工过程对成品茶中的儿茶素成分有显著影响。Huang等人[31]研究了可见/近红外光谱技术在加工过程中快速监测茶叶中多酚和咖啡因含量的潜在可能性，发现主成分分析和可见/近红外光谱技术相结合可以成功地对两种茶叶样品和五种茶叶加工程序进行分类；此外，利用连续投影算法来提取和优化反映成分分子特征的光谱变量，以开发测定模型。结果表明，模型具有良好的可预测性和鲁棒性，所有校对集和预测集的决定系数分别高于0.862和0.834，这表明可见/近红外光谱技术测定茶叶加工过程中成分的能力很强。同时，这种分析方法具有快速监测质量的特点，能够为茶叶加工机械的实时控制提供反馈。

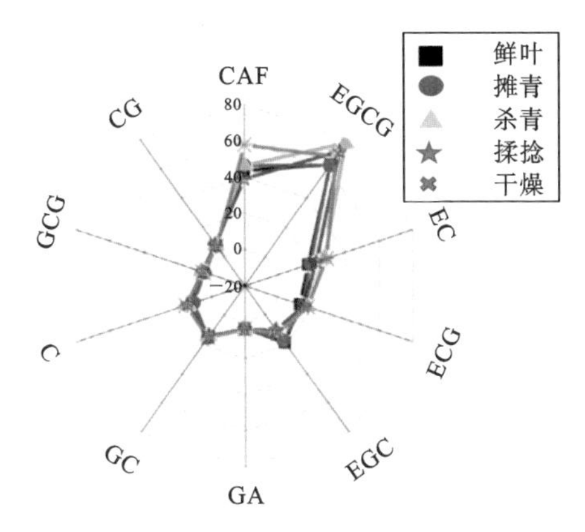

（a）中茶108加工过程中十种成分浓度的雷达图

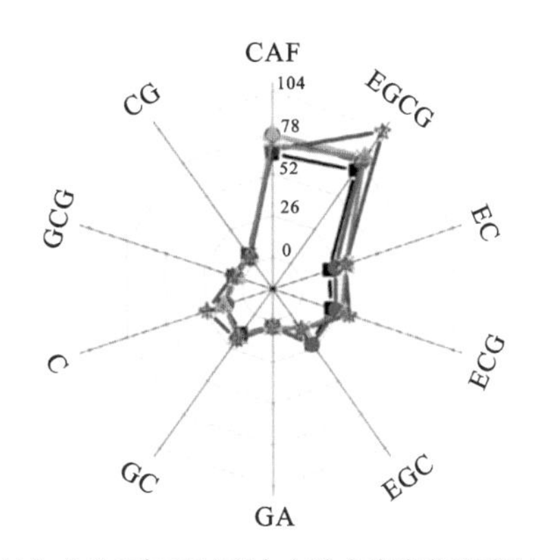

（b）龙井43加工过程中十种成分浓度的雷达图

图 8-18　两个品种茶叶的加工过程中十种成分浓度的雷达图[30]

注：C—儿茶素；GC—没食子儿茶素；GA—没食子酸；EGC—表没食子儿茶素；ECG—表儿茶素没食子酸酯；EC—表儿茶素；EGCG—表没食子儿茶素没食子酸酯；CAF—咖啡碱；CG—儿茶素没食子酸酯；GCG—没食子儿茶素没食子酸酯。

Zeng 等人[32]研究证明了拉曼光谱技术对茶叶中光合色素浓度原位、无损和快速检测和可视化成像的潜力。基于拉曼光谱预处理方法，结合竞争性自适应重加权采样(CARS)特征带选择，通过回归分析建立了叶绿素和类胡萝卜素的定量测定模型。通过比较可以发现，圆滚动滤波器(rolling-circle filter，RCF)最适合用来消除拉曼光谱中的荧光干扰和其他噪声。此外，将实验室内建立的拉曼光谱模型通过模型传递方法应用于室外便携式拉曼光谱仪，以获得可现场检测茶叶内含物浓度且具有较高预测精度的模型，这是在两类仪器之间建立联系的首次尝试，取得了良好的效果。将处理叶面图的扫描光谱代入基于主控仪建立的色素浓度测定模型中，可以预测茶叶中各像素点的光合色素浓度。计算预测值与真实值的 R^2，其范围为 0.752～0.866。通过对每个像素点预测的叶绿素和类胡萝卜素浓度进行成像，得到茶叶中光合色素分布图，如图 8-19 所示，可见中脉和叶缘的光合色素浓度低于其他部位的光合色素浓度，这与其他研究结果一致。未来可通过标定转移将该算法应用于不同地理区域、不同品种的其他植物中，建立可检测更多生理生化指标的更稳健的模型，为研究植物中的成分分布提供技术依据。另外，He 等人[33]的研究涉及数据大小和优化的影响，通过模型可迁移性和不同模型迁移算法的比较，讨论校准结果。值得注意的是，该研究成功地提高了拉曼光谱模型对茶叶光合色素测定的适用性。通过标定模型迁移，将实验室光谱仪的茶叶色素光谱检测模型成功用于大田叶便携式色素定量检测。这类模型传递方法可以有效消除主从拉曼光谱仪之间的光谱变化，提高光谱模型的适用性，将极大地推动无损、快速光谱测量技术的应用进程。

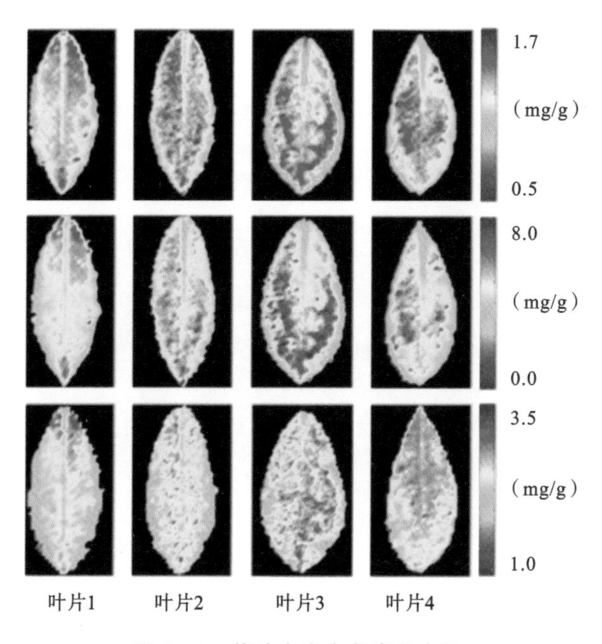

图 8-19　茶叶中光合色素分布图

(从上至下依次为类胡萝卜素、叶绿素 a 和叶绿素 b)[32]

针对生产加工过程中不良商家对茶叶的掺假行为，研究人员[33-35]系统地对有害物质进行了光谱检测和分析。利用拉曼光谱快速检测茶叶中的铅铬绿，利用中红外光谱检测滑石粉，这些都是非法添加到茶叶中以伪装成高品质茶叶的有害物质。首先制备 160 个不同浓度铅铬绿茶浸液样品，在 230～2804 cm^{-1} 范围内采集拉曼光谱，光谱强度用相对强度标准进行校准。然后采用小波变换等方式从光谱中提取不同时域和频域的信息，如图 8-20 所示，低频近似信号(ca4)是建立铅铬绿浓度测量模型的最重要信息，相应的偏最小二乘(PLS)回归模型的 R_p 和 RMSEP 分别为 0.936 和 0.803。为进一步探索与铅铬绿浓度密切相关的重要波数，采用连续投影算法(SPA)得到了与铅铬绿浓度密切相关的 8 个特征波数，并开发了一种更便捷的模型，另外一种有害物质的关联模型也获得了令人满意的效果。这些结果证明了光谱技术无损检测茶叶中铅铬绿和滑石粉的可行性。未来利用该技术可以防止不良商家以次充好。

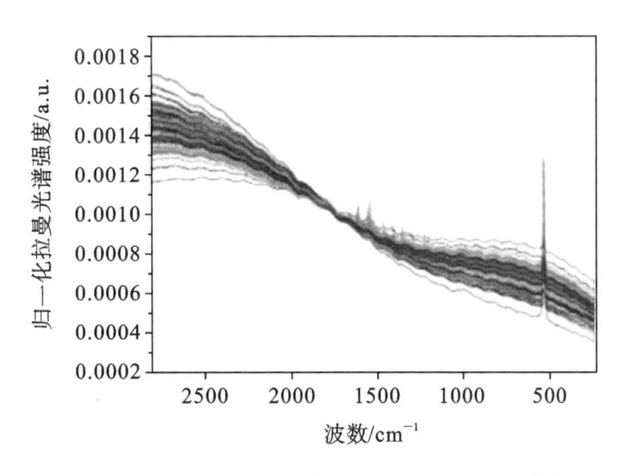

图 8-20 小波分解后的归一化拉曼光谱图[35]

8.4.2 茶叶品质分级装备

鲜茶叶分级是在不破坏、损伤、污染鲜茶叶的前提下对采摘后以及加工过程中的茶叶按工艺要求进行快速、有效的分类，同时清除残渣、碎片的工序。这道工序的主要目标是最大限度地提高各类鲜茶叶的匀净度以及区分加工过程中的营养品质等级，为后续工序提供满足工艺要求的标准原料。传统上，茶叶分级设备主要是根据茶叶的重量以及大小应用风选或者筛网进行分级[36]。近年来，随着机器视觉技术和光谱技术在茶叶品质检测方面的发展，研究人员尝试进行相应仪器的研制，有望改善传统茶叶分级设备的现状。余洪等人[37]根据评茶师对茶叶外形的审评结果，将 72 个茶样分成 4 个等级，建立茶叶品质的计算机视觉最小二乘支持向量机分级模型，该模型对校正集的总体回判率为 93.75%，对预测集的总体识别率为 91.67%，为茶叶品质的实时、快速检测提供方法支持。刘鹏[38]在此基础上采用机器视觉技术替代人眼，研发了一套茶叶品质在线评价及自动分级系统，如图 8-21 所示。通过硬件系统的图像采集，运用中值滤波和拉普拉斯算子对茶叶图像进行预处理，以消除图像噪声和增强纹理信息，然后提取预处理图像中 RGB 和 HSI 颜色模型的 12 个颜色特征、基于灰度统计矩阵的 4 个纹理特征以及基于灰度共生矩阵的 16 个纹理特征。对比主成分分析、核主成分分析、局部保持投影、监督正交局部保持投影 4 种不同降维方法的特征挖掘效果并建立对应的模型；软件部分采用 Visual Studio 2013 软件开发平台和 Halcon、OpenCV 视觉开发库，根据需求分析，系统设计有相机控制模块、图像采集模块、图像预处理与特征提取模块、检测与分级模块、串口通

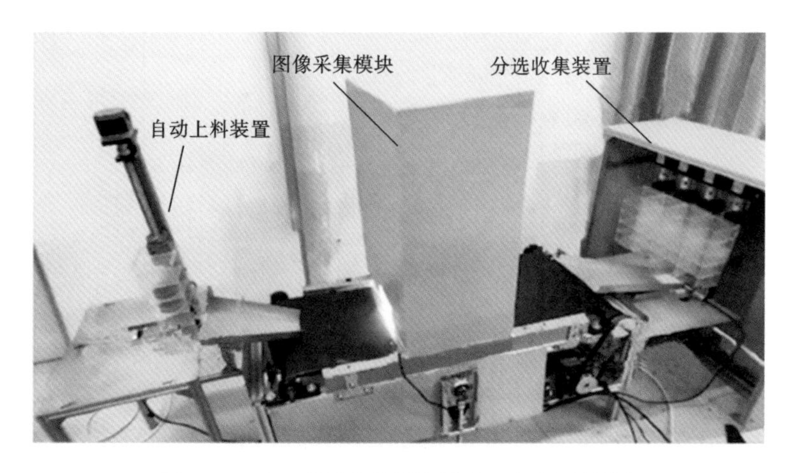

图 8-21　茶叶品质在线评价及自动分级系统[38]

信模块，以及模型学习模块 6 个功能模块，实现了茶叶（婺源仙枝绿茶、碧螺春）品质智能在线评价与分级。

研究人员还利用不同化学成分对叶片品质的影响，进行了一系列分级技术研究与设备开发。茶叶分级设备开发流程如图 8-22 所示。Xie 等人[39]为了探究近红外和中红外光谱能否用于新鲜茶叶、半成品茶叶和成品茶叶干物质含量的快速检测，收集了加工过程中七个不同阶段（晾青、杀青、揉捻等）的茶叶，并且结合相关的数据挖掘算法进行了实验。在漫反射模型中为了排除完整茶叶的不规则外形所引起的干扰，采用了库贝尔卡-蒙克（Kubelka-Munk）理论转换和光谱前处理。其提出了由小波变换和统计学分析组成的基于小波分析的信息挖掘算法，从全光谱中提取并优化光谱特征。建模结果表明，基于特征小波

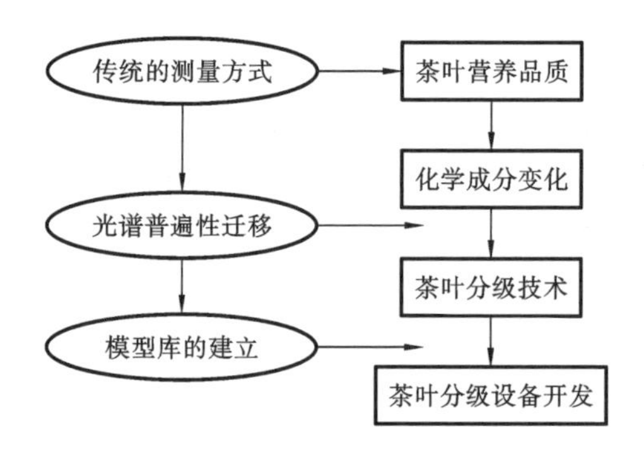

图 8-22　茶叶分级设备开发流程[39]

频谱建立的回归模型(R^2 为 0.9556，RMSE 为 0.0501)的效果优于其他模型的效果。以上结果说明，小波变换-统计学分析作为一种有效的信息挖掘算法能够提高光谱检测的能力，增加了近红外和中红外光谱对生产过程不同阶段茶叶中干物质含量的检测与分级的潜力。

Xie 等人[40]进一步探讨了使用高光谱成像技术无损测量三个颜色参数并在不同干燥时期对茶叶进行分级的可行性。在 380～1030 nm 的光谱区获得了五个干燥周期的茶叶高光谱图像，并且通过色度计测量三个颜色参数。根据偏最小二乘回归模型的预测结果，选择不同的预处理算法来确定最佳模型。竞争性自适应重加权采样和连续投影算法用于提取有效波长，最小二乘支持向量机(LSSVM)、偏最小二乘回归(PLSR)、主成分回归(PCR)和多元线性回归(MLR)用于预测三个颜色参数。SPA-LSSVM 模型对三个颜色参数的相关系数 R_p 分别为 0.929、0.849 和 0.917。LSSVM 模型用于不同干燥时期的茶叶的分类，如表 8-12 所示，校正集中分类准确率范围为 89.29%～100%，预测集中分类准确率范围为 71.43%～100%，校正集中的总分类准确率为 96.43%，预测集中的总分类准确率为 85.71%。结果表明，高光谱成像技术可以作为客观和无损的方法来确定不同干燥时期茶叶的颜色特征，并对茶叶进行分类。

表 8-12　基于 LSSVM 模型的自动分类结果[40]

时间/min	校正集			预测集		
	数量/个	错误/个	准确率/(%)	数量/个	错误/个	准确率/(%)
0	28	0	100	14	1	92.86
4	28	0	100	14	0	100
6	28	2	92.86	14	4	71.43
8	28	3	89.29	14	4	71.43
10	28	0	100	14	1	92.86
总计	140	5	96.43	70	10	85.71

此外，研究人员[41,42]重点对加工出的高品质茶叶进行研究，研发了适于名优绿茶连续机械加工的新工艺和关键设备(见图 8-23)，解决了名优绿茶机械加工的瓶颈问题；提出了名优绿茶机械加工新工艺，解决了名优绿茶机械加工的关键技术难题。研究团队与茶叶厂商合作，研制出了与名优绿茶机械化生产相配套的智能化装备(见图 8-24)，其能快速地在线检测茶叶的水分含量等，并能根据检测结果智能化调节茶叶的加工温度、时间和力度，保证了茶叶的分级效

图 8-23　茶叶品质检测设备

注：实验室开发设备。

率。但这些设备分级指标仍为茶叶颜色和水分含量等基本物理参数，其香气、滋味、内部品质指标等均未考虑在内，只能实现茶叶的初步筛选，而要代替人工实现茶叶的分级仍有一段很长的路需要走。

无损检测技术融合了现代食品检测技术、现代电子信息技术、人工智能与模式识别技术等，具有检测速度快、操作方便和易实现在线检测的优点。本章着重介绍了基于近红外光谱技术、高光谱成像光谱技术、机器视觉技术等，结合多种化学计量学方法、数字图像处理技术、智能分析技术等的茶叶品质的无损检测，涉及茶叶的农药残留、品种及产地、感官品质和营养品质检测技术及应用趋势等内容，简述了实验室开发的品质检测设备和茶叶厂商合作开发的茶叶分级设备，对于推进现代化农产品和食品检测的发展具有较为深远的现实意义。

(a) 茶叶水分含量信息采集设备

(b) 茶叶分级加工设备

图 8-24　茶叶分级设备

注：与茶叶厂商合作开发的设备。

参考文献

[1] 王淑燕，郭永春，周鹏，等. 草铵膦对茶树生长及品质成分的影响[J]. 食品安全质量检测学报，2021，12(20)：8084-8092.

[2] 徐娜. 茶叶中氰戊菊酯酶联免疫检测方法的研究[D]. 天津：天津科技大

学，2009.
[3] 赵颖，杨斌，柳颖，等. 啶虫脒金标免疫速测试纸条研制及其在茶叶中的应用[J]. 农药学学报，2016，18(3)：337-343.
[4] SANAEIFAR A，LI X L，HE Y，et al. A data fusion approach on confocal Raman microspectroscopy and electronic nose for quantitative evaluation of pesticide residue in tea[J]. Biosystems Engineering，2021，210：206-222.
[5] ZHU J J，AGYEKUM A A，KUTSANEDZIE F Y H，et al. Qualitative and quantitative analysis of chlorpyrifos residues in tea by surface-enhanced Raman spectroscopy (SERS) combined with chemometric models [J]. LWT-Food Science and Technology，2018，97：760-769.
[6] 许丽梅，赖国银，康怀志. 茶叶浸出液中农药残留表面拉曼光谱检测与初步定量分析[J]. 分析试验室，2020，39(2)：148-153.
[7] 蔺磊，吴瑞梅，郭平，等. 鲜茶叶中噻菌灵农药的 SERS 快速检测方法研究[J]. 现代食品科技，2015，31(5)：291-296.
[8] 吴燕，吴瑞梅，黄双根，等. 茶叶中多菌灵残留的 SERS 快速检测[J]. 江苏农业科学，2015，43(9)：338-340.
[9] HE Y，DENG X F，LI X L. Discrimination of varieties of tea using near infrared spectroscopy[C]//Proceedings of the Fourth International Conference on Photonics and Imaging in Biology and Medicine. Washington：SPIE，2006.
[10] 李晓丽，何勇，裘正军，等. 基于多光谱图像的不同品种绿茶的纹理识别[J]. 浙江大学学报(工学版)，2008，42(12)：2133-2138，2165.
[11] 陈孝敬，吴迪，何勇，等. 基于多光谱图像颜色特征的茶叶分类研究[J]. 光谱学与光谱分析，2008，28(11)：2527-2530.
[12] 吴迪，陈孝敬，何勇. 基于离散余弦变换和支持向量机的多光谱纹理图像的茶叶分类研究[J]. 光谱学与光谱分析，2009，29(5)：1382-1385.
[13] LI X L，NIE P C，QIU Z J，et al. Using wavelet transform and multi-class least square support vector machine in multi-spectral imaging classification of Chinese famous tea[J]. Expert Systems with Applications，2011，38(9)：11149-11159.
[14] 李晓丽，何勇. 基于多光谱图像及组合特征分析的茶叶等级区分[J]. 农

业机械学报，2009，40(S1)：113-118.
[15] 章海亮，李晓丽，朱逢乐，等. 应用高光谱成像技术鉴别绿茶品牌研究[J]. 光谱学与光谱分析，2014，34(5)：1373-1377.
[16] 童阳，艾施荣，吴瑞梅，等. 茶叶外形感官品质的计算机视觉分级研究[J]. 江苏农业科学，2019，47(5)：170-173.
[17] 刘鹏，吴瑞梅，杨普香，等. 基于计算机视觉技术的茶叶品质随机森林感官评价方法研究[J]. 光谱学与光谱分析，2019，39(1)：193-198.
[18] LI X L，ZHOU R Q，XU K W，et al. Rapid determination of chlorophyll and pheophytin in green tea using Fourier transform infrared spectroscopy[J]. Molecules，2018，23(5)：1010.
[19] LI X L，XIE C Q，HE Y，et al. Characterizing the moisture content of tea with diffuse reflectance spectroscopy using wavelet transform and multivariate analysis[J]. Sensors，2012，12(7)：9847-9861.
[20] DENG S G，XU Y F，LI X L，et al. Moisture content prediction in tealeaf with near infrared hyperspectral imaging[J]. Computers and Electronics in Agriculture，2015，118：38-46.
[21] 李晓丽，许凯雯，何勇. 基于拉曼光谱技术的茶树叶片中类胡萝卜素含量的无损快速检测[J]. 光谱学与光谱分析，2017，37(11)：3465-3470.
[22] 李晓丽，何勇，聂鹏程. 基于中红外光谱的植物15N示踪同位素丰度快速检测方法:CN102313713A[P]. 2012-01-11.
[23] 陈海天，周学军，沙军静，等. 铅气溶胶胁迫下茶树叶片生理生化指标变化及光谱快速检测[J]. 浙江大学学报(农业与生命科学版)，2023,49(1)：117-128.
[24] 张帅堂，王紫烟，邹修国，等. 基于高光谱图像和遗传优化神经网络的茶叶病斑识别[J]. 农业工程学报，2017，33(22)：200-207.
[25] 李晓丽，罗榴彬，胡小倩，等. 基于共聚焦显微拉曼光谱揭示炭疽病侵染下茶叶细胞壁变化的研究[J]. 光谱学与光谱分析，2014，34(6)：1571-1576.
[26] 李晓丽，张东毅，董雨伦，等. 基于卷积神经网络的茶鲜叶主要内含物的光谱快速检测方法[J]. 中国农业大学学报，2021，26(11)：113-122.
[27] 李晓丽，魏玉震，徐劼，等. 基于高光谱成像的茶叶中EGCG分布可视化[J]. 农业工程学报，2018，34(7)：180-186.

[28] ZHOU R Q, LI X L, HE Y, et al. Determination of catechins and caffeine content in tea (*Camellia sinensis* L.) leaves at different positions by Fourier-transform infrared spectroscopy[J]. Transactions of the ASABE, 2018, 61(4): 1221-1230.

[29] LI X L, JIN J J, SUN C J, et al. Simultaneous determination of six main types of lipid-soluble pigments in green tea by visible and near-infrared spectroscopy[J]. Food Chemistry, 2019, 270: 236-242.

[30] SANAEIFAR A, HUANG X Y, CHEN M Y, et al. Nondestructive monitoring of polyphenols and caffeine during green tea processing using Vis-NIR spectroscopy[J]. Food Science & Nutrition, 2020, 8(11): 5860-5874.

[31] HUANG Y F, DONG W T, SANAEIFAR A, et al. Development of simple identification models for four main catechins and caffeine in fresh green tea leaf based on visible and near-infrared spectroscopy[J]. Computers and Electronics in Agriculture, 2020, 173: 105388.

[32] ZENG J J, WEN P, SANAEIFAR A, et al. Quantitative visualization of photosynthetic pigments in tea leaves based on Raman spectroscopy and calibration model transfer[J]. Plant Methods, 2021, 17(1): 1-13.

[33] HE Y, ZHAO Y Y, ZHANG C, et al. Determination of β-carotene and lutein in green tea using Fourier transform infrared spectroscopy[J]. Transactions of the ASABE, 2019, 62(1): 75-81.

[34] 李晓丽，周瑞清，孙婵骏，等. 基于共聚焦拉曼光谱技术检测茶叶中非法添加美术绿的研究[J]. 光谱学与光谱分析，2017，37(2)：461-466.

[35] LI X L, SUN C J, LUO L B, et al. Nondestructive detection of lead chrome green in tea by Raman spectroscopy[J]. Scientific Reports, 2015, 5(1): 15729.

[36] 孙六莲，严跃滨，唐焕华. 茶叶鲜叶分级机主要参数研究[J]. 农业与技术，2016，36(1)：38-39,43.

[37] 余洪，吴瑞梅，艾施荣，等. 基于 PCA-PSO-LSSVM 的茶叶品质计算机视觉分级研究[J]. 激光杂志，2017，38(1)：51-54.

[38] 刘鹏. 基于机器视觉技术的茶叶品质在线评价系统[D]. 南昌:江西农业大学，2020.

[39] XIE C Q, LI X L, NIE P C, et al. Application of time series hyperspectral imaging (TS-HSI) for determining water content within tea leaves during drying[J]. Transactions of the ASABE, 2013, 56(6):1431-1440.

[40] XIE C Q, LI X L, SHAO Y N, et al. Color measurement of tea leaves at different drying periods using hyperspectral imaging technique[J]. PLOS ONE, 2014, 9(12): e113422.

[41] 张兰兰. 机采名优茶鲜叶分级技术及分级机研究[D]. 杭州:浙江大学, 2012.

[42] 唐萌. 茶园名优茶机械化采摘集成技术研究[D]. 杭州:浙江大学, 2007.

第9章
薯类智能检测与分级

薯类是位于水稻、玉米、小麦之后的第四大粮食作物。2020年我国薯类作物种植面积约为7210千公顷，总产量约为2981万吨。我国是马铃薯和甘薯生产大国，其中马铃薯的产量位居世界首位。我国经过近30年发展，建立起以马铃薯为代表的产业体系，实现了薯类产业化发展。薯类作物在保障我国粮食安全、食品安全，满足多样化消费需求，以及促进国民社会经济发展中起着重要作用。薯类加工技术的提升和加工业的发展对促进我国农民持续增收和农业持续增效、农业现代化发展起着不可替代的重要作用。随着经济的发展和人民生活水平的提高，我国对薯类加工产品的消费需求日益增长。例如，以前在我国马铃薯主要作为蔬菜消费，随着产业发展，目前马铃薯的加工已经深入淀粉、薯条薯片、主食化产品等方面。现今，我国薯类产业已经跨入了扩大生产规模的产业阶段，促进薯类作物精深加工、提高薯类作物的经济价值成为薯类产业备受关注的重要问题。在贮藏、销售、加工环节，对薯类原料品质进行检测与分级，剔除不合格原料，是保证产品质量的重要手段。新兴的光电检测技术，例如可见/近红外光谱技术、机器视觉技术、高光谱成像技术等，能够实现薯类的无损检测，具有速度快、无须前处理、自动化和智能化程度高的特点，同时具备在线检测与分级的能力，成为薯类快速、智能检测与分级的研究和应用热点[1]。

1. 近红外光谱技术

根据美国材料实验协会（American Society of Testing and Material，ASTM）定义，近红外光指的是780～2526 nm波段范围的电磁波。近红外光谱主要是近红外光对含氢基团X—H（X=C、N、O）振动的倍频和合频吸收，其中包含了大多数类型的有机化合物的组成和分子结构的信息。近红外光谱技术原理如下：利用近红外光照射农产品，产生一系列反射、吸收、透射或者漫反射现象，在这个过程中，农产品内部含有C—H、O—H、N—H等化学键的分子基团受到特定波长的近红外光谱激励作用，产生倍频和合频吸收；获取并分析经过反射、吸收、透射或者漫反射后的近红外光谱，就可以对农产品品质进行定性和定量分析。近红外光谱技术的整个检测过程具有不破坏样品、检测速度快、可同时检测多个品质参数、易于实现在线检测的优点，在薯类产品内部品质检测中得到广泛的应用。

2. 机器视觉技术

机器视觉技术就是用机器代替人眼来做检测和分级。机器视觉系统通过图像获取设备，得到目标物的外部形态信息；根据图像像素分布、亮度、颜色等信息，将其转变成数字化信号，传送给图像处理系统；图像处理系统对数字化信号进行各种运算，提取出目标物的特征信息，进而根据特征信息对目标物进行识别和判断。机器视觉系统主要由光照系统、CCD相机、计算机处理器构成。根据图像采集方法的不同，检测硬件系统可分为静态检测系统和动态检测系统；根据检测角度的不同，检测硬件系统可分为单目视觉检测、双目视觉检测和多目视觉检测三种类型。静态检测是人工将被测目标物摆放在摄像头视野内完成图像采集，从不同的摆放角度可以采集不同的投影面，一般用于薯类外部品质检测的初步研究；动态检测是把薯类置于运动的传送带上，目标物进入摄像头视野后快速启动相机完成图像采集，具有实时检测的特点，面向工业应用[2]。单目视觉检测和双目视觉检测，从相对固定的一两个角度完成图像采集，是目前常用的检测方法，但仅从一两个角度采集表面信息，存在测量范围有限的问题；多目视觉检测是通过多个相机从不同的角度拍摄同一物体得到物体表面信息，可以获得物体的完整表面信息，降低误判的概率，接近实际检测需求，可较好地满足生产中在线检测的要求。

3. 高光谱成像技术

高光谱成像技术能够同时获得被检测对象的光谱信息和图像信息，具有内外部品质和外部形态特征同时检测的能力。高光谱成像系统主要由CCD相机、成像光谱仪、成像镜头、光源、载物平台和带有配套软件的计算机组成。根据光在样品内部传播方式的不同，高光谱成像技术可分为反射式、透射式和半透射式三种类型。高光谱成像技术的特点是波长点数多，光谱分辨率和空间分辨率高，获得的高光谱图像数据多，数据分析量大。利用高光谱成像技术检测时，一般首先要提取高光谱图像的感兴趣区域的光谱信息，然后利用光谱信息建立各品质指标的定量预测模型。对高光谱数据进行解析，从中提取有效的特征数据，建立检测模型，是实现快速检测与分级的关键。

本章主要介绍近红外光谱技术、机器视觉技术以及高光谱成像技术在薯类特征品质（淀粉含量、干物质含量、还原糖含量、水分含量等）、感官品质（大小、重量、颜色、外观缺陷)以及贮藏品质(成分、病害)检测与分级方面的研究和发展状况。

9.1 特征品质检测与分级技术

薯类的特征品质主要指淀粉含量、干物质含量、还原糖含量、水分含量等,特征品质对薯类的食用性、营养价值及加工具有重要影响,是非常重要的检测指标。传统的薯类特征品质检测与分级多使用破坏性的处理方法,这类方法具有较高准确度,但是检测速度慢、烦琐,无法做到全数检测,难以适应生产中快速检测需求。近年来,无损检测技术越来越多地应用于薯类特征品质检测中,薯类特征品质检测所使用的无损检测技术以近红外光谱技术和高光谱成像技术为主。这类技术不需要前处理,具有无损、快速等优势,可用于薯类特征品质的快速检测。

9.1.1 近红外光谱技术

在薯类特征品质检测方面,研究人员对近红外光谱技术开展了大量研究。Krivoshiev 等人[3]在 2000 年开始采用近红外光谱技术对马铃薯中的可溶性固形物含量进行检测分析。Känsäkoski 等人[4]初步设计了马铃薯内部品质无损检测装置,该装置使用透射和反射测量模式,对带皮的马铃薯进行内部品质检测。田海清等人[5]开展了基于光谱微分滤波及多元校正的马铃薯干物质含量快速检测研究。采用一阶、二阶微分及 Norris 微分滤波法对光谱数据进行预处理,以消除干扰信息的影响。分析了主成分回归(PCR)和偏最小二乘(PLS)回归两种方法在建立校正模型中的特点,分别建立了干物质含量校正模型,通过外部验证确定适合的建模方法。对 131 个样品的检测结果表明,对一阶微分光谱进行 Norris 微分滤波处理后,PLS 回归法的建模与预测效果最好,模型相关系数为 0.898,校正集均方根误差(RMSEC)为 1.72%,预测集均方根误差(RMSEP)为 2.34%。张晓燕等人[6]以 44 个品系的马铃薯为对象,对马铃薯的水分含量、还原糖含量、淀粉含量和蛋白质含量等多个主要加工指标进行快速检测研究,利用偏最小二乘法建立 4 个指标的预测模型,并对马铃薯品种的加工适宜性进行了评价。李鑫[7]使用可见-短波近红外光谱技术进行了马铃薯干物质含量检测研究。对于完整马铃薯,在最优建模条件下,模型外部检验的决定系数可达 0.8475,标准误差为 4.07%。姜微等人[8]使用可见/近红外光谱技术检测马铃薯的还原糖含量,基于竞争性自适应重加权采样(CARS)结合连续投影算法(SPA)建立了还原糖含量的预测模型,最优模型对还原糖含量的预测集决定系数和预测集均方根误差分别为 0.8965 和 0.0490,表明所用模型可有效检测马铃薯还原糖含量。

此外,近红外光谱技术还可应用于甘薯淀粉含量、水分含量、还原糖含量,以及生鲜紫薯食味品质、抗氧化活性物质含量等的检测研究。高丽等人[9]用近红外光谱技术建立了新鲜甘薯水分和还原糖含量的预测模型,实现快速检测与分析,为甘薯品质分析和种质资源筛选提供便利。研究中选用 146 份不同品系甘薯样品,其中 109 份作为校正集,37 份作为预测集。采集 833～2500 nm 范围近红外反射光谱,分别使用 SG 平滑、1 阶导数、标准正态变量变换(SNV)、多元散射校正(MSC)和 2 阶导数等方法对光谱进行预处理,然后使用协同区间偏最小二乘(si-PLS)方法选择最优波长,分别使用 PCR 和 PLS 方法建立甘薯水分和还原糖含量预测模型。模型对甘薯水分含量预测集相关系数 R_p 最高为 0.974,预测集均方根误差(RMSEP)为 1.154%;对还原糖含量预测集相关系数 R_p 最高为 0.885,预测集均方根误差为 0.270%。

唐忠厚等人[10]利用近红外光谱技术对甘薯淀粉和糖类化合物含量的快速检测进行了研究。以 218 份不同类型甘薯作为验证集,30 份作为校正集,运用各种光谱数据预处理技术和 PLS 方法建立甘薯淀粉、蔗糖、葡萄糖和果糖含量等指标的预测模型。建立的淀粉、蔗糖、葡萄糖和果糖含量预测模型的校正集决定系数 R_c^2 分别为 0.998、0.992、0.994 和 0.993,交叉验证集决定系数 R_{cv}^2 分别为 0.997、0.991、0.990 和 0.994;验证集样品预测值与真实值相关系数达 0.990以上。

紫薯是一种以鲜食为主的薯类,黏度和甜度是评价紫薯食味品质的主要指标。黏度与淀粉含量及其糊化特性有关,甜度与可溶性糖含量有关。目前黏度主要用黏度仪测定,可溶性糖含量主要使用理化方法测定,这些方法检测速度慢,对样品具有破坏性。卜晓朴等人[11]使用可见/近红外光谱技术对生鲜紫薯的食味品质进行了无损检测研究。以市售生鲜紫薯为研究对象,获取紫薯样品 350～1100 nm 范围的反射光谱。使用紫外可见分光光度计测定紫薯熟化后的可溶性糖含量;使用黏度仪测定样品的黏度,以黏度参数中的峰值黏度作为样品黏度参数。使用 CARS 方法优选特征波长,建立生鲜紫薯熟化峰值扭矩和可溶性糖 PLS 定量预测模型。样品峰值扭矩模型的预测集相关系数 R_p 为 0.9195, RMSEP 为 0.0526 N·m;可溶性糖含量模型的预测集相关系数 R_p 为 0.9515,RMSEP 为 0.3100 mg/g。该研究为鲜食紫薯食味品质评价提供了理论参考。

紫薯因富含花青素，具有较好的清除自由基、抗氧化功能。卜晓朴等人[12]开展了生鲜紫薯花青素含量的近红外无损检测研究，以市售生鲜紫薯为研究对象，获取紫薯样品 300～1100 nm 范围的反射光谱，使用可见分光光度法测定紫薯样品中花青素含量，对每个样品测 3 次取平均值作为花青素含量真实值。对原始光谱分别进行 SG 平滑、SNV 以及 1 阶导数预处理，然后用 PLS 方法建立全波段预测模型。经 SG 平滑结合 1 阶导数预处理的模型预测效果最好，校正集相关系数 R_c 和预测集相关系数 R_p 分别为 0.8536 和 0.8504，校正集均方根误差(RMSEC)和预测集均方根误差(RMSEP)分别为 0.3383 mg/g 和 0.4906 mg/g。使用 CARS 方法对经 SG 平滑结合 1 阶导数预处理的光谱进行波长优选，使用优选的 28 个波长变量，建立 PLS 预测模型，花青素含量预测模型的 R_p 为 0.9421，RMSEP 为 0.2259 mg/g。结果表明，利用可见/近红外光谱技术可以实现对生鲜紫薯花青素含量的快速无损检测。

李建东等人[13]初步设计了一种基于近红外光谱扫描的马铃薯内部品质检测与分级装置，该装置包括马铃薯输送机构、近红外光谱扫描装置、拨叉机构、计算机处理系统和信号传感系统。如图 9-1 所示，该装置工作时，使用步进电机通过链条带动从动链轮转动，驱动传送带带动马铃薯随胶带一起向前运动。当马铃薯通过近红外光谱仪时，光谱仪对被检测样品进行扫描，将扫描数据传送到电脑主机，电脑主机通过图像处理系统对图像进行识别，与系统内的合格马铃薯检测图像进行对比，未发现明显异常情况下，电脑主机对传感器无信号发

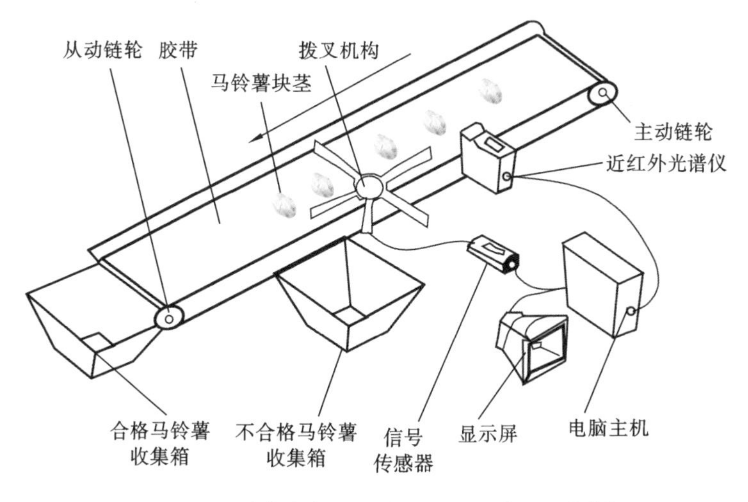

图 9-1 马铃薯内部品质检测与分级装置结构[13]

出。当两个图像出现较大差异时,说明马铃薯的营养物质或有害物质含量与合格马铃薯块茎的有较大差异,从而判定马铃薯块茎营养物质或有害物质含量不符合要求。此时,电脑主机向传感器发出信号,传感器控制拨叉机构向下运动与胶带接触,且正好落在不合格马铃薯块茎的正后方,拨叉绕转轴执行旋转操作,每次旋转角度为 90°,正好将不合格马铃薯块茎拨送至不合格马铃薯收集箱内,一次旋转动作完成后拨叉向上抬起,保证后续合格的马铃薯块茎沿胶带顺利进入合格马铃薯收集箱内。在此过程中电脑主机反应速度和拨叉运动速度较快,该过程在相邻的马铃薯块茎顺次运动到下一位置之前完成,不影响系统对相邻马铃薯块茎的识别。该装置利用近红外光谱技术对马铃薯营养物质及有害物质含量进行检测,构造比较简单,易于维护,具备在马铃薯联合收获阶段直接进行检测与分级的应用潜力。

研究人员基于可见/近红外光谱对马铃薯内部品质进行检测的早期研究大部分利用的是漫反射技术。马铃薯的表皮粗糙,颜色也有一定的差异,所以使用漫反射技术获取光谱对其一致性具有较大影响。和漫反射光谱相比,透射光谱能较好地反映样品的内部信息,但马铃薯样品全透射光谱受样品大小和光谱采集位置影响较大,故使用近红外透射光谱技术进行检测时,获得有效、稳定的光谱数据是马铃薯品质检测模型建立和应用的重要前提。

王凡等人[14]考虑到马铃薯样品整体质地较为均匀,根据马铃薯的形状特性搭建了马铃薯局部透射光谱采集系统,局部透射检测方式既能避免马铃薯表皮的影响,又能在保证光程统一的情况下获得样品的内部信息。马铃薯局部透射近红外光谱检测系统示意图如图 9-2 所示,该系统将光谱采集单元(光谱仪、耦合透镜)与光源单元(卤素灯、反光杯)并排设置,卤素灯发出的辐射光线通过反光杯的反射交汇于马铃薯,经过马铃薯内部的吸收散射后返回样品表面,携带内部信息的光信号由耦合透镜收集并最终传输给光谱仪。该系统工作时,检测探头与马铃薯表皮接触面积(1.1 cm×2.0 cm)较小,马铃薯外形虽然不规则,但总体曲率较小,因此该设计可以尽量避免由马铃薯外形曲率对检测带来的误差。

王凡等人用该系统采集了 120 个马铃薯样品 650～1100 nm 范围的局部透射光谱,分别使用 MSC、1 阶导数方法对光谱进行预处理。利用预处理后的光谱,建立马铃薯干物质、淀粉、还原糖含量的全波段 PLS 预测模型。基于 MSC 预处理的干物质和淀粉含量预测模型效果较好,其预测集决定系数 R_p 分别为 0.845 和 0.8510,预测集均方根误差(RMSEP)分别为 0.5219%和 0.4848%;基

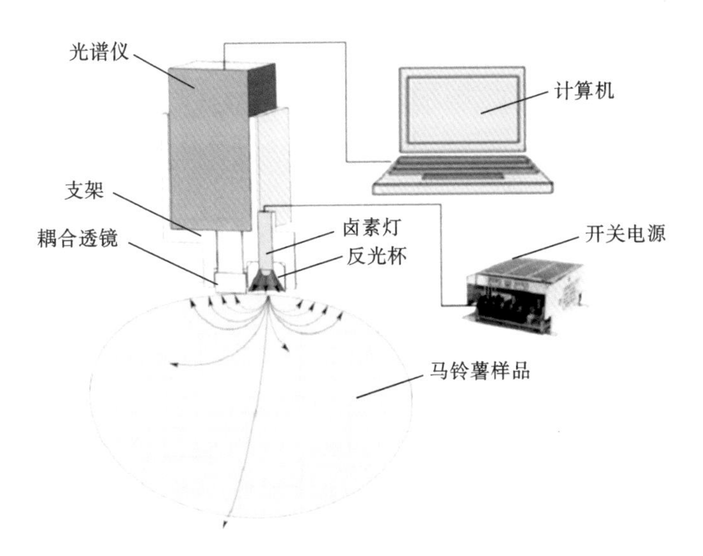

图 9-2 马铃薯局部透射近红外光谱检测系统示意图[14]

于1阶导数预处理的还原糖含量预测模型效果最好，其预测集决定系数 R_p 为 0.7686，预测集均方根误差(RMSEP)为 0.0251%。研究中分别使用 CARS、SPA 和无信息变量消除(UVE)三种方法进行特征波长的筛选，优化检测模型，并建立 PLS 预测模型。马铃薯各品质参数的预测效果均得到了较大提升，其中，基于 CARS 方法筛选波长所建立的干物质、淀粉、还原糖含量预测模型的 R_p 分别为 0.8776、0.8653 和 0.8877，RMSEP 分别为 0.4492%、0.9302%和 0.0167%。局部透射光谱携带了马铃薯的内部信息，与干物质、淀粉、还原糖含量有显著相关性。该检测系统可以实现马铃薯多品质参数的快速无损预测，特别是对干物质含量及淀粉含量的预测效果较好。

王凡等人[15]进一步开发了适用于产地现场检测的便携式马铃薯多品质参数局部透射光谱无损检测装置，该装置的硬件系统结构如图 9-3 所示，其由光源模块、光谱采集模块、控制与显示模块构成。

为了减小体积、提高装置的稳定性和便携性，该装置的光谱仪与样品之间未使用传统的光纤连接方式，而是使用耦合透镜(见图 9-4)代替光纤透镜，直接和光谱仪连接作为检测探头。经过验证，使用耦合透镜作为检测探头可以明显提高光信号强度。

整机设计时，基于对光源模块、光谱采集模块、开发板以及稳压板大小的综合考虑，将开发板沿壳体的长度方向横向设置，然后将光谱采集模块和光源竖向设置，在电源和光源之间设置稳压板，在整机右侧设置电池，达到最大限度节省空间的目的，便携式马铃薯多品质参数无损检测设备如图 9-5 所示，该装置整机可单手操作。

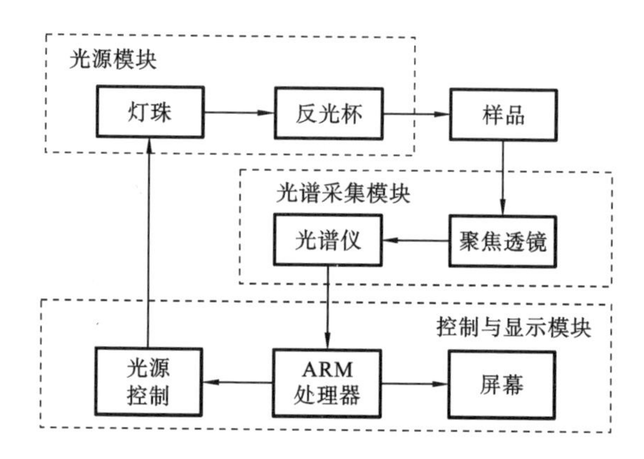

图 9-3　便携式马铃薯多品质参数局部透射光谱无损检测装置的硬件系统结构[15]

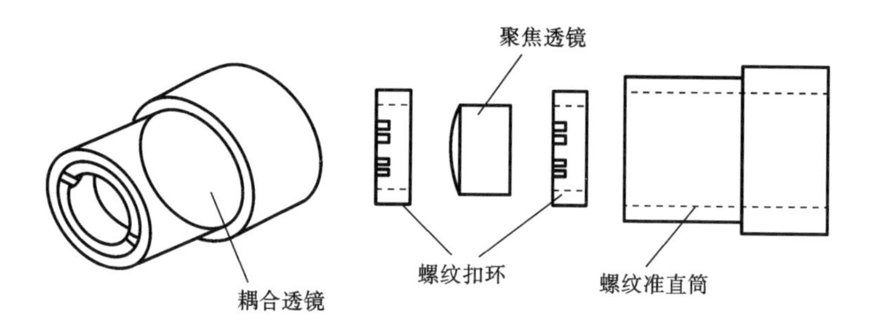

图 9-4　耦合透镜及其结构[15]

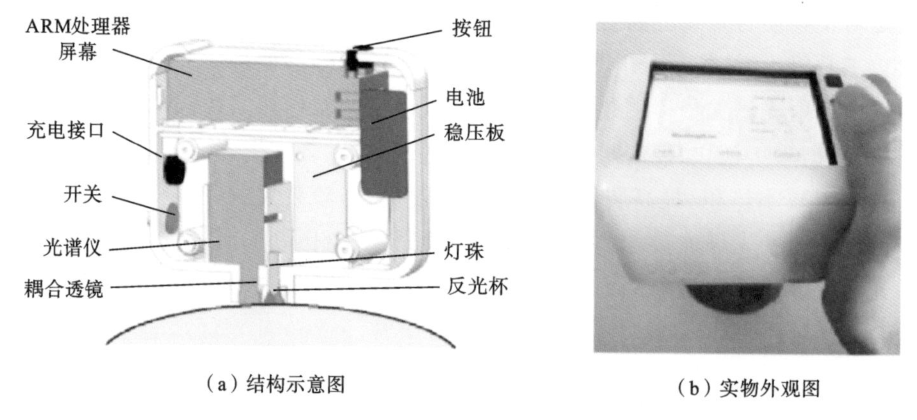

(a) 结构示意图　　(b) 实物外观图

图 9-5　便携式马铃薯多品质参数无损检测设备[15]

王凡等人利用未参与建立预测模型的马铃薯样品，对便携式马铃薯多品质参数无损检测设备的稳定性和预测精度进行了验证。样品含水率、淀粉质量分数和还原糖质量分数的预测值与真实值的相关系数 R_p 分别为 0.9141、0.9122和 0.9140，RMSEP 分别为 0.3527%、0.3404%和 0.0400%，平均偏差分别为 0.2951%、0.2536%和 0.0316%，重复采样最大变异系数分别为 0.0067、0.0124 和 0.1231。结果表明，该设备可以实现马铃薯含水率、淀粉质量分数和还原糖质量分数的实时无损检测，能够满足现场检测需求。

9.1.2 高光谱成像技术

Qiao 等人[16]最早开展利用高光谱成像技术分析马铃薯水分含量的研究。对样品光谱信息进行特征波段选择，建立了基于人工神经网络(ANN)的水分含量预测模型和基于线性回归的重量预测模型。模型对水分含量和重量预测的相关系数 R_p 分别为 0.932 和 0.9388。在国内，周竹等人[17]使用高光谱成像技术获取马铃薯样品 400～1000 nm 范围的高光谱图像，从标定后图像中的感兴趣区域计算光谱平均反射值作为反射光谱，从中选择波长为 450～990 nm 的反射光谱进行后续建模分析。研究中比较了主成分分析(PCA)、si-PLS、遗传偏最小二乘(GA-PLS)、UVE 以及 CARS 等波长变量选择方法。在此基础上提出使用 CARS 与 SPA 相结合的波长变量选择方法，最终将原始光谱波长变量从 678 个减少到 27 个。用 27 个变量建立多元线性回归(MLR)模型，模型预测集相关系数 R_p 为 0.86，预测集均方根误差(RMSEP)为 1.06%。结果表明，高光谱成像技术能够对马铃薯干物质含量进行检测。吴晨等人[18]开展了利用近红外高光谱成像技术分析马铃薯淀粉含量的研究。采用回归系数法和 SPA 提取特征波长，分别建立 MLR 和 PLSR 模型，使用 SPA 结合 MLR 建立模型，R_p 和 RMSEP 分别为 0.982 和 0.249%。吴晨等人[19]开展了利用近红外高光谱成像技术分析马铃薯干物质含量的研究。运用 PLS 回归系数法选取特征波长，使用粒子群优化支持向量机(particle swarm optimization support vector machine, PSO-SVM)和 PLS 回归方法分别建立干物质含量预测模型。经比较分析，PSO-SVM 模型效果更优，R_p 和 RMSEP 分别为 0.94437 和 0.15690%。姜微[20]利用高光谱成像技术同时检测马铃薯水分、淀粉及蛋白质含量。经光谱预处理和建模方法优化后，模型对水分含量的 R_p 为 0.7940，对淀粉含量的 R_p 为 0.8286，对蛋白质含量的 R_p 为 0.7940。

利用高光谱成像技术对马铃薯特征品质进行检测，高光谱图像的处理方法一般是首先选择具有一定面积和代表性的区域，称作感兴趣区域(ROI)，计算ROI内所有像素点的平均光谱反射率，作为该样品的光谱数据，然后利用光谱信息建立品质指标的定量预测模型[21]。该方法适用于样品特征品质在空间内分布比较均匀的条件，难以有效解决样品特征品质在空间内分布不均匀条件下的检测问题。由于薯类作物栽培方式、栽培措施和贮藏环境的不同，其块茎内部成分的分布会存在差异，内部营养物质的分布并不是完全均匀的，比如马铃薯的表层干物质多于内部[22]，研究马铃薯各部位的干物质含量及分布至关重要。许英超等人[23]采用可见/近红外高光谱成像技术对马铃薯干物质的空间分布进行了可视化检测研究。使用多种预处理方法对采集的马铃薯高光谱数据进行对比和分析，确定SNV结合SG平滑和1阶导数的预处理方法效果最好。对预处理后的光谱，采用CARS结合SPA方法进行特征变量提取，获得22个变量。对不同的建模方法进行比较，PLSR模型预测效果最优，R_p为0.849，RMSEP为0.878%。该研究团队将SNV-SG-1阶导数-CARS-SPA-PLSR模型与高光谱图像结合，得到了马铃薯干物质空间分布图(见图9-6)。该研究表明，可见/近红外高光谱技术可实现马铃薯干物质空间分布的可视化检测。

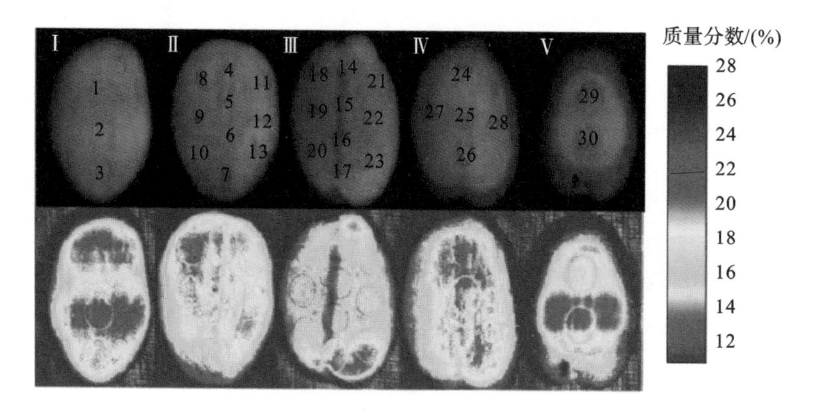

图9-6　马铃薯干物质空间分布图[23]

9.2　感官品质检测与分级装备

薯类块茎在生长过程中受光照、温度、水分等多种因素影响，品质差异较大，导致块茎的性状各异、大小尺寸不一。薯类形态和质量直接决定其加工质量，是分选分级的重要指标。此外，薯类块茎还存在发芽、表面斑点、虫眼、腐烂、病斑、绿皮以及由机械收获引起的损伤等感官缺陷,对茎块的表面完整性、耐贮性、加工性及商品价值产生严重的影响。传统的感官品质检测与分级方法为人工分级分选,速度慢、准确率低。

9.2.1 基于机器视觉的感官品质检测与分级

机器视觉技术具有快速、实时、无损以及智能的优点,已成为农产品感官品质检测与分级的重要手段。国外学者从20世纪90年代开始研究基于机器视觉的马铃薯品质自动检测技术[24-26]。

1. 形状和重量检测与分级

关于马铃薯形状的检测与分级,在国内,郝敏等人[27]基于机器视觉技术,使用Zernike矩法检测畸形马铃薯。Zernike矩[28]是基于Zernike多项式的正交化函数,是一组正交矩,具有良好的平移、旋转和尺度不变性,从Zernike矩提取的特征参数可以对物体形状进行较好的描述。该研究团队使用机器视觉系统,获取马铃薯样品图像,并对图像进行了归一化处理,然后筛选出19个具有旋转不变性的Zernike矩特征参数,利用特征参数建立马铃薯形状的SVM分类模型,该模型对形状良好和畸形样品的检测准确率分别为93%和100%。崔建丽等人[29]在使用机器视觉技术检测马铃薯形状时,采用傅里叶描述子方法来描述马铃薯形状特征参数,对马铃薯进行形状分级。孔彦龙等人[30]提出了一种基于图像综合特征参数的分选方法,使用不变矩法检测马铃薯形状。不变矩与矩形度、圆形度、偏心率等用来描述图像的形状特征参数相比,具有平移、旋转和缩放不变性。该研究团队获取马铃薯俯视图像,提取了其俯视图像的6个不变矩参数,将其输入已训练好的神经网络,实现了对马铃薯形状的分选,分选准确率为96%,可满足实际应用的要求。

周竹等人[31]设计了基于V形平面镜的机器视觉检测系统,如图9-7所示,同时获取马铃薯三面图像,对马铃薯进行形状分级研究,采用最长径外接矩形的宽高比法,对马铃薯进行分类。

最长径外接矩形的宽高比法如图9-8所示,通过平面镜反射获得同一个马铃薯的三面图像,求出三面图像中每幅马铃薯图像的最长径外接矩形的宽高比(W/H)(见图9-8(a)),取三面图像的最小宽高比作为马铃薯样品的形状评价指标。该方法可实现马铃薯的大小分级和形状分级,马铃薯按照形状分为类圆形、椭圆形和长形3类。

许伟栋等人[32]提出一种结合主成分分析支持向量机(PCA-SVM)算法的马铃薯形状分选分级方法。获取马铃薯三维图像,提取马铃薯区域内11维表

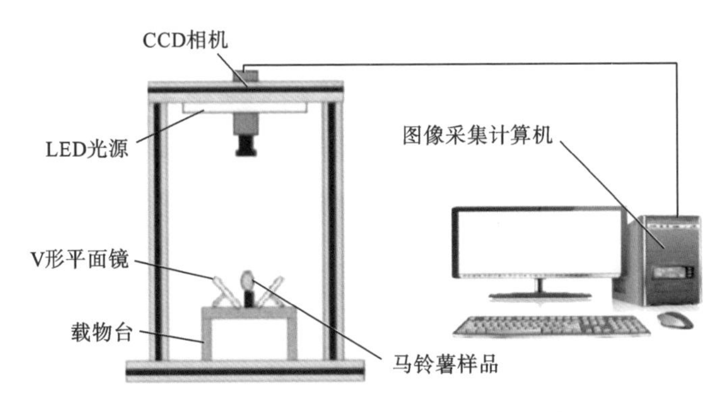

图 9-7　图像采集硬件系统示意图[31]

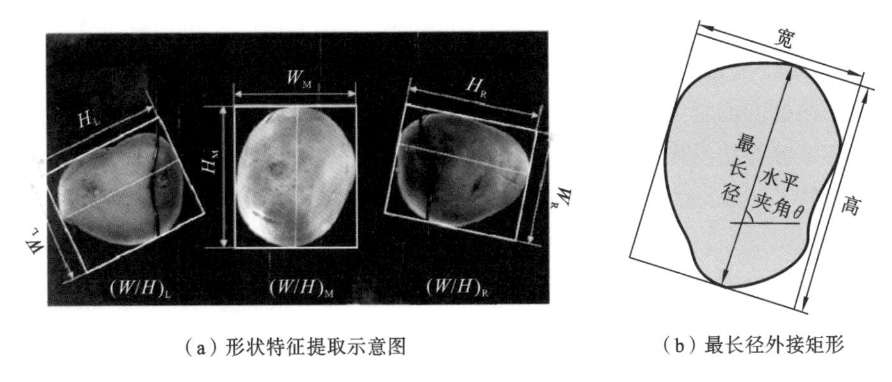

（a）形状特征提取示意图　　（b）最长径外接矩形

图 9-8　最长径外接矩形的宽高比法[31]

征形状的特征向量，并利用 PCA 方法对特征向量进行降维处理，提取出形状的主成分特征，然后，将主成分特征代入 SVM 进行建模，并利用网格搜索（grid search，GS）法对 SVM 模型进行参数优化。检测中，采用十折交叉验证（10-CV）算法依次将马铃薯样品图像代入 PCA 模型和参数优化好的 SVM 模型，实现对马铃薯的形状分级。实验结果显示，提出的算法具有较强的可行性，分选速度快且准确率达 97.3 %，能用于马铃薯自动化分级。

关于马铃薯的重量检测与分级，由于马铃薯的重量与图像的面积和周长密切相关，研究中多采用俯视图或者侧视图周长或者面积，构建回归模型，用于马铃薯的重量检测与分级。郝敏等人[33]较早用马铃薯俯视和侧视投影图像中的面积参数构建了单薯重量检测模型。孔彦龙等人[30]提取马铃薯俯视图的面积参数和侧视图的周长参数，通过回归分析建立马铃薯的重量检测模型，实现对马铃薯的重量分选。王红军等人[34]使用可同时获取马铃薯三面投影图像的机器视觉系统获取马铃薯样品三个方向上的图像，通过图像数据处理获得马铃薯俯视图像轮廓面积、两侧视图像轮廓面积、俯视和侧视图像外接矩形长度及宽度数据等图像特征参数，通过MLR分析，建立了马铃薯重量检测模型，重量分级相关系数为0.991。

周竹等人[31]使用基于V形平面镜的机器视觉检测系统对马铃薯进行重量分级研究，采用最小外接柱体体积法检测马铃薯的重量。最小外接柱体体积法的计算如图9-9所示，其中图9-9(a)所示为使用V形平面镜的机器视觉检测系统一次性获取的样品三面图像，最小外接柱体的底面积可以通过中间马铃薯图像的面积 A 计算，最小外接柱体的高度可以通过两侧马铃薯图像的高度(h_1，h_2)求出，由于平面镜与水平面间存在一定的夹角，两侧马铃薯图像的高度并不能反映马铃薯的实际高度，需要乘以一个系数 k，此时马铃薯的最小外接柱体体积可以通过式(9-1)计算：

$$V=k\times A\times h \tag{9-1}$$

式中：A 为中间马铃薯图像的面积；h 为 $\max(h_1, h_2)$；k 为图像标定常系数，取值为1.18。通过式(9-1)计算马铃薯的最小外接柱体体积，将它作为马铃薯重量评判指标，设定相应的阈值，将马铃薯分为1、2、3重量等级，其中1级重量大于或等于300 g，2级重量为100～300 g，3级重量小于或等于100 g。

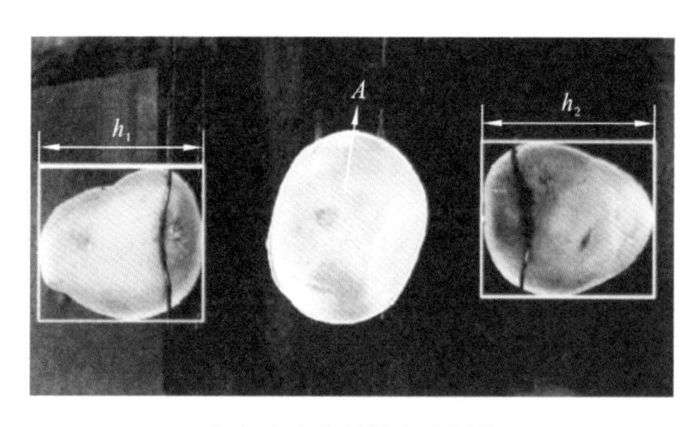

(a) 大小特征提取示意图

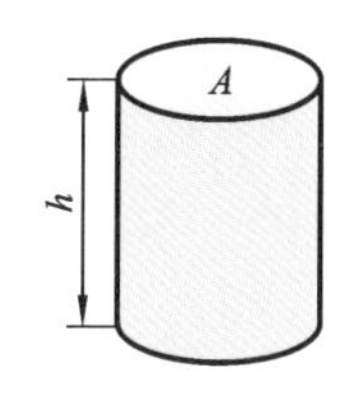

(b) 最小外接柱体

图9-9　最小外接柱体体积法的计算[31]

使用机器视觉技术对马铃薯进行形状分级研究，图像采集角度从一维发展到二维和三维，从多个角度获取完整的马铃薯图像，逐步完善了整个块茎表面信息的采集，并且随着各种图像处理算法的发展，检测精度不断提高。但是大部分使用静态法获取图像，检测速度慢，难以实现在线实时检测。将智能检测技术应用于实际检测，在获取完整的检测信息、保证检测精度的同时，可有效提高检测速度，开发适用的智能检测装备，更具有实际应用价值。

刘馨阳[35]设计了快速、准确、符合实际生产加工要求的马铃薯分级检测系统。该系统使用具有高度差的两个传送带传递马铃薯，使其做类平抛运动，在此过程中马铃薯通过由四目相机所围成的三棱锥立体空间，四目相机同时进行拍照，再结合软件、图像预处理技术、并行处理算法实现有效、可行的并行马铃薯分级检测。图 9-10 为多目视觉图像采集系统原理图，为了采集到马铃薯完整的表面信息，四目相机在空间中呈立体分布；同时考虑到链条传输会遮挡马铃薯的部分表面，利用具有高度差的两个传送带传递马铃薯，从上一级传送带以一定速度抛出后，落到下一级传送带上；在上一级传送带出口安有光电传感器，当马铃薯从上一级传送带抛出时，触发光电传感器给相机发送信号，之后马铃薯进入相机拍摄视角，四目相机同时进行拍照，同步获得马铃薯 4 个角度的图像信息。该系统结合从 4 个不同角度拍摄的图像对每个马铃薯都进行综合分析，可以获取每个样品的完整表面信息，每个检测样品的 4 幅图像虽然是从不同角度拍摄的，但是处理过程是相同的，所以使用并行处理方法，汇总 4 幅图像的结果并进行综合分析来获得每个样品的分级结果。

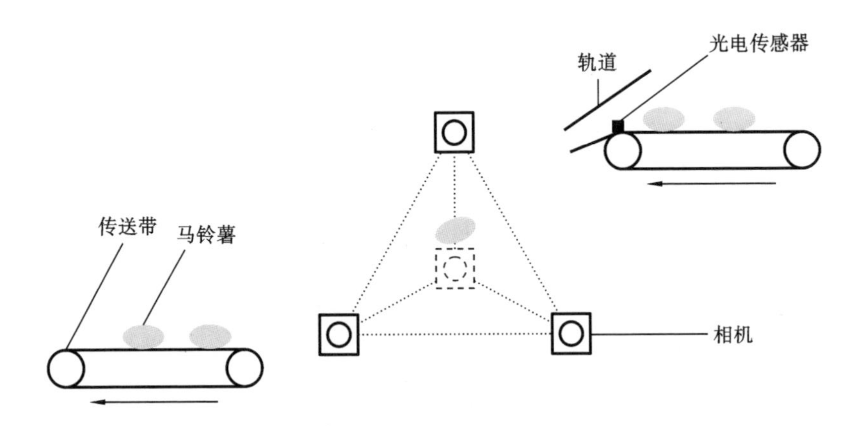

图 9-10　多目视觉图像采集系统原理图[35]

马铃薯分级检测系统的并行处理流程图如图 9-11 所示，选取 4 个角度拍摄马铃薯，从 4 个角度观察同一个马铃薯，得到马铃薯各个角度的图像信息，从而减少马铃薯分类的误判。每一张图像的处理过程如下：通过灰度阈值提取，先预估出缺陷部分，并且提取缺陷部分，使用面积阈值方法，即通过面积阈值判定马铃薯缺陷，对每个马铃薯缺陷检测平均用时为0.0386 s。马铃薯薯形检测，选取的是每个马铃薯一个角度的图像，通过提取马铃薯图像参数进行判别，薯形

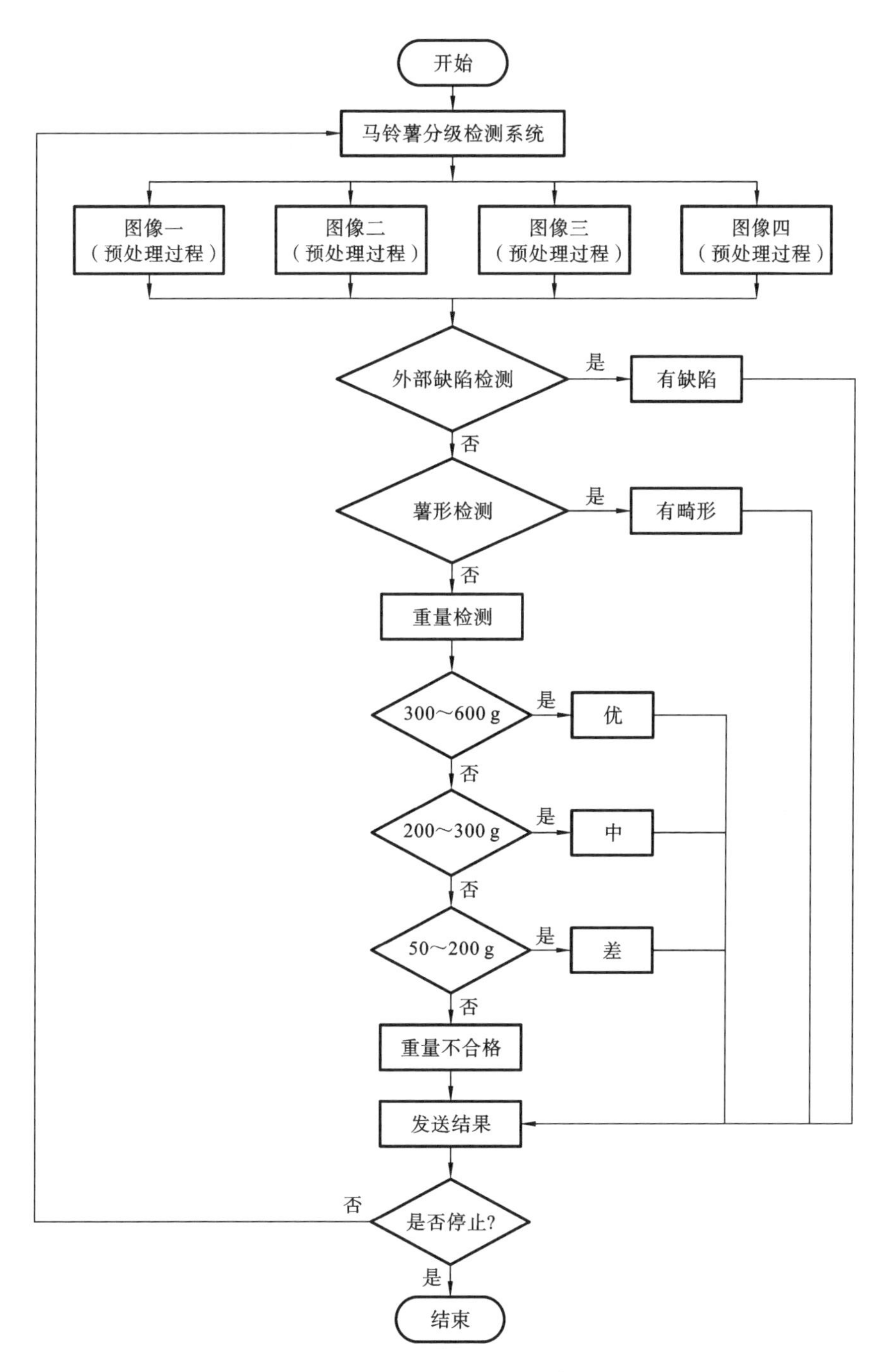

图 9-11　并行处理流程图[35]

检测平均用时为 0.0812 s。马铃薯重量检测,选取的是每个马铃薯 3 个角度的图像,通过图像边缘提取、内部填充、计算图像中马铃薯的面积(像素和),提取 3 个图像面积数据来预测马铃薯重量,进而按照重量进行分级,马铃薯重量检测平均用时为 0.0898 s。该系统能够满足实际生产加工的要求。

2. 外部缺陷检测与分级

研究人员使用机器视觉技术在马铃薯外部缺陷检测与分级方面做了大量的研究工作[36-38]。张宝超等人[39]提出一种基于欧氏距离和相对距离对马铃薯绿皮进行检测的方法。以颜色特征分析为基础,利用 RGB 空间特征,结合阈值选取,实现对马铃薯绿皮的检测。汪成龙等人[40]提出一种基于流形学习算法的马铃薯机械损伤检测方法。首先利用马铃薯图像的显著图分割出马铃薯区域,利用 PCA、局部线性嵌入(locally linear embedding, LLE)和等距映射(isometric mapping, ISO-MAP)3 种流形学习方法提取马铃薯区域图像特征参数,然后分别建立基于 3 种流形学习方法的 SVM 分类模型,研究结果表明,PCA-SVM 分类模型校正集识别正确率为 100%,预测集识别正确率为 100%;ISO-MAP-SVM 分类模型校正集识别正确率为 100%,预测集识别正确率为 91.7%;LLE-SVM 分类模型校正集识别正确率为 100%,预测集识别正确率为 91.7%,表明 PCA、ISO-MAP 和 LLE 这三种流形学习方法用于马铃薯机械损伤检测是可行的,其中 PCA-SVM 分类模型检测效果最优。郁志宏等人提出了基于欧氏距离的算法[41]、高斯拉普拉斯算子法[42]以及基于 Hough[43]变换算法的图像处理方法,分别对马铃薯发芽、斑点缺陷和机械损伤进行检测,对马铃薯发芽、斑点缺陷和机械损伤的识别正确率达到 94%。Xu 等人[44]提出了一种基于高通滤波器的机器视觉检测新方法,构建高斯高通滤波器,利用马铃薯灰度图像的快速傅里叶变换进行卷积,获得高频区域,最后使用 Blob 分析获得目标区域。该方法可以有效地检测由机械加工对马铃薯造成的损伤,识别准确率达到 95% 以上。

向静等人[45]设计了可检测马铃薯外部品质的视觉系统,研究马铃薯绿皮、发芽及表皮损伤的检测与分级。该系统主要由照明系统、工业相机、计算机组成。通过高度调节滑块调整相机与马铃薯的物距,保证所采集的图像清晰且不失真。图像采集过程在封闭灯箱内完成,以避免外界光源及其他噪声干扰。研究中使用不同的图像处理方法对不同的缺陷进行检测。通过最大类间方差法去除马铃薯图像背景,去除效果如图 9-12 所示。利用感知器学习算法(perceptron learning algorithm, PLA)区分正常马铃薯与绿皮马铃薯,对正常马铃薯识别准确率为 96.8%，对绿皮马铃薯识别准确率为 89.7%；对于表皮发芽的马铃薯，利用边缘检测法得到图像中马铃薯区域的各部位边缘，结合 k-近邻分类算法识别表面发芽的马铃薯，识别准确率为 96%，同时，通过角点检测确定轮廓上的发芽区域；然后对检测到的边缘利用中值滤波结合面积最大法，确定马铃薯表皮的损伤部位，实现表皮损伤样品的识别，识别准确率为 90.4%。

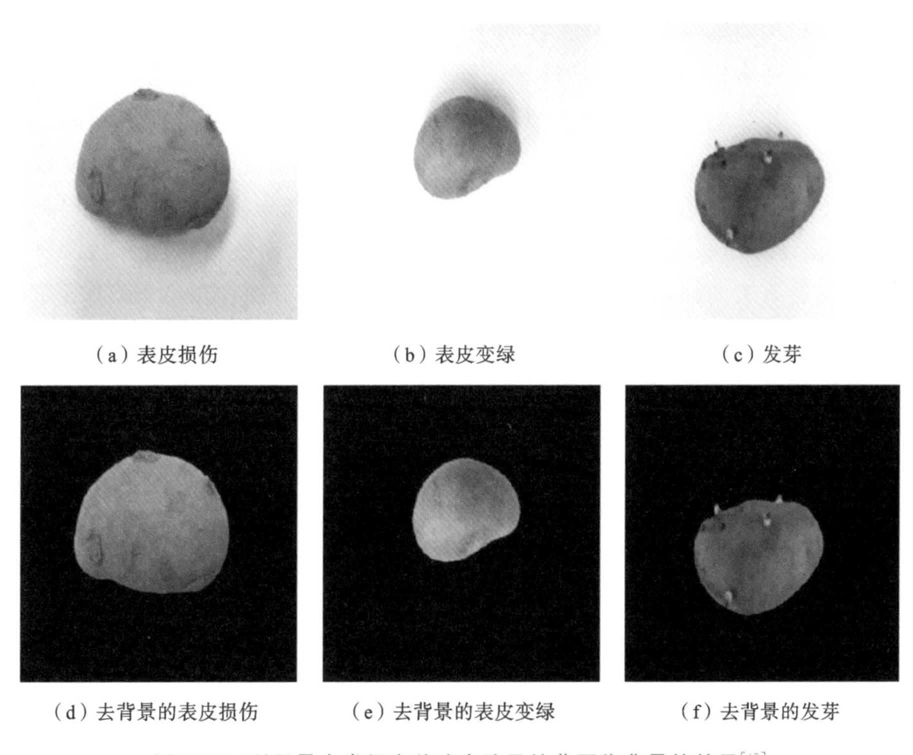

(a) 表皮损伤　(b) 表皮变绿　(c) 发芽

(d) 去背景的表皮损伤　(e) 去背景的表皮变绿　(f) 去背景的发芽

图 9-12　利用最大类间方差法去除马铃薯图像背景的效果[45]

在机器视觉技术用于薯类感官品质检测与分级的前期研究中，对图像进行处理的方法主要是提取颜色、纹理等特征参数，进而利用特征参数建立判别模型，该方法在检测精度方面取得了较好的结果。但是前期研究多采用“检测目标区域分割-人工特征提取和描述-分类算法识别”的模式[46]。也就是说，在进行图像预处理时，对检测对象目标区域(感兴趣区域)的确定及目标区域特征的提取和描述，多使用人工方法，依据专业、经验进行。这使得不同研究者进行相同类型研究时，提取图像特征所用的方法受研究条件和人的主观因素的影响较大，使得实际分析结果一致性和适用性较差。

许伟栋等人[46]提出了一种自动提取马铃薯表面特征并进行分级的新方法。使用改进的卷积神经网络(CNN)自动提取马铃薯图像深度特征,利用SVM建立分类模型。其设计的CNN结合SVM改进模型能解决现有研究中存在的问题,且在性能上优于常规CNN模型和传统检测方法,并且算法运行速度更快,对马铃薯表面缺陷识别准确率达到99.2%。杨森等人[47]提出一种基于轻量卷积网络的在线分级方法。首先,利用ImageNet数据集训练Xception网络模型,建立马铃薯预训练网络模型;然后,重新构建5类缺陷全连接层,并通过迁移学习在预训练网络模型上训练马铃薯缺陷数据集;最后,基于外部缺陷识别模型分别测试5类缺陷的分级性能。其构建的轻量级网络模型对马铃薯缺陷平均识别准确率为96.04%,识别速率可达6.4幅/秒。傅云龙等人[48]针对轻量卷积网络方法虽然提高了系统的稳定性,但是识别精度和识别速度仍有待提高的问题,提出了基于机器视觉与YOLO算法的马铃薯表面缺陷检测方法。研究中构建马铃薯表面缺陷图像数据集,对原始数据集进行图像增广,解决了原始数据集中图像少且缺陷特征不均衡的问题,然后,通过二分K均值聚类算法进行目标框聚类分析,采用分步训练方式优化学习权重。所提出的检测方法可以有效实现马铃薯表面缺陷的快速、准确检测,对腐烂、发芽、机械损伤、虫眼、病斑等缺陷的识别准确率达到98%以上,单幅图像识别时间只需要29 ms,速度和精度均可达到在线实时检测的要求。

基于机器视觉的薯类品质检测技术目前已趋于成熟。机器视觉技术的硬件成本较低,具有较好的推广前景。随着我国薯类产业的发展,基于机器视觉的薯类分级检测设备将会得到快速的发展和应用。

9.2.2 基于高光谱成像的感官品质检测与分级

相较于机器视觉技术,高光谱成像技术所获高光谱三维数据的信息更加丰富,可在多个波段获得更加丰富的图像信息,在薯类的感官品质检测中显示出了巨大的优势。高光谱成像技术首先使用图像传感器采集薯类的图像,并进行图像处理,然后提取特征参数并建立检测模型。

1. 薯类形状及重量的检测与分级

吴佳[49]分别使用基于小波的相对矩方法和基于极半径的傅里叶描述子方法,研究了马铃薯的形状检测与分级。采用基于小波的相对矩的马铃薯形状检测与分级研究方法,利用小波边缘检测算法检测图像边缘,计算边缘图像的相对矩值作为描述马铃薯形状的特征向量,通过欧氏距离分类法完成马铃薯的分类,对形状正常薯和畸形薯的分类准确率分别为85%和90%;采用基于极半径的傅里叶描述子的马铃薯形状检测与分级研究方法，将马铃薯边缘图像的质心作为极点，以任意点为起点根据邻域范围对图像边缘进行逐点采样，计算边缘图像的极坐标函数，再对其进行傅里叶变换提取谱信息，最后利用欧氏距离分类法完成马铃薯的分类，对形状正常薯和畸形薯的分类准确率分别为75%和80%。高海龙等人[50]提取样品透射高光谱图像的面积信息，建立光谱和图像融合的马铃薯重量PLS模型，预测集相关系数 R_p 达到0.99，预测集均方根误差(RMSEP)为10.88，通过透射高光谱成像技术并融合图像和光谱信息实现了对马铃薯重量的检测。王建[51]使用自适应空间滤波的方法对图像进行预处理，利用基于小波变换的边缘进行图像的边缘检测，提取马铃薯灰度图像的Krawtchouk不变矩，并结合欧氏距离分类法对马铃薯按形状进行分类；对优形马铃薯，通过构造马铃薯灰度图像的灰度-梯度共生矩阵，根据最大熵原理实现对灰度图像的最佳阈值分割，统计图像中马铃薯区域的像素点数，利用多项式拟合的方法，建立马铃薯面积与重量之间的关系，分级的重量误差在5 g以内。

2. 外部缺陷检测与分级

Dacal-Nieto等人[52]较早使用高光谱成像技术检测马铃薯表面疮痂。周竹等人[53]通过反射高光谱成像技术采集马铃薯干腐、表面碰伤、机械损伤、绿皮、孔洞以及发芽6类外部缺陷样品及合格样品的高光谱图像，提取合格样品及各类缺陷样品感兴趣区域的光谱曲线并进行光谱特性分析，采用主成分分析法确定了5个特征波段(480 nm、676 nm、750 nm、800 nm和960 nm)，以5个波段的第二主成分图像作为分类图像，识别准确率仅为61.52%；为了提高识别准确率，提出波段比算法与均匀二次差分算法相结合的方法，识别准确率提高到95.65%。Alander等人[54]基于高光谱成像技术结合PCA和SVM检测马铃薯内部缺陷，对内部缺陷的识别准确率达到90%。苏文浩等人[55]对样品图像进行PCA、二次主成分分析和波段比算法分析，对马铃薯机械损伤、孔洞、疮痂、表面碰伤、发芽缺陷样品和合格样品的总体识别准确率达到97.08%。

高光谱成像技术对马铃薯外部品质的检测与分级的研究关键在于利用图像处理技术分割出缺陷区域，对比缺陷区域与正常区域光谱特征，进而结合图像处理方法建立检测模型。邓建猛等人[56]直接获取不同品质马铃薯表面的光谱，研究了不同品质马铃薯样品的平均光谱曲线差别。不同品质马铃薯样品的平均光谱曲线差别较大，如图9-13所示，合格、发芽、绿皮、孔洞马铃薯样品的平均光谱在450～950 nm范围内呈现出递增趋势，并且合格马铃薯样品平均光谱值一直大于发芽、孔洞马铃薯样品平均光谱值；绿皮马铃薯样品的平均光谱值起伏比较大，在 680 nm 附近出现明显波谷，并在 720 nm 左右超过合格马铃薯样品的平均光谱值。进而，采用无处理、移动平滑、SG 平滑、中值滤波平滑、归一化、1 阶导数、2 阶导数、MSC、SNV、中心化 10 种方法对原始光谱数据进行预处理，并分别建立 PLS 预测模型，经过比较确定 SNV 为最优预处理方法。对 SNV 预处理光谱，分别使用 SPA 及加权权重法（weighted weight method，WWM）进行特征波长的选取，分别选出 13 个和 9 个特征波段，所建立的 SVM 模型对预测集样品的判别准确率均达到了 100%。

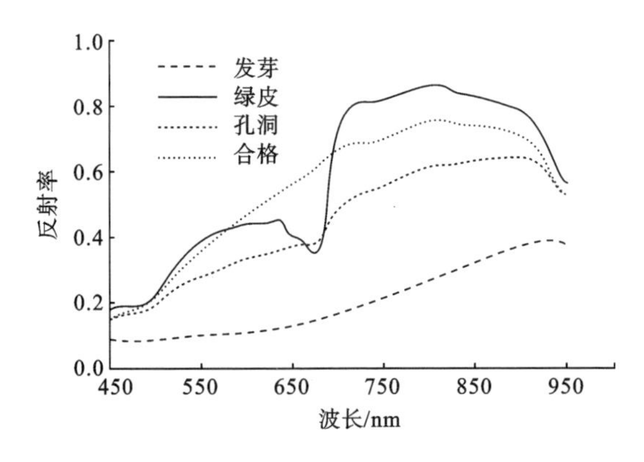

图 9-13　不同品质马铃薯样品光谱曲线[56]

在外部损伤检测方面，高海龙等人[57]首先比较了透射和反射高光谱成像对马铃薯损伤检测的研究，分别建立了基于反射图像、反射光谱、透射光谱的马铃薯损伤定性识别模型。基于透射光谱信息建立的模型识别准确率较高，损伤部位正对、背对相机时识别准确率均为 100%，侧对相机时识别准确率为 99.53%，任意放置时识别准确率为 97.39%。López-Maestresalas 等人[58]对健康马铃薯和表面受伤马铃薯不同时间段的识别检测进行了研究，以健康马铃薯和受伤后 1 h、5 h、9 h 和 24 h 马铃薯为分析对象，使用软独立模型分类分析（SIMCA）和偏最小二乘判别分析（PLS-DA）构建分类器对样品进行分类，识别准确率达 94%以上。汤全武等人[59]开展了基于高光谱成像技术的马铃薯病斑、机械损伤、孔洞等多种外部缺陷分类方法研究。通过对样品图像进行 PCA、独立成分分析（independent components analysis，ICA）、小波变换以及小波重构分析，获取样品特征信息，总体识别准确率为94.2%。汤哲君等人[60]开展了基于高光谱成像技术的马铃薯缺陷（外部冻伤、机械损伤和摔伤）识别方法研究。对样品图像进行 PCA，并提取图像特征，分别建立基于 Bayes 分类器、反向传播神经网络和

SVM 的分类模型。经比较分析,SVM 模型识别结果最佳。

薯类块茎是三维立体结构,表面的缺陷可能出现在不同位置,在使用光学技术进行检测时,获取其表面光学信息所采用的角度直接影响检测结果。李小昱等人[61]针对马铃薯损伤部位放置方向会影响检测精度的问题,提出了从背对相机、正对相机和侧对相机 3 个不同方向随机放置马铃薯损伤部位的方法采集马铃薯图像,用 V 形平面镜反射高光谱来检测马铃薯轻微碰伤。基于平面镜反射成像的原理,搭建 V 形平面镜反射高光谱图像采集系统,如图 9-14 所示,经平面镜 1 反射到相机采集的马铃薯图像为 F1,相机直接采集的马铃薯图像为 F2,经平面镜 2 反射到相机采集的马铃薯图像为 F3。利用平面镜反射成像的原理,可将相机未拍摄到的马铃薯表面经平面镜反射后传至相机中,以使相机能全方位获取马铃薯的表面信息。

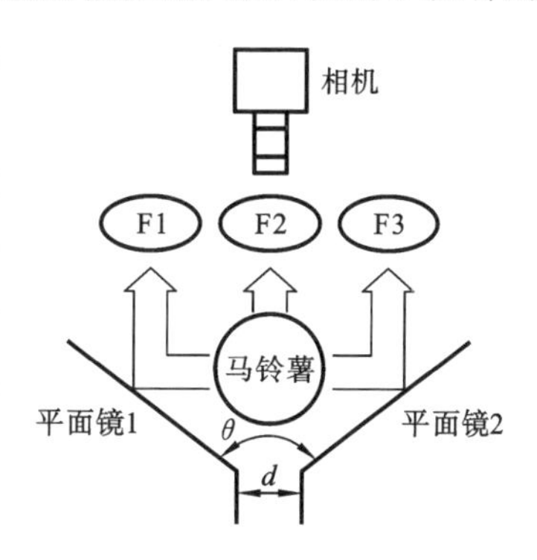

图 9-14　V 形平面镜反射高光谱成像示意图[61]

该系统获取的合格马铃薯和损伤部位正对、侧对、背对相机的马铃薯 4 种典型样品的高光谱图像如图 9-15 所示,每张高光谱图像均包含经平面镜 1 反射后的马铃薯图像 F1、相机直接采集的马铃薯图像 F2、经平面镜 2 反射后的马铃薯图像 F3,其中图 9-15(a)中合格样品 F1、F2 和 F3 中均没有损伤部位,图 9-15(b)中损伤部位正对相机样品的损伤部位仅显示在 F2 中,图 9-15(c)中损伤部位侧对相机样品的损伤部位仅显示在 F1 中,图 9-15(d)中损伤部位背对相机样品的损伤部位在 F1 和 F3 中均有显示。综合来看,损伤部位正对相机样品只在 F2 中显示出明显的缺陷特征,而损伤部位侧对相机样品仅在 F1 中显示出明显的缺陷特征,损伤部位背对相机样品在 F1 和 F3 中均显示出缺陷特征,表明图像 F1、F2、F3 可全方位表达缺陷信息,由此得出,缺陷样品的缺陷信息必然包含在 3 幅图像中,而合格样品的 3 幅图像均不包含缺陷信息。

获取样品三个方向的原始高光谱图像后,首先对高光谱图像进行黑白校正,校正后分别选取整个马铃薯区域为感兴趣区域,并计算其平均光谱,将每个马铃薯的 3 条平均光谱拼接成一个包含缺陷的综合光谱矩阵。光谱矩阵中包含众多数据波段,而只有少数波段对模型有贡献,为挖掘有效信息、提高运算速度和模型性能,有必要进行变量筛选。该研究团队使用蚁群优化(ACO)进行特征波段优选,以 PLS 校正集均方根误差的倒数为 ACO 的目标函数,经过多次

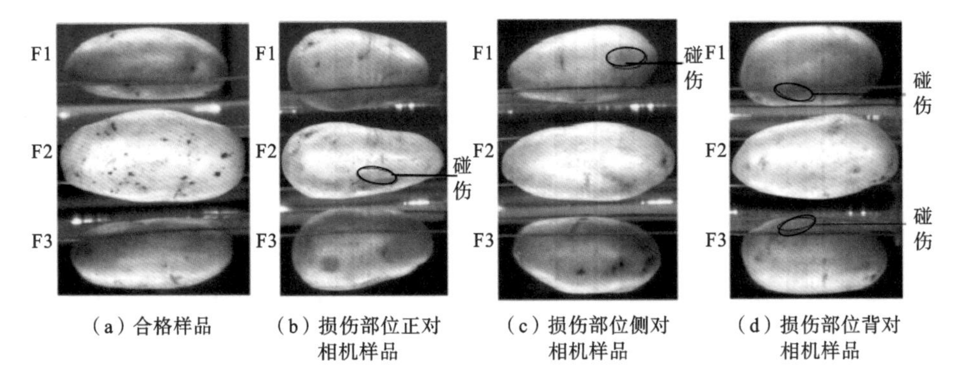

(a) 合格样品　(b) 损伤部位正对相机样品　(c) 损伤部位侧对相机样品　(d) 损伤部位背对相机样品

图 9-15　马铃薯 4 种典型样品的高光谱图像[61]

迭代寻找目标函数。最终选取 9 个变量(F1 的 762 nm、879 nm，F2 的 711 nm、957 nm、1020 nm，F3 的 510 nm、746 nm、1000 nm、1007 nm)极大值。用选出来的变量建立支持向量分类机(support vector classifier, SVC)模型，校正集识别准确率达到 97.21%，预测集识别准确率达到95.32%。由于 SVC 模型中的惩罚参数、核函数参数均会对其分类准确率产生较大影响，该研究团队进一步采用果蝇优化算法(fruit fly optimization algorithm, FOA)，以降维后的变量作为模型输入，对 SVC 参数进行寻优并建立预测模型，该模型对校正集和预测集的识别准确率均达到了 100%。该研究解决了表面损伤检测需要人工对马铃薯进行摆放的问题，更加接近实际检测需求。

邹志勇等人[62]开展了低温冷冻和机械损伤条件下马铃薯高光谱图像特征响应特性研究。获取完好、冻伤、机械损伤和撞伤四类马铃薯在 387～1035 nm 范围高光谱反射图像，对高光谱图像进行校正后，选择 60×60 像素点感兴趣区域，然后计算 387～1035 nm 各个波段对应图像感兴趣区域上像素的平均值，作出四类马铃薯样品反射光谱曲线。四类马铃薯样品的反射光谱曲线如图 9-16 所示，其中，完好马铃薯样品的反射光谱曲线(见图 9-16(a))相对较为平滑，在 560 nm 和 680 nm 附近未见明显吸收峰；机械损伤马铃薯样品的反射光谱曲线(见图 9-16(b))在 560 nm 和 680 nm 附近有明显吸收峰；冻伤马铃薯样品的反射光谱曲线(见图 9-16(c))在 440 nm、560 nm 和 680 nm 附近有明显吸收峰；撞伤马铃薯样品的反射光谱曲线(见图 9-16(d))在 440 nm、560 nm 和 680 nm 附近存在吸收峰，而在 410 nm 附近有一个明显的反射峰。四类马铃薯样品的反射光谱曲线特征峰值表现出一定的指纹特性，该研究团队使用极端梯度提升算法、类型提升算法和轻量梯度提升机算法进行特征波长优选，使用优选波长构建马铃薯品质判别模型，使用轻量梯度提升机算法结合逻辑斯谛回归建立模型，判别准确率最高为98.86%。

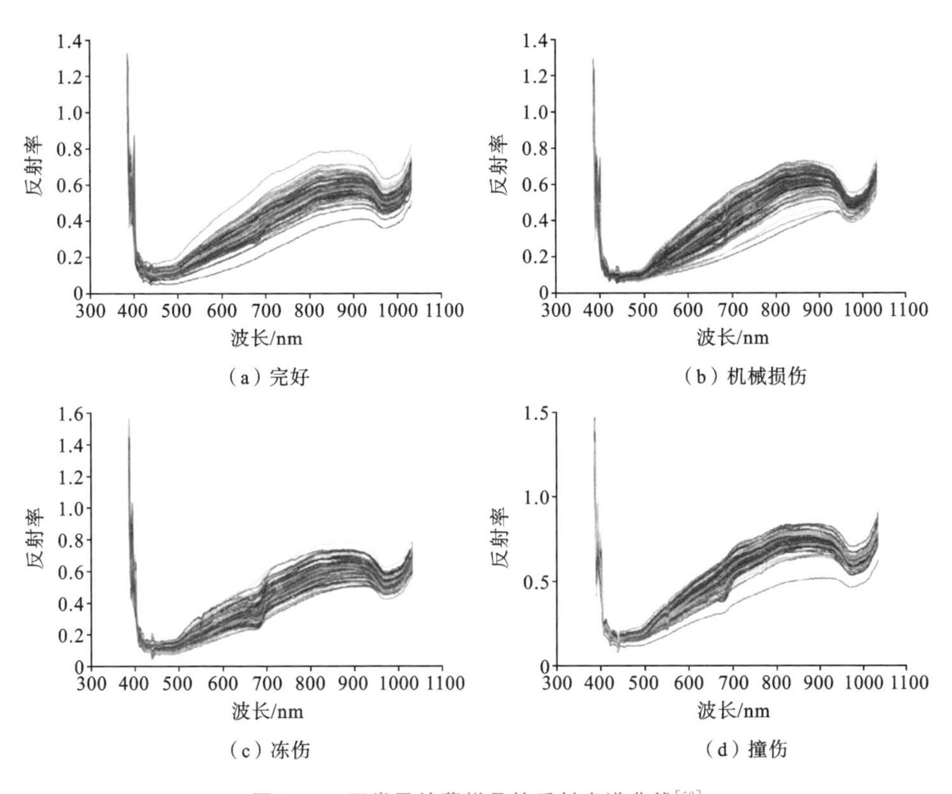

(a) 完好　(b) 机械损伤　(c) 冻伤　(d) 撞伤

图 9-16　四类马铃薯样品的反射光谱曲线[62]

9.3　储运过程的品质监控技术

薯类不同于大多数的蔬菜类作物，其一年只收获一次，且产量巨大，需要合理贮藏，以保证稳定的市场供应量。薯类块茎在采收后仍然是一个活的有机生命体，在贮藏、运输、销售和加工过程中，仍进行着各种新陈代谢，其内部的干物质含量、淀粉含量、糖类物质含量，以及各种酶的活性在不断发生变化[63]，此外，由于贮藏条件的变化，马铃薯会发芽及发生病害，对块茎的加工品质及商品价值具有重要影响。

贮藏期间温度、堆放、光线、通风条件差等因素引起马铃薯发芽，使得马铃薯块茎中龙葵素增加，并引起表皮变绿。发芽及绿皮马铃薯含有的龙葵素是一种有毒的糖苷生物碱，大量食用可能引起急性中毒。马铃薯黑心病[64]是发生在块茎内部的一种生理性病害，该病害的发生与品种、贮藏条件及收获期间的机械损伤程度有关，主要因为块茎内部组织供氧不足导致呼吸窒息，过高、过低的极端温度以及过于封闭的贮藏条件(通透性差)均会加重黑心病[65]。国家标准GB/T 31784—2015《马铃薯商品薯分级与检验规程》中明确规定，薯条、薯片、全粉等马铃薯加工品要求一级原料薯不得检出黑心薯。环腐病是一种维管束病害，在马铃薯的生长期和贮藏期都能发生，感染环腐病的块茎外表一般没有明显异常，肉眼很难发现[66]，作为一种细菌性病害，它具有高度传染性，容易造成马铃薯大面积减产。贮藏的块茎发生腐烂，甚至会让存储库内块茎都受到病菌的侵袭，造成烂窖。生理性病害往往发生在贮藏期间，不像外部缺陷，难以通过外观进行判断。目前采用的主要方法是分批次抽样进行破坏性检测，耗时较长、成本较高、存在偶然性，不适用于大批量检测[67]。随着薯类行业的快速发展，不同类型缺陷或特征的检测与分级受到越来越多的重视，开发切实可行的、可靠的薯类品质监控技术，监控薯类贮藏期间的品质，对各类合格薯类的安全供应有重要的实际意义。

9.3.1 近红外光谱技术

目前，国内外学者利用可见/近红外光谱技术对农产品内部病害检测进行了诸多研究。在国内，周竹等人[68]首先提出马铃薯黑心病的光学无损检测方法，比较了漫反射光谱和透射光谱对马铃薯黑心病的检测结果。采用PLS-DA方法建立马铃薯黑心病的识别模型，基于透射光谱采集系统采集的可见/近红外透射光谱所建模型的判别正确率优于基于漫反射光谱所建模型的判别正确率。研究结果为马铃薯内部缺陷的光谱定性判别及便携式仪器的研制提供了参考。张晓燕等人[69]利用近红外光谱结合SIMCA来区分环腐病马铃薯及健康马铃薯。采用积分球获取样品的近红外漫反射光谱，所建SIMCA识别模型能较好识别环腐病马铃薯，对校正集中环腐病马铃薯和健康马铃薯的识别率、拒绝率均为100%；对预测集中环腐病马铃薯的识别率、拒绝率分别为99.00%和100%，健康马铃薯的识别率、拒绝率分别为94.12%和100%，所建模型精度较高。利用独立的18个样品进行了模型外部验证，环腐病马铃薯识别率为87.50%，健康马铃薯识别率为80.00%。

孙建英等人[70]利用透射光谱法检测马铃薯环腐病。通过光谱采集系统(见图9-17)采集正常马铃薯和环腐病马铃薯200～1025 nm波段的可见/近红外透射光谱，对比分析发现，二者的透射光谱在550～950 nm范围内有明显的差异，环腐病马铃薯的光谱透射率在整个波段都低于正常马铃薯的透射率。该研究团队选取相关系数最高的峰值点 622 nm 处的透射光谱值与环腐病感染面积做一元线性回归分析，初步建立了马铃薯环腐病的识别模型，模型校正集的相关系数 R_c 为 0.7135，模型预测集的相关系数 R_p 为0.7153，结果表明，用可见/近红外透射光谱来检测马铃薯的环腐病是可行的。

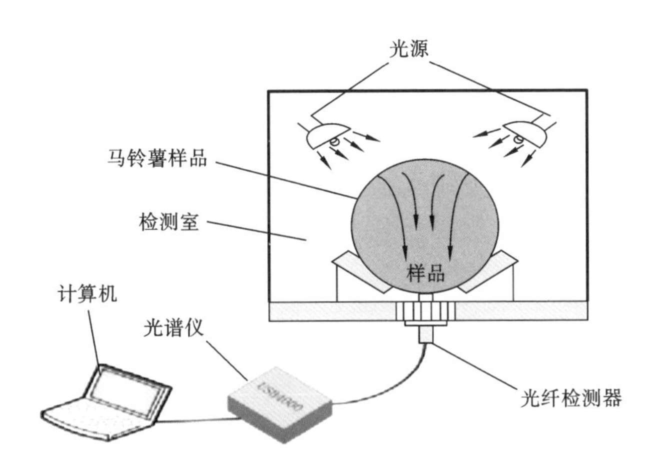

图 9-17 透射式马铃薯光谱采集系统示意图[70]

韩亚芬等人[71]自行搭建了可用于马铃薯内部缺陷检测的光谱检测系统。如图 9-18 所示，该系统由光源、光谱仪、光纤、准直镜等组成。实验平台搭建在马铃薯分级线上，输送过程中，马铃薯长轴与分级线行进方向垂直。光谱采集采用左右透射法，光源照射方向与马铃薯长轴平行，光纤、灯杯中心与马铃薯中轴线在一条直线上，这种设计能尽量减少分级线的机械构造调整，便于和现有

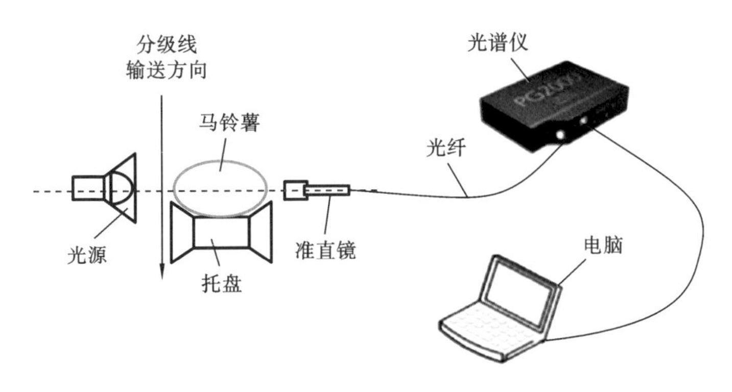

图 9-18 可见/近红外左右透射光谱检测系统示意图[71]

马铃薯分级线配套集成。

使用该系统获取健康马铃薯与黑心病马铃薯的可见/近红外透射光谱，通过对比分析，可知健康马铃薯与黑心病马铃薯的透射光谱在吸光度和光谱形态特征方面均存在明显区别。在650～900 nm范围内，黑心病马铃薯的平均光谱吸光度值高于健康马铃薯的平均光谱吸光度，且平均光谱曲线较为平缓，无明显吸收峰，而健康马铃薯平均光谱曲线在665 nm、732 nm和839 nm附近有明显吸收峰，并且健康马铃薯与黑心病马铃薯的平均光谱吸光度差值在705 nm处达到最大值(见图9-19)。基于PLS-DA建立了马铃薯黑心病判别模型，该模型对黑心病的判别效果显著，黑心病马铃薯总识别正确率能够达到97.16%。左右透射的方式能够准确识别黑心病马铃薯，对马铃薯内部缺陷的快速无损检测起到一定的促进作用。该研究为马铃薯内部缺陷在线检测技术的发展提供了理论基础和实践依据。

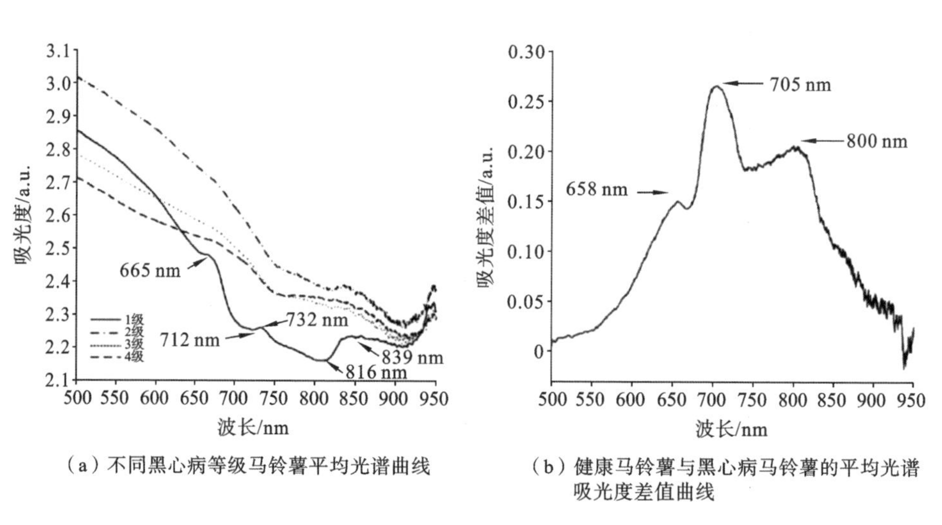

(a) 不同黑心病等级马铃薯平均光谱曲线

(b) 健康马铃薯与黑心病马铃薯的平均光谱吸光度差值曲线

图9-19 平均光谱曲线与平均光谱吸光度差值曲线[71]

在在线检测装备方面，丁继刚等人[72]基于可见/近红外漫透射光谱原理，利用实验室自行搭建的无损在线检测系统，进行了黑心病和淀粉含量同时在线无损检测研究。在线检测系统实物如图9-20(a)所示，主要包括输送模块、光源模块、光谱采集模块、控制模块、数据分析模块。其光路原理如图9-20(b)所示，该研究团队将4个50 W卤素灯光源间隔90°布置在样品四周，漫透射光透过样品后进入布置于样品下方的检测器，4个光源与检测器通过运载托盘较好地实现了隔离，防止外界无用杂散光直接进入样品下方检测器，减小了环境噪声的影响。该系统所用光谱仪为美国 Ocean Optics 公司生产的 USB2000+光谱仪，扫描波长范围为 550～1100 nm，光谱分辨率为 1 nm。

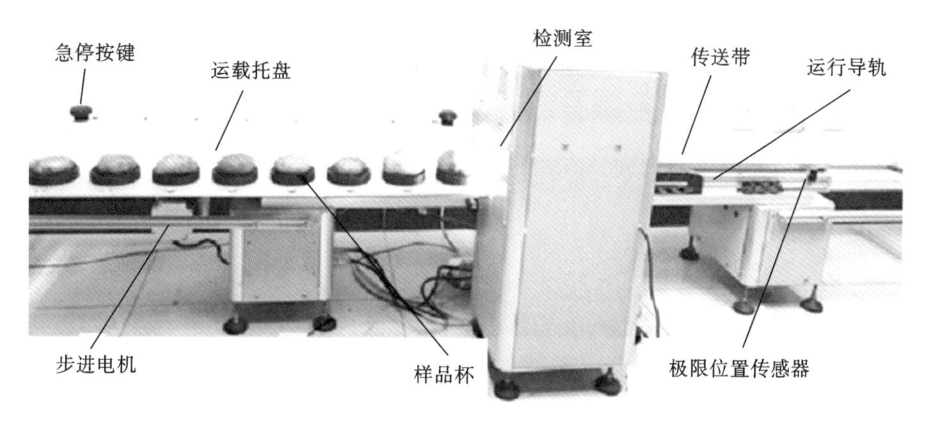

(a) 在线检测系统实物

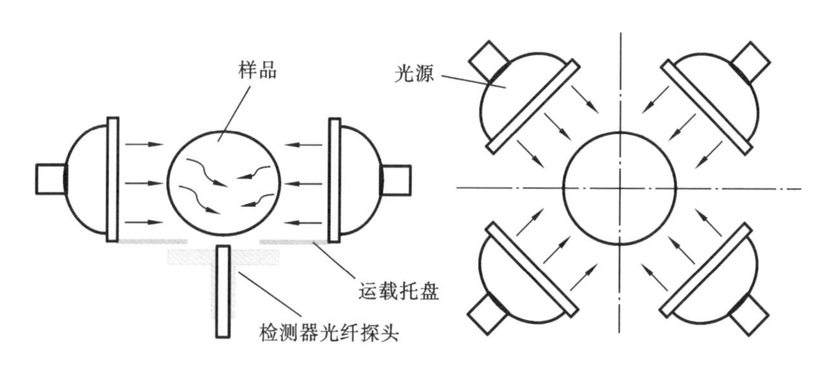

(b) 光路原理

图 9-20　在线检测系统实物及光路原理[72]

利用该系统采集马铃薯可见/近红外漫透射光谱时，为避免因系统不稳定而对实验结果产生影响，采集光谱前开机预热 30 min，待光源能量稳定后校正白参考，再采集样品光谱。通过上位机软件控制运载托盘带动马铃薯依次通过检测室，马铃薯到达检测位置时通过到位传感器触发采集马铃薯漫透射光谱，漫透射光透过马铃薯内部，携带内部品质信息的漫透射光谱经过运载托盘的通光孔进入下置的光谱仪，由光谱仪接收光谱信号。

首先获取校正集样品的漫透射光谱，对黑心病马铃薯与健康马铃薯样品光谱分别进行平均处理，图 9-21 展示了黑心病马铃薯、健康马铃薯的平均光谱。从平均光谱中可以看出，黑心病马铃薯与健康马铃薯样品平均光谱曲线有显著的差异。健康马铃薯组织呈淡黄色，而黑心病马铃薯褐变组织主要呈黑色，600～900 nm 范围内黑心病马铃薯样品的光谱吸收率明显高于健康马铃薯样品的光谱吸收率。该在线检测系统主要考虑在线检测需尽可能使模型运行过程简单，因此直接利用原始光谱进行黑心病马铃薯判别分析。该研究团队基于健康马铃薯和黑心病马铃薯原始光谱建立了马铃薯黑心病 PLS 判别模型。该判别模型对校正集和预测集的判别准确率分别为 97.74％和98.33％，总判别准确率为 97.89％。

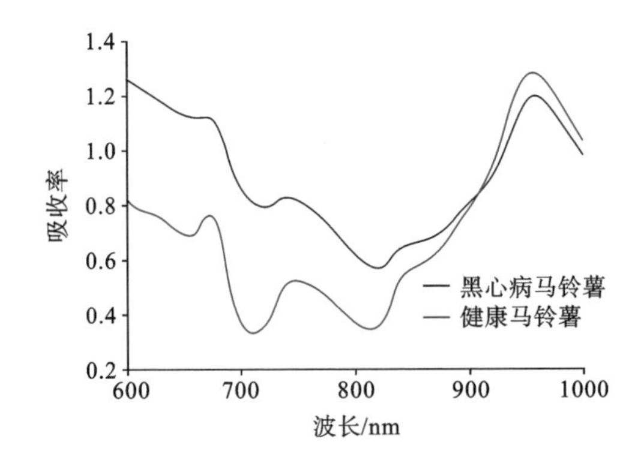

图 9-21　黑心病马铃薯与健康马铃薯平均光谱对比图[72]

进一步，该研究团队将马铃薯黑心病预测模型植入在线检测系统中，对马铃薯黑心病进行在线检测外部验证。利用未参与建模的 50 个马铃薯样品（其中黑心病马铃薯 25 个，健康马铃薯 25 个）进行了黑心病无损在线检测外部验证。该在线检测系统对 50 个马铃薯样品的总体判别准确率为 96％，其中对 25 个黑心病马铃薯的判别准确率为 92％，对 25 个健康马铃薯未出现误判，判别准确率为 100％，检测速度约为 4 个/秒。结果表明，该在线检测系统可以满足马铃薯黑心病在线检测的要求。

叶绿素含量反映了薯类贮藏期间的生理和组织状态，测量薯类叶绿素含量可以了解其收获后贮藏期间的品质变化。比如马铃薯，在贮藏条件良好时，一般处于休眠状态。在贮藏后期或者贮藏条件发生变化时，休眠状态打破，块茎萌发，开始产生叶绿素，进而发芽和表皮变绿，同时呼吸速率加快，各种生理指标、营养成分也随之产生变化。对贮藏期间叶绿素的产生和含量变化进行监测，对提高马铃薯贮藏期间的整体质量有重要意义。而叶绿素在产生初期，并不会引起块茎外表的变化（变绿），难以通过传统的机器视觉方法检测出来；并且，叶绿素属于微量物质，使用可见/近红外光谱技术进行检测时，叶绿素光信号会被组织中的主要成分（如水分、还原糖、淀粉等）光信号所掩盖，难以直接检测。Garnett 等人[73]尝试使用可见/近红外反射光谱技术，对马铃薯贮藏期间微量叶绿素无损检测的可行性进行了研究。首先，将新收获的马铃薯样品置于室温环境，使用光源持续照射，使样品产生叶绿素，使用可见/近红外光谱仪，持续 3 d，每隔 1 h，测量一次样品芽眼部位的反射光谱（波长范围为 500～1100 nm）。图 9-22(a)所示为连续测量样品反射光谱，可以看出，光谱的主要变化出现在 660 nm 至 690 nm 之间，其中在 675 nm 处变化最大。665 nm 是叶绿素 a 的特征波段，因此可以认为样品在检测过程中产生了叶绿素 a 且其持续增加。图 9-22(b)所示为 675 nm 附近波段（620～740 nm）的动力学光谱（kinetic spectra）。由

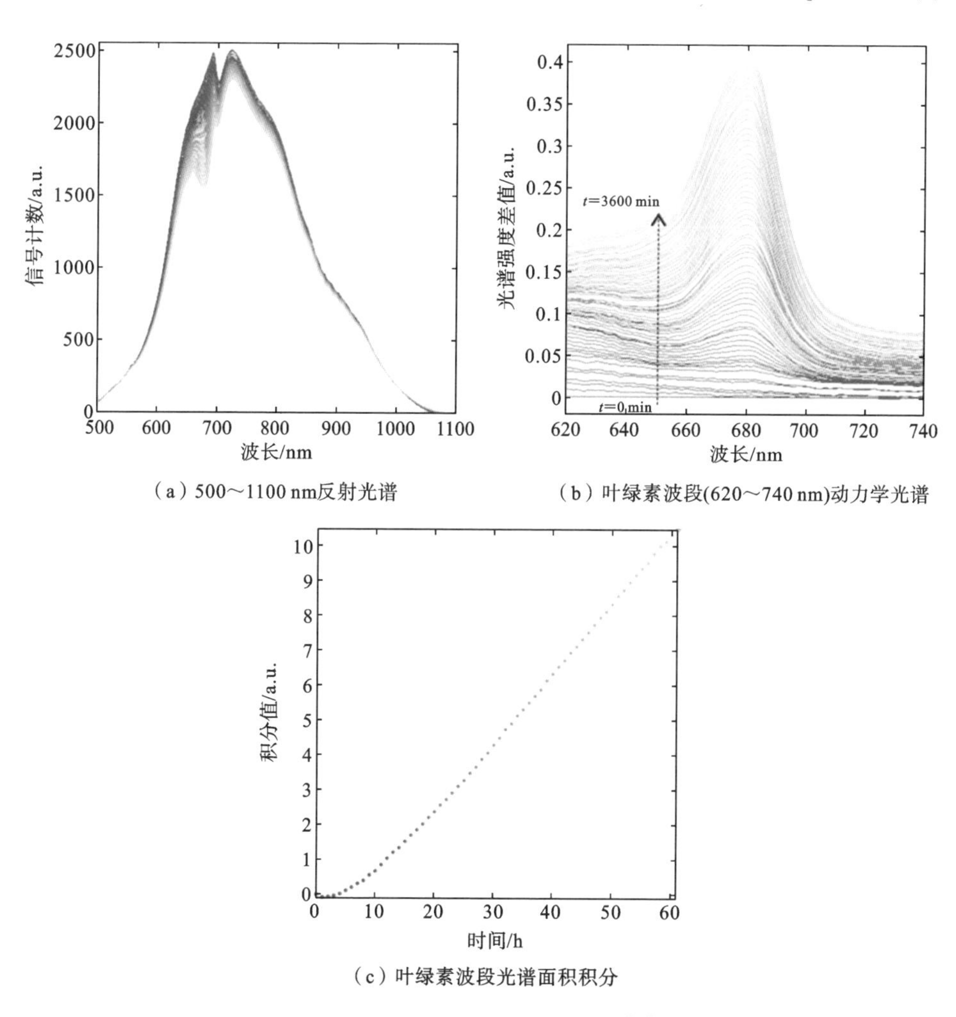

(a) 500～1100 nm反射光谱

(b) 叶绿素波段(620～740 nm)动力学光谱

(c) 叶绿素波段光谱面积积分

图 9-22　连续测量反射光谱结果[73]

图 9-22(b)可知,在测量的前 8～10 h 内叶绿素信号增强速度较慢,之后信号强度开始快速增大,直到测量结束,仍然保持稳定的增速。图 9-22(c)为图 9-22(b)中 655～700 nm 动力学光谱曲线下面积积分随测量时间的变化情况,从图中可以明显看出,随着时间的延长,信号呈增强趋势。该实验确定测量期间 665 nm 波段附近光反射信号增强是由叶绿素的持续增加引起的。

进一步使用可见/近红外光谱技术对贮藏期间马铃薯芽眼部位和非芽眼部位叶绿素含量变化进行监测研究,评估可见/近红外光谱技术对贮藏期间的马铃薯叶绿素含量检测的可行性。研究中模拟实际贮藏条件,将样品置于 7 ℃阴暗环境中,每 2 周测量一次样品芽眼部位和非芽眼部位的可见/近红外反射光谱,整个实验持续 16 周。贮藏期间的马铃薯叶绿素光信号强度变化情况如图 9-23 所示,可明显看出,不论是芽眼部位,还是非芽眼部位,随着贮藏时间的延长,其 675 nm 波段附近信号强度呈现出“S”形曲线变化。该研究团队使用广义 Logistic 函数拟合了整个测量过程的叶绿素信号强度的变化曲线(如图中黑色虚线所示),所有样品拟合相关系数在 0.90 以上。该研究表明,可见/近红外光谱对马铃薯叶绿素含量的变化有较高敏感度,证明 675 nm 波段可作为马铃薯叶绿素含量检测优选波长。有望通过检测贮藏期间马铃薯叶绿素的产生和含量变化,实现贮藏期间马铃薯休眠状态的在线监测。

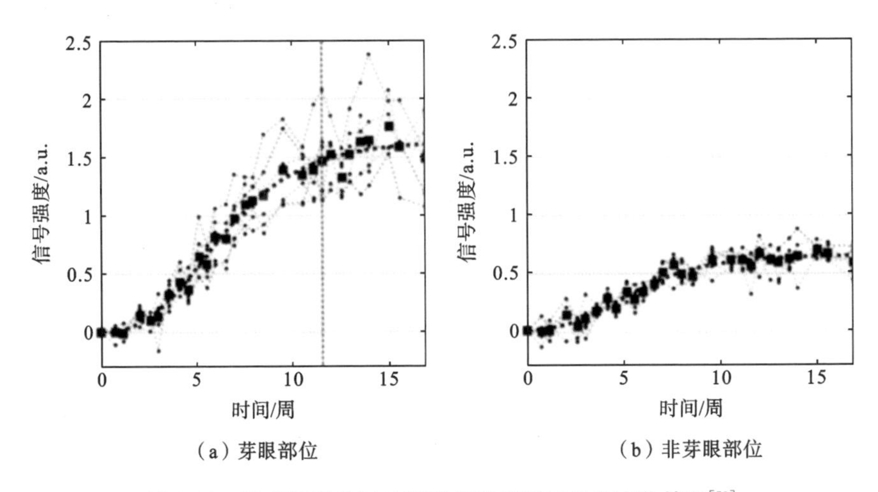

(a) 芽眼部位　(b) 非芽眼部位

图 9-23　贮藏期间的马铃薯叶绿素光信号强度变化情况[73]

9.3.2　机器视觉技术

研究人员较早就尝试把机器视觉技术应用于农产品的品质检测中,主要检测外部品质如形态、重量、表面损伤及发芽、绿皮等。随着计算机技术和图像处理技术的发展，内部品质也可利用机器视觉技术来检测，目前主要是薯类内部的病虫害缺陷检测。李小昱等人[74]将机器视觉和近红外光谱融合，使用反射图像采集系统，采集马铃薯静态反射图像，并获取马铃薯 1000～2500 nm 波段的漫反射光谱，提出 DS(Dempster Shafer)证据理论结合 SVM 的马铃薯疮痂无损检测方法。确定差影法结合马尔可夫随机场模型法为图像最佳分割方法，确定主成分分析方法为光谱特征提取时的最佳降维方法。采用支持向量机识别方法分别建立基于机器视觉和近红外光谱的马铃薯疮痂识别模型，采用 DS 证据理论与支持向量机相结合的方法对获取的图像特征和光谱特征进行融合，建立了基于机器视觉和近红外光谱的多源信息融合马铃薯疮痂检测模型，该模型对马铃薯疮痂具有较高的识别率。

李小昱等人[75]进一步提出一种基于透射机器视觉技术的马铃薯内外部缺陷无损检测方法。对获取的马铃薯透射和反射图像的预处理方法进行比较研究，采用偏最小二乘支持向量机分别建立了透射和反射图像的马铃薯缺陷识别模型并进行了比较。在对马铃薯内部缺陷进行检测时，透射图像判别正确率为 96.30%，高于反射图像判别正确率。研究结果表明，无论是对马铃薯内部缺陷还是外部缺陷进行检测，透射方法均比反射方法精度更高。研究中所使用的马铃薯透射图像采集系统示意图如图 9-24 所示。

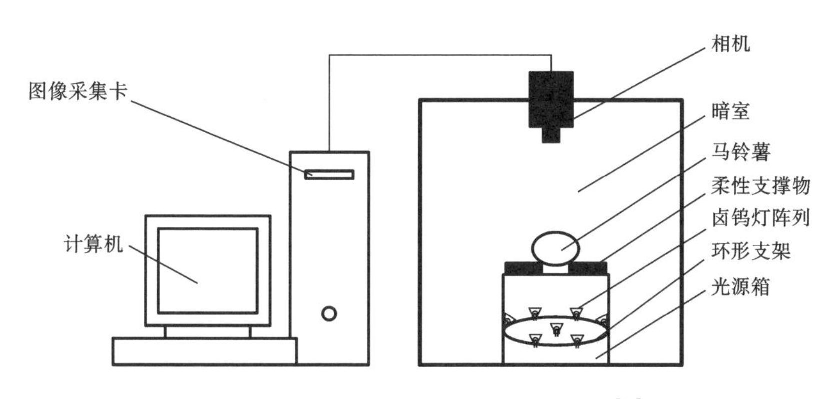

图 9-24　马铃薯透射图像采集系统示意图[75]

López-Maestresalas 等人[58]基于反射式高光谱成像技术设计马铃薯黑心病检测装置，分别分析了在 400～1000 nm 和 1000～2500 nm 范围内采集的高光谱反射图像，建立了 PLS 判别模型，在静态环境下可以较准确地判断出样品中的黑心病个体。王奕[76]构建二维马铃薯内部病虫害视觉图像采集模型，对采集的马铃薯内部病虫害视觉图像进行分块融合检测，根据马铃薯绿叶纹理分布进行病虫害的特征检测，提取马铃薯内部病虫害视觉分形特征量，采用表面纹理配准和分块自适应检测方法进行病虫害的特征点标定，结合小波变换方法进行马铃薯内部病虫害视觉图像的特征分解，根据颜色梯度变化的差异性实现机器视觉下的马铃薯内部病虫害特征识别。该方法对马铃薯内部病虫害特征识别的准确率接近 90%。

田芳等人[77]基于光的透射特性，设计了一种由波长为 705 nm 的 LED 面光源组成的马铃薯黑心病机器视觉检测装置，该装置使用透射式光谱成像，对马铃薯样品图像特性进行分析研究，采用灰度值为阈值，进行分类。如图 9-25(a)所示，该装置主要由马铃薯块茎承托槽、光源单元、散热片和底座四部分组成。光源单元主要包括一对透射光源，其出射光会聚于承托槽的竖直中心上。承托槽上设计有可供光源单元调节位置的轨道，如图 9-25(b)所示，以适应不同尺寸马铃薯块茎的检测。使用该装置进行黑心病检测时，首先将马铃薯块茎平稳置于承托槽上面，然后根据被测马铃薯块茎的尺寸调节透射光源在光源位置调节轨道上的相对位置，使光源到样品的垂直距离最小。由于所用光源为大功率 LED 光源，检测时需要使用散热片配合散热，保持光源发光能量的稳定性。整个检测机构通过底座进行固定，经过适当调节可配合在线系统的工作。

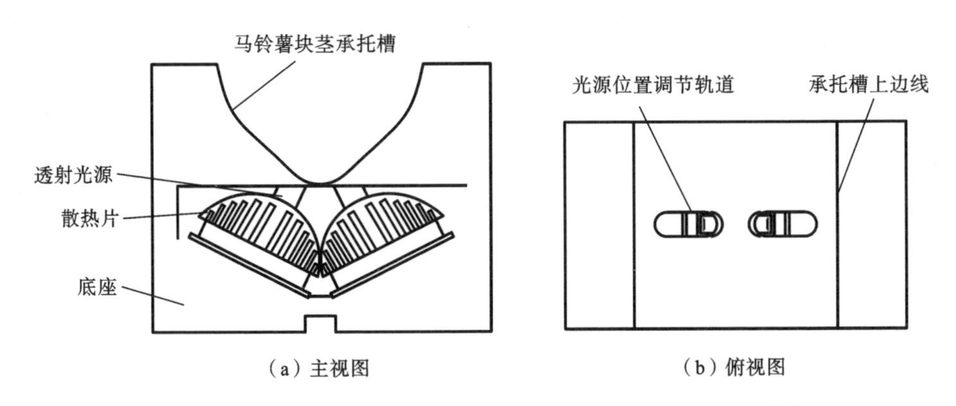

(a) 主视图　　(b) 俯视图

图 9-25　马铃薯黑心病机器视觉检测装置的整体结构示意图[77]

根据 NY/T 1605—2008《加工用马铃薯 油炸》的规定，加工用马铃薯的形状要求为近似圆形或长椭圆形，即侧面形状为近似圆形或椭圆形，直径要求为 4.0～10.0 cm。该研究团队通对马铃薯块茎尺寸及形状特征进行分析，设计了马铃薯块茎承托槽，如图 9-26 所示，该承托槽两侧开有长形槽孔，2 个光源的位置可根据被测样品的尺寸范围分别在槽孔上进行调节，使得光源位于样品与承托槽的切点上，以适应不同尺寸的马铃薯块茎。

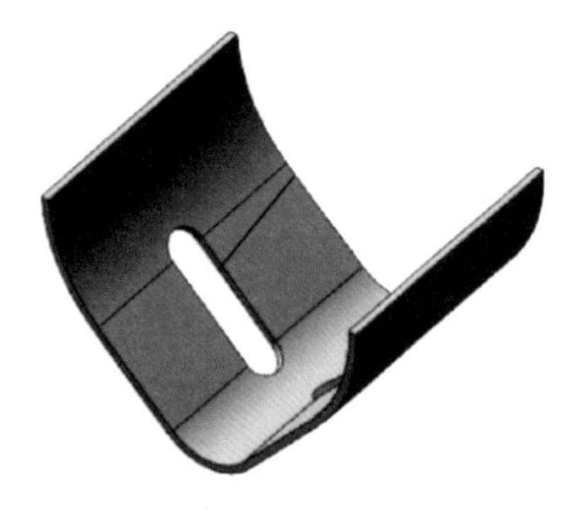
图 9-26 马铃薯块茎承托槽[77]

该研究团队对该装置进行性能试验。取 79 个样品，其中 50 个为正常样品，29 个为黑心病样品。首先使用设计的检测机构进行多点透射（multipoint transmission，MT）模式(见图 9-27(a))试验，依次采集 79 个马铃薯样品的透射图像，试验中根据样品尺寸调节检测机构上光源的位置。然后，为比较检测机构透射光源的能量在样品中的分布均匀性，进行单点透射(single-point transmission，ST)模式试验，如图 9-27(b)所示，将两个光源并排组合放置在水平面上，使其位于相机视野的竖直中心下方，调节相机和光源的相对高度，使其与多点透射模式时的一致。黑心病样品内部组织的密度不均匀，且不同样品发生黑心病的部位不同，对光源能量在内部组织的正常传播造成干扰，不利于透射光源能量分布均匀性的分析，故 ST 模式下只采集 50 个正常样品的透射图像用于分析。

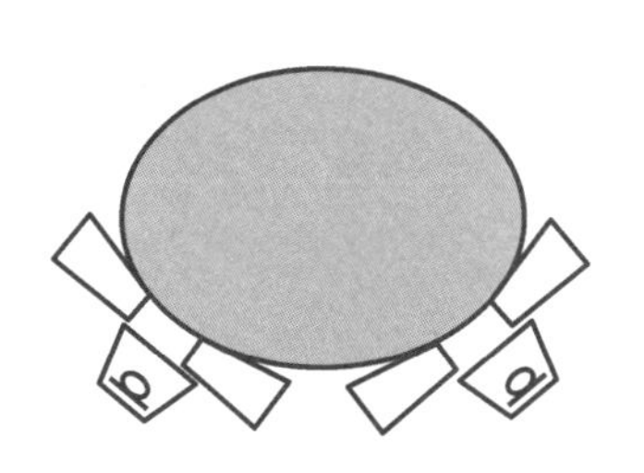
(a) 多点透射模式

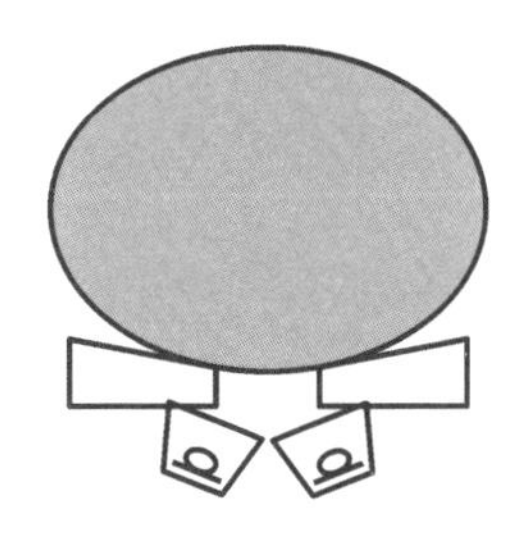
(b) 单点透射模式

图 9-27 光源检测模式[77]

对所采集的图像进行去背景处理，提取出马铃薯目标图像。根据式(9-2)计算马铃薯目标图像灰度平均值：

$$\mathrm{AVG} = \frac{\sum \mathrm{pixel}(i,j)}{N} \tag{9-2}$$

式中：AVG 表示灰度平均值；pixel(i, j)表示马铃薯目标图像每个像素点的灰度值，其中 i 和 j 分别为图像上像素点的横向和纵向坐标；N 表示马铃薯目标图像的像素点总数。

以所得灰度平均值 AVG 为阈值对每幅图像进行二值化处理，并以所得二值化图像为掩模提取马铃薯图像的高灰度区域。对所得的图像按式(9-2)分别计算目标图像的灰度平均值，然后按照式(9-3)计算灰度平均值的相对比值：

$$RT=\frac{|AVG_1-AVG_0|}{AVG_0} \tag{9-3}$$

式中：RT 表示灰度平均值的相对比值；AVG_0 和 AVG_1 分别表示马铃薯原目标图像和二值化掩模图像的灰度平均值。

对所采集的 79 个马铃薯样品图像进行二值化处理，所得结果如图 9-28 所示。从图中可以看出，ST 模式下采集的正常样品图像灰度分布不均匀，中心较四周边缘更亮(见图 9-28(a)和(b))；MT 模式下正常样品图像灰度分布相对更均匀(见图 9-28(c)和(d))，而黑心病样品图像灰度分布不均匀，灰度值低的区域对应内部组织发生黑心病的区域(见图 9-28(e)和(f))。

根据式(9-2)分别计算所有样品原图像和二值化掩模图像的灰度平均值，并按照式(9-3)计算灰度平均值的相对比值。图 9-29 所示为不同样品图像的灰度平均值的相对比值统计坐标图。

从图 9-29 中可以看出，三类样品的灰度平均值的相对比值存在不同的分布区间，其中正常样品在 MT 模式下所采集数据的分布范围为 0.012～0.250，在 ST 模式下所采集数据的分布范围为 0.210～0.497；黑心病样品在 MT 模式下所采集数据的分布范围为 0.204～0.433。取 ST 模式和 MT 模式下正常样品 RT 的重合点以及重合区间等分点为分类阈值，分析两种模式下样品的分类正确率以及分类总正确率，结果如图 9-30 所示。从图 9-30(a)中可以看出，当分类阈值为 0.216 时，正常样品在 ST 和 MT 两种模式下的分类正确率均为 98%，且总正确率达到最大，为 98%，因此取 0.216 为最佳分类阈值。在图 9-30(b)中，当分类阈值为 0.220 时，MT 模式下正常样品和黑心病样品的分类正确率分别为 98%和 96.6%，此时总正确率最大，为 97.5%，因此取 0.220 为最佳分类阈值。该检测机构能够用于马铃薯黑心病的检测，为在线加工中的原料薯品质检测装置的设计提供了参考。

对于贮藏期间特征参数及贮藏环境的检测判别，Sanchez 等人[78]使用激光背散射成像技术对不同贮藏条件下甘薯品质的检测和分级能力进行了研究。将新收获的甘薯置于 5 ℃(相对湿度为 85%～90%)、15 ℃(相对湿度为 70%～80%)和 30 ℃(相对湿度为 50%～60%)环境中分别贮藏 0 d、7 d、14 d 和 21 d，使用配置 658 nm 发光二极管作为光源的背散射成像系统，获取甘薯的背散射

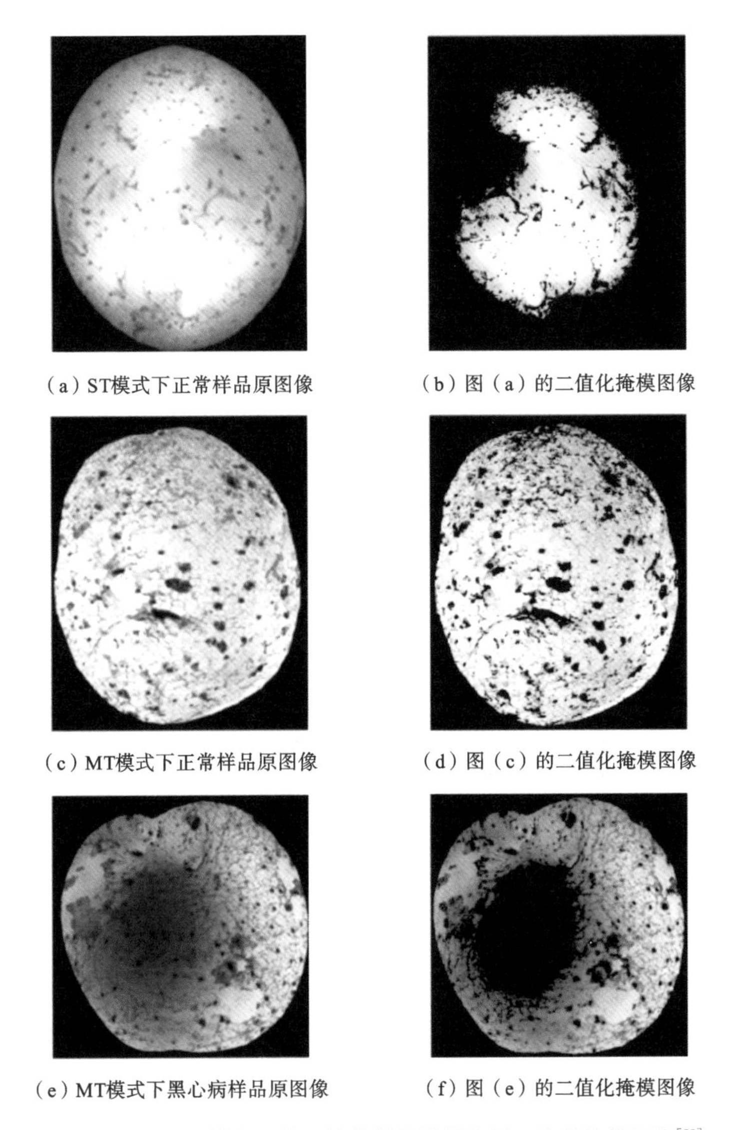

(a) ST模式下正常样品原图像　(b) 图(a)的二值化掩模图像

(c) MT模式下正常样品原图像　(d) 图(c)的二值化掩模图像

(e) MT模式下黑心病样品原图像　(f) 图(e)的二值化掩模图像

图 9-28　两种透射模式下的马铃薯样品原图像及二值化掩模图像[77]

图像。使用高斯平滑滤波去除图像噪声,提高图像信噪比;使用灰度梯度图拐点的灰度值作为阈值对图像进行分割,得到 ROI。最终得到的 ROI 的面积、周长、灰度平均值及直径作为特征参数,用于构建检测与分级模型。图 9-31 为不同贮藏条件下的背散射图像,其中图 9-31(a)为样品原始背散射图像,图 9-31(b)为使用高斯平滑滤波去除噪声后的图像,图 9-31(c)为使用阈值分割后得到的 ROI 特征图。分析图像特征发现,在 5 ℃、15 ℃贮藏条件下,随着贮藏时间

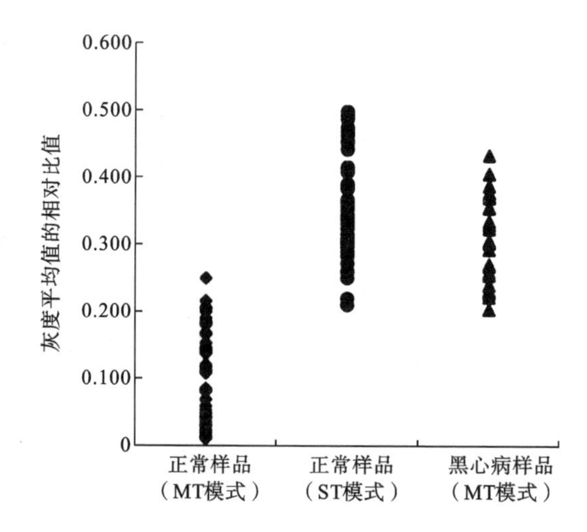

图 9-29 不同样品图像的灰度平均值的相对比值统计坐标图[77]

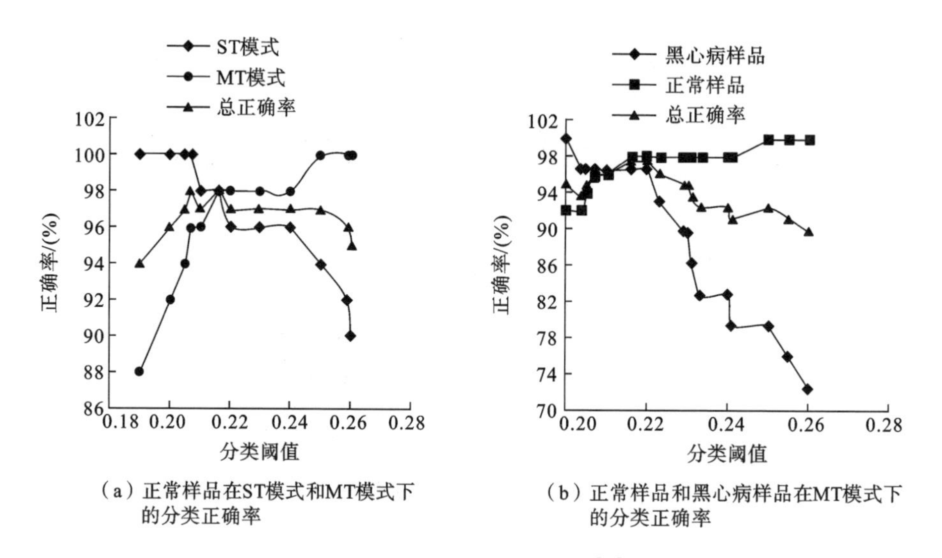

（a）正常样品在ST模式和MT模式下的分类正确率

（b）正常样品和黑心病样品在MT模式下的分类正确率

图 9-30 不同样品分类结果[77]

延长，甘薯水分增加，对光的吸收增加，导致背散射图像的亮度值和 ROI 减小；而 30 ℃贮藏条件下的亮度值增加，使得 ROI 增加。该研究团队使用从 ROI 特征图中提取的面积、周长、灰度平均值和直径作为特征参数分别建立贮藏期间甘薯水分含量、可溶性固形物含量、质地以及颜色的 PLSR 检测模型，其中 15 ℃贮藏条件下可溶性固形物含量模型的预测集相关系数最高为 0.66，残差为 0.76%，其余检测结果较差。而同样使用这些特征参数建立的 PCA 和 LDA 贮藏条件判别模型，对贮藏条件的判别结果较好，判别准确率达到 90%。将背散

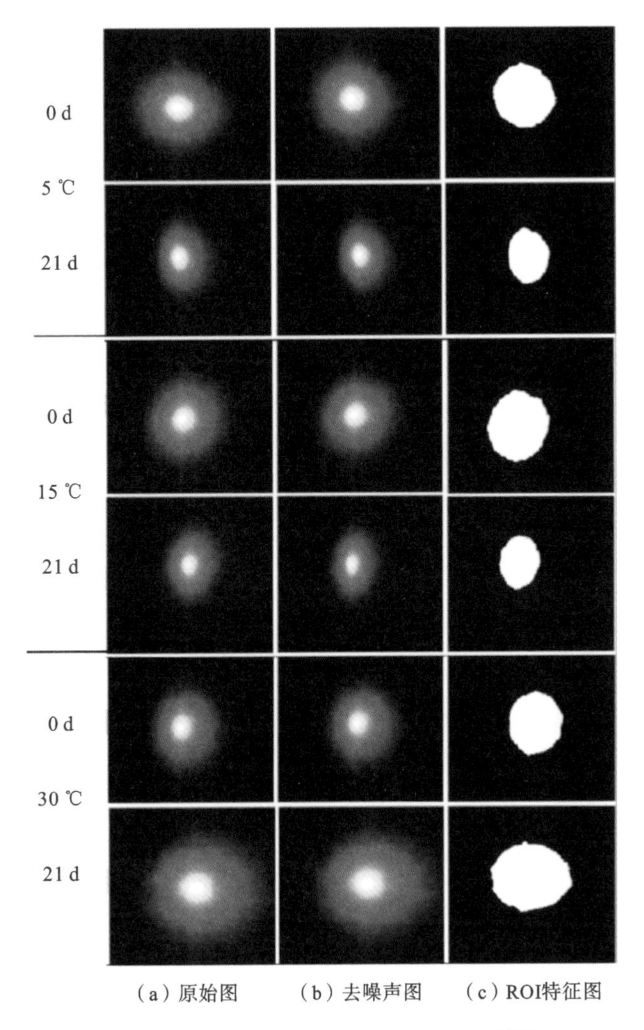

图 9-31　不同贮藏条件下的背散射图像[78]

射成像技术应用于薯类品质无损检测是可行的，该研究可为贮藏期间薯类品质监控技术的发展提供参考。

9.3.3　高光谱成像技术

Dacal-Nieto 等人[79]开展了基于高光谱成像技术的马铃薯空心病检测方法研究，提取样品特征波段，并分别应用 SVM 和随机森林建立检测模型。结果表明，SVM 模型分类效果较好，对疮痂识别率为 97.1%，对空心病总体识别率为

89.1%。Dacal-Nieto 等人使用近红外高光谱成像技术无损检测马铃薯的空心病,运用不同的人工智能和图像处理技术开展了识别空心病马铃薯的多项试验,可以获得 89.1%的准确率。国内近几年才开展采用高光谱成像技术对马铃薯内部病害进行检测的研究,主要研究了光源特性、高光谱成像方式、降维方法、建模方法、信息融合方法等对检测结果的影响。高海龙等人采用透射高光谱成像技术检测马铃薯的黑心病和质量,对黑心病样品识别率为 100%。黄涛等人[80]开展了基于半透射高光谱成像技术的马铃薯空心病检测方法研究。采用流形学习降维算法与最小二乘支持向量机(LSSVM)相结合的方法,同时识别马铃薯内外部缺陷的多项指标。以 315 个马铃薯样品为研究对象,分别采集合格、外部缺陷(发芽和绿皮)和内部缺陷(空心病)马铃薯样品的半透射高光谱图像。为了符合生产实际,将外部缺陷马铃薯样品的缺陷部位以正对、侧对和背对采集探头的随机放置方式进行高光谱图像采集。提取马铃薯样品高光谱图像的平均光谱(390～1040 nm)进行光谱预处理,然后分别采用有监督局部线性嵌入(supervised locally linear embedding, SLLE)、局部线性嵌入(LLE)和等距映射(ISO-MAP)三种流形学习算法对预处理光谱进行降维,并分别建立基于纠错输出编码(error correcting output code, ECOC)的 LSSVM 多分类模型。通过分析和比较建模结果,确定 SLLE 为最优降维算法,SLLE-LSSVM 为最优马铃薯内外部缺陷识别模型建立方法,该方法对合格、发芽、绿皮和空心病马铃薯样品的识别率分别达到 96.83%、86.96%、86.96%和 95%。金瑞等人[81]提出基于高光谱信息融合的流形学习降维算法与极限学习机(ELM)相结合的分类检测方法,用于马铃薯的多项缺陷指标的识别。分别从正面、侧面和背面三个方向采集发芽、绿皮、黑心病和合格 4 类马铃薯样品的反射高光谱数据(390～1040 nm),在光谱维度,提取马铃薯样品 ROI 的平均光谱,分别采用扩散映射(diffusion maps, DM)、LLE 和海塞局部线性嵌入(Hessian locally linear embedding, HLLE)3 种流形学习降维算法对光谱数据进行降维;在图像维度,对马铃薯伪彩色图像进行形态学处理,获取基于灰度共生矩阵的图像纹理信息,采用 SPA 方法优选图像纹理特征,对降维后的光谱信息和优选后的图像纹理特征进行数据融合,分别建立基于 ELM 与 SVM 的马铃薯多缺陷混合检测模型,比较建模所需时间,确定扩散映射结合极限学习机(DM-ELM)模型为马铃薯缺陷的较优检测模型,该模型对发芽、绿皮、黑心病和合格马铃薯样品的单一识别率分别达到 97.30%、93.55%、94.44%和 100%,混合识别率达到 96.58%,建模所需时间为 0.11 s。

徐梦玲等人[82]使用半透射高光谱成像技术结合支持向量机实现马铃薯内外部缺陷多指标的同时检测，采集 310 个马铃薯样品半透射高光谱图像，随机选取半透射高光谱图像 80×80 像素的感兴趣区域，计算该区域内的平均光谱样本的原始光谱，分别采用 SNV、归一化和平滑方法对光谱进行预处理，采用 CARS-UVE 方法选择特征波长，建立 SVM 模型。原始光谱经归一化预处理和 CARS-UVE 降维后，所建 SVM 模型对合格、绿皮和黑心病马铃薯样品的识别率分别为 90.7%、88.9%和 95.7%。

参考文献

[1] SANCHEZ P D C, HASHIM N, SHAMSUDIN R, et al. Applications of imaging and spectroscopy techniques for non-destructive quality evaluation of potatoes and sweet potatoes: a review[J]. Trends in Food Science & Technology, 2020, 96: 208-221.

[2] 赵军，田海韬. 利用机器视觉检测马铃薯外部品质方法综述[J]. 图学学报，2017，38(3)：382-386.

[3] KRIVOSHIEV G P, CHALUCOVA R P, MOUKAREV M I. A possibility for elimination of the interference from the peel in nondestructive determination of the internal quality of fruit and vegetables by Vis/NIR spectroscopy[J]. 2000, 33 (5): 344-353.

[4] KÄNSÄKOSKI M T, SUOPAJÄRVI P, HEIKKINEN V, et al. Monitoring the internal quality of potatoes by NIR transmission and reflection measurement[C]// Proceedings of the 11th International Conference on Near Infrared Speatroscopy. Córdoba: Near Infrared Spectroscopy, 2004.

[5] 田海清，王春光，郝敏，等. 基于光谱微分滤波及多元校正的马铃薯干物质含量快速检测[J]. 内蒙古农业大学学报(自然科学版)，2013，34(5)：93-97.

[6] 张小燕，杨炳南，曹有福，等. 近红外光谱的马铃薯环腐病 SIMCA 模式识别[J]. 光谱学与光谱分析，2018，38(8)：2379-2385.

[7] 李鑫. 基于近红外光谱的马铃薯品种鉴别及干物质含量检测方法研究[D]. 大庆：黑龙江八一农垦大学，2016.

[8] 姜微，房俊龙，王树文，等. CARS-SPA 算法结合高光谱检测马铃薯还原糖含量[J]. 东北农业大学学报，2016，47(2)：88-95.

[9] 高丽，潘从飞，陈嘉，等. 甘薯水分和还原糖协同向量 NIR 快速检测方法[J]. 食品科学，2017，38(22)：205-210.
[10] 唐忠厚，李洪民，李强，等. 基于近红外光谱技术预测甘薯块根淀粉与糖类物质含量[J]. 江苏农业学报，2013，29(6)：1260-1265.
[11] 卜晓朴，李永玉，闫帅. 基于可见-近红外光谱的生鲜紫薯食味品质快速无损检测[J]. 食品安全质量检测学报，2018，9(11)：2703-2711.
[12] 卜晓朴，彭彦昆，王文秀，等. 生鲜紫薯花青素等多品质参数的可见-近红外快速无损检测[J]. 食品科学，2018，39(16)：227-232.
[13] 李建东，杨薇，贾晶霞，等. 基于近红外光谱扫描的马铃薯内部品质检测装置设计[J]. 农业工程，2015，5(1)：74-75,78.
[14] 王凡，李永玉，彭彦昆，等. 马铃薯多品质参数可见/近红外光谱无损快速检测[J]. 光谱学与光谱分析，2018，38(12)：3736-3742.
[15] 王凡，李永玉，彭彦昆，等. 便携式马铃薯多品质参数局部透射光谱无损检测装置[J]. 农业机械学报，2018，49(7)：348-354.
[16] QIAO J，WANG N，NGADI M O，et al. Water content and weight estimation for potatoes using hyperspectral imaging[C]// Proceedings of 2005 ASABE Annual International Meeting. St. Joseph：ASABE，2005.
[17] 周竹，李小昱，高海龙，等. 马铃薯干物质含量高光谱检测中变量选择方法比较[J]. 农业机械学报,2012，43(2)：128-134.
[18] 吴晨，何建国，贺晓光，等. 基于近红外高光谱成像技术的马铃薯淀粉含量无损检测[J]. 河南工业大学学报(自然科学版)，2014，35(5)：11-16.
[19] 吴晨，何建国，刘贵珊，等. 基于近红外高光谱成像技术的马铃薯干物质含量无损检测[J]. 食品与机械，2014，30(4)：133-136,150.
[20] 姜微. 高光谱技术在马铃薯品种鉴别及品质无损检测中的应用研究[D]. 哈尔滨：东北农业大学，2017.
[21] 屠振华，张成龙，王瑶瑶，等. 光电检测技术在马铃薯品质检测中的研究进展[J]. 农机化研究，2019，41(7)：8-13.
[22] BANDANA，SHARMA V，KAUSHIK S K，et al. Variation in biochemical parameters in different parts of potato tubers for processing purposes[J]. Journal of Food Science and Technology，2016，53(4)：2040-2046.
[23] 许英超，王相友，印祥，等. 马铃薯干物质空间分布状态可视化研究[J].

农业机械学报，2018，49(2)：339-344,357.

[24] TAO Y, MORROW C T, HEINEMANN P H, et al. Fourier-based separation technique for shape grading of potatoes using machine vision[J]. Transactions of the American Society of Agricultural Engineers, 1995, 38(3): 949-957.

[25] DECK S H, MORROW C T, HEINEMANN P H, et al. Comparison of a neural network and traditional classifier for machine vision inspection of potatoes[J]. Applied Engineering in Agriculture, 1995, 11(2): 319-326.

[26] HEINEMANN P H, PATHARE N P, MORROW C T. An automated inspection station for machine-vision grading of potatoes[J]. Machine Vision and Applications, 1996, 9(1): 14-19.

[27] 郝敏，麻硕士，郝小冬. 基于 Zernike 矩的马铃薯薯形检测[J]. 农业工程学报，2009，26(2)：347-350.

[28] LIU M F, HE Y X, YE B. Image Zernike moments shape feature evaluation based on image reconstruction[J]. Geo-spatial Information Science, 2007, 10(3): 191-195.

[29] 崔建丽，童淑敏，郝敏. 边界点矩特征傅里叶描述的马铃薯薯形研究[J]. 中国农机化，2012，2：59-62.

[30] 孔彦龙，高晓阳，李红玲，等. 基于机器视觉的马铃薯质量和形状分选方法[J]. 农业工程学报，2012，28(17)：143-148.

[31] 周竹，黄懿，李小昱，等. 基于机器视觉的马铃薯自动分级方法[J]. 农业工程学报，2012，28(7)：178-183.

[32] 许伟栋，赵忠盖. 基于 PCA-SVM 算法的马铃薯形状分选[J]. 控制工程，2020，27(2)：247-253.

[33] 郝敏，麻硕士. 基于机器视觉的马铃薯单薯质量检测技术研究[J]. 农机化研究，2009，31(9)：61-63.

[34] 王红军，熊俊涛，黎邹邹，等. 基于机器视觉图像特征参数的马铃薯质量和形状分级方法[J]. 农业工程学报，2016，28(7)：272-277.

[35] 刘馨阳. 基于多目视觉的马铃薯分级检测并行处理技术[J]. 科技与创新，2021，9：80-83.

[36] RAZMJOOY N, MOUSAVI B S, SOLEYMANI F. A real-time mathematical computer method for potato inspection using machine vision[J].

Computers & Mathematics with Applications，2012，63(1)：268-279.

[37] HASSANKHANI R. Potato surface defect detection in machine vision system[J]. African Journal of Agricultural Research，2012，7(5)：844-850.

[38] 李锦卫，廖桂平，金晶，等. 基于灰度截留分割与十色模型的马铃薯表面缺陷检测方法[J]. 农业工程学报，2010，26(10)：236-242.

[39] 张宝超，郁志宏，郝慧灵，等. 基于颜色距离算法的绿皮马铃薯检测方法研究[J]. 农机化研究，2014，36(5)：201-204.

[40] 汪成龙，李小昱，武振中，等. 基于流形学习算法的马铃薯机械损伤机器视觉检测方法[J]. 农业工程学报，2014，30(1)：245-252.

[41] 郁志宏，郝慧灵，张宝超. 基于欧氏距离的发芽马铃薯无损检测研究[J]. 农机化研究，2015，37(11)：174-177.

[42] 郁志宏，王福香. 高斯拉普拉斯算子检测马铃薯斑点缺陷研究[J]. 农机化研究，2015，37(7)：70-73.

[43] 郁志宏，王福香，张宝超. 基于 Hough 变换的马铃薯机械损伤检测研究[J]. 农机化研究，2015，37(10)：185-188.

[44] XU W D，ZHAO Z G，LIU F. Machine vision detection of potato mechanical damage based on high pass filter[J]. Journal of Agricultural Mechanization Research，2017，39(10)：53-57.

[45] 向静，何志良，汤林越，等. 结合计算机视觉的马铃薯外部品质检测技术[J]. 计算机工程与应用，2018，54(5)：165-169.

[46] 许伟栋，赵忠盖. 基于卷积神经网络和支持向量机算法的马铃薯表面缺陷检测[J]. 江苏农业学报，2018，34(6)：1378-1385.

[47] 杨森，冯全，张建华，等. 基于轻量卷积网络的马铃薯外部缺陷无损分级[J]. 食品科学，2021，42(10)：284-289.

[48] 傅云龙，梁丹，梁冬泰，等. 基于机器视觉与 YOLO 算法的马铃薯表面缺陷检测[J]. 机械制造，2021，59(8)：82-87.

[49] 吴佳. 基于高光谱成像技术的马铃薯薯形检测与算法研究[D]. 银川：宁夏大学，2013.

[50] 高海龙，李小昱，徐森淼，等. 马铃薯黑心病和单薯质量的透射高光谱检测方法[J]. 农业工程学报，2013，29(15)：279-285.

[51] 王建. 基于高光谱图像的马铃薯形状及重量分类识别建模研究[D]. 银

川：宁夏大学，2015.
[52] DACAL-NIETO Á, FORMELLA A, CARRIÓN P, et al. Common scab detection on potatoes using an infrared hyperspectral imaging system[J]. Image Analysis and Processing, 2011, 6979: 303-312.
[53] 周竹，李小昱，陶海龙，等. 基于高光谱成像技术的马铃薯外部缺陷检测[J]. 农业工程学报，2012，28(21)：221-228.
[54] ALANDER J, BOCCHKO V, MARTINKAUPPI J B, et al. Optical sensoring of internal hollow heart related defects of potatoes[J]. IFAC Proceedings Volumes, 2013, 46(18): 24-28.
[55] 苏文浩，刘贵珊，何建国，等. 高光谱图像技术结合图像处理方法检测马铃薯外部缺陷[J]. 浙江大学学报(农业与生命科学版)，2014，40(2)：188-196.
[56] 邓建猛，王红军，黎邹邹，等. 基于高光谱技术的马铃薯外部品质检测[J]. 食品与机械，2016，32(11)：122-125.
[57] 高海龙，李小昱，徐森淼，等. 透射和反射高光谱成像的马铃薯损伤检测比较研究[J]. 光谱学与光谱分析，2013，33(12)：3366-3371.
[58] LÓPEZ-MAESTRESALAS A, KEREAZTES J C, GOODARZI M, et al. Non-destructive detection of blackspot in potatoes by Vis-NIR and SWIR hyperspectral imaging[J]. Food Control, 2016, 70: 229-241.
[59] 汤全武，史崇升，汤哲君. 基于 HIT 的马铃薯外部缺陷特征的提取[J]. 东北农业大学学报，2014，45(6)：114-121.
[60] 汤哲君，汤全武，张然，等. 基于高光谱成像技术和 SVM 神经网络的马铃薯外部损伤识别[J]. 湖北农业科学，2014，53(15)：3634-3638.
[61] 李小昱，徐森淼，冯耀泽，等. 基于高光谱图像与果蝇优化算法的马铃薯轻微碰伤检测[J]. 农业机械学报，2016，47(1)：221-226.
[62] 邹志勇，吴向伟，陈永明，等. 低温冷冻和机械损伤条件下马铃薯高光谱图像特征响应特性研究[J]. 光谱学与光谱分析，2019，39(11)：3571-3578.
[63] 杨素. 马铃薯贮藏期间加工品质变化研究[D]. 兰州：甘肃农业大学，2018.
[64] MUKERJI K G. Fruit and vegetable diseases[M]. Dordrecht: Kluwer Academic Publishers, 2004.

[65] 王成. 马铃薯生理性病害种类及防治措施[J]. 黑龙江科技信息,2013(8):234.
[66] 沙俊利. 马铃薯环腐病的发生与防治[J]. 农业科技与信息,2014(22):28-30.
[67] 胡林双,王晓丹,闵凡祥,等. 马铃薯环腐病菌快速检测方法(NCM-ELISA)的建立[J]. 中国马铃薯,2007,21(3):142-145.
[68] 周竹,李小昱,高海龙,等. 漫反射和透射光谱检测马铃薯黑心病的比较[J]. 农业工程学报,2012,28(11):237-242.
[69] 张晓燕,杨炳南,曹有福,等. 近红外光谱的马铃薯环腐病 SIMCA 模式识别[J]. 光谱学与光谱分析,2018,38(8):2379-2385.
[70] 孙建英,郁志宏,席那顺朝克图. 基于光谱技术的马铃薯环腐病无损检测[J]. 内蒙古农业大学学报(自然科学版),2019,40(4):52-57.
[71] 韩亚芬,吕程序,苑严伟,等. PLS-DA 优化模型的马铃薯黑心病可见近红外透射光谱检测[J]. 光谱学与光谱分析,2021,41(4):1213-1219.
[72] 丁继刚,韩东海,李永玉,等. 基于可见/近红外漫透射光谱的马铃薯黑心病及淀粉含量同时在线无损检测[J]. 光谱学与光谱分析,2020,40(6):1909-1915.
[73] GARNETT J M R, WELLNER N, MAYES A G, et al. Using induced chlorophyll production to monitor the physiological state of stored potatoes (*Solanum tuberosum* L.)[J]. Postharvest Biology and Technology, 2018, 145: 222-229.
[74] 李小昱,陶海龙,高海龙,等. 基于多源信息融合技术的马铃薯痂疮病无损检测方法[J]. 农业工程学报,2013,29(19):277-284.
[75] 李小昱,陶海龙,高海龙,等. 马铃薯缺陷透射和反射机器视觉检测方法分析[J]. 农业机械学报,2014,45(5):191-196.
[76] 王奕. 基于机器视觉图像提取的马铃薯内部病虫害特征识别[J]. 食品与机械,2019,35(9):151-155.
[77] 田芳,彭彦昆,魏文松,等. 基于机器视觉的马铃薯黑心病检测机构设计与试验[J]. 农业工程学报,2017,33(5):287-294.
[78] SANCHEZ P D C, HASHIM N, SHAMSUDIN R, et al. Laser-light backscattering imaging approach in monitoring and classifying the quality changes of sweet potatoes under diffferent storage conditions[J]. Post-

harvest Biology and Technology, 2020, 164: 111163.

[79] DACAL-NIETO Á, FORMELLA A, CARRIÓN P, et al. Non-destructive detection of hollow heart in potatoes using hyperspectral imaging [C]//Proceedings of the 14th International Conference on Computer Analysis of Images and Patterns. Berlin: Springer-Verlag, 2011.

[80] 黄涛，李小昱，金瑞，等. 半透射高光谱结合流形学习算法同时识别马铃薯内外部缺陷多项指标[J]. 光谱学与光谱分析，2015，35(4)：992-996.

[81] 金瑞，李小昱，颜伊芸，等. 基于高光谱图像和光谱信息融合的马铃薯多指标检测方法[J]. 农业工程学报，2015，31(16)：258-263.

[82] 徐梦玲，李小昱，库静，等. 半透射高光谱多指标同时检测马铃薯内外部缺陷[J]. 食品安全质量检测学报，2015，6(8)：2988-2993.

第 10 章
特色农产品智能检测与分级

10.1 药食同源产品特征品质检测技术

“药食同源”指许多食物即药物。中药与食物是同时起源的,《黄帝内经太素》一书中写道:“空腹食之为食物,患者食之为药物”,反映出“药食同源”的思想。药食同源产品按照功效可分为温里药、补气药、补阳药等 27 种。人参、三七、枸杞、何首乌、灵芝等是重要的药食同源产品。

10.1.1 人参产地识别及缺陷检测

人参为五加科植物人参的根,是中国传统珍贵中药材,具有大补元气、强心固脱、安神生津的功效。由于人参种类繁多,天然人参价格昂贵,因此,以假充真、以次充好的情况在医药市场屡见不鲜。目前形貌特征、显微分析、高效液相色谱及基因指纹等多种方法被用于人参的鉴别。依据形貌特征鉴别人参产地,需要经验极为丰富的人员或者有资质的感官评定机构,此种方法容易受人为主观因素影响。显微分析、高效液相色谱及基因指纹等方法则对人参具有破坏性,整个操作耗时长,不利于大量鉴别。如何快速、有效、简便、准确地对人参乃至中药进行鉴别是保证中药流通及用药安全的重要技术问题。

人参产地识别目前使用的技术主要有近红外光谱技术、激光诱导击穿光谱技术和高光谱成像技术。汪静静等人[1]采集了黑龙江、吉林和辽宁三省的 74 份人参样品的近红外原始反射光谱,先经过多元散射校正和 SG 平滑预处理,再用 7559～8531 cm^{-1}范围内的光谱数据建立主成分分析(PCA)识别模型,取 3 个地区人参样品的前 3 个主成分作为判别模型的输入量,校正模型判别正确率为 96%,预测模型判别正确率达 90%。此外,该研究还利用 4007～6001 cm^{-1}和 8786～10000 cm^{-1}范围内的光谱数据建立人参皂苷含量偏最小二乘回归(PLSR)预测模型,交叉验证集和预测集均方根误差分别为 0.115 和 0.167,对应的相关系数分别是 0.9477 和 0.9153。该研究证实了利用近红外光谱无损识别人参产地的有效性。Chen 等人[2]采集了产地为北京、吉林和加拿大人参的近红外光谱数据，3 个产地的人参数量分别为 90 个、130 个和 106 个，共计 326 个。样品光谱数据经过预处理后结合人参产地标识(北京产地标识为“○”，吉林产地标识为“+”，加拿大产地标识为“△”)分别建立了偏最小二乘判别分析(PLS-DA)识别模型、软独立模型分类分析(SIMCA)识别模型和基于连续投影算法的线性判别分析(successive projection algorithm linear discriminant analysis, SPA-LDA)识别模型。结果表明，SPA-LDA 模型能较好地识别人参产地，校正集和预测集的识别正确率分别为 98.57%和 97.04%。

激光诱导击穿光谱(LIBS)技术也被用来识别人参的产地。LIBS 用于人参产地识别实验装置如图 10-1 所示[3]，主要由激光器光谱仪、光路、三维平移台、计算机等组成。赵上勇等人结合 LIBS 技术和主成分分析(PCA)识别人参的产地，产地为吉林省 4 个主产区(抚松、长白、靖宇、集安)和桓仁，前 3 个主成分累计贡献率大于 90%，呈现明显汇聚现象，实现了人参产地的聚类分析。董鹏凯等人[4]结合 LIBS 技术和机器学习算法对大兴安岭(DXAL)、集安(JA)、桓仁(HR)、石柱(SZ)和抚松(FS)的人参进行产地识别。采用窗口平移平滑法降低背景连续光谱，5 个产地人参的 LIBS 如图 10-2 所示。LIBS 中存在 Mg、Ca、Fe 等矿质元素以及 C、H、N、O 等人参组成元素的原子发射光谱；不同产地人参中元素含量不同，对应的 LIBS 特征谱线强度有一定的差异。该研究也使用 PCA

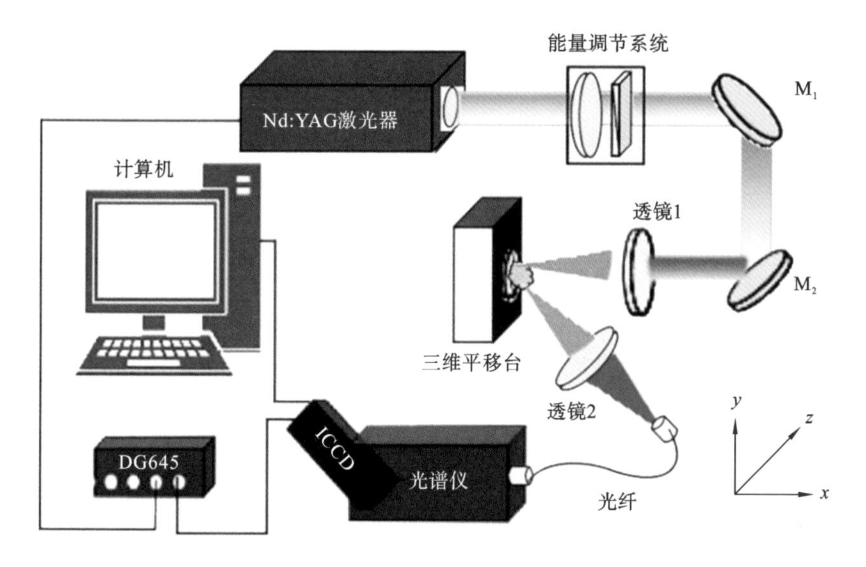

图 10-1　LIBS 用于人参产地识别实验装置[3]

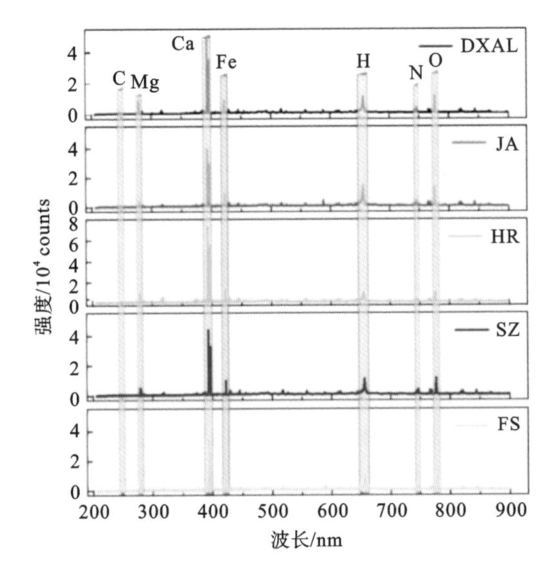

图 10-2　5 个产地人参的 LIBS[4]

将不同产地人参的 8 条特征谱线降维，PC1、PC2、PC3 三个主成分累计贡献率达到 92.5%。HR、FS 和 DXAL 产地人参的聚类性较好，相互之间区分度高，而 JA 和 SZ 产地人参样品的 PCA 数据存在部分重叠。结果表明，主成分分析结合 BP 神经网络和支持向量机的平均识别率分别为 99.08% 和 99.5%，激光诱导击穿光谱技术能够有效地解决人参产地识别问题。

也有学者利用高光谱成像技术来识别人参产地。李梦等人[5]收集黑龙江省、吉林省、辽宁省和山东省共 10 个不同产地的 54 个人参样品，借助线阵扫描方式获取人参的可见/近红外高光谱图像数据(400～1000 nm 和 940～2500 nm)。依据黑色背景、白板、人参在单波段的数值差异构建基于单波段反射率阈值的人参目标图像分割方法，完成人参目标图像的分割。采用基于随机森林的机器学习方法构建人参产地识别模型，识别精度可达 98.2%。该方法的优点是光谱数据反映了人参的整体光谱特性而非单点的光谱特性。

人参缺陷智能识别也成为学者的研究热点。根部中心发白的人参被认为是低品质人参，主要是由于其在生长和加工过程中淀粉含量发生变化，中心发白人参根部和正常人参根部的外形、颜色等外部特征几乎没有差异。Kandpal 等人[6]从韩国人参公司选取了 10 个一级正常人参根部和 10 个三级中心发白人参根部，样品由该公司经验丰富的工作人员挑选。人参根部高光谱图像数据采集系统为高光谱成像透射系统，将人参根部放置在传送带的样品托盘上，传送带移动速度是 2 cm/s，每个样品扫描 500 条线。图 10-3 是正常人参根部和中心发白人参根部感兴趣区域的原始光谱曲线。从图中可看出，相较于正常人参根部，中心发白人参根部的光谱曲线在 900～1050 nm 和 1150～1400 nm 范围内有较低的透射强度，这主要是因为白化区域反射的光量较大。每一波段对应的人参根部高光谱图像经过 PCA 处理后，获取特征波段对应的得分图像和比值图像。研究结果表明，950 nm 处与 1326 nm 处比值图像能够较好地识别中心白化人参根部，对比结果如图 10-4 所示。该研究为人参内部缺陷检测提供了有效的手段。

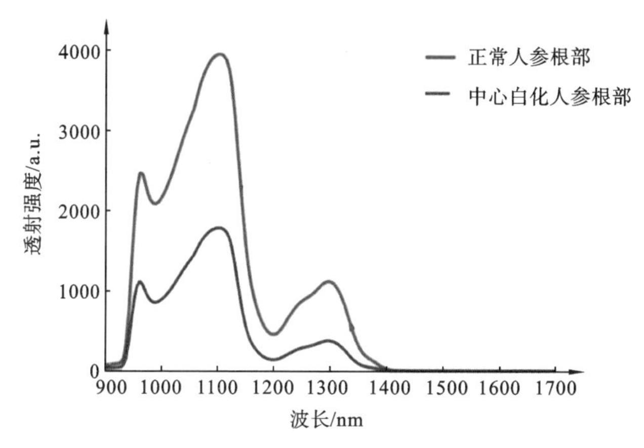

图 10-3　正常人参根部和中心白化人参根部感兴趣区域的原始光谱曲线[6]

此外，为了科学使用人参，人参粉末化学成分含量的快速检测是研究人员的关注热点。Inagaki 等人[7]选取了 60 个人参，使用 MATRIX-F 近红外光谱仪测量人参粉末的散射光谱数据，用高效液相色谱仪测量人参粉末的皂苷含量（Rg_1、Re、Rb_1、Rc、Rb_2、Rd）。对样品光谱数据进行二阶求导，结果如图 10-5 所示。建立了白人参、红人参和漂白人参样品的皂苷总含量和不同皂苷含量预测模型，结果表明，基于所有人参样品的皂苷总含量建立的 PLSR 预测模型，决定系数为 0.91，均方根误差为 0.26，能够较好地预测人参皂苷含量。

10.1.2　枸杞成分检测与等级评价

1. 成分快速检测

黑枸杞和红枸杞同属于茄科枸杞。两种枸杞从功效上来说，均具有提高机体免疫力的作用，可以补气强精、滋补肝肾、止消渴、改善睡眠、暖身体、抗肿瘤。黑枸杞，野生，颗粒小，果实偏圆形，带有一个小的果柄，含糖量小，直接嚼食有

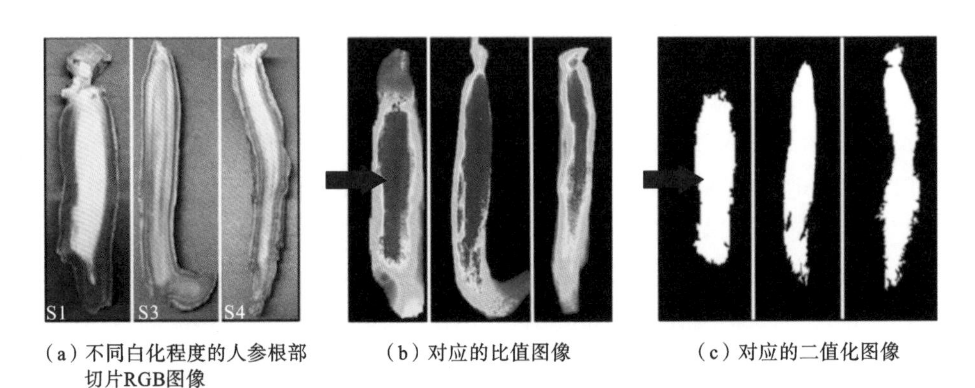

（a）不同白化程度的人参根部切片RGB图像　（b）对应的比值图像　（c）对应的二值化图像

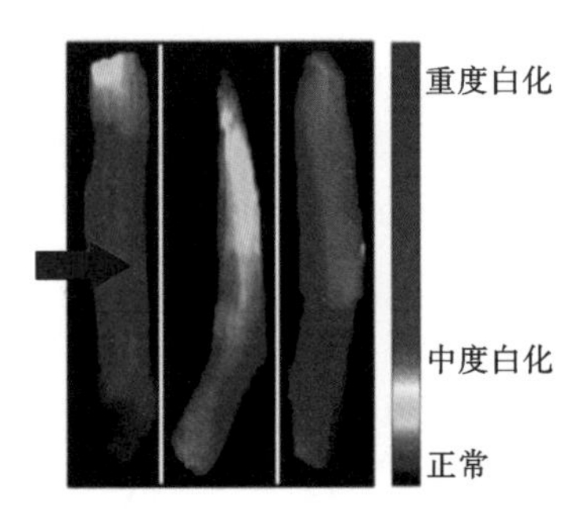

（d）正常人参根部RGB图像　（e）正常人参根部切片RGB图像

图 10-4　正常和中心白化人参根部的不同图像处理结果[6]

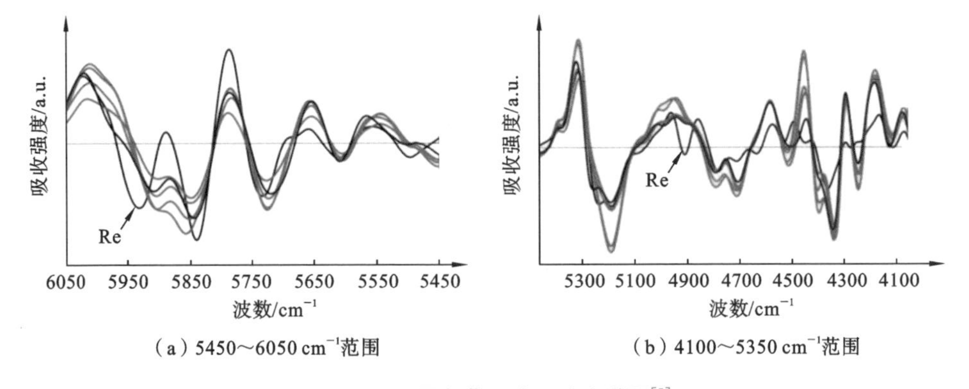

（a）5450～6050 cm^{-1}范围　（b）4100～5350 cm^{-1}范围

图 10-5　不同皂苷组分二阶光谱图[7]

一点点甜味，糖尿病患者也可以食用。黑枸杞含有丰富的花青素，是低聚原花青素(OPC)含量最高的天然野生植物，具有很好的抗衰老作用。黑枸杞在不同的水中会呈现不同的颜色，在酸性水中呈紫色，在碱性水中呈蓝色；黑枸杞的滋补作用很强，成人一天食用 5 g 左右即可。红枸杞，扁长形，一般没有果柄，含糖量大，直接嚼食口感甘甜。红枸杞不怕高温，其可以直接嚼食、泡水、泡酒、熬汤等。黑枸杞和红枸杞由于颜色和形状有较大区别，容易区分。

枸杞的营养成分快速检测是一个研究热点。Arslan 等人[8]利用傅里叶近红外光谱仪获取每个干燥后的黑枸杞粉末的吸收光谱数据，用传统测量方法分别测量对应枸杞的总黄酮含量（total flavonoid content，TFC）、总类花青素含量（total anthocyanin content，TANC）、总类胡萝卜素含量（total carotenoid content，TCC）、总糖含量（total sugar content，TSC）、总酸（total acid content，TAC）等参数的真实值。光谱数据经过预处理后，结合成分参数真实值分别建立了基于协同区间的偏最小二乘（si-PLS）预测模型、基于反向区间的偏最小二乘（backward interval-PLS，bi-PLS）预测模型和基于遗传算法的偏最小二乘（genetic algorithm-PLS，GA-PLS）预测模型，校正集相关系数的平方均在 0.89 以上，预测集相关系数的平方均在 0.87 以上，说明近红外光谱技术结合化学计量学方法可用于检测枸杞的化学成分。Zhang 等人[9]利用近红外高光谱成像技术检测干制黑枸杞的总酚含量（total phenolics content，TPC）、TFC 和 TANC。为了简化预测模型，SPA 和竞争性自适应重加权采样（CARS）算法被用于筛选特征波长，PCA、小波变换（WT）、卷积神经网络（CNN）和深度自动编码器（deep autoencoder，DAE）被用于压缩光谱数据。利用 CNN 进行光谱数据压缩后建立 3 种成分含量的 PLS 和 LSSVM 预测模型，预测结果如表 10-1 所示，校正集和验证集的 R^2 均在 0.790 以上；利用 CNN 建立预测模型时，基于 PCA 的模型预测效果最佳。结果表明，CNN 在黑枸杞成分含量检测中的特征提取及建模方面具有很大的应用潜力。

2. 枸杞产地识别

随着人们对野生黑枸杞越来越青睐，人工种植黑枸杞出现了。此外，一些不法商家利用和黑枸杞无法区分的唐古特白刺果低价产品冒充黑枸杞。唐古特白刺果市场价格远远低于黑枸杞市场价格，而外形、颜色、大小和黑枸杞的非常相似，仅凭肉眼很难区分，往往冒充黑枸杞被售卖。黑枸杞产地主要分布在我国新疆、青海和甘肃等地；红枸杞主要分布于我国宁夏、新疆、青海、甘肃和内蒙古等地。不同产地和不同等级的黑枸杞和红枸杞在外形、成分等方面也有差异。部分学者开展了黑枸杞和红枸杞产地的快速无损检测研究。

近/中红外光谱技术能用于枸杞的产地鉴别。李亚惠等人[10]选取青海野生黑枸杞、青海人工种植黑枸杞、新疆优等黑枸杞、新疆次等黑枸杞、青海白刺各 35 个。图 10-6(a) 和(b)分别是原始光谱数据进行标准正态变量变换(SNV)预

表 10-1　基于 CNN 数据压缩的黑枸杞 3 种成分含量预测结果[9]

成分	数据压缩方法	预测模型	校正集		验证集	
			R_c^2	RMSEC	R_v^2	RMSEV
TANC	DAE	PLS	0.915	102.328	0.891	119.368
		LSSVM	0.919	100.053	0.897	116.124
	CNN	PLS	0.929	93.204	0.921	102.674
		LSSVM	0.930	93.264	0.922	102.210
TFC	DAE	PLS	0.865	40.731	0.880	41.055
		LSSVM	0.851	42.774	0.885	39.559
	CNN	PLS	0.849	43.086	0.886	40.114
		LSSVM	0.850	42.912	0.900	37.647
TPC	DAE	PLS	0.894	254.396	0.790	361.958
		LSSVM	0.910	234.472	0.818	337.427
	CNN	PLS	0.905	240.454	0.823	336.795
		LSSVM	0.905	240.734	0.815	344.547

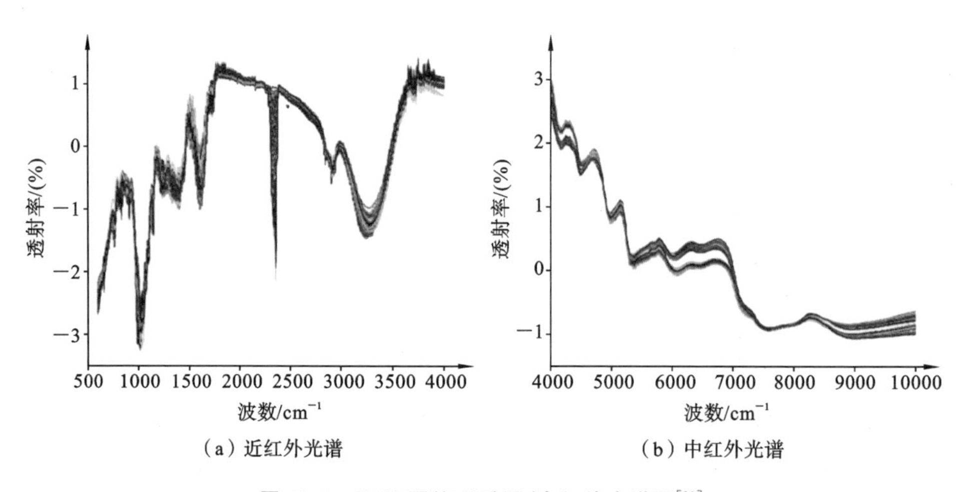

图 10-6　SNV 预处理后近/中红外光谱图[10]

处理后的近红外与中红外光谱图。取 PCA 的前 9 个主成分数据作为 LSSVM 识别模型的输入，校正集和预测集的识别正确率分别为 100%和 99.17%。此外，该研究还测量了样品的多糖含量，不同产地黑枸杞多糖含量具有明显差异，其中新疆优等黑枸杞的多糖含量平均值最高，为 28.10%。杜敏等人[11]采集了内蒙古、宁夏和青海 3 个产地红枸杞 5 个部位近红外漫反射光谱，不同部位平均光谱曲线走势与图 10-6(a)所示的相似。不同部位近红外漫反射光谱数据经过 2 阶导数和 SG 平滑预处理后，分别建立枸杞产地 SVM 识别模型，结果表明，除了枸杞顶端部位外，其他部位识别模型的稳定性及准确性均较高，外部交叉验证的 SVM 识别正确率在 98%以上。Shen 等人[12]从华北平原、黄土高原、东北平原、准噶尔盆地和柴达木盆地 5 个主产地分别选取红枸杞 1000 g，用感官评定法评定不同产地红枸杞的颜色和口味特征。从 5 个产地红枸杞中分别选择 18 个，训练集和测试集的红枸杞数量分别为 60 个和 30 个，傅里叶近红外光谱仪采集其光谱数据。LSSVM、ANN 和 kNN 算法用于建立红枸杞产地识别模型，LSSVM 模型的训练集和训练集的识别正确率分别为 100% 和 96.67%。Li 等人[13]也使用近红外光谱仪采集诺木洪地区黑枸杞、精河县黑枸杞和假黑枸杞光谱数据，其中诺木洪地区优质和劣质黑枸杞各 35 个，精河县野生和种植黑枸杞各 35 个，假黑枸杞 35 个，校正集和预测集分别有 120 个和 55 个黑枸杞。光谱数据经过不同预处理后，分别建立了 LDA、kNN、反向传播人工神经网络(BP-ANN)和 LSSVM 识别模型。LSSVM 模型识别效果最佳，识别正确率达到 98.18%以上。

高光谱成像技术也被用于枸杞的产地鉴别。王磊等人[14]搭建了适用于枸杞这种小型药食同源产品的批量检测的高光谱成像系统，波长范围是 948.72～2512.97 nm，因为枸杞子大小不同，高光谱成像仪镜头与枸杞子之间的距离为 20～30 cm，平台移动速度为 1.5 mm/s。单次扫描可获取 330 个枸杞子的高光谱图像数据。样品来自内蒙古、甘肃、青海、新疆和宁夏，不同产地枸杞子平均光谱曲线如图 10-7 所示，从图中可看出，上述产地枸杞的平均光谱曲线趋势相似，但是不同波段反射率不同，表明内部化学成分含量有差异。基于 ZCA 白化(zero-phase component analysis whitening)、偏最小二乘降维(PLSDR)和 Softmax 分类的模型效果最好，测试集的平均准确率为 94.06%。赵凡等人[15]利用近红外高光谱图像系统采集了野生黑枸杞和种植黑枸杞的高光谱图像数据。选取第 140 个波段处的图像进行阈值分割，选取黑枸杞图像为 ROI，提取单个黑枸杞样品的反射高光谱图像。野生和种植中级黑枸杞(颗粒大小为 0.4～0.5 cm)在 900～1700 nm 范围内的原始平均光谱曲线如图 10-8 所示。在 1000～1350 nm 范围内，野生黑枸杞光谱反射率明显高于种植黑枸杞光谱反射率；在 1500～1650 nm 范围内，种植黑枸杞光谱反射率略高于野生黑枸杞光谱反射率。综合简化的识别模型和识别正确率，用连续投影算法(SPA)提取 30 个特征波段光谱数据，建立的野生黑枸杞随机森林识别模型识别效果最优，识别正确率为 100%。赵凡等人[16]利用高光谱成像系统研究了黑枸杞和唐古特白刺果的鉴别方法。将用 SPA 提取的 20 个特征波段对应的光谱数据作为模型输入，发现极限学习机模型的鉴别效果较优，识别正确率达到 100%。

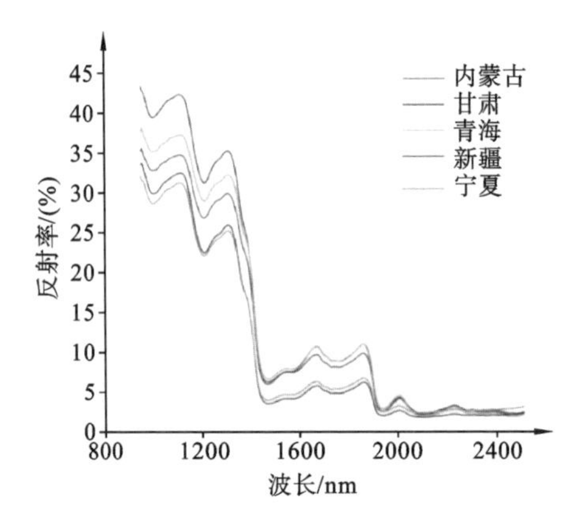

图 10-7　不同产地枸杞平均光谱曲线图[14]

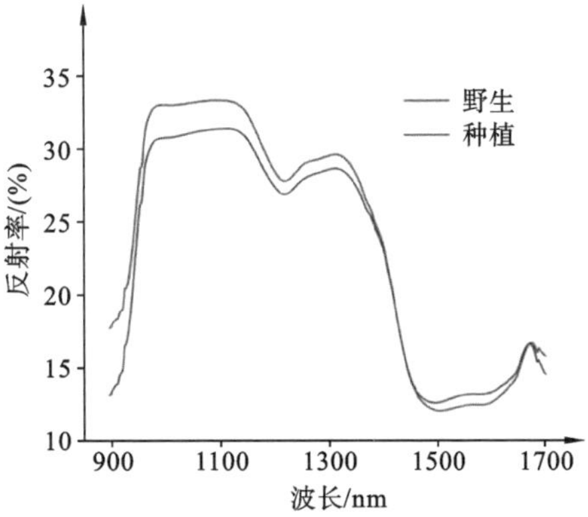

图 10-8　野生和种植中级黑枸杞的原始平均光谱曲线图[15]

部分学者使用电子鼻技术鉴别枸杞产地，Li 等人[17]应用此技术鉴别具有农产品地理标志的中宁(ZN)枸杞和非中宁(NZN)枸杞。该研究使用德国便携式电子鼻，其共有 10 个传感器，分别响应 10 种不同类别的挥发性物质；ZN 和 NZN 枸杞数量分别是 126 个和 73 个，校正集中上述两类样品数量分别是 68 个和 43 个，验证集中分别是 58 个和 30 个。PCA、聚类分析(CA)和 LDA 分别用于 ZN 和 NZN 枸杞识别，验证集识别正确率分别是 91.0%、98.9%和 100%，表明电子鼻技术识别 ZN 枸杞具有一定的稳定性。

3. 枸杞深加工过程监测

高光谱成像技术也被用于检测新鲜、正常干制、硫黄熏制和苏丹红染色的枸杞，Tang 等人[18]对此进行了研究。首先手动选取每个枸杞并提取每个枸杞的平均光谱曲线，用变分模态分解(variational mode decomposition, VMD)算法预处理光谱数据，用 CARS 算法筛选特征波长，引入黏菌优化算法(SMA)优化支持向量机(SVM)参数 c 和 g。图 10-9 是新鲜、正常干制、硫黄熏制和苏丹红染色的枸杞的平均光谱曲线，从图中可以看出，4 类枸杞在 600～700 nm 和 820～980 nm 范围内差异较大。c 和 g 最优值分别是 93.3603 和 4.5652，

VMD-CARS-SVM 预测模型的校正集和预测集的识别正确率分别是 98.2% 和 96.7%。

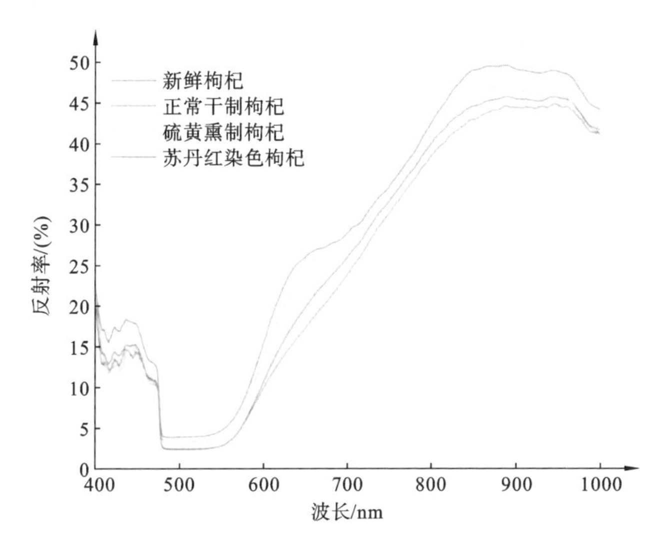

图 10-9 新鲜、正常干制、硫黄熏制和苏丹红染色的枸杞的平均光谱曲线[18]

4. 枸杞等级评价

枸杞一般按照大小和颜色分级，关于黑枸杞和红枸杞品质检测与分级的研究也有报道。卢伟等人[19]按照颗粒大小将青海诺木洪地区黑枸杞分为 4 级。对 1094.5 nm 和 1111.3 nm 特征波段灰度图进行阈值分割等运算，获取果柄和果肉的 ROI 掩模图像。利用果肉掩模图像结合细胞计数法获取平均光谱曲线，进行 1 阶导数预处理后 4 个等级枸杞的平均光谱曲线如图 10-10 所示，光谱差异主要体现在 580～640 nm、700～1500 nm 和 1840～2100 nm 范围内。在等级预测模型研究中，为了增强模型的学习和泛化能力，该研究提出以线性判别分析（LDA）、随机森林（RF）、LIBSVM 三个最优分类器为元模型，通过 Stacking 集成学习建立黑枸杞快速无损分级模型，黑枸杞果肉光谱数据经过 1 阶导数预处理和利用 SPA 筛选特征波段后，模型预测精度可达 0.9833。于慧春等人[20]提出了基于信息熵的红枸杞分级高光谱图像特征波长选择方法。将任意波段下红枸杞平均互信息与各自平均自信息和的比值定义为 A。950 nm 处 A 的平均值最小，提取该波段对应图像的纹理特征，建立了 Fisher 判别模型。

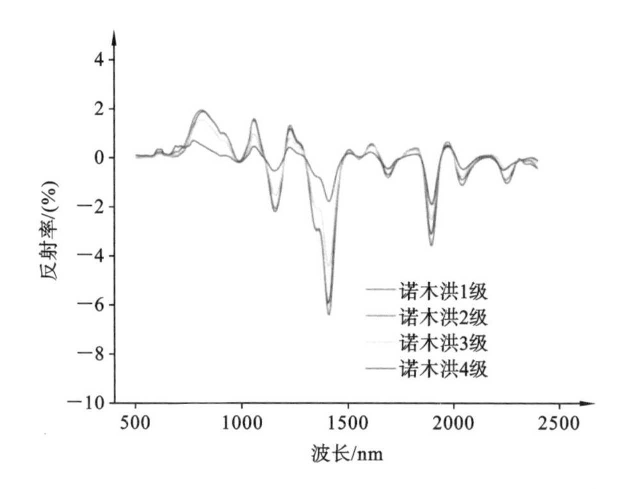

图 10-10　不同等级青海诺木洪地区黑枸杞平均光谱曲线[19]

10.1.3　三七成分检测、产地识别与掺假检测

1. 成分检测

三七是五加科人参属植物，作为名贵中药材，具有化瘀止血、活血定痛的功效，主产区为云南文山，整株可入药。三七富含皂苷类、黄酮类、氨基酸类、多糖和多肽类等，其化学成分的快速检测是研究内容之一，使用的手段主要有近红外光谱技术和高光谱成像技术。

三七总皂苷是三七药理作用的主要物质基础。杨南林等人[21]用近红外漫反射光谱快速无损测定三七粉末中皂苷类物质含量（三七皂苷 R_1，人参皂苷 Rg_1、Rb_1 和 Rd，总皂苷（PNS））。选取不同波段范围，分别建立 5 种皂苷类物质含量的 PLSR 预测模型。结果表明，R_1、Rg_1、Rb_1、Rd 和 PNS 波数范围分别是 4246.6～6101.7 cm^{-1}、4597.5～7501.7 cm^{-1}、4246.5～5453.7 cm^{-1}、4597.5～5453.7 cm^{-1} 和 4597.5～7501.7 cm^{-1} 时模型预测效果最好，预测集的 R^2 分别是 0.4251、0.6081、0.7687、0.7199 和 0.6956，RMSE 分别是 0.53、3.15、2.14、0.70 和9.03。李运等人[22]运用正交信号校正结合偏最小二乘回归对三七中皂苷总含量进行预测，校正集和预测集的 R^2 分别为0.9418和 0.9623。Shi 等人[23]深入研究了基于高光谱成像技术的三七总皂苷（PNS）含量的可靠性预测模型。160 份三七粉末购买自文山，从每份粉末的高光谱数据中提取平均光谱曲线，对光谱数据进行 SG 光滑和 MSC 预处理，利用 CARS、变量组和总体分析（variable combination population analysis，VCPA）和引导软阈值(bootstrapping soft shrinkage，BOSS)算法筛选特征波段。为了提高支持向量回归(SVR)模型的预测精度，采用平衡优化器(equilibrium optimizer，EO)对惩罚参数 c 和核函数参数 g 进行优化。结果表明，通过 BOSS 筛选特征波段，利用 EO 优化 c 和 g 后，建立的 SVR 模型预测 PNS 含量效果最佳，预测结果如图 10-11 所示，预测集 R^2 和 RMSE 分别是 0.95 和 0.32％。

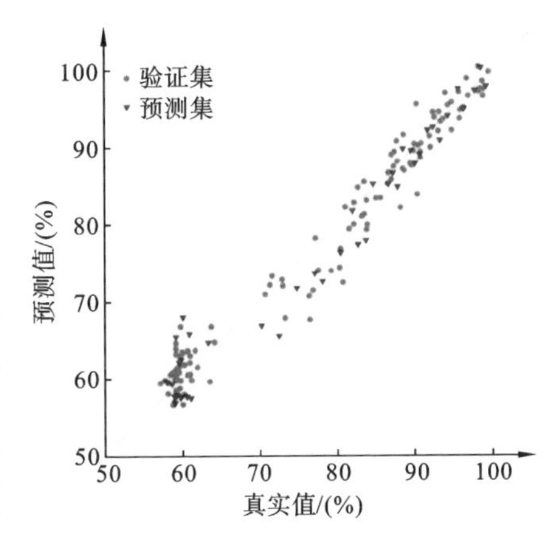

图 10-11　基于 BOSS 和 OE 的 SVR 模型的 PNS 含量预测结果[23]

现代药理学研究表明，三七总黄酮具有较好的抗氧化活性，对免疫性肝损伤具有保护作用，对病毒性心肌炎有一定的治疗作用。随着三七产业的快速发展，三七产地从文山向云南其他县市扩展。产地的变化导致了三七化学成分以及质量的变化。在三七质量控制方面，仅以三种皂苷类含量作为指标难以对三七质量进行整体控制，因此，将三七 TFC 作为质量控制指标，可以更加全面地对三七质量进行控制，规范三七产业的发展。李运等人[24]研究了 TFC 的近红外光谱快速预测模型。样品采自云南省 5 个市 12 个产地，将样品粉碎后过 80 目筛，置于烘箱 50 ℃下烘干至恒重备用。样品 TFC 使用 268 nm 的紫外光吸光度回归计算，近红外光谱数据由傅里叶变换红外光谱仪测得。近红外光谱数据经过 1 阶导数(FD)和 2 阶导数(SD)预处理、SG7 和 SG11 预处理后，结合真实值建立 TFC 的正交信号校正 PLSR(orthogonal single collection PLSR，OSC-PLSR)预测模型。TFC 的 SD＋SG7＋OSC-PLSR 与 SD＋SG11＋OSC-PLSR 模型预测效果较好，前者校正集和验证集的均方根误差分别是 0.3665％和 0.3252％，后者对应的均方根误差分别是 0.3660％和 0.3820％，预测值与真实值相接近，可以作为三七 TFC 快速预测及质量评价的方法。

为了对三七质量进行整体控制，李运等人[25]对三七总多糖含量的快速检测进行了研究。样品总多糖含量真实值使用 490 nm 的紫外光吸光度回归计算。多糖类物质所含化学键主要有 CH_2、C—H 和 O—H，图 10-12 是 12 个产地三七粉末的近红外光谱图，3399 cm^{-1} 处的峰是 O—H 伸缩振动吸收峰，2929 cm^{-1} 处的峰是 C—H 反对称伸缩振动吸收峰，1647 cm^{-1} 处的峰是 O—H 弯曲振动吸收峰，1460 cm^{-1} 处的峰是 C—H 弯曲振动吸收峰，1154 cm^{-1} 处、1079 cm^{-1} 处和 1020 cm^{-1} 处的峰是 C—O 伸缩振动吸收峰，红外光谱记录了三七样品中丰富的化学成分及结构信息。利用 SD 和 WT 分别对光谱数据进行预处理和降维，WTGA、网格搜索(grid search, GS)法和粒子群优化(particle swarm optimization, PSO)法优化 c 和 g。PSO-SVR 对三七总多糖含量预测结果如图 10-13 所示，验证集 R^2 和 RMSE 分别是 0.8313 和 3.120%，预测值和真实值接近。

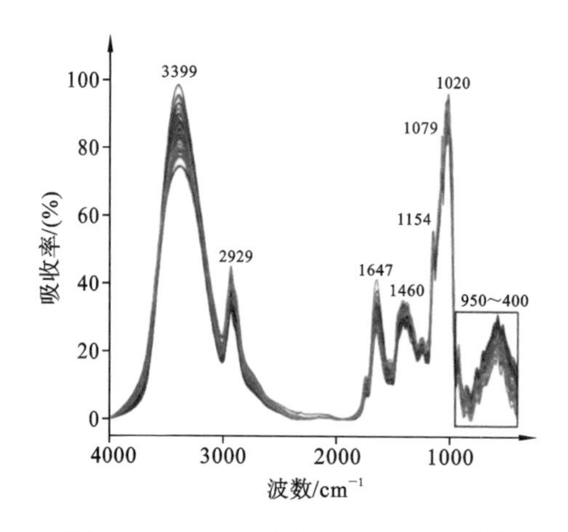

图 10-12　三七粉末的近红外光谱图[25]

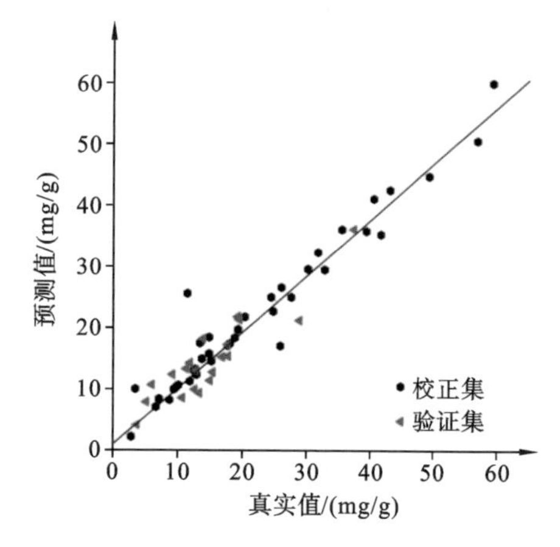

图 10-13　三七总多糖含量预测结果[25]

2. 产地识别

三七的皂苷积累容易受到地理气候的影响，对温度、湿度和土壤要求极为苛刻，不同地理环境的三七质量存在差异。对三七产地智能识别进行研究具有现实意义。王元忠等人[26]结合紫外指纹图谱技术和 PLS-DA 鉴别云南 10 个不同产地的三七样品。文山和昆明产区的三七紫外指纹图谱共有峰的吸收波长分布在 194 nm、200 nm、204 nm、210 nm 和 218 nm 附近，峰强度存在差异，主要是因为不同产区的地理环境等因素差异和个体之间的遗传变异。PLS-DA 得分表明，图谱相似的样品聚在较近区域，图谱差异较大的样品区分较为明显。该方法能快速、准确识别三七样品产地，为中药资源鉴别提供理论思考。刘飞等人[27]结合红外光谱技术和逐步判别分析法鉴别了云南和广西的 11 个县的三七主根样品。由于样品来源地分布较密集，校正集样品较少，验证集的预测正确率只达到 75%。但研究结果说明，如果合理选择三七样品的来源地分布，适当增加采集的样品来建立判别模型，此方法有可能成为三七的县域产地预测方法。Dong 等人[28]为了识别三七产地,选取了昆明、靖西、玉溪、文山和红河的三七根部,共计 258 个样品。以根部粉末为研究对象,获取 4000～10000 cm^{-1}范围的光谱数据。对每个样品光谱数据进行平滑、规则化和 2 阶导数预处理后分别存成 128×128 pixel 图片。以图片为输入,建立 CNN 识别模型,训练集和测试集的识别正确率分别是 100%和 91%,稳定性较好。

3. 掺假检测

三七掺假有 2 种情况:第 1 种情况是粉末中混有其他物质,如高良姜、姜黄、莪术、玉米面等,此类掺假物与三七颜色、口味具有相似性;第 2 种情况是将劣质三七混到优质三七中。无论是哪种情况,均会降低三七的功效。许多学者对三七粉末掺假物识别与掺假量预测模型进行了研究。

Li 等人[29]基于太赫兹技术对掺有莪术、面粉和米粉的三七粉末进行了定性与定量检测研究。三七粉末中莪术、面粉和米粉含量均在 5%至 60%之间,以 5%递增。不同含量混合物在 10 MPa 压力下压缩 1 min,压缩成直径为 13 mm、厚度为 0.8～1.1 mm 的圆块,太赫兹时域光谱仪获取每个样品的太赫兹光谱数据。在掺假物识别研究中,利用无信息变量消除(UVE)算法和连续投影算法(SPA)分别筛选出 80 个和 53 个特征变量,利用反向传播神经网络(BPNN)建立掺假物识别模型。UVE 与 BPNN 相结合时所建模型识别效果较好,识别正确率是 95%。LSSVM 和 PLSR 被用于三七粉末掺假量检测,LSSVM 预测三七粉末中莪术含量和面粉含量效果较好,校正集相关系数分别是0.90和 0.93,均方根误差分别是 7.2%和 6.8%;PLSR 预测三七粉末中米粉含量效果较好,校正集相关系数和均方根误差分别是 0.94 和 6.0%。太赫兹技术能够既准确又无损地检测掺假物及其含量。Liu 等人[30]利用近红外光谱技术、模式识别算法和多元回归算法对三七中掺假物及其含量进行了定性识别和定量检测。掺假物分别是莪术(rhizoma curcumae, RC)、姜黄(curcuma longa, CL)和高良姜(rhizoma alpiniae offcinarum, RAO),图 10-14 是三七与 3 种掺假物的近红外光谱图,在 5200～7600 cm^{-1}、4000～5200 cm^{-1}范围内有 2 个吸收区,分别对应 C—H 伸展振动峰和 C—H 组合吸收峰。CA、PLS-DA、SVM、ANN 和极限学习机(ELM)分别用于识别 4 种物质(共计 109 份样品),PLS-DA 和 SVM 识别正确率达到了 100%。三七粉末分别与掺假物的 1 种、2 种和 3 种混合,配比如表 10-2 所示。对不同配比粉末混合物的光谱数据进行光滑、SNV、MSC、FD、SD、WT 单独和组合预处理后,分别建立了主成分回归(PCR)、SVR、PLSR、ANN 和 ELM 预测模型。所有模型中,PLSR 模型的真实值与预测值的相关系数均在 0.99 以上。研究方案及结果具有非常强的实用性。Bian 等人[31]则利用紫外/可见光谱技术开展了三七粉末中 3 种掺假物的定量检测研究。

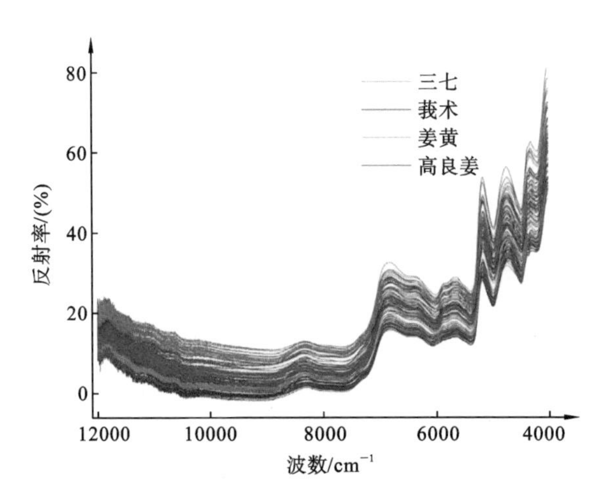

图 10-14 三七与 3 种掺假物的近红外光谱图[30]

表 10-2 三七与 3 种掺假物的混合方式[30]

混合方式	数量			物质	掺有量/(%)
	总数	校正集	预测集		
二成分	75	50	25	三七	0～100
				莪术	0～100
二成分	75	50	25	三七	0～100
				姜黄	0～100
二成分	75	50	25	三七	0～100
				高良姜	0～100
三成分	66	44	22	三七	0.93～97.96
				莪术	1.08～95.37
				姜黄	0.62～94.68
三成分	66	44	22	三七	1.036～97.62
				莪术	1.38～94.75
				高良姜	0.61～94.90

续表

混合方式	数量			物质	掺有量/(%)
	总数	校正集	预测集		
三成分	66	44	22	三七	1.14～97.43
				姜黄	0.99～94.82
				高良姜	1.09～95.03
四成分	75	50	25	三七	1.08～94.62
				莪术	1.03～94.30
				姜黄	0.38～94.32
				高良姜	0.99～94.70

Yang 等人[32]从数据融合、SVM 参数优化等方面研究了如何提高优质三七粉末中掺有劣质三七的识别正确率。建立劣质三七掺有量的 PLSR 预测模型，以相关系数和均方根误差为评价指标，在近红外和中红外范围分别选取了 1504 个和 2202 个特征波段。利用 PCA 进一步将 3706 个光谱数据压缩成 9 个主成分，用 PSO 对 SVM 参数寻优。对上述光谱数据进行融合、降维、参数优化等处理后，SVM 识别劣质三七的能力大幅提升，当劣质三七掺有量为 5%～100%时识别正确率由 92.42%上升到 96.65%。三七的须根皂角苷含量最低、农药残留和重金属含量最高，一些不法商贩在三七主根粉末中和根茎粉末中掺入须根的粉末，严重影响了三七粉末的药性和安全性。Chen 等人[33]也利用近红外光谱技术研究了三七粉末中苦参、玉米面的掺有量预测模型。Zhang 等人[34]利用可见/近红外高光谱成像技术对三七根茎(AR)粉末中须根掺有量和三七块根(AM)粉末中须根掺有量的快速检测进行了研究。掺有须根的 AM 和 AR 粉末样品各有 80 份，校正集和验证集的样品数量之比是 3∶1。ROI 为长和宽分别是 40 个像素点的正方形区域。对 480～1000 nm 范围内的光谱数据进行 SG 平滑和 SNV 预处理后，结合 AM 和 AR 粉末样品中须根掺有量的真实值，使用 CARS 和迭代保留信息变量(IRIV)筛选特征波段。利用 GA、PSO 和算术优化算法(arithmetic optimization algorithm, AOA)优化 SVR 的 c 和 g。图 10-15(a)和(b)分别是 AR 和 AM 粉末中须根掺有量的预测结果，CARS-AOA-SVR 检测须根掺有量效果最优。验证集中，AR 粉末中须根掺有量的 R_p 和 RMSEP 分别是 0.9693 和 2.66%，AM 粉末中须根掺有量的 R_p 和 RMSEP 分别是 0.9667 和 2.64%，预测模型具有较好的稳定性和准确性。三七等级以 500 g 中

三七的头数来评定，头数越少，说明三七单体越大，等级和价格越高。部分商贩为了谋取利润，将低等级与高等级的三七粉末混合并按照高等级价格销售。针对此情况，Yang 等人[35]利用中红外光谱技术与定性算法检测高等级三七中掺有的低等级三七的含量。对中红外光谱数据进行基线消除、SNV、FD、SG11 处理后，所建立的 SVM 模型识别效果最优，校正集和验证集的识别正确率分别是 100%和 98.81%。

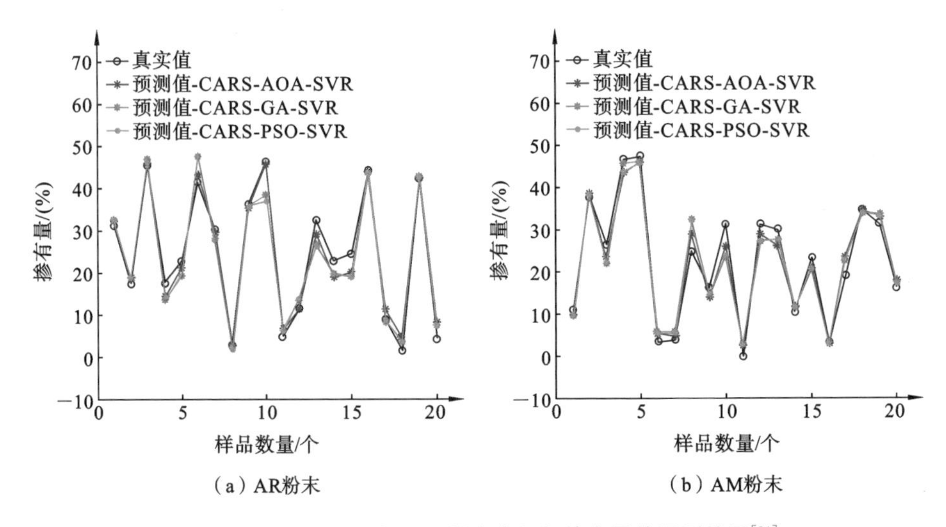

图 10-15　三七 AR 和 AM 粉末中须根掺有量的预测结果[34]

10.1.4　其他药食同源产品品质检测

何首乌，含有丰富的大黄酚、大黄素甲醚、卵磷脂等，是常用的中药。如图 10-16 所示，何首乌漫反射红外光谱在 3576 cm^{-1}和 3147 cm^{-1}处有两个平缓吸收峰[36]，而提取物漫反射红外光谱在 3351 cm^{-1}处有一个强吸收峰，表明提取物中的 O—H 活性成分较多；另一个明显差异是何首乌衰减全反射红外光谱在 931 cm^{-1}、859 cm^{-1}、766 cm^{-1}和 709 cm^{-1}处有明显的吸收峰，而提取物衰减全反射红外光谱没有，充分表明提取物是活性成分。何首乌有生首乌和制首乌之分，生首乌能解毒，润肠通便；制首乌能补肝肾，益精血，乌须发，强筋骨，化浊降脂。两者的功效、主治和毒性都存在一定的差异，在外观性状上差异较易识别，但其磨成粉末后两者不易区分。林艳等人[37]利用中红外光谱和模式识别方法快速鉴别生、制首乌。使用红外光谱仪获取 38 批不同来源生、制首乌粉末的中红外指纹图谱，生首乌和制首乌的红外光谱峰形相近，但峰强度具有一定的差异。利用 SPSS17.0 统计软件进行 t 检验,以 VIP>1 及 $p<0.05$ 确定差异性化学成分,生、制首乌的差异性化学成分为二苯乙烯苷类、蒽醌类、磷脂类,表明何首乌炮制后二苯乙烯苷类、蒽醌类、磷脂类的含量都发生了变化。

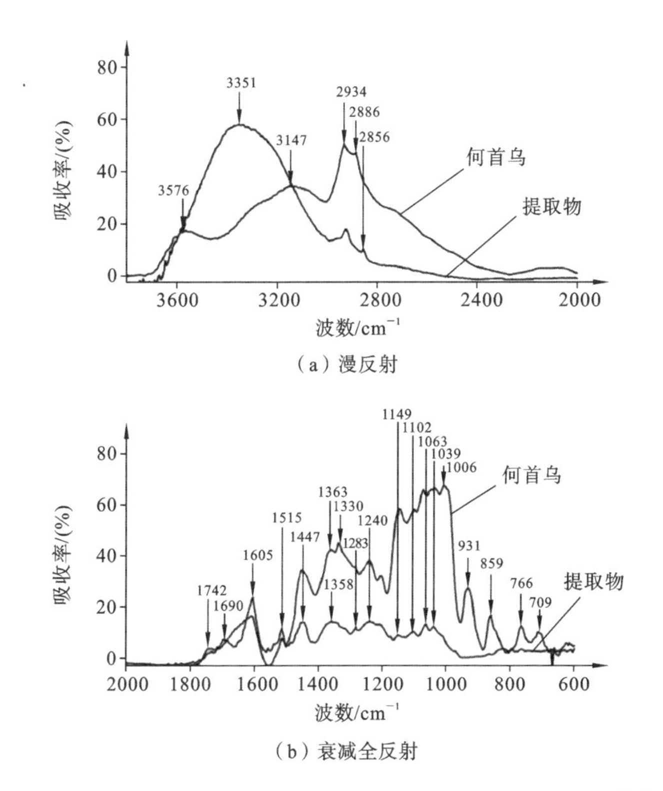

图 10-16 何首乌及提取物漫反射和衰减全反射红外光谱图[36]

10.2 食用菌类产品品质检测技术

食用菌是指子实体硕大、可供食用的蕈菌[38]。蕈菌是指能形成大型的肉质(或胶质)子实体或菌核类组织并能供人们食用或药用的一类大型真菌。在山区森林中生长的木生菌种类和数量较多,如香菇、木耳、银耳、猴头菌、松口蘑、红菇和牛肝菌等。南方生长较多的是高温结实性真菌;高山地区、北方寒冷地区生长较多的则是低温结实性真菌。食用菌能促进人体新陈代谢、提高免疫力、延年益寿等,主要用于预防和治疗肿瘤、糖尿病、痢疾等疾病,深受消费者青睐。食用菌种类、产地、部位鉴别以及化学成分定量分析是科学研究领域的热点。食用菌数量巨大，种类多，同属间物种的形态特征相似，经常有因误食而中毒的事件发生。应用红外光谱技术快速辨别食用菌种类，对保护消费者的安全与健康有重要意义。

关于牛肝菌品质检测研究，杨天伟等人[39]选取云南 11 个种类的牛肝菌，去除枯枝、杂草、泥土等杂物并清洗干净，50 ℃烘干，粉碎备用。图 10-17 是云南 11 类牛肝菌平均红外光谱图。从图中可看出，在近红外波段内，不同种类牛肝菌的峰形、峰位比较相似，但吸光度有明显差异。牛肝菌在 3340 cm^{-1}、2926 cm^{-1}、1639 cm^{-1}、1548 cm^{-1}、1400 cm^{-1}、1313 cm^{-1}、1231 cm^{-1}、1069 cm^{-1}、1036 cm^{-1}、884 cm^{-1}等处有明显吸收峰，3340 cm^{-1}处的强吸收峰与牛肝菌的多糖、纤维素、蛋白质、氨基酸等成分相关。

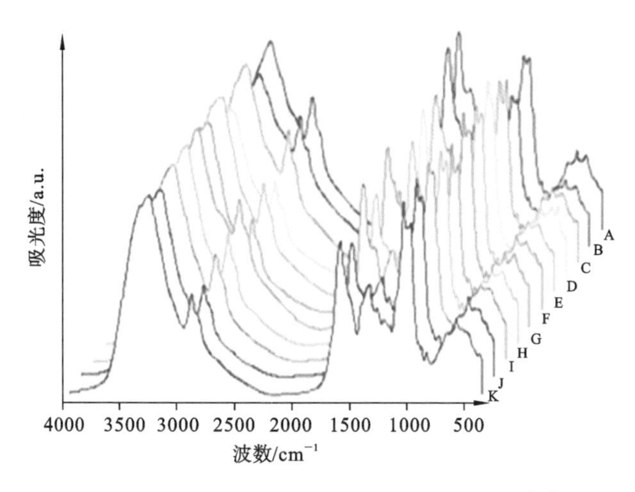

图 10-17　云南 11 类牛肝菌平均红外光谱图[39]

香菇是药食两用的食用菌，富含蛋白质、多糖、维生素 B、矿物质和黄酮类物质等。香菇中的多糖可防癌抗癌，香菇太生(lentysin)和腺嘌呤及其衍生物能降低血脂，双链核糖核酸能抗病毒。不同产地香菇品质不同，营养价值和药用价值有差异，对香菇产地进行检测具有实际意义。研究人员将浙江庆元、吉林长春、福建古田、河南西峡的香菇粉末混合均匀后压制成厚度均匀且透明度较高的压片[40]，使用傅里叶变换光谱仪(400～4000 cm^{-1})测量其透射光谱数据。如图 10-18 所示，4 个产地香菇 116 个样品的中红外透射光谱无明显差异，不能用光谱曲线直接区分。该研究还建立了基于全谱和基于特征波数的香菇产地识别模型，基于全谱的相关向量机预测效果最佳，验证集和预测集识别正

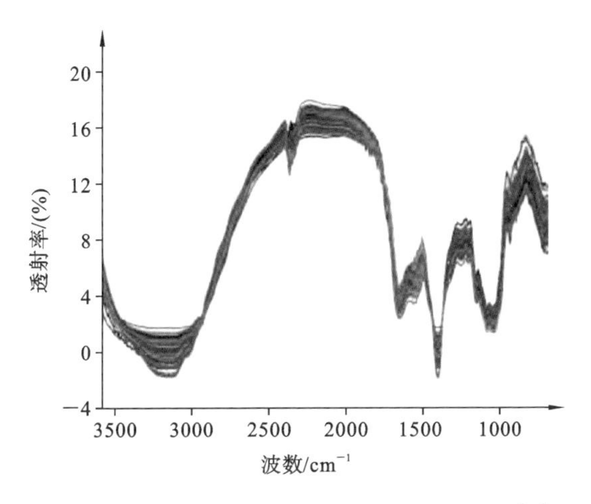

图 10-18　不同产地香菇中红外透射光谱曲线[40]

确率分别为 98.72%和 92.11%。

Deng 等人[41]搭建了基于机器视觉的香菇自动分选系统，该系统由机械子系统、控制子系统和机器视觉子系统组成。用此系统获取 800 个来自随州大棚的香菇图像，图 10-19 是天白花菇、白花菇、茶花菇和光面菇的典型图像。天白花菇菌盖呈菊花状或网状均匀开裂，裂纹比较宽大；白花菇菌盖呈菊花状或网状开裂，但开裂程度不如天白花菇大，并且裂纹不均匀；茶花菇菌盖有黄褐色或茶褐色裂纹，裂纹较细；光面菇菌盖表面无裂纹。该研究提出了香菇纹理区域截取算法并选取了基于统计法的 10 个纹理特征参数，200 个不同类型香菇纹理特征参数统计结果如表 10-3 所示。由于白花菇、天白花菇的白色花纹较多，变化较大，其总体灰度均值 f_1、标准偏差 f_2 偏高，一致性 f_5 偏小；茶花菇、光面菇纹理较暗，变化较小，其各个参数变化趋势与另外两类香菇的相反；天白花菇、白花菇的白色花纹较多且复杂，其对比度 f_7 和熵 f_8 明显高于茶花菇、光面菇。

(a) 天白花菇

(b) 白花菇

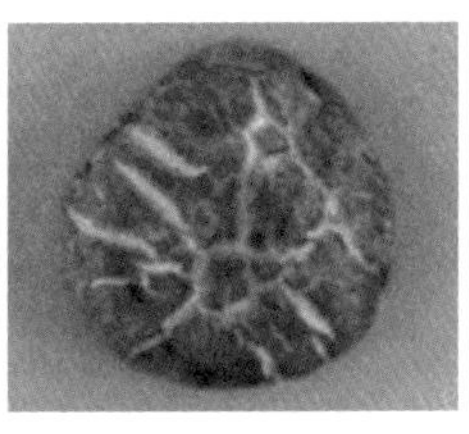
(c) 茶花菇

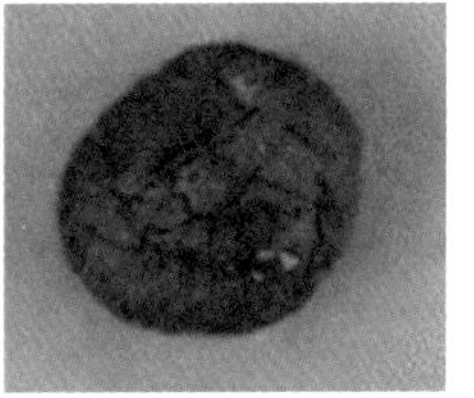
(d) 光面菇

图 10-19　4 类香菇典型图像[41]

此外，利用高斯马尔可夫随机场模型和分形维数模型提取了 13 个纹理特征参数。利用顺序前向搜索法筛选出 6 个纹理特征参数，香菇 k 近邻分类器分类准确率达到 93.57%。陈红等人[42]搭建了香菇类型分选系统，并研究了基于深度学习的香菇（光面菇、茶花菇和香覃）分选模型。该分选系统主要包含图像采集及传输单元、远程操控单元。图像采集及传输单元接收到采集信号后采集传送带上的香菇图像，进行图像预处理（高斯去噪及分割），将预处理后的图像无线传输到远程操控单元。远程操控单元利用植入的基于深度学习的香菇分选模型对香菇进行分类。该模型在线检测准确率可达到 98.53%。香菇类型分选系统不仅稳定而且分选准确率高，可推广应用到其他农产品。

表 10-3　各类香菇特征参数统计结果[41]

香菇类型		基于灰度直方图的纹理特征参数					基于灰度共生矩阵的纹理特征参数				
		f_1	f_2	f_3	f_4	f_5	f_6	f_7	f_8	f_9	f_{10}
天白花菇	均值	149.112	54.924	0.0450	1.0617	0.0067	0.0161	10.7916	7.4422	0.4840	0.0056
	方差	23.227	9.121	0.0142	1.2421	0.0012	0.0050	3.2420	0.1602	0.1171	0.0071
白花菇	均值	99.574	48.462	0.0363	1.0423	0.0084	0.0261	9.2642	7.2120	0.4353	0.0038
	方差	19.083	10.493	0.0145	0.9581	0.0022	0.0151	3.3118	0.2673	0.1222	0.0083
茶花菇	均值	88.486	29.979	0.0142	0.1968	0.0108	0.0382	4.0926	6.7821	0.3657	0.0059
	方差	13.356	6.396	0.0059	0.2432	0.0024	0.0159	1.4939	0.2771	0.1101	0.0063
光面菇	均值	51.952	15.776	0.0041	0.0958	0.2200	0.1303	1.2941	5.8314	0.3192	0.0063
	方差	7.1356	4.496	0.0023	0.1679	0.0061	0.0477	0.5784	0.3496	0.1152	0.0089

注：f_1表示均值；f_2表示标准偏差；f_3表示平滑度；f_4表示三阶矩；f_5表示一致性；f_6表示能量；f_7表示对比度；f_8表示熵；f_9表示逆差矩；f_{10}表示相关性。

另有学者利用光谱技术进行了香菇营养成分含量检测的研究。朱哲燕等人[43]筛选出 7 个特征波数，利用对应光谱数据分别建立香菇蛋白质含量的 PLS、MLR、BPNN 和 ELM 预测模型。SPA-ELM 模型预测效果最佳，校正集和预测集的相关系数分别是 0.9331 和 0.8995，对应的均方根误差分别为 1.6077 和 1.4313。中红外光谱技术可实现对香菇蛋白质含量的检测，为香菇蛋白质含量检测提供了思路。卢洁等人[44]利用近红外光谱技术测定香菇总糖含量。利用 MSC 和 SD 预处理原始光谱数据，主成分为 10 时，PLSR 模型预测效果最佳，校正集与预测集均方根误差分别是 1.393 和 1.557。

10.3　坚果类产品品质检测技术

坚果，果皮坚硬，内含 1 粒或者多个果粒，如板栗、杏仁等的果实。坚果是植物的精华部分,一般营养丰富,蛋白质、油脂、矿物质、维生素含量较高,对人体生长发育、体质增强、疾病预防有极好的功效。

10.3.1 板栗品质检测及产地鉴别

板栗有“干果之王”的美称,营养价值很高。板栗不仅含有大量淀粉,还含有蛋白质、维生素等多种营养物质,是“木本粮食”之一;板栗富含不饱和脂肪酸、矿物质,能防治高血压、冠心病等疾病,是抗衰老、延年益寿的滋补佳品,具有养胃健脾、补肾强筋、活血止血之功效。

Bedini 等人[45]以果实微生物感染和虫害为评价指标,将板栗分为优品和次品两类。8 个样品为一批,分别获取凸侧、扁平侧、尖端顶部和底部的可见/近红外高光谱数据;用傅里叶光谱仪获取每个样品扁平侧 1000～2500 nm 范围内的吸收光谱。板栗被已消毒的手术刀分成两部分:一部分放置在培养皿中,在(25±1) ℃环境下静置 1 周观测其微生物感染是否发生,另一部分用于人工识别虫害。任何一种缺陷产生都将该样品归为次品,否则归为优品,优品与次品板栗各有 360 个。图 10-20 是优品与次品板栗 4 个不同部位的可见/近红外平均反射光谱图,图 10-21 是优品与次品板栗的近红外平均吸收光谱图。用不同预处理方法对可见/近红外平均反射光谱数据和近红外平均吸收光谱数据进行处理后,建立 PLS-DA 模型。研究结果表明,光谱技术用于板栗分选具有可行性。

Liu 等人[46]依据板栗霉变程度将板栗分为良好、轻微霉变和重度霉变 3 类(见图 10-22),数量分别是 60 个、37 个和 60 个。图 10-23 是所有样品在 853～2500 nm 范围内的吸收光谱图,从图中可看出,不同霉变程度板栗的吸收光谱曲线总体趋势一致,3 类样品在 1900～2400 nm 范围内吸收率差异较大,仅通过光谱曲线较难识别霉变程度。基于不同预处理方法建立的板栗霉变程度 SVM 识别模型预测效果不同,其中,基于 2 阶导数建立的模型预测效果最优,校正集和验证集的识别准确率分别是 100%和 90%。

炒好的优质板栗的表皮发亮,为了吸引消费者购买,部分不良商贩在炒制过程加入工业石蜡,工业石蜡会渗入其中从而危害消费者的健康。Li 等人[47]搭建了板栗打蜡识别高光谱成像系统,440 个样品(打蜡板栗和未打蜡板栗分别是 220 个)参与识别模型的建立,检测部位是板栗的凸侧。利用 MSC 预处理 400～1000 nm 范围内的散射光谱数据,打蜡板栗和未打蜡板栗的光谱曲线如图 10-24 所示。二者在 400～630 nm 和 750～1000 nm 范围内反射率差异较大,打蜡板栗的反射率在第一个范围低于未打蜡板栗的反射率,而在第二个范围则相反。利用 SPA 筛选出 7 个特征波段,分别是 401.0 nm、433.5 nm、607.4

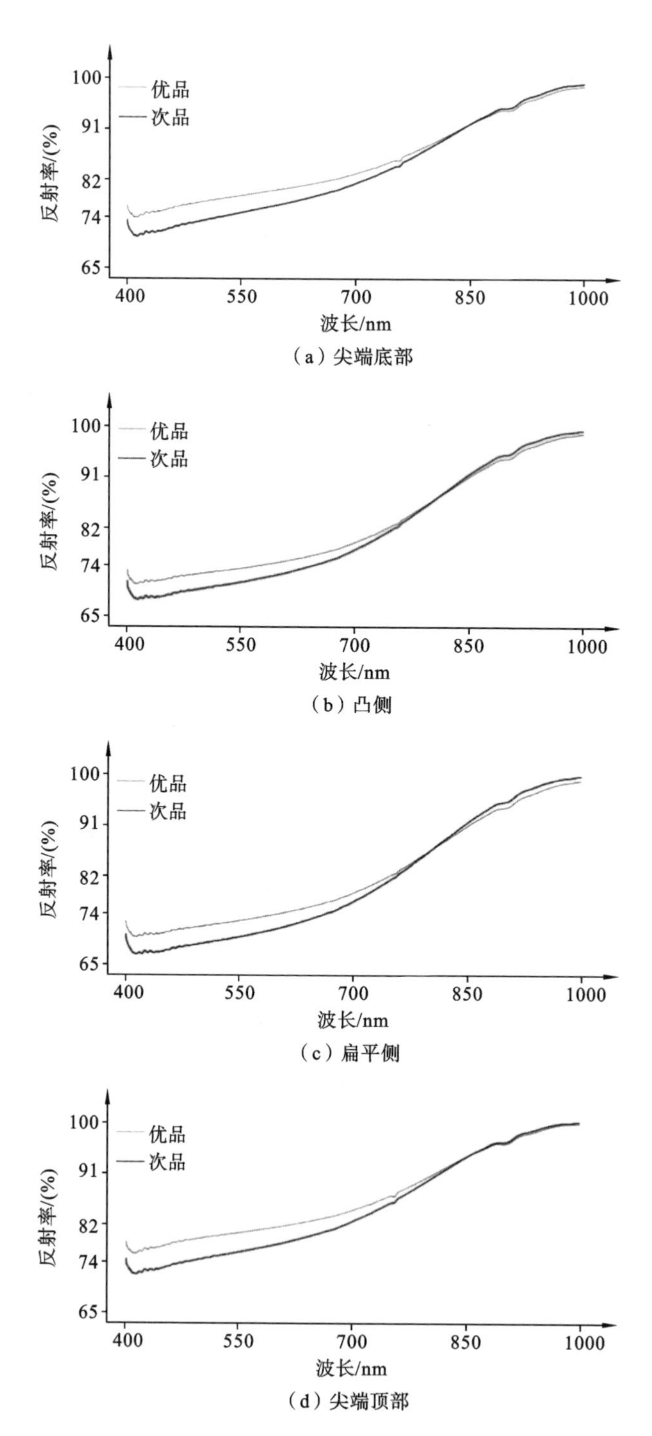

(a) 尖端底部

(b) 凸侧

(c) 扁平侧

(d) 尖端顶部

图 10-20 优品与次品板栗 4 个不同部位的可见/近红外平均反射光谱图[45]

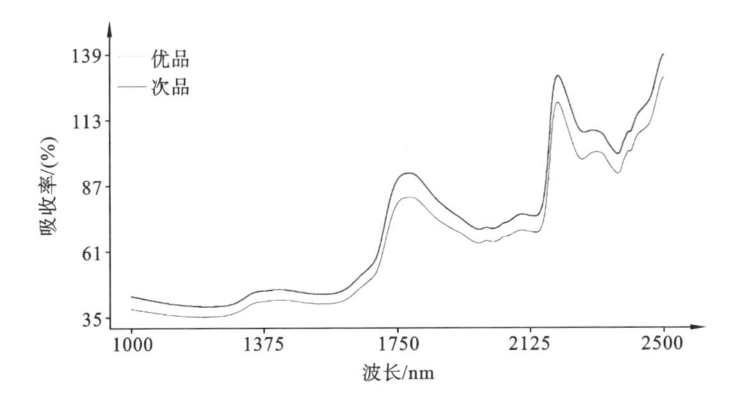

图 10-21　优品与次品板栗的近红外平均吸收光谱图[45]

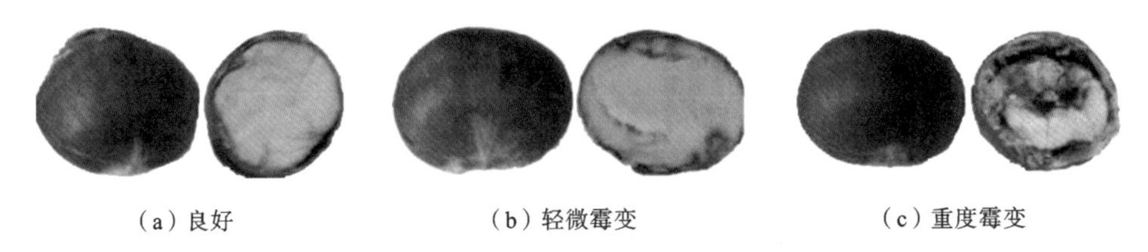

图 10-22　不同霉变程度的板栗[46]

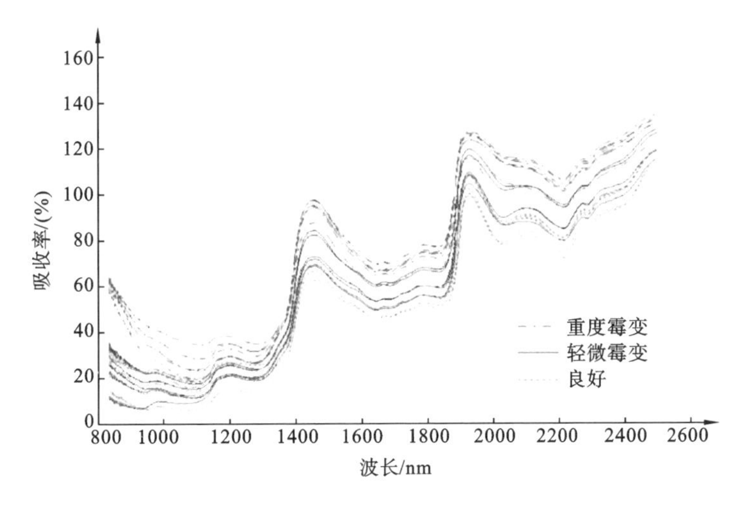

图 10-23　不同霉变程度板栗的吸收光谱图[46]

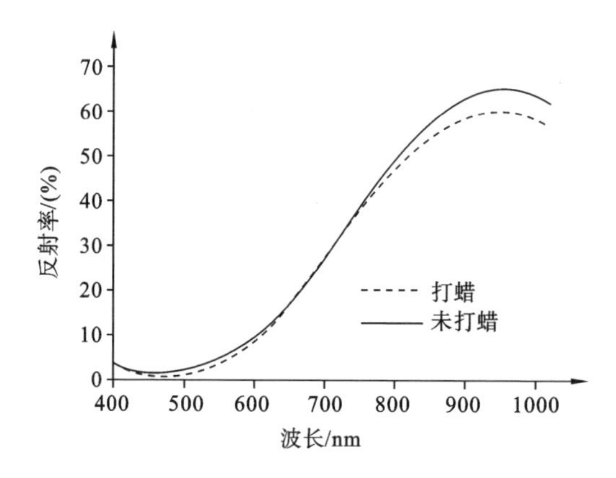

图 10-24　打蜡板栗和未打蜡板栗的光谱曲线[47]

nm、731.0 nm、952.1 nm、1023.3 nm 和 1026.5 nm。该研究建立的多元线性判别模型识别正确率是98.0%，表明该模型能够有效地区分打蜡板栗。

Nardecchia 等人[48]在意大利板栗主产区选取了 441 个样品，均直接购自种植户，不同地区（Vallerano、Solofra、Viterbo）板栗数量分别是 323 个、42 个和 76 个。根据欧盟标准 CE 2081/92，Vallerano 的板栗是 PDO 产品（受欧盟保护的最高认证质量的产品），其他 2 个地区的板栗为普通产品。由于板栗外形的特殊性，采集每个样品 6 个点（果皮 4 个点，种脐部 2 个点）的光谱数据。分别使用所有样品果皮 4 个点平均光谱数据和种脐部 2 个点平均光谱数据建立 PDO 板栗鉴别模型，结果表明，对种脐部光谱数据进行 2 阶导数和中心化后，取 PCA 前 10 个主成分建立的 PLS-DA 模型预测精度最高，正确率为 97.0%。

Park 等人[49]利用核磁共振技术检测韩国 Kong-ju 板栗果肉的可溶性固形物含量，检测样品为 42 个正常板栗和 18 个有缺陷板栗（发霉、腐烂和空心）。可溶性固形物含量由折射计测量，样品可溶性固形物含量在(17.52±2.13)°Brix 范围内。翻转复原脉冲序列和 CPMG 脉冲序列分别用于测量纵向弛豫时间 T_1 和横向弛豫时间 T_2。核磁共振数据和图像的灰度数据用于建立板栗果肉可溶性固形物含量 PLSR 模型，预测集决定系数、均方根误差分别是 0.77 和 1.41°Brix。对板栗核磁共振图像进行标准化、二值化、腐蚀、标记、缺陷识别和上色等处理，如图 10-25 所示，缺陷识别正确率为 94%。该研究表明，核磁共振技术能够预测板栗果肉的可溶性固形物含量和识别一些典型的外部缺陷。

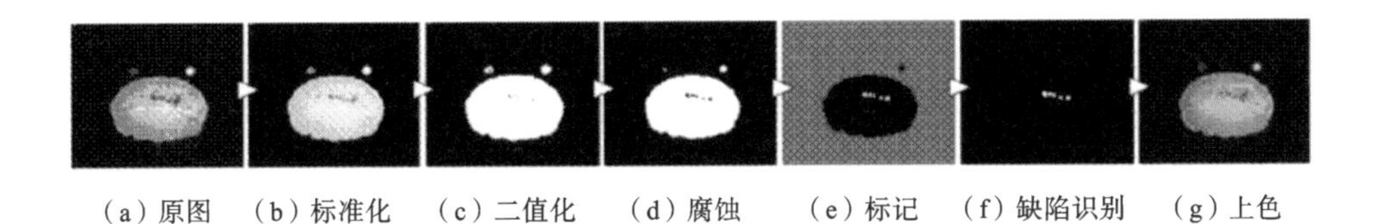

（a）原图　（b）标准化　（c）二值化　（d）腐蚀　（e）标记　（f）缺陷识别　（g）上色

图 10-25　板栗核磁共振图像处理过程[49]

10.3.2　榛子成分检测和品种鉴别

榛子的果实为黄褐色，接近球形，直径为 0.7～1.5 cm，成熟期在 9 月至 10 月。榛子是国际畅销的名贵干果，也是世界上四大干果(核桃、杏仁、榛子、腰果)之一。

产地不同、品种不同的榛子在外形、营养成分以及皮厚等方面均有差别。因此榛子品种的快速识别成为一些学者的研究热点。Manfredi 等人[50]从意大利的 Piedmont、Campania 和 Latium 选取了 60 个榛子。不同产地榛子分成 5 组，从每组中选择 2 个样品，将每个样品分成 2 个部分，在每个部分的 3 个不同位置记录光谱，共计 60 条光谱。利用不同预处理方法(基线漂移校正、SNV、1 阶导数、2 阶导数、MSC、SNV＋1 阶导数、MSC＋1 阶导数、MSC、SNV＋2 阶导数、MSC＋2 阶导数)对光谱数据进行处理后，建立不同分类模型(PCA-LDA、PLS-DA、BE-PLS-DA)。结果表明，SNV＋2 阶导数＋BE-PLS-DA 识别效果最好，交叉验证集的平均识别正确率为 98.18%，能够有效地识别榛子品种。Çetin 等人[51]以颜色(壳和果肉)、理化指标(干物质、蛋白质、原油、硬度等)、微量元素(锌、铜、锰、铁等)为评价指标，分析 6 个引进品种、3 个当地品种榛子的特征。不同于传统的测量方法，该研究中榛子的形状参数及尺寸参数均经过图像处理获得，测量效率和准确率大幅提升。

在销售时，带皮榛子的含水率应低于 12%，而不带皮榛子的含水率则应低于 6%。在采收期如果不控制榛子的含水率将会导致贮藏期榛子核致癌和感染黄曲霉毒素，过度干燥易使含水率太低，榛子核容易破裂且造成经济损失。Solar 等人[52]搭建了榛子介电特性测量系统，如图 10-26 所示。通过该系统可获得榛子的 8 种介电特性(阻抗、导纳、电阻、电容、介电常数、介电损耗系数、耗散系数和相位角)。研究表明，除阻抗和相位角外，所有介电特性均随榛子含水率的降低而降低。除相位角外，测量频率与所有介电特性之间均呈负相关。采用逐步回归筛选特征变量，建立了 6 种榛子含水率 MLR 预测模型，最优预测模型校

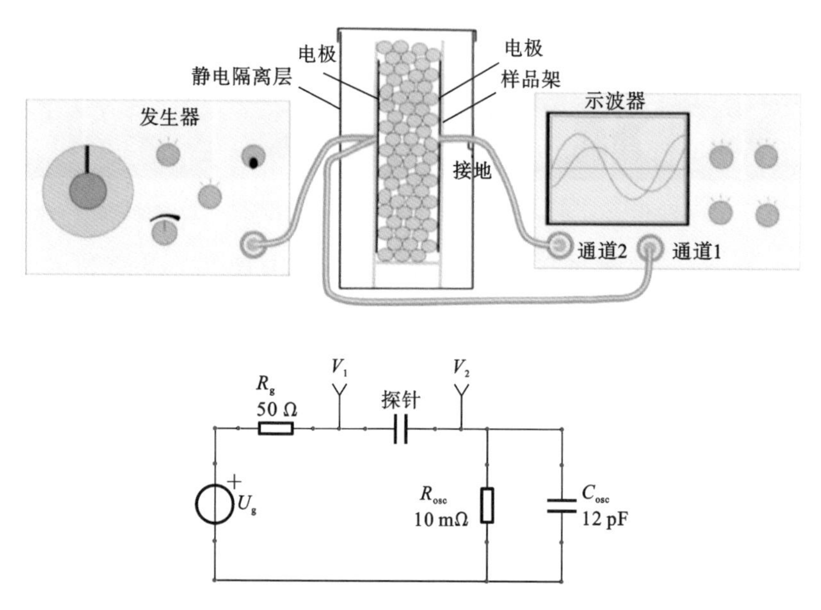

图 10-26　榛子介电特性测量系统[52]

正集的标准误差、决定系数和平均绝对误差分别是 0.39%、0.9978 和 0.23%。

10.3.3　开心果品质识别及分选

开心果果仁富含维生素、矿物质和抗氧化元素，具有低脂肪含量、低热量、高纤维含量的显著特点，对心脑血管疾病、老年人视网膜病变、抗衰老等具有医疗保健功效，是世界坚果市场十分畅销的保健休闲食品。

开心果品质主要指果壳是否开口、果仁大小和重量。Aktas 等人[53]制备了 Akbari(AK)和 Aghaei(AG)两个品种的开心果，各 800 个，每个品种均有 50% 的开心果未开口。该团队自行研发了开心果开口识别声音信号收集系统，如图 10-27 所示。将 1600 个开心果的 16 个频域信号、12 个时域信号分别和共同作为输入，建立 AK 和 AG 两个品种的开口识别模型。研究结果表明，将时域信号作为输入时，卷积神经网络(CNN)开心果开口识别模型的准确率是98.75%。Vidyarthi 等人[54]对开心果是否开口也进行了检测研究，研究了基于随机森林算法的开心果外形尺寸(果仁长度、面积)和重量的预测模型。随机森林算法用于标记开心果，从而计算其对应的像素点数。100 个开心果的平均测量长度(18.002 mm)与预测长度(18.608 mm)极为接近，单果重量的预测值与测量值在 95%置信区间内的预测残差为(0.036±0.004) g。

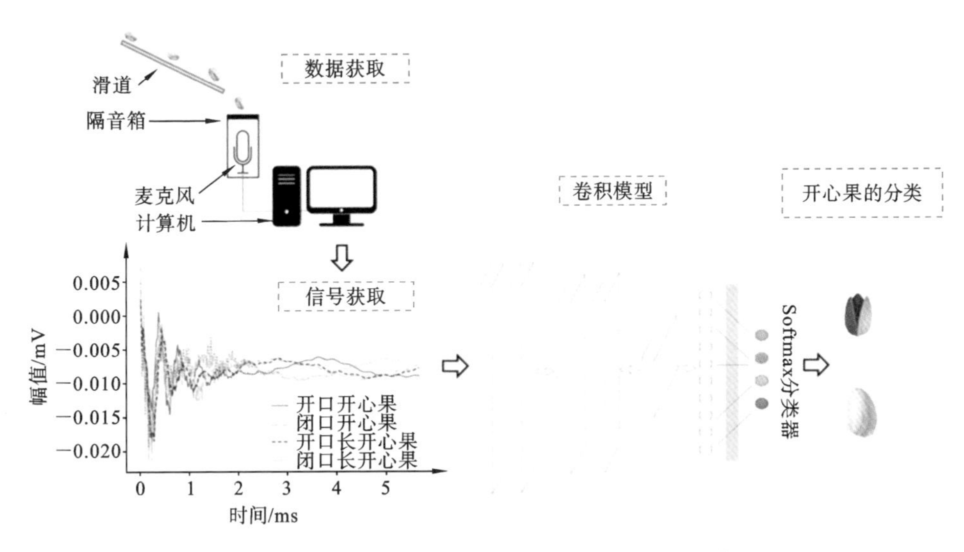

图 10-27　开心果开口识别声音信号收集系统[53]

开心果的产地和品种快速无损识别也是当前的研究热点。Özkan 等人[55]利用机器视觉技术和改进型的 kNN 分类算法识别了 2148 个开心果(1232 个 Kirmizi,916 个 Siirt)类别。该研究首先统计了两类开心果的 12 个形态特征和 4 个外形信息。分析结果表明,Kirmizi 开心果的形态特征值整体高于 Siirt 开心果的形态特征值,但是部分样品在数值上有重叠。为了准确识别两类开心果,该研究首先对 16 个特性参数进行 PCA 降维,分别建立了 kNN 预测模型和加权的 kNN 预测模型。研究结果表明,基于 PCA 的加权 kNN 模型能较好地识别 Kirmizi 和 Siirt 两类开心果,正确率为 94.81%。

此外,由于开心果价格偏高,其粉末状加工物经常掺有青豌豆粉末、菠菜粉末及花生粉末等,消费者权益因此受到侵害。关于开心果的掺假及安全性问题的研究也有报道。Aykas 等人[56]研究了基于中红外和近红外光谱技术的掺假识别模型。使用 SIMCA 识别开心果粉末中是否掺有青豌豆粉末和花生粉末,使用 PLSR 定量评价掺假程度。近红外 SIMCA 识别开心果粉末是否掺假的正确率为 100%,优于中红外识别模型;近红外 PLSR 掺假定量预测模型优于中红外预测模型,花生和青豌豆粉末掺假预测模型的均方根误差分别是 1.85% 和 0.75%。Genis 等人[57]利用近红外光谱技术定量预测了开心果粉末中青豌豆和菠菜粉末的掺假量。图 10-28 是三种粉末的近红外吸收光谱图,从图中可看出,纯开心果粉末在 1200 nm 处有明显的吸收峰,1050 nm 处的光谱能够识别青豌

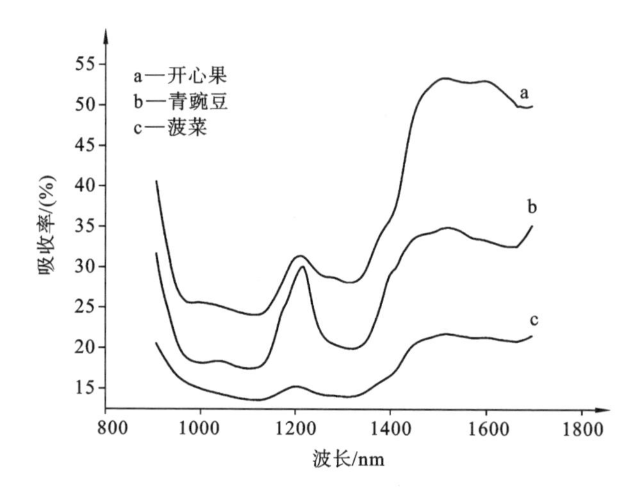

图 10-28　开心果、青豌豆和菠菜粉末近红外吸收光谱图[57]

豆粉末，1590 nm 处的光谱能够识别菠菜粉末。建立的 PCA 模型能完全识别开心果粉末中是否掺有其他粉末。

Wu 等人[58]搭建了开心果多点同时检测的激光诱导荧光光谱系统，采集了 300 个感染了不同浓度的黄曲霉毒素 B_1 开心果果仁的光谱。该系统如图 10-29 所示，主要包括激励源(360 nm 激光器，功率可调的电源)、扫描子系统(激发探头，感知探头)和荧光光谱仪等。图 10-30 是感知探头数量不同时感染 0.0005 μg/mL、0.001 μg/mL、0.02 μg/mL、0.03 μg/mL 和 0.05 μg/mL 黄曲霉毒素的开心果果仁荧光光谱图，感知探头数量不同时，光谱曲线形状大体一致，随着探头增多，曲线强度增大。该研究对比了感知探头数量不同时开心果果仁感染

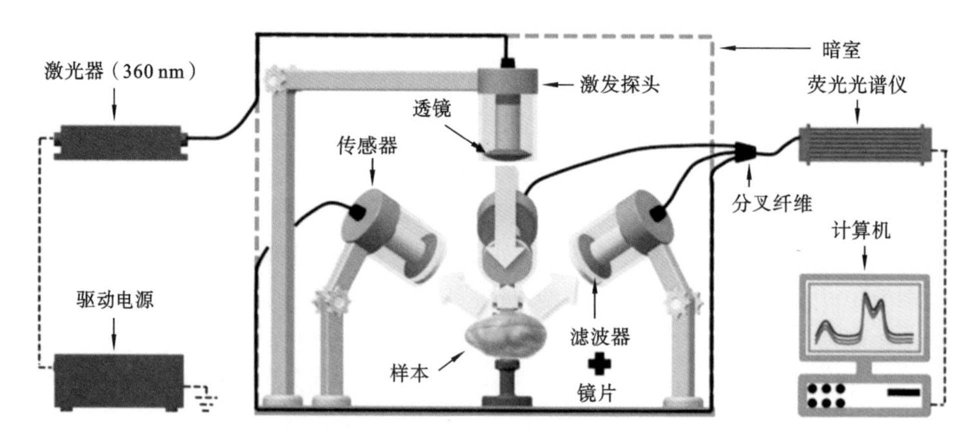

图 10-29　开心果多点同时检测的激光诱导荧光光谱系统[58]

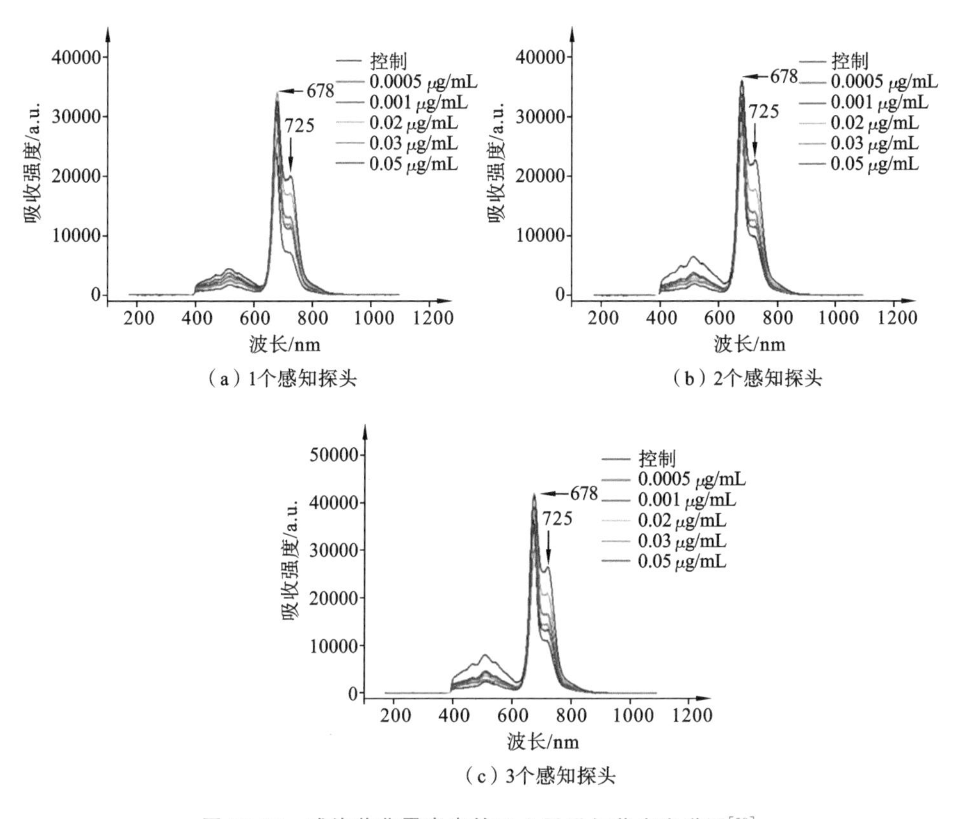

(a) 1个感知探头

(b) 2个感知探头

(c) 3个感知探头

图 10-30 感染黄曲霉毒素的开心果果仁荧光光谱图[58]

不同浓度黄曲霉毒素的 PLSR 和逐步多元线性回归(stepwise multiple linear regression, SMLR)模型,结果表明,在 174～1100 nm 范围内建立的 SMLR 模型预测效果最好,预测集均方根误差小于 0.00045 μg/mL。

Bonifazi 等人[59]开展了利用近红外高光谱成像系统识别开心果掺杂物的研究。高光谱成像系统检测对象包括可食用和不可食用开心果各 23 个,开心果果仁皮、开心果果壳和嫩枝各 13 个,小石头 14 块,共计 99 个样品。6 类不同样品的平均光谱曲线如图 10-31 所示,由于小石头的成分不含有 C—H、N—H 和 C—O 等化学键,其反射光谱曲线形状与其他 5 类样品不同。对比掺杂物识别模型,其中 PCA-kNN 识别效果最佳,识别可食用开心果、不可食用开心果、开心果果仁皮、开心果果壳、嫩枝和小石头的敏感度分别是 0.94、0.89、0.91、0.97、0.92 和 0.99。研究结果表明,近红外高光谱成像技术是识别开心果掺杂物的有效手段,具有较高的可靠性和鲁棒性。

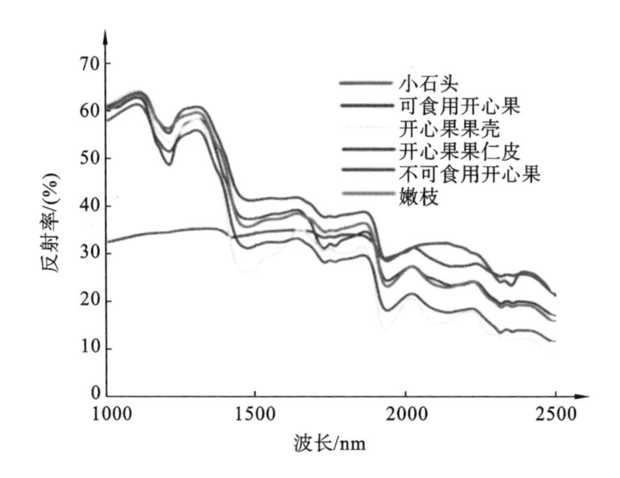

图 10-31　开心果及其掺杂物近红外平均光谱曲线[59]

参考文献

[1] 汪静静，闫述模，杨滨. 近红外光谱技术对人参药材人参皂苷含量测定及产地识别的研究[J]. 光谱学与光谱分析，2015，35(7)：1885-1888.

[2] CHEN H，TAN C，LIN Z. Identification of ginseng according to geographical origin by near-infrared spectroscopy and pattern recognition[J]. Vibrational Spectroscopy，2020，110：103149.

[3] 赵上勇，周志明，宋超，等. 基于 LIBS 技术人参样品聚类分析及重金属检测研究[J]. 光谱学与光谱分析，2020，40(8)：2629-2633.

[4] 董鹏凯，赵上勇，郑柯鑫，等. 激光诱导击穿光谱技术结合神经网络和支持向量机算法的人参产地快速识别研究[J]. 物理学报，2021，70(4)：040201.

[5] 李梦，张小波，刘绍波，等. 部分可解释机器学习方法的高光谱人参产地识别和分析[J]. 光谱学与光谱分析，2022,42(4)：1217-1221.

[6] KANDPAL L M，LEE J，BAE H，et al. Near-infrared transmittance spectral imaging for nondestructive measurement of internal disorder in Korean ginseng[J]. Sensors，2020，20(1)：273-283.

[7] INAGAKI T，KATAYAMA N，CHO R K，et al. Near infrared estimation of concentration of ginsenosides in Asian ginseng[J]. Journal of Near Infrared Spectroscopy，2019，27(2)：115-122.

[8] ARSLAN M, ZOU X B, HU X T, et al. Near infrared spectroscopy coupled with chemometric algorithms for predicting chemical components in black goji berries (*Lycium ruthenicum* Murr.)[J]. Journal of Near Infrared Spectroscopy, 2018, 26(5): 275-286.
[9] ZHANG C, WU W Y, ZHOU L, et al. Developing deep learning based regression approaches for determination of chemical compositions in dry black goji berries (*Lycium ruthenicum* Murr.) using near-infrared hyperspectral imaging[J]. Food Chemistry, 2020, 319: 126536.
[10] 李亚惠,李艳肖,谭伟龙,等. 基于近、中红外光谱法融合判定黑果枸杞产地及品质信息[J]. 光谱学与光谱分析, 2020, 40(12): 3878-3883.
[11] 杜敏,巩颖,林兆洲,等. 样品表面近红外光谱结合多类支持向量机快速鉴别枸杞子产地[J]. 光谱学与光谱分析, 2013, 33(5): 1211-1214.
[12] SHEN T T, ZOU X B, SHI J Y, et al. Determination geographical origin and flavonoids content of goji berry using near-infrared spectroscopy and chemometrics[J]. Food Analytical Methods, 2016, 9(1): 68-79.
[13] LI Y H, ZOU X B, SHEN T T, et al. Determination geographical origin and anthocyanin content of black goji berry (*Lycium ruthenicum* Murr.) using near-infrared spectroscopy and chemometrics[J]. Food Analytical Methods, 2017, 10: 1034-1044.
[14] 王磊,覃鸿,李静,等. 近红外高光谱图像的宁夏枸杞产地鉴别[J]. 光谱学与光谱分析, 2020, 40(4): 1270-1275.
[15] 赵凡,闫昭如,薛建新,等. 高光谱无损识别野生和种植黑枸杞[J]. 光谱学与光谱分析, 2021, 41(1): 201-205.
[16] 赵凡,闫昭如,宋海燕. 应用高光谱鉴别黑枸杞和唐古特白刺果[J]. 光谱学与光谱分析, 2021, 41(7): 2240-2244.
[17] LI Q, YU X Z, XU L R, et al. Novel method for the producing area identification of Zhongning goji berries by electronic nose[J]. Food Chemistry, 2017, 221: 1113-1119.
[18] TANG N Q, SUN J, XU M, et al. Identification of fumigated and dyed *Lycium barbarum* by hyperspectral imaging technology[J]. Journal of Food Process Engineering, 2022, 45(2): e13950.
[19] 卢伟,蔡苗苗,张强,等. 高光谱和集成学习的黑枸杞快速分级方法[J].

光谱学与光谱分析，2021，41(7)：2196-2204.

[20] 于慧春，王润博，殷勇，等. 基于信息熵的枸杞分级高光谱图像特征波长选择方法[J]. 食品科学，2017，38(20)：292-299.

[21] 杨南林，程冀宇，吴永江. 中药材三七中皂苷类成分的近红外光谱快速无损分析新方法[J]. 化学学报，2003，61(3)：393-398.

[22] 李运，徐福荣，张金渝，等. FTIR 结合化学计量学对三七产地鉴别及皂苷含量预测研究[J]. 光谱学与光谱分析，2017，37(8)：2418-2423.

[23] SHI L，LI L X，ZHANG F J，et al. Nondestructive detection of *Panax notoginseng* saponins by using hyperspectral imaging[J]. International Journal of Food Science + Technology，2022，57(7)：4537-4546.

[24] 李运，张雯，刘飞，等. FTIR 结合 SVR 对三七总多糖含量快速预测[J]. 光谱学与光谱分析，2018，38(6)：1696-1701.

[25] 李运，张雯，徐福荣，等. 红外光谱结合化学计量学对三七总黄酮含量的快速预测研究[J]. 光谱学与光谱分析，2017，37(1)：70-74.

[26] 王元忠，钟贵，张雯，等. 紫外指纹图谱结合化学计量学对不同产地中药三七的鉴别研究[J]. 光谱学与光谱分析，2016，36(6)：1789-1793.

[27] 刘飞，王元忠，杨春艳，等. 红外光谱结合判别分析对三七道地性及产地的鉴别研究[J]. 光谱学与光谱分析，2015，35(1)：108-112.

[28] DONG J E，WANG Y，ZUO Z T，et al. Deep learning for geographical discrimination of *Panax notoginseng* with directly near-infrared spectra image[J]. Chemometrics and Intelligent Laboratory Systems，2020，197：103913.

[29] LI B，YIN H，YANG A K，et al. Detection of adulteration of *Panax notoginseng* powder by terahertz technology[J]. Journal of Spectroscopy，2020，2020:7247941.

[30] LIU P，WANG J，LI Q，et al. Rapid identification and quantification of *Panax notoginseng* with its adulterants by near infrared spectroscopy combined with chemometrics[J]. Spectrochimica Acta Part A：Molecular and Biomolecular Spectroscopy，2019，206：23-30.

[31] BIAN X H，ZHANG R L，WANG J，et al. Rapid quantification of adulterated *Panax notoginseng* powder by ultraviolet-visible diffuse reflectance spectroscopy combined with chemometrics[J]. Chinese Journal of

Analytical Chemistry，2022，50(3)：100055.

[32] YANG X D，SONG J，PENG L，et al. Improving identification ability of adulterants in powdered *Panax notoginseng* using particle swarm optimization and data fusion [J]. Infrared Physics & Technology，2019，103：e103101.

[33] CHEN H，TAN C，LIN Z，et al. Quantifying several adulterants of notoginseng powder by near-infrared spectroscopy and multivariate calibration[J]. Spectrochimica Acta Part A：Molecular and Biomolecular Spectroscopy，2018，211：280-286.

[34] ZHANG F J，SHI L，LI L X，et al. Nondestructive detection for adulteration of *Panax notoginseng* powder based on hyperspectral imaging combined with arithmetic optimization algorithm-support vector regression[J]. Journal of Food Process Engineering，2022，45(9)：e14096.

[35] YANG X D，LI G L，SONG J，et al. Rapid discrimination of notoginseng powder adulteration of different grades using FT-MIR spectroscopy combined with chemometrics[J]. Spectrochimica Acta Part A：Molecular and Biomolecular Spectroscopy，2018，205：457-464.

[36] 姚焱，陈绮洁，张平，等. 何首乌及其提取物的漫反射和衰减全反射红外光谱研究[J]. 光谱学与光谱分析，2013，33(1)：88-91.

[37] 林艳，夏伯候，李春，等. 中红外光谱结合模式识别快速鉴别生/制首乌[J]. 光谱学与光谱分析，2021，41(12)：3708-3711.

[38] 喻义珠，俞春涛. 优质食用菌[M]. 南京：江苏科学技术出版社，2008.

[39] 杨天伟，张雯，李杰庆，等. 红外光谱法对牛肝菌种类鉴别及镉含量预测研究[J]. 光谱学与光谱分析，2017，37(9)：2730-2736.

[40] 朱哲燕，张初，刘飞，等. 基于中红外光谱分析技术的香菇产地识别研究[J]. 光谱学与光谱分析，2014，34(3)：664-667.

[41] DENG J W，LIU Y H，XIAO X Q. Deep-learning-based wireless visual sensor system for shiitake mushroom sorting [J]. Sensors，2022，22(12)：4606.

[42] 陈红，夏青，左婷，等. 基于纹理分析的香菇品质分选方法[J]. 农业工程学报，2014，30(3)：285-292.

[43] 朱哲燕，刘飞，张初，等. 基于中红外光谱技术的香菇蛋白质含量测定

[J]. 光谱学与光谱分析, 2014, 34(7): 1844-1848.
[44] 卢洁, 田婧, 梁振华, 等. 近红外光谱法快速测定香菇总糖含量[J]. 食品科学, 2021, 42(12): 189-194.
[45] BEDINI G, NALLAN S, CHAKRAVARTULA N, et al. Feasibility of FT-NIR spectroscopy and Vis/NIR hyperspectral imaging for sorting unsound chestnuts[J]. Italus Hortus, 2020, 27(1): 3-18.
[46] LIU J, LI X Y, WANG W, et al. Application of support vector machine in identifying inside moldy chestnut using near infrared spectroscopy[J]. Applied Mechanics and Materials, 2014, 615: 169-172.
[47] LI B C, HOU B L, ZHOU Y, et al. Detection of waxed chestnuts using visible and near-infrared hyper-spectral imaging[J]. Food Science and Technology Research, 2016, 22(2): 267-277.
[48] NARDECCHIA A, PRESUTTO R, BUCCI R, et al. Authentication of the geographical origin of "Vallerano" chestnut by near infrared spectroscopy coupled with chemometrics[J]. Food Analytical Methods, 2020, 13: 1782-1790.
[49] PARK S H, NOH S H, MCCARTHY M J, et al. Internal quality evaluation of chestnut using nuclear magnetic resonance[J]. International Journal of Food Engineering, 2021, 17(1): 57-63.
[50] MANFREDI M, ROBOTTI E, QUASSO F, et al. Fast classification of hazelnut cultivars through portable infrared spectroscopy and chemometrics[J]. Spectrochimica Acta Part A: Molecular and Biomolecular Spectroscopy, 2018, 189: 427-435.
[51] ÇETIN N, YAMAN M, KARAMAN K, et al. Determination of some physicomechanical and biochemical parameters of hazelnut (*Corylus avellana* L.) cultivars[J]. Turkish Journal of Agriculture and Forestry, 2020, 44: 439-450.
[52] SOLAR M, SOLAR A. Non-destructive determination of moisture content in hazelnut (*Corylus avellana* L.)[J]. Computers and Electronics in Agriculture, 2016, 121: 320-330.
[53] AKTAS H, KIZILDENIZ T, ÜNAL Z. Classification of pistachios with deep learning and assessing the effect of various datasets on accuracy[J].

Journal of Food Measurement and Characterization, 2022, 16: 1982-1996.

[54] VIDYARTHI S K, TIWARI R, SINGH S K, et al. Prediction of size and mass of pistachio kernels using random forest machine learning[J]. Journal of Food Process Engineering, 2020,43(9): e13473.

[55] ÖZKAN I A, KÖKLÜ M, SARACOGLU R. Classification of pistachio species using improved k-NN classifier[J]. Progress in Nutrition, 2021, 23(2): e2021044.

[56] AYKAS D P, MENEVSEOGLU A. A rapid method to detect green pea and peanut adulteration in pistachio by using portable FT-MIR and FT-NIR spectroscopy combined with chemometrics[J]. Food Control, 2021, 121: 107670.

[57] GENIS H E, DURNA S, BOYACI I H. Determination of green pea and spinach adulteration in pistachio nuts using NIR spectroscopy[J]. LWT-Food Science and Technology, 2021, 136: 110008.

[58] WU Q F, XU H R. Application of multiplexing fiber optic laser induced fluorescence spectroscopy for detection of aflatoxin B_1 contaminated pistachio kernels[J]. Food Chemistry, 2019, 290: 24-31.

[59] BONIFAZI G, CAPOBIANCO G, GASBARRONE R, et al. Contaminant detection in pistachio nuts by different classification methods applied to short-wave infrared hyperspectral images[J]. Food Control, 2021, 120: 108202.

第 11 章
农产品智能检测与分级技术的应用与发展

11.1 农产品产销链中的应用

在 21 世纪，随着信息技术和互联网的发展，生产和运输技术的进步使农产品的需求和供应不再局限于某个国家或某些地区。确保农产品的完整性、安全性、多样性及其相关信息的可视化已势在必行。随着消费者消费观念的改变和需求的不断增加，仅强调“质量”和“价格满意”的营销方式已经不能满足消费者的要求。因此，应有效监控农产品的流通和供应过程，以确保优良的品质[1]。在全球化和竞争激烈的市场中，无论是在发展中国家还是在发达国家，农产品销售公司非常注重在产品和技术方面进行创新。在农产品优质高效生产和多样化消费双重因素推动下，农产品物流区域越来越大，销售的物理距离也越来越远[2]。由于农产品流通环节多、渠道长、成本高，我国农业目前面临转型的压力，为应对未来的市场变化和成本的不断提高，加上消费者对农产品品质的日益重视，农产品智能检测与分级已经成为重要的研究和讨论话题[3]。如图 11-1 所示，农产品产销链全过程实现智能检测与分级，不仅有利于扩大出口市场，也有利于保障我国消费者的饮食、生活安全。

农产品从生产到餐桌，要经历生长、采收、分选、运输、销售到购买这样一个过程。在此过程中，保证各环节的产品品质是十分重要的，这关系到消费者的饮食安全以及生命健康[4]。传统的食品品质的分析、检验主要采用感官评定以及仪器分析方法。感官评定方法主观性强，容易受外界因素影响，结果的准确度和重复性不够稳定；传统的仪器分析方法虽然技术成熟，但是由于成本高以及无法现场检验，不能做到农产品的实时分级以及在销售、运输过程中品质的实时监测[5]。因此，对于农产品品质的监管，迫切需要一种快速、无损、实时的检测手段。随着农产品智能检测与分级技术的发展，数字化、智能化监控产销链中农产品的品质变化将成为可能。

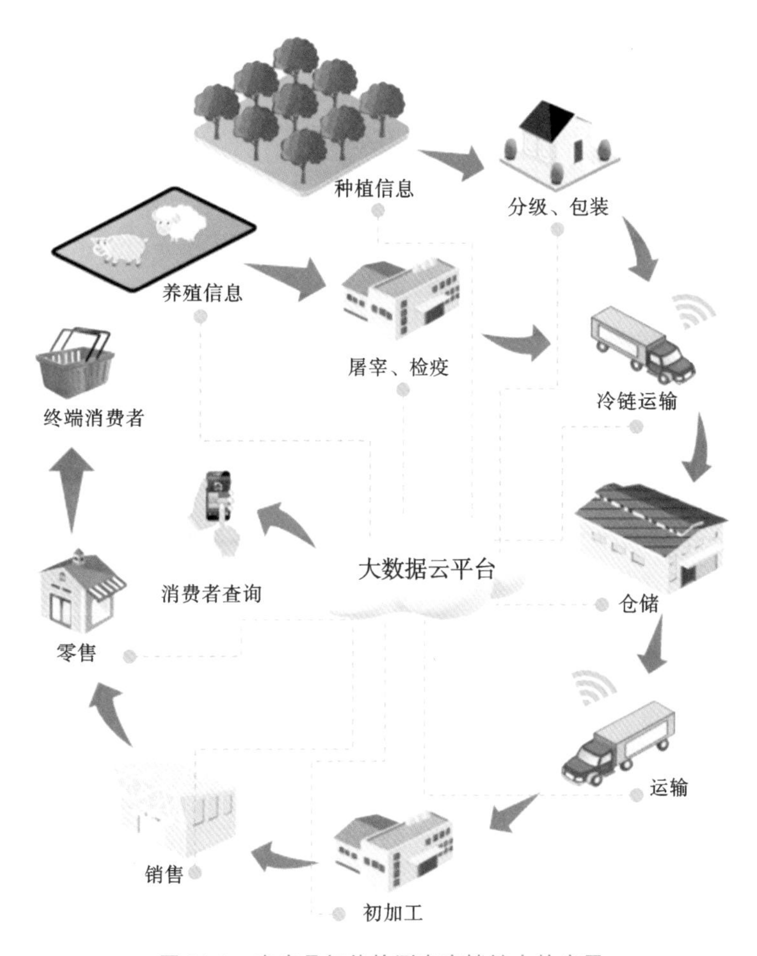

图 11-1 农产品智能检测在产销链中的应用

11.1.1 农产品生产过程中的应用

农产品分为植物性农产品和动物性农产品。对于植物性农产品而言，其内外部品质的检测有十分重要的意义，不仅可以帮助消费者快速判断产品的品质，也可以快速、无损地检测出产品是否有病害。这一方面节省了人工挑选的时间，另一方面也节省了消费者的购物时间。动物性农产品的检测，主要是指畜禽制品的品质检测，如针对肉品是否掺假、是否注水、各个品质参数、品级划分等方面的检测，以保障人们的饮食安全。

1. 果蔬内外部品质检测

赵龙莲等人[6]基于近红外稳态空间分辨技术，设计了一种苹果病变检测系统。该系统选用波长为830 nm的半导体激光器作为光源，选择感光面积大、感光灵敏的光电探测器以实现苹果内部病变无损检测。其检测原理基于漫射近似理论，当近红外光垂直入射到半无限大介质表面时，可以认为组织体内光的分布是和时间无关的一种稳态分布，因为组织体的吸收和散射作用，漫反射率会随着光源与检测点之间距离的增大而下降，因此通过测量不同空间位置处光强随距离变化的关系，能反演解析出生物组织的吸收、散射信息。而吸收系数和散射系数表征组织体吸收和散射能力，吸收系数和散射系数的变化反映出了组织体内部品质的变化，由此苹果内部病变就可以通过组织体光学参数的变化体现出来。

使用近红外光照射正常苹果和不同腐败程度的苹果，然后采集从正常苹果和不同腐败程度的苹果中透射出来的光(后称“出射光”)，出射光能量谱如图11-2所示。当苹果内部发生病变时，果肉组织中的酚类物质在酚酶的催化下生成醌类物质、水及其他聚合物，氧气的大量进入，打破了苹果原本的氧化还原动态平衡，导致醌类物质大量积累，苹果内部组织因此呈现较深的颜色，即发生褐变。用近红外光对发生病变的苹果样品进行照射时，较深颜色的醌类物质吸收更多光量子，使得出射光的能量明显低于正常苹果样品的出射光的能量。因此，内部发生病变苹果的吸收系数通常大于正常苹果的吸收系数。

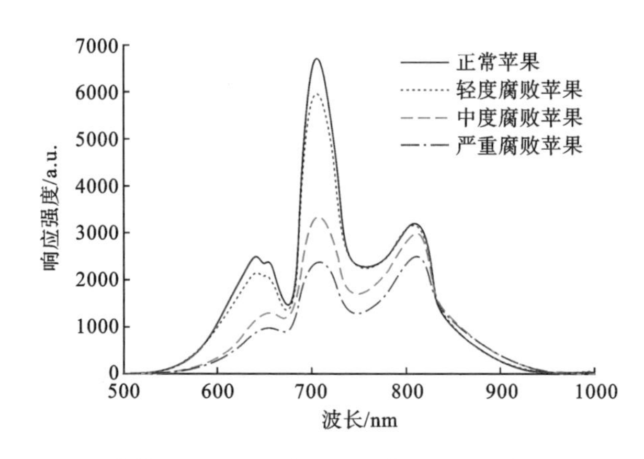

图11-2　正常苹果与不同腐败程度的苹果样品的出射光能量谱[6]

以红富士和黄元帅这两个品种的苹果作为样品，设计苹果病变替换试验，根据系统测得的样品吸光度对正常苹果和病变苹果进行聚类分析，聚类结果表明，该苹果病变检测系统可以较好地区分正常苹果与病变苹果。试验结果表明，所设计的基于近红外稳态空间分辨检测技术的苹果病变检测系统能够用于苹果的内部病变检测。

近年来，计算机视觉技术发展迅速，许多学者将其应用于果蔬病害和表面缺陷的识别。在基于深度学习的果蔬病害识别方法上，涌现出了许多成熟的深度学习网络，例如深度置信网络（deep belief network，DBN）、卷积神经网络（CNN）、循环神经网络（recurrent neural network，RNN）、胶囊网络（capsule network，CapsNet）等[7]。

李小占等人[8]针对人工检测哈密瓜表面缺陷效率低等问题，利用卷积神经网络（CNN）对哈密瓜表面缺陷进行快速检测。利用相机在黑箱中采集正常、发霉、晒伤以及有裂纹的哈密瓜样品图像（见图 11-3），各类哈密瓜样品数量不均、数量过小均会影响模型训练效果，可能出现模型过拟合、训练后的模型泛化能力差等问题，会降低模型的使用能力。为了在有限的数据下得到更好的分类效果，往往需要使用数据增强的方式，即通过旋转图像、加入噪声、仿射变换等方式增大数据量。

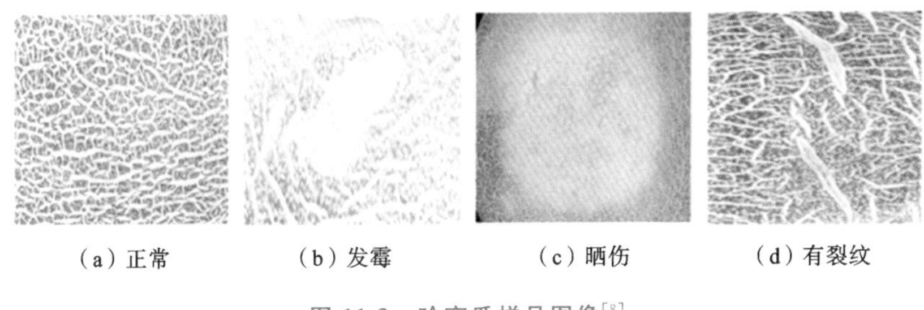
（a）正常　（b）发霉　（c）晒伤　（d）有裂纹

图 11-3　哈密瓜样品图像[8]

首先对原始图像进行主成分分析（PCA）、奇异值分解（singular value decomposition，SVD）和二值化等预处理，然后对预处理后的图像进行数据增强。

将图像输入自行搭建的类似 VGG 网络、VGG-16、AlexNet 等模型分别进行训练。该试验对预处理前后图像分别进行训练，预处理前后图像均为 10000 幅，每个类别 2500 幅，其中 2000 幅用于制作训练集，500 幅用于制作测试集。改进的类似 VGG 卷积神经网络结构如图 11-4 所示。

在数据预处理前进行训练时，AlexNet 模型在学习率为 0.001 且迭代次数为 500 时效果最佳，训练集准确率为 99.69%，测试集准确率为 96.52%；在数据预处理后进行训练时，改进的类似 VGG 模型在学习率为 0.001 且迭代次数为 500 时效果最佳，训练集准确率为 100.00%，测试集准确率为 97.14%。研究结果表明，利用深度学习技术检测哈密瓜表面缺陷是可行的，也为深度学习

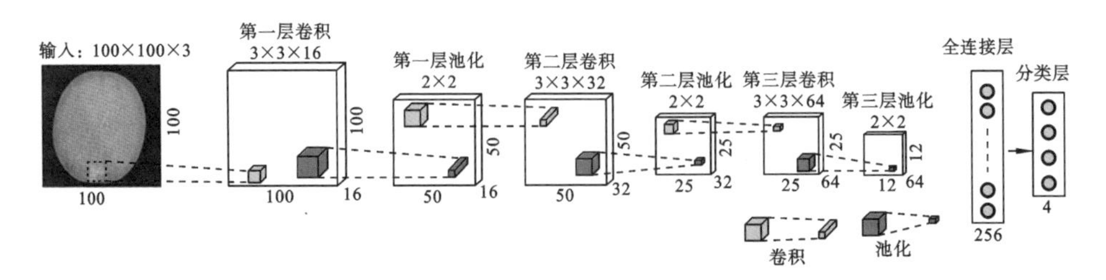

图 11-4　改进的类似 VGG 卷积神经网络结构[8]

技术用于其他果蔬的病害检测提供了一定的理论支持和技术参考。

武振超等人[9]基于 DeepLabV3＋模型，搭建了对水培生菜异常叶片的分割及自动分级的机器分级系统，满足实际生产中自动分拣含有异常叶片的水培生菜的需求。其利用语义分割 DeepLabV3＋深度学习网络实现异常叶片检测，再根据不同的检测结果，控制分级机构执行相应的分级动作。

图 11-5 展示了这一检测与分级过程，首先是利用图像采集设备进行图像采集，然后经过 DeepLabV3＋模型进行图像分割，识别所采集的图像是否包含异常叶片，最后对识别出来的异常叶片进行自动分拣，和正常的叶片区分开来。

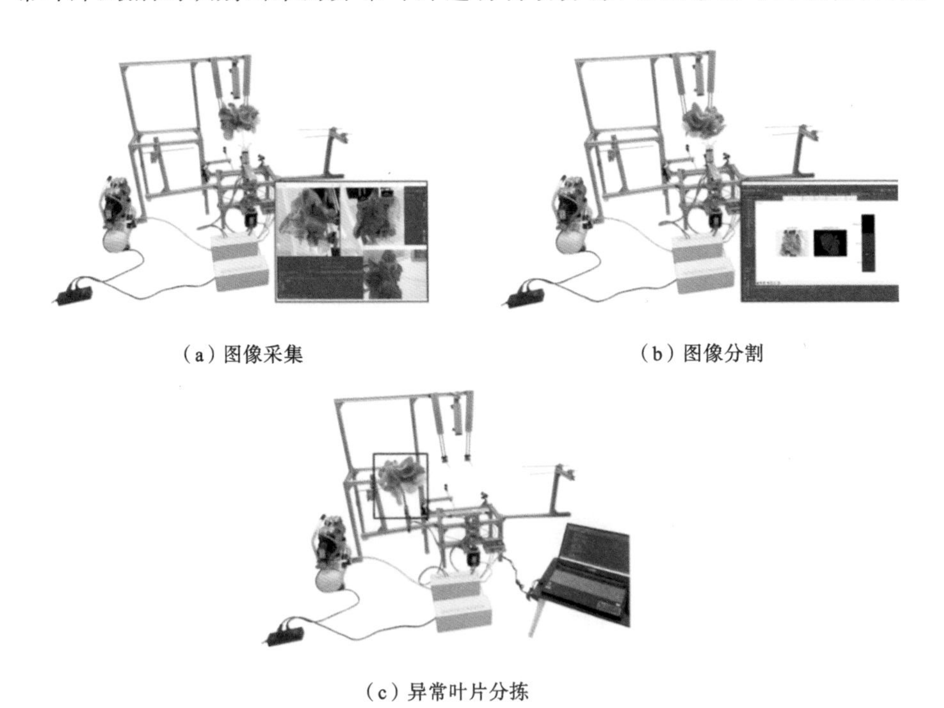

(a) 图像采集　　(b) 图像分割

(c) 异常叶片分拣

图 11-5　机器分级系统的检测与分级过程示意图[9]

这一技术大幅提升了机械化分选的程度，为果蔬产品的检测与分级提供了一定的理论支持和参考价值。

人工智能技术不仅在果蔬病害检测上有着广泛的应用，在其内部品质如可溶性固形物含量(SSC)、酸度、硬度等指标的检测上，也有着十分广泛的应用。乔鑫等人[10]基于可见/近红外光谱技术设计了手机联用的苹果糖度便携式检测装置，通过优选特征波段确定适合苹果糖度检测的波段范围及光学传感器，并通过与手机的联用完成苹果糖度的高效、无损检测。

2. 畜禽制品品质检测

白宗秀等人[11]利用高光谱技术结合特征变量筛选方法，针对羊肉糜中狐狸肉掺假识别进行了相关研究。采集样品光谱信息的平台如图 11-6 所示。

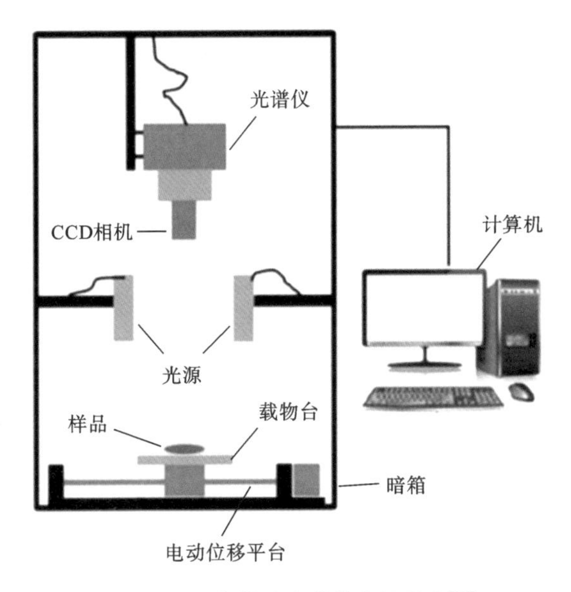

图 11-6　采集样品光谱信息的平台[11]

首先利用 CCD 相机获取样品的图像，再利用图像分割算法对采集到的图像划分出感兴趣区域(ROI)，并提取各样品代表性光谱信息，主要目的是去除背景和噪声点，利用波段加法运算和掩模处理去除样品中明显的脂肪与亮点，得到样品纯肌肉部分，以此作为样品 ROI，提取 ROI 内所有像素点平均光谱作为样品代表性光谱数据。每个样品的光谱包含 953 个波长，小于 473 nm 波长的光谱噪声较大，剔除掉这部分光谱信息，选择 473～1013 nm 范围内的全部 846 个波长进行特征波长的筛选及后续分析。

羊肉中掺杂的狐狸肉量不同，对应的光谱也有差异，如图 11-7 所示。采用 1 阶导数对其原始光谱进行预处理，再利用遗传算法（GA）和竞争性自适应重加权采样（CARS）算法筛选其特征波长，然后利用二维相关光谱分析（two-dimensional correlation spectroscopy，2D-COS）方法最终得到 14 个特征波长用于建立支持向量回归（SVR）模型。试验结果显示，其相对分析误差为 4.85，校正集、交叉验证集和预测集的决定系数分别为 0.976、0.950 和 0.928，均方根误差分别为 0.99%、3.03%和 3.00%。该研究为肉类掺假检测提供了一定的技术参考。

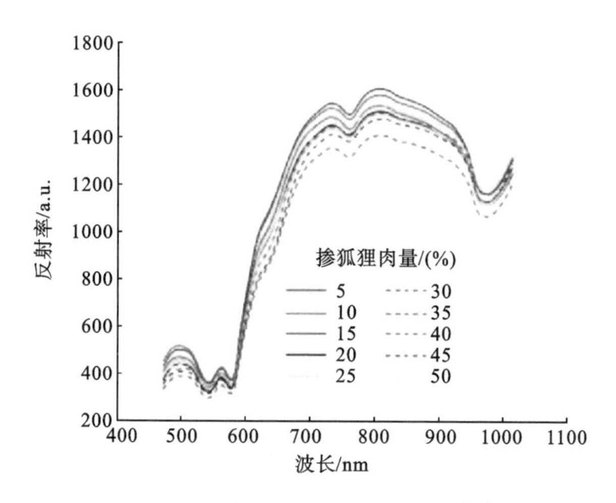

图 11-7 掺假肉品的光谱曲线图[11]

为实现注水肉快捷、有效的识别，於海明等人[12]以猪肉为研究对象，利用高光谱技术实现了对正常肉和注水肉的识别。其分析了注水肉和正常肉的光谱特征，通过傅里叶变换的方法，提取了正常肉和注水肉样品的频谱特征参数；然后基于样品的全光谱、特征光谱和频谱特征参数，分别建立正常肉和注水肉的支持向量机（SVM）和 BP 神经网络分类识别模型，并利用验证集对模型性能进行试验验证。

首先，采用 Hyper SIS 型高光谱成像仪进行样品的光谱采集，再人工提取感兴趣区域，为了使感兴趣区域内得出的平均光谱参数值更具有代表性，在人工提取感兴趣区域时避开了被测样品的脂肪和结缔组织。图 11-8 展示了正常肉和注水肉的平均光谱曲线，可以明显看出，注水肉的反射率高于正常肉的反射率，这很可能是由于注水肉的含水率高，造成反射强度大，由于含水率的差异，光谱曲线呈现出显著的差异，这表明，通过分析猪肉样品的特征光谱，可以

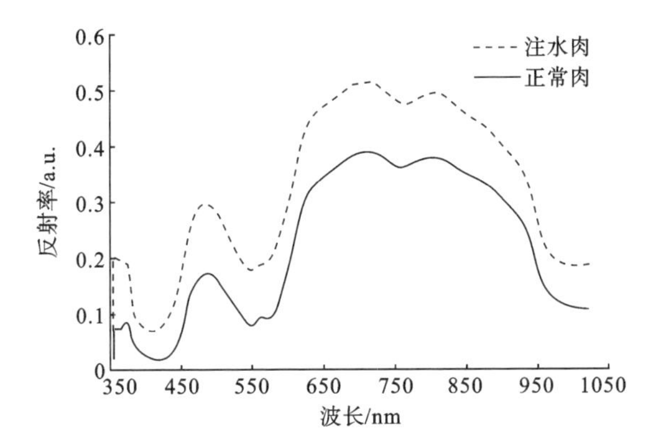

图 11-8　正常肉和注水肉的平均光谱曲线[12]

对正常肉和注水肉进行区分。

为了探究能否通过猪肉样品的频谱区分正常肉和注水肉，该团队随后又采用多元散射校正方法对每个样品数据进行预处理，从而进行频谱分析，计算出每个样品的频谱特征参数，得到正常肉和注水肉频谱图，如图 11-9 所示。

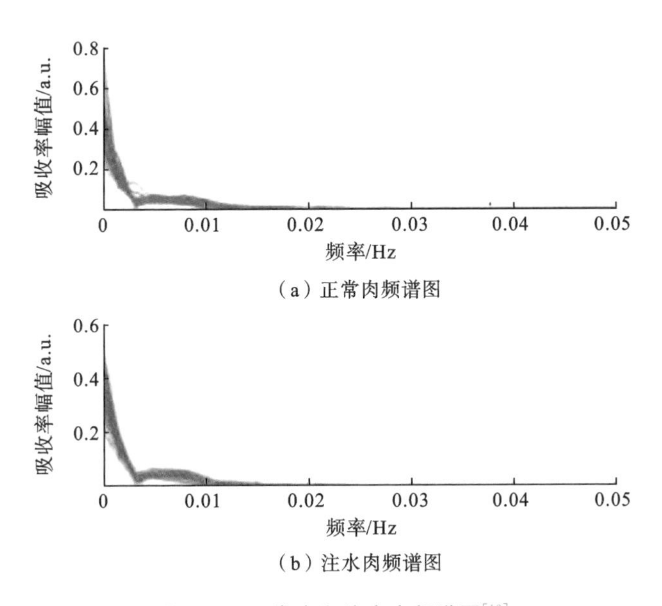

图 11-9　正常肉和注水肉频谱图[12]

从频谱图中可以明显看出，正常肉的吸收率幅值主要在 0.2 至 0.8 之间，注水肉的吸收率幅值则主要在 0.2 至 0.5 之间，二者之间有一定的差异，但差异并不明显。随后将 358～1021 nm 范围内的 616 个波长进行等间隔分段，以

28个波长为1段，一共分为22段。对每一段波长频谱特征参数的最小值、最大值、平均值和标准差进行统计计算，得到22个波段内的88个特征参数。然后将图11-9中每个样品在各个频率段内的吸收率幅值进行求和，得到每个样品的频谱特征参数。最后将样品的全光谱、特征光谱和频谱特征参数分别输入支持向量机和BP神经网络中建立判别模型，并采用一批全新的样品进行模型验证。判别效果最好的模型为基于频谱特征参数的BP神经网络模型，其判别正确率可达98.8%。该研究表明，高光谱技术可以对注水猪肉进行快速而有效的检测。

11.1.2 农产品销售过程中的应用

农产品经过采收、分选之后，还要经过贮藏、运输、销售环节，才能到达消费者手中。在整个销售过程中，确保产品的品质是十分重要的。近年来，近红外光谱技术、高光谱技术、荧光光谱技术以及机器学习、深度学习等技术在农产品品质检测上得到广泛应用。例如，高光谱技术对肉品品质的检测[13-15]、荧光光谱技术对冷冻肉新鲜度的检测[16]、深度学习技术对冷冻肉及冷鲜肉的识别[17]、近红外光谱及机器学习技术对果蔬新鲜度的预测[18]等。

1. 销售过程中肉品品质变化监控

肉品在我国膳食结构中占有重要的地位，但是，肉品在贮藏、运输以及销售的过程中，会因为腐败变质影响其食用安全[19]。所以，需要对肉品品质进行监控。评价肉品品质的关键指标有挥发性盐基氮（TVB-N）含量、菌落总数（TVC）[20]、嫩度、色泽、水分含量、脂肪含量、蛋白质含量等。

宋育霖等人[21]利用400～1000 nm高光谱技术结合洛伦兹函数探究了预测生鲜猪肉菌落总数的可行性，验证集相关系数大于0.85。Huang等人[22]利用450～900 nm高光谱技术建立了猪肉TVC的反向传播人工神经网络（BP-ANN）预测模型，R_p^2达到0.8308。庄齐斌等人[13]利用可见-短波近红外高光谱反射技术采集猪肉高光谱数据，采用基于多元散射校正建立的TVB-N含量预测模型与基于1阶导数建立的TVC预测模型进行肉品品质预测，其相关系数分别达到0.9572和0.9682。

在庄齐斌等人的研究中，新鲜猪肉的TVB-N含量约为5 mg/100 g。在4 ℃冷藏环境中猪肉TVB-N含量随时间呈“J”形变化，且在第7.5天达到15 mg/100 g，变成次新鲜肉或者变质肉，此后，TVB-N含量进入快速增长阶段。猪肉的TVB-N含量在第15天已达到134 mg/100 g，几乎是初始阶段的27倍。猪肉TVB-N含量及TVC随冷藏时间的变化规律如图11-10所示。

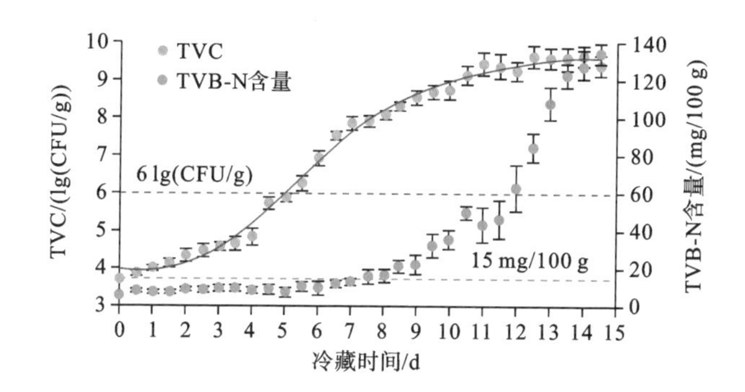

图 11-10　猪肉 TVB-N 含量及 TVC 随冷藏时间的变化规律[13]

从图 11-10 中可以推测出，第 15 天以后 TVB-N 含量可能会继续增大，远远超过 15 mg/100 g。与 TVB-N 含量变化规律不同，TVC 随时间呈"S"形变化，在前 10 天，TVC 快速增长，到第 10 天，增长速度相对减缓。到第 15 天，TVC 依然呈上升趋势。

在处理样品高光谱图像时，为减小光源、检测器灵敏度、相机和成像系统物理结构差异造成的影响，采集样品高光谱数据前需要进行黑白参考校正，将获取的原始高光谱图像通过黑参考图像和白参考图像校准为反射率模式。由于在采集高光谱图像时，会受到光的散射、外界环境、猪肉表面平整度以及颜色差异的影响，采集的高光谱数据含有噪声信号。因此，需要通过预处理去除光谱的噪声来提高模型的预测能力。常用的预处理方法有 SG 平滑、标准正态变量变换(SNV)、多元散射校正(MSC)、1 阶导数和 2 阶导数等。各方法处理效果如图 11-11 所示。

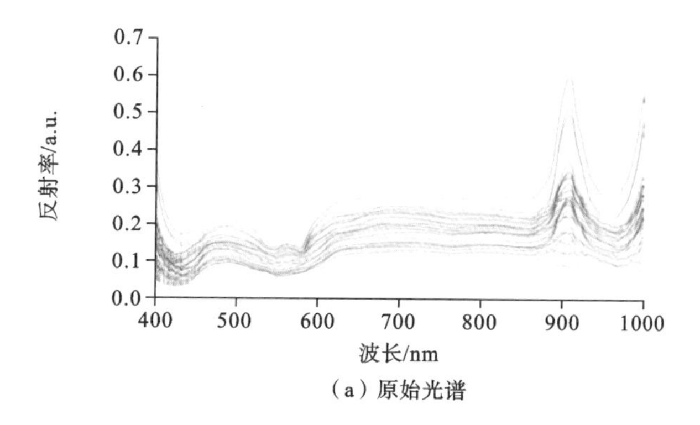

图 11-11　猪肉光谱的不同预处理效果[13]

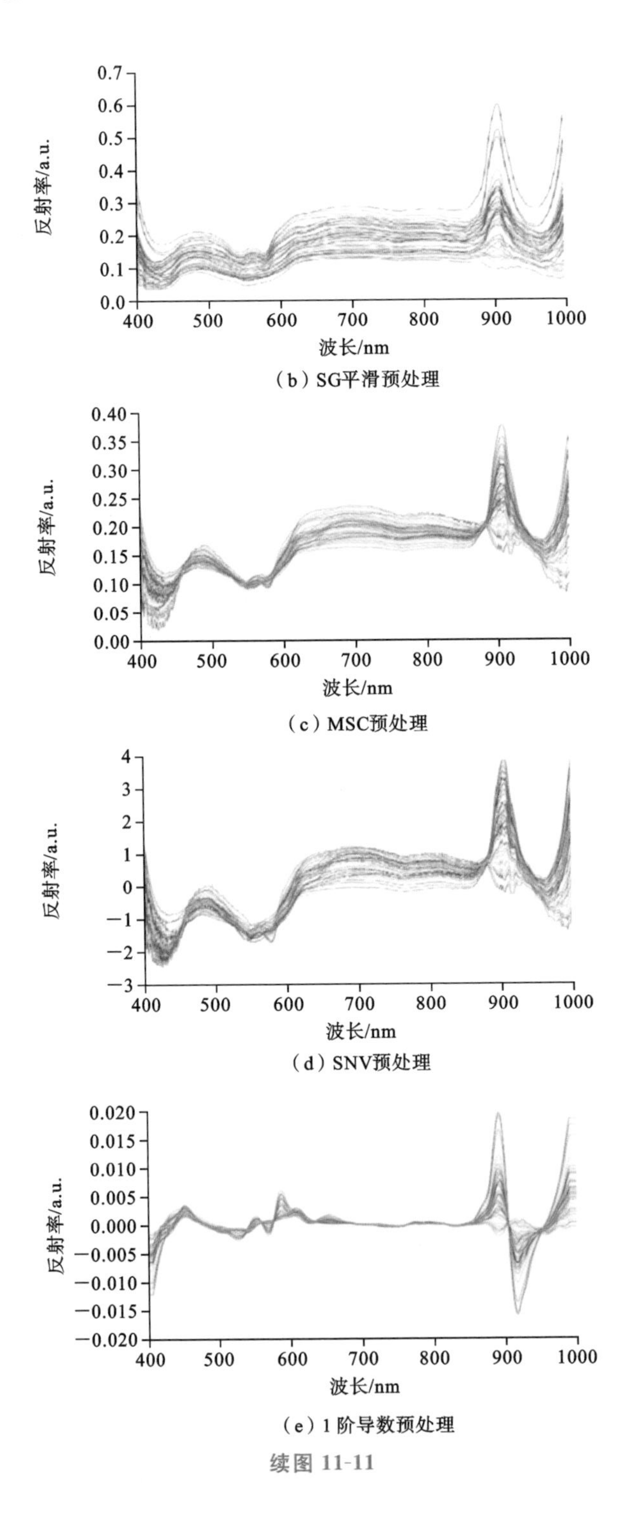

（b）SG平滑预处理

（c）MSC预处理

（d）SNV预处理

（e）1 阶导数预处理

续图 11-11

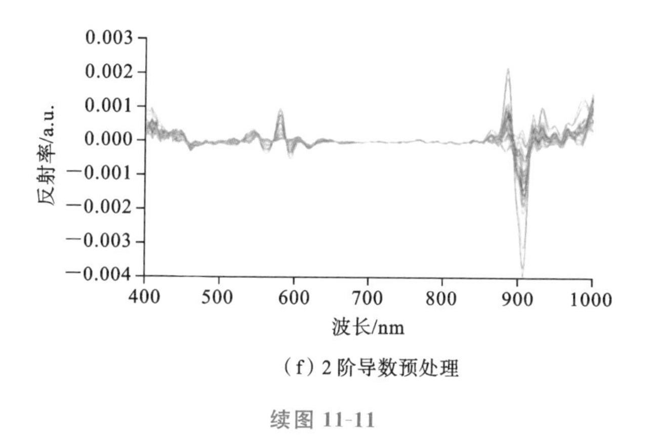

（f）2 阶导数预处理

续图 11-11

对比利用不同预处理方法建立的 TVB-N 含量和 TVC 的 PLSR 预测模型，结果表明，采用 MSC 建立的 TVB-N 含量预测模型预测效果最好，R_p 为 0.9572，SEP 为 2.8025 mg/100 g，RPD 为 3.0937；而采用 1 阶导数建立的 TVC 预测模型预测效果最好，R_p 为 0.9682，SEP 为 0.3327 lg(CFU/g)，RPD 达到 3.4341。TVB-N 含量与 TVC 的外部验证集相关系数分别为 0.9283 与 0.9305，标准误差分别为 3.5562 mg/100 g 和 0.5157 lg(CFU/g)，说明高光谱技术能有效监测肉品品质，可以很好地帮助消费者及监管部门快速、准确地判断肉品品质。

2. 销售过程中果蔬新鲜度的检测

随着人们生活水平的不断提高，人们对饮食的要求也越来越高。特别是对于果蔬消费，人们越来越关注其新鲜度。由于果蔬生产的区域性和季节性较强，并且含水量高、组织柔嫩，采后很难保鲜，果蔬品质极易降低，因此在果蔬的销售阶段，需要对其新鲜度进行实时检测，以满足人们的消费需求。

Xie 等人[23]利用热成像技术揭示番茄内部状态的理论原理，研究了人工神经网络（ANN）和支持向量机（SVM）与瞬态步进加热结合的应用。在 40 s 的加热和 160 s 的冷却期间，以 1 Hz 的采样频率捕获红外图像并绘制采集图像时的温度曲线，将大小和形状大致均匀的新鲜和不太新鲜（三天内腐烂）番茄之间温差较大的区域用作 ANN 和 SVM 模型的输入节点，在预测番茄新鲜度方面，ANN 模型更优。Ni 等人[24]利用迁移学习技术，分析了香蕉新鲜度变化过程，并建立了新鲜度和储存日期之间的关系。使用 GoogLeNet 模型自动提取香蕉图像的特征，然后通过分类器模块进行分类。结果表明，该模型能够对香蕉的新鲜度进行检测，准确率达到 98.92%。

Fu 等人[25]利用拉曼光谱技术和比色法，实现对完整番茄的新鲜度以及番茄红素含量的快速无损估计。利用色度仪测量番茄表面的颜色信息，利用分光光度计测量番茄的番茄红素含量，并利用这些指标来评估番茄的新鲜度，番茄样品的 a^*/b^* 值随着新鲜度的下降而增大。拟合二阶多项式曲线获得的相关系数为 0.908。基于拉曼光谱的新鲜度判别模型的正确率为 85.6%，在判别过程中发现，几乎所有错误分类的样品都属于邻近的类别。研究结果显示，拉曼光谱技术预测和评估番茄的新鲜度是可行的。

Gao 等人[26]利用 LED 诱导荧光光谱技术，实现对苹果新鲜度及其质量的检测。LED 诱导荧光光谱系统的示意图如图 11-12 所示。苹果被放置在阳极氧化铝板上，该板通过步进电机带动旋转。在测量过程中，苹果被 LED 辐照，其荧光光谱在 8 个位置自动获得。传感器头部安装了 375 nm 和 400 nm 的 LED，其最大强度约为 20 mW，带宽为 10～20 nm，这是一个由抛光铝制成的截断锥形腔。LED 可以单独打开，其发射强度由数据采集卡通过驱动电路控制。激发辐射的入射角设置为约 60°，以尽量减少反射和散射辐射。苹果样品产生的荧光由 400 nm 或 450 nm 长通滤波器过滤，以消除相应激发波长的直接反射光。然后，它们由核心直径为 1 mm 的多模光纤收集，并由光谱仪记录。这些信号最终由数据采集卡传输到计算机中，并由 MATLAB 软件处理。

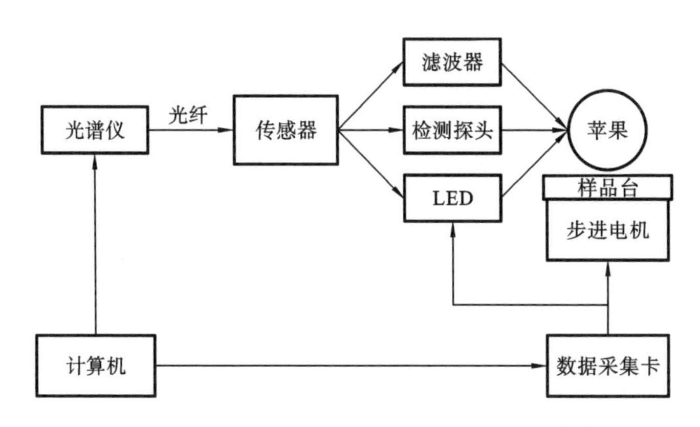

图 11-12　LED 诱导荧光光谱系统的示意图[26]

用不同波长的激光激发对于苹果新鲜度的预测效果有很大差异。这是因为苹果内部不同成分对不同波长的光的吸收和反射程度不一样，如图 11-13 所示。

从图 11-13 中可以看出，随着存储天数的增加，荧光强度随之增大，在500～

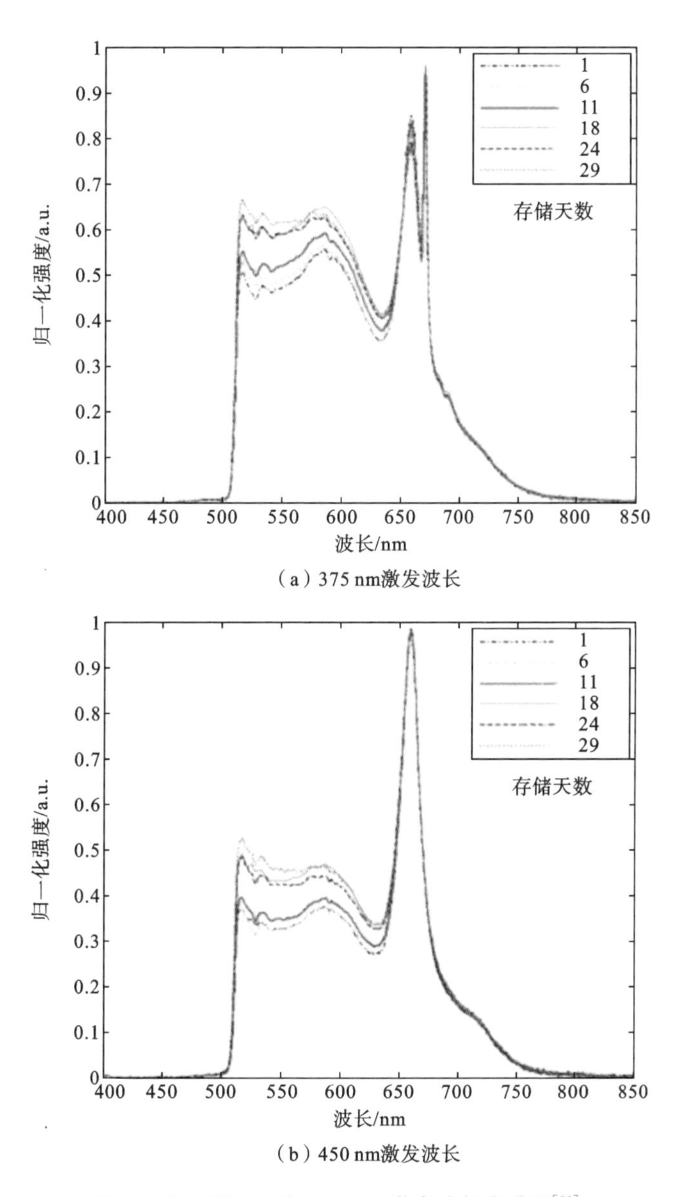

（a）375 nm激发波长

（b）450 nm激发波长

图 11-13　375 nm 和 450 nm 激发波长光谱图[26]

650 nm 波段，两幅图的光谱曲线形状几乎相同，代表核黄素、多酚和类黄酮的合成反射。在前 10 天，苹果新鲜度变化缓慢，在第 11 天到第 18 天，如两幅图中的红色实线和浅蓝色实线所示，可以明显看到荧光强度有一个较大的跃变，这是苹果腐烂的转折点。第 18 天后，苹果慢慢腐烂了。但是，从第 18 天至第

24天光谱几乎没有区别，原因可能是衰变速度太慢。在650～750 nm波段，则很容易发现显著差异，其中双峰分布只能通过375 nm的LED激发区分开，在这个波段中，由450 nm LED激发的光谱只有一个波峰，但是在375 nm LED激发的光谱中可以明显看到双峰，其第一个波峰峰值随着时间的推移而下降，这是由于叶绿素分解和合成的平衡在苹果发育过程中发生了变化，成熟苹果中的叶绿素含量逐渐降低。叶绿素含量降低一般被认为是苹果从新鲜走向腐烂的阶段性变化指标。

利用PLSR方法将500～750 nm范围内的荧光光谱与苹果存储天数进行建模分析，由350 nm LED激发的荧光光谱与苹果存储天数建模的效果最佳，其相关系数达到了0.9568。预测结果也表明，LED诱导的荧光光谱学在确定苹果新鲜度方面具有巨大潜力，让消费者在不久的将来能够通过此技术判断水果的新鲜度。

11.2 农产品智能检测的瓶颈

农产品智能检测技术与传统的破坏性理化分析方法相比，具有操作更便捷、检测速度更快、无损、多指标同时检测等优点，但是精度有待进一步提高。目前，多数无损检测技术的难点是如何提高检测结果的精度以及如何提高检测结果的稳定性，这对于评估无损检测技术有着重要的意义。

11.2.1 基于图像特征的农产品智能无损检测技术

基于图像特征的无损检测技术主要是利用机器视觉技术获取农产品的图像信息，再对所得到的图像信息进行进一步的处理，最后根据图像的特征信息建立分类模型，进而实现对农产品的无损检测。在这一过程中，机器视觉系统的稳定性、图像预处理算法、图像特征提取算法以及分类算法等都影响图像检测的稳定性和准确性。

1. 机器视觉系统

机器视觉系统主要由光源、相机、图像采集卡、软件和硬件构成。在采集图像时，光源的稳定性对所采集图像的质量有很大影响。首先，如何选择光源、如何调整光照角度将影响机器视觉系统的整体效果，其次，当机器视觉系统的工作环境发生变化时，又将如何进行调整，这是机器视觉系统的另一大难点。目前，对于光源照射方式的选择没有统一的标准，只能根据实际拍摄时的效果来逐步调整。

对于相机，主要根据其影像传感器类型、分辨率和帧率等参数进行选择。常用的影像传感器分为 CCD 和 CMOS 两种类型，CMOS 影像传感器的特点是体积小、重量轻，使用时功耗较小，性能比较稳定，寿命也比较长，有很好的抗冲击和抗震性能。而且其灵敏度较高，噪声比较小，反应速度也很快，对图像处理后，图像的变形量较小，不会出现残相。CCD 影像传感器具有非常高的集成性，照片的读取速度也很快，但是它的噪声比较大，再加上 CCD 影像传感器中的集成度比较高，内部各元件的距离很近，会相互干扰，对相机的成像质量造成一定的影响。因此，需要根据具体要求选择合适的相机，以保证所采集图像的质量。

此外，工作环境对机器视觉系统的影响也不可忽视。工作环境包括温度、光照、电源电压的变化、灰尘等。外部光照会增加图像的噪声；电源电压的变化会导致光源不稳定，所采集的图像也会产生随时间变化的噪声；工作温度过低或者过高都会影响相机的正常工作。

2. 图像处理

图像的处理方式也是影响图像视觉无损检测结果的因素之一。图像处理对于分类模型的建立十分重要，有利于更好地提取图像的特征信息，消除无关噪声，建立更稳定、更准确的分类模型。

图像处理的一般过程如下：图像预处理、噪声消除/图像增强、图像分割提取目标图像、图像识别提取特征、图像分类。图像预处理算法分类如图 11-14 所示，所选择的图像预处理算法对图像视觉无损检测结果的准确性和稳定性有着很大的影响。

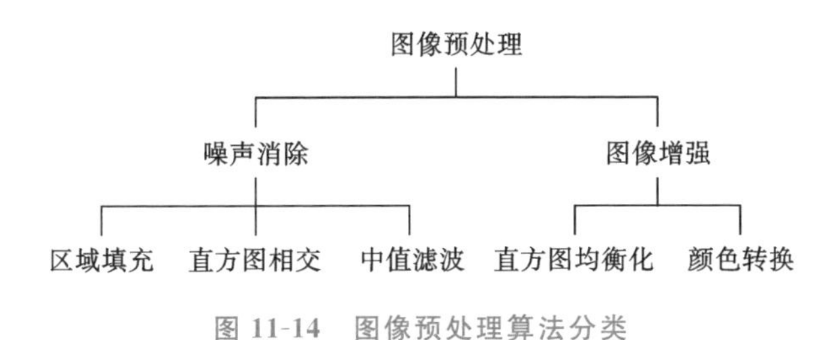

图 11-14　图像预处理算法分类

图像分割（segmentation）是机器视觉技术的基础。图像分割是指将数字图像细分为多个子区域（像素的集合）的过程，简而言之就是将目标图像与背景分割开，所以，图像分割直接影响图像识别分类的准确性。在图像分割算法的研究中，有许多优秀的算法。传统的基于图论和基于像素聚类的算法有阈值分割、形态学分割、边缘检测等算法，在目前热门的深度学习领域，也有基于语义分割的图像分割算法，如 FCN 网络、DeepLab 网络等。

图像识别是图像无损检测的最后一步，也是最为关键的一步，其识别效果将直接影响检测结果的准确性。图像识别分为两个步骤：特征提取和图像分类。特征提取主要是提取图像的颜色、纹理、形状、空间关系等特征。图像分类是通过提取图片的 RGB 三通道数字矩阵信息，建立数字矩阵信息与实际所属类别之间的函数关系，进而实现对图像的识别分类。例如，在对牛肉大理石花纹进行识别分类时[27]，需要对其纹理、颜色等特征信息进行提取，再调用卷积神经网络实现对不同大理石花纹等级的牛肉的识别；在对苹果进行识别定位时[28]，除了需要提取其颜色、纹理特征外，还需要对其空间关系特征进行提取，在图像分类的基础上还需要对位置信息进行识别。因此，在实际问题中，需要根据具体的任务确定需要提取的特征，进而选择合适的图像分类算法。但是，目前在特征提取上，没有特定的提取方法，在具体识别任务中，只能通过尝试不同的特征提取方法来确定最佳的方法。

3. 主要问题

经过上述简要的介绍和分析，目前图像视觉无损检测主要存在以下问题。

(1) 在理想的实验室环境中，图像视觉检测能达到较好的效果，但是在实际的田间进行检测时，由于环境的影响，检测准确率会大幅下降。

(2) 图像的预处理以及最终图像分类识别的算法只能通过不断地尝试来寻找，这会增加时间成本。

(3) 在利用卷积神经网络等深度学习算法进行图像识别时，由于神经网络庞大的计算量，在嵌入式设备上可能存在无法部署，或设备不能满足计算需求的情况。

(4) 在嵌入式设备上部署轻量级神经网络时，需要牺牲一定的准确率来满足检测要求，即精简网络的体量。这样做的结果就是网络的识别准确率会降低，但可保证其能在嵌入式设备上运行。但是如何平衡嵌入式设备的识别需求以及嵌入式设备的识别准确率是一大难点。

11.2.2 基于光谱特性的农产品智能无损检测技术

光谱无损检测技术是一种利用农产品的光谱特征信息与其特定组分含量，通过化学计量学方法建立数学模型，再通过获取未知特定组分含量的农产品的光谱数据，经过模型计算，预测农产品中特定组分含量的方法。从光谱无损检测过程来看，采集到的光谱数据的稳定性以及所建立的预测模型的性能是影响检测结果最主要的因素。

1. 光谱数据的稳定性

光谱数据的采集由光谱仪完成,光谱仪的稳定性直接决定了获取到的光谱数据的质量。其中,对光谱仪影响较大的因素有光源、仪器温度、杂散光等。

光源在工作过程中,其光强可能会随着时间、工作温度等因素而发生变化,进而导致光谱仪的基线漂移和能量的变化,使得所采集到的光谱数据异常,严重影响光谱数据采集的重复性。另外,不同的农产品对应的特征波长区间有一定区别,所以在选用光源时,还需要考虑光源的波长区间。

由于材料的热胀冷缩特性,仪器温度的变化可能会导致光谱仪中组件的尺寸及其相对位置的变化,需要采用一定的校正算法来提升光谱仪的稳定性。杂散光的影响主要来自环境光以及某些光学元件的缺陷所散射的辐射,杂散光会对光谱信号产生干扰,使得光谱信号的噪声增加,严重时甚至会掩盖一部分较弱的光谱信号,严重影响光谱分析的准确性。

2. 预测模型的性能

在光谱仪采集完数据后,还需要利用光谱数据和特定组分含量建立预测模型。建立的预测模型的性能也是影响无损检测结果的重要因素之一。在建立模型之前,需要对所采集的光谱数据进行预处理,目的是在一定程度上消除无关信息和噪声,改善建模效果,提升预测模型的预测能力。同样不存在一种或几种特定的预处理算法来满足大多数建模需求。

1) 离群值检测

离群值是指异常数据。在采集光谱数据的过程中,可能会受到光谱仪振动、光线变化、人为干扰等因素的影响,导致采集到的一部分光谱数据异常,异常数据会对模型的预测能力产生负面的影响,一般要剔除。常用的离群值检测算法有格拉布斯准则、拉依达准则等。

2) 光谱预处理与特征提取

在光谱仪采集数据的过程中,所采集的光谱数据不可避免地包含一定的噪声和无关信息。利用原始光谱建模,必然会对模型的准确性产生影响[29]。光谱预处理就是利用相关算法,消除这些噪声以及无关信息,在一定程度上提高模型的预测能力。常用的光谱预处理算法主要有平滑、导数、标准正态变量变换(SNV)、多元散射校正(MSC)、小波变换(WT)等算法。不同的光谱预处理算法的作用不同,在实际建模中需要尝试多种预处理算法,寻找达到最佳准确率的预测模型最适合的预处理算法。

对光谱进行预处理后，光谱依然包含许多特征变量。采用全光谱数据建立模型会导致计算量十分巨大，且光谱数据中有一些与样品特定组分含量无关的噪声数据，在一并建模的过程中可能会导致预测模型的精度降低或过拟合。因此，一般要进行特征提取，挑选出与待测组分相关的特征波长。常用的特征提取算法主要有连续投影算法(SPA)、竞争性自适应重加权采样(CARS)算法、无信息变量消除(UVE)算法等。

3) 分类模型与模型传递

此外，还需要选择最佳的分析方法来建立预测模型。目前较为常用的定量分析方法有多元线性回归(MLR)、主成分回归(PCR)、偏最小二乘回归(PLSR)、支持向量机(SVM)、最小二乘支持向量机(LSSVM)、人工神经网络(ANN)等。但对于某些农产品，不需要了解特定组分的含量信息，这时就需要用到化学计量学中的模式识别方法，运用一定的分析方法鉴定其类别。针对不同的分级分类任务，选择合适的定量分析方法对预测效果的准确性起着十分重要的作用。

在实际的应用中，由于设备与设备之间元器件的差异，在某一台设备上建立好的预测模型移植到另一台设备上使用时，会出现预测效果变差的现象。而每台设备都重新建模，需要花费大量的人力物力，效率低下。因此，不同设备之间的模型传递具有重要的意义。目前不同设备间同一品种农产品的同一组分的模型传递算法有直接校正法、分段直接校正法和斜率截距算法。不同品种间的模型传递较为复杂，一般采用模型更新法。

3. 主要问题

基于上述对于光谱数据的稳定性以及预测模型的性能的分析，基于光谱特性的无损检测存在的主要问题如下。

(1) 光谱仪的稳定性、环境温度、杂散光对预测结果有较大影响。

(2) 光谱仪的分辨率影响所接收到的信息量，分辨率过低会导致采集到的信息不足；分辨率过高会导致收集的数据中可能包含大量的冗余信息。

(3) 同光谱仪的分辨率一样，光谱仪的波长范围过窄会导致接收到的有用信息不足，过宽则会导致信息冗余。

(4) 光谱的预处理方式、特征提取算法以及异常数据会直接影响预测模型的性能。

(5) 模型在设备间的传递以及在不同品种农产品间的传递还存在较大问题。

11.2.3 其他农产品智能无损检测技术

1. 电磁特性检测技术

电磁特性检测技术包括核磁共振(NMR)技术和基于介电特性的检测技术。目前 NMR 检测技术主要应用于农产品常规营养成分,如糖类、油脂、蛋白质等成分的分析与检测,而对复杂成分,如色素、多酚等成分的分析应用较少。该技术对温度变化十分敏感,需要较低的温度才能得到准确的结果,并且所需样品量很小。但它在某些情况下需要破坏样品,无法做到无损检测,而且必须克服数据采集的局限性,逐步实现从实验研究到工业应用的转化。核磁共振设备比较昂贵,并且对检测结果的分析较复杂,需要有一定的专业知识。

基于介电特性的检测技术已经广泛应用于水果、谷物、蔬菜和肉制品等农产品的检测中。该技术具有适应性强、检测灵敏度高、无公害、设备简单、成本低和自动化程度高等优点。但是如果材料中存在显著的密度变化,或者同轴探针的末端和样品之间存在空气间隙或气泡,则会导致检测出错。

2. 生物传感器技术

生物传感器是利用高敏感度材料作为选择性识别元件与物理化学换能器有机结合的一种先进的检测设备,目前已经出现了多种类型的生物传感器,但是均易受到化学物质的干扰。在进行农产品检测时,存在由分子代谢物、蛋白质、大分子和细胞等产生的电化学扰动,影响传感器的检测精度和稳定性。通常采用样品预处理的方法来减少干扰。提取、预浓缩和过滤等过程有助于提高生物传感器的可靠性和灵敏度。但是大多数生物传感器应用的场合比较复杂,并且待检测样品中含有可能导致生物污损和钝化的化学物质。随着生物学、微电子学等学科的飞速发展,生物传感器技术会更加完善。

3. 声学特性检测技术

声学特性检测技术是根据农产品在声波作用下的反射、散射、透射、吸收特性,衰减系数,传播速度及声阻抗和固有频率等参数的变化来反映农产品内部物理化学特性的一项无损检测技术,主要包括超声波技术和振动声学技术。

超声波技术是一种新兴技术,最近在农产品研究领域得到了非常多的关注。超声波技术的易用性和安全性,使其成为无损检测农产品的一种有效手段。但是农产品具有复杂的结构,农产品的物理化学特性在很大程度上取决于品种、生长、收获、加工、存储等因素,这些因素给超声波无损检测带来了极大的挑战。此外,超声波无损检测是在实验室条件下进行的,在复杂环境下可能会存在一定的误差。同时,超声波技术对气泡十分敏感,由于农产品的不均匀性,某些农产品会存在气泡或者孔洞，使超声波强度减弱，影响检测结果。

振动声学技术只适用于检测具有一定硬度或脆度的农产品，而对某些较为柔软、敲击或碰撞时不易产生声音且易受损的农产品则不适用，对果皮和果肉硬度差异较大的农产品也不适用。另外，在敲击或碰撞产生声音信号的过程中该技术并不能保证农产品完全无损，因此在农产品的检测中存在极大的局限性。目前，该技术仅限于实验室研究。该技术具有成本低、灵敏度高、适应性强的特点，但需要较长时间，容易受到环境的干扰，很难避免周围的噪声和振动对信号的影响。尽管研究人员倾向于通过建模来优化声学特性与内部质量之间的相关性，但这些因素（如激励位置和时间、麦克风距离、敲击角度和材料）也极大地影响了检测结果。由于水果内部成分和结构不均匀，需要进行多点测试才能获得其内部的全部信息，因此，振动声学技术在水果内部质量在线无损检测系统中存在很多实际应用问题亟待解决。

4. X 射线透射技术

X 射线透射技术是一项具有广泛应用前景的先进技术，最初主要应用于医学成像领域，目前已被用于检测农产品的质量、缺陷或异物。但是常规的 X 射线透射检测系统采集数据时间较长，并且设备成本较高，无法在工业环境中应用。通过研究新的重建算法和硬件，同时平移和旋转样品，可以实现农产品的在线检测。此外，通过优化特征提取算法，并且减小特征的数量，可以进一步缩短处理时间。

11.2.4 其他产业发展不匹配的制约性

(1) 农产品检测专用传感器需创新和自主研制。目前我国自主研发的农业传感器的数量不到世界水平的 10%[30]，且稳定性差；国外传感器价格昂贵、操作复杂且售后服务不便，并不能满足我国农产品检测需求。此外，农产品品种、产地的多样性，导致针对不同农产品需要使用不同的信号提取方法，甚至需要使用不同的分析方法，因此通用智能传感器的研发仍然具有很大难度。

(2) 检测指标需多样化。目前对农产品大多进行单个品质指标的检测与分级，但是在实际生产应用中，往往需要同时进行多个品质指标的检测，这就会导致检测效率低下。因此在充分利用以往研究成果的基础上，需探索新的高效的理论和方法，将多个品质指标整合，实现多个品质指标的同时检测，加快检测速度。此外，大力发展功能更完善的智能化的自动分级技术，这对于机械化程度的提高、检测效率的提高以及经济效益的增加有重大的意义。

(3) 农机农艺管理技术需标准化。缺少农产品种植管理规范标准，无法形成一条规范化的收购加工产业链[31]，也无法批量大规模集约化生产，导致农民在生产时无序竞争，种植产品多样化，这就使得进行检测与分级时，无法统一农产品检测与分级的标准，对无损检测技术的发展形成了一定的制约。

（4）检测标准需更规范。例如，与国际同行业水果分级标准相比，国内水果分级标准简单、粗放，且缺少法律层面的监督机制，急需修订。我国水果分级工作起步较晚，许多产品标准缺失或尚在制定，且水果分级指标主要体现在内外部品质上，对包装、病虫害、农药残留、卫生条件等方面涉及较少，难以适应消费市场对产品的品质要求，更难以满足与国际市场接轨的需求。

11.3 新兴技术与农产品智能检测的融合

伴随着第四次工业革命，信息科学技术和多领域科学技术深度融合，引发新的产业技术革命。新一代信息科技与农业的深度融合发展，孕育了第三次农业绿色革命——农业数字革命，使农业进入了网络化、数字化、智能化发展的新时代。在农业数字革命的推动下，世界农业产生了两大变革：一是产生了以智慧农业为代表的新型农业生产方式，让农业生产更加“智慧”、更加“聪明”；二是促进了农业数字经济发展，激活了“数据要素”的价值潜能，赋能数字农业农村新发展。已有研究表明，智慧农业是以信息、知识与装备为核心要素的现代农业生产方式，是现代农业科技竞争的制高点，也是现代农业发展的重要方向[32]。随着科学技术的发展，中国传统农业模式逐步走向成熟。使农业依托现代工业，利用现代科学技术武装农业，是实现我国农业现代化的必然需求。近年来，物联网、大数据、云计算、人工智能等新兴技术的出现推动了传统农业迅速发展，其颠覆了传统的手工劳作方式，打破了粗放式的生产模式，使其逐步向自动化、数据化、智能化转变。通过建立智能化的检测系统、多维度信息获取网络平台、人工智能决策系统，结合未来农业的机械化生产，建立完善的质量监督保障体系。通过各类先进传感器、光谱及图像处理技术对原始数据进行采集，大数据汇总分析、云计算决策分析，能大大提高检测效率，进而提高农业产能。

11.3.1 农产品品质与物联网

物联网（internet of things, IoT）是指通过信息传感器、射频识别技术、全球定位系统、红外感应器、激光扫描器等各种装置与技术，实时采集任何需要监控、连接、互动的物体或过程，采集其声、光、热、电、力学、化学、生物、位置等各种需要的信息，通过各类网络接入，实现物与物、物与人的泛在互联，实现对物品和过程的智能化感知、识别和管理。物联网是一个基于互联网、传统电信网等的信息承载体,它让所有能够被独立寻址的普通物理对象形成互联互通的网络。物联网与人工智能联系紧密,人工智能的最新技术创新又与临床医学中神经学、心理学、遗传学等息息相关。随着世界各国对物联网行业的政策倾斜与企业的大力支持和投入,物联网产业飞速发展。越来越多的行业以及技术与物联网产生交叉,万物互联已经成了时代的发展方向。

农业物联网技术就是在农业生产、经营、服务中用各种感知设备采集作物生产中的信息,再利用无线通信设备将数据上传至大数据平台,实现海量信息的汇总、整理、融合以及对各个过程的监控,为农业生产提供数据支持。相较于传统的智能农业,物联网农业更加注重信息化与农业现代化的整体融合,农业的内涵建设更加丰富。近年来,我国高度重视农业信息化与现代化发展,物联网技术被广泛应用于农业生产的各个环节[33],在种植环境监测、农产品质量监管、农机管理调度等方面发挥着重要作用,如图 11-15 所示。随着以 5G 为代表的通信技术的发展,其结合人工智能、区块链、云计算等信息处理技术将实现农业生产的高效化、集约化、规模化和标准化。

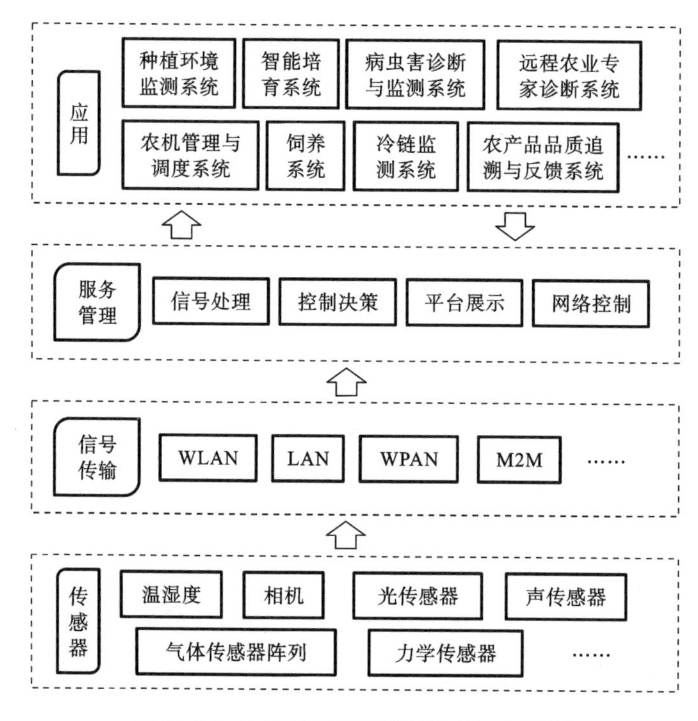

图 11-15 农产品品质物联网结构示意图[33]

随着物联网技术在农业领域的不断应用，在互联网、数字技术、传感技术的带动下，利用新技术制作的传感器不断涌现，这些传感器对各种目标的探测为农业生产数据的采集提供了有力的支持。目前，世界范围内对农业物联网技术的研究既广泛又集中，但应用普遍处于实验示范阶段。欧美国家利用卫星实现了田间耕作的精确操作和监测，以及水肥的智能监测。将监测与智能管理相结合的人工智能技术，提高了传感器数据的利用率。结合专家系统，农业物联网帮助种植者丰富种植经验，对作物进行精准管理。在我国，物联网已经应用于农业生产的许多方面，如农田灌溉、农业生产中的环境监测、农产品安全追溯等，并已应用于农田种植、水产养殖等领域。在农产品质量安全和可追溯性方面，农业物联网主要应用于农产品存储、物流和配送。通过电子数据交换、条形码、RFID 电子标签等技术，可以实现仓库货物的自动识别和输入输出。利用传感器网络，可以实时监控仓储车间和物流配送车辆，实现对主要农产品来源和目的地的追溯。许多发达国家已经对农产品追溯系统进行了深入的研究，并已有相对成熟的应用，如美国农产品追溯体系、欧洲牛肉追溯体系、瑞典农业追溯体系、日本食品追溯体系、澳大利亚畜牧追溯体系等[34]。

物联网监控技术在水果品质方面发挥着重要作用。我国南方地区冬季低温不足，夏季高温、降水充沛，这就会导致甜樱桃的需冷量不足，畸形果增多，裂果率增大，严重制约了甜樱桃产业在南方地区的可持续发展。其中，裂果是影响果实外观、品质和引发病害的主要原因，如图 11-16 所示。骆慧枫等人[35]为研究土壤、水分等因素对甜樱桃裂果及其品质的影响，搭建了物联网实时监控系统。该系统的硬件主要由数据采集系统、无线传输系统、供电选择控制器系统三个部分组成。数据采集系统采集空气温度、空气湿度、光照强度、大气压强、土壤温度及土壤湿度等环境参数，实现对各个环境数据的实时采集。无线传输系统实时收集各个环境参数，将数据保存在云端，并在屏幕或手机上显示。

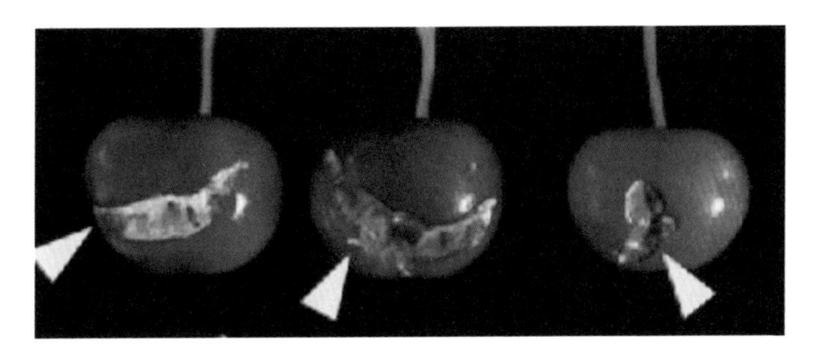

图 11-16　甜樱桃裂果缺陷[35]

供电选择控制器系统有太阳能电源、AC 220 V、Li 电池 3 种供电方式可选择。数据通过 Socket 传输储存到 MySQL 数据库，并在手机端或电脑端显示。同时，由 Apache 服务器和 PHP 等开发工具，与数据库实时交互，实现设施内甜樱桃种植管理数据及图像的显示，以曲线或表格形式导出。多功能一体化气象环境监测系统总体结构如图 11-17 所示。

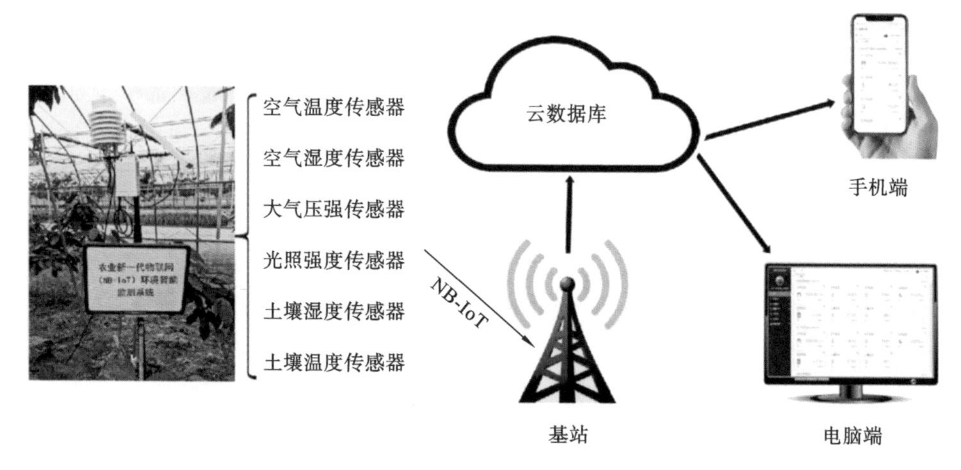

图 11-17 多功能一体化气象环境监测系统总体结构[35]

Rego 等人[36]提出了一种便携式仪器系统，该系统使用近红外光谱技术分析奶牛场饲料的营养价值。使用物联网技术，将数据发送到云端进行处理，任何设备都可以访问它们。该研究使用 NIRscan Nano 模块，它是一款紧凑型电池供电评估模块，适用于便携式近红外解决方案，不仅支持低功耗蓝牙，还可以对手持式光谱仪进行移动测量。微控制器板安装在光谱仪模块上，以控制移动样品架的伺服电机。DC-DC 转换器用于将电池的 3.7 V 转换为 5 V，为伺服电机供电[36]。NIRscan Nano 模块和控制模块如图 11-18 所示。

该研究提出了测量系统的一般方案，它由 NIRscan Nano 模块和 ESP32 模块的微控制器板组成，该模块负责转动放置样品架的伺服电机。当样品架旋转时，光谱仪将进行多次测量，确保测量尽可能均匀。所采集的数据可以通过蓝牙发送到移动应用程序，蓝牙功能已集成到 NIRscan Nano 模块中，还可以通过 USB 连接将它们发送到计算机。

近年来农业物联网取得了一些显著的成果，但依旧存在一些问题有待解决。① 目前缺少对整个物联网系统结构的研究。数据传输不稳定，数据共享困难，传输存在安全隐患，定位精度低和稳定性差，降低了物联网数据传输的及时

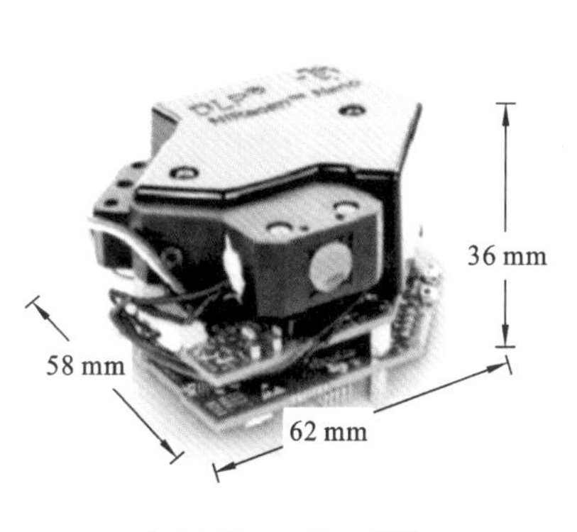

(a) NIRscan Nano模块

(b) 放置在NIRscan Nano模块上的微控制器板

图 11-18 NIRscan Nano 模块和控制模块[36]

性。② 传感器种类多，通信接口存在差异，通信协议不兼容，需要大量的软、硬件，后期扩容困难。以物联网为核心的嵌入式网关中间件的研究和应用还不多，大部分还处于实验室阶段，要进一步完善信息感知标准，深入研究嵌入式网关，设计多协议转换网关。③ 农业物联网对农产品的智能检测研究主要集中在数据采集和单机处理方面，缺乏完整的应用系统研究。④ 农业物联网依靠高速无线广域网进行数据传输。但在偏远的农业环境中，无线通信信号微弱，高速数据传输难以实现。因此，需提高数据编码效率，才能保证系统的实时性。

11.3.2 农产品品质与大数据

当代社会是一个高速发展的社会，科技发达，信息流通，人们之间的交流越来越密切，生活也越来越方便，大数据就是这个高科技时代的产物。关于大数据，麦肯锡全球研究院给出的定义是：一种规模大到在获取、存储、管理、分析方面大大超出了传统数据库软件工具能力范围的数据集合，具有海量的数据规模、快速的数据流转、多样的数据类型和价值密度低四大特征。随着信息技术的高速发展，目前大数据具有七大特征，如图 11-19 所示。

大数据本身的意义不仅仅在于“大”，更重要的是对大数据本身有用信息的挖掘和提取。这就需要利用特定的算法对大量的数据进行自动分析，从而揭示隐藏在海量数据当中的规律和趋势。目前，基于大数据的特性，许多与之相关的数据挖掘算法、数据分析算法以及数据存储技术都得到飞速发展，在教育、医疗、农业、食品、生命科学等领域均有较为广泛的应用。针对农产品品质的检

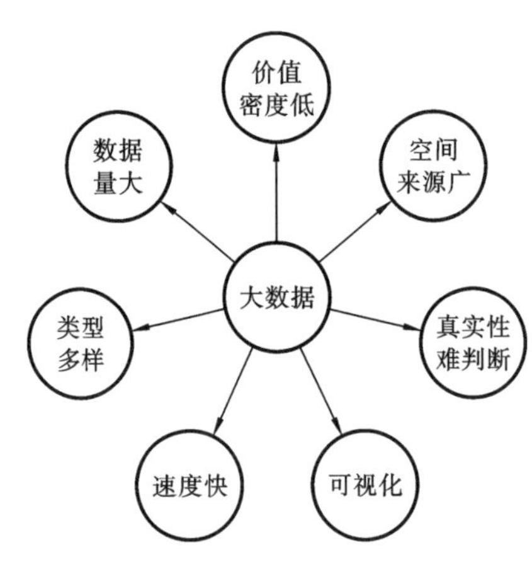

图 11-19 大数据的七大特征

测，基于图像特征的无损检测技术、基于光学特性的无损检测技术等应用十分普遍，为农产品品质的高效、快速无损检测提供了便利。在大数据时代，这些检测方法需要的特征信息也同样由传统的数据类型变成大数据。未来 10 年至 20 年，“融合”与“智能”将是信息技术发展的两大并列主题，面向认知和决策的大规模计算与硬件执行相互融合[37]。在农业领域，大数据结合其他技术，通过对农业海量数据的查询、存储、计算和共享等全面获取更多有价值的信息，为现代化农业的可持续发展提供重要指导依据[38]。食品安全问题一直是大众关注的焦点，通过大数据技术，可以实现农产品溯源，保证食品安全。

智能检测技术可提取农产品的品质特征，如颜色、大小、形状、缺陷等外部特征以及可溶性固形物含量、酸度、硬度、成熟度等内部特征。建立农产品品质数据库，将检测与分级后的产品的数据与产品的接收数据（生产者 ID、接收日期、产品品种、产品编号）和装箱数据（产品 ID、装箱日期和时间、装箱机器人 ID 或操作员 ID）进行链接，并存储在数据库中；也可以输入农业操作的数据，如施肥、灌溉、化学喷雾、收获日期和时间，以及生产现场信息、当地的气候信息和地理信息。在数据库中可以将收集到的生产信息发送到销售阶段。在配送过程中，运输方式、环境条件、装箱时间、运输距离、运输时间、包装等信息都可以添加到数据库中。分销商将产品连同信息发送给零售商，最终将产品卖给消费者。所有信息被披露给消费者，用于风险管理和食品溯源。基于此，精准农业的生产者可以最小的投入获得高质量、高产量。利用农业大数据平台，实现农产品在产业链各个阶段的可追踪。甚至可以将大数据和区块链技术相结合，从生产到贮藏再到销售，每一个环节都可以进行记录，并且由区块链技术保证了信息的真实性。同时，通过大数据平台对全国的销售信息和物流运输信息的挖掘整合，可对农产品销售情况进行监测和预警，利用深度学习等人工智能算法，对信息进行处理，以实现数据监测、远程诊断、品质溯源、智能决策等功能，为农产品生产、销售提供更加精确的信息服务，提高农产品利用率和流通性，降低了农产品过剩和食源性疾病危害的可能性。

在基于图像特征的无损检测领域，大数据的应用十分广泛。卷积神经网络是图像检测领域的一项重要技术，其原理在于利用卷积神经网络提取图像的特征，并与事先标注的标签相对应，对每一层网络的权重系数进行更新，直至最后的损失函数值达到最小，至此网络训练完成，再将未识别过的图像输入，输出识别结果。在这一过程中，如何设置超参数以及迭代次数将直接影响网络训练的效果。许多研究者采用这样的模式，自行搭建网络，针对特定的识别任务进行识别。李小占等人[8]利用自行搭建的类似VGG网络，自行制作用于训练的数据集，对哈密瓜的四类缺陷进行识别。赵鑫龙等人[27]自行搭建卷积神经网络，制作了用于牛肉大理石花纹等级识别的数据集，在牛肉大理石花纹的检测方面，准确率达到95.56%。自行搭建的卷积神经网络及制作的数据集在完成特定任务时具有较好的性能，但是耗费的时间较长，且可能存在训练样品不充分等缺陷。基于迁移学习的卷积神经网络很好地解决了这一问题。迁移学习是利用较为优秀的卷积神经网络对庞大的公共数据集进行训练，如ImageNet数据集、COCO数据集等。这些数据集中的数据由全球的研究者提供，添加对应标签后成为后续参与训练的一部分数据。

将庞大的图像数据集用于训练，利用迁移学习，直接使用训练好的模型权重信息，极大地节省了研究人员重复进行训练的时间，同时，大量数据的学习也使得所训练出来的网络的准确率更高、鲁棒性更强。彭红星等人[39]以苹果、荔枝、脐橙、皇帝柑4种水果为研究对象，提出了一种改进的SSD(single shot multi-boxdetector)深度学习水果检测模型，并运用迁移学习方法和随机梯度下降算法优化SSD深度学习模型，基于Caffe深度学习框架，对自然环境下采集的水果图像进行不同网络模型、不同数据集大小和不同遮挡比例等多组水果识别检测效果对比试验。结果表明，改进的SSD深度学习模型对4种水果在各种环境下的平均检测精度有较好的泛化性和鲁棒性。李善军等人[40]提出了一种基于改进SSD深度学习模型的柑橘实时分类检测方法，以平均精度(average precision，AP)的均值(mAP)作为精度指标，平均检测时间作为速度指标，使用不同特征图、不同分辨率和ResNet18、MobileNetV3、ESPNetV2、VoVNet39四种不同特征提取网络进行模型分类检测效果对比研究。研究结果表明，特征提取网络ResNet18在检测速度上存在明显优势，可以同时对多类多个柑橘进行实时分类检测，可为自动化生产线上表面缺陷柑橘的识别提供技术借鉴。许景辉等人[41]为实现小数据样品复杂田间背景下的玉米病害图像识别，提出了一种基于迁移学习的卷积神经网络玉米病害图像识别模型。在VGG-16模型的基础上，设计了全新的全连接层模块，并将VGG-16模型在ImageNet图像数据集训练好的卷积层迁移到所提模型中。基于扩充前后的校正集，对训练模型的全连接层和训练模型的全部层(卷积层＋全连接层)两种迁移学习方式进行了试验，结果表明，在训练模型全部层和校正集数据扩充的条件下，对玉米健康叶、大斑病叶、锈病叶图像的平均识别准确率为95.33%。郑一力等人[42]提出了一种基于迁移学习的卷积神经网络植物叶片图像识别方法，将训练好的模型(AlexNet、InceptionV3)在植物叶片图像数据集上进行迁移训练，保留预训练模型所有卷积层的参数，只替换最后一层全连接层，使其能够适应植物叶片图像的识别；试验使用TensorFlow训练网络模型，试验结果由TensorBoard可视化得到的数据绘制而成。结果表明，利用AlexNet、InceptionV3预训练模型得到的测试集准确率分别为95.31%、95.40%，有效提高了识别准确率。龙满生等人[43]利用深度卷积神经网络强大的特征学习和特征表达能力来自动学习油茶病害特征，并借助迁移学习方法将AlexNet模型在ImageNet图像数据集上学习得到的知识迁移到油茶病害识别任务。试验结果表明，迁移学习能够明显提高模型的收敛速度和分类性能。

在基于光学特性的无损检测技术的应用中，大数据也发挥着重要的作用。为建立准确和稳定的近红外光谱模型，通常需要准备大量的标准样品，获取它们的光谱信息以及其特定组分的含量。在这个过程中，获取到的近红外光谱数据十分重要。在实际的应用中，不同厂家、不同批次生产仪器之间会存在或大或小的差异，这就导致利用同种仪器获取到的近红外光谱数据可能存在一定的差距，给建模带来了很大的影响，若每台设备都单独建模，则会耗费大量的人力物力。近红外检测设备厂商无法提供用于建模的标准数据，所以，搜集不同类型、厂家、批次样品的近红外光谱数据，汇集成一个近红外光谱数据库，依托大数据的发掘分析技术，推动近红外光谱技术的全面发展是十分有意义的。

在获取数据以后，如何对数据进行挖掘与分析也十分重要。传统的数据分析方法主要有相关分析、回归分析等方法，在大数据分析上，上述方法也同样适用。但是，由于大数据本身数据量庞大、实时性强且数据结构复杂，因此也有很多学者研发了专门针对大数据的分析方法，如针对数据分析的散列法、针对文本分析的自然语言处理(NLP)技术、针对社交网络分析的线性代数法等。除此之外，分布式文件系统、分布式数据库和云技术对于大数据的挖掘与分析也功不可没。在近红外光谱定量分析的过程中，对数据的挖掘与分析也是十分重要的。常用的分析方法有多元线性回归(MLR)、偏最小二乘回归(PLSR)、支持向量机(SVM)等。关于数据挖掘,主要体现在对近红外光谱数据的预处理以及特征波长的选择算法上,光谱数据预处理聚焦于将无用信息及噪声去除,以挖掘有用的信息。在大数据时代,近红外光谱数据已经从传统数据形式转变为近红外光谱大数据,传统方法无法有效地在近红外光谱大数据中充分发掘有用的信息。随着研究的深入,专门针对大数据的分析方法也逐步开始得到应用。在农业领域,针对农产品在不同原产地以及经过不同工厂加工后的光谱特性不同,以云服务近红外分析平台为基础,使用数据挖掘对其光谱特性进行分析,得到其在不同产地所具有的特点,再依照分析结果,对原料购买、产品加工等进行重新布置和安排。

大数据的数据存储依赖于云平台,资源各方共享,更有利于数据的更新以及数据库的扩展。个人用户建立数据库费时费力,数据得不到有效更新,无法满足大数据的实时性特点。世界上许多学者都致力于建立共享数据库,如欧洲建立了具有物理化学和生物特性的表层土壤成分数据库;国内的张后兵等人[44]搭建了近红外纤维成分共享数据库,卢鸯等人[45]建立了基于衰减全反射法的纺织纤维红外光谱库等。以近红外纤维成分共享数据库为例,数据库架构主要由应用层、系统服务层和云存储层三部分组成,如图 11-20 所示。

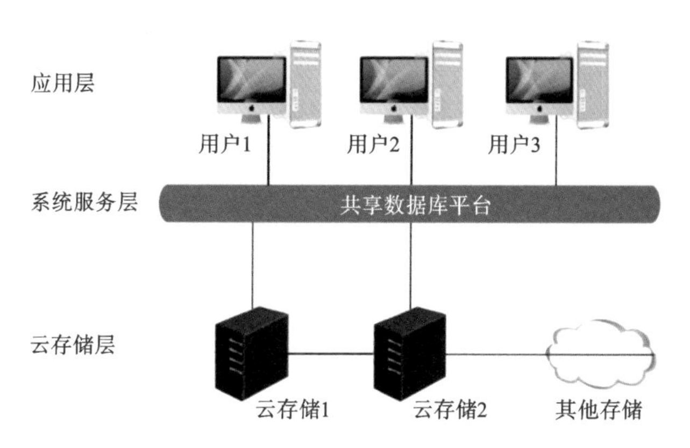

图 11-20　共享数据库的基本架构[44]

共享数据存储在云服务器中,当用户有访问需求时,系统会作为一个数据共享的平台,便于用户读取数据或向数据库上传数据。近红外纤维成分共享数据库的搭建,有效实现了不同近红外检测设备数据的综合利用,将有助于突破单一实验室近红外纤维成分数据资源少、种类少等瓶颈,为近红外纤维成分无损检测的普及、应用提供了一条重要的便捷途径,也为农产品品质无损检测技术的大数据分析提供了参考。

目前,大数据在农业生产领域仍存在许多问题需要我们及时解决。① 我国大数据技术在农业领域应用起步较晚,且土地面积广阔,大数据基础措施还未大面积推广,存在数据量庞大且难以采集、分析的问题。② 我国现阶段农业大多以家庭经营为主,农业规模化程度低。同时从事农业生产的人年龄偏高,没有完备的互联网知识,缺乏网络意识,很难改变原有的传统农业生产方式。③ 我国农业大数据发展并不集中,不同地区的农业大数据也并不由统一单位管理,呈现出多种标准和规模,无法形成数据共享的良好局面。

11.3.3 农产品品质鉴别机器人

农业机器人是用于农业生产的特种机器人,是一种新型多功能农业机械,集传感器技术、检测技术、人工智能技术、通信技术、精密及系统集成技术等于一身。它是农业领域中新一代生产工具,以农产品为操作对象,通过传感器技术具备了人类部分信息感知,结合机器人技术可模仿人类四肢行动功能或实现人工操作相同效果甚至更高效,是可重复编程的柔性自动化或半自动化设备。农业机器人的问世,是现代农业机械发展的结果,是机器人技术和自动化技术发展的产物。农业机器人的出现和应用,改变了传统的农业劳动方式,促进了现代农业的发展。农业机器人可以提高劳动生产率,解决劳动力不足的问题;改善农业的生产环境,防止农药、化肥等对人体的伤害;提高作业质量;等等。与工业机器人或其他领域机器人的简单、确定的工作环境和工作对象相比,农业机器人面临非结构、不确定、不宜预估的复杂环境和特殊的作业对象,技术上具有更大挑战性。因此,一般而言,农业机器人对智能化程度的要求要高于其他领域机器人,应用进展相对滞后。随着传感器技术、计算机视觉技术、大数据和人工智能技术的快速发展,农业机器人的硬件设备成本和软件控制算法成本逐渐降低,为农业机器人的发展提供了新契机。农业机器人的应用,使农业装备有了与人一样的思考和判断能力,并“代替”人从事农业生产,改变了传统的农业劳动方式,成为现代农业技术发展的重要领域[46]。

农业机器人愈发受到农业人口较少的发达国家的重视,这也是国际农业装备产业技术竞争的焦点之一。日本作为农业机器人研究较早、市场发育成熟的国家之一,目前已研制出育苗机器人、扦插机器人、农药喷洒机器人、施肥机器人和移栽机器人等多种农业机器人,在理论与应用方面都居世界前列。美国由于国土面积广阔及自身有先进的科学技术作支撑,其农业机器人在理论与技术上都比较成熟。最具代表性的是美国纽荷兰农业机械公司发明的多用途自动化联合收割机器人，这种机器人很适合在一些大片规划整齐的农田里收割庄稼[47]。我国对农业机器人的研究在 20 世纪 90 年代才开始，起步相对较晚，并且存在着技术化、机械化观念薄弱以及技术发展不成熟的问题。但在改革开放之后，我国意识到科技信息化技术发展薄弱的问题，开始加大对其发展的扶持力度，农业机械化的发展也逐渐走向正轨。我国在多方面投入对农业机器人的研发，同时借鉴发达国家机器人研制成功的经验，研发了适用于我国国土面积大、平原土地资源较为丰富等特点的农业机器人，如喷药专用无人机以及喷药机器人等[48]。赵春江院士表示未来农业机器人的研究需要多学科交叉，以相互推动发展，这普遍涉及材料学、智能科学等多个领域，只有将物联网、大数据和人工智能结合起来才能真正提高机器智能。

2019 年 6 月 15 日，福建首款人工智能农业机器人正式在中国-以色列示范农场智能蔬果大棚开始全天候生产巡检，标志着福建人工智能农业机器人从研发阶段正式进入了实际应用阶段。这款机器人是由福建省农业科学院与福建新大陆时代科技有限公司组建的数字农业联合实验室的最新成果，外观为白色的卡通人物形象，有清晰的五官和手脚；通过底部的轮子可完成 360°旋转和移动，可以沿着栽培槽自动巡检、定点采集、自动转弯、自动返航、自动充电，如果途中遇到障碍物还能自动绕行。这款机器人应用了多路传感器融合技术，拥有类似人体五官的感知功能，机器人的耳朵上安装两个 700 万像素摄像头，眼睛上安装两个 500 万像素摄像头，头顶安装风速风力、二氧化碳、光合辐射等感应器，嘴巴下方安装温度、湿度传感器，实现了农业生产环境中信息的智能感知、实时采集。与农业物联网的传感器相比，人工智能农业机器人的最大优势在于：农业机器人可以实时移动，不仅采集的点位更多，而且获取的图像和数据更全面和精准；与人工田间检测相比，农业机器人可以全天候工作，采集的数据更详细且具有连续性。

农产品品质鉴别机器人是一种基于常规农业机器人而发展的具有品质检测功能的机器人，它结合了机器人技术与无损检测技术，是一种较为前沿的智能装备。例如在生产过程中，机器人不仅能完成采摘或分选动作，还能通过各种传感器技术测量其内部品质。中国农业大学的彭彦昆团队针对苹果的品质检测与分级率先开发了一种苹果内部品质检测、分级和装箱一体化机械手，其组成如图 11-21 所示。机械手自上而下接近在水平面上放置的苹果，当近红外光谱采集系统的遮光胶垫贴在苹果表面时，微动开关被触发，步进电机驱动夹

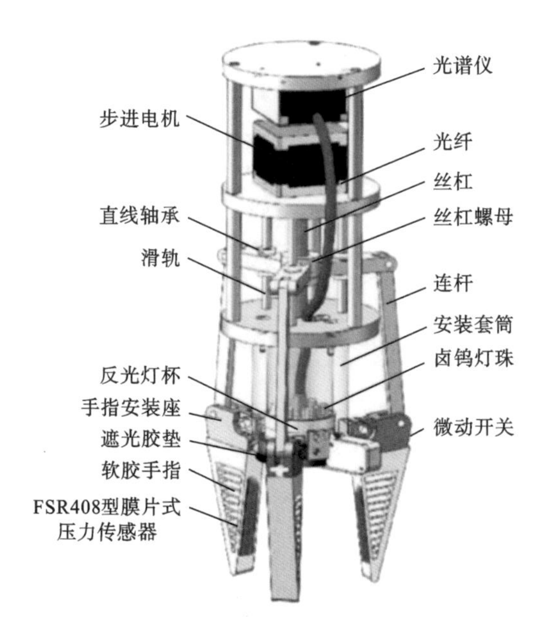

图 11-21　机械手组成[49]

持机构工作，带动软胶手指夹持苹果。为防止伤害苹果，软胶手指内侧设有膜片式压力传感器，当夹持力达到膜片式压力传感器设定阈值时，步进电机停止转动，使软胶手指停止增大夹持苹果的夹持力。遮光胶垫贴在苹果表面后形成圆形光谱采集区域，来自光源的光经苹果表面反射增大后被光纤接收，由光谱仪采集光谱信息。微动开关被触发的同时单片机向上位机发送信号，光谱仪采集近红外光谱信息[49]。

在此基础上该团队开发了一种智能分选机器人，该机器人系统由 6 自由度机械臂、CMOS 相机、末端执行器、计算机等控制部分组成，苹果品质分级机器人示意图如图 11-22 所示。其中，6 自由度机械臂本体重量为 17 kg，最大有效载荷为 2 kg，由增量伺服电机驱动；CMOS 相机用来获取苹果的图像和位置信息；计算机用来控制机器人系统的运行过程；末端执行器与机械臂的末端轴通过螺栓连接，其内部主要搭载 Vis/NIR 光谱采集模块和抓取机构，可以实现同时抓取苹果和采集光谱的功能[28]。

“民以食为天”，农产品品质安全关系到社会与经济的稳定，将新兴技术与农产品智能检测相结合，是科技与生产、生活的融合，是我国实现农业现代化的必然要求。随着传感器技术、模式识别技术以及信息处理技术的进一步发展，新兴技术结合智能检测必将在未来的农产品品质检测中大展身手。

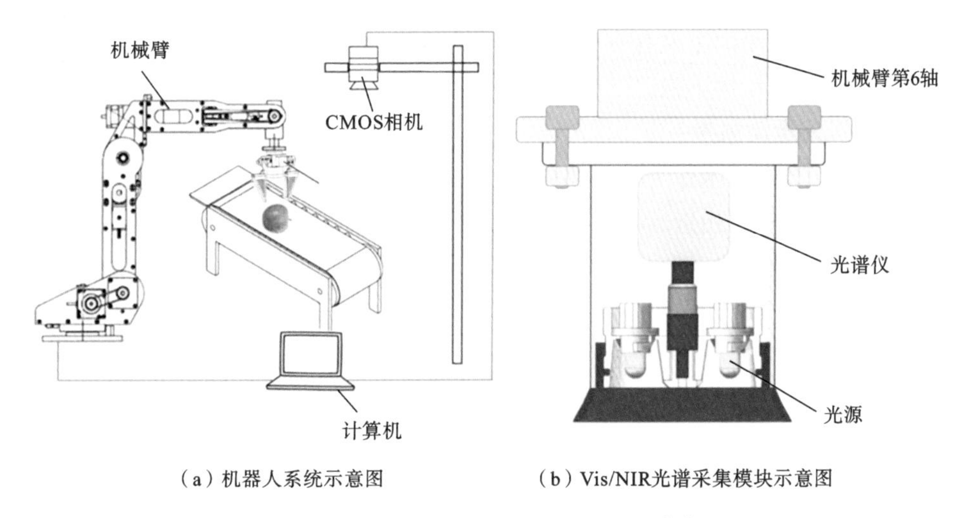

（a）机器人系统示意图　（b）Vis/NIR光谱采集模块示意图

图 11-22　苹果品质分级机器人示意图[28]

11.4　未来农产品智能检测的展望

随着科学技术的不断发展，农产品智能检测技术开始向小型化、智能化方向发展。电子机械系统、传感器技术和纳米技术在农产品检测领域发挥了重要作用。世界智能农机装备发展经历了不同的历史阶段，从机械化到数字化、自动化、智能化，现在朝着衍生系统方向发展。近年来，相关部门进一步加大了对农产品检测技术的研究力度，农产品检测技术的发展趋势集中体现在以下三个方面。一是农产品检测技术趋向小型化、智能化。农产品检测技术总的发展趋势是小型化、快速化、智能化，其中的代表性技术是微电子机械系统、传感器技术、纳米技术。抗体、适配体等高效识别材料为农产品检测提供了重要基础。GPS、现场快速检测技术、检测数据远程传输与处理可以共同推动快速检验检测智慧平台的发展，同样可以为农产品检测提供技术支撑。二是风险评估技术趋向系统化、精细化。数据挖掘技术可以精准获取农产品的诸多相关信息，可将分割的信息关联起来，风险评估能力可由此得到提升。药效动力学、生理模型的药代动力学等风险评估模型和软件可有效提升风险评估过程中的敏感性和准确性。三是溯源鉴别技术趋向集成化、物联化。这集中体现在真实性识别溯源技术研究和信息追溯技术这两个方面，可以对农产品的每一个环节进行查询和追溯，保证来源可溯、去向可查。近年来随着物联网技术的发展，信息追溯技术已经获得很好的发展，趋于智能化和网络化[50]。目前农产品智能检测技术还未普及，究其原因主要存在以下问题：光谱建模过程烦琐；模型通用性差；设备价格昂贵；操作性不强。

1. 提高检测效率

近红外光谱技术作为一种快速、无损、高效的检测技术，已被广泛应用于农产品检测领域。利用近红外光谱技术结合化学计量学方法，建立农产品关键成分的定量或定性分析模型，可对农产品营养成分、质量安全、产地指标进行快速检测，亦可用于作物育种，在农产品检测领域发挥了重要作用。但近红外光谱技术也存在一些不足，比如建模样品的化学值测量过程十分烦琐耗时、模型建立过程对化学计量学方法等专业知识要求较高、检测过程仍需要人工参与。因此，如何提高检测过程的自动化水平，将是今后近红外光谱技术领域的研究重点之一。近年来，物联网、机器人、5G 等先进技术发展迅速，为近红外光谱技术的进一步推广提供了机遇。将近红外光谱技术与上述技术结合，可进一步扩大近红外光谱技术的应用范围和增加优势。比如，将近红外光谱技术与智能化生产线结合，无须人工参与，即可实现样品成分的实时检测；将各种应用场景的数据和近红外模型存放于云端，用户可根据需要对资源进行调用、更新或补充，降低近红外光谱技术的使用门槛。近红外光谱技术与前沿技术的结合，对于进一步减少人力物力消耗、提高检测效率、降低使用门槛、扩大应用范围起到积极的作用[51]。

2. 提高模型通用性

在光谱分析应用中，由于测试环境的变化或测试仪器的不同，在某一台光谱仪上建立的校正模型用于另一台光谱仪上时产生差异，或者某个地区样品的校正模型用于另一地区时产生差异等，模型不能给出正确的预测结果，这就需要通过数学方法来解决，通常称这种解决方式为模型传递。为了消除测试仪器和测试环境因素，如水分、环境光、温度导致近红外光谱检测的差异，提高检测精度，将模型传递算法引入近红外光谱分析中。用于模型传递的化学计量学方法一般分为两种：一种是基于标准样品的校正，如直接校正(direct standardization，DS)算法、分段直接校正(piecewise direct standardization，PDS)算法、斜率/截距(slope/bias，S/B)算法，其中 DS 算法、PDS 算法是对不同环境因素测得的光谱进行校正，而 S/B 算法是对不同环境预测的结果进行校正；另一种是无标准样品的校正，如限脉冲响应(finite impulse response，FIR)法。DS 算法和 S/B 算法可以实现测试仪器和测试环境之间的模型传递，提高预测模型的精度。模型传递算法可以降低测试环境因素的影响和减小建立校正模型的工作量[52]。

3. 降低试制成本

多光谱传感器是一种融合了某些特征波长的微型传感器，相较于光谱仪，其分辨率低，虽然牺牲了精度但是极大降低了试制成本，其售价往往不到光谱仪的十分之一。针对特定应用环境优选特征波长，可以同时兼顾开发成本和检测精度。

PixelSensor 多通道光谱传感器使用独特的芯片滤光技术，将 8 波段同时感应的光电二极管集成到 9 mm×9 mm 的光学器件上。单个 PixelSensor 可以代替多个光学检测部件，帮助 OEMs 客户将多波长检测仪器应用于体外诊断、生物化学试验和色度学等领域。独特的圆片级光学滤光片技术将光谱分离成 8 个不同颜色带，同时还对颜色带之外的背景光进行抑制，从而提高对比度与灵敏度。客户也可根据自身需求定制 OEM 版本的产品。由于窄带 Vis/NIR 的可选择性，无论有无 OEM 电子开发板，该传感器都能使用。OEM 电子开发板集微型光谱传感器、数据分析器件和数据传输于一体，易与客户的分析仪器集成，实现快速、精确检测。多通道同时测量技术，与传统的分离式光学器件相比，更容易实现原位、快速检测。另外，简单的 20-pin LLC 封装技术和低噪声、快速响应等性能，将 PixelSensor 产品优势发挥到最大。

AS7265X 芯片组由 3 个高度集成的 6 通道传感器设备组成，每一个尺寸仅为 4.5 mm×4.4 mm×2.5 mm，采用具有集成孔径的紧凑栅格阵列封装。主从架构作为一个单独的逻辑设备，简化了系统集成过程，缩短上市时间。18 通道横跨从 410 nm 到 940 nm 的波长，滤光片宽度为 20 nm。AS7265X 多光谱传感器系列是艾迈斯半导体首款多芯片组，将纳米光干涉滤光片直接集成于 CMOS 硅芯片上，极高的成本效益为全新应用带来众多可能。这种干涉滤光片技术提供极其精确和可重复的过滤特性，在使用周期和不同温度下具有稳定性。

4. 制定统一的标准体系

对于农产品品质检测标准的制定，首先需要对国际上先进的检测技术、检测方法和检测设备进行学习，这样才能够对当前的品质检测标准进行有效的补充。在检测项目开展过程中，管理者应结合农产品检测中的实际问题进行分析，对于农产品安全标准和质量框架进行综合管控，从而提升检测项目和标准之间的符合度。检测机构应结合自身的具体情况和检测目标，参考行业或者国家的品质检测体系来建设适合自身的体系。同时，要充分利用国家、地方和企业的检测单位，实现多个检测业务之间的有机整合，提升检测单位之间的协作能力，从而实现资源配置的优化，从而建设一个更加高效的农产品智能检测体系。当前从事农产品智能检测的工作人员所具备的专业水平和综合素养都有待提升，要求检测机构积极提升检测工作人员的专业水平，可通过培训或者授课等方式实现，并结合相应的实践让检测工作人员积累工作经验。同时，检测机构要重视培养检测工作人员的食品安全意识，让他们能够充分意识到农产品品质检测工作的重要意义和价值，从而提升他们的工作责任感，进而提高农产品智能检测的可靠性[53]。

未来，我国发展智慧农业是一个重要的趋势和方向，农产品智能检测与分级是现代农业不可或缺的重要组成部分。"十四五"规划提出要发展智慧农业，目标是用电脑强化人脑、用机器替代人力、用自主替代进口，实现生产智能化、作业精准化、管理数字化和服务网络化。我国未来智慧农业对人才的需求：一是对农业有情怀，喜欢现代农业；二是知识交叉型，能用计算机把不同专业的知识结合起来，建立知识系统；三是技能实战型，要会操作智能化农业机械；四是具有工匠精神，要精益求精；五是懂经营会管理，提供专业化和社会化服务；六是适应信息化趋势，推动智慧农业发展。

农产品智能检测与分级虽然取得了一系列成果，但任重道远，希望更多的有志之士加入进来，通过科技创新共同提升我国农产品检测的智能化水平。

参考文献

[1] SU Z F, LI Q F, XIE J R. Based on data envelopment analysis to evaluate agricultural product supply chain performance of agricultural science and technology parks in China[J]. Custos e @ gronegócio, 2019, 15(1): 314-327.

[2] 王静. 我国农产品产销困境下建立物流链支撑体系对策研究[J]. 思想战线, 2012, 38(1): 71-75.

[3] YU K J, GONG R Y, WANG X T. Performance evaluation on agricultural product input/output logistics management in China[J]. Custos e @ gronegócio, 2019, 15(3): 451-459.

[4] 张秀娟. 微生物检测技术在食品安全检验领域中的应用[J]. 食品安全导刊, 2022(4): 189-192.

[5] 许文娟, 赵晗, 王洪涛, 等. 电子鼻在食品安全检测领域的研究进展[J].

食品工业，2022，43(2)：255-260.

[6] 赵龙莲，邵志明，薛金丹，等. 基于近红外稳态空间的苹果病变检测系统设计与试验[J]. 农业机械学报，2021，52(S1)：140-147.

[7] 胡越，罗东阳，花奎，等. 关于深度学习的综述与讨论[J]. 智能系统学报，2019，14(1)：1-19.

[8] 李小占，马本学，喻国威，等. 基于深度学习与图像处理的哈密瓜表面缺陷检测[J]. 农业工程学报，2021，37(1)：223-232.

[9] 武振超，杨睿哲，王文奇，等. 异常水培生菜自动分选系统设计与试验[J]. 农业机械学报，2022,53(7):282-290.

[10] 乔鑫，彭彦昆，王亚丽，等. 手机联用的苹果糖度便携式检测装置设计与试验[J]. 农业机械学报，2020，51(S2)：491-498.

[11] 白宗秀，朱荣光，王世昌，等. 高光谱图像结合特征变量筛选定量检测羊肉中狐狸肉掺假[J]. 农业工程学报，2021，37(17)：276-284.

[12] 於海明，徐佳琪，刘浩鲁，等. 基于高光谱和频谱特征的注水肉识别方法[J]. 农业机械学报,2019，50(11)：367-372.

[13] 庄齐斌，郑晓春，杨德勇，等. 基于高光谱反射特性的猪肉新鲜度和腐败程度的对比分析[J]. 食品科学，2021，42(16)：254-260.

[14] 张晶晶，刘贵珊，任迎春，等. 基于高光谱成像技术的滩羊肉新鲜度快速检测研究[J]. 光谱学与光谱分析，2019，39(6)：1909-1914.

[15] 王松磊，吴龙国，康宁波，等. 基于高光谱图谱融合技术的宁夏滩羊肉嫩度检测方法研究[J]. 光电子·激光，2016，27(9)：987-995.

[16] ZHUANG Q B，PENG Y K，YANG D Y，et al. Detection of frozen pork freshness by fluorescence hyperspectral image[J]. Journal of Food Engineering，2022，316:110840.

[17] GÓRSKA-HORCZYCZAK E，HORCZYCZAK M，GUZEK D，et al. Chromatographic fingerprints supported by artificial neural network for differentiation of fresh and frozen pork[J]. Food Control，2017，73：237-244.

[18] 李昆. 基于近红外光谱的果蔬新鲜度分析研究[D]. 成都：电子科技大学，2019.

[19] 王文秀，彭彦昆，孙宏伟，等. 基于可见/近红外光谱生鲜肉多品质参数检测装置研发[J]. 农业工程学报，2016，32(23)：290-296.

[20] 文星，梁志宏，张根伟，等. 基于稳态空间分辨光谱的猪肉新鲜度检测方法[J]. 农业工程学报，2010，26(9)：334-339.

[21] 宋育霖，彭彦昆，陶斐斐，等. 生鲜猪肉细菌总数的高光谱特征参数研究[J]. 食品安全质量检测学报，2012，3(6)：595-599.

[22] HUANG L，ZHAO J W，CHEN Q S，et al. Rapid detection of total viable count (TVC) in pork meat by hyperspectral imaging[J]. Food Research International，2013，54(1)：821-828.

[23] XIE J，HSIEH S J，WANG H J，et al. Thermography and machine learning techniques for tomato freshness prediction[J]. Applied Optics，2016,55(34)：D131-D139.

[24] NI J G，GAO J Y，DENG L M，et al. Monitoring the change process of banana freshness by GoogLeNet[J]. IEEE Access，2020，8：228369-228376.

[25] FU X P，HE X M，XU H R，et al. Nondestructive and rapid assessment of intact tomato freshness and lycopene content based on a miniaturized raman spectroscopic system and colorimetry[J]. Food Analytical Methods，2016，9(9)：2501-2508.

[26] GAO F，DONG Y J，XIAO W M，et al. LED-induced fluorescence spectroscopy technique for apple freshness and quality detection[J]. Postharvest Biology and Technology，2016，119：27-32.

[27] 赵鑫龙，彭彦昆，李永玉，等. 基于深度学习的牛肉大理石花纹等级手机评价系统[J]. 农业工程学报，2020，36(13)：250-256.

[28] ZHAO M，PENG Y K，LI L. A robot system for the autodetection and classification of apple internal quality attributes[J]. Postharvest Biology and Technology，2021，180(3)：111615.

[29] 王赋腾，孙晓荣，刘翠玲，等. 光谱预处理对便携式近红外光谱仪快速检测小麦粉灰分含量的影响[J]. 食品工业科技，2017，38(10)：58-61,66.

[30] 赵春江. 智慧农业发展现状及战略目标研究[J]. 智慧农业，2019，1(1)：1-7.

[31] 李妍微，潘盼. 初级农产品质量安全有效策略探析[J]. 现代园艺，2019(22)：48-49.

[32] 赵春江. 智慧农业的发展现状与未来展望[J]. 农业工程，2021，33(6)：4-8.

[33] 聂鹏程，张慧，耿洪良，等. 农业物联网技术现状与发展趋势[J]. 浙江大学学报(农业与生命科学版)，2021，47(2)：135-146.

[34] XU J Y，GU B X，TIAN G Z. Review of agricultural IoT technology [J]. Artificial Intelligence in Agriculture，2022，6：10-22.

[35] 骆慧枫，廖益民，寿国忠，等. 基于物联网技术的甜樱桃裂果及其品质研究[J]. 中国南方果树，2021，50(5)：124-129.

[36] REGO G，FERRERO F，VALLEDOR M，et al. A portable IoT NIR spectroscopic system to analyze the quality of dairy farm forage[J]. Computers and Electronics in Agriculture，2020，175：105578.

[37] 宁纪瑞. 农业大数据技术应用对构建基层智慧化农业经济的作用研究[J]. 农业开发与装备,2021(10)：76-77.

[38] 梁桂福. 大数据在农业物联网中的应用[J]. 电子技术与软件工程，2019(9)：156.

[39] 彭红星，黄博，邵园园，等. 自然环境下多类水果采摘目标识别的通用改进 SSD 模型[J]. 农业工程学报，2018，34(16)：155-162.

[40] 李善军，胡定一，高淑敏，等. 基于改进 SSD 的柑橘实时分类检测[J]. 农业工程学报，2019，35(24)：307-313.

[41] 许景辉，邵明烨，王一琛，等. 基于迁移学习的卷积神经网络玉米病害图像识别[J]. 农业机械学报，2020，51(2)：230-236,253.

[42] 郑一力，张露. 基于迁移学习的卷积神经网络植物叶片图像识别方法[J]. 农业机械学报，2018，49(S1)：354-359.

[43] 龙满生，欧阳春娟，刘欢，等. 基于卷积神经网络与迁移学习的油茶病害图像识别[J]. 农业工程学报，2018，34(18)：194-201.

[44] 张后兵，涂红雨，陈丽华，等. 近红外纤维成分无损检测共享数据库的构建及实现[J]. 现代纺织技术，2019，27(1)：51-55,86.

[45] 卢骞，姜磊，邬文文，等. 基于衰减全反射法的纺织纤维红外光谱库的建立与应用[J]. 中国纤检，2013(1)：71-73.

[46] 侯方安，祁亚卓，崔敏. 农业机器人在我国的发展与趋势[J]. 农机科技推广，2021(2)：25-27,33.

[47] 张仕鹏，何勋，张守一. 农业机器人的应用现状及发展趋势[J]. 农业开发与装备，2021(8)：91-92.

[48] 李追风，时文涛，姬志发，等. 国内外农业机器人研究进展分析[J]. 南方

农机，2022，53(5)：156-158.

[49] 彭彦昆，马营，李龙. 苹果内部品质分级机械手设计与试验[J]. 农业机械学报，2019，50(1)：307-312.

[50] 刘鹤. 农产品质量安全检测技术现状及发展趋势[J]. 新农业，2022(3)：68.

[51] 王建伟，陶飞. 近红外光谱技术在农产品检测中的应用研究进展[J]. 安徽农学通报，2021，27(17)：155-158.

[52] 王世芳，崔广禄，冯晓元，等. 近红外光谱分析技术在苹果品质检测中的应用进展[J]. 食品安全质量检测学报，2017，8(12)：4602-4608.

[53] 邹利杏. 农产品质量安全检测技术的发展现状及发展趋势展望[J]. 食品安全导刊，2020(27)：170-171.